中国科学院科学出版基金资助出版

民用飞机运营支持丛书

飞机复合材料结构修理：
理论、设计及应用

李顶河　徐建新　**编著**

科学出版社
北　京

内 容 简 介

　　本书从飞机复合材料结构设计的角度系统地介绍修理技术的相关基础理论、设计方法以及工程应用方面的知识。基础理论方面包括复合材料细宏观力学、几类层合板壳结构理论以及典型结构的分析方法；设计方法方面包括复合材料结构设计及强度分析、连接分析方法、修理补片设计与优化以及损伤检测技术；工程应用方面包括复合材料结构修理施工及典型结构修理案例、复合材料修理金属结构技术以及复合材料结构修理的新技术和发展趋势。

　　本书既能作为航空复合材料结构设计和结构维修工程专业本科生的教材，同时还可作为从事上述领域工作的工程技术人员和科研、设计人员的参考用书。

图书在版编目(CIP)数据

飞机复合材料结构修理：理论、设计及应用/李顶河，徐建新编著. —北京：科学出版社，2019.11
　(民用飞机运营支持丛书)
　ISBN 978-7-03-063102-2

Ⅰ. ①飞… Ⅱ. ①李…②徐… Ⅲ.①飞机-复合材料结构-维修 Ⅳ. ①V257

中国版本图书馆 CIP 数据核字 (2019) 第 249981 号

责任编辑：徐杨峰/责任校对：杨　赛
责任印制：黄晓鸣/封面设计：殷　靓

科 学 出 版 社 出版
北京东黄城根北街 16 号
邮政编码：100717
http://www.sciencep.com

广东虎彩云印刷有限公司印刷
科学出版社发行　各地新华书店经销
*
2019 年 11 月第　一　版　开本：B5 (720 × 1000)
2025 年 2 月第二次印刷　印张：35 1/2
字数：770 000
定价：220.00 元
(如有印装质量问题，我社负责调换)

民用飞机运营支持丛书

专家委员会

主 任 委 员　吴光辉

委　　　员　（按姓名笔画排序）

白　杰　李　军　吴希明　周凯旋　徐庆宏

黄领才　龚海平　董建鸿　薛世俊

编审委员会

主 任 委 员　马小骏

副主任委员　左洪福　杨卫东　徐建新　辛旭东

委　　　员　（按姓名笔画排序）

丁宏宇　王允强　石靖敏　卢　斌　冉茂江

丛美慧　吉凤贤　吕　鹭　朱亚东　任　章

刘　虎　刘　昕　关　文　苏茂根　李　怡

佟　宇　宋玉起　徐志锋　诸文洁　黄　蓝

曹天天　常芙蓉　崔章栋　梁　勇　彭焕春

曾　勇

民用飞机产业是典型的知识密集、技术密集、资本密集的高技术、高附加值、高风险的战略性产业,民用飞机运营支持是民用飞机产业链上的重要环节。2010年,我国工业和信息化部首次在"十二五"民用飞机专项科研领域设立"运营支持专业组",并列入国家五年规划,将民用飞机运营支持与飞机、发动机等并列为独立专业,进行规划研究。2014年,中国民用航空局飞行标准司发布《国产航空器的运行评审》(AC-91-10R1)和《航空器制造厂家运行支持体系建设规范》(MD-FS-AEG006),对主制造商航空器评审和运营支持体系建设提出了明确的要求和指导意见,为民用飞机运营支持专业的建设和发展指明了方向。

经过改革开放数十年的发展历程,我国航空工业对市场、客户、成本的概念并不陌生,但由于缺乏固定持续的项目投入,我国在按照国际标准自主研制民用飞机方面,没有走完一个完整的研制生产和商业化运营的过程,运营支持的理论和实践都比较薄弱。随着我国自主研制的大飞机项目的推进,对标国际一流标准,面对市场化和客户化需求,运营支持专业建设的重要性愈加凸显。

民用飞机运营支持工作是民用飞机制造业与民航运输业的纽带和桥梁,既要理解和满足客户运营要求,又要满足适航和运行标准,确保客户顺畅安全运营,保障我国民用飞机产品取得技术成功、市场成功和商业成功。运营支持专业具有一定的特殊性:一是服务时间长。随着产品复杂性的提高和市场竞争的激烈化,运营支持已经贯穿于飞机研制、制造、试验试飞、交付运营的全过程;二是技术要求高。服务内容涉及设计、制造、仿真、培训、维修、物流、信息技术及适航管控等多个领域,是一项高技术综合集成、多领域高效协作的复杂系统工程;三是服务范围广。民用飞机在使用过程中必须按照全球化运营要求,对培训、维修、备件服务、运行支援等服务链进行细分和布局，才能满足不同国家和地区，以及不同用户的各种需求；四是带动效益高。运营支持作为一种增值环节，是民用飞机产业化后的重要利润来源，同时推动飞行品质的持续改进，推动每一款新型飞机赢得忠实客户并实现市场化运作。

中国商用飞机有限责任公司作为国家大型客机项目的运作实体，已经对标国际一流先进理念，构建了以研发、生产、客服三大平台为主体的公司架构，中国商飞上海飞机客户服务有限公司作为运营支持的主体，建立了对标国际一流的运营支持体系，填补了国内运营支持领域的空白，在该专业领域开展了许多卓有成效的工作。西安飞机工业（集团）有限责任公司作为按照中国民用航空规章第 121 部运行规范管理的公共航空运输企业中运行的航空器制造商，目前也建立了自己的客户服务体系。运营支持工作不仅仅是飞机主制造商战略层面的需求，更是民用飞机产业发展的必经之路。

"民用飞机运营支持丛书"作为科学出版社重点图书出版，是我国民用飞机研制过程中的重要内容。丛书既包括领域内先进的理论方法和技术，也包括"十二五"以来民用飞机运营支持领域第一线的研究成果和工作经验。本丛书的出版将完善民用飞机专业技术体系，为我国民用飞机研制和产业发展提供有力的技术保障。丛书亦可供航空院校的学生及与航空工作相关的专业人士参考。

在此，对在民用飞机运营支持领域默默耕耘的行业开拓者表示敬意，对为此丛书的出版贡献智慧和力量的国内外航空领域专业人士表示谢意！

张彦仲

国务院大型飞机重大专项专家咨询委员会主任委员
中国商飞公司大型客机项目专家咨询组组长
中国工程院院士
二〇一七年三月

民用飞机运营支持专业是一个综合了飞机设计、制造、可靠性与维修性工程、安全工程、适航技术与管理、工业工程、物流工程、信息技术以及系统工程等专业逐渐发展形成的新兴领域，是实现民用飞机制造商产品价值增值、持续发展的关键，也是实现民用飞机运营商安全运营、持续有效创造利润的核心要素。加强民用飞机运营支持体系建设可以提高主制造商的服务水平和保障能力，增强对上下游供应链的控制能力，从而打造主制造商的品牌价值。国外一流的民用飞机主制造商早已意识到运营支持是自身品牌占据市场份额的竞争要素，运营支持的理念、模式、内容和技术不断更新，以为客户提供快速、可靠、低成本、网络化和信息化的服务为目标，建设完备先进的运营支持网络和设施。

2010年，我国工业和信息化部首次在"十二五"民用飞机专项科研领域设立"运营支持专业组"，并列入国家五年规划。经过"十二五"的预研攻关，我国民用飞机运营支持在多个前沿技术领域取得重要突破，并应用到国产支线飞机、干线飞机、直升机和通用飞机的型号研制工作中。

在总结民用飞机运营支持专业"十二五"工作成果和国产民用飞机投入市场运行的实践经验的同时，技术的进步和市场竞争的日益激烈，使得民用飞机运营支持专业领域涵盖的范围不断扩展，全方位、客户化的运营支持价值日益凸显。全新的客户理念推动运营支持专业迅速发展，工作内容涉及了客户培训、技术服务、备件支援、技术出版物和维修工程等多个领域，其范围也已延伸到飞机的研制前期，贯穿于飞机方案论证、产品设计、生产、试验试飞、交付运营的全生命过程。

丛书涵盖了培训工程、维修工程与技术、运行安全工程与技术、工程数据应用等专业，涉及我国国产民用飞机、直升机和通用飞机运营支持的诸多关键技术。丛书的专家顾问、编委、编写人员由国内民用飞机运营支持领域的知名专家组成，包括我国民用飞机型号总设计师、高校教授、民航局专业人士等。丛书统一部署和规划，既从较高的理论高度关注基础前沿科学问题，又密切结合民用飞机运营支持领域发展的前沿成果，注重相关专业领域的应用技术内容。

丛书作为科学出版社"十三五"重点图书出版，体现了国家对民用飞机运营支持体系建设的高度重视，也体现了该领域迎来了前所未有的发展机遇。该套丛书的出版既可以为从事该领域研究、生产、应用和教学的诸行业专业人员提供系统的参考，又是对该领域发展极好的回顾和总结。作为国内全面阐述民用飞机运营支持体系的首套丛书，对促进中国民用飞机产业实现后发优势，填补专业领域空白，推动我国航空服务业发展，早日跻身航空大国有着重要的意义。

在此，我谨代表"民用飞机运营支持丛书"专家委员会，向耕耘在运营支持领域的广大工作者们致以敬意。同时，也愿每一位读者从中受益！

中国商用飞机有限责任公司副总经理
C919 大型客机项目总设计师、副总指挥
中国工程院院士
二〇一七年十二月

　　复合材料在飞机结构上的广泛应用，必将对飞机维修理论、技术和工艺等提出全新的挑战。飞机在服役过程中，在动载荷、雨水侵蚀、鸟和冰雹等外来物的撞击作用下，复合材料结构容易出现脱胶、撕裂、撞击损伤等内部缺陷和损伤。而且，现代飞机设计、制造成本高昂，尤其对于一次成型的大型复合材料主承力结构，更换的成本十分高昂。而飞机结构的损伤绝大多数具有局部性和多发性的特点。所以，减少飞机使用中部件的更换率，对受损部位进行局部修理是保证飞行安全、降低飞机复合材料结构使用成本的最经济、最有效的方法。因此，复合材料结构的修理问题就显得越来越重要。要想保证我国自行研制的民用飞机具有较好的市场竞争力，达到国际同类飞机的先进水平，复合材料结构用量必定要进一步提高。通过多年的技术攻关，国内有关设计所和研究单位已基本具备飞机复合材料结构的设计和制造能力，但其在复合材料结构的修理方面尚缺少必要的经验。

　　现在已出版的有关复合材料结构修理技术的书籍主要以波音公司和空客公司飞机修理手册为基础。航空结构修理工程师重点关注的是修理方案的施工和工艺流程，对方案的理论分析方法、设计思路与原则等基础问题涉及较少。本书旨在从复合材料结构设计的角度系统地介绍飞机复合材料结构修理技术的相关理论、设计方法以及工程应用方面的知识。一方面，使航空结构设计人员能够深入了解复合材料结构的实际修理工作，提高复合材料结构的修理性，降低飞机的运营成本。另一方面，航空结构修理工程师可以从结构设计的角度来设计损伤结构修理方案，尤其是对于严重影响飞机出勤率的超手册损伤。本书结合作者长期从事飞机复合材料结构分析理论和复合材料结构修理技术的教学、科研经验及国内外最新研究成果，参考大量的文献和现有民用飞机结构修理手册编写而成。

本书的内容安排如下：

第 1 章介绍复合材料的发展历史和应用概况，给出复合材料的定义、树脂基体以及增强材料体系，阐述飞机复合材料结构修理技术发展历史和研究现状。

第 2 章介绍学习复合材料结构及修理结构分析与设计方法所需的力学基础知识，包括弹性力学的基本方程、变分原理、广义胡克定律、复合材料损伤机理与损伤准则以及复合材料断裂力学基础。

第 3 章介绍复合材料层合板壳结构的分析方法，推导几种具有代表性分析方法的基本方程，包括剪切变形理论、逐层理论以及扩展逐层理论，其中重点推导现在工程中应用最为广泛的剪切变形理论。对各种分析理论的优缺点进行对比分析，为复合材料结构工程分析与设计的方法选择提供依据。

第 4 章介绍复合材料典型结构的分析方法，涉及的典型结构包括梁、加筋和夹芯结构。阐述三种典型复合材料结构的基本形式和特点，分别介绍三种典型复合材料结构的分析方法，以及在设计过程中需要重点考虑的几种典型损伤形式。

第 5 章介绍复合材料结构设计及强度分析，包括设计特点及原则、设计要求以及飞机复合材料典型结构设计和飞机复合材料结构的强度分析。

第 6 章介绍复合材料结构连接分析方法，连接形式包括机械连接和胶接连接及混合连接三种形式，分析方法包括解析方法和有限元方法。

第 7 章介绍复合材料结构制造工艺与质量管理，包括复合材料制造模具、固化容器、树脂基复合材料成型工艺和复合材料夹芯结构制造工艺、材料与环境管理以及质量控制。

第 8 章介绍复合材料结构修理概述，讨论复合材料结构修理性和修理容限，进而详细介绍典型修理方法以及修理设计与证实。

第 9 章介绍复合材料修理补片分析方法，介绍裂纹修理补片的基本概念，讨论对称或完全支撑单面修理分析、有支撑裂纹单面和双面修理补片的等效夹杂理论、补片端部的胶接线分析、复合材料修理结构裂纹的疲劳扩展分析。

第 10 章介绍复合材料结构修理补片设计与优化。利用复合材料修理结构的有限元分析模型，探讨设计参数对几种典型修理方法力学性能的影响机理。在介绍修理方案的参数化建模与强度分析的基础上，讨论基于多目标优化方法和遗传算法的修理方案优化问题。

第 11 章介绍复合材料损伤检测技术，包括无损检测和破坏检测，其中无损检测包括目视检测、敲击检测、超声波检测、X 射线照相以及其他检测方法。

第 12 章介绍复合材料结构修理施工及典型结构修理案例，本书重点关注胶接固化修理和紧固件修理，详细讨论这两种修理方法中的几个重要环节，包括结构损伤区域评估、损伤区域的干燥与打磨方法、主要修理工具及设备、修理材料和固化方法。在此基础上，介绍几种典型结构的修理案例，包括复合材料结构的快速修理技术、机械修理方法、蒙皮和夹芯结构的几种典型修理方法。

第 13 章简单介绍复合材料修理金属结构技术的几个基本方面，包括发展背景与现状、基本原则、表面处理以及在 DC-10/MD-11 和 CH-47 飞机上的应用案例。

第 14 章介绍复合材料结构修理的发展趋势和新技术，包括自修复技术、修理方案的计算机辅助技术、智能补片技术以及自动化修理技术。

本书由李顶河立项和统稿，并由其编写第 1(1.1 节、1.2 节、1.5 节)、2、3、4、5 和 12 章；第 8、9、10 章由徐建新编写；第 1(1.3 节、1.4 节)、7 和 11 章由郭巧荣编写；第 6、13 和 14 章由武耀罡编写。中国民航大学的冯振宇教授、卿光辉教授和西安交通大学航天航空学院范学领教授对本书的初稿进行了认真审阅，并提出了诸多建设性意见。本书引用了大量的文献资料，课题组研究生郝宇、杨晓、朱晓红、单武奎、徐春龙、胥栋、肖争光完成了部分文字录入工作和插图的绘制工作，在此一并表示衷心的感谢！

由于作者水平有限，书中难免存在疏漏之处，敬请读者批评指正。

2019 年秋于中国民航大学

主要符号表

a 裂纹长度

A 面积

A_i, $i = 1, 2, 3$ Lame 系数

A_{ij}, $i, j = 1, 2, 3$ 拉伸刚度
系数

A_{ij}^k, $i, j = 1, 2, \cdots, 6$,
$k = 1, 2, \cdots, 4$ 等效刚度
系数

B_{ij}, $i, j = 1, 2, 3$ 弯曲拉伸
耦合刚度系数

C_{ij}, $i, j = 1, 2, \cdots, 6$ 刚度矩阵
系数

$\boldsymbol{c}$ 弹性波速

D 湿气扩散系数

D_{ij}, $i, j = 1, 2, 3$ 弯曲刚度
系数

$\boldsymbol{e}_i$, $i = 1, 2, 3$ 单位向量

E_i, $i = 1, 2, 3$ 弹性模量

$\boldsymbol{E}_{ij}$, $i, j = 1, 2, 3$ 格林应变张量

EA 轴向刚度

EI 弯曲刚度

f_i, $i = 1, 2, 3$ 体积力

F 外载荷/载荷系数

F 裂纹尖端扩充形函数

$\boldsymbol{g}_i$, $i, j = 1, 2, 3$ 切向矢量

$\boldsymbol{g}_{ij}$, $i, j = 1, 2, 3$ 表面张量

G_{ij}, $i, j = 1, 2, 3$ 剪切模量

G_i, $i = \text{I}, \text{II}, \text{III}$ 能量释放率

H Hamilton 算子/Heaviside
函数

$\boldsymbol{H}_{ijkl}$, $i, j, k, l = 1, 2, 3$ Esheiby
张量

h 厚度

I 惯性矩

J J 积分

J 极惯性矩

K 动能/面外力/剪切修正系数

K_i, $i = \text{I}, \text{II}, \text{III}$ 应力强度因
子

L 长度/拉格朗日算子

$\boldsymbol{L}$ 坐标转换矩阵

m 质量

M 质量矩阵/质量分数/
弯矩/混合积分

N 形函数/轴力

$\boldsymbol{n}$ 面外法向向量

Q_{ij}, $i, j = 1, 2, \cdots, 6$ 平面应力
状态下的刚度矩阵系数

Q 面内剪力

q 分布外力

r 位置矢量

$\boldsymbol{R}$ 直径/位置矢量

$\boldsymbol{R}$ 坐标转换矩阵

r, θ, z 圆柱坐标系

r, θ, φ 球坐标系

$u_i, i = 1, 2, 3$ 位移分量

$\ddot{u}_i, i = 1, 2, 3$ 加速度分量

Re 实部

$s\, S$ 线元长度

s 紧固件间距

$S_{ij}, i, j = 1, 2, \cdots, 6$ 柔度矩阵系数

t 时间

$\bar{t}_i, i = 1, 2, 3$ 表面力

T 温度/扭矩

T 转置

$\boldsymbol{T}$ 坐标转换矩阵

$\bar{t}_i, i = 1, 2, 3$ 表面力

U 应变能

U^* 余应变能

U_0 应变能密度函数

V 体积分数/外力功

V^* 余外力功

v 体积

$\boldsymbol{v}$ 速度

W 积分权重/功/宽度

W^* 余功

w 挠度

α 热膨胀系数

β 吸湿率

γ 表面能

θ 角度

$\varepsilon_{ij}, i, j = 1, 2, 3$ 应变分量

$\sigma_{ij}, i, j = 1, 2, 3$ 应力分量

Γ_u 位移边界

Γ_σ 应力边界

ρ 密度

ρ_i 扭转刚度

Ω_0 微元体

Ω 参考面

Π 势能

Π^* 余能

ϕ 拉格朗日差值函数

ψ 形函数

ν 泊松比

$\lambda_{ij}, i, j = 1, 2, 3$ 拉格朗日乘子

$\mu_{ij}, i, j = 1, 2, 3$ 拉格朗日乘子

$\xi, \vartheta, \varsigma$ 正交曲线坐标系

目　录

第 1 章　绪论

1.1　复合材料的发展历史和应用概况

1.1.1　复合材料的发展历史

自 20 世纪 40 年代以来,为了提高飞机、直升机和火箭等军用运输装备的设计水平,轻质高强度新型材料的研制显得至关重要。与此同时,高分子聚合物工业发展迅速,并在各领域中得到了广泛应用,为制造各种用途的轻质材料提供了一种可能的解决方案。玻璃纤维极高的理论强度开始被发现,为制造高强度材料提供了一种可能。因此,如何使用这些潜在的轻质材料和高强度材料来满足工程实际需求成为问题的关键所在。在这三个主要驱动力的共同作用下,由两种或两种以上材料复合而成的新型材料得到了迅速发展和广泛应用,并由此产生了复合材料的概念。最近,复合材料已广泛应用在越来越多的结构工程领域,包括航空航天、汽车、船舶、体育和土木工程等。在过去的几十年中,复合材料的发展历程可归纳为以下四个阶段。

第一阶段为玻璃纤维增强复合材料的发明和应用时期。在 20 世纪 40 年代,工程师将高强度的纤维固化到轻质低强度的高分子聚合物中,获得了一种新型高性能材料。在这种新型高性能材料中,高分子聚合物为玻璃纤维提供了一个很好的保护环境,使玻璃纤维免受划痕和冲击等损伤的影响,而这些损伤往往会导致玻璃纤维在低应力下被破坏。高强度纤维则承担从聚合物/纤维之间界面传递过来的绝大部分应力,或者说承担了绝大部分的外载荷,而且纤维的桥接效应能有效阻止基体裂纹的扩展,降低裂纹扩展速率,增强脆性高分子聚合物材料的断裂韧性。1942 年出现了第一种玻璃纤维层压制品，并在造船工业中以玻璃纤维增强板的形式替代了传统木材或金属结构件，这种轻质高强度的玻璃纤维复合材料不存在腐蚀问题，且易于维护，十分适合造船工业，即使在现代造船业，玻璃纤维增强板仍然是重要的结构用材料。时至今日，玻璃纤维增强复合材料一直都是复合材料的主要应用形式，仍然占据复合材料市场的 90% 左右。

第二阶段为高性能纤维和复合材料的开发及应用时期。虽然玻璃纤维增强技术在 20 世纪 50 年代得到了广泛应用，但是太空军事计划的出现对复合材料提出了新的需求。首先，宇宙飞船结构需要比玻璃纤维增强组件更轻、更强的材料，尽可能地减轻发射重量，降低火箭的发射成本；其次，航天器在再入大气层过程中产生的温度可能超过 1500℃，这超出了当时任何单一或复合材料的温度限制，尤其是低熔点的聚合物复合材料。1956 年，石棉纤维被固化到酚醛树脂中，成为一种可以在航天器再入头锥上应用的材料。同时，金属基复合材料也是一种可能的解决方案，金属基复合材料是通过将陶瓷纤维或颗粒相添加到耐热轻质金属相中得到的一种耐高温材料，且其热膨胀系数很低。太空竞赛也推动了碳纤维和硼纤维的发展，碳纤维和硼纤维的开发大约在同一时期。由于碳纤维优越的加工性能和低成本特性，出现了石墨纤维聚合物复合材料，但是由于碳与铝和镁之间的化学反应，使用石墨纤维强化金属基体是不可行的。硼纤维由硼蒸气在钨丝上沉积制成，直径较大，不能用于织物，强度超过碳纤维，但成本更高，因此只能应用于不在意成本的军事领域，无法进入其他应用市场。芳纶出现于 1964 年，属于尼龙，其主要结构特点是，相连的芳香环酰胺组采用液晶纺丝工艺生产，弹性模量介于玻璃纤维和硼纤维，约为碳纤维的 1/2，常用于航天容器结构。

第三阶段为复合材料结构分析和设计方法的发展成熟，以及其在各结构工程领域广泛应用时期。20 世纪 60 年代，空间飞行器和飞机的大量需求促进了新型高模量纤维的研发。空间飞行器和军事需求在 20 世纪 70 年代下降，昂贵的纤维复合材料必须找到合适的民用领域，因此体育和汽车产业成为更重要的市场。从 20 世纪 70 年代开始，碳纤维复合材料广泛用于体育用品，如石墨网球拍取代了木制球拍。在航空领域，经过几十年的发展和技术积累，复合材料结构的优异性能发挥到了极致，已经成为最重要的结构用材料，复合材料在航空领域的应用情况将在 1.1.2 节中详细介绍。

第四阶段为新型复合材料的研发时期，包括混合材料、纳米复合材料和仿生复合材料。在 20 世纪 90 年代，学术界和工业界研究人员开始将复合模式扩展到越来越小的尺度上。从宏观尺度到分子尺度复合成混合材料，纳米尺度则复合成纳米复合材料。混合材料是有机和无机成分在分子尺度上混合的产物。同样，生物矿化材料的研究也得到了科学家的高度关注，希望通过这种途径寻找到性能更好的混合结构。

1.1.2　复合材料的应用概况

复合材料在工程设计的各方面已得到了广泛应用，特别是在航空结构设计领域，复合材料以其特有的高比刚度、高比强度、轻质高效及非金属性等特性，与钛合金、铝合金、钢一起成为现代飞机设计的四大结构材料，成为现代飞机设计先进性的标志之一[1]。近 40 年来，先进复合材料结构的研制成功和扩大应用，需要设计、材料和制造各方面的协同努力，可以用"设计是主导、材料是基础、制造是关键"来描述三者的作用和相互关系，开发复合材料设计方法、材料和工艺新技术已成为新一代民用飞机研制中的一项关键技术。

纵观复合材料在军用和民用飞机结构上的发展情况，无论是波音公司还是空客公司，复合材料用量都呈增长趋势，如图 1.1 所示，而且增长速度越来越快，应用水平越来越高，结构形式越来越复杂。在军用飞机方面，20 世纪 60 年代，美国首先将碳纤维增强复合材料用在军用飞机上，用于舱门、口盖、整流罩、副翼和方向舵等受力较小或非承力结构。20 世纪 80 年代初，发展到垂尾和平尾等尾翼一级的次承力结构，如 F15、F16 和 F18 等均采用了复合材料尾翼，但此时复合材料用量很有限。直到 20 世纪 80 年代末，复合材料开始应用于第四代战斗机 F22 和 F35JSF 的机翼和机身等主要承力结构。自此，军用飞机结构的复合材料化进程加速，用量不断增加，现在复合材料用量已经占军用飞机结构质量的 20%～50%。有些飞机在发动机结构上也采用了以耐高温树脂为基体的复合材料，工作温度可达 250～350℃，用作发动机冷端部件，为发动机的减重发挥了极大的作用。

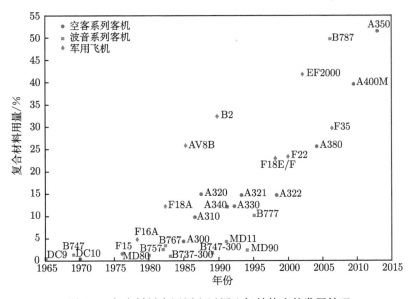

图 1.1　复合材料在军用和民用飞机结构上的发展情况

此外，军用旋翼机的螺旋桨及机体结构也大量使用复合材料，例如，V-22 "鱼鹰"倾转旋翼机所用复合材料占结构质量的 40% 以上，包括机身、机翼、尾翼和旋转机构等，总用量超过 3000 kg。欧洲最新批次的 "虎"式武装直升机结构部件的复合材料用量更是高达 80%，接近全复合材料结构。相对而言，军用运输机上复合材料用量较少，例如，C-17 占 8%，C-130J 仅占 2%，但空客 A400M 军用运输机上采用了全复合材料机翼，其用量占飞机空载时结构质量的 35%。

经过在军用飞机上技术和经验的不断积累，近 20 年来，复合材料在民用飞机中的应用迅猛发展，先进树脂基复合材料的各项性能很好地满足了新一代民用飞机的发展目标。安全性、经济性、舒适性和环保性是新一代民用飞机的四个主要追求目标，要求民用飞机的结构具有轻量化、高可靠、长寿命、高效能和吸能强等特点。先进树脂基复合材料具有高比强度、可设计、抗疲劳、耐腐蚀和高阻尼等特点，完全能达到新一代民用飞机结构设计的要求。

民用飞机最初采用复合材料的部位有舱门、内饰、整流罩和安定面等非承力和次承力结构，但目前已广泛应用于机翼和机身等主承力结构。自 20 世纪 70 年代至今，在主承力结构上使用复合材料有了较丰富的经验。空客公司第一次在空客 A310 飞机襟翼盒上应用复合材料，空客 A320 飞机则是投产的第一架全复合材料尾翼飞机，空客 A340 飞机机翼中复合材料占比为 13%，空客 A340/500-600 飞机则采用了碳纤维增强复合材料龙骨梁，该梁 16 m 长，23 mm 厚，每根梁可承载 450 t。空客 A380 飞机是空客公司第一次将碳纤维增强复合材料应用于中央翼盒的飞机，与铝合金相比减重 1.5 t，中央翼盒重 8.8 t，其中 5.3 t 是复合材料，如图 1.2 所示，图 1.2 中还给出空客 A380 飞机各种结构材料的使用情况。另外，空客 A380 飞机的蒙皮大量应用了一种新型金属复合材料，这种材料由两层铝合金和三层玻璃纤维固化而成，结合了树脂基复合材料和铝合金材料的优点，具有很好的断裂韧性和抗低速冲击性能。

波音 B787 飞机是复合材料在民用飞机上的应用典范，其复合材料用量首次达到了全结构质量的 50%，如图 1.3 所示，由单一复合材料结构向整体成型复合材料结构过渡，并向结构大型化和整体化方向发展，大幅度减少由装配带来的标准紧固件。波音 B787 飞机的机身和机翼均采用碳纤维增强层合板结构代替铝合金，发动机短舱、水平尾翼和垂直尾翼、舵面和翼尖等部位均采用碳纤维增强夹芯板结构。与空客 A380 飞机相比，其复合材料用量更大，在主承载结构上的应用更广泛。

波音 B787 飞机机身结构总体布局分为前机身、中机身、后机身及 6 个筒形结构段，其制造工艺最突出的特点之一就是采用了整体成型的筒形结构，对过去的壁板整合结构来说是一个革命性的改变。全尺寸复合材料机身段减重 20%，直径 5.8m 全尺寸复合材料机身结构包括 8.5m 的 44 段、10m 的 46 段、7m 的 47 段以

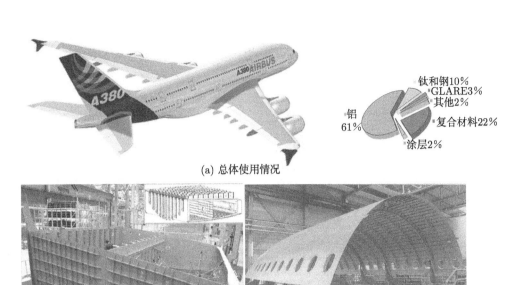

(a) 总体使用情况

(b) 空客A380飞机的CFRP整体中央翼盒　　(c) 空客A380飞机的GLARE机身蒙皮

图 1.2　空客 A380 飞机的复合材料使用情况

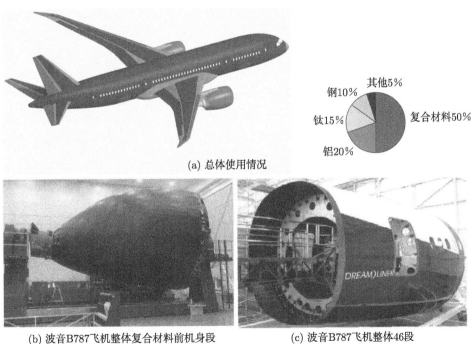

(a) 总体使用情况

(b) 波音B787飞机整体复合材料前机身段　　(c) 波音B787飞机整体46段

图 1.3　波音 B787 飞机的复合材料使用情况

及 4.6m 的 48 段。机身在一个直径为 5.74m 的模胎上，用铺带/铺丝机缠绕而成，并留出窗口位置，在缠绕前预先放置由碳纤维预浸料铺设压实而成的长桁与梁，缠绕后的机身壳体与长桁、梁一同放入 23.2 m × 9.1 m 的热压罐中共固化，成为一个整体的复合材料机身段，如图 1.3(c) 所示。这些整体成型的机身段仅用少量的高锁螺钉和单面抽钉紧固件就能完成对接总装，大量减少了连接件和结构质量，并缩短了装配工时，机身的气密性以及抗疲劳性能大大提高，生产效率也大幅度提高，有利于降低生产成本。

为了与波音 B787 飞机竞争，空客公司推出了载客量和航程均与波音 B787 飞机处于同一级别的空客 A350 飞机，其结构的复合材料用量上升到 52%，如图 1.4 所示。空客 A350 飞机的中央翼盒和外侧翼盒均采用碳纤维复合材料，几乎整个 35m 长的机翼全用碳纤维复合材料制造，复合材料面积达到约 442 m²，在同类型飞机机翼中其复合材料使用面积最大。空客 A350 飞机机身设计分前、中和后 3 段，直径为 5.89 m，长度分别为 13m、18m 和 16m。与波音 B787 飞机不同的是，空客 A350 飞机机身是由 4 块碳纤维复合材料蒙皮壁板连接而成的，即壁板化结构，如图 1.4(c) 所示，这种设计不需要大型热压罐，每块壁板的厚度及纤维铺设方向可以根据具体的载荷要求进行优化。空客 A350 飞机机身框由铝合金制成，由机身框把 4 块复合材料壁板连接装配成机身段，因此其制造工艺相对简单，维修也比较容易，当机身结

(a) 总体使用情况

(b) 空客A350飞机的复合材料机身   (c) 空客A350飞机复合材料机身壁板与金属框

图 1.4   空客 A350 飞机的复合材料使用情况

构受到严重损伤时，只需对损伤壁板进行更换即可，无须更换整个机身。但是，这种结构存在组装工作量大和连接件数量多等缺点，而且不利于座舱气密性的设计。空客 A350 飞机的机尾段是锥形筒体结构，难以和等直段一样采用壁板化的方法来制造，而是采用整体成型技术。

1.2　复合材料的定义和组成

1.2.1　复合材料的定义

在宏观尺度上，由两种或两种以上物理特性和化学特性相互独立的增强体和基体，通过复合工艺形成的材料称为复合材料。复合材料既保留了原组分材料的性能特点，又通过复合工艺获得原组分材料均不具备的更有用的特殊性能，是"可控制、可设计"的新型工程材料。增强体、基体及它们之间的界面是复合材料的三个要素，控制着各项基本性能。除此之外，纤维对基体裂纹的桥接效应也对性能有很大的影响，也是关键因素之一。

与块状的材料形式相比，材料在纤维形式下会展现出更优异的力学性能，主要原因是材料在纤维形式下的缺陷要显著少于块状形式下的。随着纤维直径的减小，有害缺陷的数量和严重程度也会降低，而且纤维可以在生产过程中通过沿轴向拉伸来进一步增加强度。如果单个纤维在复合材料中失效，该失效不会自动扩展到邻近的纤维上，因为基体可以将本该由失效纤维承受的载荷转移到相邻的纤维上。基体可以有效抵抗可能由冲击或其他威胁产生的损伤，使复合材料更具有韧性，例如，玻璃薄片容易在出现小缺陷或受到冲击时发生断裂，玻璃纤维复合材料则不太容易受到冲击载荷的影响。

一般来说，纤维是复合材料的主要承载元件，故称其为增强体，可以由碳、石墨、玻璃、硼、芳纶或石英等材料制成。每一种纤维都有各自的优点和缺点，在复合材料结构设计过程中，刚度、静强度、冲击强度、疲劳性能、导电性和热性能等是选择纤维时考虑的主要因素。根据纤维的形式，复合材料可分为连续型和非连续型两大类。连续型长纤维被认为是高性能的，因为这种形式复合材料的力学性能很好，是飞机结构应用中最常见的类型。由于纤维的载荷路径被破坏，非连续型纤维复合材料的性能会下降，通常不适合航空器的主要结构，尽管也有例外，但其主要用于一些次要结构。

基体材料比纤维更柔软、强度更低，但是复合材料中的基体可以将纤维捆绑在一起并分配载荷。基体的存在使得复合材料可以有效抵抗压缩载荷，并保护纤维免受环境威胁，如燃料、液压油和擦伤等。当单根纤维断裂时，基体会通过受剪来传递需要被重新分配的载荷，另外，基体还通过局部化裂纹和分层来吸收能量，提高材料的整体抗冲击性能，同时能"软化"应力集中所造成的不利影响。根据基体的形式不同，复合材料可分为聚合物基复合材料、陶瓷基复合材料、金属基复合材料和碳–碳复合材料几类。

纤维和基体之间的界面称为纤维/基体界面，在纤维与基体固化之前，需要在纤维表面涂上胶料，用以保护纤维，并提高纤维与基体之间的黏结强度。基体的性质和纤维/基体界面强度控制了复合材料的力学性能，同样，基体和纤维/基体界面的相互作用对复合材料的裂纹扩展特性也有重要的影响。如果基体抗剪强度、模量和纤维/基体界面强度过高，裂纹可能会直接穿过纤维/基体界面而不偏转，因此复合材料会表现为脆性材料，断裂表面光滑。如果纤维/基体界面强度过低，基体只能对纤维起到捆束作用，纤维之间载荷分配的能力较弱，此时复合材料会很弱。对于合适的纤维/基体界面强度，在基体或纤维中扩展的裂纹会在纤维/基体界面处偏转，沿纤维方向延伸，复合材料在此模式下的失效将会显示出相当程度的纤维拔出现象，断裂表面将会非常粗糙，纤维拔出过程中会吸收相当大的外界能量，从而提高复合材料的力学性能。

如果在基体裂纹尖端附近有纤维，并连接基体裂纹面，则会产生裂纹的纤维桥接效应。桥接纤维将分担一部分裂纹尖端载荷，显著降低裂纹尖端的应力强度因子。随着裂纹长度的增加，裂纹尖端的应力也会增加，在裂纹扩展过程中，桥接纤维会脱粘和拔出，释放一部分能量，这将增加复合材料的断裂韧性。纤维增强复合材料的强度和断裂韧性是由不同组分损伤过程的相互作用决定的，因此横向裂纹和分层的纤维桥接效应是理解复合材料损伤机理的一个非常重要且具有挑战性的问题，在过去几十年中已经建立了很多分析方法 [2]。

1.2.2 复合材料单层

如图 1.5 所示，纤维和基体组成复合材料的单层，单层中的纤维可以沿一个方向铺设 (图 1.5(a) 中的单向单层)，也可以沿多个方向铺设 (图 1.5(b) 中的双向编织单层)，航空领域中通常采用的是预浸料和编织层两种形式的单层。预浸料是一种常见的形式，通过半固化状态的树脂预浸渍而成，在这种状态下，纤维和树脂结合在一起，但仍然具有足够的灵活性。预浸料的形式包括带状、条状、织物和薄板。带状预浸料是切成较小宽度的带子，当结构有复合表面 (双曲面) 或更小的细节需要成型时，带状预浸料具有很好的优势。

虽然在大型飞机上最常见的是预浸料，但结构的表面铺层也可以是干燥的织物层，这些织物层是用一种未固化的低黏度树脂浸渍而成的，这就是湿敷法。湿敷法可以在修理中考虑，但通常不用于大型飞机的结构设计。编织层是预浸式或干式的。对于织物，如图 1.5(b) 中所示的平纹织物，织造过程中纤维不能保持平直，纤维的捆绑不像单向层的那样紧密，这些特点降低了织物层的静强度和刚度，纤维的波纹对压缩载荷的影响也尤为重要。然而，在复合表面上，织物比单向预压层更容易成型。编织层通常用于层合板的外层，以提高抗磨性能和抗冲击性能，同时有助于防止钻孔时的分层损伤。由于采用了附加的织造工艺，材料成本比单向单层高，但是由于层数减少，人工成本可能会降低。

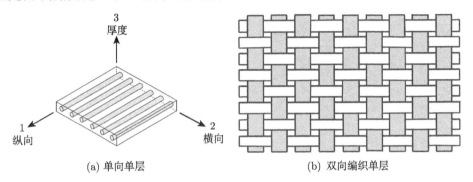

图 1.5　复合材料单层材料

（a）单向单层　　　　　　　　　　　　（b）双向编织单层

1.2.3　层合结构

在工程应用中，复合材料层合结构由单层按照设计的纤维方向和次序叠压固化而成，通过这种有序的叠压可以提供所需的工程性能，包括平面刚度、抗弯刚度、强度和热膨胀系数等。单层通常是正交各向同性或横向各向同性的，表现出各向异性、正交各向同性或准各向同性。准各向同性层合板则呈现各向同性的平面响应，但不限于各向同性的非平面响应。根据单层的堆叠序列，层合结构可以表现出平面内响应和平面外响应之间的耦合特性。

尽管在层合板上的所有单层都可以以相同方向铺设，但是对于抗压强度、承载力、抗损伤强度、冲击强度和横向强度等是不可取的。实际应用的层合板通常是多向的，这意味着，在层合结构中各单层中的纤维方向是不同的。本书中使用的单层坐标系如图 1.6 (a) 所示，1 方向 (纵向) 与纤维方向一致，2 方向 (横向) 与纤维方向垂直，3 方向为厚度方向，1-2-3 坐标系用于单层。x-y-z 是层合复合材料的全局坐标系，如图 1.6(b) 所示单层的方向角定义在 x-y-z 坐标系下。

在复合材料层合结构中，每一层的取向和位置可以用多种方式表达，虽然没有普遍的规则，但是存在一些常见的通用表示方法。0° 表示单层的 1 方向与层合结构的 x 方向一致；90° 表示单层的 1 方向与层合结构的 y 方向一致，并规定单层方向与全局坐标系的夹角为 θ，逆时针方向为正，顺时针方向为负，铺层顺序中的第一层为底面，如图 1.7 所示，z 轴的原点位于层合板的中面上。

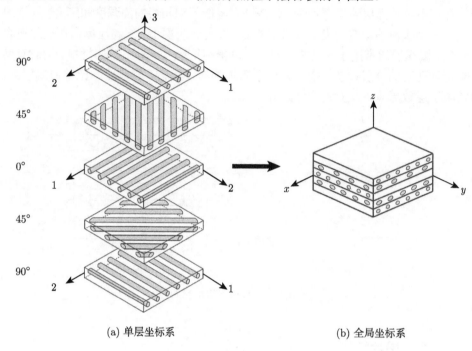

(a) 单层坐标系   (b) 全局坐标系

图 1.6　复合材料层合结构

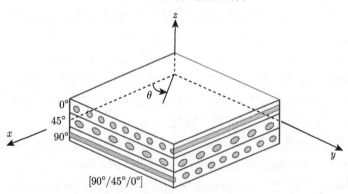

图 1.7　复合材料层合板的铺层顺序表示方法

    对于由等厚度单层板组成的层合结构，仅用铺层角度即可准确表示其结构特性。假设有一个由 4 层单层板组成的层合板，从第一层到第四层的夹角 θ 分别为 $45°$、$0°$、$90°$ 和 $-45°$，则铺层顺序可表示为 $[45°/0°/90°/-45°]$。对于由不同厚度单层板组成的层合板，在铺层顺序表示式中还需体现各单层板的厚度，以上述由 4 层单层板组成的层合板为例，如果从第一层到第四层的厚度分别为 t、$2t$、$3t$ 和

$4t$, 则铺层顺序可表示为 $[45°t/0°2t/90°3t/-45°4t]$, 这种情况也可以用百分比表示。在本书中, 铺层顺序中没有标明单层厚度则默认为由等厚度单层板组成的层合板。

就铺层顺序来说, 层合板可分为对称、反对称和不对称三种形式。根据对称性, 可以对对称层合板和反对称层合板的铺层顺序进行简化。对称层合板是指几何尺寸和材料性能都对称于中面的层合板, 如层合板 $[30°/-60°/35°/35°/-60°/30°]$ 的表达式可简化为 $[30°/-60°/35°]_s$, 其中, 下标 s 表示对称铺层。对于层合板 $[30°t/-60°2t/35°3t/-60°2t/30°t]$, 如果将 35° 层看成两层厚度为 1.5$t$ 的单层板, 则该表达式可简化为 $[30°t/-60°2t/35°1.5t]_s$。在实际工程结构中, 常见由几个单层板组成的组合重复对称铺设的情况, 例如, $[30°/-60°/35°]_{2s}$ 表示 $[30°/-60°/35°]$ 的组合对称铺设了两次, 该层合板由 12 个单层板组成, 其实际铺层顺序为

$$[30°/-60°/35°/35°/-60°/30°/30°/-60°/35°/35°/-60°/30°]$$

在反对称层合板中, 与中面相对的单层材料方向与全局坐标轴夹角正负相反, 但几何尺寸对称且其他材料性能均相同, 0° 和 90° 也可看成反对称角, 这种情况一般由缠绕铺层产生。例如, 层合板 $[30°/-60°/35°/-35°/60°/-30°]$ 的表达式可简化为 $[30°/-60°/35°]_{\bar{s}}$。

1.3 复合材料树脂基体

1.3.1 复合材料树脂基体性能要求

高性能航空复合材料树脂基体体系的各项性能必须满足实际应用的需要, 如工艺性能、耐热性和力学性能。树脂基体的工艺性能包括溶剂中的溶解性、熔融黏度 (流动性) 和黏度变化情况 (工艺窗口) 等。树脂基体的耐热性包括玻璃化转变温度 T_g、耐热氧化稳定性、热分解温度、阻燃性能和热变形温度等, 它决定了复合材料的使用温度。树脂基体的力学性能包括拉伸、压缩、弯曲和抗冲击以及断裂韧性等。对于某些特殊应用, 树脂基体还应具有优异的电性能和耐化学性能, 包括耐溶剂性、自润滑性以及耐腐蚀性等。对于有光学使用要求的树脂, 还应考虑折光指数、透明度、颜色、耐候性及光化学稳定性等。下面将具体介绍各项性能要求。

1) 耐热性

为满足航空航天领域的需要, 已经发展了甚至能在 300℃ 以上长期使用的耐高温树脂基体。动态热重分析可用来确定耐高温树脂基体的短期耐热性和热氧化稳定性, 而高温长期老化试验用以确定树脂基体的长期热氧化稳定性。热氧化稳定性主要由组成分子链的原子间键能决定, 芳杂环结构, 如苯和氮杂萘, 具有高的键能, 因而具有高的热氧化稳定性。

　　代表树脂耐热性的主要参数是玻璃化转变温度和热分解温度，玻璃化转变温度是树脂从玻璃态转变成弹性态的温度，在这一温度下，树脂开始变成弹性态，从而降低甚至失去了对纤维的约束力。热分解温度是指树脂的分子结构开始发生裂解的温度，此时，复合材料开始发生破坏，并伴有裂解的低分子段放出。

　　2) 热膨胀系数

　　两种热膨胀系数的材料结合在一起，当温度变化时，会在界面上产生热残余应力。如果这两种热膨胀系数差别较大，则有可能导致界面结合的破坏。复合材料由树脂和增强纤维组成，随着温度的变化，树脂和增强纤维之间的界面会产生应力，严重时会出现界面脱胶的现象。同样，胶接构件也极易在胶接界面发生热失配破坏。因此，高性能树脂基体必须考虑和增强纤维之间的热膨胀系数匹配问题。

　　热膨胀系数可以采用热机械分析方法测定，表 1.1 为部分常用复合纤维树脂基体和增强纤维的热膨胀系数。一般来说，无机材料的热膨胀系数较有机高分子材料低。

表 1.1　部分常用复合材料树脂基体和增强纤维的热膨胀系数

材料	热膨胀系数/ $(10^{-6}\mathrm{K}^{-1})$	材料	热膨胀系数/ $(10^{-6}\mathrm{K}^{-1})$
聚酯	70~101	酚醛	16~25
聚砜	59~86	碳纤维	−1.6~3.4
环氧	59	玻璃纤维	8.46
聚酰亚胺	45~50	石英纤维	0.31

　　3) 力学性能

　　高性能树脂基体的力学性能主要包括拉伸强度和拉伸模量、断裂伸长率、弯曲强度和弯曲模量、冲击强度和表面硬度等。这些性能会随温度、加工和固化条件的变化而改变。与其他结构材料相比，高性能树脂基体的一个重要特征是黏弹性，即其性能强烈依赖作用温度和时间。由于存在黏弹性，高分子材料，尤其是热塑性树脂基体，在使用过程中会发生蠕变和应力松弛现象。

　　高性能树脂基体具有刚性骨架，大分子主链上含有大量的芳杂环，有的共轭双键还以梯形结构有序排列，分子的规整性好，具有高的交联密度。因此，高性能树脂基体一般具有高的模量，但断裂伸长率和韧性偏低。表 1.2 为部分高性能树脂基体的力学性能。

　　除上述力学性能外，对树脂基复合材料而言，还有一个值得关注的性能就是树脂的韧性，增韧的树脂可改善复合材料的断裂韧性和疲劳性能，在损伤下保持较高的剩余强度，提高飞机结构的使用安全性。环氧树脂和双马来酰亚胺树脂是目前用得最多的两种高性能热固性树脂基体，但它们都有固化物脆性较大的缺点，这是由于固化后形成的立体网状分子交联密度高，这使整个分子结构的刚性增大，导致固化物的脆性大。

表 1.2　部分高性能树脂基体的力学性能

树脂基体	拉伸强度/ MPa	弯曲强度/ MPa	弯曲模量/ GPa
聚醚醚酮	99	145	3.8
聚醚酰亚胺	107	148	3.4
热塑性聚酰亚胺	87	134	3.2
双马来酰亚胺	84	45	3.3
热固性聚酰亚胺	75	40	3.5
环氧	85	50	3.3

4) 电性能

高性能树脂在电子工业的应用发展很快,包括用作绝缘材料、透波材料等。因此,了解高性能树脂的电性能也是极其重要的。在航空工业领域,由于雷击损伤,复合材料结构的电性能也一直是关注的焦点问题之一。

材料的电性能主要包括介电性能和电击穿强度。材料的介电常数指的是单位电场强度下材料单位体积内的平均能量储存,材料的介电常数和材料的介电极化(电子极化、原子极化和取向极化) 程度有关。

当高分子材料作为绝缘材料使用时,除考虑在使用条件下其耐热性、力学性能要满足要求外,还需考虑材料的绝缘性能。当在某一电场作用下其介电损耗所产生的热量超过材料散发的热量时,会引起材料局部过热,随之会发生材料的击穿。高分子材料在应力作用下发生变形也会影响其击穿行为,使击穿强度下降,在这种情况下发生的击穿行为称为电机械击穿。表 1.3 为部分高分子材料的电性能。

表 1.3　部分高分子材料的电性能

材料	电击穿强度/$(10^6\,V/m)$	60 Hz		9.4 GHz	
		介电常数	介电损耗角正切值	介电常数	介电损耗角正切值
环氧	15.75	4.02~4.79	0.005~0.038	3.2~3.5	0.02~0.03
尼龙 6	15.16	4.0~5.3	0.014~0.06	—	—
聚酯	11.81~15.75	2.8~4.4	0.003~0.04	—	—
氰酸酯	15.35	2.7~3.2	0.001~0.005	2.7~3.2	0.005~0.015
BMI	15.75	4.0~4.8	0.004~0.035	3.2~3.6	0.015~0.025
聚乙烯	18.90	2.3	0.0005		

5) 耐环境性

树脂的耐环境性主要是指吸水性、抗老化性、抗氧化性和抗电磁辐射性等,其中,吸水性非常重要。各种树脂都有不同程度的吸水性,水汽进入树脂基体后会产生一种增塑作用,使固化交联的分子链段出现松弛,从而使其强度下降。研究表明,某些环氧树脂固化后吸水率可达 1%~3%,强度下降可达 10%~15%。特别是在较高温度下,吸入的水分或湿气对复合材料的性能影响更大,因此对复合材料的湿热性能研究也是一个重要课题。吸水性与树脂的成分和分子结构有关，也与固化程度有关，有的环氧树脂在高的交联密度下吸水率反而更高。

1.3.2　高性能树脂基体

高性能树脂基体实际上是一种高分子聚合物材料，按照加工性能不同分为热固性树脂基体和热塑性树脂基体两种。目前热固性树脂基体仍占主导地位，被大量用来制造飞机的各种结构件，包括机翼、机身、尾翼等主承力结构。热固性树脂基体主要有环氧树脂、双马来酰亚胺树脂、聚酰亚胺树脂、聚酯树脂、酚醛树脂和异氰酸酯树脂等。从耐热性考虑，用作轻质高效结构材料的高性能热固性树脂基体主要有三大类，即 130℃以下长期使用的环氧树脂体系、150~220℃下长期使用的双马来酰亚胺树脂体系和 260℃以上使用的聚酰亚胺树脂体系。

环氧树脂最高使用温度达 150℃，在军用飞机无高温要求的结构和商用飞机上被越来越多地采用。双马来酰亚胺树脂成本较高，主要用在高性能军用飞机上的耐高温构件上。而聚酰亚胺树脂由于其优异的高温性能，已被开发应用在飞机发动机部件上。

高性能热塑性树脂基体主要是一些半结晶型的新型热塑性树脂，如聚醚醚酮、聚醚酮、聚苯硫醚和聚醚酰亚胺等。这些新型的热塑性树脂基体是在 20 世纪 80 年代开发出来的，同热固性树脂基体相比，其具有耐温性、工艺性及可再生重复使用等方面的优势，已被开发用于制造飞机结构件，而空客公司在这方面处于领先地位，每架空客 A380 飞机上热塑性复合材料的用量达 6t 之多。

1. 热固性树脂基体

1) 环氧树脂

环氧树脂基体实际上是由环氧树脂、固化剂和其他助剂组成的一种树脂体系，其性能主要取决于所选用的环氧树脂。环氧树脂是指分子结构中含有 2 个或 2 个以上环氧基，并能与某些化学试剂发生反应形成三维网状交联分子结构的高分子材料。这种由线性的大分子结构变成立体的网状分子交联结构的过程称为固化。环氧树脂的固化通常需要借助于一种称为固化剂的化学物质的作用，有时还需要加热。经固化后，环氧树脂由黏流状态转变成坚实的固体状态，同时伴有热量放出，因此环氧树脂的固化反应是放热反应，这一特性成为表征和研究环氧树脂的分子结构、固化行为以及最终性能的重要依据。

环氧树脂是一类重要的热固性树脂，与酚醛树脂及不饱和聚酯树脂并称为三大通用型热固性树脂。但环氧树脂性能最好，用得最多。环氧树脂中含有独特的环氧基，以及羟基、醚键等活性基团和极性基团，因而具有许多优异的性能。与其他热固性树脂相比，环氧树脂的种类和牌号最多，性能各异。环氧树脂固化剂的种类更多，再加上有众多的促进剂、改性剂和添加剂等，因此其可以进行多种组合和组配，从而能获得各种性能优异的、各具特色的环氧固化物材料，几乎能适应和满足各种使用性能和工艺性能的要求。用高性能环氧树脂作为基体，与高性能的纤维增强体复合，能得到性能非常优异的复合材料，在航空航天等高端领域得到了广泛应用，且现在还在不断发展中。

环氧树脂品种繁多，可按分子化学结构分类。根据环氧基相连官能团化学结构不同和环氧基相连化合物结构不同，环氧树脂大致可以分成缩水甘油醚型环氧树脂、缩水甘油酯型环氧树脂、缩水甘油胺型环氧树脂和脂环族环氧化合物几类。工业上使用量最大的环氧树脂品种是缩水甘油醚型环氧树脂，而其中又以二酚基丙烷型环氧树脂为主，简称双酚 A 型环氧树脂，其次是缩水甘油胺型环氧树脂。改性环氧树脂根据所用的元素和原母体进行分类，有元素有机 (如硅、磷) 环氧树脂、聚氨酯环氧树脂。

环氧树脂的固化关系到复合材料成型工艺的质量控制，它最终决定复合材料的性能和质量，因此一直是复合材料技术的一个重要研究课题。环氧树脂固化反应的原理目前尚未完全明确，固化物的性能除取决于树脂本身的性能外，还与所选用的固化剂密切相关，目前用于环氧树脂的固化剂主要有胺类固化剂、酸酐类固化剂和咪唑类固化剂。

环氧树脂具有优良的综合性能，包括黏结强度高、固化收缩率小、尺寸稳定性好以及电绝缘性能优异，是一种较理想的复合材料基体。但是，由于固化后的分子交联密度高、内应力大，所以存在质脆、耐疲劳性差、抗冲击韧性差等缺点，对于航空结构复合材料，环氧树脂的增韧改性一直是重要的研究课题。早期采用橡胶弹性体增韧环氧树脂，如端羧基丁腈橡胶、聚硫橡胶等，可有效改善固化树脂的韧性，但降低了树脂的耐热性和模量。20 世纪 80 年代末，国内外相继开展了用热塑性树脂增韧环氧树脂的研究工作，在热性能、模量、介电性能等降低不是很大的情况下提高了环氧树脂的韧性，改善了材料的综合性能，使得增韧环氧树脂的应用有了较大的进展。近年来，一些新的改性技术得到发展，包括热致液晶聚合物增韧、热塑性树脂互穿网络增韧以及纳米粒子增韧等。

2) 双马来酰亚胺树脂

双马来酰亚胺树脂简称双马树脂，是为了满足高性能飞机对结构材料更高的耐温性能要求而发展起来的一种新型热固性树脂。对目前大量使用的环氧树脂而言，其最高工作温度一般为 150℃。较高的使用温度要求 (180℃以上) 已成为难以逾越的障碍，因而势必要开发新型的、性能优良的耐高温树脂。聚酰亚胺树脂虽有卓越的耐热性，但苛刻的工艺条件限制了它的推广应用。而居于环氧树脂与聚酰亚胺树脂之间的加成聚酰亚胺树脂 —— 双马树脂，既有接近聚酰亚胺树脂的耐热性，又基本保留了环氧树脂的成型工艺性，因而得到极大的关注。自 1980 年以来各机构纷纷将它的应用范围从耐热绝缘材料推广到先进复合材料的树脂基体。

双马树脂虽然有优良的力学性能和耐热性，但未经改性的树脂熔点较高，需高温固化，且固化产物交联密度较大，脆性较大，因此要作为高性能树脂基体使用，就必须进行改性。双马树脂的改性主要从以下几方面进行：一是工艺性能改进；二是提高固化物的韧性；三是降低成本。也有一些研究工作对将双马树脂改性为功能材料进行了探索，以进一步扩大其应用范围。

经过改性的双马树脂基体种类已达几十个，它们集高温性、高强度和高韧性于一体，在航空工业领域得到了广泛应用。

3) 聚酰亚胺树脂

聚酰亚胺树脂是含有酰亚胺基团结构的一类聚合物，它包括热固性聚酰亚胺树脂和热塑性聚酰亚胺树脂两大类。热固性聚酰亚胺树脂具有优异的热氧化稳定性、良好的成型工艺性和综合力学性能，可在高温环境中长期使用。聚酰亚胺复合材料在航空发动机、耐高温航天部件等中得到了广泛应用。

作为复合材料树脂基体的聚酰亚胺树脂主要是热固性聚酰亚胺树脂。热固性聚酰亚胺树脂依据其活性封端基可分为三种主要类型，即单体反应物原位聚合 (in situ polymerization of monomer reactants，PMR) 聚酰亚胺树脂、乙炔封端聚酰亚胺树脂以及双马树脂。PMR-15 是常用的 PMR 聚酰亚胺树脂，具有优异的工艺性，在固化反应过程中没有小分子挥发物产生，因此可在较低压下进行热压罐和模压成型。PMR-15 复合材料具有优良的热氧化稳定性和综合力学性能。但是，PMR-15 使用的单体 MDA 具有致癌性、固化物韧性差以及不能在高于 316℃环境中长期使用的缺点。为克服这些缺点，一些不含单体 MDA 和可在更高温度下长期使用的 PMR 聚酰亚胺树脂得到了发展。

LP-15 是一种不含单体 MDA 的低成本聚酰亚胺树脂，它的成型工艺性优于 PMR-15，可在 280℃以下替代 PMR-15 制备复合材料并长期使用。

乙炔封端聚酰亚胺树脂包括 Thermid 和 Thermcon 树脂系列。Thermcon 树脂的特点是固化物具有优异的介电性能，可作为绝缘材料使用，经过适当处理后，Thermcon 树脂又是在环境条件下性能稳定的导电塑料。

4) 氰酸酯树脂

氰酸酯树脂是 20 世纪 60 年代开发的一种分子结构中含有两个或两个以上氰酸酯官能团的新型热固性树脂，又称为三嗪 A 树脂。氰酸酯树脂具有优良的高温力学性能，且弯曲强度和拉伸强度都比双官能团环氧树脂高，吸水率极低 (<1.5%)，成型收缩率低，尺寸稳定性好，耐热性好，玻璃化转变温度在 240~260℃，最高能达到 400℃，改性后可在 170℃下固化，耐湿热性、阻燃性、黏结性都很好。氰酸酯树脂是继环氧树脂、双马树脂、聚酰亚胺树脂之后的一种新型高性能树脂基体，在高性能印刷电路板、航天结构部件、雷达罩、透波隐身结构复合材料、人造卫星等

领域获得了广泛的应用。

　　氰酸酯树脂在常温下多为固态或半固态,可溶于丙酮、氯仿、四氢呋喃、丁酮等常见的溶剂,对玻璃纤维、碳纤维、芳纶、石英纤维、晶须等增强材料有良好的浸润性,表现出优良的黏结性、涂覆性及流变学特性。其工艺性能与环氧树脂相近,不但可以用传统的注塑、模压等工艺成型,也适用于先进的复合材料成型工艺如缠绕、热压罐、真空袋和树脂传递模塑等。

　　氰酸酯树脂电性能优异,具有极低的介电常数和介电损耗角正切值,并且介电性能对温度和电磁波频率的变化都显示特有的稳定性,即具有宽频带性。

　　虽然氰酸酯树脂具有许多优良的性能,但是它的热固化反应温度高、固化时间长、制造成本高。其单体聚合后的交联密度过大,加之分子中三嗪环结构高度对称,结晶度高,造成氰酸酯树脂固化后较脆,其韧性仍不能满足高性能复合材料树脂基体的要求,因此需要对其进行增韧改性。目前,增韧氰酸酯树脂的方法主要有以下几个:与单官能度氰酸酯共聚,降低网络结构交联密度;采用橡胶弹性体;与热塑性树脂共混形成 (半) 互穿网络;与热固性树脂共聚。

　　2. 热塑性树脂基体

　　目前的高性能热塑性树脂基体主要有聚醚醚酮、聚醚酮、聚醚酮酮、聚苯硫醚、聚醚酰亚胺、聚醚砜、聚酰胺酰亚胺和热塑性聚酰亚胺等,其中以聚醚酮类树脂用得最多。

　　聚醚酮和聚醚醚酮是半结晶态的热塑性芳香族聚合物,其分子结构中一些分子呈有序排列,称为晶态;另一些分子呈无规则排列,称为无定形态。这两种形态的分子互相缠结,使这些树脂表现出不同于热固性树脂基体的性能特征。

　　在热性能上,在玻璃化转变温度时只有无定形部分产生链段松弛,降低部分强度,而其中的晶态部分将经历一个强度逐渐下降的过程,直到接近其熔点。玻璃化转变温度以上保留强度的比例与晶态分子的含量有关。一般来说,晶态分子的熔点温度都较高,接近或超过 300℃,这就使热塑性复合材料的成型制造变得更加复杂和困难。例如,在力学性能上,其具有明显的力学松弛现象;在外力作用下,其具有相当大的断裂伸长率。晶态分子的抗冲击性能好,这有利于提高复合材料的断裂韧性和抗冲击能力,但力学松弛对复合材料使用中的尺寸稳定性有影响。

1.4　复合材料增强材料体系

　　复合材料主要由增强体和基体材料两大部分组成,增强体是复合材料的关键组分,起着提高强度、改善性能的作用。复合材料用增强体的品种很多,其中既包括已广泛应用的玻璃纤维和各种植物纤维,也包括各种新型的高性能的纤维状增强体，如有机纤维中的对位芳酰胺 (芳纶)、聚芳酯、聚苯并噁唑及超高分子量聚乙烯等纤维，以及无机纤维中的碳纤维、氧化铝纤维、碳化硅纤维及特种玻璃纤维等纤维品种。自 20 世纪 90 年代后，为满足先进复合材料高性能化、多功能化、小型化、轻量化、智能化及低成本化的发展需要，各种新技术和新设备被开发，从而大大推动了高性能纤维的发展。进入 21 世纪以来，世界高性能纤维的发展已步入良性循环的状态，开发了一批新一代高性能纤维如纳米碳纤维、耐高温硅系列纤维等。

纤维增强材料的主要品种有碳纤维、玻璃纤维、芳纶、玄武岩纤维、超高分子量聚乙烯纤维，以及其他纤维，如金属丝、硼纤维和陶瓷纤维。纤维增强的形式可以是纤维本身，分为连续纤维、长纤维和短切纤维，也可以是纤维毡、织物和布、二维和三维的纤维编织件或缝合件，如图 1.8 所示。

(a) 单丝纤维　　　　　　　　　　　　　(b) 纤维编织件

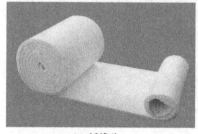

(c) 纤维毡　　　　　　　(d) 短切纤维　　　　　　(e) 纤维缠绕

图 1.8　几种典型的纤维增强材料

航空航天高端应用的复合材料必须采用高性能纤维作为增强体，高性能纤维目前的主流产品仍是碳纤维，还包括芳纶和超高分子量聚乙烯纤维。高性能纤维的界定主要是依据其优异的力学性能，即轻质高强和高模量，也就是单位质量的高强度和高模量，称其为高比强度和高比模量，它们比传统的结构材料 (如轻质高强的铝合金) 还要高许多倍，当其用来制造航空结构复合材料部件时，在节能降耗上体现出巨大的经济效益。

1.4.1 玻璃纤维

玻璃纤维是以石英砂、石灰石、白云石、石蜡等为组分并配以纯碱、硼酸等，有时为简化工艺和获得预期的性能还适当掺入 TiO_2、ZrO_2 和 Al_2O_3 等氧化物，经熔融窑熔制拉丝而成的。玻璃组成以及拉丝工艺对纤维的性能有较大的影响。玻璃纤维的主要特点是不燃、不腐烂、耐热、拉伸强度高，断裂伸长率较小，绝热性与化学稳定性好，且有良好的电绝缘性及低的热膨胀系数。

玻璃纤维是最早开发的一种性能优异的无机非金属材料，已有数十年的发展历史，种类很多，技术已较成熟，目前以商品形式提供的主要品种有纤维本身和各种纤维布或织物，是最早用于制备聚合物基复合材料 (俗称玻璃钢) 的低成本增强纤维。玻璃纤维的直径一般为 $5 \sim 20\mu m$，玻璃纤维直径越细，性能越好。已有的商业玻璃纤维类型及代号有：E- 玻璃纤维，具有良好的电绝缘性；C- 玻璃纤维，耐化学侵蚀；A- 玻璃纤维，含有高碱金属氧化物；D- 玻璃纤维，具有高介电性能；S- 玻璃纤维，具有高拉伸强度；M- 玻璃纤维，具有高弹性模量；AR- 玻璃纤维，耐碱性好，是水泥基复合材料的良好增强纤维。常用商业玻璃纤维增强体的性能如表 1.4 所示。作为增强体，玻璃纤维可以加工成纱、布、带、毡以及三维织物等形状。

表 1.4　常用商业玻璃纤维增强体的性能

牌号	直径/μm	密度/(g/cm^3)	热膨胀系数/$(10^{-6}°C^{-1})$	弹性模量/GPa	拉伸强度/GPa	断裂伸长率/%	泊松比	软化温度/°C
E	12	2.54	5.0	72.5~75.5	3.6	2.0	0.21	845
AR	12	2.68	7.5	70~80	3.6	2.0	0.22	—
M	12	2.89	5.7	110	3.5	—	—	—
S	12	2.48	2.9~5.0	约 86	4.6	—	—	968

1.4.2 碳纤维

碳纤维是由不完整石墨结晶沿纤维轴向排列的一种多晶纤维。所有商用的连续碳纤维的制造都是将碳质前驱体通过各种纺丝工艺转变成纤维状态后，将前驱体纤维交联，即稳定化，再在惰性保护性气体中加热到 $1200 \sim 3000°C$，即碳化，以除去非碳元素而形成多晶碳纤维。最有代表性的碳材料是连续碳纤维，它是近年来商业化的碳制品中最成功的产品，已经发展成现代工业材料之一，主要用作聚合物基、陶瓷基及碳基复合材料的增强体。碳纤维按力学性能分类，有高强型、超高强型、高模量型和超高模量型，其主要力学性能范围如表 1.5 所示。按制造碳纤维的前驱体来分类，主要有聚丙烯腈基碳纤维、沥青基碳纤维和人造丝碳纤维。

表 1.5 　碳纤维类型和主要力学性能范围

性能	碳纤维			
	超高模量型	高模型	超高强型	高强型
弹性模量/GPa	400	300~400	200~350	200~250
拉伸强度/GPa	1.70	1.70	2.76	2.0~2.75
含碳量/%	99.8	99.0	96.5	94.5

　　碳纤维的直径为 6~8μm，仅为人头发丝的 1/3 左右，是近数十年来为满足高性能飞机对材料的需求而发展起来的一种新型材料。尽管碳纤维含碳量在 90% 以上，但是它的制备不是直接从碳材料中抽取的。碳材料不溶于任何溶剂，也不能用熔融纺丝法制取，而是由有机高分子纤维，即聚丙烯腈纤维或石油沥青纤维或煤沥青纤维经专门的碳化处理制得的。碳纤维也称为石墨纤维，但真正意义上的石墨纤维是将相应的前驱体有机纤维制成碳纤维后，再经 2000~3300℃石墨化处理后得到的纤维材料，含碳量高达 99%，因此其弹性模量也大大提高，用石墨纤维制造的复合材料，不仅轻质高强，而且刚性和尺寸稳定性特别好，在航天应用中，被用来制造卫星天线或太阳能电池阵列。

　　碳纤维的微观结构尚未完全清楚，但基本可以认为碳纤维的微观结构类似人造石墨，碳原子以石墨化的六方微晶体形式连接在一起，形成无规乱层石墨结构，并沿纤维的轴向进行取向排列，这种结晶的取向排列使碳纤维强度变得非常高。

　　碳纤维的力学行为可以看成在断裂之前呈线性的应力–应变关系，表示它的强度与应变成正比。但碳纤维断裂是瞬时的脆性断裂，这在进行碳纤维复合材料结构设计时必须被充分考虑。碳纤维最突出的优点体现在它超出其他工程材料许多的比强度和比刚度，见表 1.6。

表 1.6 　碳纤维与其他工程材料的性能比较

材料	密度/ (g/cm³)	拉伸强度 σ / MPa	拉伸模量 E /GPa	比强度 /[GPa/(g/cm³)]	比模量 /[GPa/(g/cm³)]
高模碳纤维	1.7	4000	240	2.4	140
高强钢	7.8	340~2100	208	0.04~0.27	27
高强铝合金	2.7	144~650	69	0.05~0.23	26
E- 玻璃纤维	2.54	3100~3800	72.5~75.5	12.6~15	28.5~29.5
芳纶 49	1.44	2800	126	1.94	88
硼纤维	2.36	2750	382	1.17	162
碳化硅	2.69	3430	480	1.28	178

　　由表 1.6 可以看出，高模碳纤维的比强度和比模量要远高于高强钢和高强铝合金，用碳纤维增强的树脂基复合材料是一种优良的轻质高强的结构材料，实践证明，用碳纤维复合材料代替钢或铝，减重效率可达 20%~40%，因而其在许多工业

领域,特别是在航空航天领域得到了广泛的应用。不仅如此,其他如汽车、海运、交通、发电等与运行速度有关的部门都会因采用复合材料而大为受益。此外,碳纤维还具有耐腐蚀、抗疲劳、耐高温、膨胀系数小、尺寸稳定性高、导电等优点。

1.4.3 玄武岩纤维

连续玄武岩纤维是以天然的火山喷出岩作为原料,将其破碎后加入熔窑中,在 1450 ~ 1500℃下熔融后,通过铂铑合金拉丝漏板制成的连续纤维。近年来,玄武岩纤维在全球范围内得到较高的重视,主要原因之一是玄武岩纤维直接由纯天然原材料制得,具有非人工合成的纯天然性。玄武岩熔化过程中没有硼和其他碱金属氧化物排出,使其制造过程中无有害物质析出,不向大气排放有害气体,无工业垃圾及有毒物质污染环境,加之产品寿命长,是一种高性能、洁净程度高的新型绿色环保材料。此外,玄武岩纤维具有许多性能优点,如突出的力学性能、耐高温、可在 −269 ~ 650℃内连续工作、耐酸碱、吸湿性低、还有绝缘性好、绝热隔声性能优异、良好的透波性能等。以玄武岩纤维为增强体制成的各种性能优异的复合材料,可广泛应用于航空航天、建筑、化工、医学、电子、农业等军工和民用领域。

与玻璃纤维一样,玄武岩纤维属于无机非金属材料,其耐温性能和电绝缘性能高于玻璃纤维。玄武岩纤维与其他纤维的主要性能比较见表 1.7。

表 1.7 玄武岩纤维与其他纤维的主要性能比较

纤维类型	密度/(g/cm³)	拉伸强度/MPa	弹性模量/GPa	断裂伸长率/%	最高工作温度/℃
玄武岩纤维	2.80	3000~4840	79.3~93.1	3.1	650
E- 玻璃纤维	2.54	3100~3800	72.5~75.5	4.7	380
S- 玻璃纤维	2.54~2.57	4020~4650	83~86	5.3	300
PAN 基碳纤维	1.78	3500~6000	230~600	1.5~2.0	500
芳纶	1.45	2900~3400	70~140	2.8~3.6	250

由表 1.7 可以看出,玄武岩纤维的产品性能要超过 E- 玻璃纤维。在短切原丝毡、无捻粗纱和单向布这些产品中,玄武岩纤维显示了比 E- 玻璃纤维更高的断裂强度和弹性模量。此外,玄武岩纤维具有天然的抗紫外线和抗高能量电磁辐射的能力,并具有更好的耐酸性。另外,玄武岩是百分之百惰性物质,与空气和水均无毒性反应,而且不燃烧、防爆炸。

1.4.4 芳纶

芳纶是一种高强度、高模量、低密度和耐磨性好的有机合成的高科技纤维,它的全称是芳香族聚酰胺纤维,简称为芳纶。芳纶可分为邻位芳纶、对位芳纶及间位芳纶三种，其中邻位芳纶无商业价值。对位芳纶是指每个单体的活性基团均位于苯环 1、4 位，也称芳纶 14，其主链结构具有高度的规则性，大分子以十分伸展的状态存在。它具有耐高温、防火、耐化学腐蚀性能极高的力学性能和抗疲劳性，强度为钢的 3 倍。它的热稳定性好，在 150℃下收缩率为 0，在高温下仍能保持较高的强度，例如，在 260℃下仍可保持原强度的 65%。对位芳纶的主要品种为 Kevlar 系列，其主要性能见表 1.8。

表 1.8　对位芳纶的主要品种及性能

牌号	类型	密度/(g/cm^3)	拉伸强度/MPa	拉伸模量/GPa	断裂伸长率/%	分解温度/℃	吸湿率/%
Kevlar29	标准	1.44	2923.2	70.56	3.6	500	7
Kevlar49	高模	1.45	3016	113.1	2.4	500	3.5
Kevlar119	高伸	1.44	3052.8	54.72	4.4	500	7
Kevlar129	高强	1.44	3369.6	96.48	3.3	500	7
Kevlar149	高模	1.47	2469.6	169.05	1.3	500	1.2
TwaronReg	标准	1.44	3024	72	4.4	500	6.5
TwaronHM	高模	1.45	3045	108.75	2.5	500	3.5
Technora	高强	1.39	3433.3	72.28	4.6	500	2
Armos	高强高模	1.43	5005~5577	150.15	3.5~4.0	575	2.0~3.5

间位芳纶是指两个单体活性基团位于苯环的 1、3 位，也称芳纶 13，其大分子链呈锯齿状，具有优良的物理力学性能，如强度、断裂伸长率等，但其强度不如对位芳纶。同时，其还拥有极佳的耐火和耐氧化性，它在 260℃下连续使用 1000h 后，其强度仍能保持原强度的 65%；它在 300℃下使用 7h 后，其强度仍能保持原强度的 50%；其离开火焰后具有自熄性；它在酸、碱、漂白剂、还原剂及有机溶剂中的稳定性很好；同时它还具有良好的抗辐射性能。

在实际应用中，芳纶还可按聚合单体的种数命名。由一个单体自聚而成的芳纶称芳纶 I 型，例如，前述的芳纶 13 和芳纶 14 均属于芳纶 I 型。由两个单体聚合而成，每个单体的活性基团均位于苯环 1、3 位或 1、4 位，称为芳纶 II 型，间位芳纶 1313 和对位芳纶 1414 都属于芳纶 II 型。由三个单体共聚而成的芳纶则属于芳纶III型。

芳纶具有很高的拉伸强度和优异的韧性，可与树脂基体或陶瓷基体制成复合材料，用于装甲和防护。利用芳纶的阻燃性制成的复合材料可用来制造飞机的内舱件。此外，芳纶在造船、体育器材、汽车、建筑等工业中也有广泛应用，例如，在建筑业芳纶可以制作增强混凝土构件；在汽车业芳纶可替代石棉来制造刹车片、离合器、整流器等，芳纶子午线汽车轮胎是发展很快的新产品，能有效地提高轮胎的使用寿命和防爆安全性。耐热制品有芳纶增强的橡胶传送带及制造高性能的绳索等。

1.4.5 石英纤维

石英纤维由石英晶体通过熔融拉丝工艺制成，是一种均匀、超纯玻璃纤维。石英纤维具有优异的介电性能，用于制作高性能雷达天线罩和电路板；优良的隔热性能，用于制备宇航防热材料。石英纤维和酚醛树脂、环氧树脂具有很好的兼容性。表 1.9 是石英纤维基本性能。

表 1.9 石英纤维基本性能

性能	典型值	备注
密度/(g/cm^3)	2.2	—
拉伸强度/MPa	6000	初生态纤维
拉伸弹性模量/GPa	78	初生态纤维
断裂伸长率/%	7.7	初生态纤维
介电常数	3.74	1GHz
介电强度/(kV/mm)	37	—
损耗因子	0.0002	1GHz
比热容/(J/(g·K))	0.75	—
热膨胀系数/(10^{-6}/(m·K))	0.54	20℃
导热性/(W/(m·K))	1.38	—
软化点/℃	1700	—
最高工作温度/℃	1050	在空气中

1.4.6 几种主要增强纤维的性能比较

对结构复合材料，特别是航空航天高端结构复合材料，质轻、高强、耐热是其主要发展方向，增强纤维是复合材料中承载的组分材料，其力学性能直接关系到复合材料的承载能力和服役行为。增强纤维的力学性能主要从比强度和比模量及断裂行为上进行比较，这也是复合材料结构设计选材必须要考虑的问题，各种纤维的比强度和比模量比较见图 1.9。

由图 1.9 可以看出，尽管超高强聚乙烯纤维和芳纶的比强度高于碳纤维，但从综合比强度和比模量来看，碳纤维仍是高端结构复合材料首选的增强材料。断裂行为主要考察材料是脆性断裂还是塑性断裂，通常由材料的拉伸试验得到的拉伸应力-拉伸应变曲线来说明。脆性断裂是指在最大应力处断裂，此前没有任何的材料屈服现象。脆性断裂对结构材料而言，有时是致命的，因此在结构设计时必须对其进行充分考虑。几种纤维的拉伸应力-拉伸应变曲线见图 1.10。

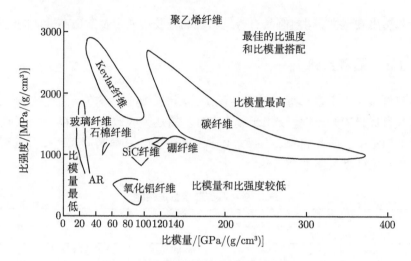

图 1.9　各种纤维的比强度和比模量比较

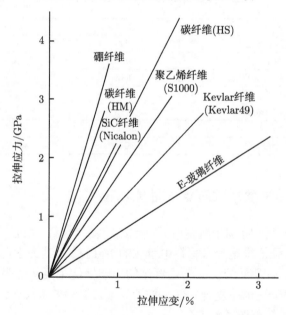

图 1.10　各种纤维的拉伸应力–拉伸应变曲线

　　从拉断后纤维的扫描电镜观察中发现，仅 Kevlar49 纤维呈韧性断裂，断裂前纤维有明显的颈缩，并在发生很大的局部伸长后才最终断裂。而碳纤维和玻璃纤维几乎是理想的脆性断裂，断裂时不发生截面积的缩小。因此，在碳纤维用作增强材料时，一方面要提高碳纤维本身的断裂延伸率，另一方面要采用高韧性的树脂基体，保证复合材料有较大的变形量。

1.5　飞机复合材料结构修理技术发展历史与研究现状

1.5.1　复合材料结构修理技术的发展历史

由于复合材料结构在力学性能、分析和设计方法等方面与传统金属结构存在巨大差别，所以随着复合材料在飞机结构上的广泛应用，必将对飞机维修理论、技术和工艺等提出全新的挑战。复合材料机体结构设计和制造技术日臻成熟，与之相应的复合材料结构的修理研究却相对匮乏。因此，全面研究复合材料结构修理技术的需求日益迫切，修理与评估技术逐渐成为重要研究内容之一，对提高飞机结构的维护性和降低运营成本具有重要工程意义。

飞机在服役过程中，在动载荷、雨水侵蚀、鸟和冰雹等外来物的撞击作用下，复合材料结构容易出现脱胶、撕裂与撞击损伤等内部缺陷和损伤，这些缺陷和损伤会大大降低结构的承载能力。对于军用飞机，情况尤为严重，还包括战斗造成的损伤。对于受损结构，为增强其安全性和可靠性，保证其在使用寿命期内的正常使用，恢复其使用功能和完整性，进行相应的修理是十分必要的。

现代飞机设计和制造成本巨大，尤其对于一次成型的大型复合材料主承力结构，更换的成本十分高昂。飞机结构的损伤绝大多数具有局部性和多发性的特点，减少飞机使用中部件的更换率，对受损部位进行局部修理是保证飞行安全、降低飞机复合材料结构使用成本最经济、最有效的方法。另外，随着现代飞机复合材料结构应用比例的增大和现役军、民用飞机使用寿命的延长，将来复合材料结构飞机会面临现在许多老龄金属结构飞机类似的大量的修理任务。

国外从 20 世纪 70 年代就开始着手研究解决复合材料结构的修理问题，80 年代中期已基本解决了核心技术问题，并以结构修理手册的形式提供可修理数据、修理方法、相应的修理材料以及设备工具等信息。目前，国外仍继续围绕着优质、高效和低成本等问题开展研究工作。

美国空军早在 1969 年就开始着手进行复合材料修理技术的研究，主要在复合材料修理设计 (包括结构损伤容限和修理方法等)、修理材料、修理工艺以及工具设备等方面进行了长期研究，积累了大量使用经验，无论是军用飞机还是民用飞机，都能以结构修理手册的形式给出可修理数据、修理方法和相应的修理材料。目前，其已实现修理材料系列化、品种齐全多样、修理工艺成熟、设备工具完善，并有完整的损伤检测和评估系统。在美国空军的资助下，波音公司开发了一款具有实用价值的飞机复合材料修理软件，其主要功能包括复合材料修理设计和修理分析，已用于解决一些工程实际问题。同时，出于帮助工程师和技师快速确定飞机先进复合材料结构修理方案的目的，美国空军先进复合材料项目办公室也开发了一款集成 CAE 和数据库的软件系统, 减弱了美国空军对飞机结构生产商的依赖性, 增强了美国空军复合材料结构的修理能力, 降低了飞机部件的报废率和停机时间。总体来说, 美国飞机复合材料修理已基本上实现了规范化。

20 世纪 70 年代初期, 澳大利亚航空研究实验室率先提出复合材料胶接修补技术, 该方法受到了学者和工程技术人员的普遍重视。美国、加拿大和西欧的一些国家都相继开展了此项技术的研究工作。自 20 世纪 90 年代以来, 复合材料胶接修补技术已由军用飞机发展到民用飞机及工业领域的各行各业, 如建筑、船舶和化工装备等。

我国对于复合材料修理技术的系统研究始于 "九五" 期间, 从修理方法研究入手, 对层合板和蜂窝夹芯结构的挖补、贴补修理进行了深入研究, 并对层合板冲击损伤的注射修理进行了探索性的研究, 完成了部分修理材料的初步评定, 在研究成果的基础上编写了《复合材料结构修理指南》, 可向设计部门提供部分修理设计依据。但由于投入经费较少, 当时对复合材料结构的修理研究工作只在修理方法研究上对国外进行了跟踪, 并没有新的突破。

1.5.2 复合材料结构修理设计与分析的研究现状

复合材料结构的修补与金属结构修补不同, 其修补件的设计与制备密切相关。一般来说, 复合材料结构的修补过程分为发现损伤、确定损伤、损伤状态的力学分析、设计修补大纲、修补件的制备、修补结构和修补后检测等几个重要环节 (具体内容将在后续章节中详细讨论), 其中, 力学分析在复合材料结构修补中占有重要的地位。含损伤的复合材料结构根据其损伤程度可分为不需要修理可继续服役、可修理后再继续服役和不可修理而需直接更换新结构件后继续服役三大类 (该部分内容将在后续章节中详细介绍)。因此, 需要建立一套能够预测含损伤复合材料结构强度的理论分析方法, 在实施修理之前对损伤结构的刚度和强度降低情况给出基本评估, 从而可以判断受损结构是否需要进行修理。另外, 对于可修理复合材料结构, 还需要建立一套能够预测复合材料结构修理强度的理论分析方法, 用于复合材料结构修理设计或校核复合材料结构修理后能否满足设计载荷要求, 从而降低试验件的投入成本、缩短修补周期及提高修补设计水平。对无法进行试验验证的关键部位的损伤修补问题, 理论分析就显得尤为重要。因此, 复合材料结构修理设计分析的研究工作具有重要的学术价值和工程意义 [3]。

1999 年和 2000 年, 本书作者之一徐建新 [4,5] 对当时复合材料补片胶接修理技术和复合材料胶接修理损伤金属结构的研究现状进行了较为系统的综述, 复合材料修理结构的分析和研究方法主要有解析方法、数值方法和试验方法三个方面。

(1) 在解析方法方面, Erdogan 和 Arin [6] 根据 Muskhelishvilli 的平面弹性理

论,用复变函数方法分析了胶接修理结构中的应力分布和裂纹尖端的应力强度因子。在该分析模型中,胶层被认为是各向同性材料,并考虑其弹塑性变形;裂纹板和补片均处于平面应力状态,两者之间的作用力通过胶层的剪切变形实现,并把胶层对裂纹板和补片的剪切应力作为体力,在各自厚度上均匀分布,用位移协调条件建立方程组,问题最终归结为解 1 个第 2 类的 Fredholm 积分方程组。Rose [7] 根据广义平面应力的弹性包容理论,对复合材料补片胶接修理结构中裂纹尖端的应力强度因子进行了近似计算。他将整个计算过程分为两阶段:在第 1 阶段的分析中,假设补片胶接到一块没有损伤的金属板上,并引入刚性胶接假设 (即认为金属板和复合材料补片之间没有相对位移),根据弹性包容理论计算胶接修理区内金属板上的应力值;在第 2 阶段的分析中,在金属板上引入一条裂纹,并用近似方法估算裂纹尖端的应力强度因子。Rose 的两阶段分析方法将在本书的后续章节中详细介绍。解析方法的优点是计算时间短、费用低,在研究各参数的变化对胶接修理效果的影响时非常方便。其缺点是对补片的参数有很大的限制、计算精度低且误差分析困难。

(2) 在数值方法方面,Jones 等 [8] 采用平面有限元模型对含裂纹结构的复合材料补片胶接修理问题进行了研究。由于受平面分析模型的限制,分析模型中忽略了单面胶接修理引起的弯曲变形和结构不对称对结果的影响。对此,Sun 等 [9] 基于 Mindlin 平板理论,假设沿板的厚度方向位移线性分布,就可以考虑单面胶接修理结构中弯曲变形对计算结果的影响。近年来,关于这方面的研究工作仍在不断进行,主要集中在以下两个方面:首先,改进胶层的分析模型以改善计算精度;其次,计算胶接修理结构中的残余热应力对应力分布、裂纹尖端应力强度因子以及疲劳裂纹扩展速率的影响。有限元分析方法适用的范围较广,对结构形状和补片的铺层没有限制,而且计算精度较高,因此在飞机结构的实际胶接修理分析中被普遍采用 [10]。Li 等 [11] 基于状态空间方法建立了复合材料层合板阶梯式挖补修理结构静力响应和灵敏度分析的三维半解析模型。首先,结合添加了多项式的径向基点插值函数和弹性材料修正后的 H-R 变分原理,推导了哈密顿正则方程和线性弹簧层的无网格控制方程。然后,利用层间线性弹簧层模型,得到了复合材料层合板挖补式修理结构静力响应和灵敏度分析的三维混合控制方程。该状态空间分析方法的主要优点是,可以考虑层合板阶梯式挖补修理结构的横向剪切变形和转动,而且场节点数和背景网格数不随层合板层数的增加而增加。另外,当利用该三维混合控制方程进行灵敏度分析时,可以避免卷积运算,且独立于响应分析。Akpinar [12] 利用试验方法和数值方法研究了拉伸载荷作用下单面搭接、一阶梯搭接和三阶梯搭接连接结构的力学性能。Turan [13] 利用试验方法和数值方法研究了含圆形穿孔无方向复合材料胶接修理结构的屈曲特性。

(3) 在试验方法方面,Ratwani 等 [14] 详细研究了补片材料、尺寸和铺层含

量以及环境条件 (温度和相对湿度) 对胶接修理结构疲劳寿命的影响。Sandow 和 Cannon [15] 考察了 2024-T3 铝合金板的厚度、胶结剂种类、疲劳载荷类型 (等幅谱和随机谱) 以及补片铺层含量等因素对结构疲劳寿命的影响。Alawi 和 Saleh [16] 研究了补片的形状、尺寸、数量 (单面或双面胶接修理) 以及试件的表面质量对疲劳裂纹扩展速率的影响。该文献认为胶接修理结构中疲劳裂纹扩展速率发生变化的根本原因是 Paris 裂纹扩展公式中材料常数的改变，因此其基本出发点是通过对疲劳试验数据的统计分析，拟合出各种典型修理情况的 Paris 裂纹扩展公式中的材料常数。Denney 和 Mall [17] 研究了胶层脱胶位置、脱胶尺寸，以及初始裂纹长度、最大应力和应力比对疲劳裂纹扩展速率和结构疲劳寿命的影响。

在过去的几十年里，复合材料补片的设计和分析方法取得了长足的发展，一些方法得到简单而明确的结果，并已被纳入工程指南或标准，如美国空军复合材料修理金属结构 (composite repair metal structure，CRMS) 指南和澳大利亚皇家空军工程标准 C5003，供实践者和修理厂工程师使用。相比之下，更复杂的分析模型以及补片迭代设计过程已经以不同的软件形式得以实现，其中，美国空军的复合材料修理软件是功能最全面的，并且已经开始工程应用。基于这些研究成果，Cong 和 Wang [3] 的著作《复合材料修理》介绍了复合材料结构维修过程的分析和设计方法，为飞机结构工程师、研究人员和科学家提供设计和分析的理论基础，但是没有提及修理方案的实施过程。本书所描述的分析方法和设计过程与复合材料修理分析软件 (composite repair analysis software，CRAS) 及其工程指南基本一致。因此，本书针对性地整理了该著作中有关复合材料胶接连接和补片的分析与设计方法，将其介绍给国内的修理和设计工程师以及相关研究人员，希望对我国复合材料结构修理分析和设计水平的提高有一定帮助。

第 2 章　基础知识

■
■
■
■

在复合材料结构修理方案分析、设计与优化过程中，需要建立一套能够预测含损伤复合材料结构强度和预测复合材料结构修理强度的理论分析方法，力学分析在复合材料结构修理中占有重要的地位。这些理论分析方法都是建立在弹性力学基础上的，并结合一些其他力学分支学科的方法，如塑性力学、断裂与疲劳力学、损伤力学以及复合材料结构力学等，属于综合类分析方法。因此，在学习复合材料结构修理分析方法之前，需要了解与之相关的各种基础知识。本章将简单介绍进行复合材料结构修理分析和设计所需的基本力学理论与方法，包括弹性力学的基本方程、弹性力学的变分原理、广义胡克定律及复合材料力学基础，其中复合材料力学基础包括单层弹性常数预测方法、损伤准则和复合材料线性断裂力学基础。

2.1　弹性力学的基本方程

2.1.1　平衡方程

三维弹性变形体和内应力作用下的微元体平衡状态如图 2.1 所示，其中 Γ_u 为位移边界，Γ_σ 为应力边界，外载荷作用下变形体任一点的位移为 $u_\alpha(\alpha = x_1, x_2, x_3$，本书也将不加区分地使用坐标系统 x, y, z）。从图 2.1(a) 中变形体的任意点 (x, y, z) 取体积为 $\mathrm{d}V$ 的微元体，该微元体的表面积为 $\mathrm{d}S$，且受体积力 $f_\alpha(f_1$、f_2、$f_3)$ 和集中力 P_α 作用。平衡状态下微元体的应力分量如图 2.1(b) 所示，作用在相互平行微元面上的应力是相同的，但存在一个微小的变化量，如 $\sigma_{11} + (\partial\sigma_{11}/\partial x_1)\mathrm{d}x_1$，其中保留了泰勒展开中的前两项。

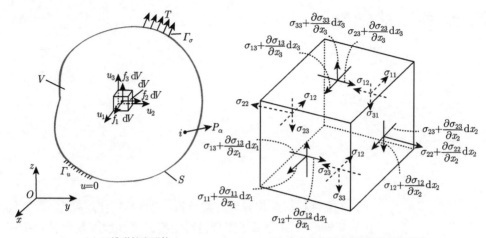

(a) 三维弹性变形体   (b) 内应力作用下的微元体平衡状态

图 2.1 三维弹性变形体和内应力作用下的微元体平衡状态

取上述微元体 x 方向上的平衡，有

$$\frac{\partial \sigma_{11}}{\partial x_1} + \frac{\partial \sigma_{21}}{\partial x_2} + \frac{\partial \sigma_{31}}{\partial x_3} + f_1 = 0 \tag{2.1}$$

同理，可得微元体其他两个方向上的平衡方程为

$$\frac{\partial \sigma_{12}}{\partial x_1} + \frac{\partial \sigma_{22}}{\partial x_2} + \frac{\partial \sigma_{32}}{\partial x_3} + f_2 = 0$$
$$\frac{\partial \sigma_{13}}{\partial x_1} + \frac{\partial \sigma_{23}}{\partial x_2} + \frac{\partial \sigma_{33}}{\partial x_3} + f_3 = 0 \tag{2.2}$$

利用指标符号表示方法，式 (2.1) 和式 (2.2) 可写成更简洁指标形式，即

$$\sigma_{ji,j} + f_i = 0, \quad i, j = 1, 2, 3 \tag{2.3}$$

式 (2.3) 即为弹性体在体积力作用下的微分平衡方程，对于弹性动力学问题，根据达朗贝尔原理可将惯性力看作体积力。因此，可以从式 (2.3) 直接导出弹性体的微分运动方程为

$$\sigma_{ji,j} + f_i = \rho \frac{\partial^2 u_i}{\partial t^2} = \rho \ddot{u}_i \tag{2.4}$$

利用微元体的力矩平衡方程，可得到剪切应力互等定理 (剪切应力对称性) 为

$$\sigma_{ij} = \sigma_{ji} \tag{2.5}$$

在研究某些特定问题时，利用曲线坐标会更加方便，如圆环、圆盘以及具有矩形截面的曲杆等。因此，此小节还将简单介绍正交曲线坐标系下的运动方程，正交

曲线坐标系下变形微元体的应力分量平衡情况如图 2.2 所示，包括圆柱坐标系和球坐标系两种特殊正交曲线坐标系。

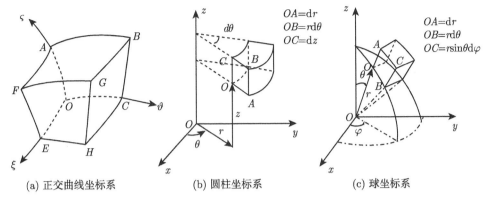

(a) 正交曲线坐标系   (b) 圆柱坐标系   (c) 球坐标系

图 2.2 正交曲线坐标系下变形微元体的应力分量平衡情况

圆柱坐标系下弹性体的微分平衡方程为

$$\frac{\partial \sigma_r}{\partial r} + \frac{1}{r}\frac{\partial \sigma_{r\theta}}{\partial \theta} + \frac{\partial \sigma_{rz}}{\partial z} + \frac{\sigma_r - \sigma_\theta}{r} + f_r = 0$$

$$\frac{\partial \sigma_{\theta r}}{\partial r} + \frac{1}{r}\frac{\partial \sigma_\theta}{\partial \theta} + \frac{\partial \sigma_{\theta z}}{\partial z} + \frac{\sigma_{r\theta}}{r} + f_\theta = 0 \qquad (2.6)$$

$$\frac{\partial \sigma_{zr}}{\partial r} + \frac{1}{r}\frac{\partial \sigma_{z\theta}}{\partial \theta} + \frac{\partial \sigma_z}{\partial z} + \frac{\sigma_{rz}}{r} + f_z = 0$$

球坐标系下弹性体的微分平衡方程为

$$\frac{\partial \sigma_r}{\partial r} + \frac{1}{r}\frac{\partial \sigma_{r\theta}}{\partial \theta} + \frac{1}{r\sin\theta}\frac{\partial \sigma_{r\varphi}}{\partial \varphi} + \frac{2\sigma_r - \sigma_\theta - \sigma_\varphi}{r} + \cot\theta\frac{\sigma_{r\theta}}{r} + f_r = 0$$

$$\frac{\partial \sigma_{\theta r}}{\partial r} + \frac{1}{r}\frac{\partial \sigma_\theta}{\partial \theta} + \frac{1}{r\sin\theta}\frac{\partial \sigma_{\theta\varphi}}{\partial z} + 3\frac{\sigma_{r\theta}}{r} + \cot\theta\frac{\sigma_\theta - \sigma_\varphi}{r} + f_\theta = 0 \qquad (2.7)$$

$$\frac{\partial \sigma_{\varphi r}}{\partial r} + \frac{1}{r}\frac{\partial \sigma_{\varphi\theta}}{\partial \theta} + \frac{1}{r\sin\theta}\frac{\partial \sigma_\varphi}{\partial \varphi} + 3\frac{\sigma_{\varphi r}}{r} + 2\cot\theta\frac{\sigma_{\varphi\theta}}{r} + f_\varphi = 0$$

2.1.2 几何方程

考虑初始坐标系 (X_1, X_2, X_3) 下的初始构型，如图 2.3 所示，变形体上 P 点的坐标为 X_i $(i = 1, 2, 3)$，当弹性体发生变形和移动之后，该点到了一个新的坐标点 Q，初始坐标系 (X_1, X_2, X_3) 演变成即时坐标系 (x_1, x_2, x_3)，Q 在即时坐标系下的坐标为 x_i $(i = 1, 2, 3)$。假设变形体的移动和变形是连续的，移动和变形前后的点是一一对应的，在笛卡儿直角坐标系下，初始坐标系和即时坐标系之间的关系

为

$$\boldsymbol{x} = \boldsymbol{x}(\boldsymbol{X}) \tag{2.8}$$

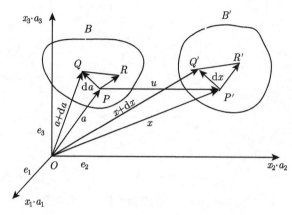

图 2.3 三维变形体的初始构型和即时构型

P 的位移矢量定义为

$$\boldsymbol{u} = \boldsymbol{x} - \boldsymbol{X} \tag{2.9}$$

初始构型和即时构型之间线元的长度变化为

$$\mathrm{d}S^2 - \mathrm{d}S_0^2 = 2E_{ij}\mathrm{d}X_i\mathrm{d}X_j \tag{2.10}$$

式中，$\mathrm{d}S^2$ 和 $\mathrm{d}S_0^2$ 分别为初始构型和即时构型中线元的长度。

$$E_{ij} = \frac{1}{2}\left(\frac{\partial x_m}{\partial X_i}\frac{\partial x_m}{\partial X_j} - \delta_{ij}\right) \tag{2.11}$$

为格林应变张量，δ_{ij} 为 Kronecker 符号。

因为

$$E_{ji} = \frac{1}{2}\left(\frac{\partial x_m}{\partial X_j}\frac{\partial x_m}{\partial X_i} - \delta_{ji}\right) = \frac{1}{2}\left(\frac{\partial x_m}{\partial X_i}\frac{\partial x_m}{\partial X_j} - \delta_{ij}\right) = E_{ij} \tag{2.12}$$

所以格林应变张量是一个二阶对称张量。

将式 (2.9) 写成 $x_m(X_i) = X_m + u_m(X_i)$，两边同时微分得

$$\frac{\partial x_m}{\partial X_i} = \delta_{mi} + \frac{\partial u_m}{\partial X_i} \tag{2.13}$$

将式 (2.13) 代入式 (2.11)，得到格林应变张量的具体表达式为

$$E_{ij} = \frac{1}{2}\left(\frac{\partial u_i}{\partial X_j} + \frac{\partial u_j}{\partial X_i} + \frac{\partial u_m}{\partial X_i}\frac{\partial u_m}{\partial X_j}\right) \tag{2.14}$$

对于有限变形问题，格林应变张量为

$$\varepsilon_{11} = \frac{\partial u_1}{\partial x_1} + \frac{1}{2}\left(\frac{\partial u_3}{\partial x_1}\right)^2, \quad \varepsilon_{12} = \varepsilon_{21} = \frac{1}{2}\left(\frac{\partial u_1}{\partial x_2} + \frac{\partial u_2}{\partial x_1} + \frac{\partial u_3}{\partial x_1}\frac{\partial u_3}{\partial x_2}\right)$$

$$\varepsilon_{22} = \frac{\partial u_2}{\partial x_2} + \frac{1}{2}\left(\frac{\partial u_3}{\partial x_2}\right)^2, \quad \varepsilon_{23} = \varepsilon_{32} = \frac{1}{2}\left(\frac{\partial u_2}{\partial x_3} + \frac{\partial u_3}{\partial x_2}\right) \tag{2.15}$$

$$\varepsilon_{33} = \frac{\partial u_3}{\partial x_3} + \frac{1}{2}\left(\frac{\partial u_3}{\partial x_3}\right)^2, \quad \varepsilon_{13} = \varepsilon_{31} = \frac{1}{2}\left(\frac{\partial u_1}{\partial x_3} + \frac{\partial u_3}{\partial x_1}\right)$$

对于小变形问题，有

$$\varepsilon_{11} = \frac{\partial u_1}{\partial x_1}, \quad \varepsilon_{12} = \varepsilon_{21} = \frac{1}{2}\left(\frac{\partial u_1}{\partial x_2} + \frac{\partial u_2}{\partial x_1}\right)$$

$$\varepsilon_{22} = \frac{\partial u_2}{\partial x_2}, \quad \varepsilon_{23} = \varepsilon_{32} = \frac{1}{2}\left(\frac{\partial u_2}{\partial x_3} + \frac{\partial u_3}{\partial x_2}\right) \tag{2.16}$$

$$\varepsilon_{33} = \frac{\partial u_3}{\partial x_3}, \quad \varepsilon_{13} = \varepsilon_{31} = \frac{1}{2}\left(\frac{\partial u_1}{\partial x_3} + \frac{\partial u_3}{\partial x_1}\right)$$

在小变形情况下，圆柱坐标系下的几何方程为

$$\varepsilon_{11} = \frac{\partial u_1}{\partial x_1}, \qquad \varepsilon_{12} = \varepsilon_{21} = \frac{1}{r}\frac{\partial u_1}{\partial x_2} + \frac{\partial u_2}{\partial x_1} - \frac{u_2}{r}$$

$$\varepsilon_{22} = \frac{1}{r}\frac{\partial u_2}{\partial x_2} + \frac{u_1}{r}, \quad \varepsilon_{23} = \varepsilon_{32} = \frac{\partial u_2}{\partial x_3} + \frac{1}{r}\frac{\partial u_3}{\partial x_2} \tag{2.17}$$

$$\varepsilon_{33} = \frac{\partial u_3}{\partial x_3}, \qquad \varepsilon_{13} = \varepsilon_{31} = \frac{\partial u_1}{\partial x_3} + \frac{\partial u_3}{\partial x_1}$$

球坐标系下的几何方程为

$$\varepsilon_{11} = \frac{\partial u_1}{\partial x_1}, \qquad\qquad\qquad \varepsilon_{12} = \varepsilon_{21} = \frac{1}{r}\frac{\partial u_1}{\partial x_2} + \frac{\partial u_2}{\partial x_1} - \frac{u_2}{r}$$

$$\varepsilon_{22} = \frac{1}{r}\frac{\partial u_2}{\partial x_2} + \frac{u_1}{r}, \qquad\qquad \varepsilon_{23} = \varepsilon_{32} = \frac{1}{r\sin\theta}\frac{\partial u_2}{\partial x_3} + \frac{1}{r}\frac{\partial u_3}{\partial x_2} + \frac{\arctan\theta}{r}u_3$$

$$\varepsilon_{33} = \frac{1}{r\sin\theta}\frac{\partial u_3}{\partial x_3} + \frac{u_1}{r} + \frac{\arctan\theta}{r}u_2, \quad \varepsilon_{13} = \varepsilon_{31} = \frac{1}{r\sin\theta}\frac{\partial u_1}{\partial x_3} + \frac{\partial u_3}{\partial x_1} - \frac{u_3}{r}$$

$$\tag{2.18}$$

　　现代大型运输类飞机主要采用半硬壳式结构形式，大量采用薄壁板壳结构，在分析这类结构时，采用双曲壳的几何方程更为方便。具有均匀厚度的复合材料层合双曲壳如图 2.4 所示，ξ、ϑ 和 ς 为正交曲线坐标系，其中 ξ 和 ϑ 处于中性面上

$(\varsigma = 0)$，$\boldsymbol{r}$ 和 $\boldsymbol{R}$ 分别表示中性面和任意面 ς 上任一点的位置矢量，$\boldsymbol{n}$ 为中性面上的单位法向量，R_1 和 R_2 分别为 ξ 和 ϑ 方向上的半径，向量 $\boldsymbol{g}_1$ 和 $\boldsymbol{g}_2$ 分别为沿 ξ 和 ϑ 方向的切向。

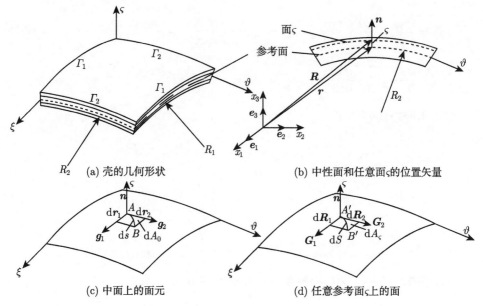

(a) 壳的几何形状 　　　　　　　　(b) 中性面和任意面 ς 的位置矢量

(c) 中面上的面元 　　　　　　　　(d) 任意参考面 ς 上的面

图 2.4　具有 N 个单层的层合双曲壳

根据图 2.4(c)，AB 两点之间距离的平方为

$$(\mathrm{d}s)^2 = \mathrm{d}\boldsymbol{r} \cdot \mathrm{d}\boldsymbol{r} = a_1^2 \left(\mathrm{d}\xi\right)^2 + a_2^2 \left(\mathrm{d}\vartheta\right)^2 \tag{2.19}$$

式中，$a_i = \sqrt{g_{ii}}\ (i = 1, 2)$，其中 $g_{ij} = \boldsymbol{g}_i \cdot \boldsymbol{g}_j\ (i, j = 1, 2)$ 称为表面张量，当主曲率线与坐标重合时，$\boldsymbol{g}_1 \cdot \boldsymbol{g}_2 = 0$。

A' 和 B' 两点之间距离的平方为

$$(\mathrm{d}S)^2 = \mathrm{d}\boldsymbol{R} \cdot \mathrm{d}\boldsymbol{R} = A_1^2 \left(\mathrm{d}\xi\right)^2 + A_2^2 \left(\mathrm{d}\vartheta\right)^2 + A_3^2 \left(\mathrm{d}\varsigma\right)^2 \tag{2.20}$$

式中，A_1、A_2 和 A_3 为 Lame 系数

$$
\begin{aligned}
A_1 &= a_1 \left(1 + \frac{\varsigma}{R_1}\right) = \sqrt{G_{11}} \\
A_2 &= a_2 \left(1 + \frac{\varsigma}{R_2}\right) = \sqrt{G_{22}},\ A_3 = 1
\end{aligned}
\tag{2.21}
$$

且 $G_{ij} = \boldsymbol{G}_i \cdot \boldsymbol{G}_j\ (i, j = 1, 2)$，其中 $\boldsymbol{G}_i$ 平行于向量 $\boldsymbol{g}_i$。

中性面上微元面积 $\mathrm{d}A_0$ 和任意面上微元面积 $\mathrm{d}A_\varsigma$ 分别为

$$\mathrm{d}A_0 = \mathrm{d}\boldsymbol{r}_1 \times \mathrm{d}\boldsymbol{r}_2 \cdot \boldsymbol{n} = a_1 a_2 \mathrm{d}\xi \mathrm{d}\vartheta$$
$$\mathrm{d}A_\varsigma = \mathrm{d}\boldsymbol{R}_1 \times \mathrm{d}\boldsymbol{R}_2 \cdot \boldsymbol{n} = A_1 A_2 \mathrm{d}\xi \mathrm{d}\vartheta \tag{2.22}$$

中性面上微元体积为

$$\mathrm{d}V = \mathrm{d}\boldsymbol{R}_1 \times \mathrm{d}\boldsymbol{R}_2 \cdot \boldsymbol{n}\mathrm{d}\varsigma = A_1 A_2 \mathrm{d}\xi \mathrm{d}\vartheta \mathrm{d}\varsigma \tag{2.23}$$

正交曲线坐标系下的线性工程应变–位移关系为

$$\varepsilon_{11} = \frac{1}{A_1}\left(u_{1,\xi} + \frac{1}{a_2}a_{1,\vartheta}u_2 + \frac{a_1}{R_1}u_3\right), \quad \varepsilon_{12} = \frac{A_2}{A_1}\left(\frac{u_2}{A_2}\right)_{,\xi} + \frac{A_1}{A_2}\left(\frac{u_1}{A_1}\right)_{,\vartheta}$$

$$\varepsilon_{22} = \frac{1}{A_2}\left(\frac{1}{a_1}a_{2,\xi}u_1 + u_{2,\vartheta} + \frac{a_2}{R_2}u_3\right), \quad \varepsilon_{23} = \frac{1}{A_2}u_{3,\vartheta} + A_2\left(\frac{u_2}{A_2}\right)_{,\varsigma} \tag{2.24}$$

$$\varepsilon_{33} = u_{3,\varsigma}, \qquad\qquad\qquad\qquad \varepsilon_{13} = \frac{1}{A_1}u_{3,\xi} + A_1\left(\frac{u_1}{A_1}\right)_{,\varsigma}$$

对于薄扁双曲壳，如图 2.5 所示，可以忽略 z/R_1 和 z/R_2，因此

$$1 + \frac{\varsigma}{R_1} \approx 1$$
$$1 + \frac{\varsigma}{R_2} \approx 1 \tag{2.25}$$

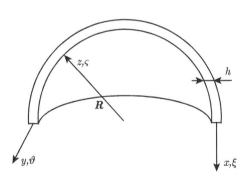

图 2.5　薄扁双曲壳

假设薄扁双曲壳的半径为常量，$a_{i,j} = 0\,(i, j = 1, 2)$，则正交曲线坐标系下薄扁双曲壳的线性工程应变为

$$\varepsilon_{11} = u_{1,\xi} + \frac{u_3}{R_1}, \quad \varepsilon_{12} = u_{1,\vartheta} + u_{2,\xi}$$
$$\varepsilon_{22} = u_{2,\vartheta} + \frac{u_3}{R_2}, \quad \varepsilon_{23} = u_{3,\vartheta} + u_{2,\varsigma} - \frac{u_2}{R_2} \tag{2.26}$$
$$\varepsilon_{33} = u_{3,\varsigma}, \qquad\quad \varepsilon_{13} = u_{3,\xi} + u_{1,\varsigma} - \frac{u_1}{R_1}$$

对于圆柱壳，$1/R_1 = 0$ 或 $1/R_2 = 0$，因此

$$\varepsilon_{11} = u_{1,\xi}, \qquad \varepsilon_{12} = u_{1,\vartheta} + u_{2,\xi}$$
$$\varepsilon_{22} = u_{2,\vartheta} + \frac{u_3}{R}, \quad \varepsilon_{23} = u_{3,\vartheta} + u_{2,\varsigma} - \frac{u_2}{R} \tag{2.27}$$
$$\varepsilon_{33} = u_{3,\varsigma}, \qquad \varepsilon_{13} = u_{3,\xi} + u_{1,\varsigma}$$

2.1.3 边界条件

在位移边界上，求解得到的位移场在边界 Γ_u 上应该等于已知位移 $\bar{u}_i$，即

$$u_i = \bar{u}_i \tag{2.28}$$

位移边界条件也可以表示为 $u_i = a$，其中，a 为给定位移。

下面讨论应力边界条件，取边界上的四面体微元 $ABCD$，如图 2.6 所示，其中，DA、DB 和 DC 分别平行于 x、y 和 z 轴，ABC 的面积记为 $\mathrm{d}A$。外载荷 $\bar{\sigma}_i$ 作用在边界 Γ_σ 上，因此求得的应力场必须在边界上满足柯西应力公式为

$$\sigma_{ij}\boldsymbol{n}_j = \bar{\sigma}_i \tag{2.29}$$

式中，$\boldsymbol{n}_j$ 为面积 $\mathrm{d}A$ 上的单位法向量。

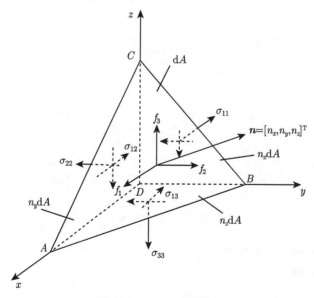

图 2.6 边界上的微元体

混合边界 S 必须满足

$$\Gamma_\sigma \cup \Gamma_u = \Gamma, \ \Gamma_\sigma \cap \Gamma_u = \varnothing \tag{2.30}$$

在求解动力学问题时，还必须给定初始条件 u_i^0 和 $(\mathrm{d}u_i/\mathrm{d}t)^0$。

2.2　弹性力学的变分原理

2.1 节介绍了弹性力学问题的微分提法，微分提法从研究弹性体内的一个微元入手，考虑它的平衡、变形和材料性质，建立起一组弹性力学的基本方程，把弹性力学问题归结为在给定边界条件下求解这组偏微分方程的边值问题。对于复杂系统，微分提法的求解过程变得非常烦琐。本节将介绍弹性问题的另一种提法，即变分提法，考虑弹性系统的能量关系，建立泛函变分方程，直接处理整个弹性系统，把弹性力学问题归结为在给定约束条件下求解泛函极 (驻) 值的变分问题。由于上述泛函与弹性系统的能量有关，所以弹性力学中的变分原理又称为能量原理，相应的各种变分方法称为能量法。变分方法普遍适用于线性系统和非线性系统，在推导控制方程和边界条件两个方面都十分实用，能很方便地得到近似解，适合建立相应的数值分析方法，利用计算机求解。虚位移原理和混合变分原理常用于推导复合材料层合板各种分析理论的运动方程。

2.2.1　虚位移和虚功的概念

从单纯的几何方面考虑，一个给定的力学系统存在多种符合几何约束的可能变形，但是在所有的可能变形中，只有一个真实变形，即满足平衡方程或运动方程的变形。满足几何约束但不一定满足平衡方程的变形组成的集合称为容许变形集，这些变形局限在一个真实变形附近的区域内，通过无穷小变化可以接近真实变形。在容许变形接近真实变形的过程中，依然满足系统的几何约束，且所有的外力始终保持不变。当一个力学系统经历这种变化时，也就是在真实变形上产生了虚位移，这些虚位移与真实位移没有联系，可能是由外载荷的变化引起的。在边界上，由于几何条件是已知的，所以虚位移必然为零。真实外力在虚位移 δu 上所做的功称为虚功，定义为

$$\delta W = \int_{\Omega_0} \boldsymbol{F} \cdot \delta \boldsymbol{u} \, \mathrm{d}v \tag{2.31}$$

式中，$\mathrm{d}v = \mathrm{d}x_1 \mathrm{d}x_2 \mathrm{d}x_3$ 为弹性体 Ω_0 中微元体的体积。

单位体积力 $\boldsymbol{f}$ 和单位表面力 $\bar{\boldsymbol{t}}$ 分别在弹性体 Ω_0 和应力边界 Γ_σ 上做的虚功为

$$\delta W_{\mathrm{E}} = \int_{\Omega_0} \boldsymbol{f} \cdot \delta \boldsymbol{u} \, \mathrm{d}v + \int_{\Gamma_\sigma} \bar{\boldsymbol{t}} \cdot \delta \boldsymbol{u} \, \mathrm{d}s \tag{2.32}$$

式中，$\mathrm{d}s$ 为应力边界 Γ_σ 上的微元面积，式 (2.32) 中的负号表示做功。相对于边界 Γ，剩余边界 $\Gamma_u = \Gamma - \Gamma_\sigma$ 上的位移是已知的，因此无论 Γ_u 上的位移 $\boldsymbol{u}$ 是否为零，

虚位移均为零。

当一个弹性体在外力作用下发生变形时，应力就会在应变上做功，即内力功，弹性体内就储存了能量，具有了对外做功的能力，称其为弹性体的变形能或应变能。弹性体的总内力功为

$$\delta W_{\mathrm{I}} = -\int_{\Omega_0} \sigma_{ij} \delta \varepsilon_{ij} \mathrm{d}v \tag{2.33}$$

式 (2.33) 适应于任何材料和本构关系，也称为应变能。虚应力 $\delta \sigma_{ij}$ 在真实应变 ε_{ij} 上所做的功为

$$\delta W_{\mathrm{I}}^* = -\int_{\Omega_0} \varepsilon_{ij} \delta \sigma_{ij} \mathrm{d}v \tag{2.34}$$

如果去掉式 (2.34) 中的负号即为余虚应变能，虚力 $(\delta f_i, \delta \bar{t}_i)$ 和虚应力 $(\delta \sigma_{ij})$ 应满足平衡方程和边界条件，即

$$\delta \sigma_{ji,j} + \delta f_i = 0, \quad 在 \Omega_0 内$$
$$\delta \bar{t}_i \equiv \delta \sigma_{ji} n_j = 0, \quad 在应力边界 \Gamma_\sigma 上 \tag{2.35}$$

2.2.2 虚位移原理

根据牛顿第二定律，作用在平衡物体上的合力为零，这意味着平衡状态下物体的总虚功 $\delta W_{\mathrm{I}} + \delta W_{\mathrm{E}}$ 为零，这就是虚位移原理。考虑体积力 $\boldsymbol{f}$ 和表面力 $\bar{\boldsymbol{t}}$ 作用下，处于平衡状态的连续体 B，取初始构型 C^0 为参考构型，其体积为 Ω_0。假设总边界为 Γ，其中，位移边界 Γ_u 上的位移为 $\bar{\boldsymbol{u}}$，应力边界 Γ_σ 上的应力为 $\bar{\boldsymbol{t}}$，边界 $\Gamma_u \cap \Gamma_\sigma = \varnothing$，$\Gamma_u \cup \Gamma_\sigma = \Gamma$。如果此时连续体是平衡的，则所有平衡构型下的总虚功为零。为了得到即时构型 C 的控制方程，假设有虚位移 $\delta \boldsymbol{u}$，该虚位移是任意且连续的函数，满足几何边界条件，且属于位移的可行解。则在平衡状态下，虚位移原理的表达式为

$$\delta W_{\mathrm{I}} + \delta W_{\mathrm{E}} \equiv \delta W = 0 \tag{2.36}$$

在利用式 (2.36) 推导欧拉–拉格朗日方程之前，必须得到已知问题中 δU 和 δV 的具体形式，因为虚位移原理普遍适用于任何本构和载荷条件，所以对于任何弹性体，内力虚功和外力虚功分别由式 (2.32) 和式 (2.33) 给出，则虚位移原理可写为

$$\int_{\Omega_0} \boldsymbol{\sigma} : \delta \boldsymbol{\varepsilon} \mathrm{d}v - \int_{\Omega_0} \boldsymbol{f} : \delta \boldsymbol{u} \mathrm{d}v - \int_{\Gamma_\sigma} \bar{\boldsymbol{t}} : \delta \boldsymbol{u} \mathrm{d}s = 0 \tag{2.37}$$

式 (2.37) 的欧拉–拉格朗日方程即为三维弹性体的平衡方程，将应变–位移关系以一阶变分的形式 $\delta\varepsilon_{ij}$ 代入式 (2.37)，并利用散度定理，则有

$$\int_{\Omega_0}\left[\frac{1}{2}\sigma_{ij}(\delta u_{i,j}+\delta u_{j,i})-f_i\delta u_i\right]\mathrm{d}v-\int_{\Gamma_\sigma}\bar{t}_i\delta u_i\mathrm{d}s$$
$$=\int_{\Omega_0}(\sigma_{ij,j}-f_i)\,\delta u_i\mathrm{d}v-\int_{\Gamma_\sigma}\bar{t}_i\delta u_i\mathrm{d}s+\oint_{\Gamma}\sigma_{ij}n_j\delta u_i\mathrm{d}s=0$$

因为 $\Gamma=\Gamma_u\cup\Gamma_\sigma$，且边界 Γ_u 上 $\delta u_i=0$，所以有

$$\int_{\Omega_0}(\sigma_{ij,j}+f_i)\,\delta u_i\mathrm{d}v-\int_{\Gamma_\sigma}(\sigma_{ij}n_j-\bar{t}_i)\,\delta u_i\mathrm{d}s=0 \tag{2.38}$$

弹性体内 Ω_0 和边界 Γ_σ 上的虚位移是任意的，则式 (2.38) 与式 (2.39) 等效，即

$$\frac{\partial\sigma_{ij}}{\partial x_j}+f_i=0,\quad 在 \Omega_0内$$
$$\sigma_{ij}n_j-\bar{t}_i=0,\quad 在应力边界 \Gamma_\sigma上 \tag{2.39}$$

式 (2.39) 即为虚位移原理在小变形情况下的欧拉–拉格朗日方程和自然边界条件。

2.2.3 最小势能原理

在处理线性和非线性弹性体时，虚位移原理的一个特殊形式为最小势能原理，对于弹性体，存在应变能密度函数 U_0 满足以下关系：

$$\boldsymbol{\sigma}=\frac{\partial U_0}{\partial\boldsymbol{\varepsilon}}\quad 或\quad \sigma_{ij}=\frac{\partial U_0}{\partial\varepsilon_{ij}} \tag{2.40}$$

实际上，式 (2.40) 为超弹性材料的本构方程，应变能密度 U_0 为正定的单值函数，所以虚位移原理 (式 (2.37)) 可用 U_0 表示为

$$\int_{\Omega_0}\frac{\partial U_0}{\partial\varepsilon_{ij}}:\delta\varepsilon_{ij}\mathrm{d}v-\left(\int_{\Omega_0}f_i\delta u_i\mathrm{d}v+\int_{\Gamma_\sigma}\bar{t}_i\delta u_i\mathrm{d}s\right)=0 \tag{2.41}$$

式 (2.41) 第一项的积分结果为

$$\int_{\Omega_0}\delta U_0\mathrm{d}v=\delta U \tag{2.42}$$

式中，U 为应变能函数。

假设存在势能 V，其一阶变分为

$$\delta V=-\left(\int_{\Omega_0}f_i\delta u_i\mathrm{d}v+\int_{\Gamma_\sigma}\bar{t}_i\delta u_i\mathrm{d}s\right) \tag{2.43}$$

则虚功原理可表示为

$$\delta U + \delta V = \delta(U + V) \equiv \delta \Pi = 0 \tag{2.44}$$

$U + V = \Pi$ 称为弹性体的总势能，式 (2.44) 是最小势能原理的表达式，这意味着满足平衡条件的位移可行解使弹性体的总势能最小，即

$$\Pi(\boldsymbol{u}) \leqslant \Pi(\bar{\boldsymbol{u}}) \tag{2.45}$$

式中，$\boldsymbol{u}$ 为位移的真解，而 $\bar{\boldsymbol{u}}$ 为任何可行的位移场，式 (2.45) 只有当 $\boldsymbol{u} = \bar{\boldsymbol{u}}$ 时才成立。

2.2.4　余虚功原理与最小余能原理

虚功原理可以用来考察一组已经满足变形协调条件的位移分量与应变分量是否满足平衡条件和如何才能满足平衡条件。余虚功原理是与虚功原理互补的，用来考察一组已满足平衡条件的应力分量是否满足变形协调条件和如何才能满足变形协调条件。虚功原理和余虚功原理都是与虚功概念联系在一起的，故统称为虚功原理。

考虑体积力 $\boldsymbol{f}$ 和表面力 $\bar{\boldsymbol{t}}$ 作用下，处于平衡状态的连续体，假设有虚应力 $\delta\boldsymbol{\sigma}$，该虚应力是任意且连续的函数，满足平衡方程和应力边界条件。如果取虚体积力 $\delta\boldsymbol{f}$、虚表面力 $\delta\bar{\boldsymbol{t}}$ 以及相应的虚应力 $\delta\boldsymbol{\sigma}$ 作为力的状态，取满足弹性体变形协调条件的真实位移和相应的真实应变作为位移状态，则虚力和相应的虚应力在真实位移上所做的余虚功的总和必为零，即

$$\delta W_{\mathrm{I}}^* + \delta W_{\mathrm{E}}^* \equiv \delta W^* = 0 \tag{2.46}$$

或

$$\int_{\Omega_0} \boldsymbol{\varepsilon} : \delta\boldsymbol{\sigma}\mathrm{d}v - \int_{\Omega_0} \boldsymbol{u} : \delta\boldsymbol{f}\mathrm{d}v - \int_{\Gamma_\sigma} \boldsymbol{u} : \delta\bar{\boldsymbol{t}}\mathrm{d}s = 0 \tag{2.47}$$

将平衡方程和应力边界条件代入式 (2.47)，通过与虚位移原理一样的推导过程，可得到几何方程和位移边界条件，这就是说，余虚功原理是弹性体处于变形协调状态的必要条件。反之，如果对于满足平衡条件的虚力和相应的虚应力，在真实位移上所做的余虚功之和为零，则余虚功原理又可这样叙述：如果在外力作用下平衡的弹性体处于变形协调状态，则对于从平衡位置开始的任意的虚力和相应的虚应力，虚力的余虚功必等于余虚应变能。

最小余能原理与最小势能原理是互补的，可由余虚功原理导出。定义外力余能为

$$V^* = -\int_{\Omega_0} \boldsymbol{u} : \delta\boldsymbol{f}\mathrm{d}v - \int_{\Gamma_\sigma} \boldsymbol{u} : \delta\bar{\boldsymbol{t}}\mathrm{d}s = 0 \tag{2.48}$$

根据式 (2.34) 和余虚功原理，有

$$\delta \Pi^* = \delta U^* + \delta V^* = 0 \tag{2.49}$$

式中，Π^* 称为弹性体的总余能。它是弹性体的余应变能与外力余能之和。总余能是应力分量的函数 —— 泛函，其中，应力分量是满足平衡方程和应力边界条件的任意单值连续函数。满足这种条件的函数称为泛函 Π^* 的容许函数，仅满足平衡条件的容许函数有无穷多组。对于每一组容许函数都对应有 Π^* 的某一值。式 (2.49) 表明，当平衡的弹性体处于协调的变形状态时，将使系统总余能的一阶变分等于零，总余能有驻值。因此，总余能原理可以这样叙述：在弹性体内满足平衡方程，在满足力边界条件的所有容许的应力状态中，只有满足变形协调条件的应力才是真正的应力状态，使其总余能为极小值，所以总余能定理也称最小余能定理。

在通常情况下，体积力和力边界上的表面力都是给定的，因此 $\delta f = 0, \delta \bar{t} = 0$。而在位移边界上，位移是给定的，则外力余能 $V^* = 0$，则式 (2.49) 为

$$\delta U^* = 0 \tag{2.50}$$

此即为最小余应变能原理。对于线弹性系统，式 (2.50) 也可写成

$$\delta U = 0 \tag{2.51}$$

为最小应变能原理。

2.2.5　哈密顿原理

哈密顿原理是虚位移原理在动力学问题上的推广。在该原理中，系统包括动能 K 和势能 Π，惯性力 $m\ddot{u}$ 在虚位移 δu 上所做的功 (即虚动能) 为

$$\delta K = \int_{\Omega_0} \rho \frac{\partial^2 \boldsymbol{u}}{\partial t^2} \cdot \delta \boldsymbol{u} \mathrm{d}v \tag{2.52}$$

将虚动能引入虚位移原理，并在时间 $t_1 \sim t_2$ 内进行积分，有

$$-\int_{t_1}^{t_2} \left\{ \iint_{\Omega_0} \rho \frac{\partial^2 \boldsymbol{u}}{\partial t^2} \cdot \delta \boldsymbol{u} \mathrm{d}v + \left[\iint_{\Omega_0} (\boldsymbol{f} \cdot \delta \boldsymbol{u} - \boldsymbol{\sigma} : \delta \boldsymbol{\varepsilon}) \mathrm{d}v + \int_{\Gamma_\sigma} \bar{\boldsymbol{t}} \cdot \delta \boldsymbol{u} \cdot \mathrm{d}s \right] \right\} \mathrm{d}t = 0 \tag{2.53}$$

式 (2.53) 即为连续体的哈密顿原理，也可写成

$$\delta \int_{t_1}^{t_2} [K - (V + U)] \, \mathrm{d}t = 0 \tag{2.54}$$

式 (2.54) 表明，对于真实运动，系统的动能变分和内外力虚功之和在任意时间间隔内积分等于零。假设拉格朗日算子 $L = K - \Pi$，对式 (2.53) 中虚应变能项应用散度定理，则有

$$
\begin{aligned}
&\delta \int_{t_1}^{t_2} L(\boldsymbol{u}, \nabla \boldsymbol{u}, \dot{\boldsymbol{u}}) \mathrm{d}t \\
&= \int_{t_1}^{t_2} \left[\int_{\Omega_0} \left(\rho \frac{\partial^2 \boldsymbol{u}}{\partial t^2} - \operatorname{div} \boldsymbol{\sigma} - \boldsymbol{f} \right) \cdot \delta \boldsymbol{u} \cdot \mathrm{d}v + \int_{\Gamma_\sigma} (\boldsymbol{t} - \bar{\boldsymbol{t}}) \, \delta \boldsymbol{u} \cdot \mathrm{d}s \right] \mathrm{d}t = 0
\end{aligned}
\tag{2.55}
$$

因为 $\delta \boldsymbol{u}$ 在任意时刻 $t(t_1 < t < t_2)$ 以及空间 Ω_0 和边界 Γ_σ 上的任一点都是任意的，所以

$$
\begin{aligned}
&\rho \frac{\partial^2 \boldsymbol{u}}{\partial t^2} - \operatorname{div} \boldsymbol{\sigma} - \boldsymbol{f} = 0, \quad \text{在 } \Omega_0 \text{内} \\
&\boldsymbol{t} - \bar{\boldsymbol{t}} = 0, \qquad\qquad\qquad \text{在应力边界 } \Gamma_\sigma \text{上}
\end{aligned}
\tag{2.56}
$$

式 (2.56) 即为哈密顿原理的欧拉–拉格朗日方程，也就是运动方程和力边界条件，因此哈密顿原理与运动方程和力边界条件是等价的。

2.2.6　胡–鹫津变分原理

在最小势能原理中，9 个可变函数 u_i 和 ε_{ij} 必须是变形可能的，即边界上要求满足位移边界条件，域内要求满足几何关系，最小势能原理是带有以下附加约束条件的条件驻值问题，附加约束条件为

$$
\begin{aligned}
&\varepsilon_{ij} - \frac{1}{2}(u_{i,j} + u_{j,i}) = 0, \quad \text{在 } \Omega_0 \text{内} \\
&u_i = \bar{u}_i, \qquad\qquad\qquad\quad \text{在位移边界 } \Gamma_u \text{上}
\end{aligned}
\tag{2.57}
$$

利用拉格朗日乘子法，将式 (2.57) 的附加约束条件引入最小势能原理中，则有无条件驻值问题

$$
\begin{aligned}
\Pi_1 =& \int_{\Omega_0} [U(\varepsilon_{ij}) - f_i u_i] \, \mathrm{d}v - \int_{\Omega_0} \lambda_{ij} \left[\varepsilon_{ij} - \frac{1}{2}(u_{i,j} + u_{j,i}) \right] \mathrm{d}v \\
&- \int_{\Gamma_\sigma} \bar{t}_i u_i \mathrm{d}s - \int_{\Gamma_u} \mu_i (u_i - \bar{u}_i) \, \mathrm{d}s
\end{aligned}
\tag{2.58}
$$

式中，λ_{ij} 和 μ_i 分别为域内和边界上的任意函数，称为拉格朗日乘子。在解除式 (2.57) 中的约束之后，应变和位移相互独立，所以泛函 Π_1 中包含 18 个相互独立的自变函数：u_i、ε_{ij}、λ_{ij} 和 μ_i，每个自变函数都不受任何约束条件的限制。新

泛函的驻值条件为

$$
\begin{aligned}
\delta \Pi_1 = \int_{\Omega_0} & \left\{ \frac{\partial U}{\partial \varepsilon_{ij}} \delta \varepsilon_{ij} - f_i \delta u_i - \delta \lambda_{ij} \left[\varepsilon_{ij} - \frac{1}{2} (u_{i,j} + u_{j,i}) \right] \right. \\
& \left. - \lambda_{ij} \delta \varepsilon_{ij} + \frac{1}{2} \lambda_{ij} (\delta u_{i,j} + \delta u_{j,i}) \right\} \mathrm{d}v + \int_{\Gamma_\sigma} \bar{t}_i \delta u_i \mathrm{d}s \\
& - \int_{\Gamma_u} \left[\delta \mu_i (u_i - \bar{u}_i) + \mu_i \delta u_i \right] \mathrm{d}s = 0
\end{aligned}
\tag{2.59}
$$

对体积积分中包含几何关系的项进行分部积分，并设 $\lambda_{ij} = \lambda_{ji}$，式 (2.59) 可整理成

$$
\begin{aligned}
\delta \Pi_1 = \int_{\Omega_0} & \left\{ \left(\frac{\partial U}{\partial \varepsilon_{ij}} - \lambda_{ij} \right) \delta \varepsilon_{ij} - f_i \delta u_i - \delta \lambda_{ij} \left[\varepsilon_{ij} - \frac{1}{2} (u_{i,j} + u_{j,i}) \right] \right. \\
& \left. - \delta \lambda_{ij} \left[\varepsilon_{ij} - \frac{1}{2} (u_{i,j} + u_{j,i}) \right] \right\} \mathrm{d}v + \int_{\Gamma_\sigma} (\lambda_{ij} n_j - \bar{t}_i) \delta u_i \mathrm{d}s \\
& - \int_{\Gamma_u} \left[\delta \mu_i (u_i - \bar{u}_i) + (\mu_i - \lambda_{ij} n_j) \delta u_i \right] \mathrm{d}s
\end{aligned}
\tag{2.60}
$$

因为 δu_i、$\delta \varepsilon_{ij}$、$\delta \lambda_{ij}$ 和 $\delta \mu_i$ 是相互对立且任意的，所以令它们的系数为零可得到相应的欧拉–拉格朗日方程和自然边界条件，从中可以看出，拉格朗日乘子 λ_{ij} 和 μ_i 的物理意义就是应力 σ_{ij} 和约束反力 t_i。利用 $t_i = \sigma_{ij} v_j$ 消去上式中的 t_i，由式 (2.58) 可得含有三类 15 个独立自变函数 (u_i、ε_{ij} 和 σ_{ij}) 的泛函为

$$
\begin{aligned}
\Pi_3 = \int_{\Omega_0} & \left\{ U(\varepsilon_{ij}) - f_i u_i - \sigma_{ij} \left[\varepsilon_{ij} - \frac{1}{2} (u_{i,j} + u_{j,i}) \right] \right\} \mathrm{d}v \\
& - \int_{\Gamma_\sigma} \bar{t}_i u_i \mathrm{d}s - \int_{\Gamma_u} \sigma_{ij} n_i (u_i - \bar{u}_i) \mathrm{d}s
\end{aligned}
\tag{2.61}
$$

Π_3 称为三类变量广义势能，它的驻值条件为

$$
\delta \Pi_3 = 0
\tag{2.62}
$$

式 (2.62) 即三类变量广义变分原理或称为 Hu–Washizu 变分原理。

2.2.7 Hellinger-Reissner 变分原理

Hu–Washizu 变分原理将位移、应变和应力均看成独立变量，使得整个变分原理比较复杂，为了应用起来更简单，出现了两类变量变分原理，其中一种是 Hellinger-Reissner 变分原理，这种变分原理可以方便地从三类变量广义变分原理中得到。如

果认为 ε_{ij} 和 σ_{ij} 不是相互独立的，而是服从物理方程的，则将其代入三类变量广义变分原理就可以得到 Hellinger-Reissner 变分原理为

$$\Pi_2 = \int_{\Omega_0} \left[U_c(\sigma_{ij}) - f_i u_i + \frac{1}{2}\sigma_{ij}(u_{i,j} + u_{j,i}) \right] \mathrm{d}v - \int_{\Gamma_\sigma} \bar{t}_i u_i \mathrm{d}s - \int_{\Gamma_u} \sigma_{ij} n_i (u_i - \bar{u}_i) \, \mathrm{d}s$$

(2.63)

式 (2.63) 中的独立自变函数为 u_i 和 σ_{ij}，是没有附加条件的二类变量的变分原理，也称为混合变分原理。泛函 Π_2 的驻值条件为

$$\delta \Pi_2 = 0 \tag{2.64}$$

2.3 广义胡克定律

本节将讨论材料自身的特性以及材料与外载荷之间的关系，描述这些特性和关系的方程称为本构方程。本构行为仅与当前变形状态相关的材料称为弹性材料，如果材料特性处处相同，与空间位置无关，则该材料称为均匀材料，然而在非均匀材料体中材料属性是位置的函数。空间一点不同方向上材料属性不同的材料称为各向异性材料，即材料属性具有方向依赖性，而各向同性材料的每一个性能参数在各方向是相同的。对于理想弹性体，在等温条件下去除引起变形的外力后将完全恢复原始状态，在即时构型中应力与应变状态是一一对应的。本节将重点讨论小变形下 ($\nabla u \ll 1$) 的线弹性本构方程，应力与应变之间为线性关系，即广义胡克定律。假设参考构型中存在残余应力状态 σ^0，且应力分量可表示成应变分量的线性函数，则小变形情况下最广义的线性本构方程为

$$\boldsymbol{\sigma} = \boldsymbol{C} : \boldsymbol{\varepsilon} + \boldsymbol{\sigma}^0$$
$$\sigma_{ij} = C_{ijkl}\varepsilon_{kl} + \sigma_{ij}^0$$

(2.65)

式中，: 表示双点积。因为应力张量 $\boldsymbol{\sigma}$ 和应变张量 $\boldsymbol{\varepsilon}$ 均为二阶张量，根据张量的商规则，$\boldsymbol{C}$ 必定为四阶张量，称为刚度张量，包含 $3^4=81$ 个元素。

如果不考虑体积力，应力张量是对称的，即 $\sigma_{ij}=\sigma_{ji}$，根据式 (2.65)，则 C_{ijkl} 关于前两个指标也是对称的，因此 $\boldsymbol{C}$ 的独立分量为 $6 \times (3)^2 = 54$ 个。同理，根据定义，应变张量也是对称的，即 $\varepsilon_{ij} = \varepsilon_{ji}$，则 C_{ijkl} 关于后两个指标也是对称的，因此 $\boldsymbol{C}$ 的独立分量应为 $6 \times 6 = 36$ 个。

对于超弹性材料，存在一个应变能密度函数 $U_0(\varepsilon_{ij})$

$$\sigma_{ij} = \frac{\partial U_0}{\partial \varepsilon_{ij}} = C_{ijkl}\varepsilon_{kl} + \sigma_{ij}^0$$

(2.66)

$$\frac{\partial^2 U_0}{\partial \varepsilon_{ij} \partial \varepsilon_{kl}} = C_{ijkl}$$

由于偏导的次序是可自由交换的，所以 $C_{ijkl} = C_{klij}$，则 $\boldsymbol{C}$ 的独立分量减少为 21 个，为了更好地表达式 (2.65)，可采用 Voigt-Kelvin 标记，单指标和双指标之间的对应关系为

$$
\begin{aligned}
&\sigma_1 = \sigma_{11}, \quad \sigma_2 = \sigma_{22}, \quad \sigma_3 = \sigma_{33}, \quad \sigma_4 = \sigma_{23}, \quad \sigma_5 = \sigma_{13}, \quad \sigma_6 = \sigma_{12} \\
&\varepsilon_1 = \varepsilon_{11}, \quad \varepsilon_2 = \varepsilon_{22}, \quad \varepsilon_3 = \varepsilon_{33}, \quad \varepsilon_4 = \varepsilon_{23}, \quad \varepsilon_5 = \varepsilon_{13}, \quad \varepsilon_6 = \varepsilon_{12}
\end{aligned} \tag{2.67}
$$

下面将不加区分地使用这两种表示方式。

因此，式 (2.65) 可重写为

$$
\sigma_i = C_{ij}\varepsilon_j + \sigma_i^0, \quad i, j = 1, 2, \cdots, 6 \tag{2.68}
$$

式 (2.68) 也可写成矩阵形式

$$
\begin{Bmatrix} \sigma_1 \\ \sigma_2 \\ \sigma_3 \\ \sigma_4 \\ \sigma_5 \\ \sigma_6 \end{Bmatrix} = \begin{bmatrix} C_{11} & C_{12} & C_{13} & C_{14} & C_{15} & C_{16} \\ C_{21} & C_{22} & C_{23} & C_{24} & C_{25} & C_{26} \\ C_{31} & C_{32} & C_{33} & C_{34} & C_{35} & C_{36} \\ C_{41} & C_{42} & C_{43} & C_{44} & C_{45} & C_{46} \\ C_{51} & C_{52} & C_{53} & C_{54} & C_{55} & C_{56} \\ C_{61} & C_{62} & C_{63} & C_{64} & C_{65} & C_{66} \end{bmatrix} \begin{Bmatrix} \varepsilon_1 \\ \varepsilon_2 \\ \varepsilon_3 \\ \varepsilon_4 \\ \varepsilon_5 \\ \varepsilon_6 \end{Bmatrix} + \begin{Bmatrix} \sigma_1^0 \\ \sigma_2^0 \\ \sigma_3^0 \\ \sigma_4^0 \\ \sigma_5^0 \\ \sigma_6^0 \end{Bmatrix} \tag{2.69}
$$

式中，重复指标求和，C_{ij} 是对称的，即 $C_{ij} = C_{ji}$，可写成二维矩阵形式，所以广义的各向异性材料的刚度系数的独立分量数为 $6 + 5 + 4 + 3 + 2 + 1 = 21$。

假设刚度系数矩阵是可逆的，则应变可用应力表示为

$$
\varepsilon_i = S_{ij}\sigma_j + \varepsilon_i^0 \tag{2.70}
$$

式中，S_{ij} 称为材料的柔度系数，且有 $\boldsymbol{S} = \boldsymbol{C}^{-1}$，也可写成二维对称矩阵形式。

下面将讨论具有不同对称轴特殊材料本构关系的具体形式，并假设参考构型中的残余应力 σ_i^0 和残余应变 ε_i^0 均为 0。

2.3.1　单斜晶体材料

具有一个对称面的材料称为单斜晶体材料，设有两个坐标系 (x_1, x_2, x_3) 和 (x_1', x_2', x_3')，且 x_1-x_2 面平行于对称平面，取 $x_3' = x_3$，则这两个坐标系相互镜像，两个坐标系中的应力和应变存在以下关系：

$$
\sigma_{23}' = -\sigma_{23}, \sigma_{31}' = -\sigma_{31}, \varepsilon_{23}' = -\varepsilon_{23}, \varepsilon_{31}' = -\varepsilon_{31} \tag{2.71}
$$

由于应力的客观性，其大小并不依赖坐标系，利用式 (2.69) 可得

$$\sigma_1' = C_{11}\varepsilon_1' + C_{12}\varepsilon_2' + C_{13}\varepsilon_3' + C_{14}\varepsilon_4' + C_{15}\varepsilon_5' + C_{16}\varepsilon_6'$$
$$\sigma_1 = C_{11}\varepsilon_1 + C_{12}\varepsilon_2 + C_{13}\varepsilon_3 - C_{14}\varepsilon_4 - C_{15}\varepsilon_5 + C_{16}\varepsilon_6$$

(2.72)

同时，有

$$\sigma_1 = C_{11}\varepsilon_1 + C_{12}\varepsilon_2 + C_{13}\varepsilon_3 + C_{14}\varepsilon_4 + C_{15}\varepsilon_5 + C_{16}\varepsilon_6$$

(2.73)

值得注意的是，由于镜像对称面，刚度系数 C_{ij} 在两个坐标系下是不变的，根据式 (2.72) 和式 (2.73) 可得

$$C_{14}\varepsilon_4 + C_{15}\varepsilon_5 = 0$$

(2.74)

只有当 $C_{14} = 0$，且 $C_{15} = 0$ 时，式 (2.74) 才能成立，同理可得 $C_{24} = 0$、$C_{25} = 0$、$C_{34} = 0$、$C_{35} = 0$、$C_{46} = 0$ 和 $C_{56} = 0$。因此，21 个独立参数减少为 $21 - 8 = 13$ 个。

$$\boldsymbol{C} = \begin{bmatrix} C_{11} & C_{12} & C_{13} & 0 & 0 & C_{16} \\ C_{12} & C_{22} & C_{23} & 0 & 0 & C_{26} \\ C_{13} & C_{23} & C_{33} & 0 & 0 & C_{36} \\ 0 & 0 & 0 & C_{44} & C_{45} & 0 \\ 0 & 0 & 0 & C_{45} & C_{55} & 0 \\ C_{16} & C_{26} & C_{36} & 0 & 0 & C_{66} \end{bmatrix}$$

(2.75)

从式 (2.75) 中的刚度系数矩阵可以看出，单斜晶体材料具有拉伸剪切耦合效应，即剪切应变会引起正应力，如 $\sigma_{11} = C_{16}\varepsilon_6 = 2C_{16}\varepsilon_{12}$，因此应力主轴与应变主轴不一致。

2.3.2 正交各向异性材料

当材料存在三个相互正交的对称平面时，利用 2.3.1 节类似的推导方法，独立弹性系数的数量减少到 9 个，这样的材料称为正交各向异性材料，其刚度系数矩阵和柔度系数矩阵分别为

$$C = \begin{bmatrix} C_{11} & C_{12} & C_{13} & 0 & 0 & 0 \\ C_{12} & C_{22} & C_{23} & 0 & 0 & 0 \\ C_{13} & C_{23} & C_{33} & 0 & 0 & 0 \\ 0 & 0 & 0 & C_{44} & 0 & 0 \\ 0 & 0 & 0 & 0 & C_{55} & 0 \\ 0 & 0 & 0 & 0 & 0 & C_{66} \end{bmatrix}, \quad \boldsymbol{S} = \begin{bmatrix} S_{11} & S_{12} & S_{13} & 0 & 0 & 0 \\ S_{12} & S_{22} & S_{23} & 0 & 0 & 0 \\ S_{13} & S_{23} & S_{33} & 0 & 0 & 0 \\ 0 & 0 & 0 & S_{44} & 0 & 0 \\ 0 & 0 & 0 & 0 & S_{55} & 0 \\ 0 & 0 & 0 & 0 & 0 & S_{66} \end{bmatrix}$$

(2.76)

式中，柔度系数 S_{ij} 与刚度系数 C_{ij} 之间的关系为

$$C_{11} = \frac{S_{22}S_{33} - S_{23}^2}{S}, \quad C_{12} = \frac{S_{13}S_{23} - S_{12}S_{33}}{S}$$

$$C_{13} = \frac{S_{12}S_{23} - S_{13}S_{22}}{S}, \quad C_{22} = \frac{S_{33}S_{11} - S_{13}^2}{S}$$

$$C_{33} = \frac{S_{11}S_{22} - S_{12}^2}{S}, \quad C_{23} = \frac{S_{12}S_{13} - S_{23}S_{11}}{S}, \quad C_{44} = \frac{1}{S_{44}}, \quad C_{55} = \frac{1}{S_{55}}, \quad C_{66} = \frac{1}{S_{66}}$$

$$S = S_{11}S_{22}S_{33} - S_{11}S_{23}^2 - S_{22}S_{13}^2 - S_{33}S_{12}^2 + 2S_{12}S_{23}S_{13}$$

$$(2.77)$$

通常，利用实验室测得的工程常数来确定上面的刚度系数或柔度系数，如杨氏模量和剪切模量等，使用简单的单轴拉伸或纯剪切试验即可得到这些常数测量值。因为它们具有直接和明显的物理意义，工程常数被用来代替更抽象的刚度系数 C_{ij} 和柔度系数 S_{ij}，下面将讨论柔度系数 S_{ij} 与工程常数之间的关系。

方向 x_1 上由应力 σ_{11} 引起的拉伸应变 $\varepsilon_{11}^{(1)} = \dfrac{\sigma_{11}}{E_1}$，其中，$E_1$ 为方向 x_1 上的弹性模量。同理，由应力 σ_{22} 引起的拉伸应变 $\varepsilon_{11}^{(2)} = -\nu_{21}\dfrac{\sigma_{22}}{E_2}$，其中 ν_{21} 为泊松比，且有

$$\nu_{21} = -\frac{\varepsilon_{11}}{\varepsilon_{22}}$$

E_2 为方向 x_2 上的弹性模量。类似地，σ_{33} 产生的应变 $\varepsilon_{11}^{(3)} = -\nu_{31}\dfrac{\sigma_{33}}{E_3}$。根据叠加原理，三个正应力同时作用产生的总应变为

$$\varepsilon_{11} = \varepsilon_{11}^{(1)} + \varepsilon_{11}^{(2)} + \varepsilon_{11}^{(3)} = \frac{\sigma_{11}}{E_1} - \frac{\sigma_{22}\nu_{21}}{E_2} - \frac{\sigma_{33}\nu_{31}}{E_3} \qquad (2.78)$$

同理，

$$\varepsilon_{22} = \frac{\sigma_{22}}{E_2} - \frac{\sigma_{11}\nu_{12}}{E_1} - \frac{\sigma_{33}\nu_{32}}{E_3}$$

$$\varepsilon_{33} = \frac{\sigma_{33}}{E_3} - \frac{\sigma_{11}\nu_{13}}{E_1} - \frac{\sigma_{22}\nu_{23}}{E_2}$$

$$(2.79)$$

通过简单的正交材料剪切试验可得

$$2\varepsilon_{12} = \frac{\sigma_{12}}{G_{12}}$$

$$2\varepsilon_{13} = \frac{\sigma_{13}}{G_{13}}$$

$$2\varepsilon_{23} = \frac{\sigma_{23}}{G_{23}}$$

$$(2.80)$$

将式 (2.78)~ 式 (2.80) 写成矩阵形式：

$$
\left\{\begin{array}{c} \varepsilon_1 \\ \varepsilon_2 \\ \varepsilon_3 \\ \varepsilon_4 \\ \varepsilon_5 \\ \varepsilon_6 \end{array}\right\} = \left[\begin{array}{cccccc} \dfrac{1}{E_1} & -\dfrac{\nu_{21}}{E_2} & -\dfrac{\nu_{31}}{E_3} & 0 & 0 & 0 \\ -\dfrac{\nu_{12}}{E_1} & \dfrac{1}{E_2} & -\dfrac{\nu_{32}}{E_3} & 0 & 0 & 0 \\ -\dfrac{\nu_{13}}{E_1} & -\dfrac{\nu_{23}}{E_2} & \dfrac{1}{E_3} & 0 & 0 & 0 \\ 0 & 0 & 0 & \dfrac{1}{G_{23}} & 0 & 0 \\ 0 & 0 & 0 & 0 & \dfrac{1}{G_{13}} & 0 \\ 0 & 0 & 0 & 0 & 0 & \dfrac{1}{G_{12}} \end{array}\right] \left\{\begin{array}{c} \sigma_1 \\ \sigma_2 \\ \sigma_3 \\ \sigma_4 \\ \sigma_5 \\ \sigma_6 \end{array}\right\}
\tag{2.81}
$$

因为柔度矩阵 S 是刚度矩阵 C 的逆矩阵，所以 S 也是对称的，这反过来又可得到下面的关系：

$$
\frac{\nu_{ij}}{E_i} = \frac{\nu_{ji}}{E_j}, \quad i, j = 1, 2, 3
\tag{2.82}
$$

正交各向异性材料的 9 个独立参数为 E_1、E_2、E_3、G_{23}、G_{13}、G_{12}、ν_{12}、ν_{13} 和 ν_{23}，值得注意的是，泊松比 ν_{ij} 和 ν_{ji} 是不同的。如图 2.7(a) 所示，应力 σ 引起的应变为

$$
\begin{aligned}
\varepsilon_{11}^{(1)} &= \frac{\sigma}{E_1} \\
\varepsilon_{22}^{(1)} &= -\frac{\nu_{12}}{E_1}\sigma
\end{aligned}
\tag{2.83}
$$

式 (2.83) 中的负号表示压缩。如图 2.7(b) 所示，x_2 方向上的应力引起的应变为

$$
\begin{aligned}
\varepsilon_{11}^{(2)} &= -\frac{\nu_{21}}{E_2}\sigma \\
\varepsilon_{22}^{(2)} &= \frac{\sigma}{E_2}
\end{aligned}
\tag{2.84}
$$

从式 (2.83) 和式 (2.84) 可以看出，如果 $E_1 > E_2$，则 $\varepsilon_{11}^{(1)} < \varepsilon_{22}^{(2)}$，但是 $\varepsilon_{22}^{(1)}$ 和 $\varepsilon_{11}^{(2)}$ 之间的大小关系还不能确定。由两个应力引起的位移分别为

$$
\begin{aligned}
u_1^{(1)} &= a\frac{\sigma}{E_1}, & u_2^{(1)} &= -a\frac{\nu_{12}}{E_1}\sigma \\
u_1^{(2)} &= -a\frac{\nu_{21}}{E_2}\sigma, & u_2^{(2)} &= a\frac{\sigma}{E_2}
\end{aligned}
\tag{2.85}
$$

且根据式 (2.82) 有 $u_2^{(1)} = u_1^{(2)}$。

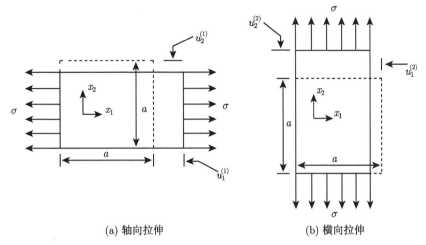

(a) 轴向拉伸　　　　　　　　　(b) 横向拉伸

图 2.7　ν_{12} 与 ν_{21} 之间的关系

比较式 (2.76) 和式 (2.81)，可得

$$S_{11}=\frac{1}{E_1},\quad S_{12}=-\frac{\nu_{12}}{E_1},\quad S_{13}=-\frac{\nu_{13}}{E_1},\quad S_{22}=\frac{1}{E_2},\quad S_{23}=-\frac{\nu_{23}}{E_2}$$
$$S_{33}=-\frac{1}{E_3},\quad S_{44}=\frac{1}{G_{23}},\quad S_{55}=\frac{1}{G_{13}},\quad S_{66}=-\frac{1}{G_{12}} \tag{2.86}$$

利用式 (2.77)，刚度系数可用工程常数表示为

$$C_{11}=\frac{1-\nu_{23}\nu_{32}}{E_2E_3\Delta},\ C_{12}=\frac{\nu_{21}+\nu_{31}\nu_{23}}{E_2E_3\Delta}=\frac{\nu_{12}-\nu_{32}\nu_{13}}{E_1E_3\Delta},\ C_{22}=\frac{1-\nu_{13}\nu_{31}}{E_1E_3\Delta}$$
$$C_{13}=\frac{\nu_{31}+\nu_{21}\nu_{32}}{E_2E_3\Delta}=\frac{\nu_{13}+\nu_{12}\nu_{23}}{E_1E_2\Delta},\ C_{23}=\frac{\nu_{32}+\nu_{12}\nu_{31}}{E_1E_3\Delta}=\frac{\nu_{23}-\nu_{21}\nu_{13}}{E_1E_3\Delta}$$
$$C_{33}=\frac{1-\nu_{12}\nu_{21}}{E_1E_2\Delta},\ C_{44}=C_{23},\ C_{55}=C_{31},\ C_{66}=G_{12}$$
$$\Delta=\frac{1-\nu_{12}\nu_{21}-\nu_{23}\nu_{32}-\nu_{31}\nu_{13}-2\nu_{21}\nu_{32}\nu_{13}}{E_1E_2E_3} \tag{2.87}$$

2.3.3　各向同性材料

当材料不存在方向性时，即存在无穷多个对称面，独立的弹性参数减少为 2 个，这种材料称为各向同性材料，对于这种材料有

$$E_1=E_2=E_3=E,\ G_{12}=G_{13}=G_{23}=G,\ \nu_{12}=\nu_{23}=\nu_{13}=\nu \tag{2.88}$$

因此，式 (2.76)、式 (2.81)、式 (2.86)、式 (2.87) 和式 (2.88) 的形式退化为

$$
\begin{Bmatrix} \sigma_1 \\ \sigma_2 \\ \sigma_3 \\ \sigma_4 \\ \sigma_5 \\ \sigma_6 \end{Bmatrix} = \Lambda \begin{bmatrix} 1-\nu & \nu & \nu & 0 & 0 & 0 \\ \nu & 1-\nu & \nu & 0 & 0 & 0 \\ \nu & \nu & 1-\nu & 0 & 0 & 0 \\ 0 & 0 & 0 & \frac{1}{2}(1-2\nu) & 0 & 0 \\ 0 & 0 & 0 & 0 & \frac{1}{2}(1-2\nu) & 0 \\ 0 & 0 & 0 & 0 & 0 & \frac{1}{2}(1-2\nu) \end{bmatrix} \begin{Bmatrix} \varepsilon_1 \\ \varepsilon_2 \\ \varepsilon_3 \\ \varepsilon_4 \\ \varepsilon_5 \\ \varepsilon_6 \end{Bmatrix}
$$

(2.89)

式中，

$$
\Lambda = \frac{E}{(1+\nu)(1-2\nu)}
$$

(2.90)

以及

$$
\begin{Bmatrix} \varepsilon_1 \\ \varepsilon_2 \\ \varepsilon_3 \\ \varepsilon_4 \\ \varepsilon_5 \\ \varepsilon_6 \end{Bmatrix} = \frac{1}{E} \begin{bmatrix} 1 & -\nu & -\nu & 0 & 0 & 0 \\ -\nu & 1 & -\nu & 0 & 0 & 0 \\ -\nu & -\nu & 1 & 0 & 0 & 0 \\ 0 & 0 & 0 & 1+\nu & 0 & 0 \\ 0 & 0 & 0 & 0 & 1+\nu & 0 \\ 0 & 0 & 0 & 0 & 0 & 1+\nu \end{bmatrix} \begin{Bmatrix} \sigma_1 \\ \sigma_2 \\ \sigma_3 \\ \sigma_4 \\ \sigma_5 \\ \sigma_6 \end{Bmatrix}
$$

(2.91)

2.3.4 平面应力状态下的本构关系

定义在 x_1-x_2 面内的平面应力状态为

$$
\sigma_{\alpha\beta} = \sigma_{\alpha\beta}(x_1, x_2),\ \sigma_{\alpha3} = \sigma_{\alpha3}(x_1, x_2),\ \sigma_{33} = 0
$$

(2.92)

式中，α 和 β 表示两个方向。虽然 $\sigma_{33} = 0$，但是 ε_{33} 并不为零。

平面应力状态下，正交各向异性材料的应变–应力关系为

$$
\begin{Bmatrix} \varepsilon_1 \\ \varepsilon_2 \\ \varepsilon_6 \end{Bmatrix} = \begin{bmatrix} \frac{1}{E_1} & -\frac{\nu_{21}}{E_2} & 0 \\ -\frac{\nu_{12}}{E_1} & \frac{1}{E_2} & 0 \\ 0 & 0 & \frac{1}{G_{12}} \end{bmatrix} \begin{Bmatrix} \sigma_1 \\ \sigma_2 \\ \sigma_6 \end{Bmatrix} = \begin{bmatrix} S_{11} & S_{12} & 0 \\ S_{12} & S_{22} & 0 \\ 0 & 0 & S_{66} \end{bmatrix} \begin{Bmatrix} \sigma_1 \\ \sigma_2 \\ \sigma_6 \end{Bmatrix}
$$

(2.93)

横向正应变为

$$\varepsilon_{33} = (S_{13}\sigma_1 + S_{23}\sigma_2) = -\frac{\nu_{13}}{E_1}\sigma_1 - \frac{\nu_{23}}{E_2}\sigma_2 \tag{2.94}$$

从式 (2.93) 可得应力–应变关系为

$$\left\{ \begin{array}{c} \sigma_1 \\ \sigma_2 \\ \sigma_6 \end{array} \right\} = \left[\begin{array}{ccc} Q_{11} & Q_{12} & 0 \\ Q_{12} & Q_{22} & 0 \\ 0 & 0 & Q_{66} \end{array} \right] \left\{ \begin{array}{c} \varepsilon_1 \\ \varepsilon_2 \\ \varepsilon_6 \end{array} \right\} \tag{2.95}$$

式中, Q_{ij} 为平面应力状态下的刚度系数, 具体表达式为

$$Q_{11} = \frac{S_{22}}{S_{11}S_{22} - S_{12}^2} = \frac{E_1}{1 - \nu_{12}\nu_{21}}, \quad Q_{12} = \frac{S_{12}}{S_{11}S_{22} - S_{12}^2} = \frac{\nu_{12}E_1}{1 - \nu_{12}\nu_{21}}$$

$$Q_{22} = \frac{S_{11}}{S_{11}S_{22} - S_{12}^2} = \frac{E_2}{1 - \nu_{12}\nu_{21}}, \quad Q_{66} = \frac{1}{S_{66}} = G_{12}$$

平面应力状态下的刚度系数涉及 4 个工程常数: E_1、E_2、ν 和 G_{12}。横向剪切应力和剪切应变之间的关系为

$$\left\{ \begin{array}{c} \sigma_4 \\ \sigma_5 \end{array} \right\} = \left[\begin{array}{cc} Q_{44} & 0 \\ 0 & Q_{55} \end{array} \right] \left\{ \begin{array}{c} \varepsilon_4 \\ \varepsilon_5 \end{array} \right\} \tag{2.96}$$

$$Q_{44} = G_{23}, \quad Q_{55} = G_{13}$$

2.3.5 本构关系的坐标系转换

上面的材料本构关系是在单层局部坐标系与主材料坐标系一致的情况下讨论的, 通常层合板中各单层的局部坐标系与全局坐标系是不一致的, 如图 1.7 所示。因此, 需要建立不同坐标系中应力和应变之间的转换关系, 将本构方程从每一层的局部坐标转换成全局坐标。设 (x, y, z) 表示层合结构的全局坐标系, (x_1, x_2, x_3) 表示单层的局部坐标系, 且 x_3 轴平行于 z 轴, x_1 轴与 x 轴的夹角为 θ, 逆时针为正。同一物质点在两个坐标系下的坐标之间的关系为

$$\left\{ \begin{array}{c} x_1 \\ x_2 \\ x_3 \end{array} \right\}^{(k)} = \left[\begin{array}{ccc} \cos\theta & \sin\theta & 0 \\ -\sin\theta & \cos\theta & 0 \\ 0 & 0 & 1 \end{array} \right]^{(k)} \left\{ \begin{array}{c} x \\ y \\ z \end{array} \right\} = \boldsymbol{L} \left\{ \begin{array}{c} x \\ y \\ z \end{array} \right\} \tag{2.97}$$

或

$$\left\{ \begin{array}{c} x \\ y \\ z \end{array} \right\}^{(k)} = \left[\begin{array}{ccc} \cos\theta & \sin\theta & 0 \\ -\sin\theta & \cos\theta & 0 \\ 0 & 0 & 1 \end{array} \right]^{(k)} \left\{ \begin{array}{c} x_1 \\ x_2 \\ x_3 \end{array} \right\} = \boldsymbol{L}^{\mathrm{T}} \left\{ \begin{array}{c} x_1 \\ x_2 \\ x_3 \end{array} \right\} \tag{2.98}$$

因为应力张量是二阶张量，所以应力张量的坐标转换方程为

$$\sigma_{\mathrm{m}} = L\sigma_{\mathrm{p}}L^{\mathrm{T}}$$
$$\sigma_{\mathrm{p}} = L^{\mathrm{T}}\sigma_{\mathrm{m}}L$$

(2.99)

式中，σ_{m} 和 σ_{p} 分别为坐标系 (x_1, x_2, x_3) 和 (x, y, z) 下的应力分量；下标 m,p 分别为这两个坐标系。

利用 Voigt-Kelvin 标记，有

$$\begin{Bmatrix} \sigma_1 \\ \sigma_2 \\ \sigma_3 \\ \sigma_4 \\ \sigma_5 \\ \sigma_6 \end{Bmatrix} = C \begin{bmatrix} \cos^2\theta & \sin^2\theta & 0 & 0 & 0 & -\sin(2\theta) \\ \sin^2\theta & \cos^2\theta & 0 & 0 & 0 & \sin(2\theta) \\ 0 & 0 & 1 & 0 & 0 & 0 \\ 0 & 0 & 0 & \cos\theta & \sin\theta & 0 \\ 0 & 0 & 0 & -\sin\theta & \cos\theta & 0 \\ \sin\theta\cos\theta & -\sin\theta\cos\theta & 0 & 0 & 0 & \cos^2\theta-\sin^2\theta \end{bmatrix} \begin{Bmatrix} \varepsilon_1 \\ \varepsilon_2 \\ \varepsilon_3 \\ \varepsilon_4 \\ \varepsilon_5 \\ \varepsilon_6 \end{Bmatrix} = T\varepsilon$$

(2.100)

和

$$\begin{Bmatrix} \varepsilon_1 \\ \varepsilon_2 \\ \varepsilon_3 \\ \varepsilon_4 \\ \varepsilon_5 \\ \varepsilon_6 \end{Bmatrix} = S \begin{bmatrix} \cos^2\theta & \sin^2\theta & 0 & 0 & 0 & \sin(2\theta) \\ \sin^2\theta & \cos^2\theta & 0 & 0 & 0 & -\sin(2\theta) \\ 0 & 0 & 1 & 0 & 0 & 0 \\ 0 & 0 & 0 & \cos\theta & -\sin\theta & 0 \\ 0 & 0 & 0 & \sin\theta & \cos\theta & 0 \\ -\sin\theta\cos\theta & \sin\theta\cos\theta & 0 & 0 & 0 & \cos^2\theta-\sin^2\theta \end{bmatrix} \begin{Bmatrix} \sigma_1 \\ \sigma_2 \\ \sigma_3 \\ \sigma_4 \\ \sigma_5 \\ \sigma_6 \end{Bmatrix} = R\sigma$$

(2.101)

因为应变张量也是二阶张量，所以用于应力张量的坐标转换方程 (式 (2.99)) 同样适用于应变张量，即

$$\varepsilon_{\mathrm{m}} = L\varepsilon_{\mathrm{p}}L^{\mathrm{T}}$$
$$\varepsilon_{\mathrm{p}} = L^{\mathrm{T}}\varepsilon_{\mathrm{m}}L$$

(2.102)

考虑应力–应变关系式 (2.99) 和转换方程式 (2.102)，有

$$\sigma_{\mathrm{p}} = T\sigma_{\mathrm{m}} = TC_{\mathrm{m}}\sigma_{\mathrm{m}} = TC_{\mathrm{m}}T^{\mathrm{T}}\varepsilon_{\mathrm{p}} = C_{\mathrm{p}}\varepsilon_{\mathrm{p}}$$

(2.103)

因此，刚度矩阵的转换关系为

$$\boldsymbol{C}_{\mathrm{p}} = \boldsymbol{T}\boldsymbol{C}_{\mathrm{m}}\boldsymbol{T}^{\mathrm{T}} \tag{2.104}$$

对于平面应力状态下的本构关系，式 (2.95) 只适用于材料主方向沿全局坐标轴的情况。对于角铺层情况，有

$$
\left\{
\begin{array}{c}
\sigma_1 \\
\sigma_2 \\
\sigma_6
\end{array}
\right\}
=
\left[
\begin{array}{ccc}
\bar{Q}_{11} & \bar{Q}_{12} & \bar{Q}_{16} \\
\bar{Q}_{12} & \bar{Q}_{22} & \bar{Q}_{26} \\
\bar{Q}_{16} & \bar{Q}_{26} & \bar{Q}_{66}
\end{array}
\right]
\left\{
\begin{array}{c}
\varepsilon_1 \\
\varepsilon_2 \\
\varepsilon_6
\end{array}
\right\}
$$
$$
\left\{
\begin{array}{c}
\sigma_4 \\
\sigma_5
\end{array}
\right\}
=
\left[
\begin{array}{cc}
\bar{Q}_{44} & \bar{Q}_{45} \\
\bar{Q}_{45} & \bar{Q}_{55}
\end{array}
\right]
\left\{
\begin{array}{c}
\varepsilon_4 \\
\varepsilon_5
\end{array}
\right\}
\tag{2.105}
$$

式中，

$$
\begin{aligned}
\bar{Q}_{11} &= Q_{11}\cos^4\theta + 2\left(Q_{12} + 2Q_{66}\right)\sin^2\theta\cos^2\theta + Q_{22}\sin^4\theta \\
\bar{Q}_{12} &= \left(Q_{11} + Q_{22} - 4Q_{66}\right)\sin^2\theta\cos^2\theta + Q_{12}\left(\sin^4\theta + \cos^4\theta\right) \\
\bar{Q}_{22} &= Q_{11}\sin^4\theta + 2\left(Q_{12} + 2Q_{66}\right)\sin^2\theta\cos^2\theta + Q_{22}\cos^4\theta \\
\bar{Q}_{16} &= \left(Q_{11} - Q_{12} - 2Q_{66}\right)\sin\theta\cos^3\theta + \left(Q_{12} - Q_{22} + 2Q_{66}\right)\sin^3\theta\cos\theta \\
\bar{Q}_{26} &= \left(Q_{11} - Q_{12} - 2Q_{66}\right)\sin^3\theta\cos\theta + \left(Q_{12} - Q_{22} + 2Q_{66}\right)\sin\theta\cos^3\theta \\
\bar{Q}_{66} &= \left(Q_{11} + Q_{22} - 2Q_{12} - 2Q_{66}\right)\sin^2\theta\cos^2\theta + Q_{66}\left(\sin^4\theta + \cos^4\theta\right) \\
\bar{Q}_{44} &= Q_{44}\cos^2\theta + Q_{55}\sin^2\theta \\
\bar{Q}_{45} &= \left(Q_{55} - Q_{44}\right)\cos\theta\sin\theta \\
\bar{Q}_{55} &= Q_{55}\cos^2\theta + Q_{44}\sin^2\theta
\end{aligned}
\tag{2.106}
$$

2.3.6　复合材料单层材料力学参数估算方法

上述诸节的讨论是在复合材料单层力学参数确定的情况下进行的，本小节将介绍复合材料单层材料力学参数的估算方法。复合材料力学性能参数的细观力学分析，可以采用片状模型、回字形模型、外圆内方模型等来计算。其中，片状模型比较简单，如图 2.8 所示。因为推导过程没有涉及纤维截面形状和纤维排列方式，所以其具有普遍适用价值。本小节将介绍利用纤维和基体的性能参数估算单向复合材料性能参数的方法，包括密度、弹性模量、剪切模量、泊松比、热膨胀系数和湿膨胀系数。

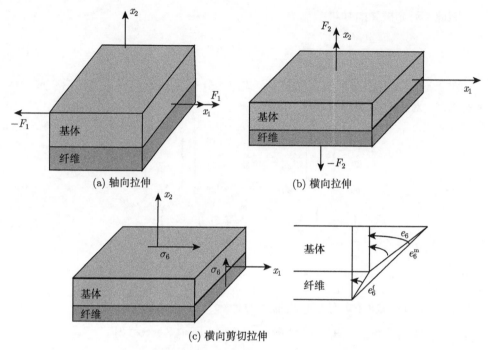

(a) 轴向拉伸 (b) 横向拉伸

(c) 横向剪切拉伸

图 2.8　复合材料力学性能参数的片状模型

1. 密度

单向复合材料的质量由纤维和基体两部分组成：

$$\rho v = \rho_{\mathrm{f}} v_{\mathrm{f}} + \rho_{\mathrm{m}} v_{\mathrm{m}} \tag{2.107}$$

式中，ρ、ρ_{f} 和 ρ_{m} 分别为复合材料、纤维和基体的密度；v、v_{f} 和 v_{m} 分别为复合材料、纤维和基体的体积。显然，$v_{\mathrm{f}} + v_{\mathrm{m}} = v$，因此，单向复合材料的密度为

$$\rho = V_{\mathrm{f}} \rho_{\mathrm{f}} + (1 - V_{\mathrm{f}}) \rho_{\mathrm{m}} \tag{2.108}$$

式中，$V_{\mathrm{f}} = v_{\mathrm{f}}/v$ 为纤维的体积分数。

2. 弹性模量、剪切模量和泊松比

假设复合材料单层的轴向拉伸细观模型如图 2.8 (a) 所示，在轴向拉伸载荷 F_1 作用下，复合材料、纤维和基体的应变相等，通过纤维和基体的轴向应力与外载荷的平衡关系，可得复合材料的轴向弹性模量为

$$E_1 = \frac{\sigma_1}{\varepsilon_1} = V_{\mathrm{f}} E_{\mathrm{f}} + (1 - V_{\mathrm{f}}) E_{\mathrm{m}} \tag{2.109}$$

式中，E_{f} 和 E_{m} 分别为纤维和基体的弹性模量。

通常，利用式 (2.109) 估算 E_1 是比较可靠的，一般来说，$E_f \gg E_m$，因此复合材料的轴向弹性模量可用下列更简单的计算公式进行估算：

$$E_1 = V_f E_f \tag{2.110}$$

图 2.8(a) 中复合材料厚度方向上的变形为

$$\Delta e = e_f \varepsilon_2^f + e_m \varepsilon_2^m \tag{2.111}$$

式中，e_f 和 e_m 为纤维和基体的厚度；ε_2^f 和 ε_2^m 为纤维和基体的应变。则泊松比 ν_{12} 为

$$\nu_{12} = -\frac{\varepsilon_2}{\varepsilon_1} = -\frac{1}{\varepsilon_1}\frac{\Delta e}{e} = V_f \nu_f + (1 - V_f)\,\nu_m \tag{2.112}$$

式中，ν_f 和 ν_m 分别为纤维和基体的泊松比。

如图 2.8 (b) 所示，在横向载荷 F_2 的作用下，复合材料的横向应变为

$$\varepsilon_2 = \frac{\Delta e}{e} = V_f \varepsilon_2^f + V_m \varepsilon_2^m = -\left(\frac{V_f}{E_f} + \frac{V_m}{E_m}\right)\sigma_2 \tag{2.113}$$

复合材料的横向弹性模量定义为

$$E_2 = \frac{\sigma_2}{\varepsilon_2} = \frac{E_f E_m}{V_m E_f + V_f E_m} = \frac{E_f}{V_m + \dfrac{V_f E_m}{E_f}} = \frac{E_m}{1 - V_f\left(1 - \dfrac{E_m}{E_f}\right)} \tag{2.114}$$

当 $E_f \gg E_m$ 时，有

$$E_2 = \frac{E_m}{1 - V_f} \tag{2.115}$$

如图 2.8 (c) 所示，在剪切应力 σ_6 的作用下，基体和纤维的剪切应力是相等的，$\sigma_6 = \sigma_6^f = \sigma_6^m$，在 x_1 方向上，复合材料上、下面板的相对位移为

$$u = u_f + u_m = e_f \varepsilon_6^f + e_m \varepsilon_6^m = \left(\frac{e_f}{G_f} + \frac{e_m}{G_m}\right)\sigma_6 \tag{2.116}$$

式中，G_f 和 G_m 分别为纤维和基体的剪切模量。

复合材料的角变形为

$$\varepsilon_6 = \frac{u}{e} = \left(\frac{V_f}{G_f} + \frac{V_m}{G_m}\right)\sigma_6 \tag{2.117}$$

则复合材料的剪切模量 G_{12} 为

$$G_{12} = \frac{\sigma_6}{\varepsilon_6} = \frac{G_f G_m}{V_m G_f + V_f G_m} = \frac{G_m}{V_m + \dfrac{V_f G_m}{G_f}} = \frac{G_m}{1 - V_f\left(1 - \dfrac{G_m}{G_f}\right)} \tag{2.118}$$

当 $G_f \gg G_m$ 时，有

$$G_{12} = \frac{G_m}{1 - V_f} \tag{2.119}$$

3. 热膨胀系数

当复合材料不承受外载荷，而受温度变化 $\Delta T = T - T_0$ 时，假设纤维和基体的应变是协调的，即 $\varepsilon_1 = \varepsilon_1^{\mathrm{f}} = \varepsilon_1^{\mathrm{m}}$，则纤维和基体的轴向应力分别为

$$\sigma_1^{\mathrm{f}} = E_{\mathrm{f}} \left(\varepsilon_1 - \alpha_{\mathrm{f}} \Delta T\right)$$
$$\sigma_1^{\mathrm{m}} = E_{\mathrm{m}} \left(\varepsilon_1 - \alpha_{\mathrm{m}} \Delta T\right)$$

$$(2.120)$$

式中，α_{f} 和 α_{m} 分别为纤维和基体的热膨胀系数。

拉伸内力 $F = \sigma_1^{\mathrm{f}} A_{\mathrm{f}} + \sigma_1^{\mathrm{m}} A_{\mathrm{m}}$ 为零，则有

$$V_{\mathrm{f}} \sigma_1^{\mathrm{f}} + V_{\mathrm{m}} \sigma_1^{\mathrm{m}} = 0 \tag{2.121}$$

将 σ_1^{f} 和 σ_1^{m} 代入式 (2.121) 有

$$\left(V_{\mathrm{f}} E_{\mathrm{f}} + V_{\mathrm{m}} E_{\mathrm{m}}\right) \varepsilon_1 = \left(V_{\mathrm{f}} \alpha_{\mathrm{f}} E_{\mathrm{f}} + V_{\mathrm{m}} \alpha_{\mathrm{m}} E_{\mathrm{m}}\right) \Delta T \tag{2.122}$$

复合材料轴向热膨胀系数定义为

$$\alpha_1 = \frac{\varepsilon_1}{\Delta T} = \frac{V_{\mathrm{f}} \alpha_{\mathrm{f}} E_{\mathrm{f}} + V_{\mathrm{m}} \alpha_{\mathrm{m}} E_{\mathrm{m}}}{V_{\mathrm{f}} E_{\mathrm{f}} + V_{\mathrm{m}} E_{\mathrm{m}}} = \frac{V_{\mathrm{f}} \alpha_{\mathrm{f}} E_{\mathrm{f}} + \left(1 - V_{\mathrm{f}}\right) \alpha_{\mathrm{m}} E_{\mathrm{m}}}{V_{\mathrm{f}} E_{\mathrm{f}} + \left(1 - V_{\mathrm{f}}\right) E_{\mathrm{m}}} \tag{2.123}$$

纤维和基体的横向应力分别为

$$\sigma_2^{\mathrm{f}} = -\nu_{\mathrm{f}} \left(\varepsilon_1 - \alpha_{\mathrm{f}} \Delta T\right) + \alpha_{\mathrm{f}} \Delta T$$
$$\sigma_2^{\mathrm{m}} = -\nu_{\mathrm{m}} \left(\varepsilon_1 - \alpha_{\mathrm{m}} \Delta T\right) + \alpha_{\mathrm{m}} \Delta T$$

$$(2.124)$$

则复合材料的横向应变为

$$\begin{aligned}
\varepsilon_2 &= \frac{\Delta e}{e} = V_{\mathrm{f}} \varepsilon_2^{\mathrm{f}} + V_{\mathrm{m}} \varepsilon_2^{\mathrm{m}} \\
&= -\left(V_{\mathrm{f}} \nu_{\mathrm{f}} + V_{\mathrm{m}} \nu_{\mathrm{m}}\right) \varepsilon_1 + \left(V_{\mathrm{f}} \alpha_{\mathrm{f}} \nu_{\mathrm{f}} + V_{\mathrm{m}} \alpha_{\mathrm{m}} \nu_{\mathrm{m}}\right) \Delta T + \left(V_{\mathrm{f}} \alpha_{\mathrm{f}} + V_{\mathrm{m}} \alpha_{\mathrm{m}}\right) \Delta T \\
&= \left[\frac{V_{\mathrm{f}} V_{\mathrm{m}} \left(\nu_{\mathrm{m}} E_{\mathrm{f}} - \nu_{\mathrm{f}} E_{\mathrm{m}}\right) \left(\alpha_{\mathrm{m}} - \alpha_{\mathrm{f}}\right)}{V_{\mathrm{f}} E_{\mathrm{f}} + V_{\mathrm{m}} E_{\mathrm{m}}} + V_{\mathrm{f}} \alpha_{\mathrm{f}} + V_{\mathrm{m}} \alpha_{\mathrm{m}}\right] \Delta T
\end{aligned} \tag{2.125}$$

复合材料横向热膨胀系数定义为

$$\alpha_2 = \frac{\varepsilon_2}{\Delta T} = V_{\mathrm{f}} \alpha_{\mathrm{f}} + V_{\mathrm{m}} \alpha_{\mathrm{m}} + \frac{\nu_{\mathrm{m}} E_{\mathrm{f}} - \nu_{\mathrm{f}} E_{\mathrm{m}}}{\dfrac{E_{\mathrm{f}}}{V_{\mathrm{m}}} + \dfrac{E_{\mathrm{m}}}{V_{\mathrm{f}}}} \left(\alpha_{\mathrm{m}} - \alpha_{\mathrm{f}}\right) \tag{2.126}$$

4. 湿膨胀系数

复合材料在潮湿环境中会吸收水分，吸收水分后其体积会发生膨胀，这一点与温度升高类似，但是与吸热不同的是，复合材料吸湿是一个非常缓慢的过程，并且达到平衡时基体与纤维水分浓度不同。聚合物基复合材料吸入水分质量增加 1% 所引起的长度相对改变量称为湿膨胀系数。复合材料吸水程度可用吸湿率 β 表示，由于复合材料由纤维和基体组成，纤维和基体分别有吸湿率 β_f 和 β_m。假定复合材料在干燥状态下的质量为 m_i(初始质量)，其中，纤维的质量为 m_f，基体的质量为 m_m，则吸湿率可定义为

$$\beta = \frac{\Delta m}{m_i} = \beta_f M_f + \beta_m M_m \tag{2.127}$$

式中，Δm 为吸湿引起的质量增量；$M_f = m_f/m_i$ 和 $M_m = m_m/m_i$ 分别为纤维和基体的质量含量。

在复合材料的吸湿理论模型中，假设水分仅从上、下面板进入复合材料，一般认为复合材料的吸湿过程符合菲克扩散定律，即

$$\frac{\partial \beta}{\partial t} = D_x \frac{\partial^2 \beta}{\partial x^2} \tag{2.128}$$

式中，D_x 为复合材料 x 方向的湿扩散系数，其对应的边界条件为

$$\begin{cases} \beta = \beta_i, & 0 < x < L, \quad t = 0 \\ \beta = \beta_\infty, & x = 0, x = L, \quad t \geqslant 0 \end{cases} \tag{2.129}$$

式中，β_i 为材料的初始吸湿率；β_∞ 为材料的饱和吸湿率。

在实际中，定义复合材料的相对吸湿率，用于表示材料达到饱和的程度，其表达式如下：

$$\bar{\beta} = \frac{\beta - \beta_i}{\beta_\infty - \beta_i} \tag{2.130}$$

求解式 (2.128)~ 式 (2.130)，并在厚度方向上取平均，可得到整个材料的相对吸湿率为

$$\bar{\beta} = 1 - \frac{8}{\pi^2} \sum_{j=0}^{\infty} \frac{1}{(2j+1)^2} \exp\left[-\frac{(2j+1)^2 \pi^2 D_x t}{L^2}\right] \tag{2.131}$$

式 (2.131) 可以近似地写为

$$\bar{\beta} = 1 - \exp\left[-7.3 \left(\frac{D_x t}{L^2}\right)^{0.75}\right] \tag{2.132}$$

复合材料湿扩散系数表征了水分扩散的快慢程度，因此求解湿扩散系数是研究复合材料湿热效应的重要内容。纤维增强复合材料纵向和横向的湿扩散性能是不同的，其纵向扩散系数可以由各组分材料的性质按混合法则来确定，即

$$D_1 = V_f D_f + V_m D_m \tag{2.133}$$

式中，D_f 和 D_m 分别为纤维及基体的湿扩散系数。

2.4　复合材料损伤机理与损伤准则

复合材料层合板的失效是一个非常复杂的问题，失效模式严重依赖加载方式、几何尺寸、材料的物理性质和力学性质以及试件本身的缺陷。第一层失效代表了损伤的起始和整个复合材料的损伤演化过程，但这并不意味着复合材料层合板的灾难性破坏，剩余承载能力仍然存在，然后各层逐渐失效，结构整体宏观刚度退化。本节将介绍复合材料的损伤机理和损伤准则。

2.4.1　复合材料结构的损伤机理

深入理解损伤机理对复合结构的实际工程设计具有重要的意义，纤维增强复合材料的损伤发生在不同尺度上，从微观上几乎不可见的纤维基体剥离到宏观的基体裂纹和分层。同时，在损伤复合结构中还存在各种失效模式。层状、正交各向异性、不均匀和多材料等特性使复合材料在不同加载条件下出现各种失效模式。一般而言，复合材料的失效模式可分为四类：纤维断裂、分层、基体裂纹和纤维/基体剥离，如图 2.9 所示。这些失效模式或它们的任何组合都会显著降低结构的承载能力。

纤维增强复合材料中出现的第一类损伤是制造过程中产生的缺陷，固化过程中存在树脂收缩或残余热应力，不完全润湿会使纤维与基体之间不完全黏合。这些缺陷不可能用肉眼观察到，甚至用光学或其他类型的显微镜也无法观察到。对于这些微观损伤，单纤维断裂试验是一种非常重要的方法，它由一根足够长的纤维围绕着聚合物基体组成，是研究纤维/基体脱粘的最重要的方法之一。但是单纤维断裂试验的研究是基于纤维/基体界面上的应力状态简化解的，因此预测的界面强度对不同载荷条件下的反力传播是不准确的。另一种重要的方法是基于能量平衡和断裂机制的方法，利用这些方法从单纤维断裂试验数据中得到了纤维/基体模式II的界面断裂韧性，从而使测量的失效特性更方便地应用于不同的加载条件。

基体裂纹可能是纤维增强复合材料中最严重的损伤类型，除了会降低力学性能外，它还会导致其他类型损伤形式的出现，如纤维断裂和分层，会对结构或部件造成致命的破坏。通常，基体裂纹是由离轴层中的纤维/基体脱粘损伤引起的。基于强度和能量的方法是预测基体裂纹发展的两种重要技术途径，在以强度为基础的方法中，利用点失效准则对基体裂纹的萌生和扩展进行预测，基于能量的方法则考虑裂纹形成过程中的能量平衡，与线性弹性断裂力学中能量释放率概念相似。

(a) 纤维断裂

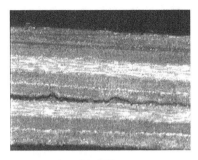

(b) 分层

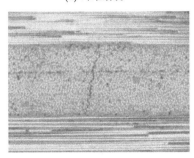

(c) 基体裂纹

(d) 纤维/基体剥离

图 2.9 复合材料损伤

纤维增强复合材料通常是由纤维束制成的，纤维束中的纤维强度不一样，通常服从韦布尔分布。当这些纤维用于复合材料时，它们会在不同载荷作用下断裂，通常产生孤立的纤维断裂。在高应变条件下，由孤立纤维断裂引起的局部应力集中可能导致相邻纤维的破坏，从而导致纤维断裂积累。

纤维增强复合材料的分层损伤是由相邻单层弹性不匹配引起的。但是，基体裂纹几乎一直是分层损伤的必要前提。分层可能产生于低速冲击载荷、制造缺陷、雷击，甚至鸟击。

2.4.2 最大应力准则

最大应力准则认为，复合材料结构一旦满足以下条件就会失效。

$$\begin{aligned}
\overline{\sigma}_{irc} < \overline{\sigma}_i < \overline{\sigma}_{irt}, & \quad i = 1, 2, 3 \\
-\overline{\sigma}_{irs} < \overline{\sigma}_i < \overline{\sigma}_{irs}, & \quad i = 4, 5, 6
\end{aligned} \tag{2.134}$$

式中，$\overline{\sigma}_{irt}$ $(i = 1, 2, 3)$ 为拉伸失效应力；$\overline{\sigma}_{irc}$ $(i = 1, 2, 3)$ 为压缩失效应力；$\overline{\sigma}_{irs}$ $(i = 4, 5, 6)$ 为剪切失效应力。

在式 (2.134) 中，拉伸失效应力和剪切失效应力是正的，而压缩失效应力是负的。为了方便介绍失效应力状态下的应力系数 $F_{i\sigma}$，将复合材料中的应力状态表示成一个依赖外载荷的单值函数。应力状态定义为

$$\bar{\sigma}'_i = F_{i\sigma}\bar{\sigma}_i \,(\text{不求和}) \tag{2.135}$$

所以应力系数为

$$F_{i\sigma} = \frac{\bar{\sigma}_{\mathrm{irt}}}{\bar{\sigma}_i} \,\text{或}\, F_{i\sigma} = \frac{\bar{\sigma}_{\mathrm{irc}}}{\bar{\sigma}_i}, \quad i = 1, 2, 3 \tag{2.136}$$

根据正应力 $\bar{\sigma}_i$ 的正负，有

$$F_{i\sigma} = \frac{\bar{\sigma}_{\mathrm{ir}}}{\bar{\sigma}_i}, \quad i = 4, 5, 6 \tag{2.137}$$

利用应力系数中的指标 i 可确定失效形式，$i = 1, 2, 3$ 表明失效为 x、y 和 z 方向上的拉伸或压缩失效，$i = 4, 5, 6$ 表明 (y, z)、(z, x) 和 (x, y) 面内的剪切失效。

2.4.3 最大应变准则

最大应变准则认为，复合材料结构一旦满足以下条件就会失效。

$$\begin{aligned} \bar{\varepsilon}_{\mathrm{irc}} < \bar{\varepsilon}_i < \bar{\varepsilon}_{\mathrm{irt}}, & \quad i = 1, 2, 3 \\ -\bar{\varepsilon}_{\mathrm{irs}} < \bar{\varepsilon}_i < \bar{\varepsilon}_{\mathrm{irs}}, & \quad i = 4, 5, 6 \end{aligned} \tag{2.138}$$

式中，$\bar{\varepsilon}_{\mathrm{irc}}\,(i = 1, 2, 3)$ 为压缩失效应变；$\bar{\varepsilon}_{\mathrm{irt}}\,(i = 1, 2, 3)$ 为拉伸失效应变；$\bar{\varepsilon}_{\mathrm{irs}}\,(i = 4, 5, 6)$ 为剪切失效应变。在式 (2.138) 中，拉伸失效应变和剪切失效应变是正的，而压缩失效应变是负的。

与最大应力准则一样，为了方便介绍失效应力状态下的应变系数 $F_{i\varepsilon}$，将复合材料中的应变状态表示成一个单值函数。应变状态定义为

$$\bar{\varepsilon}'_i = F_{i\varepsilon}\bar{\varepsilon}_i(\text{不求和}) \tag{2.139}$$

则有

$$F_{i\varepsilon} = \frac{\bar{\varepsilon}_{\mathrm{irt}}}{\bar{\varepsilon}_i} \,\text{或}\, F_{i\varepsilon} = \frac{\bar{\varepsilon}_{\mathrm{irc}}}{\bar{\varepsilon}_i}, \quad i = 1, 2, 3 \tag{2.140}$$

根据正应变的正负，有

$$F_{i\varepsilon} = \frac{\bar{\varepsilon}_{\mathrm{ir}}}{\bar{\varepsilon}_i}, \quad i = 4, 5, 6 \tag{2.141}$$

2.4.4 Tsai-Hill 准则

从广义的角度看，复合材料结构一旦满足以下条件就会失效。

$$F_i \overline{\sigma}_i + F_{ij} \overline{\sigma}_i \overline{\sigma}_j + F_{ijk} \overline{\sigma}_i \overline{\sigma}_j \overline{\sigma}_k + \cdots < 1, \quad i, j, k, \cdots = 1, 2, \cdots, 6 \tag{2.142}$$

多项式准则中的系数 F_i, F_{ij}, F_{ijk}, $\cdots$ 可通过试验获得。下面介绍的复合材料失效准则都是多项式准则的特例。

Tsai-Hill 准则的表达式为

$$F_{ij} \overline{\sigma}_i \overline{\sigma}_j < 1, \quad i, j = 1, 2, \cdots, 6 \tag{2.143}$$

且有 $F_{ij} = F_{ji}$。

Tsai-Hill 准则是 von Mises 准则在各向异性材料中的推广，认为静水压力不会引起材料的失效。对于正交各向异性材料，Tsai-Hill 准则可写为

$$a \left(\overline{\sigma}_1 - \overline{\sigma}_2 \right)^2 + b \left(\overline{\sigma}_2 - \overline{\sigma}_3 \right)^2 + c \left(\overline{\sigma}_3 - \overline{\sigma}_1 \right)^2 + d \overline{\sigma}_4^2 + e \overline{\sigma}_5^2 + f \overline{\sigma}_6^2 < 1 \tag{2.144}$$

式 (2.144) 中的 6 个参数 a、b、c、d、e 和 f 需利用 6 种相互独立的工况试验来确定，考虑 x、y 和 z 方向上的拉伸失效，以及 (y, z)、(z, x) 或 (x, y) 面内的剪切失效，则非零系数 F_{ij} 为

$$F_{11} = \frac{1}{\overline{\sigma}_{1r}^2}, F_{22} = \frac{1}{\overline{\sigma}_{2r}^2}, F_{33} = \frac{1}{\overline{\sigma}_{3r}^2}, F_{44} = \frac{1}{\overline{\sigma}_{4r}^2}, F_{55} = \frac{1}{\overline{\sigma}_{5r}^2}, F_{66} = \frac{1}{\overline{\sigma}_{6r}^2}$$

$$F_{12} = -\frac{1}{2} \left(\frac{1}{\overline{\sigma}_{1r}^2} + \frac{1}{\overline{\sigma}_{2r}^2} - \frac{1}{\overline{\sigma}_{3r}^2} \right), F_{23} = -\frac{1}{2} \left(\frac{1}{\overline{\sigma}_{2r}^2} + \frac{1}{\overline{\sigma}_{3r}^2} - \frac{1}{\overline{\sigma}_{1r}^2} \right) \tag{2.145}$$

$$F_{31} = -\frac{1}{2} \left(\frac{1}{\overline{\sigma}_{3r}^2} + \frac{1}{\overline{\sigma}_{1r}^2} - \frac{1}{\overline{\sigma}_{2r}^2} \right)$$

在 Tsai-Hill 准则中，当 $\overline{\sigma}_i$ 为正时，$\sigma_{ir} (i = 1, 2, 3)$ 等于 $\overline{\sigma}_{irt}$；当 $\overline{\sigma}_i$ 为负时，σ_{ir} 等于 $\overline{\sigma}_{irc}$。Tsai-Hill 准则的详细表达式为

$$F_{11} \overline{\sigma}_1^2 + F_{22} \overline{\sigma}_2^2 + F_{33} \overline{\sigma}_3^2 + 2F_{23} \overline{\sigma}_2^2 \overline{\sigma}_3^2$$
$$+ 2F_{31} \overline{\sigma}_3^2 \overline{\sigma}_1^2 + 2F_{12} \overline{\sigma}_1^2 \overline{\sigma}_2^2 + F_{44} \overline{\sigma}_4^2 + F_{55} \overline{\sigma}_5^2 + F_{66} \overline{\sigma}_6^2 < 1 \tag{2.146}$$

Tsai-Hill 准则中的各项代表不同的失效模型，导致复合材料失效的应力场为

$$\overline{\sigma}_i' = F_{\mathrm{TH}} \overline{\sigma}_i \tag{2.147}$$

式中，F_{TH} 为 Tsai-Hill 准则的载荷系数。

将式 (2.147) 代入准则中，有

$$(F_{\mathrm{TH}})^2 F_{ij}\overline{\sigma}_i\overline{\sigma}_j < 1 \tag{2.148}$$

所以

$$F_{\mathrm{TH}} = \frac{1}{\sqrt{F_{ij}\overline{\sigma}_i\overline{\sigma}_j}} \tag{2.149}$$

对于 (y, z) 面内的横观各向同性材料，Tsai-Hill 准则为

$$\frac{\overline{\sigma}_1^2}{\overline{\sigma}_{1\mathrm{r}}^2} + \frac{\overline{\sigma}_2^2 + \overline{\sigma}_3^2}{\overline{\sigma}_{2\mathrm{r}}^2} - \frac{\overline{\sigma}_1^2\left(\overline{\sigma}_2^2 + \overline{\sigma}_3^2\right)}{\overline{\sigma}_{1\mathrm{r}}^2} + \left(\frac{1}{\overline{\sigma}_{1\mathrm{r}}^2} - \frac{1}{\overline{\sigma}_{2\mathrm{r}}^2}\right)\overline{\sigma}_2\overline{\sigma}_3 + \frac{\overline{\sigma}_4^2}{\overline{\sigma}_{4\mathrm{r}}^2} + \frac{\overline{\sigma}_5^2 + \overline{\sigma}_6^2}{\overline{\sigma}_{6\mathrm{r}}^2} < 1 \tag{2.150}$$

如果进一步考虑平面应力状态 $(\sigma_3 = \sigma_4 = \sigma_5 = 0)$，Tsai-Hill 准则为

$$\frac{\overline{\sigma}_1^2}{\overline{\sigma}_{1\mathrm{r}}^2} + \frac{\overline{\sigma}_2^2}{\overline{\sigma}_{2\mathrm{r}}^2} - \frac{\overline{\sigma}_1\overline{\sigma}_2}{\overline{\sigma}_{1\mathrm{r}}^2} + \frac{\overline{\sigma}_6^2}{\overline{\sigma}_{6\mathrm{r}}^2} < 1 \tag{2.151}$$

当 $\overline{\sigma}_i' = F_{\mathrm{TH}}\overline{\sigma}_i$ 时，Tsai-Hill 准则的载荷系数为

$$F_{\mathrm{TH}} = \frac{1}{\sqrt{\dfrac{\overline{\sigma}_1^2}{\overline{\sigma}_{1\mathrm{r}}^2} + \dfrac{\overline{\sigma}_2^2}{\overline{\sigma}_{2\mathrm{r}}^2} - \dfrac{\overline{\sigma}_1\overline{\sigma}_2}{\overline{\sigma}_{1\mathrm{r}}^2} + \dfrac{\overline{\sigma}_6^2}{\overline{\sigma}_{6\mathrm{r}}^2}}} \tag{2.152}$$

2.4.5 Tsai-Wu 准则

Tsai-Wu 准则为

$$F_i\overline{\sigma}_i + F_{ij}\overline{\sigma}_i\overline{\sigma}_j < 1 \tag{2.153}$$

式中，F_i 和 F_{ij} 可通过相互独立的试验确定。

对于 x 方向上的拉伸失效和压缩失效，有

$$F_1\overline{\sigma}_{1\mathrm{rt}} + F_{11}\overline{\sigma}_{1\mathrm{rt}}^2 = 1, \quad F_1\overline{\sigma}_{1\mathrm{rc}} + F_{11}\overline{\sigma}_{1\mathrm{rc}}^2 = 1 \tag{2.154}$$

式中，

$$F_1 = \frac{\overline{\sigma}_{1\mathrm{rc}} + \overline{\sigma}_{1\mathrm{rt}}}{\overline{\sigma}_{1\mathrm{rt}}\overline{\sigma}_{1\mathrm{rc}}} = \frac{1}{\overline{\sigma}_{1\mathrm{rt}}} + \frac{1}{\overline{\sigma}_{1\mathrm{rc}}}, \quad F_{11} = -\frac{1}{\overline{\sigma}_{1\mathrm{rt}}\overline{\sigma}_{1\mathrm{rc}}} \tag{2.155}$$

对于 y 和 z 方向上的拉伸失效和压缩失效，有类似的结论。对于 (y, z) 面内的剪切失效，有

$$F_4\overline{\sigma}_{4\mathrm{r}} + F_{44}\overline{\sigma}_{4\mathrm{r}}^2 = 1, \quad -F_4\overline{\sigma}_{4\mathrm{r}} + F_{44}\overline{\sigma}_{4\mathrm{r}}^2 = 1 \tag{2.156}$$

式中，

$$F_4 = 0, \quad F_{44} = \frac{1}{\overline{\sigma}_{4\mathrm{r}}^2} \tag{2.157}$$

对于 (x, z) 面和 (x, y) 面内的剪切失效，也可得到类似的结论。耦合项 F_{12} 可通过双轴试验确定，但是这种试验实施起来很困难，在缺乏试验数据的情况下，可通过式 (2.158) 来估算 F_{12}：

$$F_{12} = -\frac{1}{2\sqrt{\overline{\sigma}_{1\mathrm{rt}}\overline{\sigma}_{1\mathrm{rc}}\overline{\sigma}_{2\mathrm{rt}}\overline{\sigma}_{2\mathrm{rc}}}} \tag{2.158}$$

F_{23} 和 F_{31} 与 F_{12} 类似，其他耦合项 F_{14}、F_{15}、$\cdots$ 通常取零。Tsai-Wu 准则的载荷系数 F_{TW} 定义为

$$\overline{\sigma}_i' = F_{\mathrm{TW}}\overline{\sigma}_i \tag{2.159}$$

将式 (2.159) 代入 Tsai-Wu 准则，有

$$F_{\mathrm{TW}}F_i\overline{\sigma}_i + F_{\mathrm{TW}}^2 F_{ij}\overline{\sigma}_i\overline{\sigma}_j = 1 \tag{2.160}$$

对于平面应力状态，Tsai-Wu 准则为

$$F_1\overline{\sigma}_1 + F_2\overline{\sigma}_2 + F_{11}\overline{\sigma}_1^2 + F_{22}\overline{\sigma}_2^2 + 2F_{12}\overline{\sigma}_1\overline{\sigma}_2 + F_{66}\overline{\sigma}_6^2 < 1 \tag{2.161}$$

对于 (y, z) 面内的横观各向同性材料，Tsai-Wu 准则的系数为

$$\begin{aligned}
&F_1 = \frac{1}{\overline{\sigma}_{1\mathrm{rt}}} + \frac{1}{\overline{\sigma}_{1\mathrm{rc}}}, \quad F_2 = F_3 = \frac{1}{\overline{\sigma}_{2\mathrm{rt}}} + \frac{1}{\overline{\sigma}_{2\mathrm{rc}}} \\
&F_{11} = -\frac{1}{\overline{\sigma}_{1\mathrm{rt}}\overline{\sigma}_{1\mathrm{rc}}}, \quad F_{22} = F_{33} = -\frac{1}{\overline{\sigma}_{2\mathrm{rt}}\overline{\sigma}_{2\mathrm{rc}}} \\
&F_{44} = \frac{1}{\overline{\sigma}_{4\mathrm{r}}^2}, \quad F_{66} = F_{55} = \frac{1}{\overline{\sigma}_{6\mathrm{r}}^2}, \quad F_{12} = F_{31} = -\frac{1}{2\sqrt{\overline{\sigma}_{1\mathrm{rt}}\overline{\sigma}_{1\mathrm{rc}}\overline{\sigma}_{2\mathrm{rt}}\overline{\sigma}_{2\mathrm{rc}}}}
\end{aligned} \tag{2.162}$$

2.4.6 霍夫曼准则

霍夫曼准则为

$$F_i\overline{\sigma}_i + F_{ij}\overline{\sigma}_i\overline{\sigma}_j < 1 \tag{2.163}$$

值得注意的是，系数 F_1、F_2、F_3、F_{11}、F_{22}、F_{33}、F_{44}、F_{55} 和 F_{66} 与 Tsai-Wu 准则中的一样，但耦合系数不同，分别为

$$\begin{aligned}
F_{12} &= -\frac{1}{2}\left(\frac{1}{\overline{\sigma}_{3\mathrm{rt}}\overline{\sigma}_{3\mathrm{rc}}} - \frac{1}{\overline{\sigma}_{1\mathrm{rt}}\overline{\sigma}_{1\mathrm{rc}}} - \frac{1}{\overline{\sigma}_{2\mathrm{rt}}\overline{\sigma}_{2\mathrm{rc}}}\right) \\
F_{23} &= -\frac{1}{2}\left(\frac{1}{\overline{\sigma}_{1\mathrm{rt}}\overline{\sigma}_{1\mathrm{rc}}} - \frac{1}{\overline{\sigma}_{2\mathrm{rt}}\overline{\sigma}_{2\mathrm{rc}}} - \frac{1}{\overline{\sigma}_{3\mathrm{rt}}\overline{\sigma}_{3\mathrm{rc}}}\right) \\
F_{31} &= -\frac{1}{2}\left(\frac{1}{\overline{\sigma}_{2\mathrm{rt}}\overline{\sigma}_{2\mathrm{rc}}} - \frac{1}{\overline{\sigma}_{3\mathrm{rt}}\overline{\sigma}_{3\mathrm{rc}}} - \frac{1}{\overline{\sigma}_{1\mathrm{rt}}\overline{\sigma}_{1\mathrm{rc}}}\right)
\end{aligned} \tag{2.164}$$

将式 (2.164) 中的 $\overline{\sigma}_{irc}$ 替换成 $\overline{\sigma}_{irt}$，则与 Tsai-Hill 准则的相应系数相同，霍夫曼准则的载荷系数定义为

$$\overline{\sigma}_i^{'} = F_H \overline{\sigma}_i \tag{2.165}$$

将载荷系数代入霍夫曼准则，有

$$F_H F_i \overline{\sigma}_i + F_H^2 F_{ij} \overline{\sigma}_i \overline{\sigma}_j = 1 \tag{2.166}$$

对于平面应力状态，霍夫曼准则为

$$F_1 \overline{\sigma}_1 + F_2 \overline{\sigma}_2 + F_{11} \overline{\sigma}_1^2 + F_{22} \overline{\sigma}_2^2 + 2F_{12} \overline{\sigma}_1 \overline{\sigma}_2 + F_{66} \overline{\sigma}_6^2 < 1 \tag{2.167}$$

对于 (y, z) 面内的横观各向同性材料，Hoffman 准则的系数为

$$F_1 = \frac{1}{\overline{\sigma}_{1rt}} + \frac{1}{\overline{\sigma}_{1rc}}, \quad F_2 = F_3 = \frac{1}{\overline{\sigma}_{2rt}} + \frac{1}{\overline{\sigma}_{2rc}}$$

$$F_{11} = -\frac{1}{\overline{\sigma}_{1rt}\overline{\sigma}_{1rc}}, \quad F_{22} = F_{33} = -\frac{1}{\overline{\sigma}_{2rt}\overline{\sigma}_{2rc}}, \quad F_{12} = F_{31} = -\frac{1}{2\overline{\sigma}_{1rt}\overline{\sigma}_{1rc}}$$

$$F_{44} = \frac{1}{\overline{\sigma}_{4r}^2}, \quad F_{66} = F_{55} = \frac{1}{\overline{\sigma}_{6r}^2}, \quad F_{23} = -\frac{1}{2}\left(\frac{1}{\overline{\sigma}_{1rt}\overline{\sigma}_{1rc}} - \frac{2}{\overline{\sigma}_{2rt}\overline{\sigma}_{2rc}}\right) \tag{2.168}$$

该情况下的霍夫曼准则为

$$\begin{aligned}
&F_1 \overline{\sigma}_1 + F_2 \left(\overline{\sigma}_2 + \overline{\sigma}_3\right) + F_{11} \overline{\sigma}_1^2 + F_{22} \left(\overline{\sigma}_2^2 + \overline{\sigma}_3^2\right) \\
&+ 2F_{12}\overline{\sigma}_1 \left(\overline{\sigma}_2 + \overline{\sigma}_3\right) + 2F_{23}\overline{\sigma}_2\overline{\sigma}_3 + F_{44}\overline{\sigma}_4^2 + F_{66}\left(\overline{\sigma}_5^2 + \overline{\sigma}_6^2\right) < 1
\end{aligned} \tag{2.169}$$

2.4.7　Hashin 准则

Hashin[18-20] 提出了基于应变的二次多项式准则，在该准则中包含了三个主方向的损伤模式：纤维拉伸和压缩失效 F_f、基体拉伸和压缩失效 F_m 以及分层失效 F_z。准则的具体表达式为

$$F_f^2 = \begin{cases} \left(\dfrac{\varepsilon_{11}}{\varepsilon_{11}^{f,t}}\right)^2 + \left(\dfrac{\varepsilon_{12}}{\varepsilon_{12}^{f,t}}\right)^2 + \left(\dfrac{\varepsilon_{13}}{\varepsilon_{13}^{f,t}}\right)^2 \geqslant 1, & \varepsilon_{11} \geqslant 0 \\[3mm] \left(\dfrac{\varepsilon_{11}}{\varepsilon_{11}^{f,c}}\right)^2 \geqslant 1, & \varepsilon_{11} < 0 \end{cases} \tag{2.170a}$$

$$F_m^2 = \begin{cases} \left(\dfrac{\varepsilon_{22}+\varepsilon_{33}}{\varepsilon_{22}^{f,t}\cdot\varepsilon_{22}^{f,t}}\right)^2 - \dfrac{\varepsilon_{22}\cdot\varepsilon_{33}}{\left(\varepsilon_{23}^f\right)^2} + \left(\dfrac{\varepsilon_{12}}{\varepsilon_{12}^f}\right)^2 \\ \quad + \left(\dfrac{\varepsilon_{13}}{\varepsilon_{13}^f}\right)^2 + \left(\dfrac{\varepsilon_{23}}{\varepsilon_{23}^f}\right)^2 \geqslant 1, \quad \varepsilon_{22}+\varepsilon_{33} > 0 \\ \left(\dfrac{\varepsilon_{22}+\varepsilon_{33}}{\varepsilon_{22}^{f,c}\cdot\varepsilon_{22}^{f,c}}\right)^2 + \dfrac{\varepsilon_{22}+\varepsilon_{33}}{\varepsilon_{22}^{f,c}}\left(\dfrac{\varepsilon_{22}^{f,c}}{2\varepsilon_{12}^f}-1\right) - \dfrac{\varepsilon_{22}\cdot\varepsilon_{33}}{\left(\varepsilon_{23}^f\right)^2} \\ \quad + \left(\dfrac{\varepsilon_{12}}{\varepsilon_{12}^f}\right)^2 + \left(\dfrac{\varepsilon_{13}}{\varepsilon_{13}^f}\right)^2 + \left(\dfrac{\varepsilon_{23}}{\varepsilon_{23}^f}\right)^2 \geqslant 1, \quad \varepsilon_{22}+\varepsilon_{33} < 0 \end{cases} \tag{2.170b}$$

$$F_z^2 = \begin{cases} \left(\dfrac{\varepsilon_{33}}{\varepsilon_{33}^{f,t}}\right)^2 + \left(\dfrac{\varepsilon_{13}}{\varepsilon_{13}^f}\right)^2 + \left(\dfrac{\varepsilon_{23}}{\varepsilon_{23}^f}\right)^2 \geqslant 1, \quad \varepsilon_{33} > 0 \\ \left(\dfrac{\varepsilon_{33}}{\varepsilon_{33}^{f,c}}\right)^2 + \left(\dfrac{\varepsilon_{13}}{\varepsilon_{13}^f}\right)^2 + \left(\dfrac{\varepsilon_{23}}{\varepsilon_{23}^f}\right)^2 \geqslant 1, \quad \varepsilon_{33} < 0 \end{cases} \tag{2.170c}$$

式中，$\varepsilon_{ii}^{f,t} = \sigma_{ii}^{f,t}/C_{ii}\,(i=1,2,3)$；$\varepsilon_{ii}^{f,c} = \sigma_{ii}^{f,c}/C_{ii}\,(i=1,2,3)$；$\varepsilon_{12}^f = \sigma_{12}^f/C_{66}$；$\varepsilon_{23}^f = \sigma_{23}^f/C_{44}$；$\varepsilon_{13}^f = \sigma_{13}^f/C_{55}$。$\sigma_{ii}^{f,t}$ 和 $\sigma_{ii}^{f,c}$ 分别为三个主方向上的拉伸强度和压缩强度；σ_{12}^f、σ_{13}^f 和 σ_{23}^f 分别为三个面内的剪切强度。

2.5　复合材料断裂力学基础

2.5.1　裂纹的分类

按力学特征，裂纹可以分为张开型裂纹、滑开型裂纹和撕开型裂纹三类，如图 2.10 所示 [21]。张开型裂纹通常也简称为 I 型裂纹，构件承受垂直裂纹面的拉力作用，裂纹表面的相对位移沿自身平面的法线方向 (图 2.10(a))。例如，受拉板上有一条垂直于拉力方向且贯穿于板厚的裂纹，则该裂纹就是 I 型裂纹。另外，长圆筒形容器或管道壁上的纵向裂纹在内压作用下，也为 I 型裂纹，飞机机身结构上的纵向裂纹也是典型的 I 型裂纹。滑开型裂纹通常也简称为 II 型裂纹，构件承受平行裂纹面而垂直于裂纹前缘的剪力作用，裂纹表面的相对位移在裂纹面内，并且垂直于裂纹前缘。在扭矩作用下贯穿管壁的环向裂纹也属于 II 型裂纹。撕开型裂纹通常也简称为 III 型裂纹，构件承受平行于裂纹前缘的剪力作用，裂纹表面的相对位移在裂纹面内，并平行于裂纹前缘的切线方向。在扭矩作用下圆轴的环形切槽或表面环形裂纹就属于 III 型裂纹。

在一般受力情况下，裂纹通常属于复合型裂纹，可以同时存在三种位移分量，也可以是任意两种位移分量的组合。若所研究的构件为弹性体，则可以分别求出三个或两个位移分量，然后应用叠加原理得到复合型裂纹的位移。所以，着重分析上述三种基本类型裂纹的受力特点是非常必要的。在工程结构上，I 型裂纹最危险，也最常见，是研究的重点。

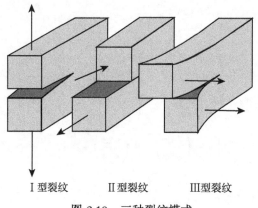

I 型裂纹　　　　II 型裂纹　　　　III 型裂纹

图 2.10　三种裂纹模式

2.5.2　Griffith 脆性断裂理论

线弹性断裂理论是断裂力学中最简单，也是最基本的一种理论，它是将材料当作理想线性弹性体进行研究的。实际上除了如玻璃和陶瓷等极脆的材料外，一般材料，特别是金属材料在受力后其裂纹端部总要产生或大或小的塑性变形，从而出现一个塑性区，因此都不是理想的弹性体。但是，对于如高强度钢构件以及厚截面的中强度钢构件，由于其裂纹端部的塑性尺寸与裂纹长度相比很小，若把它们看成理想弹性体，应用线弹性断裂理论进行分析所带来的误差在工程计算中是允许的。所以，从这个意义上说，线弹性断裂理论是有其适用范围的。

1920 年，从能量的角度，Griffith 利用热力学第一定律建立了裂纹的能量守恒理论，研究常应力 σ 作用下的含裂纹平板，裂纹长度为 $2a$，假设板的宽度远大于 $2a$，且板处于平面应力状态。由于裂纹的扩展产生了新的裂纹表面，所以裂纹扩展需要足够的势能用于转化成表面能。在平衡情况下，裂纹表面增加 dA 后的能量平衡为

$$\frac{\mathrm{d}W}{\mathrm{d}A} = \frac{\mathrm{d}\varPi}{\mathrm{d}A} + \frac{\mathrm{d}\varGamma}{\mathrm{d}A} = 0 \tag{2.171}$$

或

$$-\frac{\mathrm{d}\varPi}{\mathrm{d}A} = \frac{\mathrm{d}\varGamma}{\mathrm{d}A} \tag{2.172}$$

式中，W 为总能量；$\varPi$ 为总势能，包括内力势能和外力势能两部分；$\varGamma$ 为形成新裂纹面所需的能量。

对于含裂纹的板，有

$$\Pi = \Pi_0 - \frac{\pi\sigma^2 a^2 B}{E} \tag{2.173}$$

式中，Π_0 为无裂纹板的势能；B 为板的厚度。因为裂纹形成了两个新表面，所以 Γ 为

$$\Gamma = 4aB\gamma_{\mathrm{s}} \tag{2.174}$$

式中，γ_{s} 为材料的表面能。

因此

$$-\frac{\mathrm{d}\Pi}{\mathrm{d}A} = \frac{\pi\sigma^2 a}{E} \tag{2.175}$$

且有

$$-\frac{\mathrm{d}\Gamma}{\mathrm{d}A} = 2\gamma_{\mathrm{s}} \tag{2.176}$$

根据以上推导，断裂应力为

$$\sigma_{\mathrm{f}} = \left(\frac{2W\gamma_{\mathrm{s}}}{\pi a}\right)^{1/2} \tag{2.177}$$

2.5.3　能量释放率

1956 年，Irwin[22] 提出了一个与 Griffith 断裂理论等价的能量方法，而且 Irwin 的方法更适用于工程问题。Irwin 定义了一个能量释放率 (G) 的概念，它表征了裂纹扩展所需的能量，具体定义为

$$G = -\frac{\mathrm{d}\Pi}{\mathrm{d}A} \tag{2.178}$$

式中，G 为势能随裂纹面积的变化率，因为 G 是通过势能的导数求得的，所以也称为裂纹扩展力。根据式 (2.175)，图 2.11 中平面应力状态下含裂纹平板的能量释放率为

$$G = -\frac{\pi\sigma^2 a}{E} \tag{2.179}$$

当 G 达到以下临界值时，裂纹将扩展：

$$G_{\mathrm{c}} = -\frac{\mathrm{d}\Gamma}{\mathrm{d}A} \tag{2.180}$$

式中，G_{c} 为材料的断裂韧性。

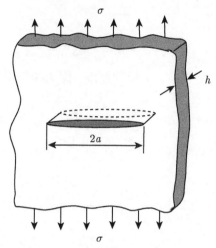

图 2.11　平面应力状态下的含裂纹平板

2.5.4　应力强度因子

对于拉伸作用下的中心裂纹，可以得到裂纹尖端附近应力场的封闭形式，考虑各向同性线弹性材料，在裂纹尖端附近定义极坐标系，如图 2.12 所示，则应力场为

$$\sigma_{ij} = \left(\frac{k}{\sqrt{r}}\right) f_{ij}(\theta) + \sum_{m=0}^{\infty} A_m r^{\frac{m}{2}} g_{ij}^{(m)}(\theta) \tag{2.181}$$

式中，k 为常数；$f_{ij}(\theta)$ 为 θ 的无量纲函数。

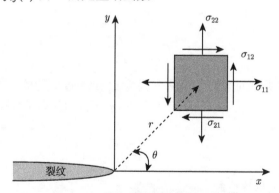

图 2.12　裂纹尖端附近的极坐标系

对于高阶项，A_m 为幅值，$g_{ij}^{(m)}(\theta)$ 是 θ 的无量纲函数，高阶项由几何确定，而首项与 $1/\sqrt{r}$ 呈比例关系，当 $r \to 0$ 时，首项趋于无穷大，但其他项仍然保持有限大或趋近零。因此，在裂纹尖端附近应力随 $1/\sqrt{r}$ 变化，与裂纹体的形状无关。三

种裂纹模式的裂纹尖端都存在 $1/\sqrt{r}$ 阶奇异性，但比例系数 k 和 f_{ij} 与裂纹模式有关。定义应力强度因子 $K = k\sqrt{2\pi}$ 代替 k，并通常用下标来区分裂纹模式，如 K_{I}、K_{II} 或 K_{III}。因此，各向同性材料裂纹尖端附近的应力场可重写为

$$\lim_{r \to 0} \sigma_{ij}^{(\mathrm{I})} = \frac{K_{\mathrm{I}}}{\sqrt{2\pi r}} f_{ij}^{(\mathrm{I})}(\theta)$$

$$\lim_{r \to 0} \sigma_{ij}^{(\mathrm{II})} = \frac{K_{\mathrm{II}}}{\sqrt{2\pi r}} f_{ij}^{(\mathrm{II})}(\theta) \tag{2.182}$$

$$\lim_{r \to 0} \sigma_{ij}^{(\mathrm{III})} = \frac{K_{\mathrm{III}}}{\sqrt{2\pi r}} f_{ij}^{(\mathrm{III})}(\theta)$$

对于混合型裂纹，根据线性叠加原理，裂纹尖端附近的应力场为

$$\sigma_{ij}^{(\mathrm{total})} = \sigma_{ij}^{(\mathrm{I})} + \sigma_{ij}^{(\mathrm{II})} + \sigma_{ij}^{(\mathrm{III})} \tag{2.183}$$

对于 I 和 II 型混合裂纹，式 (2.183) 的具体形式为

$$\sigma_{11} = \frac{K_{\mathrm{I}}}{\sqrt{2\pi r}} \cos\frac{\theta}{2} \left(1 - \sin\frac{\theta}{2} \sin\frac{3\theta}{2}\right) - \frac{K_{\mathrm{II}}}{\sqrt{2\pi r}} \sin\frac{\theta}{2} \left(2 + \cos\frac{\theta}{2} \cos\frac{3\theta}{2}\right) \tag{2.184}$$

$$\sigma_{12} = \frac{K_{\mathrm{I}}}{\sqrt{2\pi r}} \cos\frac{\theta}{2} \left(1 + \sin\frac{\theta}{2} \sin\frac{3\theta}{2}\right) + \frac{K_{\mathrm{II}}}{\sqrt{2\pi r}} \sin\frac{\theta}{2} \cos\frac{\theta}{2} \cos\frac{3\theta}{2}$$

$$\sigma_{22} = \frac{K_{\mathrm{I}}}{\sqrt{2\pi r}} \cos\frac{\theta}{2} \sin\frac{\theta}{2} \cos\frac{3\theta}{2} + \frac{K_{\mathrm{II}}}{\sqrt{2\pi r}} \cos\frac{\theta}{2} \left(1 - \sin\frac{\theta}{2} \sin\frac{3\theta}{2}\right)$$

位移场为

$$u_1 = \frac{K_{\mathrm{I}}}{\mu} \sqrt{\frac{r}{2\pi}} \cos\frac{\theta}{2} \left(\kappa - 1 + 2\sin^2\frac{\theta}{2}\right) + \frac{K_{\mathrm{II}}}{\mu} \sqrt{\frac{r}{2\pi}} \sin\frac{\theta}{2} \left(\kappa + 1 + 2\cos^2\frac{\theta}{2}\right)$$

$$u_2 = \frac{K_{\mathrm{I}}}{\mu} \sqrt{\frac{r}{2\pi}} \sin\frac{\theta}{2} \left(\kappa + 1 + 2\cos^2\frac{\theta}{2}\right) - \frac{K_{\mathrm{II}}}{\mu} \sqrt{\frac{r}{2\pi}} \cos\frac{\theta}{2} \left(\kappa - 1 - 2\sin^2\frac{\theta}{2}\right) \tag{2.185}$$

式中，

$$\mu = \frac{E}{2(1+\nu)}$$

$$\kappa = \begin{cases} \dfrac{3-\nu}{1+\nu}, & \text{平面应力} \\ 3 - 4\nu, & \text{平面应变} \end{cases}$$

III 型裂纹的非零应力场和位移场为

$$\sigma_{13} = -\frac{K_{\mathrm{III}}}{\sqrt{2\pi r}} \sin\frac{\theta}{2}$$

$$\sigma_{23} = \frac{K_{\mathrm{III}}}{\sqrt{2\pi r}} \cos\frac{\theta}{2} \tag{2.186}$$

$$u_3 = \frac{2K_{\mathrm{III}}}{\mu} \sqrt{\frac{r}{2\pi}} \sin\frac{\theta}{2}$$

考虑 I 型裂纹平面的应力问题，此时 $\theta = 0$，根据式 (2.184)，x 和 y 方向上的应力为

$$\sigma_{11} = \sigma_{12} = \frac{K_{\mathrm{I}}}{2\pi r} \tag{2.187}$$

当 $\theta = 0$ 时，剪切应力为零，这意味着裂纹平面即为纯 I 型裂纹的主平面，式 (2.187) 仅适用于裂纹尖端附近具有 $1/\sqrt{r}$ 阶奇异性的区域，而远离裂纹尖端区域的应力场取决于远场边界条件，如果裂纹结构受远处均为拉伸应力的作用，则 σ_{22} 接近常量 σ^{∞}。应力强度因子确定了裂纹尖端奇异性的程度，裂纹附近应力与 K 成比例。另外，应力强度因子完全定义了裂纹尖端的应力情况，一旦 K 确定了，裂纹尖端附近的应力、应变和位移分量均可以表示为 r 和 θ 的函数，因此应力强度因子是断裂力学中最重要的参数之一。

2.5.5 各向异性材料裂纹尖端应力场和位移场

Sih 等 [23] 利用应力函数和复变函数方法，得到了各向异性材料裂纹尖端位移场为

$$
\begin{aligned}
u_1 =& K_{\mathrm{I}} \sqrt{\frac{2r}{\pi}} \mathrm{Re} \left[\frac{1}{s_1 - s_2} \left(p_2 s_1 g_2 - p_1 s_2 g_1 \right) \right] \\
&+ K_{\mathrm{II}} \sqrt{\frac{2r}{\pi}} \mathrm{Re} \left[\frac{1}{s_1 - s_2} \left(p_2 g_2 - p_1 g_1 \right) \right] \\
u_2 =& K_{\mathrm{I}} \sqrt{\frac{2r}{\pi}} \mathrm{Re} \left[\frac{1}{s_1 - s_2} \left(q_2 s_1 g_2 - q_1 s_2 g_1 \right) \right] \\
&+ K_{\mathrm{II}} \sqrt{\frac{2r}{\pi}} \mathrm{Re} \left[\frac{1}{s_1 - s_2} \left(q_2 g_2 - q_1 g_1 \right) \right]
\end{aligned} \tag{2.188}
$$

应力场为

$$
\begin{aligned}
\sigma_{11} &= \frac{K_{\mathrm{I}}}{\sqrt{2\pi r}} \mathrm{Re} \left[\frac{s_1 s_2}{s_1 - s_2} \left(\frac{s_2}{g_2} - \frac{s_1}{g_1} \right) \right] + \frac{K_{\mathrm{II}}}{\sqrt{2\pi r}} \mathrm{Re} \left[\frac{1}{s_1 - s_2} \left(\frac{s_2^2}{g_2} - \frac{s_1^2}{g_1} \right) \right] \\
\sigma_{12} &= \frac{K_{\mathrm{I}}}{\sqrt{2\pi r}} \mathrm{Re} \left[\frac{s_1 s_2}{s_1 - s_2} \left(\frac{1}{g_1} - \frac{1}{g_2} \right) \right] + \frac{K_{\mathrm{II}}}{\sqrt{2\pi r}} \mathrm{Re} \left[\frac{1}{s_1 - s_2} \left(\frac{s_1}{g_1} - \frac{s_2}{g_2} \right) \right] \\
\sigma_{22} &= \frac{K_{\mathrm{I}}}{\sqrt{2\pi r}} \mathrm{Re} \left[\frac{1}{s_1 - s_2} \left(\frac{s_1}{g_2} - \frac{s_2}{g_1} \right) \right] + \frac{K_{\mathrm{II}}}{\sqrt{2\pi r}} \mathrm{Re} \left[\frac{1}{s_1 - s_2} \left(\frac{1}{g_2} - \frac{1}{g_1} \right) \right]
\end{aligned} \tag{2.189}
$$

式中，

$$g_i = \sqrt{\cos\theta + s_i \sin\theta}, \quad i = 1, 2$$

$$p_i = C_{11} s_i^2 + C_{12} - C_{16} s_i, \quad i = 1, 2$$

$$q_i = C_{12} s_i + \frac{C_{22}}{s_i} - C_2, \quad i = 1, 2$$

下面详细讨论上式中各参数的具体表达式，在不考虑体积力的情况下，将 Airy 应力函数代入各向异性材料的协调方程，可得

$$C_{22}\frac{\partial^4 \Phi}{\partial x^4} - 2C_{26}\frac{\partial^4 \Phi}{\partial x^3 \partial y} + (2C_{12}+C_{66})\frac{\partial^4 \Phi}{\partial x^2 \partial y^2} - 2C_{16}\frac{\partial^4 \Phi}{\partial x \partial y^3} + C_{11}\frac{\partial^4 \Phi}{\partial y^4} = 0 \quad (2.190)$$

式中，$C_{ij}\,(i,j=1,2,6)$ 为平面应力或平面应变问题的刚度系数，且

$$C_{ij} = \begin{cases} C_{ij}, & \text{平面应力} \\ C_{ij} - \dfrac{C_{i3}C_{j3}}{C_{33}}, & \text{平面应变} \end{cases}, \quad i,j=1,2,6 \quad (2.191)$$

式 (2.190) 的特征方程为

$$C_{11}s^4 - 2C_{16}s^3 + (2C_{12}+C_{66})s^2 - 2C_{26}s + C_{22} = 0 \quad (2.192)$$

特征方程式 (2.192) 的根往往是两对共轭复数或虚数，四个根为 $s_j = s_{jx} + \mathrm{i}s_{jy}\,(j=1,2)$ 和 $\bar{s}_j\,(j=1,2)$。

根据上面的特征方程可将复合材料分为两类，分类依据为两个参数 ℓ_1 和 ℓ_2：

$$\begin{aligned} \ell_1 &= \frac{S_{11}S_{22} - S_{12}^2 - 2S_{12}S_{66}}{2S_{11}S_{66}} \\ \ell_2 &= \frac{S_{22}}{S_{11}} \end{aligned} \quad (2.193)$$

式中，$S_{ij}(i,j=1,2,6)$ 为各向异性材料的柔度系数。

对于正交各向异性复合材料，式 (2.188) 和式 (2.189) 中函数 g_j 具有一般的表达式：

$$g_j = \sqrt{(\cos\theta + s_{ix}\sin\theta)^2 + (s_{iy}\sin\theta)^2} \quad (2.194)$$

如果 Airy 应力函数的特征方程只有虚根，则该复合材料定义为类型 I ($\ell_1 > \sqrt{\ell_2}$, $\ell_2 > 0$)，裂纹尖端的位移场 [24] 为

$$\begin{aligned} u_1 = {} & \frac{2m_2}{S_{66}(e_1-e_2)}\sqrt{2ar}\left\{\sigma_2^0\left[\frac{e_2\sqrt{g_2}}{m_4(m_1-e_2^2)}\cos\frac{\theta_2}{2} - \frac{e_1\sqrt{g_1}}{m_3(m_1-e_1^2)}\cos\frac{\theta_1}{2}\right]\right. \\ & \left. + e_1 e_2 \sigma_{12}^0\left[\frac{e_2\sqrt{g_2}}{m_4(m_1-e_2^2)}\sin\frac{\theta_2}{2} - \frac{e_1\sqrt{g_1}}{m_3(m_1-e_1^2)}\sin\frac{\theta_1}{2}\right]\right\} \\ & - \frac{2m_2 e_1 e_2(\sigma_2^0 - e_1 e_2 \sigma_1^0)}{S_{66}m_3 m_4(m_1-e_1^2)(m_1-e_2^2)}(a+r\cos\theta) \end{aligned}$$

$$-\frac{m_2\sigma_{12}^0\left(e_1+e_2\right)^2}{S_{66}m_3m_4\left(m_1-e_1^2\right)\left(m_1-e_2^2\right)}r\sin\theta \tag{2.195}$$

$$u_2=\frac{1}{S_{66}\left(e_1-e_2\right)}\frac{\sqrt{2ar}}{m_3m_4}\left\{\sigma_2^0\left[m_3\sqrt{g_2}\sin\frac{\theta_2}{2}-m_4\sqrt{g_1}\sin\frac{\theta_1}{2}\right]\right.$$

$$\left.+\sigma_{12}^0\left[m_4e_2\sqrt{g_1}\cos\frac{\theta_1}{2}-m_3e_1\sqrt{g_2}\cos\frac{\theta_2}{2}\right]\right\}$$

$$-\frac{\sigma_{12}^0\left(e_1+e_2\right)\left(m_3-m_4\right)}{2S_{66}m_3m_4\left(e_1-e_2\right)}\left(a+r\cos\theta\right)$$

$$-\frac{\left(\sigma_2^0-e_1e_2\sigma_{01}\right)}{S_{66}\left(e_1^2-e_2^2\right)}\left(\frac{e_2}{m_3e_1}-\frac{e_1}{m_4e_2}\right)\frac{m_2\sigma_{12}^0\left(e_1+e_2\right)^2}{S_{66}m_3m_4\left(m_1-e_1^2\right)\left(m_1-e_2^2\right)}r\sin\theta$$

式中,

$$g_j\left(\theta\right)=\sqrt{\left(\cos^2\theta+\frac{\sin^2\theta}{e_j^2}\right)}$$

$$\theta_j=\arctan\left(\frac{\theta}{e_j}\right),\quad j=1,2$$

$$e_1=\sqrt{\ell_1-\sqrt{\ell_1^2-\ell_2}},\quad e_2=\sqrt{\ell_1+\sqrt{\ell_1^2-\ell_2}}$$

$$m_1=\frac{S_{66}}{S_{11}},\quad m_2=\frac{S_{12}+S_{66}}{2S_{11}},\quad m_3=\frac{2m_2}{m_1-e_1^2}-1,\quad m_4=\frac{2m_2}{m_1-e_2^2}-1 \tag{2.196}$$

应力场为

$$\sigma_{11}=\sigma_{01}-\frac{\sigma_{02}}{e_1e_2}+\frac{1}{e_1e_2\left(e_2-e_1\right)}\sqrt{\frac{a}{2r}}\left\{\sigma_2^0\left[\frac{e_2}{\sqrt{g_1}}\cos\frac{\theta_1}{2}-\frac{e_1}{\sqrt{g_2}}\cos\frac{\theta_2}{2}\right]\right.$$

$$\left.+\sigma_{12}^0\left[\frac{e_2}{\sqrt{g_1}}\sin\frac{\theta_1}{2}-\frac{e_1}{\sqrt{g_2}}\sin\frac{\theta_2}{2}\right]\right\}$$

$$\sigma_{22}=\frac{1}{\left(e_2-e_1\right)}\sqrt{\frac{a}{2r}}\left\{\sigma_2^0\left[\frac{e_2}{\sqrt{g_2}}\cos\frac{\theta_2}{2}-\frac{e_1}{\sqrt{g_1}}\cos\frac{\theta_1}{2}\right]\right.$$

$$\left.+e_1e_2\sigma_{12}^0\left[\frac{1}{\sqrt{g_1}}\sin\frac{\theta_1}{2}-\frac{1}{\sqrt{g_2}}\sin\frac{\theta_2}{2}\right]\right\} \tag{2.197}$$

$$\sigma_{12}=\frac{1}{\left(e_2-e_1\right)}\sqrt{\frac{a}{2r}}\left\{\sigma_{12}^0\left[\frac{e_2}{\sqrt{g_1}}\cos\frac{\theta_1}{2}-\frac{e_1}{\sqrt{g_2}}\cos\frac{\theta_2}{2}\right]\right.$$

$$\left.+\sigma_2^0\left[\frac{1}{\sqrt{g_1}}\sin\frac{\theta_1}{2}-\frac{1}{\sqrt{g_2}}\sin\frac{\theta_2}{2}\right]\right\}$$

如果 Airy 应力函数的特征方程有复根，则该复合材料定义为类型 II ($\ell_1 < \sqrt{\ell_2}$, $\ell_2 > 0$)，位移场 [25,26] 为

$$
\begin{aligned}
u_1 =& -2\beta_1 t_5 + \frac{\beta\sigma_1^0}{S_{66}\Delta}\left(t_1\left\{2\left(a+r\cos\theta\right)-\sqrt{2ar}\left[\sqrt{g_1}\cos\frac{\theta_1}{2}+\sqrt{g_2}\cos\frac{\theta_2}{2}\right]\right\}\right.\\
&\left.-t_2\sqrt{2ar}\left[\sqrt{g_1}\sin\frac{\theta_1}{2}-\sqrt{g_2}\sin\frac{\theta_2}{2}\right]\right)\\
&+\frac{\beta_1\sigma_{12}^0}{S_{66}\Delta}\left(t_3\left\{(X_1-X_2)+\sqrt{2ar}\left[\sqrt{g_2}\cos\frac{\theta_2}{2}-\sqrt{g_1}\cos\frac{\theta_1}{2}\right]\right\}\right.\\
&\left.-t_4\left\{2Y_1-\sqrt{2ar}\left[\sqrt{g_1}\sin\frac{\theta_1}{2}+\sqrt{g_2}\sin\frac{\theta_2}{2}\right]\right\}\right)\\
u_2 =& -h_5+\frac{\sigma_1^0}{2S_{66}\Delta}\left(h_1\left\{(X_1-X_2)+\sqrt{2ar}\left[\sqrt{g_1}\cos\frac{\theta_1}{2}-\sqrt{g_2}\cos\frac{\theta_2}{2}\right]\right\}\right.\\
&\left.+h_2\left\{2Y_1-\sqrt{2ar}\left[\sqrt{g_1}\sin\frac{\theta_1}{2}+\sqrt{g_2}\sin\frac{\theta_2}{2}\right]\right\}\right)\\
&\frac{\sigma_{12}^0}{2S_{66}\Delta}\left(h_3\left\{2\left(a+r\cos\theta\right)-\sqrt{2ar}\left[\sqrt{g_1}\cos\frac{\theta_1}{2}-\sqrt{g_2}\cos\frac{\theta_2}{2}\right]\right\}\right.\\
&\left.-h_4\sqrt{2ar}\left\{\left[\sqrt{g_1}\sin\frac{\theta_1}{2}+\sqrt{g_2}\sin\frac{\theta_2}{2}\right]\right\}\right)
\end{aligned}
\tag{2.198}
$$

式中，

$$g_j=\sqrt{\left[\cos^2\theta+l^2\sin^2\theta+(-1)^jl^2\sin(2\theta)\right]},\quad j=1,2$$

$$\theta_j=\arctan\left[\frac{\gamma_2l^2\sin^2\theta}{\cos\theta+(-1)^j\gamma_1l^2\sin\theta}\right],j=1,2$$

$$\gamma_1=\sqrt{\frac{1}{2}+(\sqrt{a_2}+a_1)},\quad \gamma_2=\sqrt{\frac{1}{2}+(\sqrt{a_2}-a_1)},\quad \beta=\frac{S_{12}+S_{33}}{2S_{11}}$$

$$l^2=\left(\gamma_1^2+\gamma_2^2\right)^{-1},\quad Y_1=\gamma_2l^2r\sin\theta$$

$$X_1=(a+r\cos\theta)-\gamma_1l^2r\sin\theta,\quad X_2=(a+r\cos\theta)+\gamma_1l^2r\sin\theta$$

$$t_1=p_3k_6+p_4k_5,\quad t_2=p_3k_5+p_4k_5,\quad t_3=p_3k_3+p_4k_4,\quad t_4=p_3k_4+p_4k_3$$

$$t_5=\left[(p_3A_1-p_4B_1+p_4B_2)Y_1+(p_3B_1+p_4A_1)X_1+p_3B_2X_2\right]$$

$$h_1=\gamma_1k_6+\gamma_2k_5,\ h_2=\gamma_1k_5-\gamma_2k_6,\ h_3=\gamma_1k_3-\gamma_2k_4,\ h_4=\gamma_1k_4+\gamma_3k_3$$

$$h_5=\left[(\gamma_1A_1-\gamma_2B_1+\gamma_2B_2)Y_1+(\gamma_2A_1+\gamma_1B_1)X_1-\gamma_1B_2X_2\right]$$

$$A_1 = \frac{(k_3 k - k_1)\sigma_1^0}{S_{33}(k_1 k_4 - k_2 k_3)}, \quad B_1 = \frac{\sigma_{12}^0}{2 S_{33} k_6} + \frac{\sigma_1^0}{2 S_{33} k_6} \frac{[k(k_4 k_6 - k_3 k_5) + (k_1 k_5 - k_2 k_6)]}{k_1 k_4 - k_2 k_3}$$

$$B_2 = -\frac{\sigma_{12}^0}{2 S_{33} k_6} + \frac{\sigma_1^0}{2 S_{33} k_6} \frac{[k(k_4 k_6 - k_3 k_5) - (k_1 k_5 - k_2 k_6)]}{k_1 k_4 - k_2 k_3}, \quad \Delta = k_3 k_6 - k_4 k_5$$

$$k_1 = \frac{S_{12} - 2\beta p_3 S_{11}}{S_{33}}, \quad k_2 = 2\beta p_4 \frac{S_{11}}{S_{33}}, \quad k_3 = \frac{S_{22} - 2\beta p_3 S_{12}}{S_{33}}, \quad k_4 = 2\beta p_4 \frac{S_{12}}{S_{33}}$$

$$k_5 = 2\beta p_2 - \gamma_2, \quad k_6 = 2\beta p_1 - \gamma_1$$

$$\text{(2.199)}$$

k 为两个方向上的正应力之比。

应力场为

$$
\begin{aligned}
\sigma_{11} = {} & \frac{\sigma_1^0}{2\Delta}\sqrt{\frac{a}{2r}}\left\{(k_1 k_6 - k_2 k_5)\left[\frac{1}{\sqrt{g_1}}\cos\frac{\theta_1}{2} + \frac{1}{\sqrt{g_2}}\cos\frac{\theta_2}{2}\right]\right.\\
& \left. - (k_1 k_5 - k_2 k_6)\left[\frac{1}{\sqrt{g_1}}\sin\frac{\theta_1}{2} - \frac{1}{\sqrt{g_2}}\sin\frac{\theta_2}{2}\right]\right\} - \frac{\sigma_1^0(k_1 k_6 - k_2 k_5)}{\Delta}
\end{aligned}
$$

$$
\begin{aligned}
\sigma_{22} = {} & \frac{\sigma_1^0}{2\Delta}\sqrt{\frac{a}{2r}}\left\{\Delta\left[\frac{1}{\sqrt{g_1}}\cos\frac{\theta_1}{2} + \frac{1}{\sqrt{g_2}}\cos\frac{\theta_2}{2}\right]\right. \qquad\qquad \text{(2.200)}\\
& \left. + (k_3 k_5 + k_4 k_6)\left[\frac{1}{\sqrt{g_1}}\sin\frac{\theta_1}{2} - \frac{1}{\sqrt{g_2}}\sin\frac{\theta_2}{2}\right]\right\} - \sigma_1^0
\end{aligned}
$$

$$\sigma_{12} = \frac{\sigma_1^0(k_5^2 - k_6^2)}{2\Delta}\sqrt{\frac{a}{2r}}\left[\frac{1}{\sqrt{g_1}}\cos\frac{\theta_1}{2} - \frac{1}{\sqrt{g_2}}\cos\frac{\theta_2}{2}\right]$$

2.5.6 K 和 G 之间的关系

2.5.3 节和 2.5.4 节已经介绍了断裂力学中的两个重要参数：能量释放率和应力强度因子，前者量化了裂纹扩展过程中势能的改变，后者量化了裂纹尖端的应力、应变和位移的特征。能量释放率描述了裂纹体的总体特性，应力强度因子则是一个局部参量，对于线弹性材料，K 和 G 是一一对应的。含穿透裂纹无限大拉伸板中的 G 和 K_{I} 分别由式 (2.179) 和式 (2.187) 确定，联立这两式有

$$G = \frac{K_{\mathrm{I}}^2}{E} \qquad\qquad\qquad (2.201)$$

对于平面应变状态，用 $E/(1-\nu^2)$ 代替式 (2.201) 中的 E 即可，因此平面应力和平面应变状态下 K 和 G 之间关系的形式是一致的。为了简便起见，两种状态下 $G\text{-}K_{\mathrm{I}}$ 的关系统一写成

$$G = \frac{K_{\mathrm{I}}^2}{E'} \qquad\qquad\qquad (2.202)$$

因为式 (2.179) 和式 (2.187) 仅适用于无限大板的穿透裂纹，所以还需将式 (2.202) 推广到所有情况，使其具有普遍性。考虑 I 型裂纹，裂纹的初始长度为 $a + \Delta a$，如图 2.13 (a) 所示。假设板为单位厚度，在 $x = 0$ 与 $x = \Delta a$ 之间施加压应力，使该区域的裂纹刚好闭合，则压应力所做的功刚好等于裂纹扩展 Δa 所需的能量，即能量释放率

$$G = \lim_{\Delta a \to 0} \left(\frac{\Delta U}{\Delta a} \right)_{\text{fixedload}} \tag{2.203}$$

式中，ΔU 为裂纹闭合功，

$$\Delta U = \int_{x=0}^{x=\Delta a} \mathrm{d}U(x) \tag{2.204}$$

且有

$$\mathrm{d}U(x) = x \times \frac{1}{2} F_y(x) u_2(x) = \sigma_{22} u_2(x)\mathrm{d}x \tag{2.205}$$

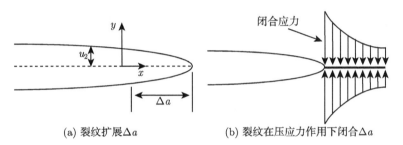

(a) 裂纹扩展Δa　　　　(b) 裂纹在压应力作用下闭合Δa

图 2.13　使裂纹长度减小 Δa 的闭合应力

令 $\theta = \pi$，I 型裂纹的张开位移 u_2 为

$$u_2 = \frac{(\kappa + 1)K_{\mathrm{I}}(a + \Delta a)}{2\mu} \sqrt{\frac{\Delta a - x}{2\pi}} \tag{2.206}$$

式中，$K_{\mathrm{I}}(a + \Delta a)$ 为初始裂纹尖端的应力强度因子，裂纹闭合所需的法向应力为

$$\sigma_{22} = \frac{K_{\mathrm{I}}(a)}{\sqrt{2\pi x}} \tag{2.207}$$

联合式 (2.203) 和式 (2.207)，有

$$G = \frac{(\kappa + 1)K_{\mathrm{I}}(a)K_{\mathrm{I}}(a + \Delta a)}{4\pi\mu\Delta a} \int_0^{\Delta a} \sqrt{\frac{\Delta a - x}{x}}\mathrm{d}x = \frac{(\kappa + 1)K_{\mathrm{I}}^2}{8\mu} = \frac{K_{\mathrm{I}}^2}{E'} \tag{2.208}$$

同理，可得 II 型裂纹的 σ_{21} 和 u_2，III 型裂纹的 σ_{23} 和 u_3。对于混合型裂纹有

$$G = \frac{K_{\mathrm{I}}^2}{E'} + \frac{K_{\mathrm{II}}^2}{E'} + \frac{K_{\mathrm{III}}^2}{2\mu} \tag{2.209}$$

2.5.7 裂纹扩展准则

1. 最大能量释放率准则

裂纹的扩展总是沿阻力最小的路径 (或最大驱动力路径)，不一定局限于裂纹初始平面。如果材料是各向同性和均匀的，则裂纹的扩展路径使能量释放率最大化。下面将介绍利用能量释放率计算混合型裂纹扩展方向的方法，此处只考虑 I - II 型混合裂纹，但是这些基本方法原则上可以应用到三种模式存在的更一般情况。在图 2.14 中，裂纹面与外载荷的夹角为 $90° - \beta$，应力强度因子为

$$K_{\mathrm{I}} = K_{\mathrm{I}(0)} \cos^2 \beta$$
$$K_{\mathrm{II}} = K_{\mathrm{I}(0)} \cos \beta \sin \beta \tag{2.210}$$

式中，$K_{\mathrm{I}(0)}$ 为 $\beta = 0$ 时 I 型裂纹的应力强度因子。对于 I 型裂纹，裂纹尖端应力场在极坐标系下可表示为

$$\sigma_{rr} = \frac{K_{\mathrm{I}}}{\sqrt{2\pi r}} \left(\frac{5}{4} \cos \frac{\theta}{2} - \frac{1}{4} \cos \frac{3\theta}{2} \right)$$
$$\sigma_{\theta\theta} = \frac{K_{\mathrm{I}}}{\sqrt{2\pi r}} \left(\frac{3}{4} \cos \frac{\theta}{2} + \frac{1}{4} \cos \frac{3\theta}{2} \right) \tag{2.211}$$
$$\sigma_{r\theta} = \frac{K_{\mathrm{I}}}{\sqrt{2\pi r}} \left(\frac{1}{4} \sin \frac{\theta}{2} + \frac{1}{4} \sin \frac{3\theta}{2} \right)$$

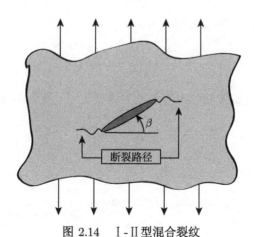

图 2.14   I - II 型混合裂纹

II 型裂纹尖端应力场在极坐标系下，可表示为

$$\sigma_{rr} = \frac{K_{\mathrm{II}}}{\sqrt{2\pi r}} \left(-\frac{5}{4} \cos \frac{\theta}{2} + \frac{3}{4} \sin \frac{3\theta}{2} \right)$$

$$\sigma_{\theta\theta} = \frac{K_{\text{II}}}{\sqrt{2\pi r}} \left(-\frac{3}{4} \sin \frac{\theta}{2} - \frac{3}{4} \sin \frac{3\theta}{2} \right)$$

$$\sigma_{r\theta} = \frac{K_{\text{II}}}{\sqrt{2\pi r}} \left(\frac{1}{4} \cos \frac{\theta}{2} + \frac{3}{4} \cos \frac{3\theta}{2} \right) \tag{2.212}$$

假设裂纹在开始扩展时形成了一个角度为 α 的无穷小转折，无穷小转折尖端的局部应力强度因子不等于主裂纹的 K。在无穷小转折尖端建立局部坐标系 x-y，其应力场由式 (2.211) 和式 (2.212) 描述，则利用正应力和剪切应力可得到 I 型和 II 型应力强度因子为

$$K_{\text{I}}(\alpha) = \sigma_{22}\sqrt{2\pi r} = C_{11}K_{\text{I}} + C_{12}K_{\text{II}}$$

$$K_{\text{II}}(\alpha) = \sigma_{12}\sqrt{2\pi r} = C_{21}K_{\text{I}} + C_{22}K_{\text{II}} \tag{2.213}$$

式中，$K_{\text{I}}(\alpha)$ 和 $K_{\text{II}}(\alpha)$ 为无穷小转折尖端的局部应力强度因子；而 K_{I} 和 K_{II} 为主裂纹的应力强度因子，可由式 (2.210) 计算得到。式 (2.213) 中系数 C_{ij} 的具体形式为

$$C_{11} = \frac{3}{4} \cos \frac{\alpha}{2} + \frac{1}{4} \cos \frac{3\alpha}{2}$$

$$C_{12} = \frac{3}{4} \left(\sin \frac{\alpha}{2} + \frac{1}{4} \sin \frac{3\alpha}{2} \right)$$

$$C_{21} = \frac{1}{4} \left(\sin \frac{\alpha}{2} + \sin \frac{3\alpha}{2} \right) \tag{2.214}$$

$$C_{22} = \frac{1}{4} \cos \frac{\alpha}{2} + \frac{3}{4} \cos \frac{3\alpha}{2}$$

无穷小转折裂纹的能量释放率为

$$G(\alpha) = \frac{K_{\text{I}}^2(\alpha) + K_{\text{II}}^2(\alpha)}{E} \tag{2.215}$$

当 K_{I} 取最大值，且 $K_{\text{II}} = 0$ 时，$G(\alpha)$ 取峰值，即

$$G_{\max} = \frac{K_{\text{I}}^2(\alpha^*)}{E} \tag{2.216}$$

式中，α^* 为使 G 和 K_{I} 取最大值且 $K_{\text{II}} = 0$ 的角度，则各向同性和均匀材料的裂纹扩展角为 α^*。

2. 最大周向拉伸应力准则

最大周向拉伸应力理论的基本假设包括两点：①裂纹沿垂直最大周向拉伸应力的方向扩展；②当最大周向拉伸应力强度因子达到临界值时，裂纹开始稳定扩

展。通过直角坐标系与极坐标系之间的转换关系，从上述应力场可以得到裂纹尖端的周向拉伸应力为

$$\sigma_\theta = \frac{1}{\sqrt{2\pi r}} \cos\frac{\theta}{2} \left[\frac{K_{\rm I}}{2} (1 + \cos\theta) - \frac{3K_{\rm II}}{2} \sin\theta \right] \tag{2.217}$$

在极坐标系下，裂纹尖端区域的周向拉伸应力为式 (2.217)，假设周向拉伸应力强度因子 K_θ 为

$$K_\theta = \lim_{r \to 0} \sqrt{2\pi r}\sigma_\theta = \cos\frac{\theta}{2} \left[\frac{K_{\rm I}}{2} (1 + \cos\theta) - \frac{3K_{\rm II}}{2} \sin\theta \right] \tag{2.218}$$

则极坐标系下裂纹尖端区域的周向拉伸应力可重写为

$$\sigma_\theta = \frac{1}{\sqrt{2\pi r}} K_\theta \tag{2.219}$$

由假设①可知，裂纹扩展角 θ 应使式 (2.219) 取极大值，即

$$\begin{aligned} \left. \frac{\partial K_\theta}{\partial \theta} \right|_{\theta = \theta_0} &= 0 \\ \left. \frac{\partial^2 K_\theta}{\partial \theta^2} \right|_{\theta = \theta_0} &< 0 \end{aligned} \tag{2.220}$$

则有

$$K_{\rm I}\sin\theta_0 - K_{\rm II}(3\cos\theta_0 - 1) = 0 \tag{2.221}$$

$$K_{\rm I}\cos\frac{\theta_0}{2}(1 - 3\cos\theta_0) + K_{\rm II}\sin\frac{\theta_0}{2}(9\cos\theta_0 + 5) < 0$$

由假设②可知，裂纹扩展准则为

$$K_{\theta\max} = \frac{K_{\rm I}}{K_{\rm Ic}}\cos^3\frac{\theta_0}{2} - \frac{3}{2}\frac{K_{\rm II}}{K_{\rm Ic}}\cos\frac{\theta_0}{2}\sin\theta_0 = K_\theta \tag{2.222}$$

Saouma 等 [27] 于 1987 年将各向同性材料的最大周向拉伸应力准则进行了推广，并建立了各向异性材料的最大周向拉伸应力准则，各向异性材料裂纹尖端的全局坐标系和局部坐标系及裂纹扩展角如图 2.15 所示，裂纹尖端周向拉伸应力与直角坐标系下应力的关系为

$$\sigma_\theta = \sigma_{11}\sin^2\theta + \sigma_{22}\cos^2\theta - 2\sigma_{12}\sin\theta\cos\theta \tag{2.223}$$

将正交各向异性材料的应力场 (式 (2.189)) 代入式 (2.223) 得

$$\sigma_\theta = \frac{K_{\rm I}}{\sqrt{2\pi r}}{\rm Re}\left[A(s_1 B_2 - s_2 B_1)\right] + \frac{K_{\rm II}}{\sqrt{2\pi r}}{\rm Re}\left[A(B_2 - B_1)\right] \tag{2.224}$$

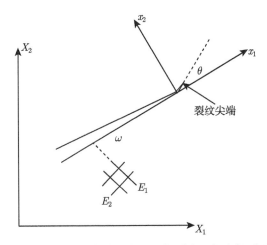

图 2.15　各向异性材料裂纹尖端的全局坐标系和局部坐标系及裂纹扩展角

式中,

$$A = \frac{1}{s_1 - s_2}$$

$$B_i = (\cos\theta + s_i \sin\theta)^{1.5}, i = 1, 2$$

对于任意角度上的应力强度因子

$$K_{\mathrm{I\,cr}}^{\theta} = K_{\mathrm{I\,cr}}^1 \cos^2\theta + K_{\mathrm{I\,cr}}^2 \sin^2\theta \tag{2.225}$$

且

$$K_{\mathrm{I\,cr}}^2 = K_{\mathrm{I\,cr}}^1 \frac{E_1}{E_2} \tag{2.226}$$

裂纹的扩展角需要满足

$$\frac{\sigma_\theta}{\sigma_\theta^{\max}} = \frac{K_{\mathrm{I}}\,\mathrm{Re}\,[A(\mu_1 B_2 - \mu_2 B_1)] + K_{\mathrm{II}}\,\mathrm{Re}\,[A(B_2 - B_1)]}{K_{\mathrm{I\,cr}}^1 \cos^2\beta + K_{\mathrm{I\,cr}}^2 \sin^2\beta} = 1$$

式中, $\beta = \theta_0 + \omega$。

3. 应变能密度因子准则

应变能密度因子准则在预测裂纹扩展时基于以下两个基本假设:①裂纹是沿应变能密度因子最小的方向开始扩展的;②裂纹的扩展是由于最小应变能密度因子达到了材料的临界值。应变能密度因子准则的具体表达式为

$$\frac{8\mu}{\kappa - 1}\left[\varrho_{11}\left(\frac{K_{\mathrm{I}}}{K_{\mathrm{I}c}}\right)^2 + 2\varrho_{12}\left(\frac{K_{\mathrm{I}}\,K_{\mathrm{II}}}{K_{\mathrm{I}c}^2}\right) + \varrho_{22}\left(\frac{K_{\mathrm{II}}}{K_{\mathrm{I}c}}\right)^2\right] = 1 \tag{2.227}$$

式中，

$$\varrho_{11} = \frac{1}{16\mu} \left[(1 + \cos\theta)(\kappa - \cos\theta) \right]$$

$$\varrho_{12} = \frac{\sin\theta}{16\mu} \left[2\cos\theta - (\kappa - 1) \right] \tag{2.228}$$

$$\varrho_{22} = \frac{1}{16\mu} \left[(\kappa + 1)(1 - \cos\theta) + (1 + \cos\theta)(3\cos\theta - 1) \right]$$

4. 工程断裂准则

在工程应用中，人们根据不同理论的计算和试验研究结果，进行了偏安全的简化，提出了适合于特定工程实际问题的近似断裂准则，常见的包括直线模式、椭圆模式和二次模式等，具体见式 (2.229)。

$$\begin{aligned}
\left(\frac{K_{\mathrm{I}}}{K_{\mathrm{Ic}}}\right) + \left(\frac{K_{\mathrm{II}}}{K_{\mathrm{IIc}}}\right) = 1, & \qquad \text{线性模式} \\[2mm]
\left(\frac{K_{\mathrm{I}}}{K_{\mathrm{Ic}}}\right)^2 + \left(\frac{K_{\mathrm{II}}}{K_{\mathrm{IIc}}}\right)^2 = 1, & \qquad \text{椭圆模式} \\[2mm]
\left(\frac{K_{\mathrm{I}}}{K_{\mathrm{Ic}}}\right)^2 + c\left(\frac{K_{\mathrm{I}}\,K_{\mathrm{II}}}{K_{\mathrm{Ic}}K_{\mathrm{IIc}}}\right) + \left(\frac{K_{\mathrm{II}}}{K_{\mathrm{IIc}}}\right)^2 = 1, & \quad c \neq 2 \ \text{二次模式} \\[2mm]
\left(\frac{K_{\mathrm{I}}}{K_{\mathrm{Ic}}}\right) + \left(\frac{K_{\mathrm{II}}}{2K_{\mathrm{Ic}}}\right)^2 = 1, & \qquad \text{Advani/Lee 模式} \\[2mm]
\left(\frac{K_{\mathrm{I}}}{K_{\mathrm{Ic}}}\right)^c + \left(\frac{K_{\mathrm{II}}}{K_{\mathrm{IIc}}}\right)^c = 1, & \qquad c \cong 1.6 \ \text{Awaji/Sato 模式} \\[2mm]
\left(\frac{K_{\mathrm{I}}}{K_{\mathrm{Ic}}}\right) + 1.5\left(\frac{K_{\mathrm{II}}}{K_{\mathrm{Ic}}}\right)^2 = 1, & \qquad \text{Palanisawamy/Knauss 模式}
\end{aligned} \tag{2.229}$$

2.5.8 J 积分

J 积分是弹塑性断裂力学中一个十分重要的参量，其地位与应力强度因子一样，既能描述裂纹尖端区域应力应变场的强度，又容易通过试验来测定，且可以用来计算应力强度因子。J 积分有两种定义或表达形式，一是回路积分定义，二是形变功率定义，在塑性力学全量理论下，这两种定义是等效的。本小节将介绍 J 积分的直接计算方法，该方法是目前使用最为广泛的方法，因为它方便与有限元方法结合。

首先考虑节点应力已知的简单情况，J 积分的积分路径如图 2.16 所示，则 J 积分的表达式为

$$J = \int_\Gamma W_{\mathrm{s}}\mathrm{d}\eta - \int_\Gamma \boldsymbol{t} \cdot \frac{\partial \boldsymbol{u}}{\partial x_1}\mathrm{d}\Gamma \tag{2.230}$$

式中,

$$W_{\mathrm{s}} = \frac{1}{2}\left[\sigma_{11}\frac{\partial u_1}{\partial x_1} + \sigma_{12}\left(\frac{\partial u_1}{\partial x_2} + \frac{\partial u_2}{\partial x_1}\right)\frac{\partial u_1}{\partial x_1} + \sigma_{22}\frac{\partial u_2}{\partial x_2}\right]$$

$$\mathrm{d}x_2 = \frac{\partial x_2}{\partial \eta}\mathrm{d}\eta$$

$$\boldsymbol{t}\cdot\frac{\partial \boldsymbol{u}}{\partial x_1} = \left[(\sigma_{11}n_1 + \sigma_{12}n_2)\frac{\partial u_1}{\partial x_1} + (\sigma_{12}n_1 + \sigma_{22}n_2)\frac{\partial u_1}{\partial x_2}\right] \quad (2.231)$$

$$\mathrm{d}\varGamma = \sqrt{\left(\frac{\partial x_1}{\partial \eta}\right)^2 + \left(\frac{\partial x_2}{\partial \eta}\right)^2}\,\mathrm{d}\eta$$

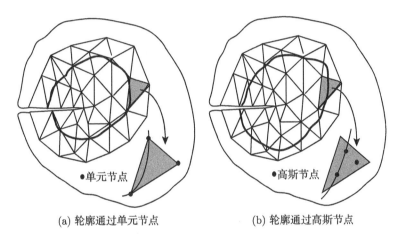

(a) 轮廓通过单元节点　　　　　　　(b) 轮廓通过高斯节点

图 2.16　J 积分的积分路径

大部分的有限元软件只提供高斯节点上的应力结果,节点应力结果需要磨平,精度较低,所以下面介绍在高斯节点上计算 J 积分的方法。

$$J = \int_{\varGamma}\left\{\frac{1}{2}\left[\sigma_{11}\frac{\partial u_1}{\partial x_1} + \sigma_{12}\left(\frac{\partial u_1}{\partial x_2} + \frac{\partial u_2}{\partial x_1}\right)\frac{\partial u_1}{\partial x_1} + \sigma_{22}\frac{\partial u_2}{\partial x_2}\right]\frac{\partial x_2}{\partial \eta}\right.$$

$$- \left[(\sigma_{11}n_1 + \sigma_{12}n_2)\frac{\partial u_1}{\partial x_1} + (\sigma_{12}n_1 + \sigma_{22}n_2)\frac{\partial u_1}{\partial x_2}\right] \quad (2.232)$$

$$\left.\sqrt{\left(\frac{\partial x_1}{\partial \eta}\right)^2 + \left(\frac{\partial x_2}{\partial \eta}\right)^2}\right\}\mathrm{d}\eta$$

利用高斯积分定律沿积分路径 $\varGamma$ 计算式 (2.232),有

$$J = \sum_{g=1}^{n_{\mathrm{g}}} W_{\mathrm{g}} I_{\mathrm{g}}(\xi_{\mathrm{g}}, \eta_{\mathrm{g}}) \quad (2.233)$$

式中，W_{g} 为高斯权重；n_{g} 为高斯节点数量；I_{g} 为高斯节点 g 上的值。其具体表示式为

$$
\begin{aligned}
I_{\mathrm{g}} = \int_{\Gamma} \Bigg\{ & \frac{1}{2} \left[\sigma_{11} \frac{\partial u_1}{\partial x_1} + \sigma_{12} \left(\frac{\partial u_1}{\partial x_2} + \frac{\partial u_2}{\partial x_1} \right) \frac{\partial u_1}{\partial x_1} + \sigma_{22} \frac{\partial u_2}{\partial x_2} \right] \frac{\partial x_2}{\partial \eta} \\
& - \left[(\sigma_{11} n_1 + \sigma_{12} n_2) \frac{\partial u_1}{\partial x_1} + (\sigma_{12} n_1 + \sigma_{22} n_2) \frac{\partial u_1}{\partial x_2} \right] \\
& \sqrt{\left(\frac{\partial x_1}{\partial \eta} \right)^2 + \left(\frac{\partial x_2}{\partial \eta} \right)^2} \Bigg\} \mathrm{d}\eta
\end{aligned}
\tag{2.234}
$$

当利用高斯积分计算 J 积分时，需要将积分点与有限元刚度矩阵的高斯节点重合，因此积分路径必须通过有限元方法的高斯节点，式 (2.234) 中的所有项在高斯节点上是已知的，应变也可通过形函数的导数计算得到，$\partial x_2 / \partial \eta$ 为雅可比矩阵的分量。

通过积分变换可以将 J 积分转化为如下的等效域积分形式：

$$
J = \int_A \left(\sigma_{ij} u_{i,x} - w \delta_{1j} \right) q_{,j} \mathrm{d}A + \int_A \left(\sigma_{ij} u_{i,x} - w \delta_{1j} \right)_{,j} q \mathrm{d}A
\tag{2.235}
$$

式中，A 为包围裂纹尖端的环形区域 (路径 Γ 的内侧)；q 为在区域 A 内外侧之间光滑变化的连续函数。为了简化计算过程，提出了一种简单的 q 函数，从裂纹尖端的 1 线性变化为 A 外边界的 0。在有限元方法中，单元内部任意处的 q 函数可以通过单元节点插值得到，即

$$
q(\boldsymbol{x}) = \sum N_i(\boldsymbol{x}) q_i
\tag{2.236}
$$

式中，$N_i(\boldsymbol{x})$ 为单元的形函数。

相互作用积分法是基于真实和辅助两种位移场进行的，真实位移场是满足平衡方程和变形协调条件的实际位移应力场求解结果，而辅助位移场只需在 A 区域中的裂纹面上满足平衡方程和边界条件即可，辅助位移场的引入是为了找到混合型应力强度因子与相互积分之间的关系。两种位移场共同作用下的 J 积分为

$$
J^{\mathrm{s}} = J + J^{\mathrm{aux}} + M^{\mathrm{l}}
\tag{2.237}
$$

式中，J 为真实位移场单独作用下的 J 积分。

辅助位移场单独作用下的 J 积分为

$$
J^{\mathrm{aux}} = \int_A \left(\sigma_{ij}^{\mathrm{aux}} u_{i,x}^{\mathrm{aux}} - w^{\mathrm{aux}} \delta_{1j} \right) q_{,j} \mathrm{d}A + \int_A \left(\sigma_{ij}^{\mathrm{aux}} u_{i,x}^{\mathrm{aux}} - w^{\mathrm{aux}} \delta_{1j} \right)_{,j} q \mathrm{d}A
\tag{2.238}
$$

两种位移场的相互作用下的 J 积分为

$$M^1 = \int_A \left[\sigma_{ij} u_{i,x}^{\text{aux}} + \sigma_{ij}^{\text{aux}} u_{i,x} - \frac{1}{2} \left(\sigma_{ik} \varepsilon_{ik}^{\text{aux}} + \sigma_{ik}^{\text{aux}} \varepsilon_{ik} \right) \delta_{1j} \right] q_{,j} \mathrm{d}A$$

$$+ \int_A \left[\sigma_{ij} u_{i,x}^{\text{aux}} + \sigma_{ij}^{\text{aux}} u_{i,x} - \frac{1}{2} \left(\sigma_{ik} \varepsilon_{ik}^{\text{aux}} + \sigma_{ik}^{\text{aux}} \varepsilon_{ik} \right) \delta_{1j} \right]_{,j} q \mathrm{d}A \tag{2.239}$$

可以通过 2.5.4 节中的真实应力和位移场，构建各向同性材料和异性材料辅助场。考虑关系

$$\sigma_{ij}^{\text{aux}} u_{i,xj} = \sigma_{ij}^{\text{aux}} \varepsilon_{ij,x}$$
$$\sigma_{ik} \varepsilon_{ij}^{\text{aux}} = \sigma_{ik}^{\text{aux}} \varepsilon_{ij}$$
$$C_{ijkl,x} \varepsilon_{ij}^{\text{aux}} \varepsilon_{kl} = C_{ijkl,x} \varepsilon_{ij} \varepsilon_{kl}^{\text{aux}} \tag{2.240}$$

式中，C_{ijkl} 为刚度系数。

则两种位移场相互作用下的全局积分 M_m^{G} 为

$$M_m^{\text{G}} = \int_A \left[\sigma_{ij} u_{i,m}^{\text{aux}} + \sigma_{ij}^{\text{aux}} u_{i,m} - \frac{1}{2} \left(\sigma_{ik} \varepsilon_{ik}^{\text{aux}} + \sigma_{ik}^{\text{aux}} \varepsilon_{ik} \right) \delta_{mj} \right] q_{,j} \mathrm{d}A$$

$$+ \int_A \left[\sigma_{ij} \left(u_{i,mj}^{\text{aux}} - \varepsilon_{ij,m}^{\text{aux}} \right) - C_{ijkl,m} \varepsilon_{ij} \varepsilon_{kl}^{\text{aux}} \right] q \mathrm{d}A, \quad m = 1, 2 \tag{2.241}$$

局部积分 M^1 与全局积分 M_m^{G} 存在如下关系：

$$M^1 = M_1^{\text{G}} \cos\theta + M_2^{\text{G}} \sin\theta \tag{2.242}$$

对于各向同性材料，能量释放率与应力强度因子之间的关系为

$$G = J = \frac{1}{E^*} \left(K_{\text{I}}^2 + K_{\text{II}}^2 \right) \tag{2.243}$$

根据式 (2.243) 可以得到关系式为

$$M^1 = \frac{2}{E^*} \left(K_{\text{I}}^{\text{aux}} K_{\text{I}} + K_{\text{II}}^{\text{aux}} K_{\text{II}} \right) \tag{2.244}$$

对于 I 型裂纹有 $K_{\text{I}}^{\text{aux}} = 1$，$K_{\text{II}}^{\text{aux}} = 0$。对于 II 型裂纹有 $K_{\text{I}}^{\text{aux}} = 0$，$K_{\text{II}}^{\text{aux}} = 1$。所以，各单层的 I 型和 II 型应力强度因子可由式 (2.244) 求得。

对于各向异性材料，能量释放率与应力强度因子之间的关系为

$$G = J = c_{11} K_{\text{I}}^2 + c_{12} K_{\text{I}} K_{\text{II}} + c_{22} K_{\text{II}}^2 \tag{2.245}$$

式中，

$$c_{11} = -\frac{a_{22}}{2}\text{Im}\left(\frac{\mu_1 + \mu_2}{\mu_1\mu_2}\right)$$

$$c_{12} = -\frac{a_{22}}{2}\text{Im}\left(\frac{1}{\mu_1\mu_2}\right) + \frac{a_{11}}{2}\text{Im}\left(\mu_1\mu_2\right)$$

$$c_{22} = \frac{a_{11}}{2}\text{Im}\left(\mu_1 + \mu_2\right)$$

且有

$$J^{\text{s}} = c_{11}\left(K_{\text{I}}^{\text{aux}} + K_{\text{I}}\right)^2 + c_{12}\left(K_{\text{I}}^{\text{aux}} + K_{\text{I}}\right)\left(K_{\text{II}}^{\text{aux}} + K_{\text{II}}\right)$$
$$+ c_{22}\left(K_{\text{II}}^{\text{aux}} + K_{\text{II}}\right)^2 \tag{2.246}$$

$$J^{\text{aux}} = c_{11}\left(K_{\text{I}}^{\text{aux}}\right)^2 + c_{12}K_{\text{I}}^{\text{aux}}K_{\text{II}}^{\text{aux}} + c_{22}\left(K_{\text{II}}^{\text{aux}}\right)^2 \tag{2.247}$$

$$M^{\text{l}} = 2c_{11}K_{\text{I}}^{\text{aux}}K_{\text{I}} + c_{12}\left(K_{\text{I}}^{\text{aux}}K_{\text{II}} + K_{\text{II}}^{\text{aux}}K_{\text{I}}\right) + 2c_{22}K_{\text{II}}^{\text{aux}}K_{\text{II}} \tag{2.248}$$

对于 I 型裂纹有 $K_{\text{I}}^{\text{aux}} = 1$，$K_{\text{II}}^{\text{aux}} = 0$。对于 II 型裂纹有 $K_{\text{I}}^{\text{aux}} = 0$，$K_{\text{II}}^{\text{aux}} = 1$。将这两种情况代入式 (2.248)，则有

$$\begin{cases} M_1^{\text{l}} = 2c_{11}K_{\text{I}} + c_{12}K_{\text{II}}, & K_{\text{I}}^{\text{aux}} = 1, K_{\text{II}}^{\text{aux}} = 0 \\ M_2^{\text{l}} = c_{12}K_{\text{I}} + 2c_{22}K_{\text{II}}, & K_{\text{I}}^{\text{aux}} = 0, K_{\text{II}}^{\text{aux}} = 1 \end{cases} \tag{2.249}$$

求解上述方程组即可求得应力强度因子 K_{I}、K_{II}。

第 3 章　复合材料层合板壳结构的分析方法

■
■
■
■

　　复合材料层合板壳是由多种组分材料组合而成的,具有叠层状和各向异性的特点,其力学性能与单一材料的板壳结构相比,具有无明确的材料主方向、层间间断和不连续等新的特点,对其进行精确的力学分析是十分复杂的,尤其是层间应力等局部细节响应问题,极具挑战性。各国学者基于不同的考虑,提出了多种分析复合材料层合板壳结构的理论方法,包括经典板壳理论、一阶剪切变形理论、高阶剪切变形理论、Zig-Zag 理论、逐层理论和扩展逐层理论等。因为复合材料层合板壳结构的理论分析方法是进行复合材料结构各种修理方案分析和设计的基础,且考虑到复合材料修理结构分析是一个十分复杂的工程问题,所以本章将简单介绍各种剪切变形理论和逐层理论,并概括各种方法的优缺点和适用范围,方便读者在分析复合材料结构各种修理方案时,能选择合适的理论方法。

3.1　复合材料层合结构分析理论概述

　　纤维增强复合材料结构可基于两种基本角度进行分析: 微观力学分析和宏观力学分析。微观力学分析的目的是基于纤维和基体的性能参数及相互作用来预测复合材料单层力学参数 (如 2.3.6 节中介绍的复合材料单层材料力学参数估算方法),利用近似模型来模拟复合材料的微观结构,并据此预测其 "平均" 性能参数,其中,弹性模量包括纵向模量、横向模量、主泊松比和面内剪切模量;相应的强度值包括纵向强度 (抗拉和抗压)、横向强度 (抗拉和抗压) 和抗剪强度等。宏观力学分析则根据单层的 "平均" 性能参数来估算复合材料层合结构的全局响应,如挠度、固有频率以及瞬态响应等。

如前所述，微观力学分析是基于复合材料的微观模型的，其中对纤维和基体分别建模。在大多数简单的模型中，纤维被假定为均匀、线性弹性和各向同性的理想弹性材料，且具有规律的间隔和完全一致的长度，基体则被假设为线性各向同性弹性材料。纤维/基体界面被认为是完好的，没有空洞或缺陷的，而更复杂的模型则需要体现更实际的情况，可能包括空洞、缺陷、有缺陷的纤维、波状纤维、不均匀分布的纤维、纤维长度变化和残余应力等因素。

本书介绍的复合材料结构修理技术分析、设计和优化方法都是在宏观层面考虑问题的，均采用宏观分析方法，因此本节仅介绍复合材料结构的几种典型宏观分析方法。

3.1.1　板壳理论概述

板壳结构是厚度方向尺寸远小于长度方向尺寸和宽度方向尺寸的结构，并仅利用参考面 Ω 进行描述，如图 3.1 所示。表面为平面的称为板，表面为曲面的称为壳。在宏观尺度上，板壳分析方法是三维强或弱形式下的弹性基本微分方程。对于多层结构，可以找到一些三维解法，但是这些三维解法的解一般来说很难得到，而且对于最一般的几何形状、层合板铺层、边界和加载条件，这些三维解法都不能以强形式给出。虽然三维有限元方法对上述问题都没有原则性障碍，但三维有限元方法会导致巨大的计算量，这在工程实际设计工作中是不被接受的。

因为板壳的厚度一般比面内尺寸至少小一个数量级，所以可以利用二维理论来求解板壳问题，即将三维连续体中的点 $P_{\Sigma}(x,y,z)$ 映射成板壳参考面 Ω 上的点 $P_{\Omega}(\alpha,\beta)$，其中 α、β 和 z 分别为定义在参考面上的正交曲线坐标系。因此，板壳理论是弹性力学基本理论具体应用到板壳结构中的一种工程简化理论，将完整的三维实体力学问题简化为二维问题，其目的是计算板壳承受载荷时的变形和应力。

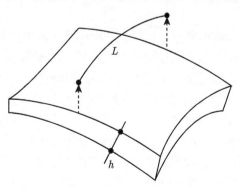

图 3.1　二维结构的几何尺寸关系 $(h/L < 1)$

自 1804 年平板作为数学问题开始被关注并研究以来,板壳理论的发展经历了 200 多年。然而,直到 1850 年,基尔霍夫才在两个当前被公认的假设基础之上得到了正确的板弯曲变形能,并用虚功原理进行变分运算,推导出了著名的平板弯曲微分方程,这两个基本假设就是著名的基尔霍夫假设,具体内容为:①原来垂直于中性面的直线,变形后仍然保持为直线,且垂直于弯曲后的中性面,即直法线假设;②在横向载荷作用下板产生微弯曲变形时,板的中性面并不伸长。对于工程结构中的薄板问题,基于基尔霍夫假设建立的近似分析理论能得到非常令人满意的结果,但该近似分析理论没有考虑横向剪切变形的影响,使得薄板的基本方程是一个四阶偏微分方程,每条边上的边界条件为两个。然而,对于厚板,或者需要关注集中载荷作用下薄板载荷作用点附近以及边界周围局部变形的问题,基于基尔霍夫假设的近似分析理论和边界条件不但不能得到满足工程应用要求的精度,甚至会得出严重错误的结果。针对平板弯曲分析中的这一问题,Reissner 和 Mindlin 在位移模式中引入了平均转角的假设,对基尔霍夫的直法线假设进行了修改,假设原来垂直于中性面的直线变形后保持为直线,但相对于中性面存在转角。该理论消除了近似分析理论中因忽略横向剪切变形所引起的误差,得到的薄板基本微分方程是一个六阶偏微分方程组,每条边上需三个边界条件。

3.1.2　复合材料板壳结构分析理论概述

19 世纪 30 年代航空工业的兴起和快速发展推动了各向异性板弯曲理论的产生和发展。随后,19 世纪 60 年代纤维增强复合材料开始应用于航空航天领域,且主要以层合结构的形式应用,利用各向异性板的弯曲理论分析这种新型材料制成的层合板结构壳的强度和刚度等问题已开始成为板壳理论发展的主要方向。发展初期的复合材料板壳理论主要还是建立在基尔霍夫假设基础上的,称为经典板壳理论。由于该方法变量少,实现简单,对薄板壳全局响应分析的精度足够,非常适用于工程结构的分析和设计,至今仍然是工程中复合材料分析最普遍、最重要的方法。

然而,由于面内的高度各向异性和厚度方向上弱界面的存在,严重影响了经典板壳理论在复合材料结构上的广泛应用,尤其是对复合材料结构进行细节分析和设计时,设计人员需要了解层合结构各层的应力结果,甚至是复杂结构的局部细节响应结果,如孔边应力分布、连接结构的损伤预测以及中低速冲击损伤预测等问题。随着计算机能力以及各种数值方法的发展,板壳理论日趋精细化,分析中考虑的横向剪切效应也越来越合理,出现了大量高精度的板壳理论,如高阶等效单层板壳理论、Zig-Zag 理论、逐层理论以及扩展逐层理论等。复合材料层合板壳分析模型如图 3.2 所示,在复合材料层合结构中,面内和横向均为各向异性的,在厚度方向上位移还有 Zig-Zag 效应，这些特性在复合材料层合结构分析理论的建立过程中起到了关键作用。

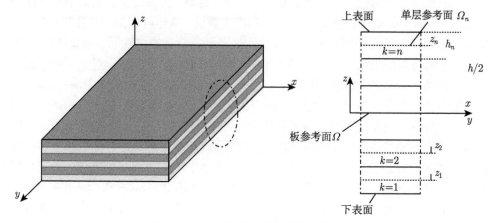

图 3.2　复合材料层合板壳分析模型

面内各向异性是指不同面内方向的物理力学性质不同，层合板壳面内的各向异性使得横向弯曲 (剪切和法向分量) 大于面内变形。因此，层合板是大横向变形结构，例如，在航空航天结构使用的先进复合材料可以表现出高杨氏模量正交比率 ($E_1/E_2 = E_1/E_3 = 5 \sim 40$) 和低横向剪切模量比 ($G_{12}/E_2 \approx G_{23}/E_2 = 1/10 \sim 1/200$)，这些力学特性将导致横向剪切和正应力比各向同性情况下的更高 ($G/E \approx 0.4$)。面内各向异性还与剪切应力和轴向应变之间的耦合有关，这种耦合会使任何与各向异性板有关的问题变得非常复杂。对于不对称层合结构，面内各向异性可能还会在平面内应变和平面外应变之间引入进一步的耦合，即使在低水平的载荷情况下，平面内/平面外耦合也会引起较大的位移。

层合板的精确分析方法必须在厚度方向上体现各单层的不同力学物理性质，横向不连续的力学性质引起位移场在厚度方向上的剧烈变化，如图 3.3 (a) 所示，这种剧烈变化称为 Zig-Zag 位移场，位移本身是连续的，但位移的导数是不连续的。面内应力 $\sigma_p = (\sigma_{11}, \sigma_{22}, \sigma_{12})$ 一般在各界面上是不连续的，横向应力 $\sigma_n = (\sigma_{13}, \sigma_{23}, \sigma_{33})$ 则在平衡条件的要求下在各界面上是连续的，如柯西应力公式，如图 3.3 (b) 所示，这些连续性条件统称为横向应力的界面连续性条件，即 C_z^0 要求。

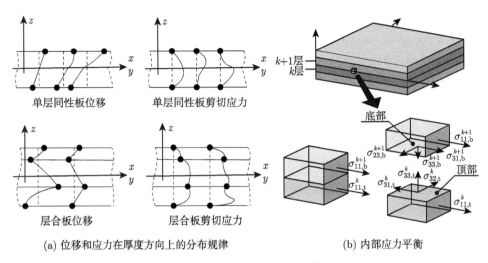

(a) 位移和应力在厚度方向上的分布规律   (b) 内部应力平衡

图 3.3 复合材料层合结构的 C_z^0 要求

3.2 剪切变形理论

复合材料层合结构的经典分析理论是一种直接由传统板壳分析理论发展而来，采用等效单层描述的等效单层板壳理论，在厚度方向上利用合适的位移假设将层合板壳结构等效成单层结构。因此，可以根据不同位移假设模式来区分不同的分析理论，几种典型剪切变形理论的位移假设模式如图 3.4 所示。

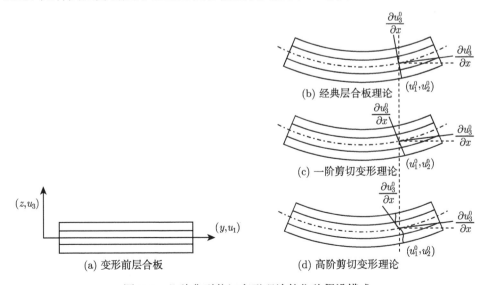

图 3.4 几种典型剪切变形理论的位移假设模式

经典板壳理论是一种工程应用最为广泛的分析方法，该方法直接将基尔霍夫假设推广应用于层合结构问题中。一阶剪切变形理论在经典板壳理论的基础上进一步考虑了横向剪切变形，又称剪切变形理论。由于位移沿厚度方向是线性变化的，在剪切变形理论的分析结果中，剪切应变在层合结构整个厚度方向上为常量，而剪切应力在各单层的厚度方向上为常量，所以一阶剪切变形理论分析得出的剪切应力在厚度方向上是不连续的。Vlasov [28] 从板壳上、下面板横向剪切应力 $\sigma_{i3} = 0$ 的角度对剪切变形理论进行了一个简单的改进，与一阶剪切变形理论相比，该理论能更好地描述横向剪切应变，从而显著提高了剪切变形理论分析厚层合板壳结构静力响应和动力响应的精度。Reddy 也提出了类似的分析理论，由于 Reddy [29] 理论包含了厚度坐标的三次项，所以也称为三阶剪切变形理论。考虑到层合结构的内在对称性，该理论中并没有取厚度坐标的二次项。上述三种理论有一个共同点就是没有考虑 u_3 在厚度方向上的变化，即认为面外正应变为零。Koiter 和 Dill [30] 提出在考虑横向剪切应变的同时应该考虑面外应变，因此产生了高阶剪切变形理论。

3.2.1　经典板壳理论

基于基尔霍夫假设，复合材料层合板的位移场可表示为

$$u_1(x, y, z, t) = u_1^0(x, y, t) - z\frac{\partial u_3^0}{\partial x}$$

$$u_2(x, y, z, t) = u_2^0(x, y, t) - z\frac{\partial u_3^0}{\partial y} \qquad (3.1)$$

$$u_3(x, y, z, t) = u_3^0(x, y, t)$$

式中，u_1^0、u_2^0 和 u_3^0 分别为 x、y 和 z 三个方向上的中性面位移分量；$\partial u_3^0/\partial x$ 和 $\partial u_3^0/\partial y$ 为截面的转角；在小变形情况下，可假设 u_3 沿厚度方向不变化。

在小变形情况下，格林应变张量中的二次项可以忽略，虽然转角 $\partial u_3^0/\partial x$ 和 $\partial u_3^0/\partial y$ 也是小量，但是在本书中依然保留。因此，格林应变张量可简化为

$$\varepsilon_{11} = \frac{\partial u_1}{\partial x} + \frac{1}{2}\left(\frac{\partial u_3}{\partial x}\right)^2, \quad \varepsilon_{23} = \frac{1}{2}\left(\frac{\partial u_3}{\partial y} + \frac{\partial u_2}{\partial z}\right)$$

$$\varepsilon_{22} = \frac{\partial u_2}{\partial y} + \frac{1}{2}\left(\frac{\partial u_3}{\partial y}\right)^2, \quad \varepsilon_{13} = \frac{1}{2}\left(\frac{\partial u_3}{\partial x} + \frac{\partial u_1}{\partial z}\right) \qquad (3.2)$$

$$\varepsilon_{33} = \frac{\partial u_3}{\partial z}, \qquad\qquad \varepsilon_{12} = \frac{1}{2}\left(\frac{\partial u_2}{\partial x} + \frac{\partial u_1}{\partial y} + \frac{\partial u_3}{\partial x}\frac{\partial u_3}{\partial y}\right)$$

根据基尔霍夫假设，$\partial u_3^0/\partial z = 0$、$\partial u_1^0/\partial z = 0$、$\partial u_2^0/\partial z = 0$，所以 $\varepsilon_{33} = 0$、$\varepsilon_{23} = 0$ 且 $\varepsilon_{13} = 0$，将式 (3.1) 代入式 (3.2)，有

$$\varepsilon = \varepsilon^0 + z\varepsilon^1 \tag{3.3}$$

式中，

$$\varepsilon^0 = \left\{ \begin{array}{c} \varepsilon_{11}^0 \\ \varepsilon_{22}^0 \\ \varepsilon_{12}^0 \end{array} \right\} = \left\{ \begin{array}{c} \dfrac{\partial u_1^0}{\partial x} + \dfrac{1}{2}\left(\dfrac{\partial u_3^0}{\partial x}\right)^2 \\[3mm] \dfrac{\partial u_2^0}{\partial x} + \dfrac{1}{2}\left(\dfrac{\partial u_3^0}{\partial y}\right)^2 \\[3mm] \dfrac{\partial u_2^0}{\partial x} + \dfrac{\partial u_1^0}{\partial y} + \dfrac{\partial u_3^0}{\partial x}\dfrac{\partial u_3^0}{\partial y} \end{array} \right\}$$

$$\varepsilon^1 = \left\{ \begin{array}{c} \varepsilon_{11}^1 \\ \varepsilon_{22}^1 \\ \varepsilon_{12}^1 \end{array} \right\} = \left\{ \begin{array}{c} -\dfrac{\partial^2 u_3^0}{\partial x^2} \\[3mm] -\dfrac{\partial^2 u_3^0}{\partial y^2} \\[3mm] -2\dfrac{\partial^2 u_3^0}{\partial x\partial y} \end{array} \right\} \tag{3.4}$$

式中，ε_{11}^0、ε_{22}^0 和 ε_{12}^0 分别为层合板的面内应变；ε_{11}^1、ε_{22}^1 和 ε_{12}^1 为弯曲应变。从式 (3.3) 可知，任一点 (x, y, z) 可根据 (u_1^0, u_2^0, u_3^0) 计算得到，且式 (3.3) 中的应变在厚度方向上是线性变化的。

经典板壳理论的运动方程可用虚位移原理推导得到，其中，虚应变能为

$$\begin{aligned} \delta U = \int_{\Omega_0} & [N_{xx}\delta\varepsilon_{11}^0 + M_{xx}\delta\varepsilon_{11}^1 + N_{yy}\delta\varepsilon_{22}^0 + M_{yy}\delta\varepsilon_{22}^1 \\ & + N_{xy}\delta\varepsilon_{12}^0 + M_{xy}\delta\varepsilon_{12}^1]\mathrm{d}x\mathrm{d}y \end{aligned} \tag{3.5}$$

式中，(N_{xx}, N_{yy}, N_{xy}) 和 (M_{xx}, M_{yy}, M_{xy}) 分别为面内应力和弯曲合成应力，具体表达式为

$$\left\{ \begin{array}{c} N_{xx} \\ N_{yy} \\ N_{xy} \end{array} \right\} = \int_{-h/2}^{h/2} \left\{ \begin{array}{c} \sigma_{11} \\ \sigma_{22} \\ \sigma_{12} \end{array} \right\} \mathrm{d}z$$

$$\left\{ \begin{array}{c} M_{xx} \\ M_{yy} \\ M_{xy} \end{array} \right\} = \int_{-h/2}^{h/2} \left\{ \begin{array}{c} \sigma_{11} \\ \sigma_{22} \\ \sigma_{12} \end{array} \right\} z\mathrm{d}z \tag{3.6}$$

外力虚功为

$$\delta V = -\int_{\Omega_0} \left\{ \left[q_b(x,y) + q_t(x,y) \right] \delta u_3^0(x,y) \right\} \mathrm{d}x\mathrm{d}y$$

$$-\int_{\Gamma_\sigma} \left(\hat{N}_{nn}\delta u_1^{0n} + \hat{N}_{ns}\delta u_2^{0s} - \hat{M}_{nn}\frac{\partial \delta u_3^0}{\partial n} - \hat{M}_{ns}\frac{\partial \delta u_3^0}{\partial s} + \hat{Q}_{nz}\delta u_3^0 \right) \mathrm{d}s \tag{3.7}$$

式中，q_t 和 q_b 分别为上、下面板的分布外力；δu_1^{0n} 和 δu_1^{0s} 分别为边界 Γ 上的法向和切向位移分量。边界上的合成应力为

$$\left\{ \begin{array}{c} \hat{N}_{nn} \\ \hat{N}_{ns} \end{array} \right\} = \int_{-h/2}^{h/2} \left\{ \begin{array}{c} \hat{\sigma}_{nn} \\ \hat{\sigma}_{ns} \end{array} \right\} \mathrm{d}z$$

$$\left\{ \begin{array}{c} \hat{M}_{nn} \\ \hat{M}_{ns} \end{array} \right\} = \int_{-h/2}^{h/2} \left\{ \begin{array}{c} \hat{\sigma}_{nn} \\ \hat{\sigma}_{ns} \end{array} \right\} z\mathrm{d}z \tag{3.8}$$

$$\hat{Q}_{nz} = \int_{-h/2}^{h/2} \hat{\sigma}_{nz}\mathrm{d}z$$

式中，$\hat{\sigma}_{nn}$、$\hat{\sigma}_{ns}$ 和 $\hat{\sigma}_{nz}$ 分别为边界 Γ 上的法向、切向和横向应力分量。

虚动能为

$$\delta K = -\int_{\Omega_0} \int_{-h/2}^{h/2} \rho \left[\left(\dot{u}_1^0 - z\frac{\partial \dot{u}_3^0}{\partial x} \right) \left(\delta \dot{u}_1^0 - z\frac{\partial \delta \dot{u}_3^0}{\partial x} \right) \right.$$

$$\left. \cdot \left(\dot{u}_2^0 - z\frac{\partial \dot{u}_3^0}{\partial y} \right) \left(\delta \dot{u}_2^0 - z\frac{\partial \delta \dot{u}_3^0}{\partial y} \right) + \dot{u}_3^0\delta \dot{u}_3^0 \right] \mathrm{d}z\mathrm{d}x\mathrm{d}y \tag{3.9}$$

将虚应变能、虚外力功和虚动能代入虚位移原理，并与 $(\delta u_1^0, \delta u_2^0, \delta u_3^0)$ 合并同类项，则经典板壳理论的欧拉方程为

$$\delta u_1^0: N_{xx,x} + N_{xy,y} = I_0\ddot{u}_1^0 - I_1\ddot{u}_{3,x}^0$$

$$\delta u_2^0: N_{xy,x} + N_{yy,y} = I_0\ddot{u}_2^0 - I_1\ddot{u}_{3,y}^0$$

$$\delta u_2^0: M_{xx,xx} + 2M_{xy,xy} + M_{yy,yy} + \aleph(u_3^0) + q = I_0\ddot{u}_3^0 \tag{3.10}$$

$$+ I_1 \left(\ddot{u}_{1,x}^0 + \ddot{u}_{2,y}^0 \right) - I_2 \left(\ddot{u}_{3,xx}^0 + \ddot{u}_{3,yy}^0 \right)$$

式中，(I_0, I_1, I_2) 为惯性项，

$$\left\{ \begin{array}{c} I_0 \\ I_1 \\ I_2 \end{array} \right\} = \int_{-h/2}^{h/2} \left\{ \begin{array}{c} 1 \\ z \\ z^2 \end{array} \right\} \rho\mathrm{d}z \tag{3.11}$$

式中,

$$\aleph(u_3^0) = \left(N_{xx}u_{3,x}^0 + N_{xy}u_{3,y}^0 \right)_{,x} + \left(N_{xy}u_{3,x}^0 + N_{yy}u_{3,y}^0 \right)_{,y} \tag{3.12}$$

$(\sigma_{nn}, \sigma_{ns})$ 和 $(\sigma_{11}, \sigma_{22}, \sigma_{12})$ 之间的关系为

$$\left\{ \begin{array}{c} \sigma_{nn} \\ \sigma_{ns} \end{array} \right\} = \left[\begin{array}{ccc} n_x^2 & n_y^2 & 2n_xn_y \\ -n_xn_y & n_xn_y & n_x^2 - n_y^2 \end{array} \right] \left\{ \begin{array}{c} \sigma_{11} \\ \sigma_{22} \\ \sigma_{12} \end{array} \right\} \tag{3.13}$$

因此,

$$\left\{ \begin{array}{c} N_{nn} \\ N_{ns} \end{array} \right\} = \left[\begin{array}{ccc} n_x^2 & n_y^2 & 2n_xn_y \\ -n_xn_y & n_xn_y & n_x^2 - n_y^2 \end{array} \right] \left\{ \begin{array}{c} N_{xx} \\ N_{yy} \\ N_{xy} \end{array} \right\}$$

$$\left\{ \begin{array}{c} M_{nn} \\ M_{ns} \end{array} \right\} = \left[\begin{array}{ccc} n_x^2 & n_y^2 & 2n_xn_y \\ -n_xn_y & n_xn_y & n_x^2 - n_y^2 \end{array} \right] \left\{ \begin{array}{c} M_{xx} \\ M_{yy} \\ M_{xy} \end{array} \right\} \tag{3.14}$$

在应力边界上, 边界条件为

$$\begin{array}{lll} N_{nn} - \hat{N}_{nn} = 0 & M_{ns} - \hat{M}_{ns} = 0 & Q_n - \hat{Q}_n = 0 \\ N_{ns} - \hat{N}_{ns} = 0 & M_{nn} - \hat{M}_{nn} = 0 \end{array} \tag{3.15}$$

式中,

$$\begin{aligned} Q_n \equiv & \left(M_{xx,x} + M_{xy,y} - I_1\ddot{u}_1^0 + I_2\ddot{u}_{3,x}^0 \right) n_x \\ & + \left(M_{yy,y} + M_{xy,x} - I_1\ddot{u}_2^0 + I_2\ddot{u}_{3,y}^0 \right) n_y + P\left(u_3^0 \right) \end{aligned}$$

$$P(u_3^0) = \left(N_{xx}u_{3,x}^0 + N_{xy}u_{3,y}^0 \right) n_x + \left(N_{xy}u_{3,x}^0 + N_{yy}u_{3,y}^0 \right) n_y$$

下面推导内力和内力矩与应变之间的关系, 即经典板壳理论的本构关系。将单层的应力–应变关系代入式 (3.6), 则内力可表示为

$$\begin{aligned} \left\{ \begin{array}{c} N_{xx} \\ N_{yy} \\ N_{xy} \end{array} \right\} &= \sum_{k=1}^{N} \int_{z_k}^{z_{k+1}} \left\{ \begin{array}{c} \sigma_{11} \\ \sigma_{22} \\ \sigma_{12} \end{array} \right\} \mathrm{d}z \\ &= \sum_{k=1}^{N} \int_{z_k}^{z_{k+1}} \left[\begin{array}{ccc} \bar{Q}_{11} & \bar{Q}_{12} & \bar{Q}_{16} \\ \bar{Q}_{12} & \bar{Q}_{22} & \bar{Q}_{26} \\ \bar{Q}_{16} & \bar{Q}_{26} & \bar{Q}_{66} \end{array} \right]^{(k)} \left\{ \begin{array}{c} \varepsilon_{11}^0 + z\varepsilon_{11}^1 \\ \varepsilon_{22}^0 + z\varepsilon_{22}^1 \\ \varepsilon_{12}^0 + z\varepsilon_{12}^1 \end{array} \right\} \mathrm{d}z \end{aligned}$$

$$= \begin{bmatrix} A_{11} & A_{12} & A_{16} \\ A_{12} & A_{22} & A_{26} \\ A_{16} & A_{26} & A_{66} \end{bmatrix} \begin{Bmatrix} \varepsilon_{11}^0 \\ \varepsilon_{22}^0 \\ \varepsilon_{12}^0 \end{Bmatrix} + \begin{bmatrix} B_{11} & B_{12} & B_{16} \\ B_{12} & B_{22} & B_{26} \\ B_{16} & B_{26} & B_{66} \end{bmatrix} \begin{Bmatrix} \varepsilon_{11}^1 \\ \varepsilon_{22}^1 \\ \varepsilon_{12}^1 \end{Bmatrix} \tag{3.16}$$

内力矩为

$$\begin{Bmatrix} M_{xx} \\ M_{yy} \\ M_{xy} \end{Bmatrix} = \sum_{k=1}^N \int_{z_k}^{z_{k+1}} \begin{Bmatrix} \sigma_{11} \\ \sigma_{22} \\ \sigma_{12} \end{Bmatrix} z \mathrm{d}z$$

$$= \sum_{k=1}^N \int_{z_k}^{z_{k+1}} \begin{bmatrix} \bar{Q}_{11} & \bar{Q}_{12} & \bar{Q}_{16} \\ \bar{Q}_{12} & \bar{Q}_{22} & \bar{Q}_{26} \\ \bar{Q}_{16} & \bar{Q}_{26} & \bar{Q}_{66} \end{bmatrix}^{(k)} \begin{Bmatrix} \varepsilon_{11}^0 + z\varepsilon_{11}^1 \\ \varepsilon_{22}^0 + z\varepsilon_{22}^1 \\ \varepsilon_{12}^0 + z\varepsilon_{12}^1 \end{Bmatrix} z \mathrm{d}z \tag{3.17}$$

$$= \begin{bmatrix} B_{11} & B_{12} & B_{16} \\ B_{12} & B_{22} & B_{26} \\ B_{16} & B_{26} & B_{66} \end{bmatrix} \begin{Bmatrix} \varepsilon_{11}^0 \\ \varepsilon_{22}^0 \\ \varepsilon_{12}^0 \end{Bmatrix} + \begin{bmatrix} D_{11} & D_{12} & D_{16} \\ D_{12} & D_{22} & D_{26} \\ D_{16} & D_{26} & D_{66} \end{bmatrix} \begin{Bmatrix} \varepsilon_{11}^1 \\ \varepsilon_{22}^1 \\ \varepsilon_{12}^1 \end{Bmatrix}$$

式中，A_{ij}、D_{ij} 和 B_{ij} 分别为拉伸刚度系数、弯曲刚度系数和弯曲–拉伸耦合系数。它们的具体表达式为

$$A_{ij} = \sum_{k=1}^N \bar{Q}_{ij}^k (z_{k+1} - z_k)$$

$$B_{ij} = \frac{1}{2} \sum_{k=1}^N \bar{Q}_{ij}^k (z_{k+1}^2 - z_k^2) \tag{3.18}$$

$$D_{ij} = \frac{1}{3} \sum_{k=1}^N \bar{Q}_{ij}^k (z_{k+1}^3 - z_k^3)$$

将内力和内力矩与应变之间的关系写成矩阵形式为

$$\begin{Bmatrix} \boldsymbol{N} \\ \boldsymbol{M} \end{Bmatrix} = \begin{bmatrix} \boldsymbol{A} & \boldsymbol{B} \\ \boldsymbol{B} & \boldsymbol{D} \end{bmatrix} \begin{Bmatrix} \boldsymbol{\varepsilon}^0 \\ \boldsymbol{\varepsilon}^1 \end{Bmatrix} \tag{3.19}$$

式中，$\boldsymbol{A}$ 为对应内力的刚度子矩阵；$\boldsymbol{D}$ 为对应弯矩的刚度子矩阵；$\boldsymbol{B}$ 为对应内力和弯矩的耦合刚度子矩阵。也就是说内力将引起弯曲应变，反过来，弯矩也会引起面内应变，如果 B_{ij} 为零，这种耦合现象将不存在，关于中性面镜像对称的层合板就属于这种情况。

对于中性面镜像对称的层合板，假设单层 k 的对称单层为 k'，则 k 和 k' 层具

有相同的刚度 Q_{ij}^k，k 和 k' 层对整体耦合子矩阵的贡献为

$$B_{ij} = \frac{1}{2}\sum_{k=1}^{N}\bar{Q}_{ij}^k\left(z_{k+1}^2 - z_k^2\right)$$

$$B_{ij} = \frac{1}{2}\sum_{k=1}^{N}\bar{Q}_{ij}^k\left(z_k^2 - z_{k+1}^2\right) \tag{3.20}$$

式中，z_k 和 z_{k+1} 分别为第 k 层下面板和上面板的坐标。式 (3.20) 中的两项相加后相应的项将相互抵消，则 $B_{ij} = 0$。

A_{16} 和 A_{26} 为剪切与拉伸之间的耦合刚度系数项，但是当 A_{16} 和 A_{26} 为零时，这种耦合现象将不存在，这种情况称为拉伸-剪切解耦或平面解耦。如果层合板由系数 Q_{16}^k 和 Q_{26}^k 为负的单层组成，且各层的厚度相等，则 $Q_{16}^k\left(z_k - z_{k-1}\right)$ 和 $Q_{26}^k\left(z_k - z_{k-1}\right)$ 项将相互抵消。对于对称铺层层合结构，第 k 层的铺层角为 θ，第 k' 层的铺层角为 $-\theta$，则 Q_{16}^k 和 Q_{26}^k 刚好分别与 $Q_{16}^{k'}$ 和 $Q_{26}^{k'}$ 互为相反数，所以 $A_{16} = A_{26} = 0$。

下面将举例说明刚度矩阵的几种特殊情况，对于铺层为 $[+45°/90°/-45°/0°]_s$ 的准各向同性板，各单层的材料性能为 $E_{11} = 125.52\text{GPa}$，$E_{22} = 8.62\text{GPa}$，$G_{12} = 3.72\text{GPa}$，$v_{12} = 0.3$，$v_{21} = 0.021$，$t = 1.687\text{mm}$，平均材料性能分别为 $E_{11} = 4.7724 \times 10^4\text{MPa}$、$E_{22} = 4.7724 \times 10^4\text{MPa}$ 和 $G_{12} = 1.8069 \times 10^4\text{MPa}$，则层合板的刚度矩阵（$\boldsymbol{A}$ 矩阵 $\times 10^6$，$\boldsymbol{B}$ 矩阵 $\times 10^3$）为

$$\begin{bmatrix} 89.6 & 28.6 & 0 & 0 & 0 & 0 \\ 28.6 & 89.6 & 0 & 0 & 0 & 0 \\ 0 & 0 & 30.5 & 0 & 0 & 0 \\ 0 & 0 & 0 & 12.5 & 8.93 & 5.51 \\ 0 & 0 & 0 & 8.93 & 25.7 & 5.51 \\ 0 & 0 & 0 & 5.51 & 5.51 & 9.38 \end{bmatrix} \tag{3.21}$$

对于铺层为 $[+45°/90°/+45°/0°]_s$ 的对称非平衡层合板，平均材料性能分别为 $E_{11} = 4.0 \times 10^4\text{MPa}$、$E_{22} = 4.0 \times 10^4\text{MPa}$ 和 $G_{12} = 1.1931 \times 10^4\text{MPa}$，则层合板的刚度矩阵为

$$\begin{bmatrix} 89.6 & 28.6 & 24.8 & 0 & 0 & 0 \\ 28.6 & 89.6 & 24.8 & 0 & 0 & 0 \\ 24.8 & 24.8 & 30.5 & 0 & 0 & 0 \\ 0 & 0 & 0 & 12.5 & 8.93 & 8.08 \\ 0 & 0 & 0 & 8.93 & 25.7 & 8.08 \\ 0 & 0 & 0 & 8.08 & 8.08 & 9.38 \end{bmatrix} \tag{3.22}$$

从以上分析可见，层合结构的铺层顺序为 $[\theta/-\theta/-\theta/\theta]$ 的对称层合板，内力–弯矩和拉伸–剪切都将解耦。对于铺层为 $[+45°/+45°/0°/0°/90°/90°/-45°/-45°]$ 的非对称平衡层合板，平均材料性能分别为 $E_{11} = 3.2138 \times 10^4\,\mathrm{MPa}$、$E_{22} = 3.2138 \times 10^4\,\mathrm{MPa}$ 和 $G_{12} = 6.9655 \times 10^3\,\mathrm{MPa}$，则层合板的刚度矩阵为

$$
\begin{bmatrix}
89.6 & 28.6 & 0 & -10.5 & 0 & -15.7 \\
28.6 & 89.6 & 0 & 0 & 10.5 & -15.7 \\
0 & 0 & 30.5 & -15.7 & -15.7 & 0 \\
-10.5 & 0 & -15.7 & 16.9 & 11.1 & 0 \\
0 & 10.5 & -15.7 & 11.1 & 16.9 & 0 \\
-15.7 & -15.7 & 0 & 0 & 0 & 11.5
\end{bmatrix}
\tag{3.23}
$$

对于铺层为 $[+45°/0°/+45°/90°/+45°/0°/+45°/90°]$ 的非对称非平衡层合板，平均材料性能分别为 $E_{11} = 3.9310 \times 10^4\,\mathrm{MPa}$、$E_{22} = 3.2828 \times 10^4\,\mathrm{MPa}$ 和 $G_{12} = 1.1172 \times 10^4\,\mathrm{MPa}$，则层合板的刚度矩阵为

$$
\begin{bmatrix}
89.6 & 28.6 & 24.8 & -7.90 & -2.55 & -2.61 \\
28.6 & 89.6 & 24.8 & -2.55 & 13.0 & -2.61 \\
24.8 & 24.8 & 30.5 & -2.61 & -2.61 & -2.55 \\
-7.90 & -2.55 & -2.61 & 19.0 & 6.78 & 5.88 \\
-2.55 & 13.0 & -2.61 & 6.78 & 23.4 & 5.88 \\
-2.61 & -2.61 & -2.55 & 5.88 & 5.88 & 7.23
\end{bmatrix}
\tag{3.24}
$$

将式 (3.3) 代入内力和内力矩与应变之间的关系式 (3.19)，内力和内力矩可表示成 u_1^0、u_2^0 和 u_3^0，可以得到位移表示的控制方程为

$$
\begin{aligned}
\delta u_1^0 : & A_{11}\left(u_{1,xx}^0 + u_{3,x}^0 u_{3,xx}^0\right) \\
& + A_{16}\left(u_{1,xy}^0 + u_{2,xx}^0 + u_{3,xx}^0 u_{3,y}^0 + u_{3,x}^0 u_{3,xy}^0 + u_{1,xy}^0 + u_{3,x}^0 u_{3,xy}^0\right) \\
& + A_{12}\left(u_{2,xy}^0 + u_{3,y}^0 u_{3,xy}^0\right) + A_{66}\left(u_{1,yy}^0 + u_{2,xy}^0 + u_{3,xy}^0 u_{3,y}^0 + u_{3,x}^0 u_{3,yy}^0\right) \\
& + A_{26}\left(u_{2,yy}^0 + u_{3,y}^0 u_{3,yy}^0\right) - B_{11}u_{3,xxx}^0 - B_{12}u_{3,xyy}^0 - B_{16}\left(2u_{3,xxy}^0 - u_{3,xxy}^0\right) \\
& - B_{26}u_{3,yyy}^0 - 2B_{66}u_{3,xyy}^0 - \left(N_{xx,x}^{\mathrm{T}} + N_{xy,y}^{\mathrm{T}}\right) = I_0\ddot{u}_3^0 - I_1\ddot{u}_{3,x}^0
\end{aligned}
\tag{3.25a}
$$

$$
\begin{aligned}
\delta u_2^0 : & A_{16}\left(u_{1,xx}^0 + u_{3,x}^0 u_{3,xx}^0 + u_{1,xy}^0 + u_{2,xx}^0 + u_{3,xx}^0 u_{3,y}^0 + u_{3,x}^0 u_{3,xy}^0\right) \\
& + A_{12}\left(u_{1,xy}^0 + u_{3,x}^0 u_{3,xy}^0\right) \\
& + A_{26}\left(u_{2,xy}^0 + u_{3,y}^0 u_{3,xy}^0 + u_{1,yy}^0 + u_{2,xy}^0 + u_{3,xy}^0 u_{3,y}^0 + u_{3,x}^0 u_{3,yy}^0\right)
\end{aligned}
$$

$$+ A_{22}\left(u_{2,yy}^0 + u_{3,y}^0 u_{3,yy}^0\right) - B_{16} u_{3,xxx}^0$$
$$- B_{26}\left(u_{3,xyy}^0 + 2u_{3,xyy}^0\right) - 2B_{66} u_{3,xxy}^0 - B_{12} u_{3,xxy}^0 \qquad (3.25\text{b})$$
$$- B_{22} u_{3,yyy}^0 - \left(N_{xy,x}^{\mathrm{T}} + N_{yy,y}^{\mathrm{T}}\right) = I_0 \ddot{u}_2^0 - I_1 \ddot{u}_{3,y}^0$$

$$\delta u_3^0 : B_{11}\left(u_{1,xx}^0 + u_{3,xx}^0 u_{3,xx}^0 + u_{3,x}^0 u_{3,xxx}^0\right) + B_{22}\left(u_{2,yyy}^0 + u_{3,yy}^0 u_{3,yy}^0 + u_{3,y}^0 u_{3,yyy}^0\right)$$
$$+ B_{12}\left(u_{2,xxy}^0 + u_{3,xy}^0 u_{3,xy}^0 + u_{3,y}^0 u_{3,xxy}^0 + u_{1,xyy}^0 + u_{3,xy}^0 u_{3,xy}^0 + u_{3,x}^0 u_{3,xyy}^0\right)$$
$$+ B_{16}[u_{1,xxy}^0 + u_{2,xxx}^0 + u_{3,xxx}^0 u_{3,y}^0 + u_{3,x}^0 u_{3,xxy}^0$$
$$+ 2(u_{3,xx}^0 u_{3,xy}^0 + u_{1,xxy}^0 + u_{3,xy}^0 u_{3,xx}^0 + u_{3,x}^0 u_{3,xxy}^0)]$$
$$+ 2B_{26}(u_{2,xyy}^0 + u_{3,xy}^0 u_{3,xx}^0 + u_{3,y}^0 u_{3,xyy}^0$$
$$+ u_{1,yyy}^0 + u_{2,xyy}^0 + u_{3,xyy}^0 u_{3,y}^0 + 2u_{3,xy}^0 u_{3,yy}^0 + u_{3,x}^0 u_{3,yyy}^0)$$
$$+ 2B_{66}\left(u_{1,xyy}^0 + u_{2,xxy}^0 + u_{3,xxy}^0 u_{3,y}^0 + u_{3,xy}^0 u_{3,xy}^0 + u_{3,xx}^0 u_{3,yy}^0 + u_{3,x}^0 u_{3,xyy}^0\right)$$
$$- D_{11} u_{3,xxxx}^0 - D_{12}\left(u_{3,xxyy}^0 + u_{3,xxyy}^0\right) - D_{22} u_{3,yyyy}^0 - 2D_{16}\left(u_{3,xxxy}^0 + u_{3,xxxy}^0\right)$$
$$- 2D_{26}\left(u_{3,xyyy}^0 + u_{3,xyyy}^0\right) - 4D_{66} u_{3,xxyy}^0 + \aleph(w_0) + q$$
$$- \left(M_{xx,xx}^{\mathrm{T}} + 2M_{xy,yx}^{\mathrm{T}} + M_{yy,yy}^{\mathrm{T}}\right) = I_0 \ddot{u}_3^0 + I_1\left(\ddot{u}_{1,x}^0 + \ddot{u}_{2,y}^0\right) - I_2\left(\ddot{u}_{3,xx}^0 + \ddot{u}_{3,yy}^0\right)$$
$$(3.25\text{c})$$

利用解析方法和数值方法，可通过式 (3.25) 解出中性面上的位移场，各单层的应变和应力可分别由式 (3.1) 和式 (3.2) 计算得到，对于线性问题，层合板的面内应变和弯曲应变分别为

$$\boldsymbol{\varepsilon}^0 = \left\{ \begin{array}{c} \varepsilon_{11}^0 \\[4pt] \varepsilon_{22}^0 \\[4pt] \varepsilon_{12}^0 \end{array} \right\} = \left\{ \begin{array}{c} \dfrac{\partial u_1^0}{\partial x} \\[8pt] \dfrac{\partial u_2^0}{\partial x} \\[8pt] \dfrac{\partial u_2^0}{\partial x} + \dfrac{\partial u_1^0}{\partial y} \end{array} \right\}$$

$$\boldsymbol{\varepsilon}^1 = \left\{ \begin{array}{c} \varepsilon_{11}^1 \\[4pt] \varepsilon_{22}^1 \\[4pt] \varepsilon_{12}^1 \end{array} \right\} = -\left\{ \begin{array}{c} \dfrac{\partial^2 u_3^0}{\partial x^2} \\[8pt] \dfrac{\partial^2 u_3^0}{\partial y^2} \\[8pt] 2\dfrac{\partial^2 u_3^0}{\partial x \partial y} \end{array} \right\} \qquad (3.26)$$

基于以上同样的推导方法，可以得到经典板壳理论关于线性问题的位移控制方程，在此不再赘述，读者可以作为练习项目。

3.2.2　一阶剪切理论

由于经典板壳理论实现简单，计算效率高，所以它在复合材料结构分析和设计

方面的应用是最为广泛的，在层合板的宽厚比大于 20 的情况下，经典板壳理论在计算整体位移和面内应力方面的精度是足够的。然而，经典板壳理论终究还是基于基尔霍夫假设的，无法考虑厚板的横向剪切效应，另外，对于复合材料厚板，低剪切模量现象也不得不加以考虑。

Reissner [31] 和 Mindlin [32] 建立的一阶剪切变形理论可以考虑厚板的横向剪切效应，该理论放松了基尔霍夫假设中关于横截面变形后依然垂直于中性面的假设，如图 3.5 所示，但仍然保留横向位移 u_3 沿厚度方向不变的假设。

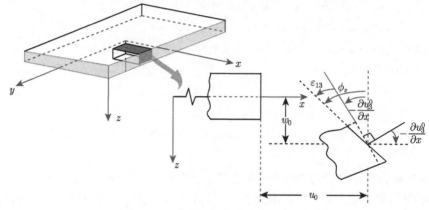

图 3.5　一阶剪切变形理论的位移模式

基于以上假设，一阶剪切变形理论的位移模式为

$$u_1(x,y,z,t) = u_1^0(x,y,t) + z\phi_x(x,y,t)$$
$$u_2(x,y,z,t) = u_2^0(x,y,t) + z\phi_y(x,y,t) \tag{3.27}$$
$$u_3(x,y,z,t) = u_3^0(x,y,t)$$

式中，u_1^0、u_2^0、u_3^0、ϕ_x 和 ϕ_y 为待求未知量，与经典板壳理论一样，u_1^0、u_2^0 和 u_3^0 分别为中性面上的位移分量，记

$$\frac{\partial u_1}{\partial z} = \phi_x$$
$$\frac{\partial u_2}{\partial z} = \phi_y \tag{3.28}$$

所以，ϕ_x 和 ϕ_y 分别为中性面法线在 y 和 x 方向上的转角，如图 3.5 所示。将式 (3.27) 代入非线性几何关系，有

$$\varepsilon_{11} = u_{1,x}^0 + \frac{1}{2}\left(u_{3,x}^0\right)^2 + z\phi_{x,x}$$
$$\varepsilon_{22} = u_{2,y}^0 + \frac{1}{2}\left(u_{3,y}^0\right)^2 + z\phi_{y,y}$$

$$\varepsilon_{33} = 0$$
$$\varepsilon_{23} = u_{3,y}^0 + \phi_y$$
$$\varepsilon_{13} = u_{3,x}^0 + \phi_x \tag{3.29}$$
$$\varepsilon_{12} = \left(u_{1,y}^0 + u_{2,x}^0 + u_{3,x}^0 u_{3,y}^0\right) + z\left(\phi_{x,y} + \phi_{y,x}\right)$$

值得注意的是，在一阶剪切变形理论中，ε_{11}、ε_{22} 和 ε_{12} 沿层合板是线性变化的，而 ε_{13} 和 ε_{23} 在厚度方向上是常量。

将包含位移假设模式的应变 (式 (3.29)) 重写为

$$
\begin{Bmatrix} \varepsilon_{11} \\ \varepsilon_{22} \\ \varepsilon_{23} \\ \varepsilon_{13} \\ \varepsilon_{12} \end{Bmatrix} = \begin{Bmatrix} \varepsilon_{11}^0 \\ \varepsilon_{22}^0 \\ \varepsilon_{23}^0 \\ \varepsilon_{13}^0 \\ \varepsilon_{12}^0 \end{Bmatrix} + z \begin{Bmatrix} \varepsilon_{11}^1 \\ \varepsilon_{22}^1 \\ \varepsilon_{23}^1 \\ \varepsilon_{13}^1 \\ \varepsilon_{12}^1 \end{Bmatrix} = \begin{Bmatrix} u_{1,x}^0 + \dfrac{1}{2}\left(u_{3,x}^0\right)^2 \\[2mm] u_{2,y}^0 + \dfrac{1}{2}\left(u_{3,y}^0\right)^2 \\[2mm] u_{3,x}^0 + \phi_x \\[2mm] u_{3,y}^0 + \phi_y \\[2mm] u_{1,y}^0 + u_{2,x}^0 + u_{3,x}^0 u_{3,y}^0 \end{Bmatrix} + z \begin{Bmatrix} \phi_{x,x} \\ \phi_{y,y} \\ 0 \\ 0 \\ \phi_{x,y} + \phi_{y,x} \end{Bmatrix} \tag{3.30}
$$

由于横向剪切应变在厚度方向上是常数，所以横向剪切应力也是常数。众所周知的是，因为均质梁的横向剪切应力在厚度方向上是按抛物线规律变化的，所以在层合梁和板的厚度方向上横向剪切应力至少也是二次变化的。因此，利用一阶剪切变形理论得到的剪切应力计算结果 (Q_x, Q_y) 需要进行适当修正，修正系数 K 称为剪切修正系数，表达式为

$$
\begin{Bmatrix} Q_x \\ Q_y \end{Bmatrix} = K \int_{-h/2}^{h/2} \begin{Bmatrix} \sigma_{13} \\ \sigma_{23} \end{Bmatrix} \mathrm{d}z \tag{3.31}
$$

这相当于修正了横向剪切刚度，系数 K 可由横向剪切应力引起的应变能守恒来确定。考虑具有矩形横截面的均质梁结构，宽为 b，高为 h，根据材料力学方法，剪切应力在厚度上的真实分布为

$$
\sigma_{13}^{\mathrm{c}} = \frac{3Q}{2bh} \left[1 - \left(\frac{2z}{h}\right)^2\right], \quad -\frac{h}{2} \leqslant z \leqslant \frac{h}{2} \tag{3.32}
$$

式中，Q 为横向剪切应力。基于一阶剪切变形理论，常数剪切应力为 $\sigma_{13}^{\mathrm{f}} = Q/(bh)$。两种分析方法中的横向剪切应力引起的应变能分别为

$$U_s^c = \frac{1}{2G_{13}} \int_A \left(\sigma_{13}^c\right)^2 \mathrm{d}\Omega = \frac{3Q^2}{5G_{13}bh}$$

$$U_s^f = \frac{1}{2G_{13}} \int_A \left(\sigma_{13}^f\right)^2 \mathrm{d}\Omega = \frac{Q^2}{2G_{13}bh}$$

$$(3.33)$$

剪切修正系数等于 U_s^f 与 U_s^c 之比，即 $K = 5/6$。层合板的剪切修正系数则取决于其材料属性和铺层策略。

在一阶剪切变形理论中，基本未知量为 u_1^0、u_2^0、u_3^0、ϕ_x 和 ϕ_y，利用 2.2.1 节中推导经典板壳理论欧拉–拉格朗日方程的方法，可以得到一阶剪切变形理论的欧拉–拉格朗日方程和自然边界条件。其中，欧拉–拉格朗日方程为

$$\delta u_1^0 : N_{xx,x} + N_{xy,y} = I_0 \ddot{u}_1^0 + I_1 \ddot{\phi}_x$$

$$\delta u_2^0 : N_{xy,x} + N_{yy,y} = I_0 \ddot{u}_2^0 + I_1 \ddot{\phi}_y$$

$$\delta u_3^0 : Q_{x,x} + Q_{y,y} + N(u_3^0) + q = I_0 \ddot{u}_3^0 \qquad (3.34)$$

$$\delta \phi_x : M_{xx,x} + M_{xy,y} - Q_x = I_1 \ddot{u}_1^0 + I_2 \ddot{\phi}_x$$

$$\delta \phi_y : M_{xy,x} + M_{yy,y} - Q_y = I_1 \ddot{u}_2^0 + I_2 \ddot{\phi}_y$$

自然边界条件为

$$N_{nn} - \hat{N}_{nn} = 0, \quad N_{ns} - \hat{N}_{ns} = 0, \quad Q_n - \hat{Q}_n = 0$$

$$M_{nn} - \hat{M}_{nn} = 0, \quad M_{ns} - \hat{M}_{ns} = 0 \qquad (3.35)$$

式中，

$$Q_n \equiv Q_x n_x + Q_y n_y + P(u_3^0) \qquad (3.36)$$

一阶剪切变形理论的本构方程为

$$\begin{Bmatrix} N_{xx} \\ N_{yy} \\ N_{xy} \end{Bmatrix} = \begin{bmatrix} A_{11} & A_{12} & A_{16} \\ A_{12} & A_{22} & A_{26} \\ A_{16} & A_{26} & A_{66} \end{bmatrix} \begin{Bmatrix} u_{1,x}^0 + \dfrac{1}{2}(u_{3,x}^0)^2 \\ u_{2,x}^0 + \dfrac{1}{2}(u_{3,y}^0)^2 \\ u_{1,y}^0 + u_{2,x}^0 + u_{3,x}^0 u_{3,y}^0 \end{Bmatrix}$$

$$+ \begin{bmatrix} B_{11} & B_{12} & B_{16} \\ B_{12} & B_{22} & B_{26} \\ B_{16} & B_{26} & B_{66} \end{bmatrix} \begin{Bmatrix} \phi_{x,x} \\ \phi_{y,y} \\ \phi_{x,y} + \phi_{y,x} \end{Bmatrix} \qquad (3.37a)$$

$$\left\{\begin{array}{c} M_{xx} \\ M_{yy} \\ M_{xy} \end{array}\right\} = \left[\begin{array}{ccc} B_{11} & B_{12} & B_{16} \\ B_{12} & B_{22} & B_{26} \\ B_{16} & B_{26} & B_{66} \end{array}\right] \left\{\begin{array}{c} u_{1,x}^0 + \frac{1}{2}(u_{3,x}^0)^2 \\ u_{2,x}^0 + \frac{1}{2}(u_{3,y}^0)^2 \\ u_{1,y}^0 + u_{2,x}^0 + u_{3,x}^0 u_{3,y}^0 \end{array}\right\} \tag{3.37b}$$

$$+ \left[\begin{array}{ccc} D_{11} & D_{12} & D_{16} \\ D_{12} & D_{22} & D_{26} \\ D_{16} & D_{26} & D_{66} \end{array}\right] \left\{\begin{array}{c} \phi_{x,x} \\ \phi_{y,y} \\ \phi_{x,y} + \phi_{y,x} \end{array}\right\}$$

$$\left\{\begin{array}{c} Q_y \\ Q_x \end{array}\right\} = K \left[\begin{array}{cc} A_{44} & A_{45} \\ A_{45} & A_{55} \end{array}\right] \left\{\begin{array}{c} u_{3,y}^0 + \phi_y \\ u_{3,x}^0 + \phi_x \end{array}\right\} \tag{3.37c}$$

同样，式 (3.34) 也可以用位移表示为

$$\delta u_1^0 : A_{11}\left(u_{1,xx}^0 + u_{3,x}^0 u_{3,xx}^0\right) + A_{16}\left(u_{1,xy}^0 + u_{2,xx}^0 + u_{3,xx}^0 u_{3,y}^0 + u_{3,x}^0 u_{3,xy}^0\right)$$
$$+ A_{12}\left(u_{2,xy}^0 + u_{3,y}^0 u_{3,xy}^0\right) + B_{11}\phi_{x,xx} + B_{12}\phi_{y,xy} + B_{16}\left(\phi_{x,y} + \phi_{y,xx}\right)$$
$$+ A_{16}\left(u_{1,xy}^0 + u_{3,x}^0 u_{3,xy}^0\right) + A_{66}\left(u_{1,yy}^0 + u_{2,xy}^0 + u_{3,xy}^0 u_{3,y}^0 + u_{3,x}^0 u_{3,yy}^0\right)$$
$$+ A_{26}\left(u_{2,yy}^0 + u_{3,y}^0 u_{3,yy}^0\right) + B_{16}\phi_{x,xy} + B_{26}\phi_{y,yy}$$
$$+ B_{66}\left(\phi_{x,yy} + \phi_{y,xy}\right) = I_0 \ddot{u}_2^0 + I_1 \ddot{\phi}_x \tag{3.38a}$$

$$\delta u_2^0 : A_{11}\left(u_{1,xx}^0 + u_{3,x}^0 u_{3,xx}^0\right) + A_{66}\left(u_{1,xy}^0 + u_{2,xx}^0 + u_{3,xx}^0 u_{3,y}^0 + u_{3,x}^0 u_{3,xy}^0\right)$$
$$+ A_{26}\left(u_{2,xy}^0 + u_{3,y}^0 u_{3,xy}^0\right) + B_{16}\phi_{x,xx} + B_{26}\phi_{y,xy} + B_{66}\left(\phi_{x,xy} + \phi_{y,xx}\right)$$
$$+ A_{12}\left(u_{1,xy}^0 + u_{3,x}^0 u_{3,xy}^0\right) + A_{26}\left(u_{1,yy}^0 + u_{2,xy}^0 + u_{3,xy}^0 u_{3,y}^0 + u_{3,x}^0 u_{3,yy}^0\right)$$
$$+ A_{22}\left(u_{2,yy}^0 + u_{3,y}^0 u_{3,yy}^0\right) + B_{12}\phi_{x,xy} + B_{22}\phi_{y,yy}$$
$$+ B_{26}\left(\phi_{x,yy} + \phi_{y,xy}\right) = I_0 \ddot{u}_2^0 + I_1 \ddot{\phi}_y \tag{3.38b}$$

$$\delta u_3^0 : KA_{55}\left(u_{3,xx}^0 + \phi_{x,x}\right) + KA_{45}\left(u_{3,xy}^0 + \phi_{y,x}\right) + KA_{45}\left(u_{3,xy}^0 + \phi_{x,y}\right)$$
$$+ KA_{44}\left(u_{3,yy}^0 + \phi_{y,y}\right) + N(u_3) + q = I_0 \ddot{u}_3^0 \tag{3.38c}$$

$$\delta \phi_x : B_{11}\left(u_{1,xx}^0 + u_{3,x}^0 u_{3,xx}^0\right) + B_{16}\left(u_{1,xy}^0 + u_{2,xx}^0 + u_{3,xx}^0 u_{3,y}^0 + u_{3,x}^0 u_{3,xy}^0\right)$$
$$+ D_{11}\phi_{x,xx} + B_{12}\left(u_{2,xy}^0 + u_{3,y}^0 u_{3,xy}^0\right) + D_{12}\phi_{y,xy} + D_{16}\left(\phi_{x,y} + \phi_{y,xx}\right)$$
$$+ B_{16}\left(u_{1,xy}^0 + u_{3,x}^0 u_{3,xy}^0\right) + B_{26}\left(u_{2,yy}^0 + u_{3,y}^0 u_{3,yy}^0\right)$$
$$+ B_{66}\left(u_{1,yy}^0 + u_{2,xy}^0 + u_{3,xy}^0 u_{3,y}^0 + u_{3,x}^0 u_{3,yy}^0\right) + D_{16}\phi_{x,xy}$$
$$+ D_{26}\phi_{y,yy} + D_{66}\left(\phi_{x,yy} + \phi_{y,xy}\right) - KA_{55}\left(u_{3,x}^0 + \phi_x\right)$$
$$- KA_{45}\left(u_{3,y}^0 + \phi_y\right) = I_2 \ddot{\phi}_x + I_1 \ddot{u}_1^0 \tag{3.38d}$$

$$\delta\phi_y : B_{16}\left(u_{1,xx}^0 + u_{3,x}^0 u_{3,xx}^0\right) + B_{66}\left(u_{1,xy}^0 + u_{2,xx}^0 + u_{3,xx}^0 u_{3,y}^0 + u_{3,x}^0 u_{3,xy}^0\right)$$
$$+ D_{16}\phi_{x,xx} + B_{26}\left(u_{2,xy}^0 + u_{3,y}^0 u_{3,xy}^0\right) + D_{12}\phi_{y,xy} + D_{66}\left(\phi_{x,xy} + \phi_{y,xx}\right)$$
$$+ B_{12}\left(u_{1,xy}^0 + u_{3,x}^0 u_{3,xy}^0\right) + B_{26}\left(u_{1,yy}^0 + u_{2,xy}^0 + u_{3,xy}^0 u_{3,y}^0 + u_{3,x}^0 u_{3,yy}^0\right)$$
$$+ B_{22}\left(u_{2,yy}^0 + u_{3,y}^0 u_{3,yy}^0\right) + D_{12}\phi_{x,xy} + D_{22}\phi_{y,yy} + D_{26}\left(\phi_{x,yy} + \phi_{y,xy}\right)$$
$$- KA_{45}\left(u_{3,x}^0 + \phi_x\right) - KA_{44}\left(u_{3,y}^0 + \phi_y\right) = I_2\ddot{\phi}_y + I_1\ddot{u}_2^0$$

$$(3.38e)$$

考虑

$$\phi_x = -u_{3,x}^0 \quad \phi_y = -u_{3,y}^0 \tag{3.39}$$

则可以得到经典板壳理论。

3.2.3　高阶剪切变形理论

由于一阶剪切变形理论在求解全局响应问题时简单且效率高，所以在剪切弹性板壳的弯曲分析上应用广泛，但是它的最大缺点是剪切修正系数获得困难。因为板壳厚度方向上的高阶多项式可以模拟横向剪切应力的非线性分布，且相应的剪切理论可以不用剪切变形修正，所以出现了大量高阶剪切变形理论。

面内位移利用高阶多项式模拟挠度为常量的二维板理论称为简单高阶剪切变形理论，这种理论的未知量数量与一阶剪切变形理论的相同，但是其应力结果具有高阶多项式分布的特性，因此这种理论的效率非常高，并得到广泛应用。虽然现在已有大量的三维层合板壳分析方法，如逐层理论，能考虑界面应力连续性，但基于简单高阶剪切变形的等效单层板理论仍然广泛应用在很多领域，这是因为简单高阶剪切变形理论的控制方程简单，计算成本低，而且现在没有一种板壳理论能够解决工程应用中遇到的所有挑战。对于如静力变形、固有频率、振动和屈曲等的全局响应问题，简单高阶剪切变形理论是目前最好的选择。

在二阶或高阶剪切变形理论中，利用高阶多项式在厚度方向上将位移展开，通常这些高阶理论引入的额外未知量很难具有确切的物理含义。本小节将介绍多种高阶剪切变形理论的位移假设场，由于控制方程的建立过程与经典板壳理论和一阶剪切变形理论相同，所以这里不再赘述，读者可以将其作为练习项目。简单二阶剪切变形理论的位移场假设为

$$u_1(x,y,z) = u_1^0(x,y) + \psi_x(x,y)z + \zeta_x(x,y)z^2$$
$$u_2(x,y,z) = u_2^0(x,y) + \psi_y(x,y)z + \zeta_y(x,y)z^2 \tag{3.40}$$
$$u_3(x,y,z) = u_3^0(x,y)$$

三阶剪切变形理论的位移场假设为

$$u_1(x, y, z) = u_1^0(x, y) + \psi_x(x, y) z + \zeta_x(x, y) z^2 + \phi_x(x, y) z^3$$

$$u_2(x, y, z) = u_2^0(x, y) + \psi_y(x, y) z + \zeta_y(x, y) z^2 + \phi_y(x, y) z^3 \qquad (3.41)$$

$$u_3(x, y, z) = u_3^0(x, y) + \psi_z(x, y) + \zeta_z(x, y) z^2$$

在数值分析过程中，即使在保持 u_3 沿厚度方向仍然不变的情况下 (退化为简单三阶剪切变形理论)，发现上述两种理论在分析位移和应力响应上也要明显优于低阶理论，尤其是对于中厚层合板。式 (3.41) 中，面内位移 u_1 和 u_2 是利用三阶多项式展开的，位移及其一阶导数沿 z 坐标都是连续的，然而需要指出的是，只有在层间界面完好胶接的情况下，面内位移在整个厚度方向上才是连续的，但由于材料性能在层间界面上是突变的，所以位移的导数是不连续的。

与面内位移和应力相比，横向应力对于层合结构的分析也是非常重要的，它们的梯度变化是产生分层损伤的直接原因。复合材料结构的分析与设计要求精确的层间应力，假设高阶剪切变形理论的面内位移场能保证应变在厚度方向上连续变化，但材料性能在层间界面上是突变的，导致应力在层间界面上的跳跃。为了消除这种不合理现象，必须采用一种称为恢复技术的后处理方法，在该恢复技术中平衡方程取代了本构方程，虽然通过这种技术得到了相对较好的横向应力结果，但其还是具有一定的争议性的。尽管高阶剪切变形理论存在上述缺点，但它的优点也是非常明显的。从式 (3.41) 可以看出，为了得到层合结构的位移场，需要确定其中的 11 个未知量，但未知量的数量是与铺层数无关的，这个特点使得高阶剪切变形理论在分析铺层数巨大的层合结构时计算效率会很高。

如果使式 (3.41) 中的挠度沿厚度不变，则得到简单三阶剪切变形理论，其位移场假设为

$$u_1(x, y, z) = u_1^0(x, y) + \psi_x(x, y) z + \zeta_x(x, y) z^2 + \phi_x(x, y) z^3$$

$$u_2(x, y, z) = u_2^0(x, y) + \psi_y(x, y) z + \zeta_y(x, y) z^2 + \phi_y(x, y) z^3 \qquad (3.42)$$

$$u_3(x, y, z) = u_3^0(x, y)$$

所以，有

$$u_{1,z} = \psi_x + 2\zeta_x z + 3\phi_x z^2, \quad u_{1,zz} = 2\zeta_x + 6\phi_x z, \quad u_{1,zzz} = 6\phi_x$$

$$u_{2,z} = \psi_y + 2\zeta_y z + 3\phi_y z^2, \quad u_{2,zz} = 2\zeta_y + 6\phi_y z, \quad u_{2,zzz} = 6\phi_y \qquad (3.43)$$

则有

$$\psi_x = (u_{1,z})_{z=0}, \quad \zeta_x = \frac{1}{2}(u_{1,zz})_{z=0}, \quad \phi_x = \frac{1}{6}(u_{1,zzz})$$

$$\psi_y = (u_{2,z})_{z=0}, \quad \zeta_y = \frac{1}{2}(u_{2,zz})_{z=0}, \quad \phi_y = \frac{1}{6}(u_{2,zzz}) \qquad (3.44)$$

从式 (3.42) 退化得到的假设位移场具有 9 个未知量，其控制方程就是由 9 个二阶偏微分方程组成的方程组。利用某些条件可以减少未知量的个数，考虑层合结构上、下面板的应力自由条件，即

$$\sigma_{13}\left(x,\,y,\,\pm h/2,\,t\right)=0$$
$$\sigma_{23}\left(x,\,y,\,\pm h/2,\,t\right)=0$$
(3.45)

将本构关系代入式 (3.45)，有

$$C_{55}\sigma_{13}\left(x,\,y,\,\pm h/2,\,t\right)+C_{45}\sigma_{23}\left(x,\,y,\,\pm h/2,\,t\right)=0$$
$$C_{45}\sigma_{13}\left(x,\,y,\,\pm h/2,\,t\right)+C_{44}\sigma_{23}\left(x,\,y,\,\pm h/2,\,t\right)=0$$
(3.46)

由于 $C_{ij}\,(i,\,j=4,\,5)$ 是任意的，所以反过来要求

$$\sigma_{13}\left(x,\,y,\,\pm h/2,\,t\right)=u_{1,z}+u_{3,x}=\psi_x+u_{3,x}^0+\left(2z\zeta_x+3z^2\phi_x\right)_{z=\pm h/2}=0$$
$$\sigma_{23}\left(x,\,y,\,\pm h/2,\,t\right)=u_{2,z}+u_{3,y}=\psi_y+u_{3,y}^0+\left(2z\zeta_y+3z^2\phi_y\right)_{z=\pm h/2}=0$$
(3.47)

所以可得

$$\psi_x+u_{3,x}^0+\left(-h\zeta_x+\frac{3h^2}{4}\phi_x\right)=0,\quad \psi_y+u_{3,y}^0+\left(-h\zeta_y+\frac{3h^2}{4}\phi_y\right)=0$$
$$\psi_x+u_{3,x}^0+\left(h\zeta_x+\frac{3h^2}{4}\phi_x\right)=0,\qquad \psi_y+u_{3,y}^0+\left(h\zeta_y+\frac{3h^2}{4}\phi_y\right)=0$$
(3.48)

即

$$\zeta_x=0,\quad \phi_x=-\frac{4}{3h^2}\left(\zeta_x+u_{3,x}^0\right)$$
$$\zeta_y=0,\quad \phi_y=-\frac{4}{3h^2}\left(\zeta_y+u_{3,y}^0\right)$$
(3.49)

因此，式 (3.42) 中的位移场可写为

$$u_1\left(x,y,z\right)=u_1^0\left(x,y\right)+\psi_x\left(x,y\right)z-\frac{4}{3h^2}z^3\left(\zeta_x+u_{3,x}^0\right)$$
$$u_2\left(x,y,z\right)=u_2^0\left(x,y\right)+\psi_y\left(x,y\right)z-\frac{4}{3h^2}z^3\left(\zeta_y+u_{3,y}^0\right)$$
$$u_3\left(x,y,z\right)=u_3^0\left(x,y\right)$$
(3.50)

基于板厚度方向上的面外应力分布的弹性解和三维弹性理论的应力平衡方程，出现了一些考虑横向应变的精细二维理论。这些精细二维理论考虑了板壳表面外载荷的分布情况，面内位移采用五阶多项式展开，挠度则采用四阶多项式展开。但

是如果不考虑分布载荷的影响和弯矩项，则位移场可写为

$$
\begin{aligned}
u_1\left(x, y, z\right) &= u_1^0\left(x, y\right) - u_{3,x}^0 z + \frac{Q_1}{2hC_{55}}\left(3z - \frac{4}{h^2}z^3\right) \\
u_2\left(x, y, z\right) &= u_2^0\left(x, y\right) - u_{3,y}^0 z + \frac{Q_2}{2hC_{44}}\left(3z - \frac{4}{h^2}z^3\right) \\
u_3\left(x, y, z\right) &= u_3^0\left(x, y\right)
\end{aligned}
\tag{3.51}
$$

式中，Q_1 和 Q_2 分别为 x 和 y 方向上的截面剪力。横向剪力 Q_1 和 Q_2 可用截面平均位移 ϕ_x 和 ϕ_y（$\bar{u}_3 = u_3^0$）表示为

$$
Q_1 = \frac{5}{6}C_{55}h\left(\phi_x + u_{3,x}^0\right), \quad Q_2 = \frac{5}{6}C_{44}h\left(\phi_y + u_{3,y}^0\right)
\tag{3.52}
$$

式中，$\frac{5}{6}C_{55}h\left(\phi_x + u_{3,x}^0\right)$ 和 $\frac{5}{6}C_{44}h\left(\phi_y + u_{3,y}^0\right)$ 分别为截面（$x =$ 常量和 $y =$ 常量）上的横向剪力。

将式 (3.52) 代入式 (3.51)，则该简单高阶剪切变形理论的位移场为

$$
\begin{aligned}
u_1\left(x, y, z\right) &= u_1^0\left(x, y\right) + \frac{5}{4}\left(z - \frac{4}{3h^2}z^3\right)\phi_x + \left(\frac{1}{4}z - \frac{5}{3h^2}z^3\right)u_{3,x}^0 \\
u_2\left(x, y, z\right) &= u_2^0\left(x, y\right) + \frac{5}{4}\left(z - \frac{4}{3h^2}z^3\right)\phi_y + \left(\frac{1}{4}z - \frac{5}{3h^2}z^3\right)u_{3,y}^0 \\
u_3\left(x, y, z\right) &= u_3^0\left(x, y\right)
\end{aligned}
\tag{3.53}
$$

上面讨论的高阶剪切变形理论都是三阶或更低阶的，实际上还有更高阶的剪切变形理论。Reissner [33] 曾经建立过六阶剪切变形理论，但没有给出数值结果，这些理论称为甚高阶剪切变形理论，其位移场为

$$
u_\alpha\left(x, y, z\right) = \sum_{i=0}^{m} u_i^\alpha\left(x, y\right)z^i
\tag{3.54}
$$

式中，$\alpha = 1, 2, 3$ 表示三个方向上的位移分量；m 为面内位移场假设的阶次，并以此来确定该理论为几阶剪切变形理论，因为通常面外位移的假设阶次要低。当 $m = 1$ 时，式 (3.54) 退化为一阶剪切变形理论的位移场，当 $m = 3$ 时，式 (3.54) 退化为 Lo 等 [34,35] 的三阶剪切变形理论。

3.3 逐层理论

对于前面的四种板壳理论，位移模式中的未知量是与层合板的层数无关的，这正是将其称为等效单层板壳理论的原因。虽然能够描述横向应变和法向应变，高阶

剪切变形理论甚至能反映截面的横向翘曲，但等效单层板壳理论对层合结构的单层是不敏感的。如果要求分析单层的详细响应，或单层之间存在很大的位移梯度，则必须提高等效单层理论位移模式的阶次，从而增加了待求未知量，且使分析过程变得复杂。

若将层合结构的单层看成独立的，分别利用剪切变形理论来描述，然后基于各层间的位移协调将各单层拼装成一个整体，这个过程就是逐层理论的基本思想。根据 Demasi [36] 的定义，控制方程中未知量随层合板壳数变化的分析理论称为逐层理论。与等效单层理论相比，可以认为逐层理论是一种三维分析方法，它能比较精确地给出层合结构的层间应力应变，这是等效单层理论无法做到的。与等效单层理论不同，逐层理论是基于沿厚度方向 C^0 连续的函数来假设板壳结构位移模式的，所以该理论的位移在厚度方向上连续，而应变在插值节点处不连续，并且有可能保证横向应力在界面处连续，尽管该界面两侧的材料不同。另外，逐层理论的位移模式还能描述面内位移在厚度方向上的 Zig-Zag 特征，尤其是对于厚板变形问题，逐层理论的位移模式相较于单层等效位移模式更能描述截面的严重扭曲。根据横向位移的假设情况，可以将逐层理论分为部分逐层理论和完整逐层理论两类，在部分逐层理论中只对面内位移进行插值，而横向位移沿厚度不变，也就是说忽略了横向应变 ε_{33}；在完整逐层理论中对面内位移和横向位移都进行插值。

3.3.1 位移假设

Reddy [37] 复合材料层合板壳完整逐层理论的位移模式如图 3.6 所示，厚度方向上的位移插值点位于层合板壳的表面和层间界面上，层合板壳结构任意点 $P(x,y,z)$ 上的位移模式可假设为以下形式：

$$u_\alpha(x,y,z,t) = \sum_{k=1}^{N+1} u_{\alpha k}(x,y,t)\phi_k(z) \tag{3.55}$$

式中，$\alpha = 1$、2、3 分别为在 x、y 和 z 方向上的位移分量；ϕ_k 为沿板厚方向的一维拉格朗日插值函数。在式 (3.55) 的位移假设模式中，层合板壳结构根据铺层情况被分为 N 层，N 也称为数学层数，在实际建模分析时可将相邻具有相同铺层的物理单层合并成一个数学层，以减少控制方程中自由度数量，故数学层数要小于或等于物理层数；$u_{\alpha k}$ 为位移函数在厚度方向上的节点值，k 为厚度方向上插值点的编号。从式 (3.55) 中的位移模式可以看出，Reddy 的完整逐层理论实际上就是将一个三维问题解耦成一个一维问题 (厚度方向) 和一个二维问题 (面内平面)，本质还是与三维方法等效的。

将式 (3.55) 中的位移假设模式代入冯卡门的圆柱壳非线性几何方程 [37] 为

$$\varepsilon_{11} = u_{1,x} + \frac{1}{2}u_{3,x}^2 = u_{1k,x}\phi_k + \frac{1}{2}(u_{3k,x}\phi_k)(u_{3e,x}\phi_e)$$

$$\varepsilon_{22} = u_{2,y} + \frac{u_3}{R} + \frac{1}{2}u_{3,y}^2 = \left(u_{2k,y} + \frac{u_{3k}}{R}\right)\phi_k + \frac{1}{2}(u_{3k,y}\phi_k)(u_{3e,y}\phi_e)$$

$$\varepsilon_{33} = u_{3,z} = u_{3k}\phi_{k,z}$$

$$\varepsilon_{12} = u_{1,y} + u_{2,x} + u_{3,x}u_{3,y} = (u_{1k,y} + u_{2k,x})\phi_k + (u_{3k,x}\phi_k)(u_{3e,y}\phi_e) \tag{3.56}$$

$$\varepsilon_{23} = u_{2,z} + u_{3,y} - \frac{u_2}{R} = u_{2k}\phi_{k,z} + \left(u_{3k,y} - \frac{u_{2k}}{R}\right)\phi_k$$

$$\varepsilon_{13} = u_{1,z} + u_{3,x} = u_{1k}\phi_{k,z} + u_{3k,x}\phi_k$$

式中, R 为圆柱壳的半径; e 为厚度方向上插值点的编号。从式 (3.56) 中去掉含 R 的项就是平板的非线性几何方程, 去掉其中的二次项则可以得到板壳结构的线性几何方程。

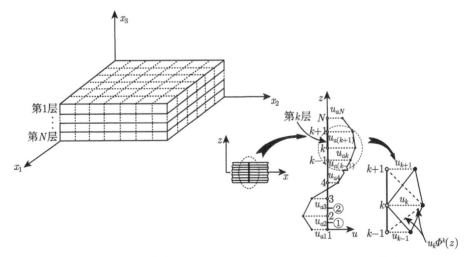

图 3.6　Reddy[37] 复合材料层合板壳完整逐层理论的位移模式

3.3.2　运动方程

逐层理论的运动方程和边界条件可由哈密顿原理推导。将位移假设模式式 (3.55) 代入结构的虚应变能、虚外力功和虚动能:

$$\delta U = \int_\Omega \left[N_k^x \delta u_{1k,x} + N_k^y \left(\delta u_{2k,y} + \frac{\delta u_{3k}}{R}\right) + N_k^{xy}(\delta u_{1k,y} + \delta u_{2k,x}) \right.$$

$$\left. + K_k^{yz}\left(\delta u_{3,y} - \frac{\delta u_{2k}}{R}\right) + K_k^{xz}\delta u_{3k,x} + M_{ke}^x\delta u_{3k,x}\delta u_{3e,x} + M_{ke}^y\delta u_{3k,y}\delta u_{3e,y}\right.$$

$$\left. +M_{ke}^{xy}\left(\delta u_{3k,x}\delta u_{3e,y} + \delta u_{3k,x}\delta u_{3e,y}\right) + Q_k^z\delta u_{3k} + Q_k^{yz}\delta u_{2k} + Q_k^{xz}\delta u_{1k}\right] \mathrm{d}A$$

$$\delta V = \int_\Omega \left(q_b\delta u_3^{N+1} + q_t\delta u_3^0\right)\mathrm{d}x\mathrm{d}y + \int_\Gamma \left(\bar{N}_k^{nn}\delta u_{1k}^n + \bar{N}_k^{ns}\delta u_{2k}^s + \bar{Q}_k^n\delta u_{3k}\right)\mathrm{d}z\mathrm{d}s$$

$$\delta K = \int_\Omega \left[I_{ke}\left(\dot{u}_{\alpha k}\delta\dot{u}_{\alpha e}\right)\right]\mathrm{d}A$$

$$(3.57)$$

式中，N_k^x、N_k^y 和 N_k^{xy} 为面内合成内力；K_k^{xz} 和 K_k^{yz} 为面外合成内力；Q_k^{xz}、Q_k^{yz} 和 Q_k^z 为横向合成剪内力；M_{ke}^x、M_{ke}^y 和 M_{ke}^{xy} 为合成扭矩。合成内力和合成内力矩分别为

$$\left(N_k^x, N_k^y, N_k^{xy}\right) = \int_{-h/2}^{h/2}\left(\sigma_{11}, \sigma_{22}, \sigma_{12}\right)\phi_k\mathrm{d}z$$

$$\left(Q_k^{xz}, Q_k^{yz}, Q_k^z\right) = \int_{-h/2}^{h/2}\left(\sigma_{13}, \sigma_{23}, \sigma_{33}\right)\phi_{k,z}\mathrm{d}z$$

$$\left(K_k^{xz}, K_k^{yz}\right) = \int_{-h/2}^{h/2}\left(\sigma_{13}, \sigma_{23}\right)\phi_k\mathrm{d}z \qquad (3.58)$$

$$\left(M_{ke}^x, M_{ke}^y, M_{ke}^{xy}\right) = \int_{-h/2}^{h/2}\left(\sigma_{11}, \sigma_{22}, \sigma_{12}\right)\phi_k\phi_e\mathrm{d}z$$

$$I_{ke} = \int_{-h/2}^{h/2}\rho_0\phi_k\phi_e\mathrm{d}z$$

边界合力为

$$\left(\bar{N}_k^{nn}, \bar{N}_k^{ns}, \bar{Q}_k^n\right) = \int_{-h/2}^{h/2}\left(\bar{\sigma}_{nn}, \bar{\sigma}_{ns}, \bar{\sigma}_{nz}\right)\phi_k\mathrm{d}z \qquad (3.59)$$

边界法向位移和切向位移分别为

$$u_{1k}^n = u_{1k}n_x + u_{2k}n_y$$

$$u_{2k}^s = -u_{1k}n_x + u_{2k}n_y \qquad (3.60)$$

将结构的虚应变能、虚外力功和虚动能代入哈密顿原理，并分部积分，按虚位移整理可得复合材料层合圆柱壳结构逐层理论的运动方程为

$$\delta u_{1k}: N_{k,x}^x + N_{k,y}^{xy} - Q_k^{xz} = I_{ke}\ddot{u}_{1e}$$

$$\delta u_{2k}: N_{k,x}^{xy} + N_{k,y}^y - Q_k^{yz} + \frac{K_k^{yz}}{R} = I_{ke}\ddot{u}_{23}$$

$$\delta u_{3k}: K_{k,x}^{xz} + K_{k,y}^{yz} - \left(\frac{N_k^y}{R} + Q_k^z\right) + q_b\delta_k^{N+1} + q_t\delta_k^0 \qquad (3.61)$$

$$+ \left(M_{ke}^x u_{3e,x} + M_{ke}^{xy}u_{3e,y}\right)_{,x} + \left(M_{ke}^y u_{3e,y} + M_{ke}^{xy}u_{3e,x}\right)_{,y} = I_{ke}\ddot{u}_{3e}$$

式中，δ_k^{N+1} 和 δ_k^0 为 Kronecker 符号。

自然边界条件为

$$\delta u_{1k} : N_k^{nn} - \bar{N}_k^{nn} = 0$$

$$\delta u_{2k} : N_k^{ns} - \bar{N}_k^{ns} = 0 \tag{3.62}$$

$$\delta u_{3k} : Q_k^n + \Re_k - \bar{Q}_k^n = 0$$

式中，

$$N_k^{nn} = N_k^x n_x + N_k^{xy} n_y$$

$$N_k^{ns} = N_k^{xy} n_x + N_k^y n_y$$

$$Q_k^n = K_k^{xz} n_x + K_k^{yz} n_y \tag{3.63}$$

$$\Re_k = (M_{ke}^x u_{3e,x} + M_{ke}^{xy} u_{3e,y}) n_x + (M_{ke}^y u_{3e,y} + M_{ke}^{xy} u_{3e,x}) n_y$$

3.3.3　本构方程

将复合材料任意角铺层的第 μ 层的线弹性应力–应变关系代入式 (3.58)，可得合成内力和合成内力矩为

$$
(N_k^x, N_k^y, N_k^{xy}) = \begin{bmatrix} A_{11ke}^1 & A_{12ke}^1 & A_{13ke}^1 & A_{16ke}^1 \\ A_{12ke}^1 & A_{22ke}^1 & A_{23ke}^1 & A_{26ke}^1 \\ A_{16ke}^1 & A_{26ke}^1 & A_{36ke}^1 & A_{66ke}^1 \end{bmatrix} \begin{Bmatrix} u_{1e,x} \\ u_{2e,y} + \dfrac{u_{3e}}{R} \\ u_{3e} \\ u_{1e,y} + u_{2e,x} \end{Bmatrix}
$$

$$
+ \begin{bmatrix} D_{11kep}^1 & D_{12kep}^1 & D_{16kep}^1 \\ D_{12kep}^1 & D_{22kep}^1 & D_{26kep}^1 \\ D_{16kep}^1 & D_{26kep}^1 & D_{66kep}^1 \end{bmatrix} \begin{Bmatrix} \dfrac{1}{2} u_{3e,x} u_{3p,x} \\ \dfrac{1}{2} u_{3e,y} u_{3p,y} \\ u_{3e,y} u_{3p,x} \end{Bmatrix} \tag{3.64a}
$$

$$
\begin{Bmatrix} M_{ke}^x \\ M_{ke}^y \\ M_{ke}^{xy} \end{Bmatrix} = \begin{bmatrix} D_{11kep}^1 & D_{12kep}^1 & D_{13kep} & D_{16kep}^1 \\ D_{12kep}^1 & D_{22kep}^1 & D_{23kep} & D_{26kep}^1 \\ D_{16kep}^1 & D_{26kep}^1 & D_{36kep} & D_{66kep}^1 \end{bmatrix} \begin{Bmatrix} u_{1p,x} \\ u_{2p,y} + \dfrac{u_{3p}}{R} \\ u_{3p} \\ u_{1p,y} + u_{2p,x} \end{Bmatrix}
$$

$$
+ \begin{bmatrix} F_{11kepq} & F_{12kepq} & F_{16kepq} \\ F_{12kepq} & F_{22kepq} & F_{26kepq} \\ F_{16kepq} & F_{26kepq} & F_{66kepq} \end{bmatrix} \begin{Bmatrix} \dfrac{1}{2} u_{3p,x} u_{3q,x} \\ \dfrac{1}{2} u_{3p,y} u_{3q,y} \\ u_{3p,y} u_{3q,x} \end{Bmatrix} \tag{3.64b}
$$

$$\left\{ \begin{array}{c} Q_k^{yz} \\ Q_k^{xz} \end{array} \right\} = \left[\begin{array}{cc} A_{44ke}^3 & A_{45ke}^3 \\ A_{45ke}^3 & A_{44ke}^3 \end{array} \right] \left\{ \begin{array}{c} u_{2e} \\ u_{1e} \end{array} \right\} + \left[\begin{array}{cc} A_{44ke}^2 & A_{45ke}^2 \\ A_{45ke}^2 & A_{44ke}^2 \end{array} \right] \left\{ \begin{array}{c} u_{3e,y} - \dfrac{u_{2e}}{R} \\ u_{3e,x} \end{array} \right\}$$

$$(3.64c)$$

$$Q_k^z = \left[A_{13ke}^2 u_{1e,x} + A_{23ke}^2 \left(u_{2e,y} + \frac{u_{3e}}{R} \right) + A_{33ke}^3 u_{3e} + A_{36ke}^2 \left(u_{1e,y} + u_{2e,x} \right) \right]$$
$$+ \frac{1}{2} \left[D_{13kep}^2 u_{3e,x} u_{3p,x} + D_{23kep}^2 u_{3e,y} u_{3p,y} + D_{36kep}^2 u_{3e,y} u_{3p,x} \right]$$

$$(3.64d)$$

$$\left\{ \begin{array}{c} K_k^{yz} \\ K_k^{xz} \end{array} \right\} = \left[\begin{array}{cc} A_{44ke}^2 & A_{45ke}^2 \\ A_{45ke}^2 & A_{44ke}^2 \end{array} \right] \left\{ \begin{array}{c} u_{2e} \\ u_{1e} \end{array} \right\} + \left[\begin{array}{cc} A_{44ke}^1 & A_{45ke}^1 \\ A_{45ke}^1 & A_{44ke}^1 \end{array} \right] \left\{ \begin{array}{c} u_{3e,y} - \dfrac{u_{2e}}{R} \\ u_{3e,x} \end{array} \right\}$$

$$(3.64e)$$

式中，$m, n = 1, 2, \cdots, 6$；p 和 q 为厚度方向上插值点的编号；A_{mnke}^1、A_{mnke}^2、A_{mnke}^3、D_{mnkep}^1、D_{mnkep}^2 和 F_{mnkepq} 为等效刚度系数，具体表达式分别为

$$\left(A_{mnke}^1, A_{mnke}^2, A_{mnke}^3 \right) = \sum_{i=1}^{N} \int_{z_b^i}^{z_t^i} C_{mn}^{(i)} \left(\phi_k \phi_e, \phi_k \phi_{e,z}, \phi_{k,z} \phi_{e,z} \right) \mathrm{d}z$$

$$\left(D_{mnkep}^1, D_{mnkep}^2 \right) = \sum_{i=1}^{N} \int_{z_b^i}^{z_t^i} C_{mn}^{(i)} \left(\phi_k \phi_e \phi_p, \phi_k \phi_e \phi_{p,z} \right) \mathrm{d}z \qquad (3.65)$$

$$F_{mnkepq} = \sum_{i=1}^{N} \int_{z_b^i}^{z_t^i} C_{mn}^{(i)} \phi_k \phi_e \phi_p \phi_q \mathrm{d}z$$

式中，i 表示层合结构的第 i 层。

3.3.4 有限元列式

逐层理论运动方程式 (3.61) 中的位移在面内还是 x 和 y 的连续函数，所以还需在面内对位移进行数值离散才能对式 (3.61) 进行求解。可以采用有限元方法求解逐层理论的运动方程，为了得到逐层理论运动方程的有限元列式，厚度方向上的位移节点值 u_{1k}、u_{2k} 和 u_{3k} 在第 k 个平面内可离散为

$$u_{\alpha k}(x, y, t) = u_{\alpha km}(t) \psi_m(x, y) \qquad (3.66)$$

式中，$m = 1, 2, \cdots, n_{elm}$ 为二维单元的节点数；$\psi_m(x, y)$ 为二维单元的形函数；$u_{\alpha km}$ 为第 m 个平面内节点的位移值。

将式 (3.66) 代入哈密顿原理中，经变分并分部积分可得复合材料层合结构逐层理论运动方程的有限元列式为

$$M_{\alpha\beta kemn} \ddot{U}_{\beta en} + K_{\alpha\beta kemn} U_{\beta en} = F_{\alpha km} \qquad (3.67)$$

式中，M 为质量矩阵；K 为刚度矩阵。

刚度矩阵可以写成以下形式：

$$K = \begin{bmatrix} K_{11kemn} & K_{12kemn} & K_{13kemn} \\ K_{21kemn} & K_{22kemn} & K_{23kemn} \\ K_{31kemn} & K_{32kemn} & K_{33kemn} \end{bmatrix} \tag{3.68}$$

式 (3.68) 中子矩阵的具体形式为

$$K_{11kemn} = \psi_{m,x} \left(A^1_{11ke} \psi_{n,x} + A^1_{16ke} \psi_{n,y} \right) + \psi_{m,y} \left(A^1_{16ke} \psi_{n,x} + A^1_{66ke} \psi_{n,y} \right)$$
$$+ \psi_m A^3_{55ke} \psi_n$$

$$K_{12kemn} = \psi_{m,x} \left(A^1_{12ke} \psi_{n,y} + A^1_{16ke} \psi_{n,x} \right) + \psi_{m,y} \left(A^1_{26ke} \psi_{n,y} + A^1_{66ke} \psi_{n,x} \right)$$
$$+ \psi_m A^3_{45ke} \psi_n$$

$$K_{13kemn} = \psi_m \left(A^2_{45ke} \psi_{n,y} + A^2_{55ke} \psi_{n,x} \right) + \psi_{m,x} A^2_{13ke} \psi_n + \psi_{m,y} A^2_{36ke} \psi_n$$

$$\tag{3.69a}$$

$$K_{21kemn} = \psi_{m,y} \left(A^1_{12ke} \psi_{n,x} + A^1_{26ke} \psi_{n,y} \right) + \psi_{m,x} \left(A^1_{16ke} \psi_{n,x} + A^1_{66ke} \psi_{n,y} \right)$$
$$+ \psi_m A^3_{45ke} \psi_n$$

$$K_{22kemn} = \psi_{m,y} \left(A^1_{22ke} \psi_{n,y} + A^1_{26ke} \psi_{n,x} \right) + \psi_{m,x} \left(A^1_{26ke} \psi_{n,y} + A^1_{66ke} \psi_{n,x} \right)$$
$$+ \psi_m A^3_{44ke} \psi_n$$

$$K_{23kemn} = \psi_{m,y} A^2_{23ke} \psi_n + \psi_{m,x} A^2_{36ke} \psi_n + \psi_m \left(A^2_{44ke} \psi_{n,y} + A^2_{45ke} \psi_{n,x} \right)$$

$$\tag{3.69b}$$

$$K_{31kemn} = \psi_{m,x} \left(A^1_{16ke} \psi_{n,x} + A^1_{66ke} \psi_{n,y} \right) + \psi_m \left(A^2_{13ke} \psi_{n,x} + A^2_{36ke} \psi_{n,y} \right)$$
$$+ \psi_{m,y} A^2_{45ke} \psi_n + \psi_{m,x} A^2_{55ke} \psi_n$$

$$K_{32kemn} = \psi_m \left(A^2_{23ke} \psi_{n,y} + A^2_{36ke} \psi_{n,x} \right) + \psi_{m,y} A^2_{44ke} \psi_n + \psi_{m,x} A^2_{45ke} \psi_n \tag{3.69c}$$

$$K_{33kemn} = \psi_m A^3_{33ke} \psi_n + \psi_{m,y} \left(A^1_{44ke} \psi_{n,y} + A^1_{45ke} \psi_{n,x} \right)$$
$$+ \psi_{m,x} \left(A^1_{45ke} \psi_{n,y} + A^1_{55ke} \psi_{n,x} \right)$$

质量矩阵为

$$M = \begin{bmatrix} M_{11kemn} & 0 & 0 \\ 0 & M_{22kemn} & 0 \\ 0 & 0 & M_{33kemn} \end{bmatrix} \tag{3.70}$$

式中，$M_{11kemn} = M_{22kemn} = M_{33kemn} = \int_{\Omega} \rho \left(G_{ke} \psi_m \psi_n \right) \mathrm{d}x \mathrm{d}y$，其中，$G_{ke} = \int_{-h/2}^{h/2} \phi_k \phi_e \mathrm{d}z$。

3.4 扩展逐层理论

虽然在冲击载荷作用下面内基体裂纹和分层损伤往往是同时存在的，但能够同时精确模拟基体裂纹和分层损伤的传统分析方法和研究工作还不多。近年来扩展有限元方法被应用于复合材料层合结构损伤的模拟，但现有的扩展有限元方法对复合材料结构的基体裂纹和分层损伤也是分开独立研究的，且只能处理穿透型基体裂纹。针对此问题，本书作者为含多层分层损伤和多处基体裂纹的复合材料层合结构建立了一种扩展逐层理论 [38-45]，在该理论厚度方向上的位移假设模式中引入弱不连续函数和强不连续函数，它们分别用来模拟由层间界面导致的应变不连续和由分层损伤导致的位移不连续。因为厚度方向上位移插值点位于层合结构上、下面板和各单层的中面上，所以扩展逐层理论可以很方便地与扩展有限元方法结合来模拟面内基体裂纹。扩展逐层理论拓展了扩展有限元方法在复合材料结构损伤分析和预测问题上的应用范围。

3.4.1 位移假设

为利用强间断函数来模拟由分层损伤引起的位移不连续，扩展逐层理论厚度方向上的位移插值点应该放置在层合结构上、下面板和各数学层的中面上，同时这种位移插值点的布置方式也为基体裂纹的模拟提供了方便。但是插值点之间也因此存在位移连续而应变不连续的层间界面，为了模拟这种位移模式中由层间界面引起的应变不连续，需要另外加入弱不连续函数。含多分层损伤复合材料层合板位移模式如图 3.7 所示，任意点 (x, y, z) 的位移为

$$u_\alpha(x, y, z, t) = \sum_{k=1}^{N+2} \phi_k(z) u_{\alpha i k}(x, y, t) + \sum_{k=1}^{N_D} \Xi_k(z) u_{\alpha l k}(x, y, t)$$
$$+ \sum_{k=1}^{N} \Theta_k(z) u_{\alpha r k}(x, y, t) \tag{3.71}$$

式中，$\alpha = 1, 2, 3$ 表示 x、y 和 z 方向的分量；$u_{\alpha i k}$、$u_{\alpha l k}$ 和 $u_{\alpha r k}$ 分别为由插值点位移自由度、分层损伤引起位移不连续的附加自由度以及由层间界面引起应变不连续的附加自由度，k 为厚度方向上位移模式中插值点的序号，下标 i、l 和 r 分别表示标准自由度、分层的附加自由度和层间界面的附加自由度；ϕ_k 为沿复合材料层合梁厚度方向上的线性拉格朗日插值函数，如图 3.8(a) 所示；$\Theta_k = \phi_k(z) X_k(z)$ 为用于模拟层间界面的弱不连续函数，如图 3.8(b) 所示，其中，$X_k(z)$ 是一维符号距离函数；$\Xi_k = \phi_k(z) H_k(z)$ 为用于模拟分层损伤的强不连续函数，如图 3.8(c) 所示，其中，$H_k(z)$ 是一维赫维赛德函数；N 为复合材料层合梁数学层的层数。

沿复合材料层合梁厚度方向上的线性拉格朗日插值函数 ϕ_k 为

$$\phi_k(z) = \begin{cases} -\varphi_k^1 = \dfrac{\bar{z}_{k-1} - z}{\bar{z}_k - \bar{z}_{k-1}}, & \bar{z}_{k-1} \leqslant z \leqslant \bar{z}_k \\[2mm] -\varphi_k^2 = \dfrac{z - \bar{z}_{k+1}}{\bar{z}_{k+1} - \bar{z}_k}, & \bar{z}_k \leqslant z \leqslant \bar{z}_{k+1} \end{cases} \tag{3.72}$$

式中，$\bar{z}_0 = z_1, \bar{z}_1 = \dfrac{z_1 + z_2}{2}, \cdots, \bar{z}_k = \dfrac{z_k + z_{k+1}}{2}, \cdots, \bar{z}_N = \dfrac{z_N + z_{N+1}}{2}, \bar{z}_{N+1} = z_{N+1}$，$z_k$ 的定义见图 3.7。

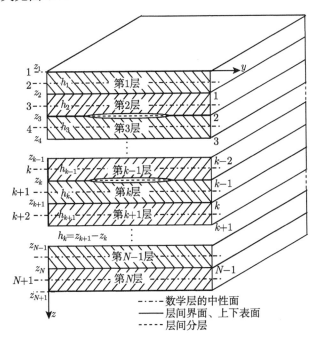

图 3.7　含多分层损伤复合材料层合板位移模式

用于模拟层间界面的弱不连续函数 Θ_k 为

$$\Theta_k = \begin{cases} -\varphi_k^1 \dfrac{\bar{z}_{k-1} - z}{\bar{z}_{k-1} - z_{k-1}}, & \bar{z}_{k-1} \leqslant z \leqslant z_k \\[3mm] -\varphi_k^1 \dfrac{z - \bar{z}_k}{\bar{z}_k - z_k}, & z_k \leqslant z \leqslant \bar{z}_k \\[3mm] -\varphi_k^2 \dfrac{\bar{z}_k - z}{\bar{z}_k - z_k}, & \bar{z}_k \leqslant z \leqslant z_{k+1} \\[3mm] -\varphi_k^2 \dfrac{z - \bar{z}_{k+1}}{\bar{z}_{k+1} - z_{k+1}}, & z_{k+1} \leqslant z \leqslant \bar{z}_{k+1} \end{cases} \tag{3.73}$$

用于模拟分层损伤的强不连续函数 Ξ_k 为

$$\Xi_k = \begin{cases} \dfrac{\bar{z}_{k-1} - z}{\bar{z}_{k-1} - z_{k-1}}, & z_k \leqslant z \leqslant \bar{z}_k \\[3mm] \dfrac{z - \bar{z}_{k+1}}{\bar{z}_{k+1} - z_{k+1}}, & \bar{z}_k \leqslant z \leqslant z_{k+1} \end{cases} \tag{3.74}$$

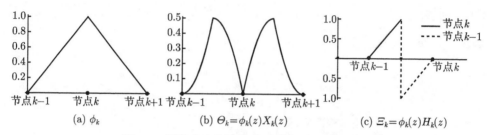

(a) ϕ_k (b) $\Theta_k = \phi_k(z)X_k(z)$ (c) $\Xi_k = \phi_k(z)H_k(z)$

图 3.8　厚度方向上位移假设模式中的插值函数

假设

$$\Phi_{ik} = \phi_k(z), \; \Phi_{lk} = \Xi_k(z), \; \Phi_{rk} = \Theta_k(z) \tag{3.75}$$

根据式 (3.75) 的定义, 式 (3.71) 可简化为

$$u_\alpha(x,y,z,t) = \Phi_{\zeta k}(z)u_{\alpha\zeta k}(x,y,t), \quad \zeta = i, l, r \tag{3.76}$$

如果复合材料层合板厚度方向上无分层损伤, 则位移模式简化为

$$u_\alpha(x,y,z,t) = \Phi_{\zeta k}(z)u_{\alpha\zeta k}(x,y,t), \quad \zeta = i, r \tag{3.77}$$

在 Reddy [37] 的全逐层理论中, 沿厚度方向上的一维线性拉格朗日插值函数之类的逐层连续函数被用于构造复合材料层合结构的位移模式, 且厚度方向上的位移插值点位于层合结构上、下面板和层间界面, 保证了厚度方向上位移的连续性和位移导数 (应变) 在层间界面上的不连续性。因此, 扩展逐层理论的位移假设模式可以看成 Reddy 全逐层理论的扩展。

基体裂纹的裂纹尖端往往是位于层间界面上的。在扩展逐层理论中, 因为厚度方向上位移插值点放置在层合结构上、下面板和各数学层的中性面上, 所以基体裂纹的裂纹尖端位于数学层的中性面上, 如图 3.9(a) 和图 3.9(c) 所示。因此, 扩展逐层理论中的基体裂纹在厚度方向上比实际基体裂纹要长 $h_j/2$。如果将裂纹尖端附近的数学层分为两个子层, 如图 3.9(b) 和图 3.9(d) 所示, 假设靠近基体裂纹的裂纹尖端的子层的厚度为 h_j/n, 那么扩展逐层理论中的基体裂纹在厚度方向上的长度比实际基体裂纹只长了 $h_j/(2n)$, 当 n 很大时, 该差别可以忽略。

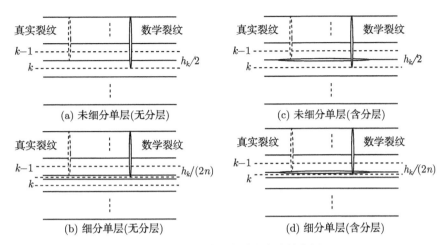

图 3.9　基体裂纹的裂纹尖端的位置

若在 x-y 平面内有基体裂纹存在, 则需要引入扩充自由度来描述裂纹, 位移在面内可基于扩展有限元方法离散为

$$u_{\alpha\zeta k}(x,y,t) = \psi_m(x,y)\tilde{U}_{\alpha\zeta km}(t) + \Lambda_s(x,y)\bar{U}_{\alpha\zeta ks}(t) + \Pi_{hb}(x,y)\hat{U}_{\alpha\zeta khb}(t) \quad (3.78)$$

式中, $m = 1, 2, \cdots, N_{\rm E}$, $N_{\rm E}$ 为面内节点数量; $s = 1, 2, \cdots, N_{\rm E}^{\rm P}$, $N_{\rm E}^{\rm P}$ 为由于裂纹面而需扩充的节点数量; $h = 1, 2, \cdots, N_{\rm E}^{\rm Q}$, $N_{\rm E}^{\rm Q}$ 是为了精确描述裂纹尖端应力场而需扩充的节点数量; $b = 1, 2, \cdots, N^{\rm F}$, $N^{\rm F}$ 为裂纹尖端扩充形函数的数量; $\tilde{U}_{\alpha\zeta km}$ 为标准自由度; $\bar{U}_{\alpha\zeta ks}$ 为由裂纹间断面引起的扩充自由度, $\hat{U}_{\alpha\zeta khb}$ 为由裂纹尖端引起的扩充自由度; $\psi_m(x,y)$ 为节点 m 的有限元形函数; $\Lambda_s = \psi_s(x,y)H_s(x,y)$ 为描述裂纹间断面的强不连续扩充形函数, $H_s(x,y)$ 为赫维赛德函数; $\Pi_h = \psi_h(x,y)F_h^b(x,y)$ 为描述裂纹尖端的扩充形函数, $F_h^b(x,y)$ 的形式将因材料是各向同性还是各向异性而不同。面内横向裂纹的描述和跟踪是利用水平集函数实现的。

如果复合材料层合板没有基体裂纹损伤, 则面内位移离散中就没有扩充自由度, 式 (3.78) 简化为

$$u_{\alpha\zeta k}(x,y,t) = \psi_m(x,y)\tilde{U}_{\alpha\zeta km}(t) \quad (3.79)$$

在扩展有限元方法中允许单元包含裂纹或不连续面, 因此需要对单元内的不连续面进行几何描述, 通常利用的方法是水平集函数。另外, 扩展有限元方法中的扩充形函数的构造也需要借助水平集函数。在裂纹任意扩展过程中, 裂纹引起的不连续面上的点始终满足水平集函数 $\varphi(\boldsymbol{x}, t) = 0$, 在不连续面的两侧水平集函数的符合相反。裂纹尖端的描述需要利用两个水平集函数 $\varphi(\boldsymbol{x}, t) = 0$ 和 $\Psi_i(\boldsymbol{x}, t) = 0$ 共同描述, 其中, i 表示裂纹尖端的编号。

可利用节点到裂纹面的符号距离来初始化水平集函数 φ，即

$$\varphi(\boldsymbol{x}, t = 0) = \pm \min_{x_\gamma \in \gamma(t)} \|\boldsymbol{x} - \boldsymbol{x}_\gamma\| \tag{3.80}$$

式中，$\gamma(t)$ 表示裂纹面。

在初始化水平集函数 Ψ_i 时，可先找到在裂纹尖端垂直于裂纹面的直线，然后利用节点到这条直线的符号距离来初始化水平集函数 Ψ_i，使

$$\Psi_i(\boldsymbol{x}, t) = (\boldsymbol{x} - \boldsymbol{x}_i) \cdot \hat{\boldsymbol{t}} \tag{3.81}$$

式中，$\boldsymbol{x}_i$ 为第 i 个裂纹尖端的位置；$\hat{\boldsymbol{t}}$ 为在裂纹尖端垂直于裂纹面的直线的单位切向矢量。

所以，单元内的裂纹可以用以上两个水平集函数描述为

$$\{\boldsymbol{x} : \varphi(\boldsymbol{x}, t) = 0 \text{ 和 } \Psi_i(\boldsymbol{x}, t) \leqslant 0\} \tag{3.82}$$

面内基体裂纹面的扩充形函数由赫维赛德函数构造：

$$H(\boldsymbol{x}) = \begin{cases} 1, & \psi(\boldsymbol{x}, t) > 0 \\ -1, & \psi(\boldsymbol{x}, t) < 0 \end{cases} \tag{3.83}$$

由于复合材料层合结构的单层是各向异性材料，所以裂纹尖端附近的扩充形函数 $\boldsymbol{F}$ 应该基于各向异性弹性体位移场来构造，$\boldsymbol{F}$ 可构造为

$$\begin{aligned} \boldsymbol{F}(r, \theta) &= \left\{ \sqrt{r} \cos \frac{\theta_1}{2} \sqrt{g_1(\theta)}, \sqrt{r} \cos \frac{\theta_2}{2} \sqrt{g_2(\theta)}, \right. \\ &\quad \left. \sqrt{r} \sin \frac{\theta_1}{2} \sqrt{g_1(\theta)}, \sqrt{r} \sin \frac{\theta_2}{2} \sqrt{g_2(\theta)} \right\} \\ &= \{F_1, F_2, F_3, F_4\} \end{aligned} \tag{3.84}$$

式中，$g_j(\theta)$ 的具体表达式见 2.5.4 节。

式 (3.84) 中的裂纹尖端扩充形函数并不适用于各向同性材料，对于各向同性板，裂纹尖端扩充形函数 $\boldsymbol{F}$ 应取为

$$\begin{aligned} \boldsymbol{F}(r, \theta) &= \left\{ \sqrt{r} \cos \frac{\theta}{2}, \sqrt{r} \sin \theta \cos \frac{\theta}{2}, \sqrt{r} \sin \frac{\theta}{2}, \sqrt{r} \sin \theta \sin \frac{\theta}{2} \right\} \\ &= \{F_1, F_2, F_3, F_4\} \end{aligned} \tag{3.85}$$

将厚度方向上的位移模式 (式 (3.71)) 代入应变–位移关系中，有

$$\begin{aligned} \varepsilon_{11} &= \Phi_{\zeta k} u_{1\zeta k, x} & \varepsilon_{12} &= \Phi_{\zeta k} u_{1\zeta k, y} + \Phi_{\zeta k} u_{2\zeta k, x} \\ \varepsilon_{22} &= \Phi_{\zeta k} u_{2\zeta k, y} & \varepsilon_{23} &= \Phi_{\zeta k, z} u_{2\zeta k} + \Phi_{\zeta k} u_{3\zeta k, y} \\ \varepsilon_{33} &= \Phi_{\zeta k, z} u_{3\zeta k} & \varepsilon_{13} &= \Phi_{\zeta k, z} u_{1\zeta k} + \Phi_{\zeta k} u_{3\zeta k, x} \end{aligned} \tag{3.86}$$

3.4.2　运动方程

利用哈密顿原理可以建立含多分层和基体裂纹复合材料层合板结构的运动方程。从式 (3.86) 中可以得到应变的一阶变分，则虚应变能为

$$\delta U = \int_{\Omega} \Big(N_{\zeta k}^{x}\delta u_{1\zeta k,x} + N_{\zeta k}^{xy}\delta u_{1\zeta k,y} + Q_{\zeta k}^{xz}\delta u_{1\zeta k} + N_{\zeta k}^{y}\delta u_{2\zeta k,y} + N_{\zeta k}^{xy}\delta u_{2\zeta k,x}$$
$$+ Q_{\zeta k}^{yz}\delta u_{2\zeta k} + N_{\zeta k}^{yz}\delta u_{3\zeta k,y} + N_{\zeta k}^{xz}\delta u_{3\zeta k,x} + Q_{\zeta k}^{zz}\delta u_{3\zeta k} \Big)\,\mathrm{d}x\mathrm{d}y \qquad (3.87)$$

式中，

$$\left(N_{\zeta k}^{x}, N_{\zeta k}^{y}, N_{\zeta k}^{xy}, N_{\zeta k}^{yz}, N_{\zeta k}^{xz} \right) = \int_{-h/2}^{h/2} (\sigma_{11}, \sigma_{22}, \sigma_{12}, \sigma_{23}, \sigma_{13})\,\Phi_{\zeta k}\mathrm{d}z$$
$$\left(Q_{\zeta k}^{zz}, Q_{\zeta k}^{yz}, Q_{\zeta k}^{xz} \right) = \int_{-h/2}^{h/2} (\sigma_{33}, \sigma_{23}, \sigma_{13})\,\Phi_{\zeta k,z}\mathrm{d}z \qquad (3.88)$$

外力虚功为

$$\delta V = -\int_{\Omega} \left(q_b\delta u_3^{N+1} + q_t\delta u_3^0 \right)\mathrm{d}x\mathrm{d}y \qquad (3.89)$$

式中，$q_b(y,t)$ 和 $q_t(y,t)$ 分别为复合材料层合板下面板 $\left(z = -\dfrac{h}{2} \right)$ 和上面板 $\left(z = \dfrac{h}{2} \right)$ 的分布外载荷；h 为复合材料层合板的厚度。

虚动能为

$$\delta K = \int_{\Omega} (I_{\zeta\eta ke}\dot{u}_{1\eta e}\delta\dot{u}_{1\zeta k} + I_{\zeta\eta ke}\dot{u}_{2\eta e}\delta\dot{u}_{2\zeta k} + I_{\zeta\eta ke}\dot{u}_{3\eta e}\delta\dot{u}_{3\zeta k})\,\mathrm{d}x\mathrm{d}y \qquad (3.90)$$

式中，

$$I_{\zeta\eta ke} = \int_{-\frac{h}{2}}^{\frac{h}{2}} \rho\Phi_{\zeta k}\Phi_{\eta e}\mathrm{d}z \qquad (3.91)$$

将式 (3.87)、式 (3.89) 和式 (3.90) 代入哈密顿原理，并分部积分，可得含多分层和基体裂纹复合材料层合板结构的欧拉–拉格朗日方程：

$$\delta u_{1\zeta k}: N_{\zeta k,x}^{x} + N_{\zeta k,y}^{xy} - Q_{\zeta k}^{xz} = I_{\zeta\eta ke}\ddot{u}_{1\eta e}$$
$$\delta u_{2\zeta k}: N_{\zeta k,y}^{y} + N_{\zeta k,x}^{xy} - Q_{\zeta k}^{yz} = I_{\zeta\eta ke}\ddot{u}_{2\eta e} \qquad (3.92)$$
$$\delta u_{3\zeta k}: N_{\zeta k,y}^{yz} + N_{\zeta k,x}^{xz} - Q_{\zeta k}^{zz} + q_b\delta_i^{N+1} + q_t\delta_i^0 = I_{\zeta\eta ke}\ddot{u}_{3\eta e}$$

自然边界条件为

$$\delta u_{1\zeta k}: N_{\zeta k}^{x}n_x + N_{\zeta k}^{xy}n_y = 0$$
$$\delta u_{2\zeta k}: N_{\zeta k}^{y}n_y + N_{\zeta k}^{xy}n_x = 0 \qquad (3.93)$$
$$\delta u_{3\zeta k}: N_{\zeta k}^{yz}n_y + N_{\zeta k}^{xz}n_x = 0$$

3.4.3 本构方程

复合材料层合板的应力–应变关系代入式 (3.88)，可得

$$
\begin{aligned}
\left(N_{\zeta k}^{x}, N_{\zeta k}^{y}, Q_{\zeta k}^{zz}, N_{\zeta k}^{xy}\right) =& \left(A_{11\zeta n k e}^{1}, A_{12\zeta n k e}^{1}, A_{13\zeta n k e}^{3}, A_{16\zeta n k e}^{1}\right) u_{1\eta e,x} \\
&+ \left(A_{16\zeta n k e}^{1}, A_{26\zeta n k e}^{1}, A_{36\zeta n k e}^{3}, A_{66\zeta n k e}^{1}\right)(u_{1\eta e,y} + u_{2\eta e,x}) \\
&+ \left(A_{12\zeta n k e}^{1}, A_{22\zeta n k e}^{1}, A_{23\zeta n k e}^{3}, A_{26\zeta n k e}^{1}\right) u_{2\eta e,y} \\
&+ \left(A_{13\zeta n k e}^{2}, A_{23\zeta n k e}^{2}, A_{33\zeta n k e}^{4}, A_{36\zeta n k e}^{2}\right) u_{3\eta e}
\end{aligned}
$$

$$(3.94)$$

$$
\begin{aligned}
\left(N_{\zeta k}^{yz}, Q_{\zeta k}^{yz}, N_{\zeta k}^{xz}, Q_{\zeta k}^{xz}\right) =& \left(A_{45\zeta n k e}^{2}, A_{45\zeta n k e}^{4}, A_{55\zeta n k e}^{2}, A_{55\zeta n k e}^{4}\right) u_{1\eta e} \\
&+ \left(A_{44\zeta n k e}^{2}, A_{44\zeta n k e}^{4}, A_{45\zeta n k e}^{2}, A_{45\zeta n k e}^{4}\right) u_{2\eta e} \\
&+ \left(A_{45\zeta n k e}^{1}, A_{45\zeta n k e}^{3}, A_{55\zeta n k e}^{1}, A_{55\zeta n k e}^{3}\right) u_{3\eta e,x} \\
&+ \left(A_{44\zeta n k e}^{1}, A_{44\zeta n k e}^{3}, A_{45\zeta n k e}^{1}, A_{45\zeta n k e}^{3}\right) u_{3\eta e,y}
\end{aligned}
$$

$$(3.95)$$

式中，等效刚度系数 $A_{pq\zeta n k e}^{1}$, $A_{pq\zeta n k e}^{2}$, $A_{pq\zeta n k e}^{3}$, $A_{pq\zeta n k e}^{4}$ 为

$$
\begin{aligned}
&\left(A_{pq\zeta n k e}^{1}, A_{pq\zeta n k e}^{2}, A_{pq\zeta n k e}^{3}, A_{pq\zeta n k e}^{4}\right) \\
&= \int_{-h/2}^{h/2} \bar{C}_{pq}\left(\Phi_{\zeta k}\Phi_{\eta e}, \Phi_{\zeta k,z}\Phi_{\eta e}, \Phi_{\zeta k}\Phi_{\eta e,z}, \Phi_{\zeta k,z}\Phi_{\eta e,z}\right) \mathrm{d}z
\end{aligned}
$$

$$(3.96)$$

3.4.4 有限元列式

将式 (3.79) 代入式 (3.87)，变分并分部积分可得含多层分层复合材料层合板的有限元控制方程为

$$
M_{\alpha\beta\zeta n k e m n}\ddot{U}_{\beta\eta e n} + K_{\alpha\beta\zeta n k e m n}U_{\beta\eta e n} = F_{\alpha\zeta k m}
$$

$$(3.97)$$

式中，$m, n = 1, 2, \cdots, N_{\mathrm{E}}$；$K_{\alpha\beta\zeta n k e m n}$ 为单元刚度矩阵。$K_{\alpha\beta\zeta n k e m n}$ 的具体表达式为

$$
\begin{aligned}
[K_{11\zeta n k e m n}] =& \psi_{m,x}A_{11\zeta n k e}^{1}\psi_{n,x} + \psi_{m,x}A_{16\zeta n k e}^{1}\psi_{n,y} + \psi_{m,y}A_{16\zeta n k e}^{1}\psi_{n,x} \\
&+ \psi_{m,y}A_{66\zeta n k e}^{1}\psi_{n,y} + \psi_{m}A_{55\zeta n k e}^{4}\psi_{n} \\
[K_{12\zeta n k e m n}] =& \psi_{m,x}A_{12\zeta n k e}^{1}\psi_{n,y} + \psi_{m,x}A_{16\zeta n k e}^{1}\psi_{n,x} + \psi_{m,y}A_{26\zeta n k e}^{1}\psi_{n,y} \\
&+ \psi_{m,y}A_{66\zeta n k e}^{1}\psi_{n,x} + \psi_{m}A_{45\zeta n k e}^{4}\psi_{n} \\
[K_{13\zeta n k e m n}] =& \psi_{m,x}A_{13\zeta n k e}^{2}\psi_{n} + \psi_{m,y}A_{36\zeta n k e}^{2}\psi_{n} \\
&+ \psi_{m}A_{45\zeta n k e}^{3}\psi_{n,y} + \psi_{m}A_{55\zeta n k e}^{3}\psi_{n,x}
\end{aligned}
$$

$$(3.98a)$$

$$[K_{21\zeta\eta kemn}] = \psi_{m,y}A^1_{12\zeta\eta ke}\psi_{n,x} + \psi_{m,x}A^1_{16\zeta\eta ke}\psi_{n,x} + \psi_{m,y}A^1_{26\zeta\eta ke}\psi_{n,y}$$
$$+ \psi_{m,x}A^1_{66\zeta\eta ke}\psi_{n,y} + \psi_m A^4_{45\zeta\eta ke}\psi_n = [K_{12\zeta\eta kemn}]^{\mathrm{T}}$$

$$[K_{22\zeta\eta kemn}] = \psi_{m,y}A^1_{22\zeta\eta ke}\psi_{n,y} + \psi_{m,y}A^1_{26\zeta\eta ke}\psi_{n,x} + \psi_{m,x}A^1_{26\zeta\eta ke}\psi_{n,y}$$
$$+ \psi_{m,x}A^1_{66\zeta\eta ke}\psi_{n,x} + \psi_m A^4_{44\zeta\eta ke}\psi_n \tag{3.98b}$$

$$[K_{23\zeta\eta kemn}] = \psi_{m,y}A^2_{23\zeta\eta ke}\psi_n + \psi_{m,x}A^2_{36\zeta\eta ke}\psi_n$$
$$+ \psi_m A^3_{45\zeta\eta ke}\psi_{n,x} + \psi_m A^3_{44\zeta\eta ke}\psi_{n,y}$$

$$[K_{31\zeta\eta kemn}] = \psi_m A^3_{13\zeta\eta ke}\psi_{n,x} + \psi_m A^3_{36\zeta\eta ke}\psi_{n,y}$$
$$+ \psi_{m,y}A^2_{45\zeta\eta ke}\psi_n + \psi_{m,x}A^2_{55\zeta\eta ke}\psi_n = [K_{13\zeta\eta kemn}]^{\mathrm{T}}$$

$$[K_{32\zeta\eta kemn}] = \psi_m A^3_{23\zeta\eta ke}\psi_{n,y} + \psi_m A^3_{36\zeta\eta ke}\psi_{n,x}$$
$$+ \psi_{m,y}A^2_{44\zeta\eta ke}\psi_n + \psi_{m,x}A^2_{45\zeta\eta ke}\psi_n = [K_{23\zeta\eta kemn}]^{\mathrm{T}} \tag{3.98c}$$

$$[K_{33\zeta\eta kemn}] = \psi_{m,y}A^1_{44\zeta\eta ke}\psi_{n,y} + \psi_{m,y}A^1_{45\zeta\eta ke}\psi_{n,x} + \psi_{m,x}A^1_{45\zeta\eta ke}\psi_{n,y}$$
$$+ \psi_{m,x}A^1_{55\zeta\eta ke}\psi_{n,x} + \psi_m A^4_{33\zeta\eta ke}\psi_n$$

$M_{\alpha\beta\zeta\eta kemn}$ 为质量矩阵，表达式为

$$\boldsymbol{M}_{\zeta\eta kemn} = \begin{bmatrix} \psi_m I_{\zeta\eta ke}\psi_n & 0 & 0 \\ 0 & \psi_m I_{\zeta\eta ke}\psi_n & 0 \\ 0 & 0 & \psi_m I_{\zeta\eta ke}\psi_n \end{bmatrix} \tag{3.99}$$

对于含多层分层和基体裂纹的复合材料层合板，将式 (3.78) 代入式 (3.87)，变分并分部积分可得控制方程为

$$M_{\alpha\beta\zeta\eta kek\iota}\ddot{U}_{\beta e\iota} + K_{\alpha\beta\zeta\eta kek\iota}U_{\beta e\iota} = F_{\alpha\zeta k\kappa} \tag{3.100}$$

式中，$\kappa = m, s, h$；$\iota = n, g, f$；$m, n = 1, 2, \cdots, N_{\mathrm{E}}$；$s, g = 1, 2, \cdots, N_{\mathrm{E}}^{\mathrm{P}}$；$h, f = 1, 2, \cdots, N_{\mathrm{E}}^{\mathrm{Q}}$；$K_{\alpha\beta\zeta\eta kek\iota}$ 为单元刚度矩阵。将指标 κ 和 ι 展开

$$\boldsymbol{K}_{\alpha\beta\zeta\eta ke} = \begin{bmatrix} K_{\alpha\beta\zeta\eta kemn} & K_{\alpha\beta\zeta\eta kemg} & K_{\alpha\beta\zeta\eta kemh} \\ K_{\alpha\beta\zeta\eta kesn} & K_{\alpha\beta\zeta\eta kesg} & K_{\alpha\beta\zeta\eta kesh} \\ K_{\alpha\beta\zeta\eta kefn} & K_{\alpha\beta\zeta\eta kefg} & K_{\alpha\beta\zeta\eta kefh} \end{bmatrix} \tag{3.101}$$

质量矩阵为

$$\boldsymbol{M}_{\zeta\eta ke} = \begin{bmatrix} M_{\zeta\eta kemn} & M_{\zeta\eta kemg} & M_{\zeta\eta kemh_{\mathrm{b}}} \\ M_{\zeta\eta kesn} & M_{\zeta\eta kesg} & M_{\zeta\eta kesh_{\mathrm{b}}} \\ M_{\zeta\eta kef_{\mathrm{b}}n} & M_{\zeta\eta kef_{\mathrm{b}}g} & M_{\zeta\eta kef_{\mathrm{b}}h_{\mathrm{b}}} \end{bmatrix} \tag{3.102}$$

单元刚度矩阵和质量矩阵的子矩阵与无损伤复合材料层合板单元刚度矩阵式 (3.97) 和质量矩阵具有相同的形式，只是其中的形函数不一样，所以根据下标的含义取相应的形函数即可得到式 (3.101) 中子矩阵的具体表达式，例如，

$$K_{11\zeta\eta kemg} = \psi_{m,x}A^1_{11\zeta\eta ke}\Lambda_{g,x} + \psi_{m,x}A^1_{16\zeta\eta ke}\Lambda_{g,y} + \psi_{m,y}A_{16\zeta\eta ke}\Lambda_{g,x} \qquad (3.103)$$
$$+\psi_{m,y}A^1_{66\zeta\eta ke}\Lambda_{g,y} + \psi_m A^4_{55\zeta\eta ke}\Lambda_g$$

$$K_{11\zeta\eta kemh} = \psi_{m,x}A^1_{11\zeta\eta ke}\boldsymbol{\Pi}_{h,x} + \psi_{m,x}A^1_{16\zeta\eta ke}\boldsymbol{\Pi}_{h,y} + \psi_{m,y}A_{16\zeta\eta ke}\boldsymbol{\Pi}_{h,x}$$
$$+\psi_{m,y}A^1_{66\zeta\eta ke}\boldsymbol{\Pi}_{h,y} + \psi_m A^4_{55\zeta\eta ke}\boldsymbol{\Pi}_h$$

质量矩阵的子矩阵 $M_{\zeta\eta kesn}$ 为

$$M_{\zeta\eta kesn} = \begin{bmatrix} \Lambda_s I_{\zeta\eta ke}\psi_n & 0 & 0 \\ 0 & \Lambda_s I_{\zeta\eta ke}\psi_n & 0 \\ 0 & 0 & \Lambda_s I_{\zeta\eta ke}\psi_n \end{bmatrix} \qquad (3.104)$$

对于含多层分层和基体裂纹损伤的复合材料层合板结构，从式 (3.101) 中可以看出，扩展逐层理论中的单元刚度矩阵由九个子矩阵组成，其中，$K_{\alpha\beta\zeta\eta kemn}$、$K_{\alpha\beta\zeta\eta kesg}$ 和 $K_{\alpha\beta\zeta\eta kefh}$ 分别为标准自由度和附加自由度的刚度矩阵，其他子矩阵为标准自由度和两种附加自由度的耦合刚度矩阵，以及两种附加自由度之间的耦合刚度矩阵。

静力学问题的控制方程为

$$K_{\alpha\beta\zeta\eta ke\kappa\iota}U_{\beta\eta e\iota} = F_{\alpha\zeta k\kappa} \qquad (3.105)$$

利用简支对称交叉铺层层合板来考察扩展逐层理论的计算精度，以及与等效单层板理论和三维弹性解之间的比较。方板表面受正弦分布载荷 $q = q_0\sin(\pi x/a)\cdot\sin(\pi y/b)$ 作用，材料参数取为 $E_{11} = 25E_{22}$, $G_{12} = G_{13} = 0.5E_{22}$, $G_{23} = 0.2E_{22}$, $\nu_{12} = 0.25$，计算结果按式 (3.106) 无量纲化：

$$\bar{u}_i = u_i^{\max}\left(\frac{E_{22}h^3}{b^4 q_0}\right), \quad i = 1,2,3$$

$$\bar{\sigma}_{ij} = \sigma_{ij}^{\max}\left(\frac{h^2}{b^2 q_0}\right), \quad i,j = 1,2 \qquad (3.106)$$

式中，$u_i^{\max}$ 和 $\sigma_{ij}^{\max}$ 分别为最大位移和最大应力；h 和 b 为板的厚度和长度。

正弦分布载荷作用下的最大无量纲位移和应力见表 3.1，并与文献中的一阶剪切变形理论和经典板壳理论结果进行了对比，对于 $b/h = 10$ 的中厚板，该问题也利用现有商用有限元软件建立三维弹性模型进行了分析，考虑了三种铺层：单向层合板、$[0°/90°/0°]$ 和 $[0°/90°/90°/0°]$。从表 3.1 的对比情况可以看出，对于薄板，扩展逐层理论的计算结果与一阶剪切变形理论和经典板壳理论吻合得很好；对于厚板，扩展逐层理论的计算结果与三维弹性模型吻合得很好，扩展逐层理论既适合薄板，也适合中厚度，这与逐层理论是相同的[46]。

表 3.1　正弦分布载荷作用下的最大无量纲位移和应力

		$b/h=10$			$b/h=20$		$b/h=100$		
		XLWM	FSDT	3D elastic	XLWM	FSDT	XLWM	FSDT	CLPT
单向板	$\bar{u}_1 \times 10^2$	0.0725	—	0.0700	0.0351	—	0.0068	—	—
	$\bar{u}_2 \times 10^2$	0.0964	—	0.0937	0.0382	—	0.0067	—	—
	$\bar{u}_3 \times 10^2$	0.6492	0.6383	0.6284	0.4938	0.4836	0.4358	0.4333	0.4312
	$\bar{\sigma}_{11}$	0.5703	0.5248	0.5614	0.5504	0.5350	0.5346	0.5385	0.5387
	$\bar{\sigma}_{12}$	0.0261	0.0246	0.0257	0.0227	0.0222	0.0206	0.0213	0.0213
$[0°/90°/90°/0°]$	$\bar{u}_1 \times 10^2$	0.0715	—	0.0694	0.0349	—	0.0068	—	—
	$\bar{u}_2 \times 10^2$	0.1078	—	0.1059	0.0401	—	0.0068	—	—
	$\bar{u}_3 \times 10^2$	0.7480	0.6627	0.7322	0.5223	0.4912	0.4354	0.4337	0.4312
	$\bar{\sigma}_{11}$	0.5605	0.4989	0.5543	0.5473	0.5273	0.5338	0.5382	0.5387
	$\bar{\sigma}_{12}$	0.0277	0.0241	0.0274	0.0233	0.0221	0.0209	0.0213	0.0213
$[0°/90°/0°]$	$\bar{u}_1 \times 10^2$	0.0753		0.0730	0.0355	—	0.0068	—	—
	$\bar{u}_2 \times 10^2$	0.1121		0.1099	0.0406	—	0.0068	—	—
	$\bar{u}_3 \times 10^2$	0.7614	0.6693	0.7465	0.5252	0.4921	0.4363	0.4337	0.4312
	$\bar{\sigma}_{11}$	0.5890	0.5134	0.5833	0.6455	0.5318	0.5336	0.5384	0.5387
	$\bar{\sigma}_{12}$	0.0289	0.0252	0.0287	0.0236	0.0223	0.0207	0.0213	0.0213

注：XLWM 为扩展逐层方法；CLPT 为经典板壳理论；FSDT 为一阶剪切变形理论；3D elastic 为三维弹性解。

　　扩展逐层理论不仅能同时精确描述复合材料层合结构中的多层分层损伤和多处基体裂纹损伤，还能精确分析分层前缘和裂纹尖端的位移场和应力场，利用扩展逐层理论分析含分层和裂纹矩形复合材料层合板，计算得到的应力和位移云图以及裂纹扩展路径如图 3.10 所示。另外，该方法还能得到裂纹尖端应力强度因子在各向

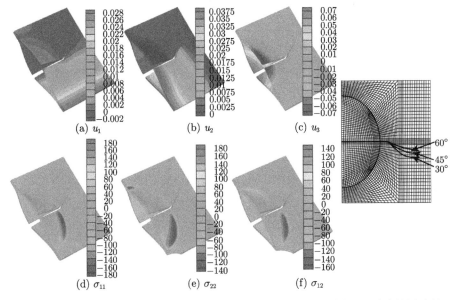

(a) u_1　　(b) u_2　　(c) u_3

(d) σ_{11}　　(e) σ_{22}　　(f) σ_{12}

图 3.10　含分层和裂纹矩形复合材料层合板的应力和位移云图以及裂纹扩展路径

同性板和复合材料层合板厚度方向上的变化规律，以及层合结构各单层裂纹扩展时角度不同的现象，如图 3.11 所示。

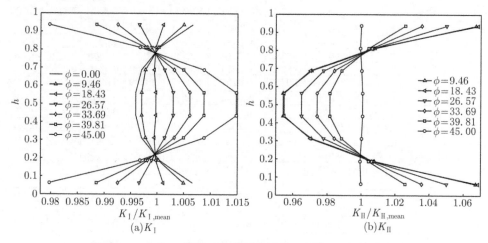

图 3.11 夹角 ϕ 不同时应力强度因子沿厚度方向上的变化

将虚拟裂纹闭合技术 (virtual crack closure technique，VCCT) 引入扩展逐层理论中，用以计算分层前缘的能量释放率，并结合分层前缘的动态跟踪技术，能同时实现分层损伤和裂纹损伤任意扩展，如图 3.12 所示。

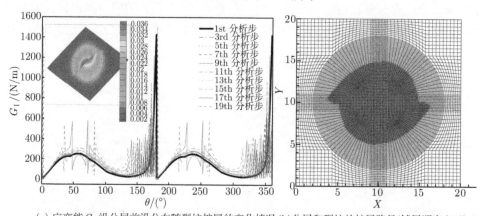

(a) 应变能 G_I 沿分层前沿分布随裂纹扩展的变化情况 (b) 分层和裂纹的扩展路径(铺层顺序:$[45°]_{16}$)

图 3.12 利用VCCT-XLWM方法得到的复合材料层板分层和基体裂纹同时任意扩展的结果

第 4 章 复合材料典型结构的分析方法

■
■
■
■

飞机复合材料典型结构包括层合梁结构、加筋结构和夹芯结构,利用第 3 章介绍的板壳分析方法直接分析这些结构还存在很多方面的困难,需要在它们的基础之上建立更加符合工程实际应用的简单实用的分析方法,本章将介绍飞机复合材料典型结构的分析方法:对于复合材料层合梁结构,介绍横截面几何参数的计算方法、稳定性分析方法、弹性基层合梁分析方法,以及层合梁的扩展逐层理论和三阶剪切方法;对于复合材料加筋结构,介绍等效刚度法和逐层/实体元方法,以及加筋板的主要破坏形式的分析方法;对于复合材料夹芯结构,介绍弯曲刚度的计算方法、逐层/实体元方法,以及夹芯结构的主要破坏形式的分析方法。

4.1　飞机复合材料典型结构

4.1.1　复合材料层合梁结构

在结构工程中,由支座支撑,以弯曲为主要变形来承受横向和剪切载荷的构件称为梁。本书中的梁是指在飞机结构中使用的所有一维构件,包括加强件、长桁和板的分隔件等。这些构件在实际使用中有许多种横截面形状,如图 4.1 所示,包括 L 形 (角形)、C 形 (槽形)、Z 形、T 形 (叶片形)、I 形、J 形以及帽形 (Ω 形),其中,前 6 种为开剖面的,帽形为闭剖面的。

开剖面加强件的工艺性明显优于闭剖面的,闭剖面加强件的扭转刚度和弯曲稳定性要大大优于开剖面的。T 形加强件结构最简单,质量轻,容易与肋、框连接,且容易成型,但是其惯性矩低,容易总体失稳,多用于载荷比较小的壁板上。在加强件端头增加一球形头，可改善 T 形加强件容易失稳的缺点，且下端不易分层，但铺贴起来不方便。J 形加强件是在 T 形筋条的基础上增加了半边缘板，较大地提高了总体失稳临界应力，但是由于其结构不对称，剖面扭心不在腹板平面上，较易扭转，一般用于中等载荷水平的壁板上。I 形加强件有一水平缘板，惯性矩较大，且结构对称，扭转刚度也较大，适用于中等载荷水平的壁板上。帽形加强件的剖面尺寸较大，其两边与蒙皮相连形成一个闭合剖面，具有很高的受压稳定性，可以承受重载，但闭合剖面开敞性差，内部缺陷不易检查，内腔容易积液，与肋或框的连接也较困难。

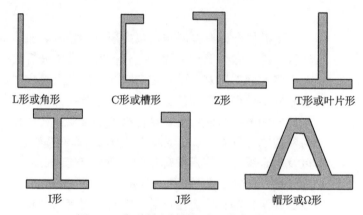

L形或角形　　　　C形或槽形　　　　Z形　　　　T形或叶片形

I形　　　　　　　J形　　　　　帽形或Ω形

图 4.1　典型复合材料层合梁横截面形状

4.1.2　复合材料加筋板壳结构

复合材料加筋板壳结构是由层合板壳与层合加强件组合而成的结构，可以用作飞机结构的壁板和梁腹板等，如图 4.2(a) 所示，这种结构是层合结构的典型应用形式。飞机复合材料加筋板壳结构的类型很多，按应用部件可分为机翼壁板、尾翼壁板和机身壁板等；按形状特征可分为单曲度壁板和双曲度壁板；按结构形式可分为单向加筋板、格栅壁板和多腹板结构壁板等。

在复合材料结构应用的初期，加筋板壳结构以翼面壁板居多，主要原因有以下三个方面：首先，由于翼面结构应变/应力水平高，更容易发挥复合材料加筋结构性能上的优势，减重效果更为显著；其次，翼面壁板外形简单，一般为单曲度，制造起来相对容易；最后，翼面壁板结构简单，开口较少，需经常维护检查部位不多，形成维护损伤的可能性也较小。相反的是，机身壁板应变/应力水平偏低，且外形复杂，各种开口较多，内部装载多，需经常拆卸、检查的部位也多，利用复合材料结构的优势不明显。但是，随着复合材料技术的发展，复合材料加筋板壳结构也广泛应用于机身结构。在翼面壁板中，多数为单向加筋板，即只有纵向加筋条的壁板，如波音 B737 飞机平尾壁板、空客 A320 飞机襟翼壁板等。

图 4.2　飞机复合材料加筋结构

　　复合材料加筋结构还有一种重要形式为格栅壁板，空客 A310-300 飞机平尾壁板和垂尾壁板就是采用带有纵向与横向加筋条的格栅壁板。格栅壁板纵向和横向筋条是与蒙皮一起一次固化成型的，结构的整体性好，在几何形式上具有较好的拓扑优化性质，相同重量的结构，截面惯性矩大，抗弯和抗屈曲性能良好。格栅壁板外表面光整，只有少数与周边骨架相连的紧固件孔，减少了零件数量和总装工作量，质量轻。由于整体加筋，无敏感界面，可减缓腐蚀，同时提供了连续的传力路径，取消了连接件，还能提高结构的效率。因此，复合材料格栅壁板结构适用于筒状的机身、发动机短舱、翼面蒙皮、地板和承压框等壁板形式。但是，与格栅壁板相比，单向加筋壁板结构简单，也有较好的强度与刚度，模具比格栅壁板简单，生产成本比格栅壁板低。

　　考虑到复合材料具有易成型并能共固化的成型优点，整体化结构是一种合理的，亦可看成加筋结构的一种形式，并很有发展前途的结构形式。但是整体结构件制造起来相当复杂，尚难以制造过于复杂的构件，工装成本和修理成本也很高，且整体加筋壁板中的筋条腹板部位较难进行检测。

4.1.3　复合材料夹芯结构

　　夹芯结构通常是由两块面板之间夹一层轻质夹芯组成的，如图 4.3 所示。根据不同用途和所希望得到的特性，有多种夹芯可以选择，如泡沫、蜂窝、点阵以及低密度发泡铝等。可用来制造蜂窝夹芯的材料有很多，包括纸、玻璃纤维、复合材料、各种铝合金、不锈钢和超硬铝合金。蜂窝夹芯结构是应用最为广泛的，与传统结构相比，其具有高比强度、高比刚度、良好的抗噪声损伤和冲击损伤能力、良好的表面光滑性、较好的绝缘性和良好的经济性，飞机上蜂窝夹芯结构的常用部位如图 4.3 所示。

　　大多数夹芯材料，尤其是蜂窝，属于各向异性材料，在不同的方向上具有不同的刚度和强度，如图 4.3 所示，一般的蜂窝材料在 L 方向上的性能要强于 W 方向。蜂窝夹芯的剪切强度会随夹芯厚度的变化而变化，例如，较厚的夹芯具有更低的剪切强度和刚度。

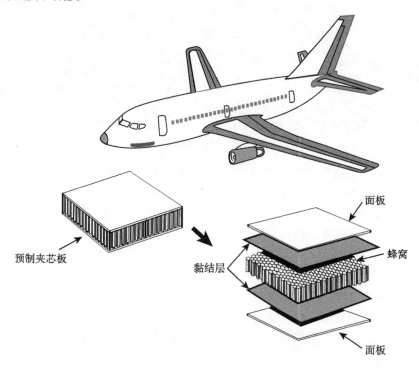

预制夹芯板

黏结层

面板

蜂窝

面板

图 4.3　夹芯结构和飞机上蜂窝夹芯结构的常用部位

与工字梁相比，可以很清楚地看出蜂窝夹芯和面板各自的作用和受力特点。高密度面板相当于工字梁的缘条，将高密度和高强度材料尽量远离中性轴布置，可以提高截面的弯曲模量。蜂窝夹芯则相当于工字梁的腹板，对面板起支撑作用，并使整个结构成为一个整体。但夹芯结构中的蜂窝也有与工字梁腹板不同的地方，蜂窝不仅为面板提供连续的支撑，还能保证面板工作在或超出屈服强度时不发生卷曲或屈曲。

面板和夹芯通常是胶接的，如果夹芯结构以梁的形式承载，则蜂窝和黏合层将承受剪切载荷，面板将承受弯矩，因此夹芯结构既可以承受弯曲载荷又可以承受拉伸载荷或压缩载荷。当承受弯曲载荷时，夹芯结构的响应受面板和夹芯的厚度以及材料类型影响。面板的厚度会引起不确定性，因为除了夹芯承受一部分载荷外，面板也能承受一部分附加剪切载荷，而且当夹芯结构达到屈服载荷时，面板能够分担附加的剪切载荷，所以蜂窝板在飞机上的主要应用必定不仅限于目前承受法向气动压力的舵面。

如果面板采用复合材料，则该种蜂窝结构称为复合材料蜂窝结构，在夹芯材料的两面铺上数层复合材料预浸料层，然后将其固化为一个整体构件。复合材料蜂窝结构制造工具成本比金属面板材料的低，且耐久性也更好，非常适合轮廓外形复杂的结构件。

4.2　复合材料层合梁结构的分析方法

4.2.1　横截面定义

典型复合材料层合梁结构如图 4.4(a) 所示 [47]，包括缘条和腹板两种元件，缘条和腹板均具有不同的铺层组，因此各自具有不同的刚度和强度。用字母 b 来表示每一元件的较长尺寸 (长度)，用字母 t 表示每一元件的最短尺寸 (厚度)。将与梁轴线一致的方向定义为 $0°$ 方向 (垂直于图 4.4(a) 所在平面)，上、下梁缘条 (一根靠近蒙皮，另一根则远离蒙皮) 主要由 $0°$ 铺层构成。

由于复合材料层合梁在服役过程中最容易出现的损伤形式为失稳破坏，所以最好使用惯性矩大的横截面，增加临界载荷。除了几何参数 (例如图 4.4(a) 中的高度 b_2) 会明显影响稳定性外，与铺层组有关的一些特定设计准则对稳定性也具有严重影响，这点与传统金属结构是不同的，例如，将刚度大的材料布置在远离中性轴的位置上会大幅提高梁的临界载荷。图 4.4(a) 只是飞机复合材料层合梁结构的简单示意图，实际结构需要结合梁的受力特点和力学特性进行深度优化，下面将简单介绍复合材料层合梁结构横截面的优化过程。

当胶层较薄时，胶结剂端部峰值应力较低，由胶结剂末端引起的刚度失配就会减少 (第 7 章将详细讨论)，进而降低应力集中，因此蒙皮与缘条之间的胶结剂厚度减少使连接强度增大。同样，在使用斜削加强片时也会出现类似情况，加强片的斜削边会减少局部应力，有助于消除试样在加强片末端发生破坏的可能性。基于以上分析，通过降低缘条与相邻蒙皮之间的刚度失配程度，可以降低蒙皮破坏或缘条/蒙皮分离的可能性。因此，在实际结构设计中，在满足其他载荷要求的条件下，缘条应尽可能得薄，且缘条的刚度应尽可能地接近蒙皮的刚度。为改善承受剪切载荷 (平行腹板轴线) 的性能，腹板在剪切载荷作用下必须具有高强度和高刚度，也就是说必须包含 $45°$ 铺层。将上述结论应用于图 4.4(a) 中，即可形成图 4.4(b) 所示的初步构型，远离蒙皮的缘条仅由 $0°$ 铺层组成，紧靠蒙皮的缘条由包含 $0°$ 铺层的组合组成，以增加刚度，并将其夹在蒙皮铺层组的两个半片之间，以减小蒙皮与缘条之间的刚度失配，腹板由 $45°$ 和 $-45°$ 铺层组成，以增加剪切刚度和强度。

在现实情况中，图 4.4(b) 的设计仍然是不充分的，存在一些显而易见的问题。首先，在腹板与缘条接触的两个角上，存在不同的铺层相交接，只能依赖基体传递载荷，效率很低；其次，如果 0° 铺层数太多，则靠近蒙皮的缘条铺层组可能太厚，缘条与蒙皮的刚度仍然有很大差异；最后，当考虑到所用的 (次要) 条件或要求不同时，远离蒙皮的缘条以及腹板分别使用满足各自要求的单一方向铺层组，将导致梁的性能不满足要求。

为了更好地保持载荷传递的连续性，腹板的某些铺层必须延伸到缘条内，此外，为了防止出现次生载荷情况，所用的铺层方向 (0°、45°、−45° 和 90°) 应覆盖可能的基本载荷方向。通常，决定结构尺寸的关键载荷情况是为数很少的载荷情况，但是这并不意味着不存在其他载荷情况，只是它们相应的载荷较小。如果所选的铺层组是针对单一载荷情况或少数几种载荷情况进行优化的，那么在载荷明显较小的其他方向可能没有足够的纤维，仍然可能导致过早破坏。当遭受冲击时，必须在易受冲击影响的层合板的外表面放置 45°/−45° 铺层组。

将上述要求引入图 4.4(b) 中的设计，可形成进一步改进构型，如图 4.4(c) 所示。在这种情况下，将一对 45°/−45° 铺层设置在外表面，以改进抗冲击性能，但还不清楚这样做是否足够，特别是考虑到顶部缘条的整个铺层组，此时将 4 个 0° 铺层铺贴在紧靠 45° 铺层处。在相邻铺层内没有与之垂直的纤维桥接效应来阻止或减缓裂纹扩展的情况下，一个铺层内纤维之间形成的基体裂纹可能很容易扩展到相邻铺层，从而导致大尺寸微裂纹的出现，因此不能将太多的同方向的铺层彼此紧靠铺设，在固化或承受垂直于纤维方向的载荷时，容易出现损伤。

因此，图 4.4(c) 中经改进的设计仍然存在与缘条铺层组有关的问题。首先，拐角处的铺层连续性是否足够完全取决于外载荷。其次，在腹板的顶部和底部，一些铺层的终止也会引起应力集中，可以将一些邻近铺层由腹板转弯延伸进入缘条。通常，很难迫使转弯的铺层在 90° 转角处完全贴合，如图 4.4(c) 中放大的详图所示，将会存在一个小的圆角半径，在终止铺层与转弯铺层之间形成的间隙处，一般用树脂进行填角，从而在整个横截面上形成一个薄弱点。最后，对与蒙皮相邻的缘条形成折中的铺层组，以使缘条终端处的刚度失配减至最小，但这是非常困难的。

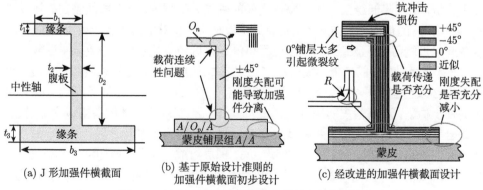

(a) J 形加强件横截面　(b) 基于原始设计准则的　(c) 经改进的加强件横截面设计
　　　　　　　　　　　　加强件横截面初步设计

图 4.4　复合材料层合梁结构的设计与优化过程

4.2.2　横截面特性

在复合材料层合梁的设计和分析中经常使用轴向刚度 (EA) 和弯曲刚度 (EI) 两个概念,因此对于复合材料层合梁横截面,精确地确定它们的值是非常重要的。与金属实体横截面相比,复合材料横截面存在很大的差异,在计算某个横截面中性轴位置时,这些差异变得很明显。图 4.4(a) 中复合材料层合梁的中性轴位置为

$$\bar{y} = \frac{\sum (EA_y)_i}{\sum (EA)_i} \tag{4.1}$$

式中,E 为每个元件的薄膜模量或弯曲模量,这两个模量通常是不同的,使用时应区分是轴向问题还是弯曲问题,并使用相应的模量;i 表示层合梁结构包含的元件。在下文中,首先计算轴向刚度 EA (= 模量 × 横截面面积),它是单轴向加载情况下所需的量;然后计算弯曲刚度 EI (= 模量 × 惯性矩),它是弯曲问题中所使用的量。

在确定横截面的轴向刚度时,为了简单起见,假设每一元件的铺层是对称且均衡的,将梁的轴向用 x 轴表示,由下列方程表达元件 i 的单轴向加载情况:

$$\begin{cases} (N_x)_i = (A_{11})_i (\varepsilon_{11})_i + (A_{12})_i (\varepsilon_{22})_i \\ (N_y)_i = (A_{12})_i (\varepsilon_{11})_i + (A_{22})_i (\varepsilon_{22})_i \end{cases} \tag{4.2}$$

考虑单轴向加载 ($N_{xy} = 0$) 以及对称铺层组 ($A_{16} = A_{26} = 0$) 的情况,且仅施加载荷 N_x,而 $N_y = 0$,由式 (4.2) 中的第二个方程求解 $(\varepsilon_{22})_i$ 得

$$(\varepsilon_{22})_i = -\left(\frac{A_{12}}{A_{22}}\right)_i (\varepsilon_{11})_i \tag{4.3}$$

将式 (4.3) 代入式 (4.2) 中的第一个方程,得

$$(N_x)_i = \left(A_{11} - \frac{A_{12}^2}{A_{22}}\right)_i (\varepsilon_{11})_i \tag{4.4}$$

如果将式 (4.4) 的两边都除以元件厚度 t_i,则方程的左侧变为应力,即

$$(\sigma_{11})_i = \frac{1}{t_i}\left(A_{11} - \frac{A_{12}^2}{A_{22}}\right)_i (\varepsilon_{11})_i \tag{4.5}$$

从式 (4.5) 可以看出,式 (4.5) 右边与应变相乘的量是相应元件的等效轴向模量,即

$$E_i = \frac{1}{t_i}\left(A_{11} - \frac{A_{12}^2}{A_{22}}\right) = \frac{1}{(a_{11})_i \, t_i} \tag{4.6}$$

式中,a_{11} 是拉伸刚度矩阵的逆矩阵 $\boldsymbol{A}^{-1}$ 的 11 项,$\boldsymbol{A}$ 矩阵见式 (3.18)。

现在可将元件 i 的轴向刚度或薄膜刚度 EA 写为

$$(EA)_i = E_i b_i t_i \tag{4.7}$$

式中，b_i 和 t_i 分别为元件的宽度和厚度。

考虑轴向力 F_{TOT} 施加在整个横截面上的情况，由于每个元件具有不同的 EA 值，所以分配在每个元件上的力也不同。对于图 4.4(a) 所示的具有 3 个元件的横截面，其合力等于作用在各元件上的分力之和

$$F_{\text{TOT}} = F_1 + F_2 + F_3 \tag{4.8}$$

但是，将作用在每个元件上的分力 F 用相应的单位宽度上的力 N_x 来表示，即

$$(N_x)_i = \frac{F_i}{b_i} \tag{4.9}$$

对于载荷作用在中性轴上的单轴向加载情况，形成均匀的拉伸或压缩，这表示该横截面的所有元件的应变是相等的，考虑式 (4.4)、式 (4.6)、式 (4.7) 和式 (4.9)，有

$$\frac{F_1}{(EA)_1} = \frac{F_2}{(EA)_2} = \frac{F_3}{(EA)_3} = \frac{F_{\text{TOT}}}{(EA)_{\text{eq}}} \tag{4.10}$$

式中，$(EA)_{\text{eq}}$ 为整个横截面的等效薄膜刚度。

联立式 (4.8) 和式 (4.10)，则作用在元件 i 上的力为

$$F_i = \frac{(EA)_i}{\displaystyle\sum_{j=1}^{3}(EA)_j} F_{\text{TOT}} = \frac{E_i b_i t_i}{\displaystyle\sum_{j=1}^{3} E_j b_j t_j} F_{\text{TOT}} \tag{4.11}$$

为了确定整个横截面的等效轴向刚度，可以联立式 (4.10) 和式 (4.11)，得

$$(EA)_{\text{eq}} = \sum_{j=1}^{3}(EA)_j \tag{4.12}$$

纯弯曲情况如图 4.5 所示，则每个元件为整个横截面 EI 提供的量为

$$(EI)_i = E_{\text{b}} \left[\frac{b_i t_i^3}{12} + A_i d_i^2 \right] \tag{4.13}$$

式中，A_i 为第 i 个元件的面积 $(=b_i t_i)$；d_i 为由式 (4.1) 确定的整个横截面中性轴与第 i 个元件的中性轴之间的距离。弯曲模量为

$$(E_{\text{c}})_i = \frac{12}{t_i^3 (d_{11})i} \tag{4.14}$$

式中，d_{11} 为弯曲刚度矩阵的逆矩阵 $\boldsymbol{D}^{-1}$ 的 11 项，$\boldsymbol{D}$ 矩阵见式 (3.18)。

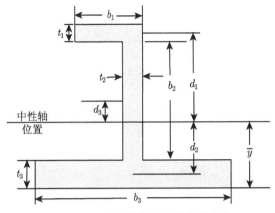

图 4.5　承弯梁横截面相关参量定义

如果弯矩 M_{TOT} 作用于梁上，则可用类似于单轴向加载情况的方式计算横截面上各自的弯矩和整个横截面的弯曲刚度。然而，与要求所有元件的应变相等的应变相容性条件不同的是，这里要求所有元件的曲率半径 R 都等于整个横截面中性轴的曲率半径，因此

$$(R_{\text{c}})_1 = (R_{\text{c}})_2 = (R_{\text{c}})_3 = (R_{\text{c}})_i \tag{4.15}$$

且

$$M_{\text{TOT}} = M_1 + M_2 + M_3 \tag{4.16}$$

此外，局部曲率半径可由梁理论中的力矩与曲率关系式给出为

$$(R_{\text{c}})_i = \frac{(EI)_i}{M_i} \tag{4.17}$$

联立式 (4.15)～式 (4.17) 求解作用在各元件上的力矩，得

$$M_i = \frac{(EI)_i}{\sum\limits_{j=1}^{3} (EI)_j} M_{\text{TOT}} \tag{4.18}$$

式中，$(EI)_i$ 由式 (4.13) 给出。该关系式与轴向力作用情况下的式 (4.11) 类似。

根据式 (4.15)、式 (4.17) 和式 (4.18) 可求得整个横截面的等效弯曲刚度为

$$(EI)_{\text{eq}} = \sum_{j=1}^{3} (EI)_j \tag{4.19}$$

在前面的讨论中，为了计算方便，轴向和弯曲特性是完全解耦的。对于相同的铺层组，在实际问题中，不同的变形类型 (轴向或弯曲) 会呈现不同的模量值，如果两种变形模式同时出现，则必须注意耦合问题。在这样的情况下，较好的做法是借

助于包含 A、B 和 D 矩阵的本构关系式，作为较简单且精度较低但偏保守的方法，可利用两种模量 (薄膜或弯曲) 分别计算，然后选择结果更为保守的那个模型。

4.2.3 复合材料层合梁的稳定性分析

当一维梁结构发生柱屈曲时，承压梁突然发生垂直于其轴线的弯曲。采用 4.2.2 节定义的 EI，对于图 4.6 所示的两种情况，可使用已有的屈曲表达式进行分析。应该注意，在计算屈曲载荷时，应使用由式 (4.6) 给出的薄膜模量 E_i。一维结构屈曲载荷的解是已知的，此处直接给出

$$P_{cr} = \begin{cases} \dfrac{\pi^2 EI}{L^2}, & \text{两端固支} \\[3mm] \dfrac{4\pi^2 EI}{L^2}, & \text{两端固支} \end{cases} \tag{4.20}$$

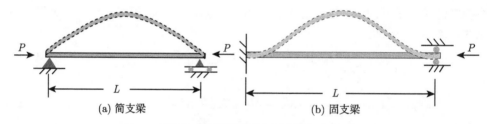

图 4.6　简支梁和固支梁的屈曲

从式 (4.20) 右边的系数可以看出，梁端的边界条件严重影响屈曲载荷，各种边界条件和加载情况下的屈曲载荷系数见表 4.1。在所有情况下，屈曲载荷可统一表示为

$$P_{cr} = \dfrac{c\pi^2 EI}{L^2} \tag{4.21}$$

表 4.1　各种边界条件和加载情况下的屈曲载荷系数

左右两端的边界条件	载荷	c
铰支，铰支	轴向剪流	1.88
固支，固支	轴向剪流	7.56
固支，铰支	端部受压	205
	轴向剪流	532
固支，自由	端部受压	0.25
	轴向剪流	0.8

局部失稳也是一种稳定性破坏，此时加强件缘条发生局部屈曲，然后整体坍塌，如图 4.7 所示。在压缩载荷作用下，一个 (或多个) 缘条发生具有半波长为 l 的

局部屈曲，其长度比加强件的长度 L 小得多。一旦缘条出现屈曲，它只能在后屈曲状态和破坏情况下承受非常小的载荷，并由横截面上其他元件分担其载荷，直到整个横截面坍塌。

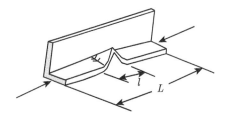

图 4.7　加强件缘条局部失稳

局部失稳属于复合材料机体结构最普遍的破坏模式之一，它可以发生在加强件、长桁、板的分隔件、梁、翼肋、框缘条和所有其他以稳定性为临界情况且未发生整体屈曲破坏的构件，复合材料机体结构破坏模式的近似分布情况如图 4.8 所示。由图 4.8 可以看出，在复合材料机体结构中多达 1/4 的零件按局部失稳设计。应该注意的是，图 4.8 中的分布情况并不是精确的，应用场合不同，其变化是很大的。

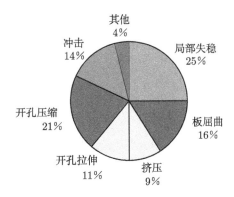

图 4.8　复合材料机体结构破坏模式的近似分布情况

在承压的一维结构中，还有两种其他破坏模式：材料破坏和柱屈曲。通常，对典型的稳定性设计而言，材料破坏不属于首要考虑因素，因为这会导致设计重量增加。在局部失稳与柱屈曲破坏之间，优选局部失稳作为主要破坏模式。结构中某一个元件发生局部失稳是典型情况，当局部失稳的缘条坍塌时，横截面内剩余元件也许仍能很好地分担原来作用在已破坏缘条上的部分载荷或全部载荷，从而阻止或延迟加强件的完全破坏，而柱屈曲将导致整个加强件发生破坏。然而，也存在以柱屈曲为首要考虑因素的情况，尤其是较长的梁结构，在这样的情况下，若还想形成有重量竞争力的设计，要么增加整个横截面的弯曲刚度，要么缩短梁的自由长度，以保证发生柱屈曲的载荷大于发生缘条局部失稳时的载荷。

4.2.4 复合材料层合弹性基础梁

与板壳结构连接在一起的一维加强元件可以看成弹性基础上的一维梁，如图 4.9 所示，将弹性基础看成弹簧，弹性常数为 k，量纲为力/面积。通常，梁端的约束条件可以看成线性弹簧 (K_1 和 K_2) 和扭力弹簧 (G_1 和 G_2)，依据弹簧刚度，端部边界条件范围可从自由到夹紧，并可取任何中间值。

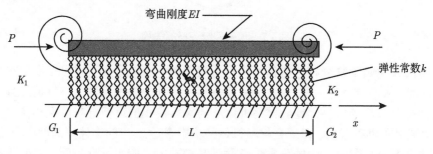

图 4.9　处于弹性基础上的一维梁

为了加深对此问题的认识，首先详细介绍基于能量方法求解简支梁 ($G_1 = G_2 = 0, K_1 = K_2 = \infty$) 的情况，一维弹性基础梁的总能量为

$$\Pi_c = \frac{1}{2} \int_0^L (EI) \left(\frac{\mathrm{d}^2 w}{\mathrm{d}x^2} \right)^2 \mathrm{d}x + \frac{1}{2} \int_0^L (-P) \left(\frac{\mathrm{d}w}{\mathrm{d}x} \right)^2 \mathrm{d}x + \frac{1}{2} \int_0^L k w^2 \mathrm{d}x \tag{4.22}$$

式中，w 为梁的面外位移，即挠度。

式 (4.22) 等号右边的第一项是内力势能，第二项是外力 P 所做的功，而第三项是弹性基础的势能。假设梁两端的边界条件为 $w = 0$，则可假设 w 的解为

$$w = \sum A_m \sin \frac{m\pi x}{L} \tag{4.23}$$

式中，L 为梁的长度；A_m 为未知系数。

将式 (4.23) 代入式 (4.22) 并进行积分，得

$$\Pi_c = \sum \left[\frac{EI m^4 \pi^4}{4L^3} - \frac{P m^2 \pi^2}{4L} + \frac{kL}{4} \right] A_m^2 \tag{4.24}$$

在平衡状态下，未知系数 A_m 使总能量取最小值，即 $\dfrac{\partial \Pi_c}{\partial A_m} = 0$，因此有

$$2 \left[\frac{EI m^4 \pi^4}{4L^3} - \frac{P m^2 \pi^2}{4L} + \frac{kL}{4} \right] A_m = 0 \tag{4.25}$$

式 (4.25) 的矩阵形式为

$$
\begin{bmatrix}
K_{11} - P & 0 & 0 & \cdots \\
0 & K_{22} - P & 0 & \cdots \\
0 & 0 & K_{33} - P & \cdots \\
\cdots & \cdots & \cdots & \cdots
\end{bmatrix}
\begin{Bmatrix}
A_1 \\ A_2 \\ A_3 \\ \vdots
\end{Bmatrix} = 0
\tag{4.26}
$$

式中,

$$
K_{mm} = \frac{\pi^2 EI}{L^2}\left[m^2 + \frac{kL^4}{\pi^4 EI m^2} \right]
\tag{4.27}
$$

显然,$A = 0$ 对应均匀压缩的前屈曲情况,当产生面外挠曲时,A 必须非 0,该矩阵的行列式必须等于 0。因为左边的矩阵为对角矩阵,设定其行列式等于零,即等同于设定对角项的乘积等于 0。

$$
(K_{11} - P)(K_{22} - P)(K_{33} - P)\cdots = 0
\tag{4.28}
$$

式 (4.28) 中有多少项,方程式 (4.28) 就会有多少个解,选择其中导致最低屈曲模态的载荷 $P = P_{\mathrm{cr}}$ 的解,即

$$
P_{\mathrm{cr}} = \min(K_{ii})
\tag{4.29}
$$

由式 (4.28) 和式 (4.27) 可得屈曲载荷为

$$
\frac{P_{\mathrm{cr}}}{\dfrac{\pi^2 EI}{L^2}} = m^2 + \frac{kL^4}{\pi^4 EI}\frac{1}{m^2}
\tag{4.30}
$$

当 $k = 0$ 时,即承压铰支梁,作为式 (4.30) 的特殊情况,临界屈曲载荷为

$$
P_{\mathrm{cr}} = \frac{\pi^2 EI}{L^2}m^2
\tag{4.31}
$$

当 $m = 1$ 时,由此方程求得最小值。如果 $m = 1$,则式 (4.31) 与式 (4.20) 相同。一般情况下,当 $k \neq 0$ 时,使式 (4.29) 或式 (4.30) 右边达到最小的 m 值,取决于 k 值本身。将归一化的屈曲载荷 $\dfrac{kL^4}{\pi^4 EI}$ 看成变量,将式 (4.30) 绘制成曲线,由该曲线可更容易地看到这一点,如图 4.10 所示。

对于每个 m 值,式 (4.30) 的右边都是一条直线,对应不同 m 值的直线如图 4.10 所示。图 4.10 中的粗实线给出屈曲载荷最低限的包线,它定义了给定参数 $\dfrac{kL^4}{\pi^4 EI}$ 值对应的临界屈曲载荷。由此可见,当这一参数为低值时,$m = 1$ (梁的整个

长度上形成一个"半波"）给出最低屈曲载荷。随着这一参数值的增加，屈曲模式逐渐转换到 $m=2$(沿梁的长度形成两个"半波"）。无弹性基础梁总是以一个"半波"$(m=1)$ 的形式发生屈曲，而弹性基础的存在改变了屈曲模式。$\dfrac{kL^4}{\pi^4 EI}$ 值越高，则梁发生屈曲时的半波数 (m 值) 越多。

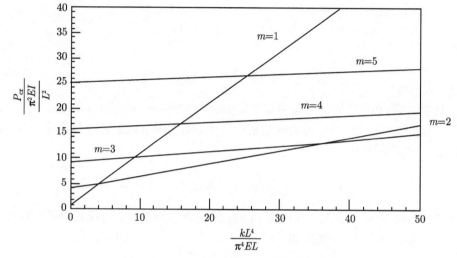

图 4.10 处于弹性基础上的梁的屈曲载荷

对于铰支端以外的其他边界条件，可以求解如下的控制方程：

$$(EI)\frac{\mathrm{d}^4 w}{\mathrm{d}x^4} + p\frac{\mathrm{d}^2 w}{\mathrm{d}x^2} + kw = 0 \tag{4.32}$$

其解为

$$w = A\mathrm{e}^{px} \tag{4.33}$$

式 (4.33) 中的指数 p 由式 (4.34) 给出：

$$p = \pm\sqrt{\frac{-\dfrac{P}{EI} \pm \sqrt{\left(\dfrac{P}{EI}\right)^2 - \dfrac{4k}{EI}}}{2}} \tag{4.34}$$

因此，式 (4.33) 有 4 个解

$$w = A_1\mathrm{e}^{p_1 x} + A_2\mathrm{e}^{p_2 x} + A_3\mathrm{e}^{p_3 x} + A_4\mathrm{e}^{p_4 x} \tag{4.35}$$

4 个系数由梁两端的边界条件确定如下：

$$-(EI)\frac{\mathrm{d}^2 w}{\mathrm{d}x^2} + G_1\frac{\mathrm{d}w}{\mathrm{d}x} = 0 \tag{4.36a}$$

$$(EI)\frac{\mathrm{d}^3 w}{\mathrm{d}x^3} + P\frac{\mathrm{d}w}{\mathrm{d}x} + K_1 w = 0 \tag{4.36b}$$

$$-(EI)\frac{\mathrm{d}^2 w}{\mathrm{d}x^2} + G_2\frac{\mathrm{d}w}{\mathrm{d}x} = 0 \tag{4.36c}$$

$$(EI)\frac{\mathrm{d}^3 w}{\mathrm{d}x^3} + P\frac{\mathrm{d}w}{\mathrm{d}x} + K_2 w = 0 \tag{4.36d}$$

式 (4.36a) 和式 (4.36c) 分别表示梁两端力矩的平衡, 即由扭力弹簧 $G(\mathrm{d}w/\mathrm{d}x)$ 引起的力矩等于梁端的弯矩。式 (4.36b) 和式 (4.36d) 表示相同位置处剪力的平衡状态。定义下列参数 (下标 $i = 1, 2$ 表示梁的 $x = 0$ 端或 $x = L$ 端):

$$R_i = \frac{G_i L}{EI}$$
$$\rho_i = \frac{1}{1 + \dfrac{3}{R_i}} \tag{4.37}$$

式中, $\rho_i = 0$ 表示在 i 端无扭转刚度, 或梁是自由的, 该处斜率可为任何值 (铰支)。此外, $\rho_i = 1$ 表示在 i 端具有无限扭转刚度, 或梁在该端斜率为 0(固支)。

4.2.5　复合材料层合梁的扩展逐层理论

对于含多分层损伤的复合材料层合梁, 扩展逐层理论的位移假设模式如图 4.11 所示 [39], 根据图 4.11 中的假设, 含多分层损伤的复合材料层合梁任意点 (y, z) 处的位移为

$$u_\alpha(y, z, t) = \sum_{k=1}^{N+2} \phi_k(z) u_{\alpha i k}(y, t) + \sum_{k=1}^{N_D} \varXi_k(z) u_{\alpha l k}(y, t) + \sum_{k=1}^{N} \varTheta_k(z) u_{\alpha r k}(y, t) \tag{4.38}$$

式 (4.38) 中符号的意义见 3.4 节中的式 (3.71)。

从图 4.11 中可以看出, 标准自由度和附加自由度在厚度方向上的插值点数量分别为 $N + 2$ 和 N, 另外, N_D 为由分层而扩充的插值点数量。式 (4.38) 可简化为

$$u_\alpha(y, z, t) = \varPhi_{\zeta k}(z) u_{\alpha \zeta k}(y, t), \quad \zeta = i, l, r \tag{4.39}$$

式 (4.39) 中利用了 Einstein 求和约定, 即重复指标 k 和 ζ 在取值范围内求和, 见式 (4.38)。例如, 当 ζ 取 i 时, k 取 $1 \sim N + 2$, 但是当 ζ 取 r 时, k 取 $1 \sim N$。

如果复合材料层合梁厚度方向上没有分层损伤, 则位移模式中就没有强不连续函数, 式 (3.75) 简化为

$$u_\alpha(y, z, t) = \varPhi_{\zeta k}(z) u_{\alpha \zeta k}(y, t), \quad \zeta = i, r \tag{4.40}$$

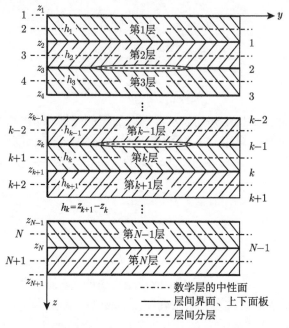

图 4.11　含多分层损伤的复合材料层合梁的扩展逐层理论的位移假设模式

为了在面内模拟基体裂纹，利用一维线性拉格朗日插值函数 ψ_m 和一维不连续扩充形函数离散面内位移，基于该思想，含多分层和基体裂纹复合材料层合梁结构的节点位移 $(u_{\alpha ik})$ 和附加自由度 $(u_{\alpha lk}$ 和 $u_{\alpha rk})$ 可以表示为

$$u_{\alpha \zeta k}(y,t) = \psi_m(y)U_{\alpha \zeta km}(t) + \Lambda_s(y)\bar{U}_{\alpha \zeta ks}(t) \tag{4.41}$$

式中，$m = 1, 2, \cdots, N_{\mathrm{E}}$ 为面内有限元节点数；$s = 1, 2, \cdots, N_{\mathrm{E}}^{\mathrm{P}}$ 为由于基体裂纹必须扩充的面内有限元节点数；$\bar{U}_{\alpha iks}$、$\bar{U}_{\alpha lks}$ 和 $\bar{U}_{\alpha rks}$ 为由基体裂纹引起的面内扩充自由度；$\Lambda_s = \psi_s(y)H_s(y)$ 为用来模拟基体裂纹的强不连续扩充形函数，如图 4.12 所示，其中，$H_s(y)$ 为赫维赛德函数。

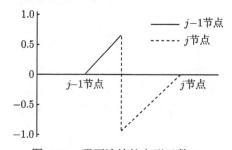

图 4.12　强不连续扩充形函数 Λ_s

如果复合材料层合梁没有基体裂纹损伤，则面内位移离散中就没有扩充自由

度，式 (4.41) 简化为

$$u_{\alpha\zeta k}(y,t) = \psi_m(y)U_{\alpha\zeta km}(t) \tag{4.42}$$

利用哈密顿原理可以建立含多分层和基体裂纹复合材料层合梁结构的运动方程，根据第 3 章中扩展逐层理论的推导过程，可得含多分层和基体裂纹复合材料层合梁结构的欧拉-拉格朗日方程组，该方程组有 $2\left[(N+2)+N+N_D\right]$ 个方程和未知量。

$$\begin{aligned}
\delta u_{1\zeta k} &: N^y_{\zeta k,y} - Q^{yz}_{\zeta k} = I_{\zeta\eta ke}\ddot{u}_{1\eta e} \\
\delta u_{2\zeta k} &: N^{yz}_{\zeta k,y} - Q^{zz}_{\zeta k} + q_b\delta^{N+1}_k + q_t\delta^0_k = I_{\zeta\eta ke}\ddot{u}_{2\eta e}
\end{aligned} \tag{4.43}$$

自然边界条件为

$$\begin{aligned}
\delta u_{1\zeta k} &: \quad N^y_{\zeta k}\Big|_{\Gamma_\sigma} = 0 \\
\delta u_{2\zeta k} &: \quad N^{yz}_{\zeta k}\Big|_{\Gamma_\sigma} = 0
\end{aligned} \tag{4.44}$$

对于梁问题，正应力 σ_{22} 以及剪切应力 σ_{21} 和 σ_{23} 可以不考虑，则三维本构关系可以简化为二维

$$\left\{\begin{array}{c} \sigma_{11} \\ \sigma_{22} \\ \sigma_{12} \end{array}\right\}^{(\mu)} = \left[\begin{array}{ccc} \bar{C}_{11} & \bar{C}_{13} & 0 \\ \bar{C}_{13} & \bar{C}_{33} & 0 \\ 0 & 0 & \bar{C}_{44} \end{array}\right]^{(\mu)} \left\{\begin{array}{c} \varepsilon_{11} \\ \varepsilon_{22} \\ \varepsilon_{12} \end{array}\right\}^{(\mu)} \tag{4.45}$$

式中，

$$\begin{aligned}
\left[\begin{array}{ccc} \bar{C}_{11} & \bar{C}_{13} & 0 \\ \bar{C}_{13} & \bar{C}_{33} & 0 \\ 0 & 0 & \bar{C}_{44} \end{array}\right]^{(\mu)} &= \left[\begin{array}{ccc} C_{11} & C_{13} & 0 \\ C_{13} & C_{33} & 0 \\ 0 & 0 & C_{55} \end{array}\right]^{(\mu)} - \left[\begin{array}{ccc} C_{12} & 0 & C_{16} \\ C_{23} & 0 & C_{36} \\ 0 & C_{45} & 0 \end{array}\right]^{(\mu)} \\
&\cdot \left(\left[\begin{array}{ccc} C_{22} & 0 & C_{26} \\ 0 & C_{44} & 0 \\ C_{26} & 0 & C_{66} \end{array}\right]^{(\mu)}\right)^{-1} \left[\begin{array}{ccc} C_{12} & C_{23} & 0 \\ 0 & 0 & C_{45} \\ C_{16} & C_{36} & 0 \end{array}\right]^{(\mu)}
\end{aligned} \tag{4.46}$$

复合材料层合梁扩展逐层理论中的合成内力和合成力矩为

$$N^y_{\zeta k} = \int_{-h/2}^{h/2} \left(\bar{C}_{11}\varepsilon_{11} + \bar{C}_{13}\varepsilon_{22}\right)\Phi_{\zeta k}\mathrm{d}z = A^1_{11\zeta\eta ke}u_{1\eta e,y} + A^2_{13\zeta\eta ke}u_{2\eta e}$$

$$Q^{yz}_{\zeta k} = \int_{-h/2}^{h/2} \left(\bar{C}_{44}\varepsilon_{12}\right)\Phi_{\zeta k,z}\mathrm{d}z = A^4_{44\zeta\eta ke}u_{1\eta e} + A^3_{44\zeta\eta ke}u_{2\eta e,y}$$

$$N_{\zeta k}^{yz} = \int_{-h/2}^{h/2} \left(\bar{C}_{44}\varepsilon_{12}\right) \Phi_{\zeta k}\mathrm{d}z = A_{44\zeta\eta ke}^2 u_{1\eta e} + A_{44\zeta\eta ke}^1 u_{2\eta e,y}$$

$$Q_{\zeta k}^{zz} = \int_{-h/2}^{h/2} \left(\bar{C}_{13}\varepsilon_{11} + \bar{C}_{33}\varepsilon_{22}\right) \Phi_{\zeta k,z}\mathrm{d}z = A_{13\zeta\eta ke}^3 u_{1\eta e,y} + A_{33\zeta\eta ke}^4 u_{2\eta e}$$

(4.47)

式中，等效刚度系数 $A_{pq\zeta\eta ke}^1$、$A_{pq\zeta\eta ke}^2$、$A_{pq\zeta\eta ke}^3$ 和 $A_{pq\zeta\eta ke}^4$ 与第 3 章中的相同。

将式 (4.42) 代入式 (4.47)，对于静力问题，含多层分层损伤复合材料层合梁结构的有限元控制方程为

$$\boldsymbol{K}_{\zeta\eta kemn}\boldsymbol{U}_{\eta en} = \boldsymbol{F}_{\zeta km}$$

(4.48)

式中，$m,n = 1,2,\cdots,N_\mathrm{E}$；$\boldsymbol{K}_{\zeta\eta kemn}$ 为单元刚度矩阵。

$$\boldsymbol{K}_{\zeta\eta kemn} = \begin{bmatrix} \psi_{m,y}A_{11\zeta\eta ke}^1\psi_{n,y} + \psi_m A_{44\zeta\eta ke}^4\psi_n & \psi_{m,y}A_{13\zeta\eta ke}^2\psi_n + \psi_m A_{44\zeta\eta ke}^3\psi_{n,y} \\ \psi_{m,y}A_{44\zeta\eta ke}^2\psi_n + \psi_m A_{13\zeta\eta ke}^3\psi_{n,y} & \psi_{m,y}A_{44\zeta\eta ke}^1\psi_{n,y} + \psi_m A_{33\zeta\eta ke}^4\psi_n \end{bmatrix}$$

(4.49)

对于含多层分层损伤和多处基体裂纹复合材料层合梁的静力问题，将式 (4.41) 代入式 (4.47) 可得有限元控制方程为

$$\boldsymbol{K}_{\zeta\eta ke\kappa\iota}\boldsymbol{U}_{\eta e\iota} = \boldsymbol{F}_{\zeta k\kappa}$$

(4.50)

式中，$\kappa = m,s$；$\iota = n,g$；$m,n = 1,2,\cdots,N_\mathrm{E}$；$s,g = 1,2,\cdots,N_\mathrm{E}^\mathrm{P}$；$\boldsymbol{K}_{\zeta\eta ke\kappa\iota}$ 为单元刚度矩阵，它的子矩阵为

$$\boldsymbol{K}_{\zeta\eta kemg} = \begin{bmatrix} \psi_{m,y}A_{11\zeta\eta ke}^1\Lambda_{g,y} + \psi_m A_{44\zeta\eta ke}^4\Lambda_g & \psi_{m,y}A_{13\zeta\eta ke}^2\Lambda_g + \psi_m A_{44\zeta\eta ke}^3\Lambda_{g,y} \\ \psi_{m,y}A_{44\zeta\eta ke}^2\Lambda_g + \psi_m A_{13\zeta\eta ke}^3\Lambda_{g,y} & \psi_{m,y}A_{44\zeta\eta ke}^1\Lambda_{g,y} + \psi_m A_{33\zeta\eta ke}^4\Lambda_g \end{bmatrix}$$

(4.51a)

$$\boldsymbol{K}_{\zeta\eta kesn} = \begin{bmatrix} \Lambda_{s,y}A_{11\zeta\eta ke}^1\psi_{n,y} + \Lambda_s A_{44\zeta\eta ke}^4\psi_n & \Lambda_{s,y}A_{13\zeta\eta ke}^2\psi_n + \Lambda_s A_{44\zeta\eta ke}^3\psi_{n,y} \\ \Lambda_{s,y}A_{44\zeta\eta ke}^2\psi_n + \Lambda_s A_{13\zeta\eta ke}^3\psi_{n,y} & \Lambda_{s,y}A_{44\zeta\eta ke}^1\psi_{n,y} + \Lambda_s A_{33\zeta\eta ke}^4\psi_n \end{bmatrix}$$

(4.51b)

$$\boldsymbol{K}_{\zeta\eta kesg} = \begin{bmatrix} \Lambda_{s,y}A_{11\zeta\eta ke}^1\Lambda_{g,y} + \Lambda_s A_{44\zeta\eta ke}^4\Lambda_g & \Lambda_{s,y}A_{13\zeta\eta ke}^2\Lambda_g + \Lambda_s A_{44\zeta\eta ke}^3\Lambda_{g,y} \\ \Lambda_{s,y}A_{44\zeta\eta ke}^2\Lambda_g + \Lambda_s A_{13\zeta\eta ke}^3\Lambda_{g,y} & \Lambda_{s,y}A_{44\zeta\eta ke}^1\Lambda_{g,y} + \Lambda_s A_{33\zeta\eta ke}^4\Lambda_g \end{bmatrix}$$

(4.51c)

下面利用扩展逐层理论分析含多处横向裂纹和多层分层损伤的层合梁，首先考虑各向同性含多处横向裂纹和多层分层损伤的层合梁，如图 4.13 所示，考虑两种边界条件：一端固支一端自由 (CF) 和两端固支 (CC)。材料性能参数为 $E = 5.2 \times 10^4\mathrm{MPa}$ 和 $v = 0.3$，该各向同性梁被均匀地分为 8 层。本算例考虑了三种损伤情况，第一种损伤中横向裂纹和分层损伤是相互独立的 ($[\theta/\theta/\theta/\theta/ \cap /\theta/\underline{\theta}/\theta/\theta]$)；第二种损伤中横向裂纹与分层损伤相交 ($[\theta/\theta/\theta/\theta/ \cap /\boldsymbol{\theta}/\boldsymbol{\theta}/\boldsymbol{\theta}/\theta]$)；第三种损伤中横

向裂纹穿过分层损伤 ($[\theta/\underline{\theta}/\boldsymbol{\theta}/\boldsymbol{\theta}/ \cap /\boldsymbol{\theta}/\boldsymbol{\theta}/\boldsymbol{\theta}/\boldsymbol{\theta}]$)。该算例也采用 MSC.Nastran 软件进行三维有限元分析, 两种方法计算得到的最大位移见表 4.2, 其变形和位移云图如图 4.14 所示。

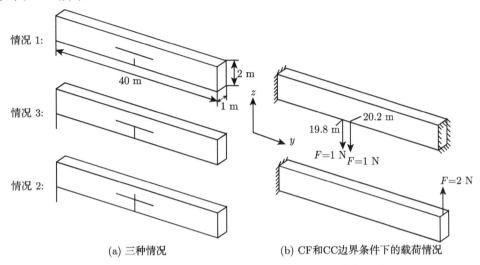

(a) 三种情况　　　　　　(b) CF 和 CC 边界条件下的载荷情况

图 4.13　各向同性含多处横向裂纹和多层分层损伤的层合梁

表 4.2　扩展逐层理论和三维有限元模型分析得到的含多层分层和基体裂纹损伤的复合材料层合梁最大位移

	节点	一端固支一端自由 (CF)				两端固支 (CC)			
		$u_1/(10^{-4}\,\text{m})$		$u_2/(10^{-3}\,\text{m})$		$u_1/(10^{-6}\,\text{m})$		$u_2/(10^{-5}\,\text{m})$	
		3D 解	XLWM	3D 解	XLWM	3D 解	XLWM	3D 解	XLWM
情况 1	114	—	0.52430	—	1.32557	—	2.24325	—	3.34366
	172	0.53613	0.52810	1.35102	1.33696	2.35240	2.26824	3.46823	3.39372
情况 2	114	—	1.78343	—	2.94517	—	5.38330	—	5.66587
	172	1.82965	1.82445	3.01921	3.00632	5.50849	5.46782	5.81501	5.78318
情况 3	114	—	2.6996	—	3.96512	—	5.41953	—	5.67657
	172	2.84072	2.7427	4.1443	4.02866	5.54002	5.49919	5.82865	5.79240

　　然后, 利用扩展逐层理论分析含有复杂损伤的复合材料层合梁结构, 铺层顺序为 $[0^\circ/90^\circ/0^\circ/90^\circ]_s$, 各单层的材料性能参数为 $E_{11} = 1.81 \times 10^5 \text{MPa}$、$E_{22} = E_{33} = 1.03 \times 10^4 \text{MPa}$、$G_{12} = G_{13} = 7.17 \times 10^3 \text{MPa}$、$G_{23} = 6.21 \times 10^3 \text{MPa}$、$\nu_{12} = 0.28$、$\nu_{13} = 0.02$ 和 $\nu_{23} = 0.40$。其变形和位移云图结果如图 4.15 所示。在图 4.15(a) 中, 截面 I 和 III 上的横向裂纹和分层为 $[\boldsymbol{\theta}/\boldsymbol{\theta}/\boldsymbol{\theta}/ \cap /\boldsymbol{\theta}/\boldsymbol{\theta}/ \cap /\boldsymbol{\theta}/\boldsymbol{\theta}/\boldsymbol{\theta}]$, 截面 II 上的横向裂纹和分层为 $[\theta/\underline{\theta}/\boldsymbol{\theta}/ \cap /\boldsymbol{\theta}/\boldsymbol{\theta}/\boldsymbol{\theta}/ \cap /\boldsymbol{\theta}/\boldsymbol{\theta}]$, 图 4.15(b) 中, 横向裂纹和分层为 $[\theta/\underline{\theta}/\boldsymbol{\theta}/ \cap /\boldsymbol{\theta}/\boldsymbol{\theta}/\boldsymbol{\theta}/ \cap /\boldsymbol{\theta}/\boldsymbol{\theta}]$。从图 4.15 可以看出, 扩展逐层理论非常适合分析含有复杂损伤的复合材料层合梁结构。

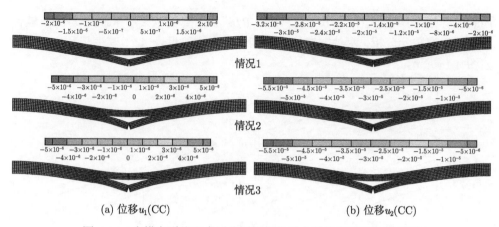

(a) 位移u_1(CC)　　　　　　　　　　　　　　(b) 位移u_2(CC)

图 4.14　含横向裂纹和多层分层损伤的层合梁的变形和位移云图

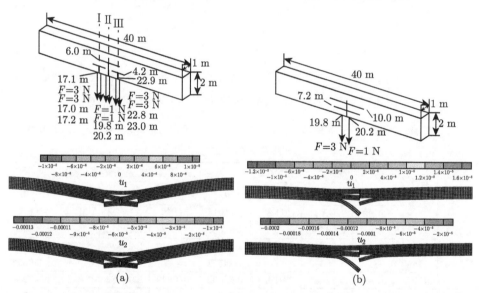

图 4.15　含横向裂纹和多层分层损伤的层合梁的变形和位移云图 $([0°/90°/0°/90°]_s)$

4.2.6　复合材料层合曲梁的三阶分析理论

本小节介绍复合材料层合曲梁的高阶分析方法，如图 4.16 所示，三维三阶复合材料层合曲梁的位移假设为

$$\begin{cases} u_1\left(x,\theta,z\right)=u_1^0-z\phi \\ u_2\left(x,\theta,z\right)=\dfrac{1}{\bar{R}}\left[u_2^0+f_z u_2^1+f_x u_1^1-x\mathring{u}_1^0\right]-z\mathring{u}_3^0 \\ u_3\left(x,\theta,z\right)=u_3^0+x\phi \end{cases} \tag{4.52}$$

式中，u_1^0、u_2^0 和 u_3^0 分别为坐标 x、θ 和 z 方向上的位移；u_1^1、u_2^1 和 ϕ 分别为绕 x、z 和 θ 轴上的转角；$\mathring{u}_1^0$ 和 $\mathring{u}_2^0$ 为扭转；另外

$$\bar{R} = \frac{R}{R+z} \qquad (\degree) = \frac{\partial}{R\partial\theta}$$

$$f_x = x - \frac{4x^3}{3h^2} \quad f_z = z - \frac{4z^3}{3b^2}$$

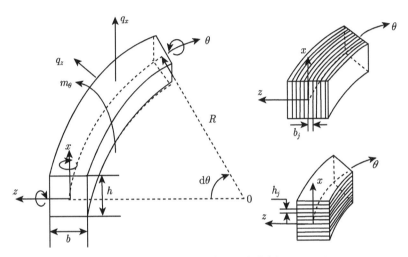

图 4.16　复合材料层合曲梁

考虑圆柱坐标系下的应变–位移关系

$$\varepsilon_x = u_{1,x}, \qquad \varepsilon_\theta = \bar{R}\left(\mathring{u}_{2,\theta} + \frac{u_3}{R}\right), \qquad \varepsilon_x = u_{3,z} \tag{4.53}$$
$$\gamma_{\theta x} = u_{2,x} + \bar{R}\mathring{u}_{1,\theta}, \quad \gamma_{\theta z} = \bar{R}\left(\mathring{u}_{3,\theta} - \frac{u_2}{R}\right) + u_{2,z}, \quad \gamma_{xz} = u_{3,x} + u_{1,z}$$

将式 (4.52) 代入式 (4.53)，有

$$\varepsilon_\theta = \mathring{u}_2^0 + f_z\mathring{u}_2^1 + f_x\mathring{u}_1^1 - x\mathring{u}_1^0 - z\bar{R}\mathring{u}_3^0 + \frac{\bar{R}}{R}u_3^0 + \frac{x\bar{R}}{R}\phi$$
$$\gamma_{\theta x} = \frac{1}{\bar{R}}f_{x,x}u_1^1 - \frac{z}{R}\left(\bar{R}+1\right)\mathring{u}_1^0 - \bar{R}z\mathring{\phi} \tag{4.54}$$
$$\gamma_{\theta z} = \frac{1}{\bar{R}}f_{z,z}u_2^1 + \bar{R}x\mathring{\phi}$$

对于具有 n 层单层复合材料的层合曲梁，$\varepsilon_x = 0$、$\varepsilon_z = 0$ 且 $\varepsilon_{xz} = 0$，则第 μ 层的本构关系可写为

$$\left\{ \begin{array}{c} \sigma_\theta \\ \sigma_{\theta z} \\ \sigma_{\theta x} \end{array} \right\}^{(\mu)} = \left[\begin{array}{ccc} \bar{C}_{11} & 0 & \bar{C}_{16} \\ 0 & \bar{C}_{44} & 0 \\ \bar{C}_{16} & 0 & \bar{C}_{66} \end{array} \right]^{(\mu)} \left\{ \begin{array}{c} \varepsilon_\theta \\ \varepsilon_{\theta z} \\ \varepsilon_{\theta x} \end{array} \right\}^{(\mu)} \tag{4.55}$$

将式 (4.55) 重写为

$$\sigma_i\left(x,\,\theta,\,z\right) = C_{ij}\left(x,\,z\right)\varepsilon_j\left(x,\,\theta,\,z\right) \tag{4.56}$$

则应变能和外力功分别为

$$U = \int_\Omega \boldsymbol{C}\boldsymbol{\varepsilon} : \boldsymbol{\varepsilon}\left(\frac{R+z}{R}\right) R\mathrm{d}\theta \mathrm{d}x\mathrm{d}z$$
$$V = \int_\Omega \left(q_x u_0 + q_z u_3 + m_0\phi\right) R\mathrm{d}\theta \tag{4.57}$$

利用四节点 24 自由度一维有限元单元离散式 (4.57)，如图 4.17 所示，因此位移和转角可以表示为

$$\left\{ \begin{array}{c} u_2^0 \\ u_2^1 \\ u_1^1 \\ \phi \end{array} \right\} = \sum_{i=1}^4 N_i \left\{ \begin{array}{c} u_2^0 \\ u_2^1 \\ u_1^1 \\ \phi \end{array} \right\}_i$$
$$\left\{ \begin{array}{c} u_1^0 \\ u_3^0 \end{array} \right\} = \bar{N}_1 \left\{ \begin{array}{c} u_1^0 \\ u_3^0 \end{array} \right\}_1 + \bar{N}_2 \left\{ \begin{array}{c} \mathring{u}_1^0 \\ \mathring{u}_3^0 \end{array} \right\}_1 + \bar{N}_3 \left\{ \begin{array}{c} u_1^0 \\ u_3^0 \end{array} \right\}_2 + \bar{N}_4 \left\{ \begin{array}{c} \mathring{u}_1^0 \\ \mathring{u}_3^0 \end{array} \right\}_2 \tag{4.58}$$

式中，N_i 和 $\bar{N}_i$ 为四节点 24 自由度单元的形函数，具体形式为

$$N_1 = \frac{1}{2}\left(1-\xi\right) - \frac{1}{2}\left(1-\xi^2\right) + \frac{1}{16}\left(-9\xi^3 + \xi^2 + 9\xi - 1\right),$$
$$\bar{N}_1 = \frac{1}{4}\left(2 - 3\xi + \xi^3\right)$$
$$N_2 = \frac{1}{2}\left(1+\xi\right) - \frac{1}{2}\left(1-\xi^2\right) + \frac{1}{16}\left(9\xi^3 + \xi^2 - 9\xi - 1\right),$$
$$\bar{N}_2 = \frac{1}{4}\left(\frac{\Delta\theta R}{2}\right)\left(1 - \xi - \xi^2 + \xi^3\right)$$
$$N_3 = 1 - \xi^2 + \frac{1}{16}\left(27\xi^3 + 7\xi^2 - 27\xi - 7\right),$$
$$\bar{N}_3 = \frac{1}{4}\left(2 + 3\xi - \xi^3\right)$$
$$N_4 = \frac{1}{16}\left(-27\xi^3 - 9\xi^2 + 27\xi + 9\right),$$
$$\bar{N}_4 = \frac{1}{4}\left(\frac{\Delta\theta R}{2}\right)\left(-1 - \xi + \xi^2 + \xi^3\right) \tag{4.59}$$

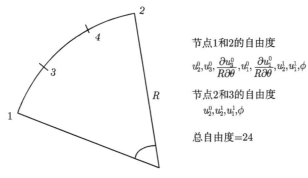

节点1和2的自由度

$u_2^0, u_3^0, \dfrac{\partial u_3^0}{R\partial\theta}, u_1^0, \dfrac{\partial u_1^0}{R\partial\theta}, u_2^1, u_1^1, \phi$

节点2和3的自由度

$u_2^0, u_2^1, u_1^1, \phi$

总自由度=24

图 4.17 四节点 24 自由度曲梁单元

将式 (4.58) 代入式 (4.54), 有

$$\boldsymbol{\varepsilon} = \boldsymbol{B}^e \boldsymbol{d}^e \qquad (4.60)$$

式中, $\boldsymbol{B}^e$ 和 $\boldsymbol{d}^e$ 分别为形函数的导数矩阵和位移的节点值向量。

$$\boldsymbol{B}^e = \begin{bmatrix} \alpha_1 N_{1,\theta} & -\alpha_4 \bar{N}_{1,\theta\theta} + \alpha_6 \bar{N}_1 & -\alpha_4 \bar{N}_{2,\theta\theta} + \alpha_6 \bar{N}_2 & -\alpha_2 \bar{N}_{1,\theta\theta} \\ 0 & 0 & 0 & -\bar{\alpha}_2 \bar{N}_{1,\theta} \\ 0 & 0 & 0 & 0 \end{bmatrix}$$

$-\alpha_2 \bar{N}_{2,\theta\theta} \quad \alpha_5 N_{1,\theta} \quad \alpha_3 N_{1,\theta} \quad \alpha_7 N_1 \quad \alpha_1 N_{2,\theta} \quad -\alpha_4 \bar{N}_{3,\theta\theta} + \alpha_6 \bar{N}_3$

$-\bar{\alpha}_2 \bar{N}_{2,\theta} \quad\quad 0 \quad\quad \bar{\alpha}_1 N_1 \quad -\bar{\alpha}_3 N_{1,\theta} \quad\quad 0 \quad\quad\quad 0$

$0 \quad\quad \bar{\bar{\alpha}}_1 N_1 \quad\quad 0 \quad\quad \bar{\bar{\alpha}}_2 N_{1,\theta} \quad\quad 0 \quad\quad\quad 0$

$-\alpha_4 \bar{N}_{4,\theta\theta} + \alpha_6 \bar{N}_4 \quad -\alpha_2 \bar{N}_{3,\theta\theta} \quad -\alpha_2 \bar{N}_{4,\theta\theta} \quad \alpha_5 N_{2,\theta} \quad \alpha_3 N_{2,\theta} \quad \alpha_7 N_2 \quad \alpha_1 N_{3,\theta}$

$0 \quad\quad\quad -\bar{\alpha}_2 \bar{N}_{3,\theta} \quad -\bar{\alpha}_2 \bar{N}_{4,\theta} \quad\quad 0 \quad\quad \bar{\alpha}_1 N_2 \quad -\bar{\alpha}_3 N_{2,\theta} \quad 0$

$0 \quad\quad\quad\quad 0 \quad\quad\quad 0 \quad\quad \bar{\bar{\alpha}}_1 N_2 \quad\quad 0 \quad\quad \bar{\bar{\alpha}}_2 N_{2,\theta} \quad 0$

$\alpha_5 N_{3,\theta} \quad \alpha_3 N_{3,\theta} \quad \alpha_7 N_3 \quad \alpha_1 N_{4,\theta} \quad \alpha_5 N_{4,\theta} \quad \alpha_3 N_{4,\theta} \quad \alpha_7 N_4$

$0 \quad \bar{\alpha}_1 N_3 \quad -\bar{\alpha}_3 N_{3,\theta} \quad\quad 0 \quad\quad\quad 0 \quad\quad \bar{\alpha}_1 N_4 \quad -\bar{\alpha}_3 N_{4,\theta}$

$\left. \bar{\bar{\alpha}}_1 N_3 \quad\quad 0 \quad\quad \bar{\bar{\alpha}}_2 N_{3,\theta} \quad\quad 0 \quad\quad \bar{\bar{\alpha}}_1 N_4 \quad\quad 0 \quad\quad \bar{\bar{\alpha}}_2 N_{4,\theta} \right]$

$$(4.61)$$

$$\boldsymbol{d}^e = \begin{bmatrix} u_2^{0,1} & u_3^{0,1} & \mathring{u}_3^{0,1} & u_1^{0,1} & \mathring{u}_1^{0,1} & u_2^{1,1} & u_1^{1,1} & \phi^1 & u_2^{0,2} & u_3^{0,2} & \mathring{u}_3^{0,2} & u_1^{0,2} \end{bmatrix}$$

$$\begin{bmatrix} \mathring{u}_1^{0,2} & u_2^{1,2} & u_1^{1,2} & \phi^2 & u_2^{0,3} & u_2^{1,3} & u_1^{1,3} & \phi^3 & u_2^{0,4} & u_2^{1,4} & u_1^{1,4} & \phi^4 \end{bmatrix}^{\mathrm{T}}$$

$$(4.62)$$

式中,

$$\alpha_1 = 1, \qquad \alpha_2 = x, \qquad \alpha_3 = f_x, \quad \alpha_4 = z\bar{R}$$
$$\alpha_5 = f_z, \qquad \alpha_6 = \bar{R}, \qquad \alpha_7 = x\bar{R}$$
$$\bar{\alpha}_1 = \frac{f_{x,x}}{\bar{R}}, \quad \bar{\alpha}_2 = z\left(\bar{R}+1\right), \quad \bar{\alpha}_3 = z\bar{R} \tag{4.63}$$
$$\bar{\bar{\alpha}}_1 = \frac{f_{z,z}}{\bar{R}}, \quad \bar{\bar{\alpha}}_2 = x\bar{R}$$

将式 (4.60) 代入式 (4.57) 可得梁的有限元控制方程为

$$\boldsymbol{K}^e \boldsymbol{d}^e = \boldsymbol{F}^e \tag{4.64}$$

式中，

$$\boldsymbol{K}^e = \sum_i^7 \sum_j^7 \int \boldsymbol{B}_i^{\mathrm{T}} D_{ij} \boldsymbol{B}_j \left| J \right| R \mathrm{d}\xi + \sum_i^3 \sum_j^3 \int \bar{\boldsymbol{B}}_i^{\mathrm{T}} \bar{D}_{ij} \bar{\boldsymbol{B}}_j \left| J \right| R \mathrm{d}\xi$$
$$+ \sum_i^2 \sum_j^2 \int \bar{\bar{\boldsymbol{B}}}_i^{\mathrm{T}} \bar{\bar{D}}_{ij} \bar{\bar{\boldsymbol{B}}}_j \left| J \right| R \mathrm{d}\xi \tag{4.65}$$

刚度系数的具体形式为

$$D_{ij} = \int C_{11} \alpha_i \alpha_j \frac{\mathrm{d}x\mathrm{d}z}{\bar{R}}, \qquad\qquad i, j = 1, 2, \cdots, 7$$
$$\bar{D}_{1i} = \bar{D}_{i1} = \int C_{66} \bar{\alpha}_i \bar{\alpha}_1 \frac{\mathrm{d}x\mathrm{d}z}{\bar{R}}, \quad i = 1, 2, 3$$
$$\bar{D}_{ij} = \frac{C_k}{hb^3/12} \int C_{66} \bar{\alpha}_i \bar{\alpha}_j \frac{\mathrm{d}x\mathrm{d}z}{\bar{R}}, \quad i, j = 2, 3 \tag{4.66}$$
$$\bar{\bar{D}}_{1i} = \bar{\bar{D}}_{i1} = \int C_{44} \bar{\bar{\alpha}}_i \bar{\bar{\alpha}}_1 \frac{\mathrm{d}x\mathrm{d}z}{\bar{R}}, \quad i = 1, 2$$
$$\bar{\bar{D}}_{22} = \frac{C_k}{hb^3/12} \int C_{44} \bar{\bar{\alpha}}_2 \bar{\bar{\alpha}}_2 \frac{\mathrm{d}x\mathrm{d}z}{\bar{R}}$$

利用本小节介绍的四节点 24 自由度三维三阶曲梁单元分析工字曲梁结构，该工字曲梁示意图和几何尺寸如图 4.18 所示，材料属性为 $E = 2.0 \times 10^5$ 和 $v = 0.0$，三种单元数量计算得到的最大位移结果见表 4.3，位移云图如图 4.19 所示。

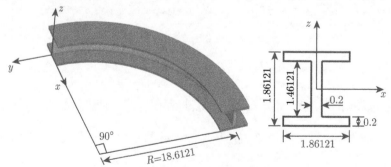

图 4.18 工字曲梁示意图和几何尺寸

表 4.3 三种单元数量计算得到的最大位移结果

位移	单元数量		
	5	15	25
u_1	9.4564	9.4949	9.4995
u_2	9.7876	9.7900	9.7903
u_3	12.5294	12.5356	12.5363

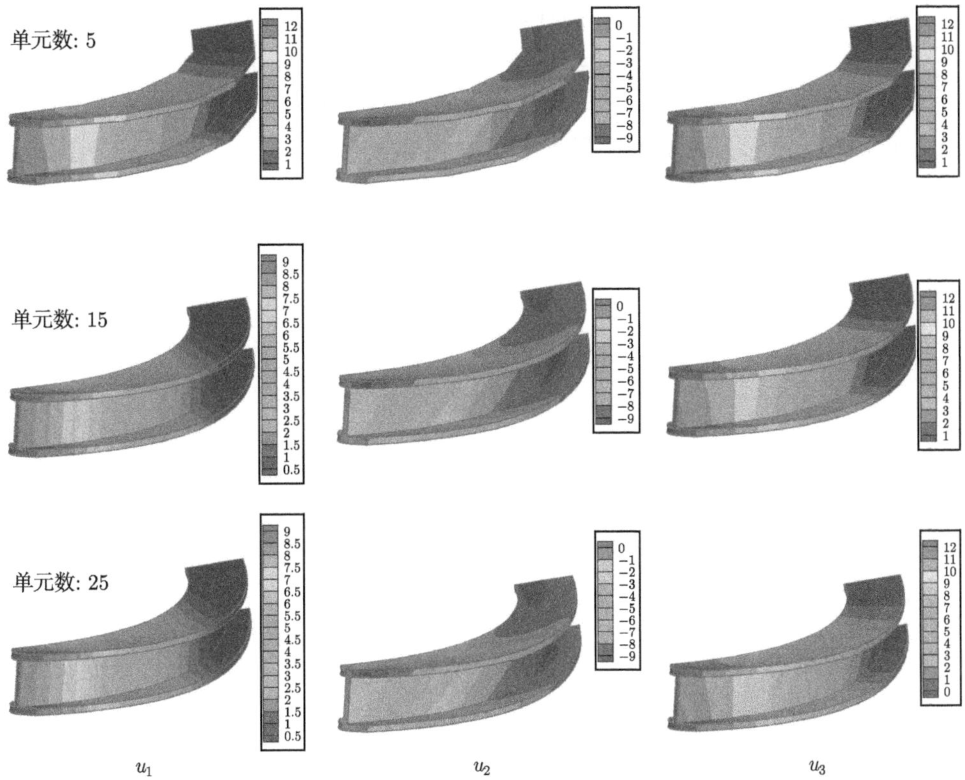

图 4.19 工字曲梁的位移云图

4.3 复合材料加筋结构的分析方法

通常有三种基本思路用于分析复合材料加筋结构：① 将加强筋对响应的影响等效弥散到板壳上，然后基于板壳理论分析整体结构的响应；② 将加强筋等效成梁，然后通过加强筋与板壳的位移协调或相互作用力进行耦合分析；③ 加强筋和板壳都用板壳理论建模，然后通过加强筋与板壳的位移协调或相互作用力进行耦合分析 [48,49]。第 ① 种思路实现简单且计算量小，但分析精度低，是早期广泛应用的分析方法，很难满足现代工程结构设计所需的精度要求。第 ③ 种思路虽然分析精度高，但计算量大且适用范围小，不能处理复杂加强筋结构。第 ② 种思路兼顾了精度和计算量两个方面，但仍然不能处理复杂加强筋，且加筋结构的等效会引入较大误差，对分析人员的经验要求很高。

4.3.1 等效刚度法

如果复合材料加筋结构的加强件数量足够多，或间距足够小，可将加强筋的刚度等效到板上，从而得到整个加筋板的等效刚度，然后利用板壳理论得到加筋结构的结果。面内 (薄膜) 和面外 (弯曲) 两种特性均可以如此处理。复合材料加筋板横截面如图 4.20 所示，假设加强件间距为 d_s，板的宽度是 b_p。

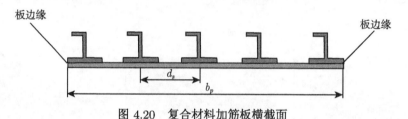

图 4.20 复合材料加筋板横截面

从式 (4.12) 可以看出，蒙皮加强件组合的等效面内刚度是蒙皮和加强件各自刚度之和。这意味着，整个板的刚度就是单位宽度薄膜刚度，可由蒙皮和加强件各自对应项之和求得

$$(A_{ij})_{\text{eq}} = (A_{ij})_{\text{skin}} + (A_{ij})_{\text{stiff}} \tag{4.67}$$

此外，根据式 (4.12)，有

$$(A_{ij})_{\text{stiff}} = n_s (A_{ij})_{\text{singlestiff}} \tag{4.68}$$

式中，n_s 为加强件的数量。

在确定加强件的数量时会涉及由板边缘存在或不存在加强件引起的一些近似问题，如果板边缘处确实存在加强件，如图 4.20 所示，则加强件的数量可由下列方程给出：

$$n_s = \text{int}\left(\frac{b_p}{d_s}\right) + 1 \tag{4.69}$$

式中，int(*) 表示整数，即当括号内的数量被圆整为最接近的整数。

如果加强件间距足够小，可将式 (4.69) 等号右边的第二项略去，由式 (4.70) 近似给出加强件数量：

$$n_s \approx \frac{b_p}{d_s} \tag{4.70}$$

如果板边缘处不存在加强件，即在板的某一侧蒙皮外伸，必须从式 (4.70) 中的 b_p 中减去蒙皮总的外伸量。此外，当 b_p 足够大或 d_s 足够小时，可使用式 (4.70)。值得注意的是，式 (4.70) 通常是有理数，因为只有合理选择 b_p 和 d_s 的值，商数 b_p/d_s 才为整数。但是，为进行刚度估算，使用由式 (4.70) 求得的有理数不进行圆整作为合理的近似值。

下面估算单个加强件的 A_{ij}，方法是取整个蒙皮宽度 b_p 上相应加强件薄膜刚度的平均值，对于 A_{11} 有

$$(A_{11})_{\text{singlestiff}} = \frac{(EA)_{\text{stiff}}}{b_p} \tag{4.71}$$

将式 (4.68)、式 (4.70) 和式 (4.71) 代入式 (4.67)，认为一维加强件除了轴向刚度外，其余刚度均可忽略不计，由此，A 矩阵的各项为

$$(A_{11})_{\text{eq}} \approx (A_{11})_{\text{skin}} + \frac{(EA)_{\text{stiff}}}{d_s}, \quad (A_{12})_{\text{eq}} \approx (A_{12})_{\text{skin}}$$

$$(A_{22})_{\text{eq}} \approx (A_{22})_{\text{skin}}, \qquad\qquad (A_{66})_{\text{eq}} \approx (A_{66})_{\text{skin}} \tag{4.72}$$

以类似的方式，对弯曲刚度进行推导，基于式 (4.19)，单位宽度上的弯曲刚度可写为

$$(D_{ij})_{\text{eq}} = (D_{ij})_{\text{skin}} + (D_{ij})_{\text{stiff}} \tag{4.73}$$

同时，有

$$(D_{ij})_{\text{stiff}} = n_s (D_{ij})_{\text{singlestiff}} \tag{4.74}$$

对于单个加强件的弯曲刚度 D_{ij}，可将其扩展到整个宽度 b_p 上求解，即

$$(D_{11})_{\text{singlestiff}} = \frac{(EI)_{\text{stiff}}}{b_p} \tag{4.75}$$

虽然在这些方向上加强件的弯曲刚度对 D_{11} 和 D_{22} 项的贡献可忽略不计，但对 D_{66} 的贡献还需要进行详细推导。

考虑图 4.21 所示的情况，受扭矩作用的层合板会发生变形，图 4.21 中的 α 角为

$$\alpha = \frac{\partial w}{\partial x} \tag{4.76}$$

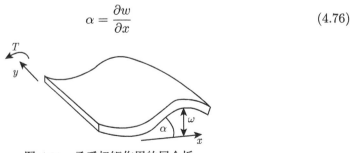

图 4.21　承受扭矩作用的层合板

根据扭转理论，α 角的变化率与坐标 y 的函数关系为

$$\frac{\mathrm{d}\alpha}{\mathrm{d}y} = \frac{T}{GJ} \tag{4.77}$$

式中，T 为作用的扭矩；G 为剪切模量；J 为极惯性矩。联立求解式 (4.76) 和式 (4.77)，得

$$\frac{\mathrm{d}\alpha}{\mathrm{d}y} = \frac{\partial^2 w}{\partial x \partial y} = \frac{T}{GJ} \tag{4.78}$$

根据经典板壳理论，单位宽度上的扭矩为

$$M_{xy} = -2D_{66}\frac{\partial^2 w}{\partial x \partial y} \tag{4.79}$$

由于

$$\frac{T}{b_p} = -M_{xy} \tag{4.80}$$

可联立求解式 (4.78)~式 (4.80)，并考虑单个加强件，得

$$(D_{66})_{\text{singlestiff}} = \frac{(GJ)_{\text{stiff}}}{2b_p} \tag{4.81}$$

式 (4.81) 类似于式 (4.75)，但是在分母上出现了系数 2。考虑所有加强件的贡献，并使用式 (4.70)，对于蒙皮/加强件的组合构型，所有加强件对 D_{66} 的贡献为

$$D_{66} = n_s (D_{66})_{\text{singlestiff}} = \frac{(GJ)_{\text{stiff}}}{2d_s} \tag{4.82}$$

最后，联立求解式 (4.73)~式 (4.75) 和式 (4.82)，加筋板弯曲刚度的最终近似表达式为

$$(D_{11})_{\text{eq}} \approx (D_{11})_{\text{skin}} + \frac{(EI)_{\text{stiff}}}{d_s}, \quad (D_{12})_{\text{eq}} \approx (D_{12})_{\text{skin}}$$

$$(D_{22})_{\text{eq}} \approx (D_{22})_{\text{skin}}, \qquad\qquad (D_{66})_{\text{eq}} \approx (D_{66})_{\text{skin}} + \frac{(GJ)_{\text{stiff}}}{2d_s} \tag{4.83}$$

式 (4.83) 类似于式 (4.72)。如果加强件为开剖面，则式 (4.83) 的最后一式中的极惯性矩小到可忽略，进而加强件的贡献 (该式中的第 2 项) 可全部忽略不计。如果加强件为闭剖面 (如帽形加强件)，则式 (4.83) 的最后一式中等号右边的第 2 项有的值相当大，不能忽略不计。除了当加强件数量较少时可由式 (4.70) 导出近似值外，依据忽略了拉-弯耦合项 (B 矩阵的贡献) 这一事实而得出的式 (4.83) 也是近似的。图 4.20 中的蒙皮加强件横截面是非对称的，并且加强件和蒙皮的轴向刚度对弯曲刚度是有贡献的，这些类似于非对称层合板的 B 矩阵项，随着加强件尺寸的增大，如腹板高度增大，其作用也就变得更为重要。只有当蒙皮两侧的加强件为镜面对称的情况下，呈现出相对蒙皮中面对称的构型时，此时耦合项为 0，式 (4.83) 中不需要附加的修正项。

4.3.2　复合材料加筋结构的逐层/实体元方法

本书作者基于逐层理论和三维实体有限元建立一种复合材料加筋板壳结构的分析方法 [45,46,50]，该方法既可以得到板壳的精确应力位移结果，又可以在没有任何假设的情况下考虑任意复杂的加强筋结构。与等效单层理论不同的是，逐层理论中板壳上、下面板的位移自由度出现在最后控制方程中，所以逐层理论建立的面板控制方程可以很方便地与三维实体有限单元建立的夹芯控制方程耦合，而且能完全保证界面上的位移连续性和内力平衡。复合材料加筋层合圆柱壳结构 LW/SE 耦合分析方法示意图如图 4.22 所示，圆柱壳结构的问题域采用四边形平面单元离散，加强筋结构则采用八节点实体单元离散。另外，为了方便应用位移协调条件和内力平衡条件建立复合材料层合板壳结构的总体控制方程，在复合材料层合板壳结构与加强筋结构相互接触区域单元节点应保持一致。

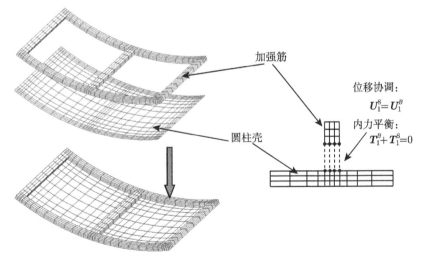

图 4.22　复合材料加筋层合圆柱壳结构 LW/SE 耦合分析方法示意图

加筋结构采用三维六面体单元建模，六面体单元的局部坐标系和全局坐标系如图 4.23 所示，所以加强筋任意一点的位移可以表示为

$$u_\alpha = \sum_{i=1}^{n_{elm}} N_i \left\{ \begin{array}{c} \tilde{u}_{1i} \\ \tilde{u}_{2i} \\ \tilde{u}_{3i} \end{array} \right\} = \sum_{i=1}^{n_{elm}} N_i \tilde{u}_{\alpha i} \tag{4.84}$$

式中，$\tilde{u}_{\alpha i} = [\tilde{u}_{1i}, \tilde{u}_{2i}, \tilde{u}_{3i}]^{\mathrm{T}}$ 为位移的节点值；N_i 为单元形函数；n_{elm} 为加强筋的有限元节点数。

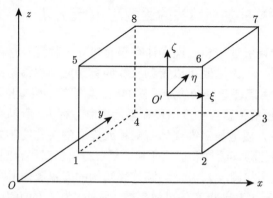

图 4.23　六面体单元的局部坐标系和全局坐标系

取六面体单元的形函数为

$$N_i = \frac{1}{8}\left(1 + \xi_i \xi\right)\left(1 + \eta_i \eta\right)\left(1 + \zeta_i \zeta\right) \tag{4.85}$$

式中，ξ、η 和 ζ 为六面体单元的三个局部坐标。

则六面体单元的形函数对全局坐标系的导数为

$$\left\{\begin{array}{c} \dfrac{\partial N_i}{\partial x} \\[2mm] \dfrac{\partial N_i}{\partial y} \\[2mm] \dfrac{\partial N_i}{\partial z} \end{array}\right\} = \frac{1}{8}\boldsymbol{J}^{-1}\left\{\begin{array}{c} \xi_i\left(1 + \eta_i\eta\right)\left(1 + \zeta_i\zeta\right) \\ \eta_i\left(1 + \xi_i\xi\right)\left(1 + \zeta_i\zeta\right) \\ \zeta_i\left(1 + \xi_i\xi\right)\left(1 + \eta_i\eta\right) \end{array}\right\} \tag{4.86}$$

式中，$\boldsymbol{J}$ 为雅可比矩阵，具体表达式为

$$\boldsymbol{J} = \frac{1}{8}\sum_{j=1}^{8}\left\{\begin{array}{c} \xi_j\left(1 + \eta_j\eta\right)\left(1 + \zeta_j\zeta\right) \\ \eta_j\left(1 + \xi_j\xi\right)\left(1 + \zeta_j\zeta\right) \\ \zeta_j\left(1 + \xi_j\xi\right)\left(1 + \eta_j\eta\right) \end{array}\right\}$$

将式 (4.84) 代入弹性体的应变–位移方程中，并代入虚功原理可得

$$\sum_e \delta\tilde{\boldsymbol{u}}_i^{\mathrm{T}}\left[\int_{\Omega^e}\boldsymbol{B}_i^{\mathrm{T}}\left[\boldsymbol{\sigma}_0 + \boldsymbol{D}\left(\boldsymbol{B}_j\tilde{\boldsymbol{u}}_j - \boldsymbol{\varepsilon}_0\right)\right]\mathrm{d}v - \int_{\Omega^e}N_i\boldsymbol{b}\mathrm{d}v - \int_{\Gamma_t^e}N_i\bar{\boldsymbol{t}}\mathrm{d}\Gamma\right] = 0 \tag{4.87}$$

式中，$\boldsymbol{\sigma}_0$ 和 $\boldsymbol{\varepsilon}_0$ 分别为结构的初始残余应力和应变；$\boldsymbol{D}$ 为结构的刚度矩阵；$\boldsymbol{b}$ 和 $\bar{\boldsymbol{t}}$ 分别为结构的体积力和表面力；Ω^e 和 Γ_t^e 分别为单元的空间区域和边界。

完成式 (4.87) 中的单元积分及求和 (求和的过程即为单元刚度矩阵组装)，利用六面体单元离散的加强筋结构的控制方程可写为

$$\boldsymbol{K}_{ij}\tilde{\boldsymbol{u}}_j = \boldsymbol{f}_i \tag{4.88}$$

式中,

$$\boldsymbol{K}_{ij} = \sum_e \int_{\Omega^e} \boldsymbol{B}_i^{\mathrm{T}} \boldsymbol{D} \boldsymbol{B}_j \mathrm{d}\Omega$$

为加强筋结构的刚度矩阵。

$$\boldsymbol{f}_i = \sum_e \int_{\Gamma_t^e} N_i \bar{\boldsymbol{t}} \mathrm{d}\Gamma - \sum_{i=1}^{n_{elm}} \int_{\Omega^e} \left[\boldsymbol{B}_i^{\mathrm{T}} \left(\boldsymbol{\sigma}_0 - \boldsymbol{D}\boldsymbol{\varepsilon}_0 \right) - N_i \boldsymbol{b} \right] \mathrm{d}\Omega$$

为加强筋结构的等效载荷向量。

将复合材料层合板壳结构问题域中所有的位移自由度 $\boldsymbol{U}^{\mathrm{P}}$ 分为与加强筋结构连接的位移向量 $\boldsymbol{U}_1^{\mathrm{P}}$ (称为外部节点自由度) 和不与加强筋结构连接的位移向量 $\boldsymbol{U}_2^{\mathrm{P}}$ (称为内部节点自由度)。据此对式 (3.67) 进行行列变换,重写成以下形式:

$$\begin{bmatrix} \boldsymbol{M}_{11}^{\mathrm{P}} & \boldsymbol{M}_{12}^{\mathrm{P}} \\ \boldsymbol{M}_{21}^{\mathrm{P}} & \boldsymbol{M}_{22}^{\mathrm{P}} \end{bmatrix} \begin{Bmatrix} \ddot{\boldsymbol{U}}_1^{\mathrm{P}} \\ \ddot{\boldsymbol{U}}_2^{\mathrm{P}} \end{Bmatrix} + \begin{bmatrix} \boldsymbol{K}_{11}^{\mathrm{P}} & \boldsymbol{K}_{12}^{\mathrm{P}} \\ \boldsymbol{K}_{21}^{\mathrm{P}} & \boldsymbol{K}_{22}^{\mathrm{P}} \end{bmatrix} \begin{Bmatrix} \boldsymbol{U}_1^{\mathrm{P}} \\ \boldsymbol{U}_2^{\mathrm{P}} \end{Bmatrix} = \begin{Bmatrix} \boldsymbol{0} \\ \boldsymbol{F}_2^{\mathrm{P}} \end{Bmatrix} + \begin{Bmatrix} \boldsymbol{T}_1^{\mathrm{P}} \\ \boldsymbol{0} \end{Bmatrix} \tag{4.89}$$

式中,$\boldsymbol{F}_2^{\mathrm{P}}$ 和 $\boldsymbol{T}_1^{\mathrm{P}}$ 分别为复合材料层合板壳结构的外载荷向量和外部相互作用力向量 (复合材料层合板壳结构与加强筋之间的相互作用力);下标 1 表示位移、加速度以及载荷向量是与外部节点相关的;下标 2 表示位移、加速度以及载荷向量是与内部节点相关的。

利用三维六面体单元离散加筋结构,其控制方程为式 (4.88)。同理,对加强筋结构的控制方程进行相同处理 (式 (4.90) 中符号和角标的含义与式 (4.89) 相同)

$$\begin{bmatrix} \boldsymbol{M}_{11}^{\mathrm{S}} & \boldsymbol{M}_{12}^{\mathrm{S}} \\ \boldsymbol{M}_{21}^{\mathrm{S}} & \boldsymbol{M}_{22}^{\mathrm{S}} \end{bmatrix} \begin{Bmatrix} \ddot{\boldsymbol{U}}_1^{\mathrm{S}} \\ \ddot{\boldsymbol{U}}_2^{\mathrm{S}} \end{Bmatrix} + \begin{bmatrix} \boldsymbol{K}_{11}^{\mathrm{S}} & \boldsymbol{K}_{12}^{\mathrm{S}} \\ \boldsymbol{K}_{21}^{\mathrm{S}} & \boldsymbol{K}_{22}^{\mathrm{S}} \end{bmatrix} \begin{Bmatrix} \boldsymbol{U}_1^{\mathrm{S}} \\ \boldsymbol{U}_2^{\mathrm{S}} \end{Bmatrix} = \begin{Bmatrix} \boldsymbol{0} \\ \boldsymbol{F}_2^{\mathrm{S}} \end{Bmatrix} + \begin{Bmatrix} \boldsymbol{T}_1^{\mathrm{S}} \\ \boldsymbol{0} \end{Bmatrix} \tag{4.90}$$

根据复合材料层合板壳结构与加强筋结构相互连接区域的位移协调条件和内力平衡条件 ($\boldsymbol{U}_1^{\mathrm{P}} = \boldsymbol{U}_1^{\mathrm{S}}$, $\boldsymbol{T}_1^{\mathrm{P}} + \boldsymbol{T}_1^{\mathrm{S}} = 0$),将式 (4.89) 的第一行与式 (4.90) 的第一行相加,得

$$\left(\boldsymbol{K}_{11}^{\mathrm{P}} + \boldsymbol{K}_{11}^{\mathrm{S}} \right) \ddot{\boldsymbol{U}}_1^{\mathrm{S}} + \boldsymbol{K}_{12}^{\mathrm{S}} \boldsymbol{U}_2^{\mathrm{S}} + \boldsymbol{K}_{12}^{\mathrm{P}} \boldsymbol{U}_2^{\mathrm{P}}$$
$$+ \left[\left(\boldsymbol{M}_{11}^{\mathrm{P}} + \boldsymbol{M}_{11}^{\mathrm{S}} \right) \ddot{\boldsymbol{U}}_1^{\mathrm{S}} + \boldsymbol{M}_{12}^{\mathrm{S}} \ddot{\boldsymbol{U}}_2^{\mathrm{S}} + \boldsymbol{M}_{12}^{\mathrm{P}} \ddot{\boldsymbol{U}}_2^{\mathrm{P}} \right] = 0 \tag{4.91}$$

将式 (4.91) 与式 (4.89) 第二行和式 (4.90) 的第二行联立,则可得到复合材料加筋层合圆柱壳结构的总体控制方程,写成矩阵形式为

$$\begin{bmatrix} \boldsymbol{M}_{11}^{\mathrm{P}} + \boldsymbol{M}_{11}^{\mathrm{S}} & \boldsymbol{M}_{12}^{\mathrm{P}} & \boldsymbol{M}_{12}^{\mathrm{S}} \\ \boldsymbol{M}_{21}^{\mathrm{P}} & \boldsymbol{M}_{22}^{\mathrm{P}} & \boldsymbol{0} \\ \boldsymbol{M}_{21}^{\mathrm{S}} & \boldsymbol{0} & \boldsymbol{M}_{22}^{\mathrm{S}} \end{bmatrix} \begin{Bmatrix} \ddot{\boldsymbol{U}}_1^{\mathrm{P}} \\ \ddot{\boldsymbol{U}}_2^{\mathrm{P}} \\ \ddot{\boldsymbol{U}}_2^{\mathrm{S}} \end{Bmatrix}$$

$$+ \begin{bmatrix} \boldsymbol{K}_{11}^{\mathrm{P}} + \boldsymbol{K}_{11}^{\mathrm{S}} & \boldsymbol{K}_{12}^{\mathrm{P}} & \boldsymbol{K}_{12}^{\mathrm{S}} \\ \boldsymbol{K}_{21}^{\mathrm{P}} & \boldsymbol{K}_{22}^{\mathrm{P}} & 0 \\ \boldsymbol{K}_{21}^{\mathrm{S}} & 0 & \boldsymbol{K}_{22}^{\mathrm{S}} \end{bmatrix} \begin{Bmatrix} \boldsymbol{U}_1^{\mathrm{P}} \\ \boldsymbol{U}_2^{\mathrm{P}} \\ \boldsymbol{U}_2^{\mathrm{S}} \end{Bmatrix} = \begin{Bmatrix} 0 \\ \boldsymbol{F}_2^{\mathrm{P}} \\ \boldsymbol{F}_2^{\mathrm{S}} \end{Bmatrix} \tag{4.92}$$

本算例的目的是验证逐层/实体元分析方法在复杂加筋结构方面的适应性，研究对象为与半硬壳式飞机机身结构类似的复杂复合材料加筋圆柱壳。该结构的几何示意图，以及有限元网格划分如图 4.24 所示。桁条两端为简支边界，框两端为固支边界，每个小四边形框的中心均作用单位集中载荷，复合材料层合蒙皮的铺层顺序为 $[0°/90°/0°]$。复合材料层合蒙皮的所有单层具有相同的材料性能：$E_1 = 275.86\,\mathrm{GPa}$，$E_2 = E_{33} = 6.8966\,\mathrm{GPa}$，$G_{23} = 4.1379\,\mathrm{GPa}$，$G_{12} = G_{13} = 3.4483\,\mathrm{GPa}$，$\nu_{23} = 0.25$，$\nu_{12} = \nu_{13} = 0.25$，$\rho = 27679.9\,\mathrm{kg/m^3}$。加强筋结构的材料性能为 $E = 275.86\,\mathrm{GPa}$，$\nu = 0.25$，$\rho = 2767.9\,\mathrm{kg/m^3}$。其变形图如图 4.24 所示。

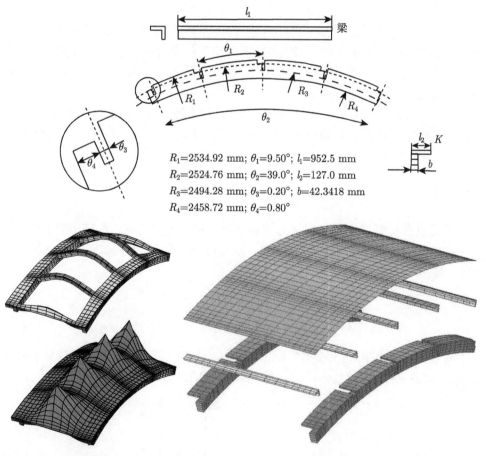

$R_1 = 2534.92\,\mathrm{mm}$；$\theta_1 = 9.50°$；$l_1 = 952.5\,\mathrm{mm}$
$R_2 = 2524.76\,\mathrm{mm}$；$\theta_2 = 39.0°$；$l_2 = 127.0\,\mathrm{mm}$
$R_3 = 2494.28\,\mathrm{mm}$；$\theta_3 = 0.20°$；$b = 42.3418\,\mathrm{mm}$
$R_4 = 2458.72\,\mathrm{mm}$；$\theta_4 = 0.80°$

图 4.24 具有复杂加筋结构的复合材料层合圆柱壳结构的几何示意图、网格划分图及变形图

4.3.3 复合材料加筋板的屈曲破坏

复合材料加筋结构所有最重要的破坏模式如图 4.25 所示，包括加强件铆钉间屈曲和加强件局部失稳、加强件柱屈曲、加强件和蒙皮的材料破坏、蒙皮与加强件分离、加强件间蒙皮屈曲以及板整体屈曲。在实际情况中，除非对设计提出明确要求，否则图 4.25 中的几种破坏模式不会同时出现。在特定情况下，使某些 (或全部) 破坏模式同时出现的设计属于最有效的设计，没有部件处于过设计状态，但这往往是不切实际的。

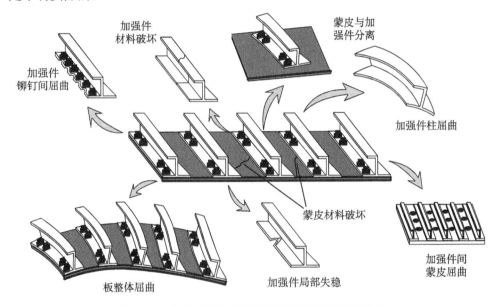

图 4.25　复合材料加筋结构所有最重要的破坏模式

在上述所有破坏模式中，屈曲破坏是最重要和最常见的模式。对于加筋板屈曲破坏，通常有两种基本设计思想。第一种设计思想是非屈曲设计，即要求所有构件不发生屈曲，在这样的情况下，加强件必须具有如此特性，即板的屈曲载荷作为一个整体等于加强件之间蒙皮的屈曲载荷，局部屈曲和总体屈曲两种破坏模式同时出现。第二种设计思想允许蒙皮发生屈曲，但是在蒙皮达到所希望的后屈曲载荷和发生破坏之前，加强件必须保持完好无损并不发生弯曲。

根据式 (4.11)，加筋板总作用力 F_{TOT} 在蒙皮和长桁之间是按照各自的面内刚度 EA 分配的。如图 4.26 所示，蒙皮的面内刚度 EA 用 bA_{11} 近似表示，更精确的表达式应为 $b(A_{11} - A_{12}^2/A_{22})$ (式 (4.6))，此处忽略了第 2 项的影响，假设蒙皮具有至少 40% 的 0° 铺层与载荷方向一致，从而使 $A_{12} \ll A_{11}$。如果不能满足这一要求，可采用式 (4.11)。单独作用在蒙皮上的力为

$$F_{\text{skin}} = \frac{bA_{11}}{bA_{11} + b\dfrac{EA}{d_s}} F_{\text{TOT}} = \frac{A_{11}}{A_{11} + \dfrac{EA}{d_s}} F_{\text{TOT}} \tag{4.93}$$

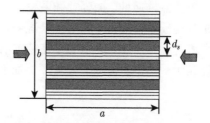

图 4.26　压缩载荷作用下的加筋板

单独作用在单位长度蒙皮上的力为

$$N_x^{\text{skin}} = \frac{F_{\text{skin}}}{b} \tag{4.94}$$

加强件必须具有的最小弯曲刚度为

$$EI = D_{11}d_s \left\{ \sqrt{\frac{D_{22}}{D_{11}}} \left[2\lambda \bar{A}R^2 - \sqrt{\frac{D_{22}}{D_{11}}} \bar{A}R^4 \right] + \frac{2(D_{12}+2D_{66})}{D_{11}} \left[\lambda \bar{A}R^2 - (AR)^2 \right] - 1 \right\} \tag{4.95}$$

式中，$\bar{A}R^2$ 为加强筋间隔区域的板的长宽比 a/d_s；AR 为整板的长宽比 a/b。

该临界刚度使加强件与蒙皮之间的屈曲与加筋板整体屈曲同时发生，如果 EI 大于式 (4.95) 等号右边的值，则加强件之间的蒙皮首先发生屈曲。

假设蒙皮在整个 b_{eff} 宽度上受载，在蒙皮承载达到破坏载荷之前，加强件必须始终保持直线。该载荷等于加强件之间蒙皮的屈曲载荷乘以后屈曲比。通常，当蒙皮已发生屈曲时，作用在其上的压缩载荷不是常数，而且其整个宽度上的蒙皮应变也不是常数。如果用图 4.27 中的宽度 b_{eff} 代替蒙皮，则在整个 b_{eff} 宽度上的蒙皮载荷为常数，而由式 (4.6) 的逆方程给出的应变也是常数。因此，应变是满足相容性的。

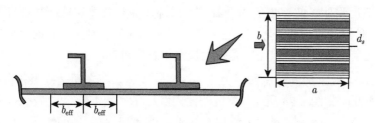

图 4.27　后屈曲加筋板上加强件邻近的有效蒙皮宽度

考虑图 4.27 中所示蒙皮的 $2b_{\text{eff}}$ 部分及其相应的加强件，根据式 (4.11)，可以

分别求得作用在蒙皮和加强件上的力为

$$F_{\text{skin}} = \frac{A_{11}\dfrac{b}{d_s}2b_{\text{eff}}}{A_{11}\dfrac{b}{d_s}2b_{\text{eff}} + EA\dfrac{b}{d_s}}F_{\text{TOT}} = \frac{2A_{11}b_{\text{eff}}}{2A_{11}b_{\text{eff}} + EA}F_{\text{TOT}}$$

$$F_{\text{stiff}} = \frac{EA}{2A_{11}b_{\text{eff}} + EA}F_{\text{TOT}}$$

(4.96)

式中，EA 为每一加强件的薄膜刚度。

对于单个加强件，将式 (4.96) 中第二式的右边除以加强件数量，得

$$F_{\text{stiff}} = \frac{d_s}{b}\frac{EA}{2A_{11}b_{\text{eff}} + EA}F_{\text{TOT}}$$

(4.97)

加强件的最小弯曲刚度为

$$EI = (\lambda - 1)(PB)d_s\frac{d_s}{2b_{\text{eff}}}\left[D_{11}k^2 + 2\left(D_{12} + 2D_{66}\right)\left(\bar{A}R\right)^2 + D_{22}\frac{\left(\bar{A}R\right)^4}{k^2}\right]$$

(4.98)

式中，

$$\frac{d_s}{b_{\text{eff}}} = 2\left[1 + 2\left(1 + \frac{A_{12}}{A_{11}}\right)\left(1 - \frac{1}{PB}\right)\frac{A_{11}}{A_{11} + 3A_{22}}\right]$$

(4.99)

因此，在达到后屈曲状态的最终破坏载荷之前，这些加强件不会发生屈曲，这将保证加强件始终保持直线，起到"板屈曲分隔件"的作用，直至达到板的破坏载荷。应该注意的是，式 (4.99) 中的 EI 是通过参数 λ 与加强件的 EA 建立关系的，所以两者并不完全独立，可能需要在加强件的几何参数和铺层组之间进行数次迭代，以达到所需的弯曲刚度。

4.3.4　复合材料蒙皮与加强件分离损伤

当载荷在蒙皮与加强件之间传递时，在它们的界面或缘条边缘处会形成面外载荷，即使蒙皮受面内载荷作用，仍可能形成面外载荷并导致加强件与蒙皮分离。面外应力的形成存在两种主要机理，下面将分别对其进行详细讨论。

第一种机理与无应力边界 (如缘条边缘) 的存在有关，一个部件 (如缘条) 内存在的载荷，在接近自由边时，必须传递给另一个部件，由自由边所引起的局部刚度不一致产生面外应力，这是缘条与蒙皮分离的主要原因，如图 4.28 所示。

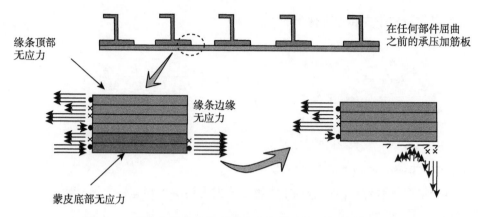

图 4.28　屈曲之前在缘条和蒙皮之间界面处面外应力的形成

在远离缘条的边缘，靠近加强件腹板与缘条交界处，形成两维应力状态，一旦已知局部载荷，即可使用经典板壳理论求得。从壁板中取一段，其中包括缘条边缘及其下面的蒙皮，使其处于平衡状态，如图 4.28 的左下部所示。然后，如果单独截取出缘条剖面，除非在缘条和蒙皮之间的界面处形成面外剪切应力和法向应力，否则其不能处于平衡状态，这是可能出现这种状态的唯一部位，因为按照定义，缘条顶部和缘条右边缘是无应力的。将图 4.28 底部右侧的截面详图放大，如图 4.29 所示。

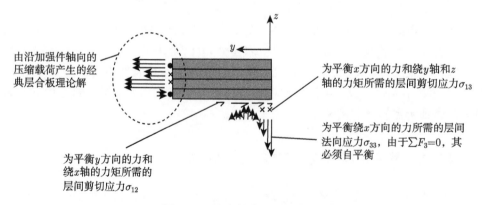

图 4.29　缘条的自由体受力图

为了进行讨论，假设图 4.28 和图 4.29 中的蒙皮和加强件是承压的，并建立局部坐标系 (x, y)。为了保持 y 方向力的平衡，在缘条-蒙皮界面处必须形成层间剪切应力 τ_{23}，根据经典板壳理论，缘条左端存在面内剪切应力将导致 z 方向的有效力，为平衡此力，在缘条-蒙皮界面处也必须形成层间剪切应力 τ_{13}。最后，为了平衡此力矩，在缘条-蒙皮界面处必须形成面外法向应力 σ_{33}。然而，由于在图 4.29 中

的 z 方向不存在有效力, 应力 σ_{33} 必须自平衡。因此, 在其起作用的整个区域内, 一部分区域应承受拉应力, 其余部位应承受压应力, 这就是在图 4.29 中 σ_{33} 以拉应力和压应力两种形式同时出现的原因。

　　导致这些剥离应力的第二种机理与后屈曲情况下蒙皮屈曲后的变形有关, 如图 4.30 所示。由图 4.30 可见, 屈曲区域存在蒙皮与加强件分离情况, 这将导致蒙皮与加强件的界面上出现剥离应力, 这可能导致蒙皮与加强件分离, 此时, 在压缩、剪切载荷或组合载荷的作用下, 蒙皮的屈曲成为先决条件。

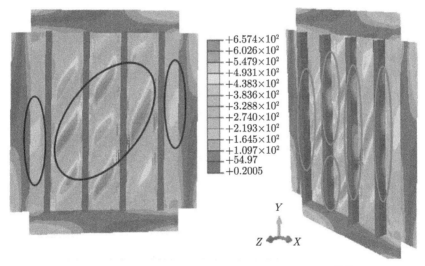

图 4.30　在剪切载荷作用下加筋板的后屈曲形状 [51]

　　对于如何确定给定载荷情况下蒙皮和加强件之间的应力问题, 已经发展了许多不同的方法, 采用详细的有限元方法, 可获得最高的精度, 但要付出相对高的计算成本, 由于此方法要求将受关注区域 (或界面) 划分成精细的网格, 这使得在设计环境下难以使用这一方法, 因为此时必须快速对许多构型进行相互比较, 以便得到最佳候选构型。在实际设计过程中, 进行筛选候选设计和进行首轮评估时, 可使用较简单的方法, 一旦选定最佳候选设计, 再采用有限元方法做更详细的分析, 以得到更精确的预测值。

　　当计算蒙皮与加强件界面处的应力时, 通常假设加强件缘条与蒙皮之间处于良好胶接状态, 并利用面外失效准则, 以确定分离损伤的起始, 这种方法可能是相当保守的, 因为在蒙皮与加强件界面处开始的分离极少发展为某种不稳定形式而导致最终的破坏。另外一种方法是基于能量释放率计算的。

4.4 复合材料夹芯结构分析方法

复合材料夹芯结构中夹芯的作用是增加夹芯结构的弯曲刚度，使材料远离横截面的中性轴。通常，夹芯的刚度和强度比面板的低得多。图 4.31 中所示的夹芯结构在弯矩 M、面内轴向载荷 N 和剪切载荷 V 作用下，所有载荷均由面板承受，其中，弯矩可分解为一对力偶，即一块面板上单位宽度上的正向力 N_m 和另一块面板上单位宽度上的大小相等方向相反的力 $-N_m$，且满足关系

$$N_m = \frac{M}{t_\mathrm{c} + t_\mathrm{f}}$$

轴向载荷 N 和剪切载荷 V 在两面板之间均等分摊，夹芯在某些方向上仍然必须具有最小的强度和刚度，保证在固化过程中夹芯结构不会因承受压力而发生坍塌，载荷能在面板之间有效传递。图 4.31 给出夹芯结构的主要设计参数，除了决定整个夹芯结构弯曲刚度的夹芯厚度 t_c 外，最重要的夹芯特性是横向剪切刚度 (G_{13} 和 G_{23}) 及与之对应的横向剪切强度 (Z_{13} 和 Z_{12})，面外杨氏模量 (E) 及相应的拉伸强度和压缩强度 (Z_t 和 Z_c)。最后，对于图 4.31 所示的蜂窝夹芯情况，蜂窝芯格尺寸 s 在某些破坏模式中也起关键作用。

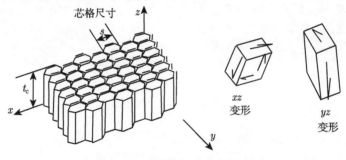

图 4.31　蜂窝芯格的几何尺寸

4.4.1 复合材料夹芯结构的弯曲刚度

在考虑弯曲问题时，可将夹芯结构作为一种层合板处理，夹芯只是另一种铺层，其刚度和强度可忽略，而厚度等于夹芯高度，可使用经典板壳理论来确定相应的 $\boldsymbol{A}$、$\boldsymbol{B}$ 和 $\boldsymbol{D}$ 矩阵。夹芯的存在并不改变 $\boldsymbol{A}$ 矩阵，但是如果总的铺层组是不对称的，则将严重影响 $\boldsymbol{B}$ 矩阵和 $\boldsymbol{D}$ 矩阵，这一点可通过式 (4.13) 获得的夹芯板的 $\boldsymbol{D}$ 矩阵看出。根据式 (4.13) 有

$$D_{ij} = 2\left(D_{ij}\right)_f + 2\left(A_{ij}\right)f\left(\frac{t_\mathrm{c} + t_\mathrm{f}}{2}\right)^2 \tag{4.100}$$

式 (4.100) 右边的系数 2 是因为计及两块面板, 等号右边第一项与式 (4.13) 中的 E_1 项相同, 而刚度 E 已包含在相应的 D_{ij} 项内, 等号右边第二项是刚度与距中性轴距离的乘积, 而式 (4.13) 中出现的模量这次集中在 A_{ij} 项内。

为了说明夹芯对增加夹芯结构弯曲刚度的影响, 考虑铺层组为 $(\pm45°)/(0°/90°)/(\pm45°)$ 的两块面板, 由不同高度的夹芯将其隔开, 每块面板各自的 A 和 D 矩阵 (其他元素为 0) 如下:

$$A_{11} = 28912.44\,\text{N/mm}, \quad D_{11} = 659.7\,\text{N·mm}$$

$$A_{12} = 12491.43\,\text{N/mm}, \quad D_{12} = 466.9\,\text{N·mm}$$

$$A_{22} = 28912.44\,\text{N/mm}, \quad D_{22} = 659.7\,\text{N·mm}$$

$$A_{66} = 13468.58\,\text{N/mm}, \quad D_{66} = 494.0\,\text{N·mm}$$

使用式 (4.100) 可以确定整个夹芯板的 D_{11}, 并除以每块面板的 D_{11}, 其比值与夹芯高度的函数关系曲线如图 4.32 所示。由图 4.32 可以看出, 即使是非常小的夹芯高度 (5mm), 也会导致弯曲刚度成千倍地增加, 在许多应用场合下使用的典型夹芯高度范围内, 夹芯使弯曲刚度的增加在 $4000 \sim 15000$ 倍。

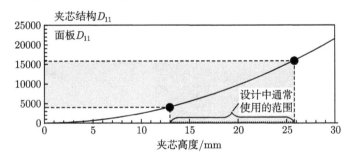

图 4.32　夹芯板弯曲刚度变化与夹芯高度的函数关系曲线

夹芯和胶结剂对夹芯结构重量增加的贡献是很小的, 但其使夹芯结构成为一种理想的结构形式, 以稳定性为首要考虑因素, 在承受高屈曲载荷的许多应用场合会显得更为重要。实际上, 合理选择面板材料、铺层组和夹芯材料及其高度, 在不考虑各种破坏模式时, 可使夹芯结构成为重量效率最高的结构。夹芯结构中的每一部分都可能发生破坏, 并且各自都存在不止一种破坏模式, 这些破坏模式中有些颇具约束性, 可能成为设计的主导因素, 从而导致夹芯结构并不总是比其他备选方案更为有效, 如加筋蒙皮结构。这取决于几何形状、载荷和设计理念, 例如, 是否允许后屈曲以及后屈曲比多大, 在后面将对这些破坏模式中最重要的模式展开讨论。

此外, 应指出的是, 在许多选用夹芯结构的工况中, 在夹芯结构的边缘采用斜坡以便与相邻结构连接, 而这种斜坡往往可能增加制造成本, 并导致其他破坏模式，因此必须对这些破坏模式进行校核以确保它们不会导致整个结构过早发生破坏。

4.4.2　复合材料夹芯结构逐层/实体元方法

在 4.3.2 节中介绍了本书作者提出的复合材料加筋结构的逐层/实体元方法，该方法也可以推广应用于复合材料夹芯结构 [44,52-55]，如果复合材料夹芯结构的夹芯利用三维实体有限单元离散并建立控制方程，而面板采用逐层理论建立控制方程，那么就可以有效避免横向剪切变形对分析精度的显著影响。

复合材料夹芯结构逐层/实体元分析方法如图 4.33 所示。夹芯结构的上下复合材料层合面板由逐层理论建模，夹芯结构则采用八节点实体元建模，然后通过面板和夹芯之间的位移协调和内力平衡耦合得到复合材料夹芯结构逐层/实体元方法的控制方程。本书的研究对象为复合材料蜂窝夹芯结构，其他类型夹芯结构的建模方法可类似地得到。

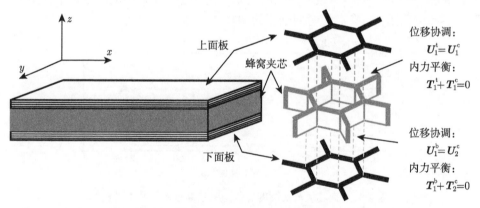

图 4.33　复合材料夹芯结构逐层/实体元分析方法

基于逐层理论建立的上下复合材料层合面板结构的控制方程为式 (3.67)。将上下面板结构的逐层理论控制方程中的所有位移自由度分为两部分，一部分位移自由度与夹芯结构连接，称为外部节点自由度，另一部分则称为内部节点自由度。据此，上下面板结构逐层理论控制方程可重写成以下形式：

对于上面板，有

$$
\begin{bmatrix} \boldsymbol{M}_{11}^{t} & \boldsymbol{M}_{12}^{t} \\ \boldsymbol{M}_{21}^{t} & \boldsymbol{M}_{22}^{t} \end{bmatrix} \left\{ \begin{array}{c} \ddot{\boldsymbol{U}}_{1}^{t} \\ \ddot{\boldsymbol{U}}_{2}^{t} \end{array} \right\} + \begin{bmatrix} \boldsymbol{K}_{11}^{t} & \boldsymbol{K}_{12}^{t} \\ \boldsymbol{K}_{21}^{t} & \boldsymbol{K}_{22}^{t} \end{bmatrix} \left\{ \begin{array}{c} \boldsymbol{U}_{1}^{t} \\ \boldsymbol{U}_{2}^{t} \end{array} \right\} = \left\{ \begin{array}{c} \boldsymbol{0} \\ \boldsymbol{F}_{2}^{t} \end{array} \right\} + \left\{ \begin{array}{c} \boldsymbol{T}_{1}^{t} \\ \boldsymbol{0} \end{array} \right\}
$$

$$(4.101)$$

对于下面板，有

$$
\begin{bmatrix} M_{11}^{b} & M_{12}^{b} \\ M_{21}^{b} & M_{22}^{b} \end{bmatrix} \begin{Bmatrix} \ddot{U}_{1}^{b} \\ \ddot{U}_{2}^{b} \end{Bmatrix} + \begin{bmatrix} K_{11}^{b} & K_{12}^{b} \\ K_{21}^{b} & K_{22}^{b} \end{bmatrix} \begin{Bmatrix} U_{1}^{b} \\ U_{2}^{b} \end{Bmatrix} = \begin{Bmatrix} 0 \\ F_{2}^{b} \end{Bmatrix} + \begin{Bmatrix} T_{1}^{b} \\ 0 \end{Bmatrix}
$$
(4.102)

式中，$\left[\ddot{U}_1^t, \ddot{U}_2^t\right]^T$ 和 $\left[U_1^t, U_2^t\right]^T$ 分别为根据外部节点自由度和内部节点自由度进行交换之后的上面板位移向量和加速度向量；$\left[\ddot{U}_1^b, \ddot{U}_2^b\right]^T$ 和 $\left[U_1^b, U_2^b\right]^T$ 分别为根据外部节点自由度和内部节点自由度进行交换之后的下面板位移向量和加速度向量；F_2^t 和 T_1^t 分别为上面板的外载荷向量和上面板与夹芯之间的相互作用力向量；F_2^b 和 T_1^b 分别为下面板的外载荷向量和下面板与夹芯之间的相互作用力向量；下标 1 表示位移、加速度以及载荷向量是与外部节点自由度相关的；下标 2 表示位移、加速度以及载荷向量是与内部节点自由度相关的。

利用三维六面体单元离散夹芯结构，其控制方程为式 (4.88)。同理，对夹芯结构的控制方程进行相同处理 (式 (4.103) 中符号和角标的含义与式 (4.102) 相同)，得

$$
\begin{bmatrix} M_{11}^{c} & M_{12}^{c} & M_{13}^{c} \\ M_{21}^{c} & M_{22}^{c} & M_{23}^{c} \\ M_{31}^{c} & M_{32}^{c} & M_{33}^{c} \end{bmatrix} \begin{Bmatrix} \ddot{U}_{1,t}^{c} \\ \ddot{U}_{1,b}^{c} \\ \ddot{U}_{2}^{c} \end{Bmatrix}
$$
$$
+ \begin{bmatrix} K_{11}^{c} & K_{12}^{c} & K_{13}^{c} \\ K_{21}^{c} & K_{22}^{c} & K_{23}^{c} \\ K_{31}^{c} & K_{32}^{c} & K_{33}^{c} \end{bmatrix} \begin{Bmatrix} U_{1,t}^{c} \\ U_{1,b}^{c} \\ U_{2}^{c} \end{Bmatrix} = \begin{Bmatrix} 0 \\ 0 \\ F_{2}^{c} \end{Bmatrix} + \begin{Bmatrix} T_{1,t}^{c} \\ T_{1,b}^{c} \\ 0 \end{Bmatrix}
$$
(4.103)

式中，上标 c 表示夹芯结构；$U_{1,t}^c$ 和 $\ddot{U}_{1,t}^c$ 分别为夹芯与上面板连接面上的位移向量和加速度向量；$U_{1,b}^c$ 和 $\ddot{U}_{1,b}^c$ 分别为夹芯与下面板连接面上的位移向量和加速度向量。

根据上面板与夹芯结构相互连接区域的位移协调和内力平衡条件 ($U_1^t = U_1^c$，$T_1^t + T_1^c = 0$)，将式 (4.101) 的第一行与式 (4.103) 的第一行相加，得

$$
\left(K_{11}^t + K_{11}^c\right) U_1^t + K_{12}^t U_2^t + K_{12}^c U_{1,b}^c + K_{13}^c U_2^c
$$
$$
+ \left[\left(M_{11}^t + M_{11}^c\right) \ddot{U}_1^t + M_{12}^t \ddot{U}_2^t + M_{12}^c \ddot{U}_{1,b}^c + M_{13}^c \ddot{U}_2^c\right] = 0
$$
(4.104)

根据下面板与夹芯结构相互连接区域的位移协调和内力平衡条件 ($U_1^b = U_1^c$，$T_1^b + T_1^c = 0$)，将式 (4.102) 的第一行与式 (4.103) 的第二行相加，得

$$K_{21}^{c}U_1^{t}+\left(K_{11}^{b}+K_{22}^{c}\right)U_1^{b}+K_{12}^{b}U_2^{b}+K_{23}^{c}U_2^{c}$$
$$+\left[M_{21}^{c}\ddot{U}_1^{t}+\left(M_{11}^{b}+M_{22}^{c}\right)\ddot{U}_1^{b}+M_{12}^{b}\ddot{U}_2^{b}+M_{23}^{c}\ddot{U}_2^{c}\right]=0 \tag{4.105}$$

将式 (4.104)、式 (4.105)、式 (4.101) 和式 (4.102) 的第二行以及式 (4.103) 的第三行联立，可得到复合材料夹芯结构的总体控制方程，写成矩阵形式为

$$
\begin{bmatrix}
M_{11}^{t}+M_{11}^{c} & M_{12}^{t} & M_{12}^{c} & 0 & M_{13}^{c} \\
M_{21}^{t} & M_{22}^{t} & 0 & 0 & 0 \\
M_{21}^{c} & 0 & M_{11}^{b}+M_{22}^{c} & M_{12}^{b} & M_{23}^{c} \\
0 & 0 & M_{21}^{b} & M_{22}^{b} & 0 \\
M_{31}^{c} & 0 & M_{32}^{c} & 0 & M_{33}^{c}
\end{bmatrix}
\begin{Bmatrix}
\ddot{U}_1^{t} \\
\ddot{U}_2^{t} \\
\ddot{U}_1^{b} \\
\ddot{U}_2^{b} \\
\ddot{U}_2^{c}
\end{Bmatrix}
$$

$$
+
\begin{bmatrix}
K_{11}^{t}+K_{11}^{c} & K_{12}^{t} & K_{12}^{c} & 0 & K_{13}^{c} \\
K_{21}^{t} & K_{22}^{t} & 0 & 0 & 0 \\
K_{21}^{c} & 0 & K_{11}^{b}+K_{22}^{c} & K_{12}^{b} & K_{23}^{c} \\
0 & 0 & K_{21}^{b} & K_{22}^{b} & 0 \\
K_{31}^{c} & 0 & K_{32}^{c} & 0 & K_{33}^{c}
\end{bmatrix}
\begin{Bmatrix}
U_1^{t} \\
U_2^{t} \\
U_1^{b} \\
U_2^{b} \\
U_2^{c}
\end{Bmatrix}
=
\begin{Bmatrix}
0 \\
F_2^{t} \\
0 \\
F_2^{b} \\
F_2^{c}
\end{Bmatrix}
$$

$$\tag{4.106}$$

从式 (4.106) 中可以看出面板与夹芯的耦合关系，式 (4.106) 中质量和刚度矩阵中右下角的 3×3 子矩阵为夹芯与下面板的耦合控制矩阵，它的形式与第 2 章中复合材料加筋结构逐层/实体元方法的控制矩阵相同。如果将夹芯和下面板看成整体，则式 (4.106) 可写成

$$
\begin{bmatrix}
M_{11}^{t}+M_{11}^{c} & M_{12}^{t} & _{12}M_{13}^{c} \\
M_{21}^{t} & M_{22}^{t} & 0 \\
_{21}M_{31}^{c} & 0 & M^{bc}
\end{bmatrix}
\begin{Bmatrix}
\ddot{U}_1^{t} \\
\ddot{U}_2^{t} \\
\ddot{U}_{12}^{bc}
\end{Bmatrix}
$$

$$
+
\begin{bmatrix}
K_{11}^{t}+M_{11}^{c} & K_{12}^{t} & _{12}K_{13}^{c} \\
K_{21}^{t} & K_{22}^{t} & 0 \\
_{21}K_{31}^{c} & 0 & K^{bc}
\end{bmatrix}
\begin{Bmatrix}
U_1^{t} \\
U_2^{t} \\
U_{12}^{bc}
\end{Bmatrix}
=
\begin{Bmatrix}
0 \\
F_2^{t} \\
F_2^{bc}
\end{Bmatrix}
\tag{4.107}
$$

式中，$M^{bc}=\begin{bmatrix} M_{11}^{b}+M_{22}^{c} & M_{12}^{b} & M_{23}^{c} \\ M_{21}^{b} & M_{22}^{b} & 0 \\ M_{32}^{c} & 0 & M_{33}^{c} \end{bmatrix}$ 为夹芯与下面板的耦合控制矩阵；

$$_{21}\boldsymbol{M}_{31}^{\mathrm{c}} = \left\{ \begin{array}{c} \boldsymbol{M}_{21}^{\mathrm{c}} \\ \boldsymbol{0} \\ \boldsymbol{M}_{31}^{\mathrm{c}} \end{array} \right\}; \ _{12}\boldsymbol{M}_{13}^{\mathrm{c}} = \left\{ \begin{array}{c} \boldsymbol{M}_{12}^{\mathrm{c}} \\ \boldsymbol{0} \\ \boldsymbol{M}_{21}^{\mathrm{c}} \end{array} \right\}^{\mathrm{T}} = [_{21}\boldsymbol{M}_{31}^{\mathrm{c}}]^{\mathrm{T}}; \ \text{其他刚度矩阵中的子矩}$$

阵可类似得到。

式 (4.107) 中夹芯和下面板组成的整体结构与上面板的耦合控制矩阵的形式也与 4.3.2 节中复合材料加筋结构逐层/实体元方法的控制矩阵相同，因此，可以递推得到 n 个子结构耦合得到的控制矩阵。

如图 4.34(a) 所示，如果所有的蜂窝夹芯胞元都按照真实结构建模 (称为全局模型)，而胞元的尺寸相对夹芯结构来说要小得多，这会导致模型的计算量巨大。为了有效减少计算量，可以先将蜂窝夹芯等效成横观各向同性材料，然后利用实体元进行建模分析，如图 4.34(b) 所示，该方法称为等效模型。虽然等效模型在最大程度上减小了计算量和建模难度，但同时与全局模型相比也降低了分析精度，且不能得到由集中载荷或点支撑等引起的局部效应。为了兼顾计算量和分析精度，尤其是局部响应问题，可以采用图 4.34(c) 所示的局部模型，对需要重点关注的局部区域胞元按照真实结构建模，而其他区域则采用等效方法处理。局部模型兼顾了全局模型和等效模型两者的优点，在减小计算量的情况下保证了分析精度，尤其是集中载荷作用下的局部响应。

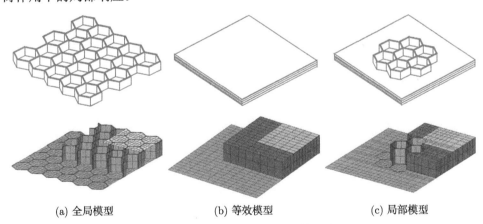

(a) 全局模型　　　　　　(b) 等效模型　　　　　　(c) 局部模型

图 4.34　夹芯结构的三种建模方法

正六边形蜂窝夹芯胞元及其几何尺寸如图 4.35 所示，图中 l 和 h 为夹芯结构的边长，H 为夹芯的高度，t 为夹芯的厚度，θ 为夹芯的特征角度。采用 Gibson 的方法等效蜂窝夹芯结构的材料性能参数，具体的等效过程简述如下。

假设蜂窝结构的相对密度 ρ^*/ρ_{s} 很小，即 t/l 很小，则相对密度为

$$\frac{\rho^*}{\rho_{\mathrm{s}}} = \frac{t/l\,(h/l+2)}{2\cos\theta\,(h/l+\sin\theta)} \tag{4.108}$$

式中，ρ^* 为等效密度；ρ_s 为夹芯材料的真实密度。

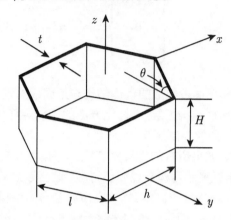

图 4.35　正六边形蜂窝夹芯胞元及其几何尺寸

对于正六边形蜂窝，$l = h$，$\theta = 30°$，则等效密度为

$$\frac{\rho^*}{\rho_s} = \frac{2}{\sqrt{3}}\frac{t}{l} \tag{4.109}$$

沿 x 轴方向的等效弹性模量为

$$\frac{E_1^*}{E_s} = \left(\frac{t}{l}\right)^3 \frac{\cos\theta}{(h/l + \sin\theta)\sin^2\theta} \tag{4.110}$$

沿 y 轴方向的等效弹性模量为

$$\frac{E_2^*}{E_s} = \left(\frac{t}{l}\right)^3 \frac{(h/l + \sin\theta)}{\cos^3\theta} \tag{4.111}$$

对于正六边形蜂窝，有

$$\frac{E_1^*}{E_s} = \frac{E_2^*}{E_s} = 2.3\left(\frac{t}{l}\right)^3 \tag{4.112}$$

面外等效弹性模量为

$$\frac{E_3^*}{E_s} = \frac{t}{l} \tag{4.113}$$

面内等效泊松比为

$$v_{12}^* = \frac{\cos^2\theta}{(h/l + \sin\theta)\sin\theta} \tag{4.114}$$

等效剪切弹性模量为

$$\frac{G_{12}^*}{E_s} = \left(\frac{t}{l}\right)^3 \frac{(h/l + \sin\theta)}{(h/l)^2 (2h/l + 1)\cos\theta} \tag{4.115}$$

对于正六边形蜂窝，有

$$\frac{G_{12}^*}{E_s} = 0.57 \left(\frac{t}{l}\right)^3 \tag{4.116}$$

下面利用正六边形蜂窝夹芯结构验证逐层/实体元方法的正确性，该蜂窝夹芯 x 方向上有 6 个胞元，y 方向上有 7 个胞元，单个胞元的几何尺寸为 $l = h = 4\,\mathrm{mm}$，$H = 6\,\mathrm{mm}$，$t = 0.3464\,\mathrm{mm}$。复合材料蜂窝夹芯结构全局模型中面板和蜂窝夹芯的有限元网格如图 4.36 所示，这些模型中面板和蜂窝夹芯连接处的单元和节点保持一致，以此来保证连接面上位移连续和内力平衡。夹芯结构受上面板中心单位集中载荷作用，边界条件为四边固支。面板的厚度为 1mm。面板和蜂窝夹芯结构具有相同的材料性能参数：$E = 68\,\mathrm{GPa}$，$v = 0.3$，$\rho = 2700\,\mathrm{kg/m^3}$。

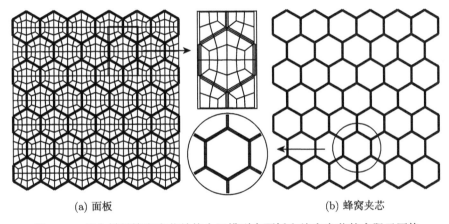

(a) 面板　　　　　　　　　　　　　　(b) 蜂窝夹芯

图 4.36　复合材料蜂窝夹芯结构全局模型中面板和峰窝夹芯的有限元网格

为了对比，基于 MSC.Patran 建立了本算例中夹芯结构的三维有限元模型，并采用 MSC.Nastran 进行求解，在该三维模型中面板和蜂窝夹芯都是采用八节点六面体 Solid64 单元建模的，面内有限元网格与逐层/实体元方法采用的相同，如图 4.36 所示。逐层/实体元方法和三维有限元模型计算得到的夹芯结构位移 u_3 最大值和前 8 阶固有频率比较情况分别见表 4.4 和表 4.5，表中 N_s 和 N_c 分别为面板和夹芯结构在厚度方向上的数学层数。逐层/实体元方法和 3D 弹性方法计算得到的变形图对比如图 4.37 所示，图中 $N_c = 3$，$N_s = 2$。从表 4.4 和表 4.5 可看出，逐层/实体元方法和 3D 弹性方法计算得到的位移和固有频率吻合很好，蜂窝夹芯的数学层数 N_c 对计算结果的影响要比面板数学层数 N_s 大，主要原因是蜂窝夹芯的厚度远大于面板的厚度。在本算例集中载荷情况下，蜂窝夹芯结构上面板的位移要比下面板的大得多，上面板在集中载荷区域出现了局部凹陷，而下面板并没有。在逐层/实体元方法中，因为利用三维实体元模拟了蜂窝夹芯的真实结构，而不是进行传统方法的整体等效，所以逐层/实体元方法可以得到上下面板变形不一致的夹芯结构真实变形模式，这种分析结果是蜂窝夹芯结构传统分析方法不能得到的，从这点看，逐层/实体元方法的分析精度要比传统方法高，尤其是在局部响应问题上。

表 4.4 逐层/实体元方法和 3D 弹性解计算得到的夹芯结构最大位移 u_3 比较情况

	N_c	逐层/实体元方法 (10^{-5} m)				3D 弹性解 (10^{-5} m)	
		$N_s = 1$	$N_s = 2$	$N_s = 3$	$N_s = 4$	$N_s = 1$	$N_s = 2$
下面板	2	3.256	3.295	3.304	3.304	3.523	3.545
	3	3.056	3.081	3.085	3.088	3.124	3.165
蜂窝夹芯	2	3.792	3.837	3.849	3.854	4.076	4.092
	3	3.765	3.810	3.822	3.830	4.012	4.034
上面板	2	8.763	9.004	9.098	9.137	11.23	11.37
	3	8.764	9.000	9.093	9.134	10.82	11.03

表 4.5 逐层/实体元方法和 3D 弹性解计算得到的夹芯结构前 8 阶固有频率比较情况

频率阶次	逐层/实体元方法						3D 弹性解	
	$N_c = 2$			$N_c = 3$			$N_c = 2$	$N_c = 3$
	$N_s = 1$	$N_s = 2$	$N_s = 3$	$N_s = 1$	$N_s = 2$	$N_s = 3$	$N_s = 1$	$N_s = 2$
1	601.79	599.14	598.43	605.51	602.84	602.18	589.62	592.19
2	987.84	981.90	980.64	995.32	989.15	987.68	958.33	963.94
3	1027.1	1020.6	1019.1	1034.5	1027.8	1026.2	999.16	1005.0
4	1316.5	1306.5	1304.2	1326.4	1316.2	1313.7	1268.6	1277.6
5	1469.0	1457.0	1454.3	1480.6	1468.3	1465.4	1398.7	1409.8
6	1536.7	1523.0	1519.8	1547.7	1533.9	1530.7	1472.3	1483.6
7	1711.6	1702.6	1698.9	1702.8	1700.9	1700.2	1627.7	1642.4
8	1718.9	1709.1	1708.2	1732.0	1715.5	1711.6	1666.0	1680.6

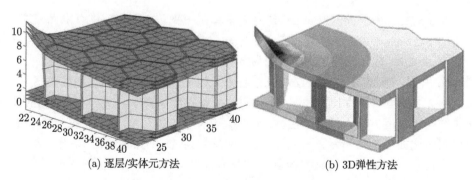

(a) 逐层/实体元方法　　　　　　　　(b) 3D弹性方法

图 4.37 逐层/实体元方法和 3D 弹性方法计算得到的变形图对比

下面对比研究三种夹芯结构建模方法 (图 4.34)，研究对象的几何尺寸和边界条件与上面算例中的相同，复合材料层合上下面板、蜂窝夹芯及其等效材料性能参数见表 4.6，蜂窝夹芯等效材料性能参数是根据等效方法得到的。上下面板的铺层顺序为[0°/90°/0°]，且所有面板的单层都具有相同的材料性能。

表 4.6　复合材料上下面板、蜂窝夹芯及其等效材料性能参数

面板	$E_1 = 156.5\,\text{GPa}, E_2 = E_3 = 13\,\text{GPa}$
	$G_{23} = 4.54\,\text{GPa}, G_{12} = G_{13} = 6.96\,\text{GPa}$
	$v_{23} = 0.4, v_{12} = v_{13} = 0.23, \rho = 2700\,\text{kg/m}^3$
蜂窝夹芯	$E = 68\,\text{GPa}, v = 0.3, \rho = 2700\,\text{kg/m}^3$
蜂窝夹芯等效材料性能参数	$E_1 = E_2 = 0.1016\,\text{GPa}, E_3 = 5.8888\,\text{GPa}$
	$G_{23} = G_{13} = 1.3077\,\text{GPa}, G_{12} = 0.0255\,\text{GPa}$
	$v_{23} = 0.0, v_{12} = 1.0, v_{13} = 0.3, \rho = 360\,\text{kg/m}^3$

　　复合材料蜂窝夹芯结构全局模型的有限元网格如图 4.36 所示，夹芯结构局部模型和等效模型的有限元网格如图 4.38 所示，在三种夹芯建模方法中都保证了面板与夹芯结构连接面上有限元单元和节点的一致性。基于三种建模方法的复合材料蜂窝夹芯结构有限元模型的节点数对比见表 4.7，其中，$N_c = 3$，$N_s = 3$。从图 4.36、图 4.38 以及表 4.7 中可以看出，等效模型具有最小的计算量和建模难度，而全局模型的计算量和建模难度是最大的，但是如果需特别关注的重点区域尺寸相对整个夹芯结构来说很小，局部模型的计算量和建模难度将和等效模型的相近。

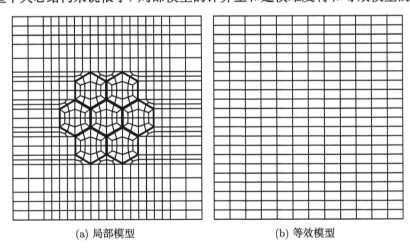

(a) 局部模型　　　　　　　　　　　(b) 等效模型

图 4.38　夹芯结构局部模型和等效模型的有限元网格

表 4.7　三种建模方法的复合材料蜂窝夹芯结构有限元模型的节点数对比

	全局模型	局部模型	等效模型
面板	35544	15576	7176
夹芯	7578	4896	2691
整体	43122	20472	9867

三种建模方法计算得到的复合材料蜂窝夹芯结构上下面板位移沿中线的分布如图 4.39 所示，位移 u_3 是沿 y 方向上的中心线分布的。从图 4.39 可以看出：局部模型和等效模型计算得到的位移与全局模型计算得到的吻合很好；局部模型在夹芯结构的整个区域都具有很好的精度，尤其是在集中载荷作用的局部区域，而等效模型只能在远离集中载荷的区域提供较高的分析精度，因此在集中载荷作用的局部问题中，局部模型的分析结果较之等效模型更为合理；由局部模型的特性和计算结果可知，在集中载荷区域局部模型的位移结果与全局模型的一致，而在远离集中载荷的区域，局部模型的位移计算结果则与等效模型的更为吻合；在蜂窝夹芯被等效为横观各向同性材料的区域，局部模型和等效模型的上面板位移计算结果与全局模型计算结果之间的吻合程度要优于下面板，由于集中载荷垂直作用在上面板，所以蜂窝夹芯等效对上面板分析结果的影响要小于下面板；在蜂窝夹芯完全基于真实结构建模的区域，等效模型计算得到的下面板位移结果精度比上面板的更高，一个最重要的原因是由集中载荷引起的局部效应在下面板表现更不明显。

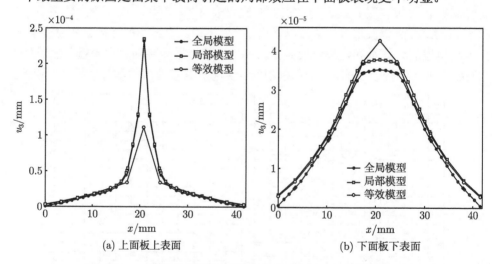

(a) 上面板上表面 (b) 下面板下表面

图 4.39　三种夹芯建模方法计算得到的位移 u_3 沿中线的分布

三种建模方法计算得到的复合材料蜂窝夹芯结构前 6 阶固有频率见表 4.8，从该表可以看出，局部模型和等效模型的固有频率分析结果非常吻合，但两者的结果

表 4.8　逐层/实体元方法计算得到的复合材料蜂窝夹芯结构前 6 阶固有频率

	阶次					
	1	2	3	4	5	6
全局模型	544.4556	864.0444	952.3632	1163.199	1255.012	1337.558
局部模型	500.2385	788.2661	863.6190	1069.856	1099.862	1150.257
等效模型	505.4335	807.5777	877.7303	1081.586	1177.806	1184.447

都与全局模型的结果有一定差别。与全局模型相比，局部模型和等效模型的分析误差主要来源于蜂窝夹芯材料性能的等效算法。因为固有频率反映的是结构整体特性，所以局部模型和等效模型的固有频率分析结果吻合得很好。

4.4.3　复合材料夹芯结构的稳定性

屈曲是夹芯结构的关键破坏模式之一，尤其是对于相对较大的夹芯板壳结构，很难针对后屈曲状态下各种可能的破坏模式进行详细设计，通常认为屈曲与最终破坏同时发生。确定夹芯结构屈曲载荷的程序与用于整体层合板的非常类似，但是夹芯的存在使横向剪切效应的影响变得非常重要，如果未正确计及这些影响，预测的屈曲载荷是很危险的，其结果显著高于计及横向剪切效应的情况。在厚度均匀的板内，横向剪切效应影响是很大的，基尔霍夫假设不再有效。板的横截面虽然保持平面，但不再垂直于板的中面，如图 4.40 所示。

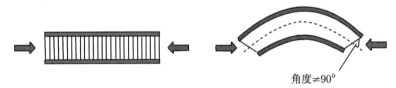

角度≠90°

图 4.40　夹芯板在压缩载荷作用下的屈曲

压缩载荷作用下的夹芯板可按宽梁处理，各向同性梁的屈曲控制方程为

$$N_{\text{crit}} = \frac{N_{\text{E}}^{\text{crit}}}{1 + \dfrac{kN_{\text{E}}^{\text{crit}}}{t_{\text{c}}G_{\text{c}}}} \tag{4.117}$$

式中，$N_{\text{E}}^{\text{crit}}$ 为夹芯板的屈曲载荷。如果忽略横向剪切效应的影响，对于简支边界条件，有

$$N_{\text{E}}^{\text{crit}} = \frac{\pi^2}{a^2}\left[D_{11}m^2 + 2\left(D_{12} + 2D_{66}\right)\left(AR\right)^2 + D_{22}\frac{\left(AR\right)^4}{m^2}\right]$$

式中，t_{c} 和 G_{c} 分别为夹芯高度和横向剪切刚度，G_{c} 的方向与载荷方向一致；k 为剪切修正系数 (第 3 章的剪切修正系数)。因此，横向剪切应力为

$$Q = kG_{13}h\gamma = \frac{5}{6}G_{13}h\gamma$$

式中，$k = 5/6$；h 为板的厚度；γ 为横向剪切应变。

一般来说，夹芯的剪切刚度 G_{13} 比面板的要低得多，因此剪切应力沿厚度几乎是均匀的，这与弯曲应力沿夹芯高度的分布是非线性这一事实是一致的，因为弯

矩通过夹芯结构以力偶形式传递。因此，弯曲理论与一阶剪切变形理论之间不存在矛盾，故 $k \approx 1$，则有

$$N_{\mathrm{crit}} = \frac{N_{\mathrm{E}}^{\mathrm{crit}}}{1 + \dfrac{N_{\mathrm{E}}^{\mathrm{crit}}}{t_{\mathrm{c}} G_{\mathrm{c}}}} \tag{4.118}$$

下面通过一个例子来说明横向剪切效应在夹芯结构中的重要性，本例中所用的面板特性与 4.4.1 节和图 4.32 所述的相同，夹芯材料的剪切刚度为 $G_{13} = 42.1\,\mathrm{MPa}$。针对不同的夹芯高度，使用式 (4.117) 和式 (4.118) 来计算边长为 $508\mathrm{mm}$ 的正方形夹芯板的屈曲载荷，结果如图 4.41 所示。由图 4.41 可以看出，一旦夹芯高度超过 $5\mathrm{mm}$，考虑横向剪切效应的屈曲载荷与不考虑横向剪切效应的屈曲载荷产生严重偏离。如果考虑横向剪切效应，则屈曲载荷总是较低。即使对于高度为 $3\mathrm{mm}$ 的夹芯，两种屈曲载荷之差也约为 21%。

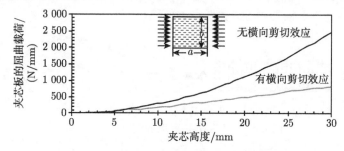

图 4.41　屈曲载荷与夹芯高度的函数关系曲线

如图 4.42 所示，在剪切载荷作用下简支夹芯板屈曲载荷预测方程为

$$N_{\mathrm{crit}}^{xy} = \frac{N_{\mathrm{c}}^{xy}}{1 + \dfrac{N_{\mathrm{c}}^{xy}}{t_{\mathrm{c}} G_{45}}} \tag{4.119}$$

式中，N_{c}^{xy} 为不考虑横向剪切效应的剪切屈曲载荷；G_{45} 为 $45°$ 方向上的夹芯剪切模量。

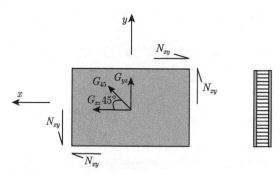

图 4.42　在剪切载荷作用下的简支夹芯板

采用剪切模量 G_{45} 是因为它通常是与板屈曲趋向相反的模量，由于纯剪切加载等于一个方向受拉而另一个方向受压的双轴向加载，所以形成屈曲半波。

为了确定 G_{45}，使用不同坐标系下张量转换方程，有

$$G_{45} = \sin^2 45 G_{23} + \cos^2 45 G_{13} = \frac{G_{23} + G_{13}}{2} \tag{4.120}$$

将式 (4.120) 代入式 (4.119)，可得

$$N_{\text{crit}}^{xy} = \frac{(G_{23} + G_{13})\, t_{\text{c}}}{\dfrac{(G_{23} + G_{13})\, t_{\text{c}}}{N_{\text{c}}^{xy}} + 2} \tag{4.121}$$

4.4.4　复合材料夹芯结构压缩载荷作用下的皱折

皱折属于局部屈曲现象，皱折时夹芯结构的面板在特征半波长 l 范围内屈曲，与板的整个长度或宽度无关。皱折有对称皱折、反对称皱折和混合模式皱折三种可能，压缩载荷作用下夹芯结构皱折模式如图 4.43 所示，但在剪切或组合载荷下也可能发生这类皱折。本小节将详细研究对称皱折的情况，在压缩载荷作用下以皱折形式破坏的夹芯结构如图 4.44 所示。

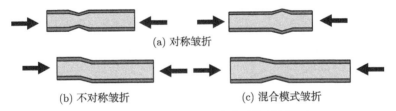

(a) 对称皱折

(b) 不对称皱折　　　　　　　　(c) 混合模式皱折

图 4.43　压缩载荷作用下夹芯结构皱折模式

图 4.44　压缩载荷作用下以皱折形式破坏的夹芯结构

图 4.45 以理想化的形式给出面板以皱折模式屈曲后的变形形状，此形状延伸到整个夹芯结构宽度。假设夹芯结构沿 y 方向非常长，且屈曲后形状的边缘处，即

$x = 0$ 和 $x = l$ 处，面板的边界条件为简支，即在该处 $w = 0$。

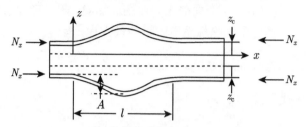

图 4.45　夹芯结构对称皱折变形后的形状

假设夹芯和面板之间胶接情况良好，由图 4.45 可知，夹芯在屈曲后面板下面发生形变。在图 4.45 所示的情况下，夹芯沿垂直于 z 轴的方向延伸，如果夹芯非常高，夹芯中面附近将有一个夹芯不变形的区域。因此，夹芯的变形被限制在靠近面板的区域内，设这一区域的宽度为 z_c，还假设 z 方向上夹芯的挠度随 z 呈线性变化。

假设变形后面板边缘的边界条件为简支，且夹芯的挠度呈线性变化，则 w 的表达式为

$$w = A \frac{z}{z_c} \sin \frac{\pi x}{l} \qquad (4.122)$$

式 (4.122) 满足在 $x = 0$ 和 $x = l$ 处 $w = 0$ 的要求，还满足 w 随 z 线性变化的函数关系，同时满足在 $z = 0$ 处 $w = 0$，并在 $z = z_c$ 处面板重现正弦波形挠度等要求。

皱折载荷可由最小能量法确定，在皱折过程中，能量储存在弯曲的面板和延伸的夹芯中，因此能量表达式为

$$\Pi_c = 2U_f + U_c - 2V \qquad (4.123)$$

式中，U_f 为每块面板内的能量；U_c 为储存在夹芯内的能量；V 为作用在夹芯结构一端上的载荷所做的外力功；方程中的系数 2 是因为存在两块面板。

式 (4.123) 给出了对应皱折载荷 N_x 的状态，用 N_x^{wr} 表示皱折载荷，有

$$N_x^{wr} = \frac{\pi^2}{l^2} (EI)_f + \frac{E_c l^2}{\pi^2 z_c} + \frac{1}{3} G_{13} z_c \qquad (4.124)$$

从式 (4.124) 可以看出，等号右边第一项是梁柱的屈曲载荷 (单位宽度上的)；第二项是弹性基础对梁的屈曲载荷所作的贡献，此时弹性基础的刚度等于 E_c / z_c；第三项也是弹性基础的贡献，此时它为扭转弹簧而不是拉伸弹簧。

该皱折载荷的表达式仍然含两个未知项：l 为皱折过程中的半波长度；z_c 为在皱折过程中发生变形的夹芯部分。确定这两个值中的任何一个值的前提是，N_x 从 0 开始增加，然后在式 (4.124) 允许的最低可能值 (作为 l 和 z_c 的函数关系) 出现

时发生皱折，即

$$\frac{\partial N_x^{\mathrm{wr}}}{\partial l} = 0 \Rightarrow l = \pi \left[\frac{(EI)_{\mathrm{f}}}{E_{\mathrm{c}}} z_{\mathrm{c}} \right]^{1/4} \qquad (4.125)$$

因此，

$$N_x^{\mathrm{wr}} = \frac{2\sqrt{E_{\mathrm{c}}\,(EI)_{\mathrm{f}}}}{\sqrt{z_{\mathrm{c}}}} + \frac{G_{13} z_{\mathrm{c}}}{3} \qquad (4.126)$$

同理，有

$$\frac{\partial N_x^{\mathrm{wr}}}{\partial z_{\mathrm{c}}} = 0 \Rightarrow z_{\mathrm{c}} = 3^{2/3} \left[\frac{E_{\mathrm{c}}\,(EI)_{\mathrm{f}}}{G_{13}^2} \right]^{1/3} \qquad (4.127)$$

式中，每单位宽度上的惯性矩为

$$I = \frac{t_{\mathrm{f}}^3}{12}$$

z_{c} 的最终表达式为

$$z_{\mathrm{c}} = 3^{2/3} \left[\frac{E_{\mathrm{c}}\,(EI)_{\mathrm{f}}}{G_{13}^2} \right]^{1/3} = 0.91 t_{\mathrm{f}} \left[\frac{E_{\mathrm{c}}\,(EI)_{\mathrm{f}}}{G_{13}^2} \right]^{1/3} \qquad (4.128)$$

所以半波长度的最终值为

$$l = \frac{\pi 3^{1/6}}{12^{1/3}} t_{\mathrm{f}} \left[\frac{E_{\mathrm{c}}}{\sqrt{E_{\mathrm{c}} G_{13}^2}} \right]^{1/3} = 1.648 t_{\mathrm{f}} \left[\frac{E_{\mathrm{c}}}{\sqrt{E_{\mathrm{c}} G_{13}^2}} \right]^{1/3} \qquad (4.129)$$

最后，将 l 和 z_{c} 代入式 (4.124)，可得皱折载荷为

$$N_x^{\mathrm{wr}} = 0.91 t_{\mathrm{f}} (E_{\mathrm{f}} E_{\mathrm{c}} G_{xz})^{1/3} \qquad (4.130)$$

在以上推导过程中，假设夹芯具有足够的高度，产生变形的夹芯部分的高度 z_{c} 小于或等于夹芯厚度的 $1/2$ ($t_{\mathrm{c}}/2$)。如果由式 (4.128) 给出的 z_{c} 大于夹芯厚度的 $1/2$，则皱折过程中整个夹芯发生变形，并且

$$z_{\mathrm{c}} = \frac{t_{\mathrm{c}}}{2} \qquad (4.131)$$

此时必须用新的 z_{c} 值来计算新的 l 和 N_x^{wr} 值，将 z_{c} 代入式 (4.125)，得

$$l = \frac{\pi}{24^{1/4}} \left(\frac{E_{\mathrm{f}}}{E_{\mathrm{c}}} t_{\mathrm{f}}^3 t_{\mathrm{c}} \right)^{1/4} \qquad (4.132)$$

然后，将新的 z_{c} 值代入式 (4.126)，有

$$N_x^{\mathrm{wr}} = 0.816 \sqrt{\frac{E_{\mathrm{f}}}{t_{\mathrm{c}}} E_{\mathrm{c}} t_{\mathrm{f}}^3} + G_{13} \frac{t_{\mathrm{c}}}{6} \qquad (4.133)$$

夹芯发生全高度皱折变形的条件可由式 (4.128) 获得，如果式 (4.128) 右边大于 $t_c/2$，则整个夹芯高度发生变形。因此，如果满足

$$t_c < 1.817 \left[\frac{E_f E_c}{G_{13}^2} \right]^{1/3} \tag{4.134}$$

则整个夹芯高度都发生变形，此时式 (4.131)~式 (4.133) 有效。否则，如果仅一部分夹芯高度 z_c 发生变形，则式 (4.128)~式 (4.130) 有效。

应该注意的是，根据式 (4.133)，随着夹芯高度的增加，皱折载荷减少，因此当夹芯高度超过某个值时，皱折将成为主要破坏模式。然而，只有满足式 (4.134)，这才能成为现实。一旦夹芯高度超过式 (4.134) 右边的值，则控制方程为式 (4.133)，它与夹芯的高度无关。

对于反对称皱折，除了为满足不同的边界条件而采用不同的夹芯挠度 w 表达式之外，可采用与上面所述类似的方法导出下列结果：

$$N_x^{\mathrm{wr}} = 0.51 t_f (E_f E_c G_{xz})^{1/3} + \frac{G_{13} t_c}{3}$$

$$l = 2.15 t_f \left(\frac{E_f^2}{E_c G_{13}} \right)^{1/6} \tag{4.135}$$

$$z_c = \frac{3}{2} t_f \left(\frac{E_f E_c}{G_{13}^2} \right)^{1/3}$$

当夹芯具有足够高度时，即

$$t_c \geqslant 3 t_f \left(\frac{E_f E_c}{G_{13}^2} \right)^{1/3} \tag{4.136}$$

式 (4.135) 和式 (4.136) 有效。或者，当整个夹芯高度发生变形时 (夹芯相对较薄)，有

$$N_x^{\mathrm{wr}} = 0.59 t_f^{3/2} \left(\sqrt{\frac{E_f E_c}{t_c}} \right) + 0.378 G_{13} t_c$$

$$l = 1.67 t_f \left(\frac{E_f t_c}{t_f E_c} \right)^{1/4} \tag{4.137}$$

只有满足如下条件时，式 (4.136) 和式 (4.137) 才有效，即

$$t_c < 3 t_f \left(\frac{E_f E_c}{G_{13}^2} \right)^{1/3}$$

实际上，针对某个给定的实际情况，必须评估对称皱折和反对称皱折两种皱折载荷情况，并使用两者中的最低值。然而，事实证明，只有很薄的夹芯才有可能发生反对称皱折，典型夹芯高度的破坏模式应为对称皱折。

使用现有的方程求得的对称皱折和反对称皱折预测值很难与试验结果吻合,主要的原因在于:夹芯结构最常用的制造方法是将夹芯、胶结剂和面板一起一次性共固化,采用这种工艺会造成面板不是完美的平板,而带有某些波纹,而分析中都未考虑这些波纹。只有当面板单独预固化,然后再胶接在完全平的夹芯上时,才能够消除波纹。因此,只能将预测值与面板是完美平板的有限元模型进行比较,才能验证上述理论模型的正确性。

在上述理论模型中,面板均为各向同性的,且未考虑复合材料面板的情况。在方程推导过程中用适当的值替换方程中面板面内刚度 E_f,就可以计及复合材料层合板的影响。复合材料面板的 E_f 可以使用下列表达式求得

$$E_\mathrm{f} = \frac{12\left(1 - \nu_{12}\nu_{21}\right)D_{11}^\mathrm{f}}{t_\mathrm{f}^3} \tag{4.138}$$

式中,ν_{12}、ν_{21} 和 D_{11}^f 分别为面板的泊松比和弯曲刚度。

复合材料面板对称皱折载荷方程为

$$N_x^\mathrm{wr} = \frac{\pi^2}{a^2}\left\{ D_{11}^\mathrm{f}m^2 + 2\left[D_{12}^\mathrm{f} + 2\left(D_{66}^\mathrm{f}\right)\right]\left(\frac{a}{b}\right)^2 + \frac{D_{22}^\mathrm{f}}{m^2}\left(\frac{a}{b}\right)^4 \right\} + \frac{2E_\mathrm{c}a^2}{m^2\pi^2 t_\mathrm{c}} \tag{4.139}$$

将式 (4.139) 与式 (4.30) 进行比较可知,皱折载荷由两部分组成,即面板的屈曲载荷和夹芯的贡献,夹芯起弹性底座作用,弹性常数为 $k = 2E_\mathrm{c}/t_\mathrm{c}$,实际上,式 (4.139) 的第一部分与承压简支板的屈曲载荷相同。将式 (4.139) 与式 (4.44) 进行比较可以看出,式 (4.44) 的前两项与式 (4.139) 的前两项一一对应,第一项对应面板的屈曲,第二项是夹芯作为弹性基础起的作用,并包含 2 个方向上的变形能。但是,式 (4.44) 有一个附加项,取决于代表夹芯剪切变形的夹芯剪切刚度,而此项在式 (4.139) 中并不存在。因此,当夹芯的剪切变形相当可观时,式 (4.139) 得到的结果精度可能不高。

为了考虑波纹度和其他复杂因素的影响,习惯的做法是减小式 (4.130) 右边的系数,即

$$N_x^\mathrm{wr} = 0.43 t_\mathrm{f}(E_\mathrm{f}E_\mathrm{c}G_{13})^{1/3} \tag{4.140}$$

同样,对于已经提及的仅出现在薄夹芯中的不对称皱折,将式 (4.137) 修改为如下表达式:

$$N_x^\mathrm{wr} = 0.33 t_\mathrm{f}E_\mathrm{f}\left(\frac{E_\mathrm{c}t_\mathrm{f}}{t_\mathrm{c}E_\mathrm{f}}\right) \tag{4.141}$$

式 (4.140) 和式 (4.141) 对于各种类型的面板和夹芯材料都是偏于保守的。本小节只是介绍了夹芯结构皱折建模方法中的一小部分,还有更多的模型各有其应用范围,读者可以根据工程实际情况选用。

4.4.5　复合材料夹芯结构剪切载荷作用下的皱折

夹芯结构在剪切载荷作用下也可能发生屈曲，由于纯剪切可分解为一个方向上的受压和另一个方向上的受拉，所以压缩部分可能引起夹芯结构沿 45° 方向发生皱折。在压缩和拉伸双向载荷作用情况下，拉伸载荷使结构趋向于稳定，在计算夹芯结构屈曲载荷时拉伸载荷可以忽略不计，且夹芯结构的屈曲载荷要高于仅受压缩载荷作用情况下的屈曲载荷。

从偏保守的角度出发，4.4.4 节导出的压缩载荷作用下的夹芯结构皱折方程，在这里也可使用，只需将相关的量 E_f、E_c 和 G_{xz} 旋转到所施加的压缩载荷方向，而夹芯在 z 方向上的杨氏模量 E 不受影响。将面板的模量 E_f 旋转 45° 后，利用式 (4.6) 即可计算出层合板在该方向的最终薄膜模量。如果夹芯在其面内为非各向同性，则其剪切模量 G_{45} 也会不同，式 (4.120) 给出了相应的变换。假设在坐标系 xOy 中，压缩载荷平行于 x 轴，则旋转后的夹芯剪切刚度为

$$G_{xz} = G_{23} \sin^2\theta + G_{13}\cos^2\theta = \frac{G_{23} + G_{23}}{2}$$
$$G_{yz} = G_{23}\cos^2\theta + G_{13}\sin^2\theta = \frac{G_{23} + G_{23}}{2} \quad, \theta = -45°$$

当仅受压缩载荷作用时，有

$$R_c = N_x N_x^{\mathrm{wr}} \tag{4.142}$$

式中，N_x^{wr} 为在压缩载荷作用下的皱折载荷。当仅受剪切载荷作用时，有

$$R_s = N_{xy} N_{xy}^{\mathrm{wr}} \tag{4.143}$$

4.4.6　复合材料夹芯结构的起皱与夹芯凹陷

夹芯结构起皱与夹芯凹陷破坏模式如图 4.46 所示，如果夹芯剪切刚度非常低并且对偏心非常敏感，例如，夹芯高度不均匀或由有许多铺层递减时出现面板厚度的突变，就会出现这种破坏模式。

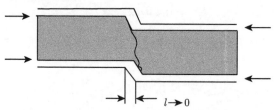

图 4.46　夹芯结构起皱与夹芯凹陷破坏模式

此破坏模式本质上与 0 波长 ($l \to 0$) 的反对称皱折类似，如果屈曲模式的波长 l 趋向于 0，因为屈曲载荷与 $1/l^2$ 成比例，所以相应的屈曲载荷趋向于无穷大。利

用夹芯结构在压缩载荷作用下的基本屈曲方程式 (4.117)，并使 $N_{\mathrm{E}}^{\mathrm{crit}}$ 趋向于无穷大，则有

$$N_{\mathrm{crit}} = \frac{N_{\mathrm{E}}^{\mathrm{crit}}}{1 + \dfrac{k N_{\mathrm{E}}^{\mathrm{crit}}}{t_{\mathrm{c}} G_{\mathrm{c}}}}$$

从上式可以看出，当 $N_{\mathrm{E}}^{\mathrm{crit}} \to \infty$ 时，式 (4.117) 呈 ∞/∞ 形式，因此，可使用洛必达法则来确定 N_{crit} 的极限。将分子和分母对 $N_{\mathrm{E}}^{\mathrm{crit}}$ 进行微分，然后使 $N_{\mathrm{E}}^{\mathrm{crit}}$ 趋向于无穷大，则起皱载荷表达为

$$N_{\mathrm{crit}} = t_{\mathrm{c}} G_{\mathrm{c}} \tag{4.144}$$

式中，G_{c} 可以为 G_{13} 或 G_{23}，可取其中与载荷作用方向一致。

在剪切载荷作用的情况下使用半经验公式，类似于式 (4.144)，有

$$N_{xy}^{\mathrm{crim}} = t_{\mathrm{c}} \sqrt{G_{13} G_{23}} \tag{4.145}$$

这种破坏模式是蜂窝夹芯或其他开口式芯格夹芯特有的破坏模式，代表性夹芯如图 4.47 所示。在结构中使用带单曲率或组合曲率的柔性或双向柔性夹芯，能使得夹芯结构符合曲面形状，并消除鞍形曲面的影响。

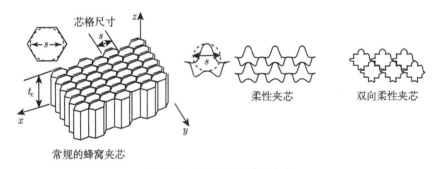

图 4.47　对凹陷敏感的夹芯

当采用图 4.47 所示的各种夹芯时，如果芯格尺寸大到一定程度，则有可能使芯格壁之间不受支撑的面板发生屈曲。为了分析这种芯格间屈曲或凹陷破坏模式，需要对边界条件为六角形或非常不规则形状 (图 4.47 中的柔性或双向柔性夹芯) 的复合材料面板的屈曲解进行研究，对这种情况进行求解是十分困难的，只能结合带有半经验的系数，求得一维柱屈曲类型的解如下：

$$N_x^{\mathrm{dim}} = 2 \frac{E_{\mathrm{f}} t_{\mathrm{f}}^3}{1 - \nu_{12} \nu_{21}} \frac{1}{s^2} \tag{4.146}$$

或

$$N_x^{\mathrm{dim}} = 24 \frac{D_{11}^f}{s^2} \tag{4.147}$$

式中，s 为图 4.47 所示夹芯的芯格尺寸。

第 5 章　复合材料结构设计及强度分析

■
　■
　　■
　　　■
　　　　▪

　　复合材料结构设计与常规的金属结构设计一样，是根据预定设计目标和约束条件选用不同材料，综合各项设计要求，进行优化、综合和折中，最后给出最佳设计的过程。在设计过程中，一般要经过反复的修正和调整。复合材料结构设计方法和设计内容与金属结构具有某些相同之处，但由于力学性能存在巨大差异，复合材料结构设计方法和内容具有许多新的特点和新的设计概念[56]。飞机结构设计工程人员在进行复合材料结构设计时，必须同时考虑服役过程中的修理问题，提高飞机的安全性和经济性，另外，结构维修工程师在进行修理方案的设计和优化时，也必须了解并遵循结构设计基本原则和方法，制订出更合理的修理方案，提高修理效率，降低修理成本，缩短飞机的地面停留时间。因此，本章简要介绍复合材料结构设计及强度计算方法，包括设计特点及原则、设计要求、典型结构设计和强度校核方法以及损伤容限设计。

5.1　复合材料结构设计特点及原则

5.1.1　复合材料结构设计特点

　　现代飞机复合材料结构设计是在 CAD/CAM 和系统工程管理支持下进行的，综合考虑设计、生产、服役和维护等各阶段，设计步骤一般包括明确设计条件、结构选材和层合板设计、确定设计许用值、结构选型和细节设计、典型结构件和全尺寸结构件的验证试验以及全尺寸部件的验证试验。与传统金属结构不同的是，复合材料结构是各向异性的，刚度与强度是可设计的，层间强度很低，对湿热环境敏感，疲劳/损伤破坏机理以及结构成型与材料形成工艺特点与金属材料完全不同，因此复合材料结构设计不同于传统金属结构。铺层设计、整体化设计以及采用低成本工艺技术是复合材料结构设计技术的突出特点，对结构效率、性能、功能与成本的综合优化十分重要。基于目前的理论和数值方法，可靠地预测复合材料结构的失效模式、极限强度、剩余强度和疲劳寿命仍然是很困难的，因此积木式设计研制试验方法在复合材料结构设计中仍占有十分重要的地位。

复合材料的各向异性使得其设计方法和内容要比金属材料的更为复杂，考虑的力学参数更多，如工程中常用的四个弹性常数包括纵向刚度 E_{11}、横向刚度 E_{22}、主泊松比 v 和剪切刚度 G_{12}。另外，各向异性的力学特性使得复合材料结构具有可设计性，即铺层设计。铺层设计是复合材料结构特有的设计内容，通过它来实施材料的可设计性，进行强度、刚度、稳定性、损伤阻抗和损伤容限等性能的剪裁设计。其内容包括确定层合板中应包含哪几种方向的铺设角 (即纤维取向设计) 以及各种铺设角的铺层数比例和铺设顺序。

一般来说，金属结构设计是按手册提供的性能数据选择现成材料的牌号和规格，然后进行具体的结构设计，而复合材料结构的材料成型与结构成型是同时完成的，因此结构设计与材料设计也是同时进行的。在设计时既要对组成层合板构件的各部分层合板进行铺层设计，同时要选择构件的构造形式和几何尺寸。除此之外，还要进行层合板构型设计，即根据构件形状确定各铺层方向，并尽量使结构组件化和整体化。复合材料的材料性能与材料工艺有关，制造厂的选择也是至关重要的，成型工艺、制造工艺及其制造质量决定结构的承载能力，结构设计方案成功与否一定程度上也取决于制造厂的工艺水平。

复合材料层合结构在受载时只要结构未失效，层合板中各铺层的应变应该一致，但每一层的应力大小不同，因此复合材料结构设计时一般不取许用应力为设计限制值，而是取许用应变值。此外，由于复合材料结构的耐久性/损伤容限的设计、分析和使用经验尚不足，目前采用较多的办法是在确定许用应变值时充分考虑耐久性/损伤容限要求，将许用应变值进行适当的降低。

由于复合材料的研制特点以及低成本的需要，与金属结构相比，其更强调从研制开始，在全寿命周期过程中，要求设计、分析、材料、工艺制造、维护和用户在内的各阶段的专家和参与者协同工作，尽量利用并行工程设计方法，实现复合材料结构设计/材料/工艺一体化。另外，根据复合材料性能特点，需要考虑一些特殊设计要求，如防雷击、防电偶腐蚀和提高耐久性/损伤容限等。

5.1.2　复合材料结构设计原则

在复合材料结构设计过程中，通常采用并行工程法，由设计师和制造工程师共同形成能同时满足设计意图和生产要求的最优方案，在确定铺层和设计细节时应遵循某些基本的原则。另外，复合材料性能的可剪裁性为设计提供了更大的自由度，也必须遵循一些设计原则来规范设计过程。

首先，要充分利用复合材料性能的可设计性提高结构效率，通过合理选取铺设角、铺层比和铺层顺序，避免使用较弱的横向、剪切和层间性能，以满足结构性能要求。其次，选择合理的结构形式，结构形式应能体现复合材料的性能优点和特点，壁板、梁和肋等形式比较适合复合材料结构，翼盒主接头等复杂受力件则不太适合采用复合材料结构。最后，提高结构的整体化，整体化设计是将若干零件设计成一个较大的整体件。复合材料比金属材料更易制造形状复杂的大型整体件，设计中在不增加工装复杂程度的情况下应尽量设计成整体件，这样可减少零件和紧固件的数量，减轻结构质量和连接孔引起的应力集中，提高结构效率，并可减少装配工作量和降低制造成本。

除了上述设计原则外，还要尽量使结构中各相关零构件之间的载荷传递合理化。与金属构件不同，复合材料构件在具有一定形状时，可有不同的层合板构型，应通过合理的层合板构型设计，使各构件之间的传力路径尽量连续。连接形式与方法应与传递的载荷性质和方向适应，尽量避免偏心和切口效应。同一构件拼接时，其纤维取向也应连续。

当按许用应变设计结构时，许用应变的确定不仅要考虑结构的完整性要求，而且与使用经验密切相关。复合材料复杂的破坏机理以及有限的结构分析技术和使用经验，使得目前使用的"限制设计应变"的设计方法、"静力覆盖疲劳设计"的疲劳门槛法以及"损伤容限设计"等仍占主导地位。因此，目前树脂基复合材料的设计许用应变值仍然在 0.3 的范围内。当按其他方法设计时，应保证结构在使用载荷下有足够的刚度和强度，在设计载荷下安全裕度大于零。另外，复合材料／金属混合结构使用部位，必须视情况辅以试验来确定设计原则。

复合材料主要结构及关键部位和细节还应考虑损伤容限问题，并按要求进行耐久性和损伤容限设计、分析和验证，特别注重由二次载荷引起的面外载荷，这些载荷往往是结构提前破坏的主要原因。细节设计的重点是避免或减小层合结构承受面外载荷、刚度突变、应力集中和大的开口等直接影响结构强度和寿命的关键部位。在整个设计过程中，细节设计与铺层设计应同步进行，并从初步设计到详细设计逐步完成。

设计选材必须综合考虑性能、工艺、成本和使用经验等诸多因素，必须保证制作出质量有保证的低成本结构，尽量避免成型和装配时可能出现的各种缺陷，并保证实际指标要求和配合精度。同时，还要考虑由于环境出现的退化，做好能快捷检测制造缺陷的准备，且在设计时就要考虑到修理问题。

5.2　复合材料结构设计要求

5.2.1　静强度要求

　　材料抵抗静载荷作用而不发生破坏的能力称为静强度,通常指材料的抗拉、抗压、抗剪和抗弯等强度。静强度研究是飞行器结构强度学科中最早形成的,也是最基本的一个方面,包括静强度分析和静强度试验。静强度分析研究结构在常温条件下承受载荷的能力,通常简称为强度分析。静强度分析是在结构形状、尺寸和重量分布已确定的情况下,根据任务概况中各阶段的运行条件和环境条件,推算出结构所受的最大载荷。静强度除关注承载能力之外,还包括结构抵抗变形的能力和结构在载荷作用下的响应特性。对于飞机复合材料结构,要根据适航性基准确定运动载荷、阵风载荷、地面载荷、发动机载荷和增压载荷等的计算方法,计算出机翼、机身和尾翼等各部分结构的载荷,再进一步应用有限元方法或结构力学、材料力学或断裂力学方法求出各构件应力最大的断面或部位及其应力,最后利用材料的许用值进行校核。

　　由于纤维是脆性的,航空结构领域应用的先进复合材料基本上可以当作弹性材料,在结构细节特征处载荷重新分配的能力非常有限,如紧固件孔,复合材料结构在静载荷下对缺口十分敏感,纤维的模量越高缺口敏感性也越高。相比之下,铝合金 (和其他结构金属) 能通过局部屈服使应力重新分布,应力集中适度,所以其强度的损失通常只是由净截面的减少引起的,这点与复合材料结构存在本质上的不同。然而,循环加载会使复合材料结构初始高应力集中区域形成基体微裂纹和界面层间微分层,这些微损伤会显著降低复合材料结构的缺口敏感性,但在静强度评定时,这种降低一般不被承认。

　　复合材料结构在开孔和接头附近的性能受铺层形式的影响非常严重,复合材料层合板圆孔边缘应力集中系数随铺层形式的变化情况如图 5.1 所示。该图表明,应力

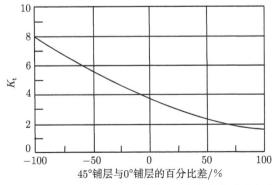

图 5.1　复合材料层合板圆孔边缘应力集中系数随铺层形式的变化情况

集中系数随着沿载荷方向的纤维比例的增加而增大，在极端情况下，如果复合材料全部是 0° 纤维，则 $K_t = 8$。开孔附近复合材料的挤压强度也较低，因此在螺钉连接区域最好采用准各向同性层合板，以保证任何方向上的载荷均有纤维来承受。

基于这些原因，胶接接头是复合材料结构的一种较好解决方案，但必须考虑维护，且确保适当胶接质量等问题。另外，厚截面复合材料的胶接接头的制造很复杂且成本很高，连接是一个极重要的设计问题，第 7 章将专门讨论各种主要复合材料结构连接技术的分析方法和受力特性。

复合材料层合结构的面外强度一般要比金属结构大约低一个数量级，这使得复合材料层合结构通常只能用于承受和传递二维载荷。然而，二维面内载荷同样可能在剥层处、筋条端头或边缘处产生面外应力或剥离应力，尤其是曲面部件，其层间拉伸应力常会导致意外的破坏。因此，在复合材料结构设计时要重点考虑其厚度方向上的强度。两种典型情况如图 5.2 所示，可以用简单公式来近似曲段厚度方向上的应力，最大径向 (层间拉伸) 应力为

$$\sigma_r^{max} = \frac{3M}{2t}\left(R_i R_o\right)^{1/2} \tag{5.1}$$

式中，M 为作用的力矩；R_i 为内半径；R_o 为外半径。

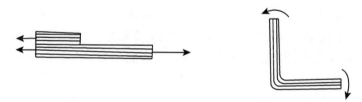

图 5.2 两种典型情况

此外，温度变化 (如从固化温度下降到室温) 将导致曲板的变形为

$$\gamma = \frac{(\alpha_\theta - \alpha_r)\Delta T\pi}{2} \tag{5.2}$$

残余应力为

$$\sigma_r^{max} \approx \left(\frac{t}{R_m}\right)^2 \frac{(\alpha_\theta - \alpha_r)\Delta T E_\theta}{R_m} \tag{5.3}$$

式中，R_m 为平均半径；t 为厚度；γ 为回弹；α_θ 为周向热膨胀系数；α_r 为径向热膨胀系数；ΔT 为温度变化；E_θ 为周向弹性模量。

在复合材料层合结构中，接头、斜削以及剥层等也会产生显著的面外应力或剥离应力，这会导致分层损伤。在很多情况下，这些问题在试片或结构元件规模的试验中很难被发现，只有在全尺寸或大型构件试验时，甚至在使用中才会出现。

5.2.2 剩余强度要求

含裂纹 (损伤) 结构的静承载能力称为该结构的剩余强度,在规定的最小未修使用周期内,由于损伤的存在,飞机必须承受的不危及飞行安全或不降低飞机性能的最小内部结构载荷称为剩余强度载荷。剩余强度有两方面的问题要解决:首先,合理规定剩余强度载荷要求,以保证飞机在正常服役或特殊情况下的安全性;其次,断裂准则、应力强度因子以及材料断裂性能等是确定剩余强度的基本要求。对飞机结构进行剩余强度分析的步骤包括:① 确定断裂危险部位;② 确定剩余强度载荷要求;③ 确定裂纹开裂模式;④ 确定对应开裂模式的应力强度因子;⑤ 选取有关的材料数据;⑥ 剩余强度分析。

复合材料结构在经受冲击作用后,产生的可见或不可见损伤将显著降低压缩强度,例如,典型操纵面结构上厚度小于 3mm 的层合板,目视勉强可见冲击损伤可能导致其压缩强度降低 50%。一般来说,通常认为冲击损伤后的拉伸剩余强度并不像其他几何特征那么重要,如紧固件孔和缺口。但是充压的机身是例外情况,必须证实当它含有重大损伤时能满足破损安全要求,在这种情况下,所规定的损伤性质与尺寸常常类似于金属结构中的那些损伤形式,且通常用全尺寸结构件级试验来验证其剩余强度,而不是利用试件级数据进行预测。

复合材料结构冲击后强度的分析理论和方法还不够成熟,且可靠性不高,因此设计时应保证结构应变水平足够低,且即使存在损伤也不会发生破坏。因此,经常在不同尺寸下进行冲击后 (和其他代表性损伤) 剩余强度试验,包括疲劳试验计划完成后的全尺寸试验。剩余强度试验后,可能接着进行其他代表性的循环载荷试验,以检查损伤的扩展。当定量描述冲击后剩余强度时,更加可取的做法是采用应变,因为这样就不需要考虑层合板的刚度。带有目视勉强可见冲击损伤的许用极限压缩应变不比含 6mm 左右孔的未损伤层合板的极限强度小很多,因此有时用后一个许用值来覆盖这两种情况。

5.2.3 疲劳强度要求

在飞机服役过程中,复合材料结构要承受交变载荷的作用。因此,飞机复合材料结构不仅要满足静强度要求,还要满足疲劳强度要求。对于具有高模量、高强度和低密度的先进复合材料,如芳纶、硼纤维和碳纤维复合材料,它们的纤维对疲劳不敏感。所以,先进复合材料具有良好的抗疲劳性能。

复合材料的 S-N 曲线是平坦的,疲劳门槛值高,但是寿命分散性大,而且一般仅有条件疲劳极限。同样,复合材料疲劳性能和其静强度性能一样,受环境和冲击损伤等因素影响严重。单向复合材料与铝合金疲劳性能的比较如图 5.3 所示,碳纤维/环氧树脂复合材料层合板 $[0_4^\circ/\pm 45_2^\circ/90^\circ]$ 的 S-N 曲线如图 5.4 所示。当碳纤维 /

环氧树脂复合材料承受拉–拉交变载荷作用时，如果应力稍低于材料的静强度分散带，它的疲劳寿命就可达 10^6 循环。

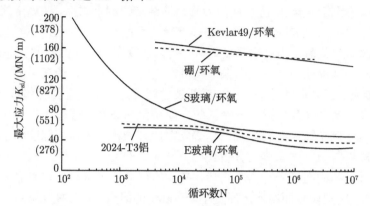

图 5.3　单向复合材料与铝合金疲劳性能的比较 (室温)

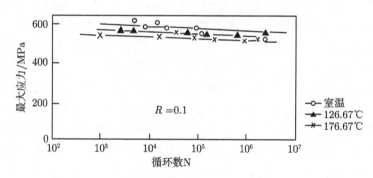

图 5.4　碳纤维/环氧树脂复合材料层合板 $[0^\circ_4/\pm 45^\circ_2/90^\circ]$ 的 S-N 曲线

　　与金属材料和玻璃纤维复合材料相比，先进复合材料的 S-N 曲线倾斜较平缓，这可从图 5.3 和图 5.4 明显看出，这是高模量复合材料 S-N 曲线的一个特点。金属材料的疲劳破坏是指它在交变载荷作用下萌生裂纹，然后主裂纹逐渐扩展到临界长度而产生的破坏。但是，对复合材料来说，疲劳损伤形式是多种多样的，可能以一种破损形式为主，也可能是几种破损形式的混合。对于以树脂为基体的复合材料，最初的损伤出现得很早，仅占疲劳寿命的很小一部分。某些损伤可能在扩展过程中受到内部结构的影响而受阻，产生损伤的"自动愈合"现象。另外，复合材料层合板的压–压、拉–压疲劳寿命低于拉–拉疲劳寿命，这是因为压缩载荷作用的疲劳破坏，其主要原因是分层和屈曲。

　　树脂基复合材料的最初损伤主要是垂直于载荷方向的基体裂纹。随着循环加载次数的增加，基体中的裂纹增加。但是，由于纤维承受主要载荷，这种初始损伤不会造成构件强度明显下降，直到出现纤维断裂，结构强度才会缓慢降低。一般金属材料在裂纹较短时，随着裂纹扩展，刚度变化非常小。但是，对于复合材料，在循环加载后不久，刚度就开始下降，这种刚度变化一直延续到构件破坏。因此，以刚度损失作为复合材料疲劳损伤的主要指标是一个更好的选择。

5.2.4　损伤容限要求

各向同性金属材料在疲劳载荷作用下，可以观察到明显的单一主裂纹有规律地扩展。而大量试验结果表明，飞机复合材料结构在疲劳载荷作用下，表现出非常复杂的破坏机理。复合材料本身存在基体开裂、分层、界面脱胶和纤维断裂等多种损伤形式，同时，复合材料对应变，特别是压缩应变尤为敏感，较大的应变将使纤维与基体变形不一致，引起基体开裂、界面脱胶乃至分层，形成疲劳源。压缩应变将使复合材料出现纵向开裂或失稳现象，促使分层迅速扩展。复合材料层合板在疲劳载荷的作用下，上述损伤形式相继交错出现，并按择优方向渐进扩展，说明复合材料没有起控制作用的应变能释放机理。具体损伤出现的形式和程度与材料性能、层合板的铺层，以及疲劳加载类型等因素密切相关。复合材料与金属材料疲劳损伤增长之间的差异如图 5.5 所示，图中临界损伤尺寸是指材料或结构"用坏"时的最大损伤尺寸。

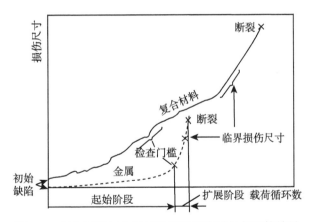

图 5.5　复合材料与金属材料疲劳损伤增长之间的差异

虽然复合材料的初始缺陷比金属材料大，但多种损伤形式和增强纤维的抑制作用使复合材料疲劳行为呈现出低的缺口敏感性，因此有较大的临界损伤尺寸。复合材料层合板在循环载荷下损伤扩展的预测是很困难的，因此设计中通常是以含目视勉强可见冲击损伤的安全寿命为基础，即在循环载荷下不允许损伤扩展。以安全寿命或无扩展寿命为基础确定检查间隔，并乘以适当的安全系数，以考虑分散性。结构损伤容限设计是为保证含裂纹或可能含裂纹的重要构件安全的一种现代疲劳断裂控制方法，从 20 世纪 70 年代开始发展并逐步应用，这种方法假定构件中存在裂纹，用断裂力学分析、疲劳裂纹扩展分析和试验验证等方法，保证在定期检查之前，裂纹不会扩展到足以引起破坏的程度。

损伤容限是结构属性，容许结构承受给定水平的疲劳和腐蚀，并在意外或离散源损伤后一个使用期限内保持其要求的剩余强度。在结构存在疲劳、腐蚀或意外损伤情况下，能够承受预期载荷的能力，直至在进行检查或故障修理时，损伤被检测出。复合材料结构损伤容限以损伤可检测门槛值为起点，根据损伤扩展特性，剩余强度与损伤尺寸或切口长度的关系，并考虑修理性 (经济性考虑)，制定设计要求和符合性方法，对离散源损伤按照继续安全飞行和着陆要求进行设计。结构损伤容限设计要求认识复合材料的缺陷/损伤、损伤扩展特性及其对结构承力的影响，以及损伤阻抗特性。

损伤容限提供了结构在含有一定损伤或缺陷时能够承受设计载荷并能实现使用功能的能力，因此损伤容限最终关心的是在损伤能被定期维护检测出并达到修理以前或达到最终寿命以前，损伤结构具有适当的剩余强度和刚度，来保证持续安全的使用，损伤的范围和可检性决定了需承受的载荷水平。

复合材料对拉伸载荷和压缩载荷有其独特的损伤敏感性，纤维对拉伸裂纹的扩展具有抑制作用，只有在较高的应力水平下才会出现裂纹扩展。在研究脱粘、分层或冲击损伤的影响时，所关心的载荷就变成压缩载荷和剪切载荷，因为局部失稳会促使这些损伤扩展。与金属中的裂纹不同，用成本较低的检测手段可能检测不出复合材料中的分层损伤或冲击损伤的扩展，也不能准确预测冲击载荷作用下复合材料的性能退化，因此预测循环载荷下的复合材料剩余强度和损伤扩展更加依赖试验。

如前所述，复合材料是脆性材料，所以一旦出现损伤和裂纹，这些损伤将会迅速扩展。为保证不会出现重复载荷下的损伤扩展，通常要求足够的设计裕度，并在设计和验证时避免可能的损伤扩展，即采用损伤"无扩展方法"，证明在通常的设计应力水平下，使得结构对疲劳不敏感。飞机复合材料结构的耐久性与损伤容限设计和评定主要通过结构选材、确定设计许用值、改善结构细节、可靠的工艺、严格的质量保证以及采用积木式研制与验证试验等措施来实现，其主要设计要求和步骤如下：

(1) 结构选材。除了考虑基本性能和工艺性外，根据部件的耐久性/损伤容限要求，着重考虑材料体系的韧性性能 (如冲击后压缩强度等) 和最高使用温度等环境因素。

(2) 确定设计许用值。采用蒙皮的典型铺层和厚度，通过试验确定设计许用值，重点是典型铺层层合板试样的冲击后压缩破坏应变、开孔拉伸破坏应变和连接许用值，还应考虑湿热影响和分散性，必要时还应给出有关的疲劳性能。

(3) 结构细节设计。着重考虑结构形式对抗冲击损伤性能的影响，在细节设计时应避免结构受到面外载荷作用,表面铺层要耐冲击损伤,且蜂窝结构和薄蒙皮结构应注意冲击损伤带来的维护问题。

(4) 典型结构件和全尺寸结构件的耐久性/损伤容限试验验证。由简单到复杂,通过积木式设计验证试验方法,分层次验证证实所选择的关键部位结构形式、工艺方法和制造水平能满足规定的耐久性/损伤容限要求。全尺寸部件的耐久性/损伤容限试验最后证实结构部件满足耐久性/损伤容限要求。

复合材料结构损伤容限三大要素包括允许损伤、损伤增长和损伤检测。允许损伤包括两个方面的工作:一方面是在限制载荷下结构能允许的最大损伤,包括多处损伤,即临界损伤;另一方面是在临界损伤下结构能承受的剩余强度。损伤增长是指在使用载荷下损伤从初始缺陷扩展至最大允许损伤之间的时间间隔,即裂纹扩展寿命。损伤检测是指利用规定的检测和维护手段对损伤进行检测和评定,保证及时发现、预防或修复由疲劳、环境或意外事件引起的损伤,以维持飞机在设计服役目标期内的适航性。

复合材料结构检查大纲三大要素包括首次检查期 (门槛值)、重复检查间隔和检查方法。环境损伤的首次检查期是根据使用方和制造方对类似结构的使用经验来确定的,可以与重复检查间隔的时间相等;意外损伤的首次检查期通常从第一次投入使用开始,与确定的重复检查间隔时间相等;疲劳损伤的首次检查期由制造厂商确定,并经适航当局批准。确定的首次检查期是损伤容限审定要求的一部分,这些要求是根据使用经验、试验或分析进行确定和修改的。对于重复检查间隔,环境损伤根据已有的相关使用经验和制造厂商的建议来确定探测 / 预防 / 控制环境恶化 (腐蚀、应力腐蚀等) 的重复检查间隔。意外损伤根据使用部门和制造厂商对类似结构的经验来确定重复检查间隔。疲劳损伤的检查工作是根据损伤容限的评定来确定重复检查间隔的。对于检查方法,要为每个重要结构项目的损伤提供具有足够检测概率的检查方法,这些检查方法至少能提供 95% 的检测概率,其检测程序应编制在无损检测工艺规范中。

从保证结构完整性的角度出发,可将结构分为重要结构和次要结构两类,如图 5.6 所示。重要结构是指对承受飞行、地面、增压载荷和操纵载荷有重要作用,其破损将影响飞行安全性及结构完整性所必需的任何结构细节、元件或组件。次要结构是指除重要结构以外的结构,它们往往仅承受局部空气压力或惯性载荷,是维持飞机气动特性所必需的。重要结构又分为主要结构件和其他结构件两类。主要结构件是指对承受飞行、地面、增压载荷和操纵载荷有重要作用,其破损将导致飞机灾难性破坏的任何结构元件,其他结构件则是除主要结构件外的重要结构,重要结构中大部分属于主要结构件。以 B787 飞机为例,其结构分类示意图如图 5.7 所示。

机翼和尾翼上的主要结构件的典型实例包括操纵面、缝翼、襟翼及其机械系统和接头、整体加筋板、主要接缝、开口或不连续处的周围蒙皮或加强件、蒙皮长桁组合件、翼梁缘条和翼梁腹板等。机身的主要结构件的典型实例包括框和邻近蒙皮、门框、驾驶舱天窗骨架、增压舱隔框板、开口周围蒙皮、框或加强件、周向载荷下的蒙皮、蒙皮接缝、纵向载荷下的蒙皮、纵向载荷下的蒙皮和加强件的组合件、门的蒙皮、框和门闩及窗框等。另外，起落架及其连接件和发动机安装架也是典型的主要结构件。

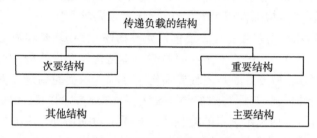

图 5.6　飞机复合材料结构分类

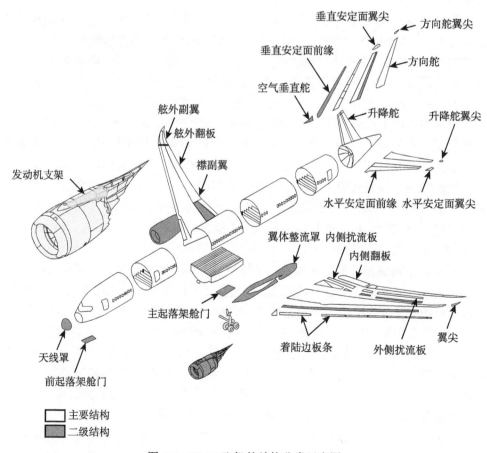

图 5.7　B787 飞机的结构分类示意图

对按损伤容限原则设计和控制的主要结构件，可按其传载路径和可检性分为单传力路径结构和多传力路径结构。一般是不提倡使用单传力路径结构的，使用的前提是保证损伤易于检查，且裂纹扩展缓慢，即在未修使用期内不允许迅速达到临界损伤尺寸，也不允许强度降至规定要求之下。单传力路径结构的应用前提是，要有可靠的初始裂纹数据以及损伤检测评定。多传力路径结构属于超静定结构，是设计时应优先考虑的结构类型，可分为多传力路径"破损–安全"结构和"破损–安全"止裂结构。

对于民用飞机的复合材料结构，通常不用复杂的无损检测方法来发现损伤，在用简单方法发现之后，可用其他精度更高的方法来更好地确定损伤范围。用于初始发现损伤的三种检测方法包括一般目视检测、详细目视检测和特殊详细目视检测。飞机复合材料结构损伤的检测方法将在后续章节中详细介绍。

检测损伤的能力是维护计划保证具体结构损伤容限的基础，为了可靠地在性能退化到不可接受的水平以前检测出损伤，必须把一种或多种检测方法与适当的检测间隔结合。为支持剩余强度评定，检测方法要依赖损伤的量化确定，在设计和维护计划中还必须考虑到检测的可接近性。

为达到经济性目标，使用过程的检测计划常常要结合使用频繁但相对简单的检测方法，用于检测比较大的区域。使用较少但更仔细的检查方法，用于检测范围比较小的区域。另外，还必须很好地了解每种检测方法的能力与每个结构部位损伤状态的关系，即检测门槛值和检测可靠性。在飞机使用中，典型的定期检测包括：

(1) 巡回检测，即远距离目视检测，用以发现孔洞和大面积凹痕或纤维断裂，即易检损伤。

(2) 一般目视检测，即较大范围的内部和 (或) 外部区域进行仔细的目视检测，以发现冲击损伤的迹象 (如凹坑、纤维断裂) 或其他结构异常，需要有适当的光照和易于接近的可达性，如拆卸整流罩和检查口盖以及使用梯子和工作平台，也可能需要辅助检测工具 (如镜子) 和表面清洁。

(3) 详细目视检测，即对局部区域的内部和 (或) 外部区域进行近距离的仔细目视检测，以发现冲击损伤的迹象或其他结构异常，与一般目视检测一样，其需要适当的光照和易于接近的可达性，辅助检测工具和技术会更复杂，如透镜或在清洁表面上用光线斜射，也可能需要表面清洁。

(4) 特殊详细检测，即用无损检测方法对具体局部区域的目视不可检损伤进行检测。

民用飞机维修检查大纲对保证飞行安全、降低飞机使用费用和维修费用有重大作用。民用飞机维修检查大纲包括计划维修任务和非计划维修任务两类。计划维修任务，即需在规定的时限或间隔 (时间、循环) 内完成的维修任务，其目的是防止飞机的固有安全性和可靠性降低。非计划维修任务是指在进行计划维修时，需进行扩大检查，或排除发现的缺陷/故障等视情决定所进行的维修工作，以恢复设备的固有安全性与可靠性。飞机复合材料结构维修检查等级和间隔包括：

(1) A 检，即间隔一般为 400 ～ 500fh (飞行小时) 的定期维护，在停机坪对少量特殊设备进行一般目视检测；

(2) 多重 A 检，即间隔为 $N \times (400 \sim 500)$fh 的定期维护，在机库对少量特殊设备进行一般目视检测；

(3) C 检，即间隔时间一般为 4000~5000fh 的定期维护，在机库对较多特殊设备和飞机外部进行一般目视检测；

(4) 多重 C 检，即主要是飞机结构疲劳和腐蚀检查。

5.2.5　低速冲击损伤要求

复合材料结构对于冲击作用非常敏感，受到冲击作用后很容易出现不可恢复的损伤，会大大降低力学性能。因为复合材料对于小能量冲击都极其敏感，甚至损伤几乎目视不可见，所以设计方和适航当局一般非常关注复合材料机体结构构件内的冲击损伤，复合材料结构一般设计成至少能抵御 1.7J 的冲击，这个能量值代表了冰雹冲击情况下的能量水平极值 (超过它的概率为 1%)。

在维修工作中暴露的复合材料结构表面一般必须进行抗低速冲击设计，防止工具坠落冲击产生的损伤，图 5.8 给出不同工具坠落的冲击能量水平，包括层合板和蜂窝夹芯板，由于柔度更大，层合板的抗冲击损伤性能要比蜂窝夹芯结构更好。然而，如果冲击载荷作用在层合板结构的硬点上，如加筋条或框架处，则损伤可能更加严重，如果加筋条和框架的连接是胶接的，则有可能形成脱粘损伤。

损伤的可见度是难以定量确定的，受接近程度、光线条件以及人员能力差异等因素影响严重，即使是比较容易发现的外表面损伤，也可能被油漆或搭接件遮盖而不能被发现。对于适航认证，要求证实结构在有目视勉强可见冲击损伤时，仍具有可接受的强度裕量，防止有时可能检查不出这些损伤。勉强可见损伤的概念目前还没普遍认可的定义，某些适航当局采用 1mm 表面压痕来定义，其他的则给出一些更加量化的要求，如某个给定距离 (如 1m) 可以观察到的一个痕迹。而一致认同的是，当结构带有这个量级的损伤时，必须能承受极限载荷。

美国军标规定冲击能量上门槛值约为 135J，为预期一倍寿命期只出现一次的事件，该能量等同于工具箱坠落，如果结构能够经受这个冲击载荷而强度不致下降到低于可接受的程度，则可以不采用前面的准则，图 5.9 说明这种情况。其他适航当局，如联合适航管理局 (Joint Airworthiness Administration, JAA)，推荐 50J 作为能量上门槛值。

复合材料结构的抗冲击性能主要取决于纤维和基体的性能，基体材料断裂韧性的增大将极大提高复合材料的损伤容限。现有研究结果表明，复合材料冲击后剩余压缩强度与 I 型应变能释放率 G_{IC} 成正比，在同样增强材料与不同树脂组合的试验中，与基准体系比较，G_{IC} 值为 2 倍的基体表现出来的冲击后剩余强度提高了

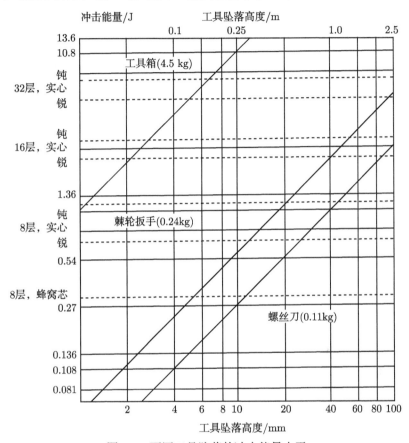

图 5.8　不同工具坠落的冲击能量水平

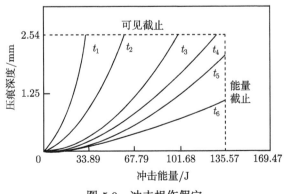

图 5.9　冲击损伤假定

50%。采用增韧树脂体系或热塑性树脂会显著提高损伤容限，例如，典型热塑性树脂的 G_{IC} 约为 1050J/m²，与之相比，未增韧的环氧树脂只有 180J/m²。基体韧性对冲击损伤的影响涉及损伤阻抗和剩余强度两个方面，通常，当对于给定的冲击条件用分层尺寸来衡量时，采用韧性树脂的复合材料是抗分层损伤的。然而，对于给定的冲击损伤面积，脆性复合材料和韧性复合材料二者的剩余强度降却大致相同。

纤维性能对损伤容限也有显著影响，纤维刚度越高则复合材料损伤容限越低。与长纤维复合材料相比，混杂纤维结构复合材料表现出的冲击后压缩和拉伸强度有较大提高，但它们在无损伤情况下的基本性能一般不如长纤维复合材料。

沿载荷方向铺层百分比较高的层合板，其冲击后的破坏应变通常低于具有较多偏轴铺层的层合板。沿载荷方向增加较柔软的铺层的百分比可能提高破坏应变，但有可能降低层合板的承载能力，因此设计时需要做折中处理，使铺层对多目标尽量最优。刚度较高的层合板即使在较低的应变下也会发生破坏，但较高的模量可能导致较高的破坏应力，从而破坏载荷较高。复合材料层合结构厚度方向的强度和刚度是比较低的，为改善这情况，一种解决办法是把织物沿厚度方向缝合起来，即缝合复合材料，这种沿厚度方向上的缝合提高了分层断裂韧性，在某些情况下还能提高抗冲击性能和冲击损伤容限。然而，缝合反过来必定会降低层合板的未损伤压缩强度。当含损伤的未缝合材料呈现子层屈曲破坏时，缝合会带来好处，但是当破坏模式主要是横向破坏时，缝合不能提供任何好处。另外，其他的纺织预成型技术，如针织、编织和三维机织，也能提高剩余强度，但它们的面内性能下降也很大。

5.2.6　鸟撞要求

虽然造成飞机外来物损伤的原因多种多样，如冰雹、工具脱落、地面车辆以及碎片等，但据统计，其中 90% 的飞机外来物损伤都与鸟撞有关。鸟撞是指飞机等飞行器与在天空中飞行的鸟类相撞造成飞行事故的简称，是飞机结构的最大威胁之一。自 1905 年第一次记录飞行鸟撞事故以来，每 2000 次飞行就会出现一次鸟撞事故，产生每年近 10 亿美元的经济损失。大型民用飞机具有鸟撞风险的部件如图 5.10 所示，各大部件的前缘都有鸟撞风险，包括雷达罩、前机身蒙皮、发动机整流罩、机翼前缘、水平尾翼前缘以及垂直尾翼前缘等。现代大型民用飞机具有鸟撞风险的结构都是复合材料成型件，而复合材料层间性特别明显，这导致它的抗冲击性能比较差，设计出具有抗鸟撞性能的复合材料结构是大型飞机研发并取得适航认证的关键之一。

鸟撞飞机前风挡的计算模型如图 5.11 所示，在该模型中，鸟体被等效成均质的柔软体，而风挡被看成刚体，则接触点的初始压力峰值为

$$P_H = \rho_p v c_{sp} \left(\frac{\rho_t c_{st}}{\rho_p c_{sp} + \rho_t c_{st}} \right) \tag{5.4}$$

式中，ρ_p 为鸟体的密度；ρ_t 为靶体的密度；v 为鸟体的初始速度；c_{sp} 为鸟体中的波速；c_{st} 为靶体中的波速。

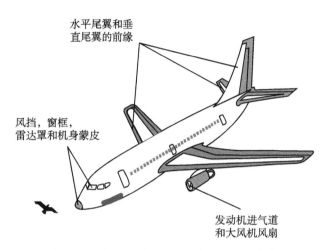

图 5.10　大型民用飞机具有鸟撞风险的部件

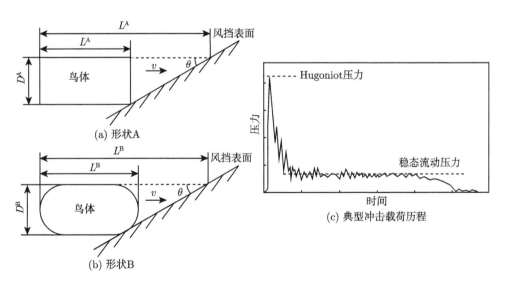

图 5.11　鸟撞飞机前风挡的计算模型

鸟体冲击的总作用时间为

$$t_D = \frac{L}{c} \tag{5.5}$$

鸟体冲击的载荷历程为

$$F(t) = \begin{cases} 5F_{\max}\dfrac{t}{T}, & 0 \leqslant t \leqslant 0.2T \\[3mm] \dfrac{5}{4}F_{\max}\left(1 - \dfrac{t}{T}\right), & 0.2T \leqslant t \leqslant T \end{cases} \tag{5.6}$$

且有

$$F_{\max} = \frac{2Mv^2\sin\theta}{T}$$
$$T = \frac{L_{\mathrm{e}}}{v} \tag{5.7}$$

式中，$F_{\max}$ 为冲击载荷峰值；M、v 和 L_{e} 分别为鸟体的质量、速度和等效长度；T 为鸟体冲击的总作用时间；θ 为冲击角度。

形状 A 和形状 B 鸟体的冲击载荷的最大值分别为

$$F_{\max}^{\mathrm{A}} = \frac{2Mv^2\sin\theta}{[2M/(\pi\rho)]^{1/3}(2 + \cot\theta)}$$
$$F_{\max}^{\mathrm{B}} = \frac{2Mv^2\sin\theta}{[12M/(5\pi\rho)]^{1/3}[1.5 + (1 + \cot\theta)/(2\sin\theta)]} \tag{5.8}$$

冲击载荷作用时间分别为

$$T^{\mathrm{A}} = \frac{[2M/(\pi\rho)]^{1/3}(2 + \cot\theta)}{v}$$
$$T^{\mathrm{B}} = \frac{[12M/(5\pi\rho)]^{1/3}[1.5 + (1 + \cot\theta)/(2\sin\theta)]}{v} \tag{5.9}$$

鸟撞飞机前风挡的冲击载荷历程和作用时间如图 5.12~图 5.14 所示。飞机复合材料结构鸟撞分析具有瞬时强值动载荷、柔性撞击、大变形、高应变率的特点。由于其复杂性，解析方法一般不能用来解决此类问题，所以飞机复合材料结构鸟撞分析方法主要包括试验法和数值方法两种。

飞机抗鸟撞设计研究首先是从试验开始的，主要有空气炮法和火箭滑车法，空气炮法较为常见，其试验设备如图 5.15 所示。通过鸟撞试验既可以检验被撞试件的抗鸟撞能力，确定其破损时飞机的临界速度，又可以测量撞击过程中有关应变、位移和撞击力等的数据，供设计及生产选用。但是仅采用试验方法来开展飞机结构抗鸟撞设计盲目性大，不能预先指导飞机的设计，只能对设计好的试件进行考核，判断其是否满足抗鸟撞指标要求，而且会在很大程度上延长飞机的研发周期。因此，研究飞机结构鸟撞分析的可靠高效数值方法是十分必要的。

在民用客机取得适航认证之前，适航当局要求飞机的所有前缘部件进行鸟撞符合性验证，要求这些具有鸟撞风险的部件具有一定的抗鸟撞性能。例如，对于旋翼航空器，我国适航法规要求，在高度 2440m 以下，受到 1.0kg 鸟撞后能继续安全

飞行和安全着陆 (对于 A 类) 或安全着陆 (对于 B 类)。对于复合材料风扇叶片和前缘, 必须证实当遇到这样的冲击事件时, 不会危及飞机继续飞行和着陆。

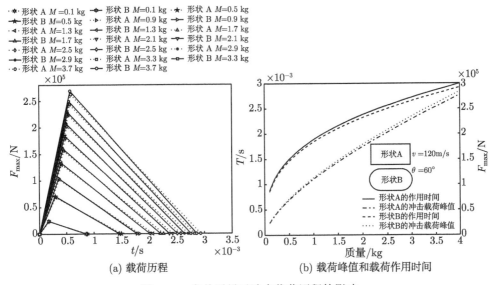

图 5.12　鸟体质量对冲击载荷历程的影响

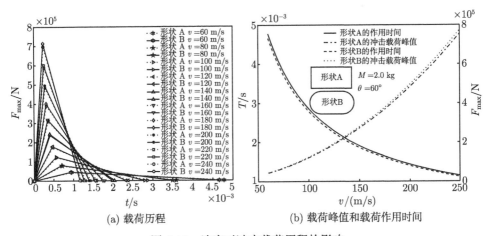

图 5.13　速度对冲击载荷历程的影响

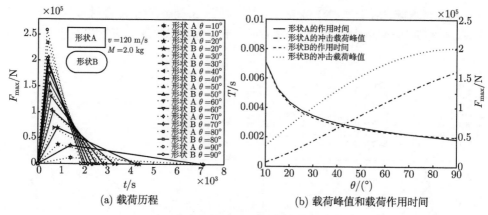

(a) 载荷历程   (b) 载荷峰值和载荷作用时间

图 5.14 角度对冲击载荷历程的影响

图 5.15 用于飞机结构鸟撞试验的空气炮

5.2.7 高温及潮湿环境要求

复合材料结构最严酷的环境暴露条件是高温，对于热固性复合材料尤其如此，另外，聚合物暴露在湿热的条件下会吸收水分，从而进一步降低其高温性能。相比之下，热塑性基体只吸收少量的水分，但是会在高温下软化，并且伴随化学侵蚀现象。

飞机复合材料结构的暴露极限取决于预定的工作条件，对于亚声速飞机，其典型的取值为 70°C 和 185% 的相对湿度。在这些条件下，随着时间的推移，热固性复合材料将吸收高达 1% 重量的水分，并相应地使玻璃化转换温度降低约 250°C，水分使基体塑化，从而降低高温时的刚度。

基体软化将降低受基体控制的一些性能，如剪切强度或压缩强度，图 5.16 给出温度对一种典型热固性复合材料的影响，并与一种铝合金的情况对比，可见其强度下降是微小的。当温度高于 T_g 时，性能会剧烈的下降，适航当局规定了 T_g 与最高运行温度之间的间隔，其值为 20°C (JAA) 或 50°C (MIL-HDBK17)。在极端使用条件下材料饱和吸湿后，通常要求确定设计用的性能减缩。由于吸湿速度缓慢，尤其是在厚试件的情况下，状态调节可能要用几个月时间。

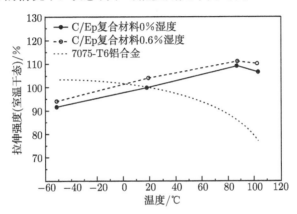

图 5.16　温度对一种典型热固性复合材料的影响 (碳纤维环氧树脂)

对于受纤维控制的性能，如拉伸强度，不会受到树脂基体塑化的不利影响，而且机织物材料在吸湿的情况下拉伸性能还会提高。然而，暴露在极低温度下所产生的基体脆化将对纤维控制的性能有不利的影响，在高空低温条件下，碳纤维增强复合材料的拉伸强度将下降 20%~25%。

5.2.8　防腐要求

复合材料的腐蚀可分为树脂基体腐蚀和界面腐蚀两大类。树脂基体腐蚀又可分为物理腐蚀和化学腐蚀两类。物理腐蚀是指腐蚀介质经扩散或被吸收进入基体内部，导致聚合物性能发生改变的现象。化学腐蚀是指腐蚀介质与树脂基体发生化学反应产生的变质现象。表 5.1 给出常用热固性树脂耐化学腐蚀的一般性能。

当复合材料发生腐蚀破坏时，常会产生树脂和纤维间的脱胶现象，产生这种现象主要是由界面腐蚀引起的。当介质进入界面时，使界面处的树脂溶胀产生物理腐蚀。另外，腐蚀介质与界面物质也会发生化学反应，使胶接恶化。

一般地，腐蚀介质通常通过三条途径进入树脂基体内和界面处：① 在工艺过程中形成的气泡和应力作用下产生损伤构成腐蚀介质渗入通道；② 树脂内存在杂质，它们与腐蚀介质相遇后，发生溶解作用而产生渗透压，从而使树脂产生微裂纹，形成腐蚀介质渗入通道；③ 树脂很难完全包住每根纤维，形成许多直通的毛细管，从而使腐蚀介质沿界面渗入。

表 5.1　常用热固性树脂耐化学腐蚀的一般性能

介质/树脂	酚醛	聚酯	环氧 (胺固化)	环氧 (酸酐固化)
弱酸	轻微腐蚀	轻微腐蚀	无腐蚀	无腐蚀
强酸	被侵蚀	被侵蚀	被侵蚀	轻微腐蚀
弱碱	轻微腐蚀	轻微腐蚀	无腐蚀	轻微腐蚀
强碱	分解	分解	轻微腐蚀	被侵蚀
溶剂	被某些溶剂侵蚀	被侵蚀	耐蚀	耐蚀

当电位不同的两种金属相接触，并处在腐蚀环境中时，电位低的金属就会成为阳极而受到腐蚀，这种腐蚀称为电偶腐蚀。碳纤维具有较好的导电性，并具有较高的电位，显示贵金属特性。当它与某些金属接触时，就会成为阴极，与其接触的金属成为阳极而被腐蚀。飞机结构上常用的金属材料均包含在表 5.2 所列的 4 类金属材料中，同类金属接触不产生电偶腐蚀。当两类金属接触时，在腐蚀介质的作用下，序号较低的金属就会产生电偶腐蚀。两类金属序号相差越大，序号小的金属越易被腐蚀。

表 5.2　金属材料 (包括非金属碳) 的分类

阳极	I	镁和镁合金
电位由	II	镉、锌、铝和它们的合金
低到高	III	铁、钢 (不锈钢除外)、铅、锡和它们的合金
阴极	IV	铜、黄铜、青铜、铜铍、铜镍、铬、镍和镍基合金、钴基合金、不锈钢、碳、钛和钛合金

5.2.9　雷击要求

碳纤维增强复合材料是导电的材料，但是其电导率比铝合金低很多，因此直接雷击就成为一个重要问题 [57]。雷击对大量使用了复合材料的先进飞机造成的危害比对传统金属承力框架结构的飞机更大，这是因为传统飞机的金属承力框架结构相当于一个法拉第笼，其自身具备优良的导电性能以及电磁屏蔽功能，所以基本能够保证舱内人员和设备的安全，而复合材料本身的电导率较差，及时疏导雷击处积聚电荷的能力较低，从而容易诱发雷击损伤。雷击损伤一旦形成，轻则造成结构破坏、留下潜在的安全隐患，重则可能导致机毁人亡。然而，总体上来说，在多数情况下，带有合适导电保护层的复合材料壁板，在防止雷电击穿方面优于薄的铝合金板。

据统计，一架民航客机平均每飞行 3000h 就可能会遭受一次雷击，尤其是在雷雨多发地区，飞机遭受雷击的频率更高。雷电击中飞机后会在微秒级的时间内释放出巨大的能量，飞机机身表面通常会形成脉冲大电流、瞬时高温以及 10^6Pa 以上的交变应力，此外，雷击通常还会在一定的空间范围内辐射出强度极高的瞬态电磁场。当高峰值的电磁场和电流脉冲与飞机复合材料结构接触时，由于复合材料的电导率远不及金属材料，复合材料构件很难将积聚的电荷迅速疏导，从而导致雷击区域温度急剧上升，并产生分层或烧蚀，最终导致整个机身复合材料体系刚度和强度大幅下降，甚至造成结构性破坏，与此同时，雷击产生的高温和电磁辐射还会对飞机机载电子电气设备造成损害。

自然界雷击是一个十分复杂的放电过程。雷击放电过程 (图 5.17) 可以分为以下四个阶段：

(1) 预冲击。当雷击前锋到达机体前缘 (或端部) 时，机体便成了雷电冲击的导体，通过机体将产生强大电流，并从触及的机体部位开始向其他部位迅速传导直至放电。预冲击的特点是，电流的传递速度快，整个电路上的平均电荷量比以下 3 个过程中的电荷量都小。

(2) 强冲击。在预冲击之后，紧接着一个强大的电冲击，电流很快到达峰值，可达 2.6×10^5 A，结构会因强大的电流冲击遭到破坏。

(3) 再冲击。在强冲击之后，经常出现几个电流值比强冲击小 50% 左右的再冲击现象，作用时间较长，在 10^{-4}s 以内。

(4) 大库仑状态，即持续放电阶段。在冲击电流峰值以后，有一个电流较小、持续时间长 (0.3~1.0s) 的持续放电阶段。此时，传递电量相当大，产生的高温会热解树脂材料，对复合材料构件造成损伤。

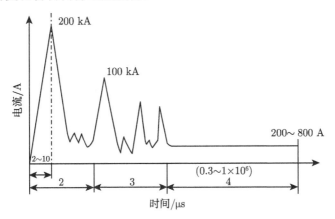

图 5.17　雷击放电过程

雷击分区的严重程度分为初始直接受击区、重复受击扫掠区和电流传导区。直接雷击是指雷电直接接触到飞机表面的雷击现象，而扫掠雷击是指当飞机接触到雷击后，雷击的持续放电接触点沿着气流方向不断在飞机表面跳跃移动的雷击现象。按照雷击附着点的分布差异和雷击初始附着区域的不同，可以将飞机表面划分为 3 种类型的雷击区域，如图 5.18 所示。区域 I 是初始雷击附着可能性较大的飞机表面，又称为初始附着区域。按照飞机表面受到悬停放电的可能性大小，区域 I 又可进一步划分为 I$_A$ 区、I$_B$ 区和 I$_C$ 区。区域 II 是指来自区域 I 的放电气流经过的飞机表面，又称为扫掠冲击区域。按照电弧悬停可能性的大小，区域 II 又可划分为 II$_A$ 区和 II$_B$ 区。II$_A$ 区是电弧悬停可能性较小的区域，II$_B$ 区是出现电弧长时间悬停可能性较大的区域。区域 III 是指除了区域 I 和区域 II 以外的所有飞机表面区域。在区域 III 中，放电电弧直接附着的可能性很小，但初始雷击附着点或扫掠冲击附着点之间可能会通过区域 III 来传导高能电流。

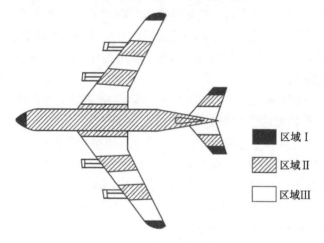

图例：
- ■ 区域 I
- ▨ 区域 II
- □ 区域 III

图 5.18 飞机表面的雷击区域

按照损伤机理方面的差异，飞机结构遭受的雷击损伤可分为电热损伤、机械损伤和电磁损伤三类。雷击对飞机造成的直接损伤主要包括在雷击附着点周围产生的电热损伤和机械损伤。电热损伤的主要成因是航空复合材料结构的电导率较低，电阻较大，在电流的传导路径产生大量的电阻热，导致复合材料的温度急剧升高，周围的金属材料熔化、变形和穿孔，非金属材料被高压介电击穿或烧蚀，树脂分解、燃烧或碳化，胶结剂失效脱粘。雷击产生的电火花还可能引起储油箱爆炸，巨大的声波冲击会对高速飞行的飞机结构产生冲击破坏。雷击对飞机造成的间接损伤主要是指在雷击过程中释放出的巨大电流会产生瞬变强电磁场，导体在电磁场中产生电磁力，这种强电磁力会使金属结构件、紧固件等发生变形甚至损毁，同时会在金属导体内产生感应高电压和大电流，在感生电压、感生电动势和电磁场的共同作用下使飞机内部的机载电子设备受到干扰和损坏。

在直接受击区和扫掠区，需要某种形式的防护来保证结构的生存力，包括铝涂层保护法、延展金属网箔保护法、表面层保护法、成套电路保护法和复合胶膜保护法。

5.2.10　制造缺陷要求

热压罐成型方法是目前广泛应用的先进飞机复合材料结构成型工艺，热压罐成型的主要缺陷包括内部质量和外形尺寸。其中，内部质量包括分层、孔隙、贫胶和夹杂等；外形尺寸包括固化变形和厚度超差等，而造成这些缺陷的原因种类繁多，形式复杂，包括制造过程中的各个环节和相关工序 [58]。

在装配阶段，可能在不经意间引入其他形式的缺陷，如钻孔出口边产生的纤维损伤和分层。近年来，复合材料的广泛应用以及钻头技术的发展，已使这种影响变得很小。在装配阶段还可能出现操作损伤，以及由过度装配所造成的损伤。

对于内部质量问题，零件的材料类型、结构形式、外形尺寸和成型方式的不同，产生的缺陷及种类也不同，其中，非等厚层板和曲率构件的制造缺陷是两类典型问题。在等厚层板中，当面内尺寸远大于厚度尺寸，且层板四周有密封挡条限制树脂向四周流动时，树脂只沿厚度方向流动，即一维流动，压力传递和温度分布较均匀，出现缺陷的可能性较低。对于非等厚层板，由于在变厚区树脂压力梯度的存在，非等厚层板的树脂流动包括沿垂直于层板方向流进吸胶层和沿平行于纤维方向流出两种形式，在厚度梯度区树脂既可以沿厚度方向流动，也可以沿层板方向流动，是多维流动和多维压缩情况，存在渗流机制与剪切流机制之间的耦合作用，导致厚度梯度区与平板之间存在树脂压力梯度。非等厚层板在外压的作用下，厚度梯度区纤维可能发生滑移，树脂面内流动与纤维的滑移导致层板在过渡区出现富酯和纤维分布不均等缺陷。而且，复合材料的各向异性和非等厚层板的结构不对称性，会引起热膨胀系数和热应变的各向异性，铺层之间的相互制约会引起残余应力，从而在铺层的长短搭接处出现分层、气孔和孔隙等缺陷。

由固化变形导致的尺寸变化 (包括翘曲和回弹)，从过程诱导应力和变形产生机理上看，主要诱因包括热应力、固化收缩应力、温度梯度与树脂固化度、压力分布和树脂流动以及模具与零件的相互作用等。复合材料铺层在不同主轴方向具有不同的热膨胀系数，导致复合材料具有各向异性的热膨胀特征，一般横向热膨胀要远远大于轴向热膨胀，而横向刚度远远小于轴向刚度。因此，温度改变引起每层的热膨胀和铺层方式关系密切，制造过程中的铺层取向错误或取向误差均会导致零件的不对称，引起变形。

热固性树脂在聚合反应时，交联密度的增加伴随体积的减小，这种现象称为固化收缩。固化收缩过程中横向的收缩应变远大于轴向的。事实上，在固化的不同阶段，收缩对残余应力形成的影响是不同的，在早期的反应中，树脂处于黏流态或橡胶态，尽管有显著的收缩，但几乎不产生残余应力。当树脂处于玻璃态时，固化收缩对残余应力才有影响。热固性树脂的化学反应速度与其所处温度有关，例如，零件各部位温度在固化过程中始终保持均匀分布，各部位基体树脂的反应程度也将保持同步递增。若各部位温度在固化过程中无法保持均匀分布，则各部位基体树脂的反应程度在某一时间段内会产生差异，形成非同步的固化状态，造成树脂模量和固化收缩应变的不一致，并产生应力。对于薄层板，这种差异很小，所产生的残余应力和变形可以忽略；对于厚层板，由于其低的横向热传导系数，在凝胶温度前，一般层板中间的温度小于表层温度，随着反应的进行，化学反应热迅速增加，这将导致中间温度高于表面温度，在整个固化过程中，层合板内部会出现显著的温度和固化度梯度。

在热压罐固化过程中，压力分布不均匀会导致不均匀的压实，吸胶材料的不准确会导致在层合板厚度方向上存在不均匀的树脂分布，固化过程中一般是单面吸胶，树脂有沿层板厚度方向流向吸胶层的趋势，导致上面板铺层出现贫树脂现象，下面板铺层出现富树脂现象，层板厚度方向上，纤维含量呈梯度变化，随着层板厚度的增加，这种差异越明显。

复合材料零件与金属模具之间的热膨胀系数不匹配会导致复合材料零件与模具之间的相互作用，在热压罐压力的作用下，复合材料零件紧贴模具表面，升温过程中，模具与复合材料零件之间产生剪切应力，模具承受压应力而复合材料零件将承受拉应力。模具与复合材料零件之间的相互作用从树脂进入橡胶态阶段开始，此时复合材料的剪切模量很低，紧贴在模具表面的铺层受到的影响最大，而远离模具的铺层承受的剪切应力远小于紧贴模具表面的铺层。因此，沿复合材料零件的厚度方向会形成了一个应力梯度，该应力梯度随着树脂的固化定型而残留在复合材料零件内，直至固化完成后，复合材料零件脱模后残余应力得到释放而导致复合材料零件变形。为了控制固化变形，传统的方法是在反复试验的基础上对所用模具型面进行补偿性修正以控制变形程度或抵消变形的影响，但是这样会消耗大量的时间、材料，尤其是针对大型结构，而且不能从根本上解决该问题。变形问题低成本解决途径的关键在于建立一套完整的变形分析和预测方法。通过数据积累和有限元软件对固化过程进行模拟预测，通过优化设计来控制固化变形。

5.3 飞机复合材料典型结构设计

5.3.1 层合板设计

层合板设计的任务就是根据设计要求确定铺层构成，并完成该层合板的材料设计，首先，确定层合板中各铺层的组分材料，包括纤维和基体的种类、品种、规格等；然后，根据铺层性能确定层合板各铺层的铺设角、铺贴顺序和各种铺设角层数，即进行铺层剪裁。层合板设计通常又称为层合板的铺层设计，对主要设计参数的工艺过程进行控制是所有预测的先决条件，如铺层方向和铺层顺序等，并通过分析证明预测的准确性，包括层合板刚度、结构变形、传力路径和稳定性等，如图 5.19 所示。

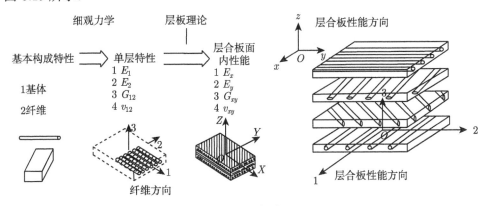

图 5.19　层合板的铺层设计

如何确定各铺设角、铺层比和层数，应根据结构件的受载情况和所要求的设计精度求得。可按照不同的设计要求设计层合板，如按刚度设计、按强度设计、按损伤容限设计或按某些特殊要求设计 (如零热膨胀系数、负泊松比等)，也可能是同时满足多项设计要求的多目标设计。层合板设计方法随着复合材料在飞机结构上应用的不断扩大而逐步发展完善，较简单的近似设计方法可采用等代设计法和准网络设计法，有的情况下也可用解析方法进行直接求解分析。优化设计方法则需要通过迭代计算，按优化准则得到最合理的优化结果。在初步设计中还常利用层合板排序法或 Carpet 曲线图的图表法进行设计。

等代设计法一般为等刚度设计，当然也可为等强度设计，该方法早期在老型号飞机上试用复合材料构件时被采用。在该方法中，将准各向同性的复合材料层合板等刚度地替换原来的各向同性铝合金板，即便如此，由于复合材料的比强度和比刚度很高，仍能取得 5%~10% 的减重效益。

准网络设计法也称应力比设计法，该方法借鉴了纤维缠绕构件的设计方法，根据铺层纤维方向与所受载荷方向的一致性要求，设计时只考虑复合材料中纤维的承载能力，而忽略基体的刚度和强度，直接按平面内主应力 σ_{xx}、σ_{yy} 和 σ_{xy} 的大小来分配各铺设方向铺层中的纤维数量，由此确定各铺设方向铺层组的层数比，这是一种按载荷大小进行的初步设计方法，所得结果可供层合板初步设计参考。

在层合板初步设计阶段，常采用 Carpet 曲线对结构的刚度进行预测，这样可以快速进行复合材料结构件的初步设计。若要设计一层合板，使其拉伸刚度 $EA \geqslant a$，弯曲刚度 $EI \geqslant b$，则利用 Carpet 曲线可迅速得到符合这两个要求的层合板 E 的要求值，进而可得知达到 E 要求值的可能的铺层比例。碳/环氧和玻璃纤维环氧的 Carpet 曲线如图 5.20 所示。

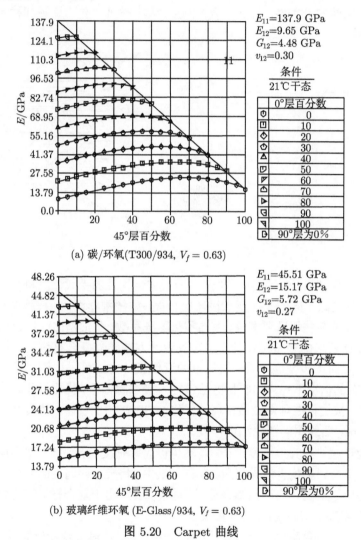

(a) 碳/环氧(T300/934, $V_f = 0.63$)

(b) 玻璃纤维环氧 (E-Glass/934, $V_f = 0.63$)

图 5.20　Carpet 曲线

　　层合板的强度特性也是设计出来的，由于层合板是各向异性的，其强度也随加载方向不同而不同，如图 5.21 所示。另外，材料强度、极限强度、设计强度、损伤剩余强度也影响层合板的强度特性。图 5.22 给出层合板关注的各类强度，材料强度为单层板给出的基本强度；极限强度为根据单层板材料性能计算得到的层合板的强度；设计强度是考虑了各种环境和损伤影响，并通过许用值试验确定的强度；

损伤剩余强度是指考虑可见损伤后的强度。

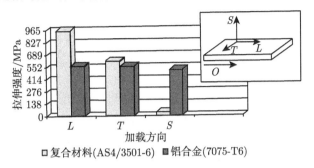

图 5.21　载荷方向

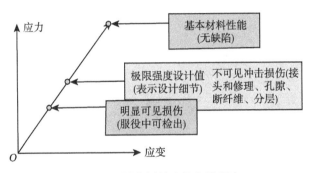

图 5.22　层合板关注的各类强度

　　在设计过程中还需要考虑层合板的破坏机理,在实际服役过程中,层合板的主要破坏形式已在 5.4.1 节详细讨论,包括层间破坏 (树脂基体裂纹)、层内破坏 (分层)、横向层破坏 (纤维破坏)、受拉状态下的破坏和受压状态下的破坏。

　　在实际设计中,层合板铺层设计应综合考虑强度、刚度、结构稳定性和抗冲击损伤能力等多方面要求,提高层合板承载效率,并具有好的工艺性。确定层合板中各铺层铺设角的原则包括:首先,能够有效传力,大多数情况下层合板主要承受平面载荷。为了最大限度地利用纤维轴向的高性能,应该用 0° 铺层承受轴向载荷,±45° 铺层承受剪切载荷,90° 铺层承受横向载荷,以避免树脂直接受载,并控制层合板的泊松比。其次,为了提高构件的抗屈曲性能,对于受轴压的构件,如筋条和梁、肋凸缘以及需承受轴压的蒙皮,除布置较大比例的 0° 铺层外,也需布置一定数量的 ±45° 铺层,以提高结构受压稳定性。对受剪切载荷的构件,如腹板等,主要布置 ±45° 铺层,但也应布置少量的 90° 铺层,以提高剪切失稳临界载荷。最后,对于可能遭受垂直于层合板平面的低能量冲击的构件,在层合板最外层铺设 ±45° 铺层或加一层玻璃布,可以提高抗冲击能力,对防剥离也有利,同时可以改善工艺性。

综上所述，一般建议层合板构件中宜同时包含四种铺层，一般在 0° 铺层和 ±45° 铺层层合板中必须有 6%～10% 的 90° 铺层，构成正交各向异性层合板。除特殊需要外，应采用均衡对称层合板，以避免固化时或受载后因耦合效应引起翘曲。若需设计成准各向同性板，也可采用 0°、30°、60° 和 90° 铺层构成的层合板。

另外，在层合板的铺层设计时还应注意：四个典型铺层 (0°、±45° 和 90°) 中的每个铺层至少要占 10%，±45° 铺层成对出现保证均衡；在受压载荷作用下要避免在自由边产生高的层间剥离应力；保证固化或胶接界面相邻铺层间不适当的泊松比匹配小于 0.1 (如蒙皮和加筋突缘间)；减少 0° 铺层比例来减小泊松比，如图 5.23 所示；避免 0° 铺层和 90° 铺层作为相邻的铺层；避免相同方向铺层组超过 4 层以上，且避免 90° 铺层的铺层组，因为容易出现分层损伤。

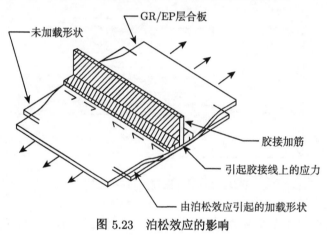

图 5.23　泊松效应的影响

5.3.2　壁板类结构设计

壁板类结构由蒙皮、纵向加筋和横向支持构件组成，该类结构效率较高，适用于对翼形高度高的翼面类结构。一般来讲，运输类飞机都较大，翼形高度都较高，因此多采用壁板类结构。另外，垂尾和平尾也可采用壁板类结构 [59]。

在受力上，蒙皮主要受面内拉伸、压缩及剪切载荷作用，加强件承受轴向载荷并起到为蒙皮提供支撑的作用。面外载荷和偏心会引起层合结构脱胶和分层损伤，使结构提前失效，所以设计层合壁板时应尽量避免产生面外载荷和偏心。对于可能存在面外载荷和偏心的部位，除进行仔细的应力分析外，还应进行适当的试验。与层合板不同，由于壁板类层合构件有各种结构要素，所以必须对层合构件各部分层合板的构形、铺层走向、是否连续铺设以及如何剔除或增加铺层等因素进行仔细设计。

壁板主要采用热压成型工艺制造，尽管其尺寸大，但便于设计成整体件，故可视为一个零件，除受热压罐尺寸限制外，其工艺性受设备约束较少，设计师较容易实现层合壁板强度、刚度、质量、性能及工艺性的统筹考虑。壁板固化成型后，制造工作基本完成，壁板的制造质量主要取决于成型过程的质量控制，制造成型后缺陷已无法挽救。设计上应设法控制固化的后翘曲变形和制造质量，提出合理的技术要求，避免产生装配应力及装配时锉修和敲打壁板。

由于壁板是飞机的外部零件，暴露于大气环境中，阳光、紫外线、温度、湿度、雨水及冰雹、起飞滑跑扬起的砂石、使用维护中工具和零件坠落等引起的冲击损伤以及飞机清洗时的清洗液等都会对复合材料产生不利影响。因此，在设计层合壁板时，必须考虑适当的结构防护措施以防止材料性能退化，在壁板结构形式选择、材料选择、细节设计及铺层结构设计上，应防止可能的冲击损伤引起的不利影响。另外，连接部位是层合结构容易破坏的部位，也应仔细设计。

翼面类结构主要承受弯矩、剪力和扭矩，这些载荷传递到壁板上主要是轴向力 N_x 和剪力 N_{xy}，应注意横向力 N_y 会因过大的泊松比而引起较大的内力。机身结构主要承受舱内增压、弯矩、剪力和扭矩，是典型的曲板结构，这些载荷传递到壁板上主要是轴向力 N_x、横向力 N_y 和剪力 N_{xy}。在设计过程中要考虑刚度和强度设计原则，计算壁板 EI 和 GJ，使其满足颤振提出的刚度要求，计算壁板的许用值 N_x^{cr} 和 N_{xy}^{cr}，使其满足外载荷的强度要求。在稳定性计算时根据结构连接和支持形式，可简化为四边简支、四边固支、两端简支和两端固支等。

复合材料壁板类结构设计步骤包括：① 选定壁板的结构形式，合理分配蒙皮和加筋条的承载比例；② 选取若干切面，按各切面的载荷进行铺层设计，确定铺设角和各铺设角铺层的比例，由设计许用应变值求出各铺设角层组的层数，并校核各切面的强度，必要时进行局部修改，对有集中力作用处进行局部补强设计，并考虑工艺因素予以调整，壁板铺层设计的原则与层合板相同；③ 选择合适的筋条剖面形状，确定层合壁板具体的层板构形，如铺层的走向、各切面间的铺层因层板厚度变化而导致的过渡，以及铺层增加或剔除的位置和方式；④ 根据连接和泊松比要求对铺层进行局部调整；⑤ 根据需要对壁板的受压失稳和蒙皮与腹板的剪切失稳问题，以及耐久性/损伤容限特性和防护设计等进行综合优化设计，必要时对铺层进行局部修改，并优化铺叠顺序，提高弯曲刚度，避免分层损伤风险。

复合材料壁板类结构优化设计的目标参数是结构重量最轻，而 N_x^{cr} 和 N_{xy}^{cr} 能够尽量大，而且 EI 和 GJ 能够满足设计要求。利用层板刚度计算公式及稳定性计算公式，参变量可选为肋间距、长桁间距、蒙皮厚度和长桁面积比等。

5.3.3　夹芯类结构设计

复合材料夹芯结构适用于次要传力结构，较多的用于舵面结构和地板类结构等，如方向舵、升降舵、副翼、小翼、扰流板、襟翼、缝翼及地板等。夹芯结构一般对于分布载荷具有较高的结构效率，目前较常用的夹芯结构有蜂窝夹芯和泡沫夹芯，从类型上又可分为全高度夹芯及等高度夹芯板。一般对于翼型较薄的结构采用全高度夹芯，此时夹芯上下的面板都是气动外形面，因此对其要求较高，需要在工艺上采取措施来保证，否则将会产生很多制造缺陷，如脱胶、弱胶和夹芯压塌等。对于翼型较高的结构采用等高度夹芯板，此时夹芯的一面位于气动外形面，另一面则属于内部结构，对外形要求低，这样可采取措施充分保证外形面的胶接质量，而内部面板可采用湿态法。

在蜂窝结构的设计过程中，应该遵循一些基本原则。首先，面板应该具有足够的厚度来承受拉应力或压应力，夹芯应该具有足够的强度来承受剪切应力；其次，蜂窝结构应该具有足够的柔性和剪切刚度预防过大的变形，夹芯应该具有足够的压缩强度承受由面板法向设计载荷引起的压塌；再次，当蜂窝板承受侧压载荷时，夹芯应该具有足够的厚度、强度和刚度，防止发生总体屈曲、剪切卷曲、面板褶皱和内部结构凹陷；最后，胶结剂应该具有足够强度承受拉应力和剪切应力，蜂窝板附着点应该具有足够强度连接面板和夹芯，将载荷传递给蜂窝板其他结构。

复合材料夹芯结构选材时应该考虑不同材料之间的相互影响，另外，还要考虑热膨胀系数。完全将蜂窝夹芯密封起来与外界环境隔开是非常难做到的，湿热或者其他污染物必定会对夹芯材料产生影响。因此，在设计过程中，应该保证蜂窝板的夹芯和面板材料在外界环境因素作用下仍然保持其固有的特性。

5.3.4　整体化结构设计

为了进一步挖掘复合材料潜能，复合材料整体化结构成为关注的焦点，整体化结构是实现高效复合材料结构的重要途径。整体化结构不但能减少紧固件数量和结构的不连续状态，提高结构的整体功能，而且能减少制造工序和装配周期等，从而降低成本。目前，常用的复合材料整体化结构有两种：一种是整体化实心层板结构，另一种是夹芯整体成型结构。结构的整体化程度是与所采用的复合材料结构整体成型工艺技术密切相关的，目前主要的整体成型工艺有：共固化、二次固化、二次胶接工艺、预成型件/RTM(或 RFI) 等液体成型工艺和纤维缠绕工艺。含预固化和 U 形湿铺层长桁的整体壁板成型示意图如图 5.24 所示。

提高结构整体化程度的关键在于，在结构整体受力布局中实现纤维传力路径的连续性的同时，充分发挥复合材料固化成型工艺特点和工艺方法。计算机辅助设计、辅助制造以及先进分析模拟技术为整体化设计提供了技术支持，在成本与效益的杠杆作用下，整体化设计的实施还将受到模具工装复杂程度和成本、设备尺寸、容量和设备更新改造所需费用考虑等因素的限制。先进复合材料的设计和制造必须从结构设计、材料、工艺和模具等方面综合考虑,并由这几方面的技术人员协调配合才能完成。

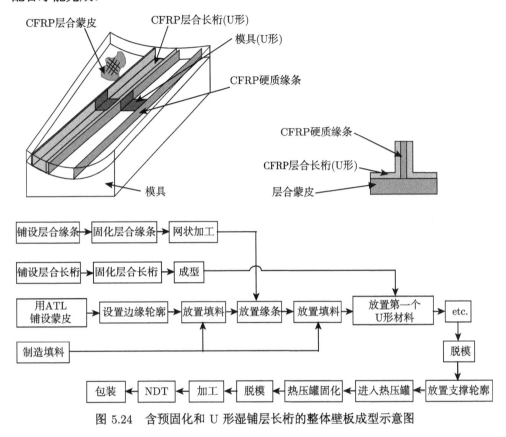

图 5.24　含预固化和 U 形湿铺层长桁的整体壁板成型示意图

对整体化结构起关键支撑作用的是复合材料结构单元,整体化结构的设计要素是指构成整体化结构的特有元素,即结构单元,这些元素决定了结构的整体化特点,也影响其相关功能。结构单元是对整体化结构细节做进一步提炼而形成的一种结构设计元素,具有实现特定承载和传载功能的结构基本组分,是承载和传载功能的典型结构细节。

5.4　飞机复合材料结构的强度分析

5.4.1　积木式分析与试验迭代

积木式方法是航空工业界广泛认可的复合材料结构设计研制和合格审定符合性证明方法,其实,积木式方法早已在金属结构的设计研制中得到了应用。积木式方法是试验与分析结合，以逐级试验证实为主，实现符合性证明的方法，如图 5.25 所示。积木式方法基本原理是以支持技术为保障，考虑各项设计要求，按照试件尺寸和规模以及环境复杂程度逐级增加，而数量逐级减少，后一级直接利用前一级所得的材料 / 结构相应结果进行试验与分析，以积累认知和深化认知，形成低技术风险和低费用的复合材料设计研制和验证/审定的技术体系。其目的是能在研制计划进程早期更有效地评定设计研制技术风险，降低全尺寸试验出现重大风险的概率。积木式方法的效益是通过使用大量花费较少的小试样和较少昂贵的大型复杂试验件来达到部件 (全尺寸构件) 符合性证明的目的 [60]。

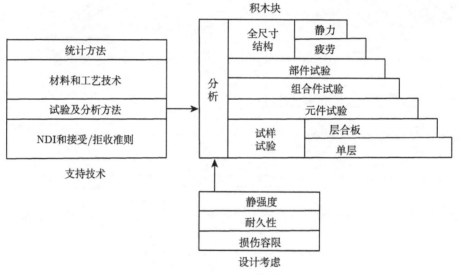

图 5.25　积木式方法的示意图

积木式方法通常分为试样试验、元件试验、细节试验、部件试验和全尺寸结构 (包括部件) 试验积木块。较低尺寸层次的重复试验用来获取材料数据和设计值，并用大尺寸试验来证实结构设计，逐级进行试验 / 分析，最终实现结构符合性证明。具体结构的积木式试验与分析工作量，取决于产品设计目标、结构构型、材料体系、结构设计细节与制造工艺等。

鉴于目前复合材料结构的复杂性和材料性能的分散性，以及现有分析方法的局限性，采用积木式方法有以下作用：逐级揭示可能出现的失效模式；验证和修正分析方法；引入预制缺陷和损伤，以代表生产线上可接受的最低质量的制件，并验证结构承载能力等。固定翼飞机结构积木式试验原理图如图 5.26 所示。

民用飞机的积木式方法可以分为 6~7 个积木块，并将其分成三组，即材料性能测定 (A 组)、设计值确定 (B 组)、结构试验分析验证 (C 组)，如图 5.27 所示，积木块可以按结构设计技术风险进行取舍或变更顺序。

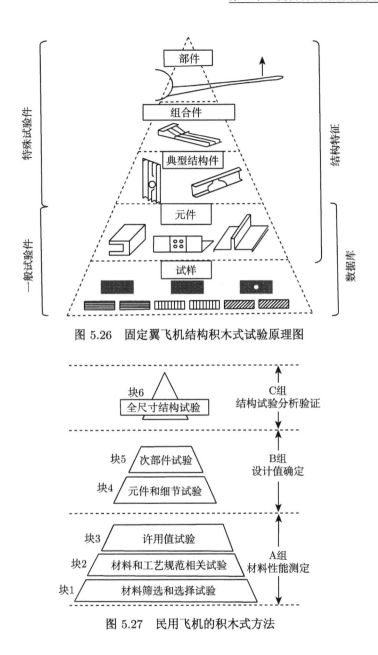

图 5.26　固定翼飞机结构积木式试验原理图

图 5.27　民用飞机的积木式方法

5.4.2　材料性能测定

结构设计首先是材料的筛选与选择,然后根据所选材料制定材料和工艺规范,保证材料质量可控和性能稳定,进而通过试验数据导出许用值。制定材料和工艺规范的目的是对材料实施充分控制,以提供材料"稳定的"许用值,是材料设计值的基础，十分重要。因为材料和工艺的任何变更都将造成许用值波动，直接影响到材料设计值的确定，所以，只有按照材料和工艺规范采购和制造材料和试样，试验确定的许用值数据才是可接受的。

许用值测定试验的主要特点和目的是建立统计有效的材料性能数据，确定环境 (温度和湿度) 和铺层等的影响。许用值试验采用试样进行，单向板试样和层合板试样用于测定材料基本力学性能，应考虑环境因素，且覆盖设计中所包含的全部结构铺层方式。材料的许用值数据将整理列入数据库，以供设计选材使用。同时，以许用值为基础，推导出材料设计值，用于层合板强度校核，但是该值是未考虑设计细节和环境影响的。

5.4.3　设计值确定

要得到真实反映真实结构特征的设计值，需进行能反映结构通用细节特征的元件试验，有时还要进行次部件试验及验证。元件和细节试验是块 4，与许用值测定所用试样相比，元件和细节试验件与结构构型关系更密切。典型元件试验件有层合板、无缺口、开孔和 (或) 充填孔和挤压性能的试验件或框段，以及标准加筋条。对于螺栓连接接头，推荐采用真实结构的典型紧固件类型，所得结果可直接用于设计。典型细节试验件有曲梁段、3 筋条或 5 筋条加筋板以及夹芯结构等。

元件试验的主要特点和目的是，采用大量的具有统计显著性的试验数据来确定与结构通用构型相关的元件强度条件和设计值；细节试验的主要特点和目的是，采用较少数量的非通用构型试验件试验，以了解制造异常或缺陷对结构的影响，确定制造允许缺陷，建立结构制造工艺规范，为民用飞机维修检查大纲不允许缺陷的确定提供依据，并评估工艺变化对结构特性的影响。试验结果是用于确定结构细节强度条件和要点设计值的，支持结构分析，以确定复合材料结构的安全裕度，因此结构分析工作通常有很强的半经验性质。

次部件试验是块 5，试验件是典型的部件结构段，用于评定由局部损坏带来的载荷重新分配。次部件试验件典型结构构型包括多筋条壁板、含大开口壁板以及带损伤壁板等。次部件试验件不仅引入了边界条件和载荷状态，更代表真实结构情况，而且试验件尺度必须足够大，以允许缺陷和损伤周围有适当的载荷重新分配。次部件试验应能发现二次载荷效应，载荷分布和局部弯曲效应可以明显可见。同时，次部件试验件出现的面外失效模式更能代表全尺寸部件结构的失效模式。次部件试验考虑环境影响仍然是有意义的，因为在复合材料结构多轴加载和不同失效模式对环境的敏感性存在差异，需要适当增加环境条件进行试验，以便对室温试验结构进行调整。次部件试验的主要特点和目的在于评估结构复杂程度，以及比例放大对设计值和分析方法的影响，考虑损伤对结构静强度和疲劳特性的影响，通过使用疲劳载荷试验证实无有害损伤扩展。

5.4.4 结构试验分析验证和强度校核内容

全尺寸结构试验是复合材料结构合格审定过程的最后积木块,即块 6。适航要求制定的设计准则合理与否,严重影响试验成功与否。全尺寸结构试验的主要目的是验证结构符合性,验证用于大尺寸试件的设计和分析方法。

复合材料全尺寸试验件是代表真实结构的大型复杂结构试件,用于验证分析得出的应变与变形,因此试验只进行到设计限制载荷。湿热环境的影响在低层次试验中考虑,以确定环境影响因子,并用于全尺寸结构试验中体现该影响。综上所述,民用飞机复合材料结构积木式方法强调了材料和工艺规范编制的重要性,环境影响在试件、元件、细节件和次部件中得到表征,并在结构分析中予以考虑。

复合材料基本的材料特性主要以单层的特性表现,单层的特性包括刚度、强度、单层应力和破坏模式与机理以及环境的影响,在静强度的分析评定中还需要研究局部破坏模式与机理、缺口强度模型、积木式分析与试验的迭代以及破坏预测分析。由于复合材料的各向异性、可设计性,以及受工艺影响的特殊性,需要关注以下几方面的问题:首先,定量确定基本材料特性的变异性、环境影响和模量是非常重要的,在预测静强度中将受到限制;其次,复合材料结构破坏通常发生在由设计细节、损伤和制造缺陷引起的局部应力集中处;再次,半经验的工程方法常用来确定许多系数,如局部损伤和影响强度的系数;最后,通过不同级别积木式的分析和试验迭代研究静强度完整性的评定,导致应力集中的所有细节都必须研究透彻,避免在部件试验中发生破坏。

强度校核内容包括:

(1) 依据 CCAR25.303 条款,安全系数取 1.5;

(2) 采用确定的许用值进行拉伸、压缩和剪切的强度校核,许用值在确定中要考虑湿热环境和冲击损伤的影响;

(3) 计算各种模式稳定性的许用值,如壁板的压缩稳定性、壁板的剪切稳定性、壁板的压剪稳定性、腹板的剪切稳定性等,进行稳定性的强度校核;

(4) 计算连接许用值,进行连接强度校核,重点是被连接板的挤压强度校核;

(5) 夹芯结构的稳定性分析、夹芯结构面板、芯板以及连接部位强度校核;

(6) 胶接结构强度校核;

(7) 关键设计细节的强度校核;

(8) 所有主要结构件的剩余强度分析。

第 6 章　复合材料结构连接分析方法

■
■
■
■

　　在过去的十几年中，已经有许多学者针对机械连接修理方法进行了研究，这一修理方法是在损伤结构的外部用螺栓或铆钉固定一个外部补片，使损伤结构遭到破坏的载荷传递路线得以重新恢复，连接方法大多采用螺栓连接，也可以采用铆钉连接，尤其是单面铆接。由于复合材料具有脆性及各向异性的属性，螺栓孔边或铆钉孔边会产生应力集中，这导致抗疲劳性能不佳。因此，需要对复合材料结构的连接技术进行深入了解。另外，复合材料的胶接连接技术可以作为机械连接技术的有利补充，具有很多优势，也广泛应用于复合材料结构设计和修理技术，其分析方法也将在本章重点介绍。复合材料修理结构的分析和修理方案的设计与优化归根到底还是含补片复合材料结构的分析与优化设计，其分析理论和思路与复合材料结构连接问题相似，本章将介绍复合材料结构连接分析方法，连接形式包括机械连接和胶接两种形式，分析方法包括解析方法和有限元方法两种分析思路。

6.1　飞机复合材料典型连接技术概述

　　复合材料的引入很大程度地提高了飞机结构的整体性，但由于检查、拆装、维护的需要以及工艺的限制，结构和工艺分离面仍是不可避免的，所以如何将两个或两个以上的结构件有效连接为一个整体件是航空领域进一步应用复合材料的瓶颈。和金属结构件一样，复合材料各零件间也要通过连接而构成一个整体件，复合材料的连接方式有胶接连接、机械连接和混合连接三种形式。

　　在复合材料连接工艺中，选用何种连接方法，主要是根据实际使用要求而定的。一般来讲,当承载较大、可靠性要求较高时,宜采用机械连接。当承载较小、构件较薄、环境条件不十分恶劣时,宜采用胶接连接。在某些特殊情况下,为了提高结构的破损-安全特性,可采用混合连接。复合材料的修理实际上是将补片有效地与待修结构连接,恢复结构的承载能力,所以复合材料结构连接的设计与分析方法也是进行修理设计与分析的重要基础知识之一。

6.1.1 机械连接

复合材料的机械连接是指将被连接件局部开孔,然后用铆钉、销钉或螺栓等连接成整体,目前普通螺栓连接和铆钉连接在复合材料连接中使用最多,铆钉连接一般用在受力较小和层合板较薄的情况下,螺栓连接广泛应用于承载能力较大和比较重要的受力构件上。

复合材料典型机械连接形式如图 6.1 所示,按有无起连接作用的搭接板来分,复合材料结构的机械连接形式主要有搭接和对接两类,按受力形式可分为单剪和双剪两类,其中,每类又有等厚度和变厚度两种情况。典型机械连接的几何参数定义如图 6.2 所示,其中,只有一个螺栓的连接结构称为单钉连接,如图 6.2(b) 所示;螺栓沿载荷方向分布的连接结构称为串联螺栓连接或多排单列连接,如图 6.2(c)所示;螺栓垂直载荷方向分布的连接结构称为并联螺栓连接或单排多列连接,如图 6.2(d) 所示;对于更复杂的连接情况,根据钉排是否整齐又可分为多排多列规则连接和多钉非规则连接,如图 6.2(a) 所示。

由于复合材料结构的力学特点,复合材料结构机械连接与金属结构的机械连接有极大的不同。碳纤维复合材料结构件装配前钻孔困难,刀具磨损快,孔的出口端易产生分层。用于碳纤维复合材料连接的金属紧固件易产生电化学腐蚀,需采取防腐措施。复合材料结构在实施机械连接过程中易发生损伤,因此紧固件的装配方法不同于金属材料。复合材料接头的强度不仅与接头尺寸有关,还受其他多种因素

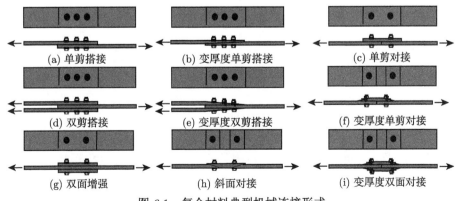

图 6.1 复合材料典型机械连接形式

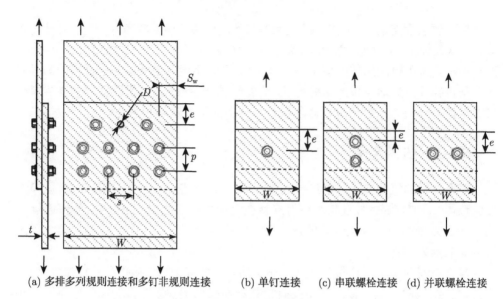

(a) 多排多列规则连接和多钉非规则连接　　(b) 单钉连接　(c) 串联螺栓连接　(d) 并联螺栓连接

图 6.2　典型机械连接的几何参数定义

的影响。由于各向异性和脆性特性，复合材料在钉载分配及破坏形式等方面与塑性金属的多钉连接区别显著，复合材料连接中基本不存在塑性区，各钉载不随总载荷的增加而重新分配，且钉载分配存在严重不均匀性。这些特点大大增加了复合材料结构连接的复杂性。

复合材料的制孔工艺是连接技术的一个关键问题，由于层间剪切强度低，钻孔时的面外载荷容易引起层间分离和出口端的分层。同时碳纤维对刀具的磨损严重，刀具使用寿命短。此外，能导电的碳粉尘会引起电器设备的短路，给施工带来危险。

另外，一个值得重点注意的是接头的防腐问题，碳纤维复合材料中的碳纤维能导电，而且与大多数合金有较大的电位差，与金属接触时极易引起金属的电化学腐蚀，因此必须注意接头的防腐。首先，可选用钛合金紧固件，材料的电位值显示，只有钛合金、耐蚀不锈钢、蒙耐尔合金等金属材料在电位上与碳纤维复合材料匹配。而在上述材料中，钛合金最轻，比强度和比刚度最高，因此成为复合材料结构紧固件中应用最多的材料。其次，在复合材料和金属之间加装垫衬片，当碳纤维复合材料和金属件连接时，在对接和搭接处垫一层玻璃布或者 Kvelar 布，可以有效防止金属的腐蚀。通常这层衬布预先与复合材料共固化在一起。另外，当紧固件螺帽是铝合金时，对螺帽进行阳极化、涂漆等表面处理，然后垫纯钛垫片，也可以防止铝合金的腐蚀。最后，可对接头进行全封闭处理，用密封剂把接头完全封闭起来，使得电解质不能侵入，也就防止了接头的腐蚀。其具体的方法是在紧固件上涂胶，进行湿装配，再在接头上涂胶。复合材料接头的防腐是一个很重要的问题，而且没有一种单一的方法能完全有效，在复合材料结构连接时需紧密关注。

6.1.2　胶接

胶接连接是复合材料结构中较普遍采用的一种连接方法，这种连接方法利用胶结剂将构件连接成不可拆卸的整体，形式多样，包括平面搭接和正交连接等。复合材料结构修理主要采用平面搭接形式，常见的胶接平面搭接形式如图 6.3 所示。

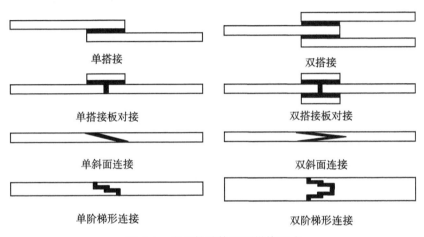

图 6.3　常见的胶接平面搭接形式

胶接连接的优点是纤维连续，不会因钻孔周围应力集中而引起疲劳问题，密封、减振及绝缘性能好，能有效阻止裂纹扩展，破损安全性好，不同材料之间连接无电偶腐蚀问题，连接效率高、结构重量轻，实用有效且方便快捷，适宜连接异形、异质、薄壁和复杂的零件，能获得光滑气动外形、工艺简便、操作容易且经济效益明显。然而，胶接连接缺乏有效的质量检测方法，可靠性差，胶接强度分散性大，剥离强度低，不能传递大载荷，胶接表面在胶接前需做特殊的表面处理，被胶接件配合公差要求严格，需加温加压固化设备，固化会产生较高的残余应力，胶接后不可拆卸。

与各向同性的金属材料相比，各向异性的复合材料经过切割等机械加工会受到严重损伤和弱化，其层间剪切变得更敏感，同时由于复合材料易于整体成型的制造工艺，复合材料更适于采用胶接连接。

复合材料具有各向异性的特点，其性能由纤维铺层方向决定，不同方向上的强度相差很大。因此，胶接接头的承载能力也有方向性的差异，主要承载方向应与材料的主要强度方向一致才能提高胶接强度。另外，复合材料是一种层合板结构，其层间强度较低，要尽量避免胶接接头受到剥离力，以免发生层间剥离破坏。

复合材料胶接与基体的匹配性相关，碳纤维复合材料是多相材料，由增强材料和基体树脂组成，复合材料基体树脂与胶结剂主体树脂的相溶性直接影响胶接界面的性能，胶结剂的黏聚力和黏附力是胶结剂的重要性能。黏聚力是胶结剂本身分子间的作用力，它取决于胶结剂的基本组成配方及工艺等因素，而黏附力是胶结剂分子与被黏物分子之间的结合力，包括胶结剂和被黏材料之间的物理、化学和机械作用。欲达到最佳的胶接强度必须使黏聚力和黏附力共同发挥作用，如果选用的胶与基体匹配不当，很容易发生脱粘和界面分离。

碳纤维复合材料沿纤维方向的线膨胀系数很小，当它与金属胶接时，由于热膨胀系数差别较大，在高温固化后会产生较大内应力和变形。因此，胶接连接设计时应尽量避开与金属件胶接，尤其是铝合金，必要时可采用热膨胀系数小的钛合金。

由于碳纤维复合材料层间拉伸强度低，复合材料胶接不像金属胶接容易在胶层产生剥离破坏，而是容易在连接端部层合板的层间产生剥离破坏，所以对于较厚连接件不宜采用简单的单搭接形式。

6.1.3　混合连接

混合连接技术是将胶接与机械连接结合起来的连接技术，从工艺技术上能严格保证连接构件的变形一致，同时其承载能力和耐久性将会大幅度提高。混合连接主要用于提高破损安全性、胶接连接的修理性以及改善胶接剥离性能等，目前，应用最为广泛的是胶铆连接、胶-缝连接和胶-针钉连接。

胶铆连接一般可采用两种工艺方法实现，一种是在胶层固化后铆接，另一种是在胶层未固化时铆接。从装配劳动强度和设备的需用观点来看，在胶层未固化时铆接是可取的，因为装配及涂胶工艺过程可以在装配夹具中进行，并且不需要热压罐这一类较昂贵的设备。但从复合材料构件胶接质量控制考虑，这两种方法是不一样的。在铆接过程中，在胶膜与复合材料构件之间引起复杂的现象，从而使胶层长度方向胶结剂固化所需的压力不能均匀的分布。随着连接构件的刚度、铆接力和胶层物理力学性能的不同，胶缝中的压力分布可能有很大的变化，因此改变了胶铆接头的质量。为了提高胶铆接头的强度，最好在胶结剂固化后再进行复合材料构件的铆接，如果必须在胶层未固化时铆接，应当分阶段对胶层施加压力，以减少胶铆接头连接强度的下降。

缝合和针钉连接可有效提高复合材料的连接效率，而采用胶-缝连接和胶-针钉连接能显著显示出其独特的优点。在这种连接方法中，针钉分布在胶缝的最大应力集中处，即在搭接的端头或加强垫片的边缘，连接接头处有柔韧的和刚硬的两种结合，从而能保证复合材料构件的受力状态能很好地相互协调，同时弥补了胶接剥离强度低的弱点，所以这种新的连接技术是很有发展前景的。

6.2　复合材料机械连接分析方法

6.2.1　刚度法计算钉载分配

刚度法可以直接求解单排多列、多排单列螺栓连接的钉载分配。对于规则多排多列情况，该方法假设各列螺栓的钉载分配相同，再将每一列看成多排单列螺栓连接进行钉载分配分析[61]。

1. 单排钉连接

单排钉连接是最简单的多钉连接形式，载荷全部由钉承受，不存在旁路载荷。载荷作用形式分为垂直于钉排、平行于钉排及轴向和剪切复合载荷三种情况，如图 6.4 所示。对于载荷垂直于钉排的情况，如图 6.4(a) 所示，每个钉的载荷都等于单位长度作用下的垂直载荷与钉间距的乘积，即

$$P_{\text{br,n}} = N_x S \tag{6.1}$$

式中，$P_{\text{br,n}}$ 为垂直于钉排的钉载；N_x 为连接件单位长度上垂直于钉排的载荷；S 为钉间距。

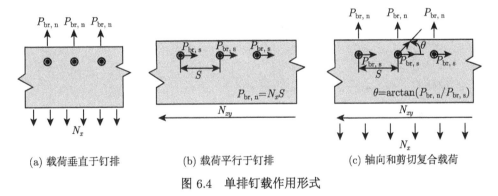

(a) 载荷垂直于钉排　　　(b) 载荷平行于钉排　　　(c) 轴向和剪切复合载荷

图 6.4　单排钉载作用形式

对于载荷平行于钉排的情况，如图 6.4(b) 所示，每个钉的载荷都等于单位长度作用下的剪切载荷与钉间距的乘积，即

$$P_{\text{br,s}} = N_{xy} S \tag{6.2}$$

式中，$P_{\text{br,s}}$ 为平行于钉排的钉载；N_{xy} 为连接件单位长度上平行于钉排的载荷。

对于轴向和剪切复合载荷同时作用的情况，每个钉的合力为

$$P_{\text{br}} = \sqrt{P_{\text{br,n}}^2 + P_{\text{br,s}}^2} \tag{6.3}$$

式中，P_{br} 为钉载的合力，如图 6.4(c) 所示。钉载方向为

$$\theta = \arctan(P_{\text{br,n}}/P_{\text{br,s}}) \tag{6.4}$$

2. 多排单列钉连接

此处介绍的方法考虑被连接板拉伸刚度、钉尺寸和钉间距，忽略被连接板的弯曲刚度。多排单列钉连接的载荷情况如图 6.5 所示，将钉从左向右编号，每个钉承受的载荷分别为 P_1、P_2、P_3、$\cdots$，相邻两钉之间 A 板传递的载荷为 P_{12}^A、P_{23}^A、$\cdots$，而 B 板传递的载荷为 P_{12}^B、P_{23}^B、$\cdots$。

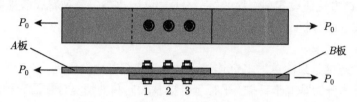

图 6.5 多排单列钉连接的载荷情况

为了计算钉载分布情况，首先给出多钉连接结构的平衡条件、相容性条件以及载荷–位移关系；然后将这三个条件联立就可以得到以钉传载荷为未知量的方程组，求解此方程组可以直接求得各个钉传载荷；最后根据钉传载荷计算各钉孔处的旁路载荷。首先考虑平衡条件，钉传载荷与外载荷的总平衡方程为

$$P_1 + P_2 + \cdots + P_n = P_0 \tag{6.5}$$

式中，P_n 为第 n 个钉的轴向载荷。

A 板相邻两钉之间层合板传递的载荷为

$$\begin{aligned}
P_{1,2}^A &= P_0 - P_1 \\
P_{2,3}^A &= P_0 - (P_1 + P_2) \\
&\vdots \\
P_{n-1,n}^A &= P_0 - (P_1 + P_2 + \cdots + P_{n-1})
\end{aligned} \tag{6.6}$$

B 板相邻两钉之间层合板传递的载荷为

$$\begin{aligned}
P_{1,2}^B &= P_1 \\
P_{2,3}^B &= P_1 + P_2 \\
&\vdots \\
P_{n-1,n}^B &= P_1 + P_2 + \cdots + P_{n-1}
\end{aligned} \tag{6.7}$$

式中，$P_{n-1,n}^A$ 和 $P_{n-1,n}^B$ 分别为第 $n-1$ 和第 n 个钉之间 A 板和 B 板的轴向载荷。

然后考虑相容性条件, 变形前相邻两钉间的相容性条件如图 6.6(a) 所示, 变形前第 $n-1$ 个钉和第 n 个钉之间的板的长度是相等的, 即

$$L^A = L^B \qquad (6.8)$$

变形后, 设 A 板的变形为 $\Delta_{n-1,n}^A$, B 板的变形为 $\Delta_{n-1,n}^B$, 第 $n-1$ 个钉的剪切变形为 Δ_{n-1}, 第 n 个钉的剪切变形为 Δ_n, 变形后相邻两钉间的相容性条件如图 6.6(b) 所示。

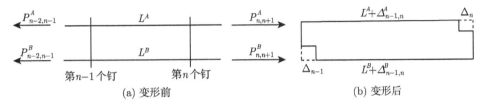

| (a) 变形前 | (b) 变形后 |

图 6.6　相容性条件

由图 6.6(b) 可知

$$L^A + \Delta_{n-1,n}^A + \Delta_n = L^B + \Delta_{n-1,n}^B + \Delta_{n-1} \qquad (6.9)$$

将式 (6.8) 代入式 (6.9), 可得多排单列钉连接变形后的相容性条件为

$$
\begin{aligned}
\Delta_1 - \Delta_2 &= \Delta_{12}^A - \Delta_{12}^B \\
\Delta_2 - \Delta_3 &= \Delta_{23}^A - \Delta_{23}^B \\
&\vdots \\
\Delta_{n-1} - \Delta_n &= \Delta_{n-1,n}^A - \Delta_{n-1,n}^B
\end{aligned}
\qquad (6.10)
$$

最后考虑载荷–位移关系, 钉及两钉间层合板在载荷作用下的变形为

$$
\begin{aligned}
\Delta_i &= \frac{P_i}{K_i^s} \\
\Delta_{i,i+1}^A &= \frac{P_{i,i+1}^A}{K_{i,i+1}^A} \\
\Delta_{i,i+1}^B &= \frac{P_{i,i+1}^B}{K_{i,i+1}^B}
\end{aligned}
\qquad (6.11)
$$

式中, Δ_i 为由第 i 个钉的剪切引起的位移; $K_{i,i+1}^A$ 和 $K_{i,i+1}^B$ 分别为第 i 和第 $i+1$ 个钉之间 A 板和 B 板的轴向拉伸刚度; $\Delta_{i,i+1}^A$ 和 $\Delta_{i,i+1}^B$ 分别为第 i 和第 $i+1$ 个钉之间 A 板和 B 板的变形。

两钉之间 A、B 层合板的刚度可以分别表示为

$$K_{i,i+1}^A = \frac{E_1^A W_{i,i+1}^A t_{i,i+1}^A}{L_{i,i+1}^A}$$
$$K_{i,i+1}^B = \frac{E_1^B W_{i,i+1}^B t_{i,i+1}^B}{L_{i,i+1}^B} \tag{6.12}$$

式中，E_1^A 和 E_1^B 分别为第 i 和第 $i+1$ 个钉之间 A 板和 B 板的拉伸弹性模量；$W_{i,i+1}^A$ 和 $W_{i,i+1}^B$ 分别为第 i 和第 $i+1$ 个钉之间 A 板和 B 板的有效宽度；$t_{i,i+1}^A$ 和 $t_{i,i+1}^B$ 分别为第 i 和第 $i+1$ 个钉之间 A 板和 B 板的有效厚度；$L_{i,i+1}^A$ 和 $L_{i,i+1}^B$ 分别为 A 板和 B 板第 i 和第 $i+1$ 个钉之间的间距。

对于板宽不变的层合板，有效宽度即为层合板的宽度，对于变宽层合板，其有效宽度是实际宽度的函数，以 A 板为例，有效宽度可以表示为

$$W_{i,i+1}^A = \frac{L_{i,i+1}^A}{\displaystyle\int_0^{L_{i,i+1}^A} \frac{1}{W_x^A} \mathrm{d}x} \tag{6.13}$$

式中，W_x^A 为坐标 x 处 A 板的实际板宽。忽略钉与孔的摩擦和间隙，并假设加载过程中钉的载荷变形行为始终是线性的，则有效厚度也可以类似地定义为

$$t_{i,i+1}^A = \frac{L_{i,i+1}^A}{\displaystyle\int_0^{L_{i,i+1}^A} \frac{1}{t_x^A} \mathrm{d}x} \tag{6.14}$$

对于单剪螺栓连接，如图 6.7(a) 所示，螺栓的连接刚度可以表示为

$$K^s = \frac{P}{\delta} = \frac{1}{\dfrac{(t_A + t_B)^2}{E_\mathrm{b} D^3} + 3.72\left(\dfrac{1}{t_A E_1^A} + \dfrac{1}{t_B E_1^B}\right)} \tag{6.15}$$

对于双剪螺栓连接，如图 6.7(b) 所示，螺栓的连接刚度可以表示为

$$K^s = \frac{P}{\delta} = \frac{1}{\dfrac{(t_A + t_B/2)^2}{2E_\mathrm{b} D^3} + \left(\dfrac{2}{t_A E_1^A} + \dfrac{1}{t_B E_1^B}\right)} \tag{6.16}$$

式 (6.15) 和式 (6.16) 中各参数如图 6.7 所示，P 为钉的载荷；E_b 为钉的弹性模量；D 为钉的直径，t_A 和 t_B 为板的厚度；E_1^A 和 E_1^B 为板的纵向弹性模量；δ 为钉的中心在两板中面处的相对位移。为统一符号，对于双剪螺栓连接，上下板匀称为 A 板，中间的板称为 B 板。

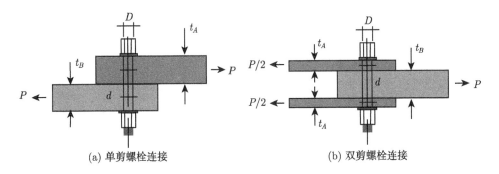

(a) 单剪螺栓连接　　　　　　　　(b) 双剪螺栓连接

图 6.7　螺栓变形示意图

綜合上述平衡条件、相容性条件和载荷–位移关系，可以给出以钉传载荷为未知量的方程组，首先将载荷–位移关系和相容性条件进行联立，即将式 (6.11) 代入式 (6.10)，并进一步将平衡方程式 (6.5)~式 (6.7) 代入式 (6.10)，并对其进行整理写成矩阵形式为

$$
\left[
\begin{array}{cccc}
\dfrac{1}{K_1^s}+\dfrac{1}{K_{12}^A}+\dfrac{1}{K_{12}^B} & -\dfrac{1}{K_2^s} & \cdots & 0 \\[2mm]
\dfrac{1}{K_{23}^A}+\dfrac{1}{K_{23}^B} & \dfrac{1}{K_2^s}+\dfrac{1}{K_{23}^A}+\dfrac{1}{K_{23}^B} & \cdots & \vdots \\[2mm]
\vdots & \vdots & & \vdots \\[2mm]
\dfrac{1}{K_{n-2,n-1}^A}+\dfrac{1}{K_{n-2,n-1}^B} & \dfrac{1}{K_{n-2,n-1}^A}+\dfrac{1}{K_{n-2,n-1}^B} & \cdots & \dfrac{1}{K_{n-2}^s}+\dfrac{1}{K_{n-2,n-1}^A}+\dfrac{1}{K_{n-2,n-1}^B} \\[2mm]
\dfrac{1}{K_{n-1,n}^A}+\dfrac{1}{K_{n-1,n}^B} & \dfrac{1}{K_{n-1,n}^A}+\dfrac{1}{K_{n-1,n}^B} & \cdots & \dfrac{1}{K_{n-1,n}^A}+\dfrac{1}{K_{n-1,n}^B} \\[2mm]
1 & 1 & \cdots & 1
\end{array}
\right.
$$

$$
\left.
\begin{array}{ccc}
0 & 0 \\
\vdots & \vdots \\
0 & 0 \\
-\dfrac{1}{K_{n-1}^s} & 0 \\[2mm]
\dfrac{1}{K_{n-1}^s}+\dfrac{1}{K_{n-1,n}^A}+\dfrac{1}{K_{n-1,n}^B} & -\dfrac{1}{K_n^s} \\[2mm]
1 & 1
\end{array}
\right]
\underbrace{\left\{
\begin{array}{c}
P_1 \\ P_2 \\ \vdots \\ P_{n-1} \\ P_n
\end{array}
\right\}}_{\boldsymbol{P}}
=
\underbrace{\left\{
\begin{array}{c}
\dfrac{P_0}{K_{12}^A} \\[2mm]
\dfrac{P_0}{K_{23}^A} \\[2mm]
\vdots \\[2mm]
\dfrac{P_0}{K_{n-1,n}^A} \\[2mm]
P_0
\end{array}
\right\}}_{\boldsymbol{C}}
$$

$$\underbrace{}_{\boldsymbol{B}}$$

$$(6.17)$$

则钉传载荷 P_i 最终计算方程的矩阵形式为

$$P = B^{-1}C \tag{6.18}$$

对应层合板 A、B 中，第 i 个钉处的旁路载荷可以表示为

$$
\begin{aligned}
P_{\mathrm{by},i}^{A} &= P_0 - \sum_{j=1}^{i} P_j \\
P_{\mathrm{by},i}^{B} &= \sum_{j=1}^{i-1} P_j
\end{aligned}
\tag{6.19}
$$

3. 规则多排多列钉连接

规则多排多列钉连接钉载分配的计算可以简化成多个多排单列的情况，所以其关键是确定有效宽度，如果确定了有效宽度，就可以将规则多排多列钉连接划分成多个相同的多排单列钉连接进行计算，如图 6.8 所示，多排单列钉连接分析所用的连接区宽度取钉列之间的间距 S。对于钉布置比较复杂的情况，有时假设被连接件的有效宽度按线性变化。

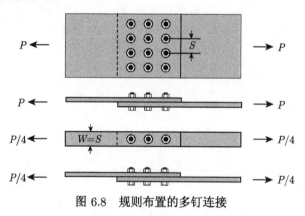

图 6.8　规则布置的多钉连接

6.2.2　连接件的细节分析

6.2.1 节中介绍的刚度方法只能得到近似的钉传载荷和旁路载荷，适合连接结构的初步设计。在对连接结构进行细节设计和分析时，需要详细的孔边应力分布以及紧固件的应力分布，刚度方法是无法满足要求的。对于复合材料连接结构这种复杂问题，只有通过有限元方法才能满足精度要求，本小节介绍基于 MSC 有限元分析软件的复合材料连接结构二维和三维建模与分析方法。

1. 二维分析方法

在 MSC.Nastran 的早期版本中提供了多种模拟结构连接件的建模和分析方法，

如点焊、焊缝和螺栓等,在这些方法中可以通过柔性的弹簧或杆单元定义连接件,如 CBUSH 和 CBAR 单元,也可以通过刚性单元来定义,如 RBAR、RBE2 和 RBE3 单元,还可以直接通过多点约束来定义。但是这些方法在应用过程中都有一些困难或弊端,增加了结构的刚度,无法保证刚体运动的一致性以及数据输入复杂等,尤其当连接截面积超过连接部位特征单元面积的 20% 时,计算结果不够准确。

从 MSC.Nastran2003 开始,增加和发展了新的连接单元 CWELD 和 CFAST,使用方便,可以通过节点实现任意类型单元的连接,计算结果足够精确,已经得到广泛应用。图 6.9 给出 CWELD 和 CFAST 单元的坐标及受力示意图。

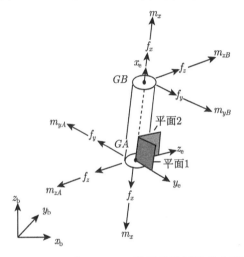

图 6.9　CWELD 和 CFAST 单元的坐标及受力示意图

f_x 轴向力;f_y 面 1,剪切力;f_z 面 2,剪切力;m_x 扭矩;m_{yA} 面 1,A 端弯矩;m_{yB} 面 2,B 端弯矩;m_{zA} 面 1,A 端弯矩;m_{zB} 面 2,B 端弯矩

图 6.10 中为一个通过点焊和螺栓连接的结构,"八"字形顶板 A 通过八个点焊与底板 B 连接,两板相距为 4.445 mm。底板 B 两侧分别与两块长方形薄板 C 和 D 在两个位置上通过螺栓连接,板间距离为 12.7 mm。所有构件的材料相同,弹性模量为 2.0684×10^5 MPa,泊松比为 0.3。所有板的厚度为 2.54 mm。本例中顶板与底板之间为点焊连接,焊点直径为 6.35 mm,材料与板相同。底板与侧板之间为螺栓连接,螺栓直径为 9.525 mm,剪切刚度为 2.0684×10^7 MPa,拉伸刚度为 6.894×10^3 MPa。

2. 三维分析方法

上面介绍的二维有限元分析方法可以精确地得到连接结构的细节应力分布和紧固件的钉载,然而还是得不到连接孔和紧固件的详细应力分布。如果需要对复合材料连接结构进行更为详细的分析和设计,则必须得到连接孔和紧固件的详细应力结果。对于这种情况，需要建立完全真实的连接结构有限元模型，如图 6.11 所示，连接件和紧固件利用三维实体单元独立建模，并考虑连接件和紧固件的结构细节对应力分布的影响。

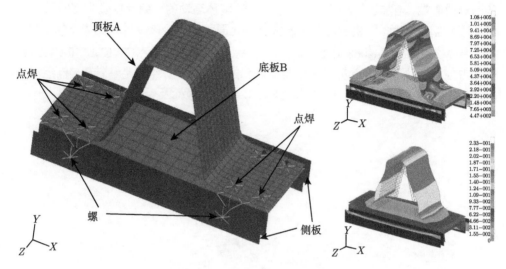

图 6.10　点焊和螺栓连接结构

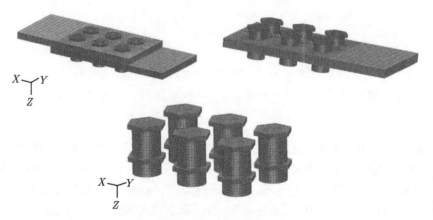

图 6.11　螺栓连接结构的三维分析模型

　　对于图 6.11 中的三维分析模型进行求解的关键是连接孔与紧固件之间的接触问题，在有限元分析方法中，接触条件是一类特殊的不连续的约束，它允许力从模型的一部分传递到另一部分。因为仅当两个表面接触时才应用接触条件，当两个表面分开时，不存在约束作用，所以这种约束是不连续的。因此，分析方法必须能够判断什么时候两个表面是接触的，并且应用相应的接触约束。类似地，分析方法也必须能够判断什么时候两个表面分离，并解除接触约束。MSC.Nastran 的

SOL 101、SOL 400、SOL 600 等模块均提供了接触功能，但 SOL 600 模块的功能最全面。

产生接触的两个物体必须满足无穿透约束条件，如图 6.12 所示，即满足

$$\Delta \boldsymbol{u}_A \cdot \boldsymbol{n} \leqslant D \tag{6.20}$$

式中，$\Delta \boldsymbol{u}_A$ 为 A 点增量位移向量；$\boldsymbol{n}$ 为单位法向量；D 为接触距离容限。数学上施加无穿透接触约束的方法有拉格朗日乘子法、罚函数法以及直接约束法。

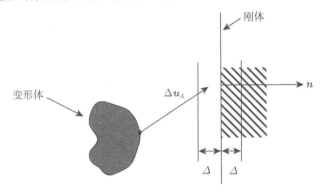

图 6.12　无穿透接触约束

下面以多排多列钉连接为例介绍基于非线性接触的三维分析方法，连接件结构由两块相同的平板组成，通过六个紧固件连接，几何参数如图 6.13 所示 (一半结构)。位移和应力分析结果分别如图 6.14 和图 6.15 所示。

在实际连接结构中，紧固件往往是有预紧力的，因此进行详细分析时应该考虑这个因素。结合多点约束单元，MSC.Patran 提供了一个全新的工具用于创建紧固件的预紧力，即 Bolt preload。在施加预紧力时，紧固件的所有单元在设计好的切割面上被分成两部分；切割面上下两部分单元由创建的多点约束单元连接，在多点约束单元的控制节点上将自动生成一个坐标系，紧固件的预紧力将定义在多点约束单元的控制节点上，如图 6.16 所示。

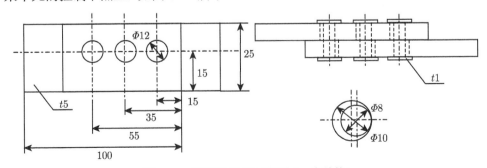

图 6.13　连接件结构示意图 (一半结构)

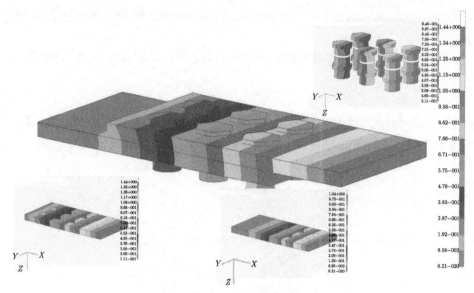

图 6.14　连接结构的位移分析结果

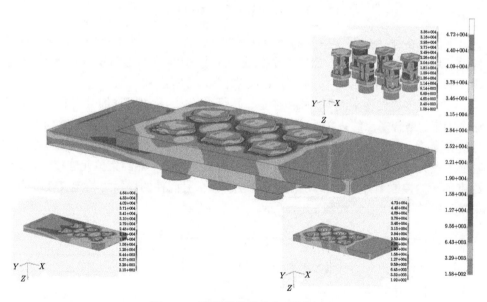

图 6.15　连接结构的应力分析结果

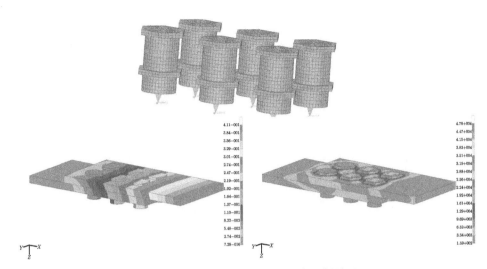

图 6.16 含预紧力连接结构的应力分析结果

图 6.16 利用螺栓预紧力来模拟过盈配合的预紧力，连接件结构的有限元模型
与上面过渡配合连接件结构的有限元模型完全相同，如图 6.13 所示，但在该模型
中所用的螺栓都施加了预紧力，从图 6.14 和图 6.15 中可以看出，预紧力对位移和
应力的分布具有显著的影响。

6.2.3　机械连接结构的破坏模式

复合材料机械连接的单一失效模式如图 6.17 所示，包括拉伸破坏、剪切破坏、
挤压破坏、拉劈破坏、拉脱破坏、紧固件剪切破坏以及紧固件弯曲破坏七种。在复
合材料机械连接结构设计过程中，应注意：应尽量避免紧固件的拉脱破坏；拉伸破
坏会导致连接结构的突然破坏；剪切破坏和拉劈破坏是两种低强度破坏模式，均
应尽量防止其发生。挤压破坏是局部破坏，通常不会引起复合材料结构的灾难性
破坏。因此，在保障连接的安全性和提高效率的前提下，尽量将连接结构设计成仅发

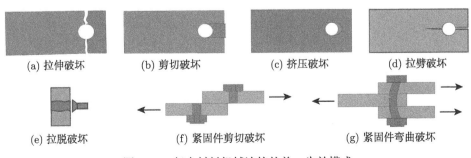

(a) 拉伸破坏　　　(b) 剪切破坏　　　(c) 挤压破坏　　　(d) 拉劈破坏

(e) 拉脱破坏　　　(f) 紧固件剪切破坏　　　(g) 紧固件弯曲破坏

图 6.17 复合材料机械连接的单一失效模式

生挤压破坏或以挤压破坏为主的组合型破坏形式。复合材料机械连接组合型失效模式如图 6.18 所示，包括拉伸–剪切、拉伸–挤压、挤压–剪切和拉伸–挤压–剪切四种组合形式。

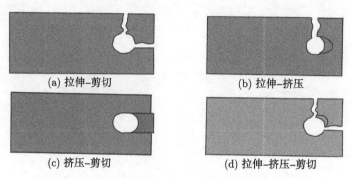

(a) 拉伸–剪切 (b) 拉伸–挤压

(c) 挤压–剪切 (d) 拉伸–挤压–剪切

图 6.18　复合材料机械连接组合型失效模式

6.2.4　机械连接结构的承载强度

承载强度是进行复合材料机械连接结构的最主要设计对象，由于材料性能和破坏模式的复杂性，复合材料机械连接结构的承载强度几乎不可能由理论方法精确得到，主要靠大量的试验数据来确定。一般来说，影响复合材料机械连接结构承载强度的主要因素包括：连接类型、铺层方式、紧固件类型与型号、紧固件预紧程度、埋头深度、边距、端部距离、密封、承载角度以及层板厚度。

在复合材料机械连接结构承载强度测试过程中，典型的应力–应变曲线如图 6.19 所示，超出比例极限后，在结构和紧固件损伤共同作用下，应力–应变曲线出现了不均匀变化的区间，虽然该区间很大，且没有出现连接结构的整体性破坏，具

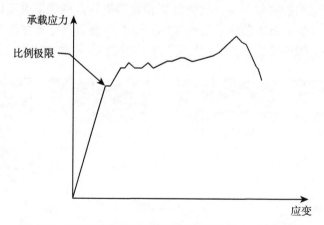

图 6.19　复合材料机械连接结构典型的应力–应变曲线

有承载能力, 但是在设计中连接结构承载应力是严格限制在比例极限之下的, 以保证不会出现任何损伤。如果进一步考虑连接结构在循坏载荷作用下的情况, 损伤累积会大幅降低比例极限, 因此实际设计过程中承载应力应远低于比例极限, 以留出足够的安全裕度。

　　连接区的孔周围有较大的应力集中, 会明显降低层合板的承载能力, 复合材料的各向异性使孔边应力集中现象很复杂, 不仅与几何尺寸有关, 还与层合板的弹性常数有关。当几何尺寸相同时, 不同铺层的层合板应力集中系数可以差别很大。对于大多数复合材料层合板, 应力集中比金属板要严重, 通常 0° 铺层所占比例越大, 应力集中越严重, 而 ±45° 铺层具有降低应力集中的作用。图 6.20 给出 T300/4211 复合材料层合板受轴向载荷 (板宽/孔径比为 5 时) 的应力集中系数。

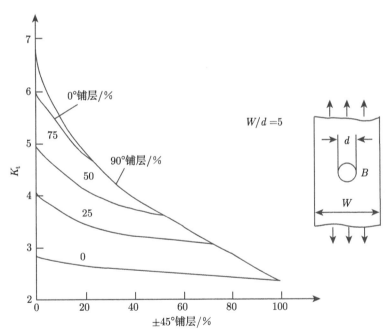

图 6.20　T300/4211 复合材料层合板受轴向载荷 (板宽/孔径比为 5 时) 的应力集中系数

　　如前所述, 为了充分发挥复合材料结构机械连接接头的承载能力, 在连接设计中一般要求仅发生挤压破坏或以挤压破坏为主的组合型破坏, 因此挤压强度分析是复合材料结构机械连接设计的基础。图 6.21 给出 T300/4211 复合材料层合板的初始挤压破坏强度和最大挤压破坏强度, 其中, 初始挤压破坏强度是载荷-位移曲线上第一个拐点或峰值所对应的挤压应力值, 而最大挤压破坏强度是指承受极限载荷时所对应的挤压应力值。

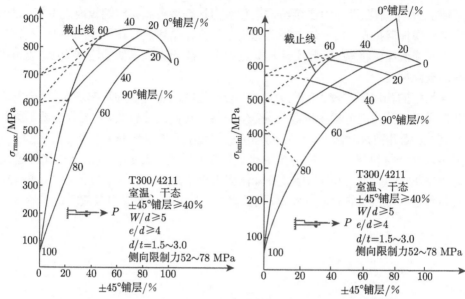

图 6.21　T300/4211 复合材料层合板的初始挤压破坏强度和最大

边距和间距对承载强度也有显著的影响，如图 6.22 所示。对于金属连接结构，边距定义为板边缘到紧固件孔中心的最小距离，通常金属连接结构的边距为 2 倍孔径，间距定义为紧固件柄直径。对于复合材料连接结构，必须区分边距与端部距离，边距为紧固件孔中心到与载荷方向垂直的边的距离，而端部距离为紧固件孔中心到与载荷方向平行的边的距离。如果边距较小，则会出现剪切破坏，如图 6.22 所示，通常复合材料连接结构的边距为 2.5~3 倍孔径。为了防止出现颈缩破坏，要求复合材料连接结构具有足够的紧固件间距，图 6.22(b) 给出间距对承载强度的影响规律，从图 6.22(b) 中可以看出，当间距达到 5 倍孔径时，复合材料连接结构的极限强度非常接近最大旁通应变，注意图 6.22(b) 中的间距是垂直载荷方向的。

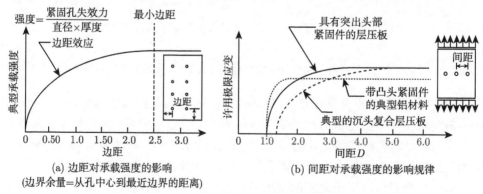

(a) 边距对承载强度的影响
(边界余量＝从孔中心到最近边界的距离)　(b) 间距对承载强度的影响规律

图 6.22　边距和间距对承载强度的影响

图 6.23 给出紧固件预紧力对承载强度的影响，可见承载强度随紧固件预紧力的增加而增加。

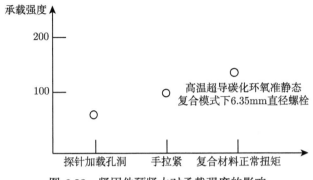

图 6.23 紧固件预紧力对承载强度的影响

6.2.5 机械连接接头的疲劳特性

目前，对于复合材料连接接头，还没有可靠的寿命预计方法。在设计前，根据试验确定连接接头的疲劳特性。由于复合材料结构在使用载荷作用下的疲劳寿命较长，所以在疲劳试验中，只要达到设计寿命的四倍或某规定值，就停止疲劳试验，进行剩余强度试验。

为了了解复合材料结构机械连接的一些主要疲劳特性，下面介绍美国原麦道飞机公司的一些疲劳试验结果。试件为 AS/3601-6 碳 / 环氧复合材料层合板，采用螺栓连接方式。疲劳试件几何尺寸如图 6.24 所示。试验载荷采用两种循环特征的载荷：拉–拉循环载荷，$R = 0.1$；拉–压循环载荷，$R = -0.1$。试验进行到试件破坏或达到 106MPa，钉孔直径为 0.95cm，当钉孔变形量达到 0.0508cm 时，就认为试件已经疲劳破坏。这样大的钉孔变形量已超过普通金属的钉孔屈服变形量规定。

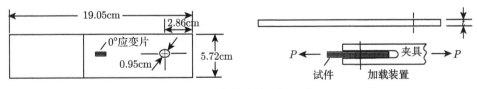

图 6.24 疲劳试件几何尺寸

为了认识不同方向铺层层数所占层合板总层数百分比对疲劳强度的影响，采用了 0°、±45°、90° 方向层所占总层数百分比为50%/40%/10%、30%/60%/10%、19%/76%/5%的三种层合板试件。图 6.25 给出循环峰值挤压应力/挤压强度与循环数之间的关系曲线。由图 6.25 可以看出，对于拉–拉循环载荷 ($R = 0.1$)，三种铺层的疲劳强度比较接近；对于拉–压循环载荷 ($R = -0.1$)，50%/40%/10%铺层的疲劳强度优于其他两种铺层。三种铺层试件的疲劳破坏形态和破坏起始点也不相同。但是，疲劳破坏都是由基体损伤造成的。

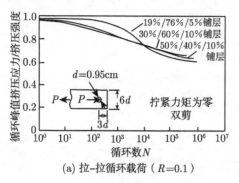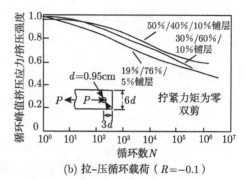

(a) 拉–拉循环载荷（$R=0.1$）　　　　　　(b) 拉–压循环载荷（$R=-0.1$）

图 6.25　循环峰值挤压压力/抵压强度与循环数之间的关系曲线

对 50%/40%/10% 和 19%/76%/5% 两种层合板，在拧紧力矩为 0N·m 和 18.0N·m 情况下，进行了等幅拉–拉 ($R = 0.1$) 和拉–压 ($R = -0.1$) 疲劳试验。试验结果如图 6.26(a) 所示，施加拧紧力矩约束了钉孔周围的材料，延缓了局部破裂和起始损伤的时间，从而使得静强度和疲劳强度都有明显提高。在这两种情况下，试件的破坏形式相同。当拧紧力矩大时，围绕钉孔的损伤面积也大。疲劳破坏是突然发生的，即钉孔的变形速率快。

载荷偏心对接头疲劳寿命的影响可以通过单剪试件的试验结果来反映。图 6.26(b) 给出单剪与双剪两种情况试验结果的对比。从图 6.26(b) 可以看出，突头单剪试件的单剪静强度与双剪情况相同。但是，载荷偏心产生附加力矩，使疲劳寿命降低。对于埋头单剪试件，由于减小了直接挤压，增大了钉头柔度，所以它的疲

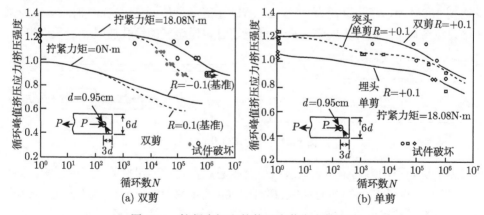

(a) 双剪　　　　　　　　　　　(b) 单剪

图 6.26　拧紧力矩和单剪对疲劳寿命的影响

劳寿命更低。以上试验结果虽然是用碳纤维 / 环氧树脂复合材料层合板得出的,但是,对于其他以树脂为基体的复合材料,基本疲劳特性和试验寿命曲线的基本趋势是相似的。

6.3　复合材料双面胶接增强和胶接对接的应力分析

双面胶接增强和胶接对接结构的受力和变形情况如图 6.27 所示,对于增强情况,不考虑板的损伤,本节将讨论这些连接形式的应力分布问题,包括弹性和弹塑性两种情况。

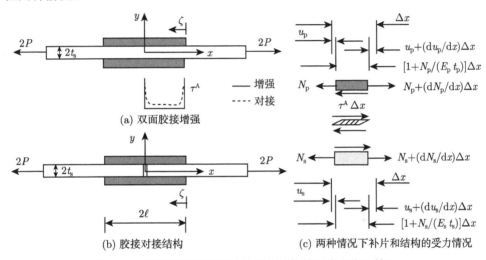

(a) 双面胶接增强

(b) 胶接对接结构

(c) 两种情况下补片和结构的受力情况

图 6.27　双面胶接增强和胶接对接结构的受力和变形情况

6.3.1　剪切应力的弹性解

水平力平衡方程为

$$\frac{\mathrm{d}N_i}{\mathrm{d}x} + \delta_i \tau^{\mathrm{A}} = 0, \qquad i = \mathrm{p, s} \tag{6.21}$$

其中, $i = \mathrm{p}$ 时, $\delta_i = -1$; $i = \mathrm{s}$ 时, $\delta_i = 1$。

胶层的应力–应变关系为

$$\frac{\mathrm{d}u_i}{\mathrm{d}x} = \frac{N_i}{E'_i t_i} + \alpha_i \Delta T, \qquad i = \mathrm{p, s} \tag{6.22}$$

胶结剂的弹性应力–应变关系为

$$\tau^{\mathrm{A}} = G_{\mathrm{A}} \gamma^{\mathrm{A}} = -\frac{G_{\mathrm{A}}}{t_{\mathrm{A}}} \left(u_{\mathrm{s}} - u_{\mathrm{p}} \right) \tag{6.23}$$

式中，指标 s、p 和 A 分别表示蒙皮、补片和胶层；u_i 为蒙皮和补片在长度方向上的位移；$E'_i = E_i/(1-v_i^2)$；E、α、t 和 G 分别为拉伸模量、热膨胀系数、厚度和剪切模量；ΔT 为相对零应力温度的温度变化量。

对式 (6.23) 两边求导，并将式 (6.22) 代入其中，然后将所得方程代入两边求导的式 (6.21)，则可以得到胶层的剪切应力控制方程为

$$\frac{\mathrm{d}^2 \tau^{\mathrm{A}}}{\mathrm{d}x^2} - \beta_{\mathrm{A}}^2 \tau^{\mathrm{A}} = 0 \tag{6.24}$$

式中，

$$\beta_{\mathrm{A}}^2 = \frac{G_{\mathrm{A}}}{t_{\mathrm{A}}}\left(\frac{1}{E'_{\mathrm{p}}t_{\mathrm{p}}} + \frac{1}{E'_{\mathrm{s}}t_{\mathrm{s}}}\right) = \frac{G_{\mathrm{A}}}{t_{\mathrm{A}}}\left(\frac{1+S}{S}\right)\frac{1}{E'_{\mathrm{s}}t_{\mathrm{s}}}$$

$$S = \frac{E'_{\mathrm{p}}t_{\mathrm{p}}}{E'_{\mathrm{s}}t_{\mathrm{s}}} \tag{6.25}$$

式 (6.24) 的通解为

$$\tau^{\mathrm{A}} = B \sinh(\beta_{\mathrm{A}}x) + C \cosh(\beta_{\mathrm{A}}x) \tag{6.26}$$

式 (6.26) 中的待定常数可由 $\dfrac{\mathrm{d}\tau^{\mathrm{A}}}{\mathrm{d}x}$ 和 τ^{A} 的边界条件确定。若将 x 轴置于增强件和连接件的中心，则可得到以下边界条件：

$$\tau^{\mathrm{A}}(0) = 0$$
$$N_{\mathrm{p}}(l) = 0 \tag{6.27}$$
$$N_{\mathrm{s}}(l) = P$$

在蒙皮的足够远处 $P = \sigma_\infty t_{\mathrm{s}}$，因此，式 (6.26) 即为

$$\tau^{\mathrm{A}} = -\frac{G_{\mathrm{A}}\sinh(\beta_{\mathrm{A}}x)}{\beta_{\mathrm{A}}t_{\mathrm{A}}\cosh(\beta_{\mathrm{A}}l)}\left[\frac{\sigma_\infty}{E'_{\mathrm{s}}} + (\alpha_{\mathrm{s}} - \alpha_{\mathrm{p}})\Delta T\right] \tag{6.28}$$

式 (6.28) 右边的负号表示剪切应力指向 x 轴的负方向。

同理，双面胶接对接的边界条件为

$$N_{\mathrm{p}}(0) = P$$
$$N_{\mathrm{s}}(0) = 0$$
$$N_{\mathrm{p}}(l) = 0 \tag{6.29}$$
$$N_{\mathrm{s}}(l) = P$$

对于双面胶接连接，式 (6.26) 为

$$\tau^{\text{A}} = -\frac{G_{\text{A}} \sinh(\beta_{\text{A}} x)}{\beta_{\text{A}} t_{\text{A}}} \left[-\frac{\sigma_\infty}{S E'_{\text{s}}} + (\alpha_{\text{s}} - \alpha_{\text{p}}) \Delta T \right]$$

$$- \frac{G_{\text{A}} \cosh(\beta_{\text{A}} x)}{\beta_{\text{A}} t_{\text{A}} \sinh(\beta_{\text{A}} l)} \left\{ \frac{\sigma_\infty}{E'_{\text{s}}} \left[1 + \frac{\cosh(\beta_{\text{A}} l)}{S} \right] + (\alpha_{\text{s}} - \alpha_{\text{p}}) \Delta T \left[1 - \cosh(\beta_{\text{A}} l) \right] \right\} \tag{6.30}$$

若补片很长，$\beta_{\text{A}} l \gg 1$，则双面胶接增强和胶接对接在补片两端处 ($x = l - |\varsigma|$ 且 $|\varsigma| \ll 1$) 的剪切应力均为

$$\tau^{\text{A}} = -\frac{G_{\text{A}} \mathrm{e}^{-\beta_{\text{A}} \varsigma}}{\beta_{\text{A}} t_{\text{A}}} \left[\frac{\sigma_\infty}{E'_{\text{s}}} + (\alpha_{\text{s}} - \alpha_{\text{p}}) \Delta T \right]$$

$$u_{\text{s}} \big|_{y=0} = \frac{\beta_{\text{A}} t_{\text{A}} t_{\text{s}}}{G_{\text{A}}} \sigma_0 \tag{6.31}$$

根据式 (6.31) 可知，由于蒙皮、补片和胶层的材料参数是已知的，所以 τ^{A} 仅与 t_{A}、x、σ_∞ 和 ΔT 有关。如果不考虑热应力，即 $\Delta T = 0$，假设外载荷为 $2P$，则 σ_∞ 也是确定的，因此主要考虑 t_{A} 对 τ^{A} 的影响，可通过取不同的胶层厚度，来讨论剪切应力随胶层厚度的变化规律。设胶层厚度取为 $t_{\text{A}} = 0.1\text{mm}, 0.2\text{mm}, 0.3\text{mm}, 0.4\text{mm}, 0.5\text{mm}$，$P = 2\text{N}$，另外，$2t_{\text{s}} = 4.0\,\text{mm}$，$u_{\text{s}} = u_{\text{A}} = 0.25$，$E_{\text{s}} = 2.0 \times 10^8\,\text{MPa}$，$E_{\text{A}} = 2.3 \times 10^4\,\text{MPa}$，$2l = 50.0\,\text{mm}$。

同时，利用有限元分析软件对该问题进行分析，选取的模型参数同解析方法，该模型为二维模型，几何尺寸为：补片为 $2l = 50\,\text{mm}$，蒙皮总长为 $150\,\text{mm}$，左端为固定约束，右端承受 x 轴方向上的单位均布载荷。由于要研究胶层的受力情况，所以在胶层处将有限元网格进行加密处理。将解析方法与有限元方法得到的剪切应力进行对比，如图 6.28 所示，图中的云图为当胶层为 0.1mm 时的变形和应力结果。由图 6.28 可得，胶层末端的剪切应力最大，最有可能发生胶层剪切破坏，胶层厚度对剪切应力的大小有严重影响，胶层越薄，剪切应力越大。

下面考虑复合材料层合结构的情况，试件几何参数如图 6.29 所示，试件长 245mm，宽 25.4mm。母板与上下两个补片通过胶黏方式进行连接，其中，$l = 33.4\,\text{mm}$，母板的铺层顺序为 $[0_2^\circ/90^\circ]_{2\text{s}}$，上下两个补片的铺层顺序均为 $[0_2^\circ/90^\circ]_{\text{s}}$，单层的厚度为 0.14mm，胶层厚度为 0.15mm，因此母板的厚度为 1.68mm，补片为 0.84mm。层合板的性能参数为 $E_1 = 156.5\,\text{GPa}$，$E_2 = E_3 = 15.65\,\text{GPa}$，$G_{12} = G_{13} = 5.19\,\text{GPa}$，$G_{23} = 1.53\,\text{GPa}$，$v_{12} = v_{13} = 0.324$，$v_{23} = 0.35$。胶层的性能参数为 $E = 2.4\,\text{GPa}$，$v = 0.42$。层合板和胶层采用三维实体单元模拟，并且对胶层或者在补片连接末端附近进行网格加密细化。试件左端施加固定约束，右边作用单位均布载荷，计算得到的应力结果如图 6.29 所示。

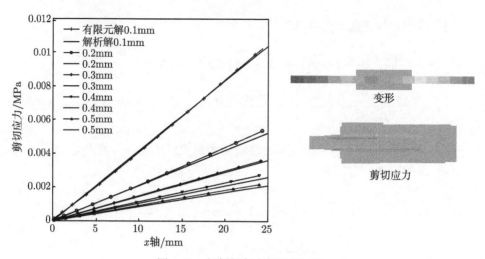

图 6.28　解析解与有限元解对比

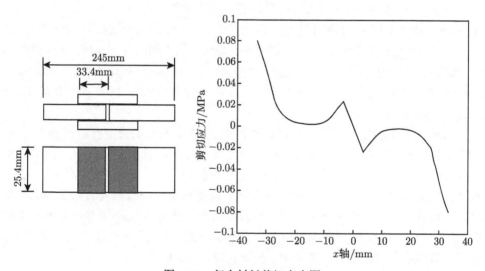

图 6.29　复合材料剪切应力图

6.3.2　剪切应变的弹塑性解

弹塑性解需要利用应变形式的控制方程得到，由式 (6.23) 可得胶层的剪切应变为

$$\gamma^{A} = -\frac{1}{t_{A}}\left(u_{s} - u_{p}\right) \tag{6.32}$$

式 (6.23) 只适用于胶层的弹性情况，当外载荷继续增加时，补片端部的胶层将首先进入塑性变形，如图 6.30 所示。根据理想弹塑性本构模型，塑性区胶层的剪

切应力为

$$\tau^{\mathrm{A}} = -\tau_{\mathrm{Y}}^{\mathrm{A}} \tag{6.33}$$

式中，$\tau_{\mathrm{Y}}^{\mathrm{A}}$ 为胶层的屈服强度。通过 6.3.1 节的分析发现，胶层的剪切应力是指向 x 轴的负方向的，所以式 (6.33) 的右边增加了负号。

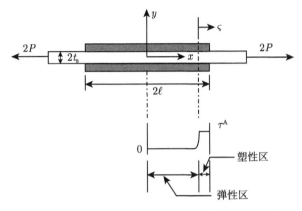

图 6.30　双面胶接增强结构的受力和变形图 (考虑塑性变形)

弹塑性情况下胶层的平衡方程和应力–应变关系仍然可使用式(6.21)和式(6.22)，对式 (6.32) 两边求导，并将式 (6.22) 代入其中，然后将所得方程代入两边求导的式 (6.21) 中，则可以得到胶层的剪切应变控制方程为

$$\frac{\mathrm{d}^2 \gamma^{\mathrm{A}}}{\mathrm{d}x^2} - \beta_{\mathrm{A}}^2 \frac{\tau^{\mathrm{A}}}{G_{\mathrm{A}}} = 0 \tag{6.34}$$

很显然，对于弹性胶层，式 (6.34) 两边同时乘以系数 G_{A} 就与式 (6.24) 相同，式 (6.34) 的通解为

$$\gamma^{\mathrm{A}} = \begin{cases} B \sinh(\beta_{\mathrm{A}} x) + C \cosh(\beta_{\mathrm{A}} x), & \left| \tau^{\mathrm{A}} \right| < \tau_{\mathrm{Y}}^{\mathrm{A}} \\[2mm] -\dfrac{\beta_{\mathrm{A}}^2 \tau_{\mathrm{Y}}^{\mathrm{A}}}{2G_{\mathrm{A}}} x^2 + Dx + F, & \left| \tau^{\mathrm{A}} \right| = \tau_{\mathrm{Y}}^{\mathrm{A}} \end{cases} \tag{6.35}$$

对于双面胶接增强结构，假设补片端部塑性区为 $|x| > d$。由于胶层弹性剪切应力的反对称条件，有 $C = 0$，则式 (6.35) 为

$$\gamma^{\mathrm{A}} = \begin{cases} B \sinh(\beta_{\mathrm{A}} x), & |x| \leqslant d \\[2mm] -\dfrac{\beta_{\mathrm{A}}^2 \tau_{\mathrm{Y}}^{\mathrm{A}}}{2G_{\mathrm{A}}} \varsigma^2 + D\varsigma + F, & |x| > d \text{ 或 } 0 \leqslant \varsigma \leqslant l - d \end{cases} \tag{6.36}$$

该情况下的边界条件为

$$\gamma^{A} = -\frac{\tau_{Y}^{A}}{G_{A}} = -\gamma_{Y}^{A}, \qquad\qquad x = d, \varsigma = 0$$

$$\frac{\mathrm{d}\gamma^{A}}{\mathrm{d}x} = \frac{\mathrm{d}\gamma^{A}}{\mathrm{d}\varsigma}, \qquad\qquad x = d, \varsigma = 0$$

$$\frac{\mathrm{d}\gamma^{A}}{\mathrm{d}\varsigma} = -\frac{1}{t_{A}}\left[-\frac{\sigma_{\infty}}{E_{s}'} + (\alpha_{s} - \alpha_{p})\Delta T\right], \quad \varsigma = l - d \qquad (6.37)$$

$$N_{p}(\varsigma = l - d) = P = \sigma_{\infty}$$

$$N_{s}(\varsigma = l - d) = 0$$

利用上述边界条件，可得双面胶接增强结构胶层的剪切应变为

$$\gamma^{A} = \begin{cases} -\dfrac{\tau_{Y}^{A}}{\sinh(\beta_{A}d)}\sinh(\beta_{A}x), & |x| \leqslant d \\[3mm] -\gamma_{Y}^{A}\left[\dfrac{\beta_{A}^{2}}{2}\varsigma^{2} + \dfrac{\beta_{A}}{\sinh(\beta_{A}d)}\varsigma + 1\right], & 0 \leqslant \varsigma \leqslant l - d \end{cases} \qquad (6.38)$$

同理，可以得到双面对接结构的剪切应变弹塑性解，其受力和变形图如图 6.31 所示，其边界条件为

$$\gamma^{A} = -\gamma_{Y}^{A}, \qquad\qquad x = -\frac{d}{2}\varsigma_{1} = 0$$

$$\gamma^{A} = -\gamma_{Y}^{A}, \qquad\qquad x = \frac{d}{2}\varsigma_{2} = 0$$

$$\frac{\mathrm{d}\gamma^{A}}{\mathrm{d}x} = \frac{\mathrm{d}\gamma^{A}}{\mathrm{d}\varsigma_{1}}, \qquad\qquad x = -\frac{d}{2}\varsigma_{1} = 0$$

$$\frac{\mathrm{d}\gamma^{A}}{\mathrm{d}x} = \frac{\mathrm{d}\gamma^{A}}{\mathrm{d}\varsigma_{2}}, \qquad\qquad x = \frac{d}{2}\varsigma_{2} = 0 \qquad (6.39)$$

$$\frac{\mathrm{d}\gamma^{A}}{\mathrm{d}\varsigma_{1}} = -\frac{1}{t_{A}}\left[-\frac{\sigma_{\infty}t_{s}}{E_{p}'t_{p}} + (\alpha_{s} - \alpha_{p})\Delta T\right], \quad \varsigma_{1} = c$$

$$\frac{\mathrm{d}\gamma^{A}}{\mathrm{d}\varsigma_{2}} = -\frac{1}{t_{A}}\left[-\frac{\sigma_{\infty}t_{s}}{E_{s}'t_{s}} + (\alpha_{s} - \alpha_{p})\Delta T\right], \quad \varsigma_{2} = b$$

式中，

$$c = \frac{1}{t_{A}\beta_{A}^{2}\gamma_{Y}^{A}}\left[\frac{\sigma_{\infty}t_{s}}{E_{p}'t_{p}} - (\alpha_{s} - \alpha_{p})\Delta T\right] - \frac{\tanh\left[\beta_{A}\dfrac{(l - b - c)}{2}\right]}{\beta_{A}}$$

$$b = \frac{1}{t_{A}\beta_{A}^{2}\gamma_{Y}^{A}}\left[\frac{\sigma_{\infty}}{E_{s}'} + (\alpha_{s} - \alpha_{p})\Delta T\right] - \frac{\tanh\left[\beta_{A}\dfrac{(l - b - c)}{2}\right]}{\beta_{A}}$$

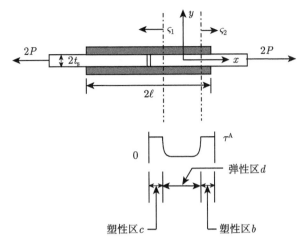

图 6.31　双面对接连接结构的受力和变形图 (考虑塑性变形)

根据式 (6.35) 和式 (6.39) 中的边界条件, 可得双面胶接对接结构的剪切应变为

$$\gamma^{\mathrm{A}} = \begin{cases} -\dfrac{\gamma_{\mathrm{Y}}^{\mathrm{A}}}{\cosh\left(\beta_{\mathrm{A}}\dfrac{d}{2}\right)}\cosh(\beta_{\mathrm{A}}x), & |x| \leqslant \dfrac{d}{2} \\[3mm] -\dfrac{\beta_{\mathrm{A}}^2 \tau_{\mathrm{Y}}^{\mathrm{A}}}{2G_{\mathrm{A}}}\varsigma_1^2 - \beta_{\mathrm{A}}\gamma_{\mathrm{Y}}^{\mathrm{A}}\tanh\left(\beta_{\mathrm{A}}\dfrac{d}{2}\right)\varsigma_1 - \gamma_{\mathrm{Y}}^{\mathrm{A}}, & 0 \leqslant \varsigma \leqslant c \\[3mm] -\dfrac{\beta_{\mathrm{A}}^2 \tau_{\mathrm{Y}}^{\mathrm{A}}}{2G_{\mathrm{A}}}\varsigma_2^2 - \beta_{\mathrm{A}}\gamma_{\mathrm{Y}}^{\mathrm{A}}\tanh\left(\beta_{\mathrm{A}}\dfrac{d}{2}\right)\varsigma_2 - \gamma_{\mathrm{Y}}^{\mathrm{A}}, & 0 \leqslant \varsigma \leqslant c \end{cases} \qquad (6.40)$$

且有

$$u_{\mathrm{s}}(\varsigma_1 = c) = \frac{t_{\mathrm{A}}\tau_{\mathrm{Y}}^{\mathrm{A}}}{2G_{\mathrm{A}}}\left[1 + \left(\frac{\sigma_0}{\sigma_{0\mathrm{Y}}}\right)^2\right] \qquad (6.41)$$

6.3.3　剥离应力

对于比较厚的补片或加强件, 导致最后失效的往往是胶层的剥离应力, 而不是剪切应力。因此, 本小节将介绍一种胶层剥离应力的计算方法, 该方法中补片的受力情况如图 6.32 所示, 补片的微分控制方程如下。

弯矩平衡方程为

$$\frac{\mathrm{d}M_{\mathrm{p}}}{\mathrm{d}x} = V_{\mathrm{p}} - \frac{\tau^{\mathrm{A}}t_{\mathrm{p}}}{2} \qquad (6.42)$$

横向力平衡方程为

$$\frac{\mathrm{d}V_{\mathrm{p}}}{\mathrm{d}x} = \sigma^{\mathrm{A}} \qquad (6.43)$$

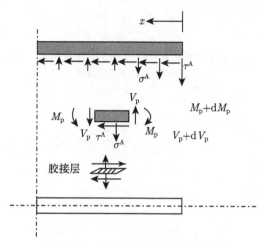

图 6.32　双面加强结构的剥离应力

弯矩–曲率关系为

$$\frac{\mathrm{d}^2 w_\mathrm{p}}{\mathrm{d}x^2} = \frac{M_\mathrm{p}}{D_\mathrm{p}} \tag{6.44}$$

胶层应力–应变关系为

$$\varepsilon^\mathrm{A} = \frac{\sigma^\mathrm{A}}{E_\mathrm{A}} = \frac{w_\mathrm{p} - w_\mathrm{s}}{t_\mathrm{A}} = \frac{w_\mathrm{p}}{t_\mathrm{A}} \tag{6.45}$$

式中，E_A 为胶层的体积模量；D_p 为补片的弯曲刚度，$D_\mathrm{p} = (E'_\mathrm{p} t_\mathrm{p}^3)/12$；$V_\mathrm{p}$ 为补片中的垂直剪力；w_i $(i = \mathrm{p, s})$ 为补片和蒙皮的曲率，由于双面加强和对接结构是关于蒙皮中性面对称的，所以 $w_\mathrm{s} = 0$。

为了解耦剥离应力和剪切应力的控制方程，可将式 (6.42) 中的 $\tau^\mathrm{A} = \tau_\mathrm{Y}^\mathrm{A}$ 假设为常数。根据式 (6.42)~式 (6.45)，可得补片横向挠度的控制微分方程为

$$\frac{\mathrm{d}^4 w_\mathrm{p}}{\mathrm{d}x^4} + \frac{E_\mathrm{A}}{D_\mathrm{p} t_\mathrm{A}} w_\mathrm{p} = 0 \tag{6.46}$$

式 (6.46) 是补片横向挠度的近似控制微分方程，所以通过该方程得到的近似解不可能同时满足所有的边界条件。假设补片的长度足够长，则式 (6.46) 的解为

$$w_\mathrm{p} = B\mathrm{e}^{-gx} \cos(gx) + C\mathrm{e}^{-gx} \sin(gx) \tag{6.47}$$

式中，

$$g = \left(\frac{E_\mathrm{A}}{4 D_\mathrm{p} t_\mathrm{A}} \right)^{0.25}$$

考虑边界条件，挠度解为

$$w_\mathrm{p} = \frac{\tau_\mathrm{Y}^\mathrm{A} t_\mathrm{p}}{4 D_\mathrm{p} g^3} \cos(gx) \mathrm{e}^{-gx} \tag{6.48}$$

因此，最大剥离应力为

$$\sigma_{\mathrm{max}}^{\mathrm{A}} = \frac{\tau_{\mathrm{Y}}^{\mathrm{A}} t_{\mathrm{p}}}{4D_{\mathrm{p}}g^3}\frac{E_{\mathrm{A}}}{t_{\mathrm{A}}} = \tau_{\mathrm{Y}}^{\mathrm{A}}\left(\frac{3E_{\mathrm{A}}t_{\mathrm{p}}}{E_{\mathrm{p}}'t_{\mathrm{A}}}\right)^{0.25} = \tau_{\mathrm{max}}^{\mathrm{A}}\left(\frac{3E_{\mathrm{A}}t_{\mathrm{p}}}{E_{\mathrm{p}}'t_{\mathrm{A}}}\right)^{0.25} \tag{6.49}$$

6.4　复合材料单面胶接增强和胶接对接的应力分析

本节将介绍单面胶接增强和胶接对接的应力分析方法，包括挠度与弯矩以及胶层剥离应力与剪切应力的计算，单面胶接增强结构的剥离应力示意图如图 6.33 所示。

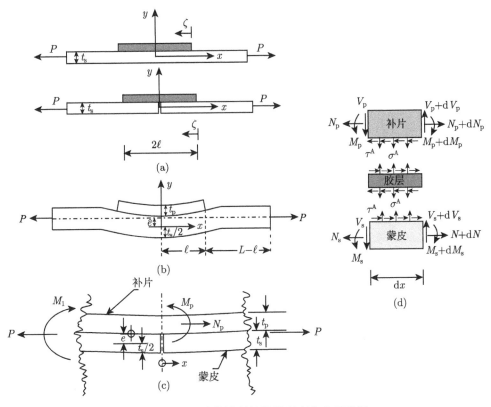

图 6.33　单面胶接增强结构的剥离应力示意图

6.4.1　挠度与弯矩

单面胶接对接结构的挠度和弯矩分别为

$$M_{\mathrm{H}} = -Pw_{\mathrm{H}}, \qquad\qquad |x| > l$$

$$M_{\mathrm{I}} = -P\left(w_{\mathrm{I}} + \hat{e}\right) + M^{\mathrm{T}}, \quad |x| \leqslant l \tag{6.50}$$

式中，

$$\hat{e} = \frac{\left(\dfrac{t_{\mathrm{s}} + t_{\mathrm{p}}}{2}\right)S}{1 + S}$$

$$M^{\mathrm{T}} = \frac{E_{\mathrm{s}}' t_{\mathrm{s}} E_{\mathrm{p}}' t_{\mathrm{p}} \left(\alpha_{\mathrm{s}} - \alpha_{\mathrm{p}}\right) \Delta T}{E_{\mathrm{s}}' t_{\mathrm{s}} + E_{\mathrm{p}}' t_{\mathrm{p}}} \left(\frac{t_{\mathrm{s}} + t_{\mathrm{p}}}{2}\right)$$

则

$$M_{\mathrm{H}} = -D_{\mathrm{s}} \frac{\mathrm{d}^2 w_{\mathrm{H}}}{\mathrm{d}x^2}$$

$$M_{\mathrm{I}} = -D_{\mathrm{I}} \frac{\mathrm{d}^2 w_{\mathrm{I}}}{\mathrm{d}x^2} \tag{6.51}$$

式中，

$$D_{\mathrm{s}} = \frac{E_{\mathrm{s}}' t_{\mathrm{s}}^3}{12}$$

$$D_{\mathrm{I}} = \left[1 + \frac{E_{\mathrm{s}}' t_{\mathrm{s}}^3}{E_{\mathrm{p}}' t_{\mathrm{p}}^3} + \left(1 + \frac{t_{\mathrm{s}}}{t_{\mathrm{p}}}\right) \Big/ \left(1 + \frac{E_{\mathrm{p}}' t_{\mathrm{p}}^3}{E_{\mathrm{s}}' t_{\mathrm{s}}^3}\right)\right] D_{\mathrm{s}}$$

所以挠度方程为

$$\frac{\mathrm{d}^2 w_{\mathrm{H}}}{\mathrm{d}x^2} - \xi_{\mathrm{H}}^2 w_{\mathrm{H}} = 0$$

$$\frac{\mathrm{d}^2 w_{\mathrm{I}}}{\mathrm{d}x^2} - \xi_{\mathrm{I}}^2 w_{\mathrm{I}} = \frac{P\hat{e} - M^{\mathrm{T}}}{D_{\mathrm{I}}} \tag{6.52}$$

式中，

$$\xi_{\mathrm{H}} = \sqrt{\frac{P}{D_{\mathrm{s}}}}$$

$$\xi_{\mathrm{I}} = \sqrt{\frac{P}{D_{\mathrm{I}}}}$$

挠度解为

$$w_{\mathrm{H}} = B\cosh(\xi_{\mathrm{H}} x) + C\sinh(\xi_{\mathrm{H}} x), \qquad\qquad |x| > l$$

$$w_{\mathrm{I}} = F\cosh(\xi_{\mathrm{I}} x) + K\sinh(\xi_{\mathrm{I}} x) - \hat{e} + \frac{M^{\mathrm{T}}}{P}, \quad |x| \leqslant l \tag{6.53}$$

式 (6.53) 中的四个积分常数可由以下四个边界条件确定:

$$\frac{\mathrm{d}w_{\mathrm{I}}}{\mathrm{d}x}\bigg|_{x=0} = 0 \qquad\qquad 对称$$

$$\frac{\mathrm{d}w_{\mathrm{H}}}{\mathrm{d}x}\bigg|_{x=l} = \frac{\mathrm{d}w_{\mathrm{I}}}{\mathrm{d}x}\bigg|_{x=l} \qquad 转角连续$$

$$w_{\mathrm{H}}(l) = w_{\mathrm{I}}(l) \qquad\qquad 位移连续$$

$$w_{\mathrm{H}}(L) = 0 \qquad\qquad 端部简支$$

(6.54)

根据以上四个边界条件, 式 (6.53) 中的四个积分常数为

$$K = 0$$

$$B = -C\tanh(\xi_{\mathrm{H}}L)$$

$$F = C\frac{[-\tanh(\xi_{\mathrm{H}}L)\cosh(\xi_{\mathrm{H}}l) + \sinh(\xi_{\mathrm{H}}l)]}{\cosh(\xi_{\mathrm{H}}l)} + \frac{P\hat{e} - M^{\mathrm{T}}}{P\cosh(\xi_{\mathrm{H}}l)}$$

(6.55)

$$C = -\frac{P\hat{e} - M^{\mathrm{T}}}{P\cosh(\xi_{\mathrm{H}}l)\left[\tanh(\xi_{\mathrm{H}}l) - \tanh(\xi_{\mathrm{H}}L)\right]\left\{1 - \dfrac{\xi_{\mathrm{H}}\left[1 - \tanh(\xi_{\mathrm{H}}l)\tanh(\xi_{\mathrm{H}}L)\right]}{\xi_{\mathrm{I}}\tanh(\xi_{\mathrm{I}}l)\left[\tanh(\xi_{\mathrm{H}}l) - \tanh(\xi_{\mathrm{H}}L)\right]}\right\}}$$

6.4.2　胶层剥离应力

考虑薄胶层情况, 弯矩平衡方程为

$$\frac{\mathrm{d}M_i}{\mathrm{d}x} = V_i - \frac{\tau^{\mathrm{A}}t_i}{2}$$

(6.56)

轴向力平衡方程为

$$\frac{\mathrm{d}N_i}{\mathrm{d}x} + f_i\tau^{\mathrm{A}} = 0$$

(6.57)

式中, f_i 为符号系数, $f_{\mathrm{s}} = 1$, $f_{\mathrm{p}} = -1$。

横向力平衡方程为

$$\frac{\mathrm{d}V_i}{\mathrm{d}x} + f_i\sigma^{\mathrm{A}} = 0$$

(6.58)

平板弯曲的挠度方程为

$$\frac{\mathrm{d}w_i}{\mathrm{d}x} + \frac{M_i}{D_i} = 0$$

(6.59)

胶层的剥离和剪切应变–应力关系分别为式 (6.45) 和式 (6.22)。对于单面胶接增强和胶接对接情况, 胶层轴向位移沿厚度方向并不是均匀的, 在单位宽度上有

$$\frac{\mathrm{d}u_i}{\mathrm{d}x} = \frac{N_i}{E_i't_i} + f_i\frac{M_it_i}{2D_i} + \alpha_i\Delta T$$

(6.60)

式 (6.60) 右边第一项是由轴向载荷引起的平均轴向应变，第二项是由补片底部和蒙皮顶部弯矩引起的轴向应变，最后一项为热应变。与 6.4.1 节中解耦胶层剪切应力和剥离应力的方法一样，式 (6.60) 中的剪切应力假设为常数。因此，对式 (6.56) 两边求导，并相减得

$$\frac{\mathrm{d}^2 M_\mathrm{s}}{\mathrm{d}x^2} - \frac{\mathrm{d}^2 M_\mathrm{p}}{\mathrm{d}x^2} = \frac{\mathrm{d}V_\mathrm{s}}{\mathrm{d}x} - \frac{\mathrm{d}V_\mathrm{p}}{\mathrm{d}x} \tag{6.61}$$

将式 (6.58) 和式 (6.59) 代入式 (6.61)，得

$$-D_\mathrm{s}\frac{\mathrm{d}^4 w_\mathrm{s}}{\mathrm{d}x^4} + D_\mathrm{p}\frac{\mathrm{d}^4 w_\mathrm{p}}{\mathrm{d}x^4} + 2\sigma^\mathrm{A} = 0 \tag{6.62}$$

如果补片的长度很长，$L \gg 1$，则横向位移 w_s 和 w_p 可分别表示为

$$\begin{aligned}
w_\mathrm{s} &= \frac{1}{2}(w_\mathrm{s} - w_\mathrm{p}) + \frac{1}{2}(w_\mathrm{s} + w_\mathrm{p}) = \frac{1}{2}(w_\mathrm{s} - w_\mathrm{p}) + w_\mathrm{I} \\
w_\mathrm{p} &= -\frac{1}{2}(w_\mathrm{s} - w_\mathrm{p}) + \frac{1}{2}(w_\mathrm{s} + w_\mathrm{p}) = -\frac{1}{2}(w_\mathrm{s} - w_\mathrm{p}) + w_\mathrm{I}
\end{aligned} \tag{6.63}$$

将式 (6.45) 和式 (6.63) 代入式 (6.62)，得

$$\frac{\mathrm{d}^4}{\mathrm{d}x^4}\left(\frac{w_\mathrm{s} - w_\mathrm{p}}{2}\right) + \frac{4E_\mathrm{A}}{t_\mathrm{A}(D_\mathrm{s} + D_\mathrm{p})}\left(\frac{w_\mathrm{s} - w_\mathrm{p}}{2}\right) = -\frac{(D_\mathrm{s} - D_\mathrm{p})}{(D_\mathrm{s} + D_\mathrm{p})}\frac{\mathrm{d}^4 w_\mathrm{I}}{\mathrm{d}x^4} \tag{6.64}$$

式 (6.64) 的互补解为

$$\begin{aligned}
\frac{w_\mathrm{s} - w_\mathrm{p}}{2} &= B\cosh(gx)\cos(gx) + C\sinh(gx)\sin(gx) \\
&\quad + G\sinh(gx)\cos(gx) + H\cosh(gx)\sin(gx)
\end{aligned} \tag{6.65}$$

式中，

$$g = \left[\frac{E_\mathrm{A}}{t_\mathrm{A}(D_\mathrm{s} + D_\mathrm{p})}\right]^{0.25}$$

式 (6.64) 的特解可取为

$$\frac{w_\mathrm{s} - w_\mathrm{p}}{2} = J\cosh(\xi_\mathrm{I}x) \tag{6.66}$$

式中，

$$J = -\frac{(D_\mathrm{s} - D_\mathrm{p})\left(P\hat{e} - M^\mathrm{T}\right)}{P\left[(D_\mathrm{s} + D_\mathrm{p}) + \dfrac{4E_\mathrm{A}}{t_\mathrm{A}\xi_\mathrm{I}^4}\right]\left[\cosh(\xi_\mathrm{I}l) + \dfrac{\xi_\mathrm{I}}{\xi_\mathrm{H}}K\sinh(\xi_\mathrm{I}l)\right]}$$

在补片的长度很长的情况下，修补区域内靠近补片端部处式 (6.66) 可重写为

$$\frac{w_\mathrm{s} - w_\mathrm{p}}{2} \approx \frac{(D_\mathrm{s} - D_\mathrm{p})\left(P\hat{e} - M^\mathrm{T}\right)}{P\left[(D_\mathrm{s} + D_\mathrm{p}) + \dfrac{4E_\mathrm{A}}{t_\mathrm{A}\xi_\mathrm{I}^4}\right]\left(1 + \dfrac{\xi_\mathrm{I}}{\xi_\mathrm{H}}\right)}\mathrm{e}^{-\xi_\mathrm{I}\varsigma} = C_\mathrm{c}\mathrm{e}^{-\xi_\mathrm{I}\varsigma} \tag{6.67}$$

另外，互补解可重写为

$$\frac{w_\mathrm{s} - w_\mathrm{p}}{2} \approx [B\cos(gx) + C\sin(gx)]\,\mathrm{e}^{-g\varsigma} \tag{6.68}$$

因此，通解为

$$\frac{w_\mathrm{s} - w_\mathrm{p}}{2} \approx [B\cos(gx) + C\sin(gx)]\,\mathrm{e}^{-g\varsigma} + C_\mathrm{c}\mathrm{e}^{-\xi_\mathrm{I}\varsigma} \tag{6.69}$$

边界条件为

$$\left. \begin{aligned} &\int_0^\infty \sigma^\mathrm{A}\,\mathrm{d}x = -\frac{E_\mathrm{A}}{t_\mathrm{A}}\int_0^\infty (w_\mathrm{s} - w_\mathrm{p})\,\mathrm{d}x = 0 \\ &\left(\frac{M_\mathrm{p}}{D_\mathrm{p}} - \frac{M_\mathrm{s}}{D_\mathrm{s}}\right)\bigg|_{x=l\,\text{或}\,\varsigma=0} = \frac{\mathrm{d}^2}{\mathrm{d}\varsigma^2}(w_\mathrm{s} - w_\mathrm{p})\bigg|_{x=l\,\text{或}\,\varsigma=0} = -\frac{M_\mathrm{H}(l)}{D_\mathrm{s}} \end{aligned} \right\} \tag{6.70}$$

则积分常数为

$$B = \frac{M_\mathrm{H}(l)}{4D_\mathrm{s}g^2} + \frac{\xi_\mathrm{I}^2 C_\mathrm{c}}{2g^2} - \frac{2gC_\mathrm{c}}{\xi_\mathrm{I}}, \quad C = -\frac{M_\mathrm{H}(l)}{4D_\mathrm{s}g^2} - \frac{\xi_\mathrm{I}^2 C_\mathrm{c}}{2g^2}$$

对于单面对接结构，积分常数为

$$C = -B = \frac{M_\mathrm{p}^\mathrm{I}(0)}{4D_\mathrm{p}g^2} = -\frac{1}{4D_\mathrm{p}g^2}\left[\frac{(P\hat{e} - M^\mathrm{T})}{\cosh(\xi_\mathrm{I}l) + \dfrac{\xi_\mathrm{I}}{\xi_\mathrm{H}}K\sinh(\xi_\mathrm{I}l)} + P\left(\frac{t_\mathrm{s} - t_\mathrm{p}}{2} - \hat{e} + \frac{M^\mathrm{T}}{P}\right)\right]$$

6.4.3　胶层剪切应力

根据式 (6.56)、式 (6.57) 和式 (6.60)，胶层剪切应力的控制方程为

$$\frac{\mathrm{d}^2 u_i}{\mathrm{d}x^2} = \frac{1}{E_i' t_i}\frac{\mathrm{d}N_i}{\mathrm{d}x} + f_i\frac{t_i}{2D_i}, \quad \frac{\mathrm{d}M_i}{\mathrm{d}x} = \frac{\tau^\mathrm{A}}{E_i' t_i} + f_i\frac{t_i}{2D_i}\left(V_i - \frac{\tau^\mathrm{A}t_i}{2}\right) \tag{6.71}$$

将式 (6.71) 中的两式相减，并考虑式 (6.22)，可得

$$\frac{\mathrm{d}^2 u_\mathrm{p}}{\mathrm{d}x^2} - \frac{\mathrm{d}^2 u_\mathrm{s}}{\mathrm{d}x^2} = \frac{t_\mathrm{A}}{G_\mathrm{A}}\frac{\mathrm{d}^2\tau^\mathrm{A}}{\mathrm{d}x^2} = \left(\frac{4}{E_\mathrm{s}' t_\mathrm{s}} + \frac{4}{E_\mathrm{s}' t_\mathrm{s}}\right)\tau^\mathrm{A} - \left(\frac{V_\mathrm{p}t_\mathrm{p}}{2D_\mathrm{p}} + \frac{V_\mathrm{s}t_\mathrm{s}}{2D_\mathrm{s}}\right) \tag{6.72}$$

对式 (6.72) 两边求导，并将式 (6.57) 代入，得

$$\frac{\mathrm{d}^3\tau^\mathrm{A}}{\mathrm{d}x^3} - \frac{4G_\mathrm{A}}{t_\mathrm{A}}\left(\frac{1}{E_\mathrm{s}' t_\mathrm{s}} + \frac{1}{E_\mathrm{s}' t_\mathrm{s}}\right)\frac{\mathrm{d}\tau^\mathrm{A}}{\mathrm{d}x} = -\frac{G_\mathrm{A}}{t_\mathrm{A}}\left(\frac{t_\mathrm{p}}{2D_\mathrm{p}} - \frac{t_\mathrm{s}}{2D_\mathrm{s}}\right)\sigma^\mathrm{A} \tag{6.73}$$

对于平衡胶接，有

$$\frac{\mathrm{d}^3\tau^\mathrm{A}}{\mathrm{d}x^3} - \frac{4G_\mathrm{A}}{t_\mathrm{A}}\left(\frac{1}{E_\mathrm{s}' t_\mathrm{s}} + \frac{1}{E_\mathrm{s}' t_\mathrm{s}}\right)\frac{\mathrm{d}\tau^\mathrm{A}}{\mathrm{d}x} \approx 0 \tag{6.74}$$

因此，

$$\frac{\mathrm{d}^2\tau^\mathrm{A}}{\mathrm{d}x^2} - \frac{4G_\mathrm{A}}{t_\mathrm{A}}\left(\frac{1}{E'_\mathrm{s}t_\mathrm{s}} + \frac{1}{E'_\mathrm{s}t_\mathrm{s}}\right)\tau^\mathrm{A} = 常数 \tag{6.75}$$

则通解为

$$\tau^\mathrm{A} = B\cosh(2\beta_\mathrm{A}x) + C\sinh(2\beta_\mathrm{A}x) + D \tag{6.76}$$

首先考虑双面搭接结构，边界条件为

$$\tau^\mathrm{A}(0) = 0, \qquad N_\mathrm{s}(l) = P, \quad N_\mathrm{p}(l) = 0$$
$$M_\mathrm{s}(l) = M_\mathrm{H}(l), \quad M_\mathrm{p}(l) = 0, \quad \int_0^l \tau^\mathrm{A}\mathrm{d}x = N_\mathrm{p}(0) \tag{6.77}$$

对于长搭接结构 $(\beta_\mathrm{A}l \gg 1)$，根据式 (6.76)，胶层端部剪切应力为

$$\tau^\mathrm{A} = Be^{-2\beta_\mathrm{A}\varsigma} + D \tag{6.78}$$

式 (6.78) 中的积分常数为

$$C = \frac{G_\mathrm{A}}{2\beta_\mathrm{A}t_\mathrm{A}}\left[\frac{t_\mathrm{s}M_\mathrm{H}(l)}{2D_\mathrm{s}} + \frac{\sigma_\infty}{E'_\mathrm{s}} + (\alpha_\mathrm{s} - \alpha_\mathrm{p})\Delta T\right]$$
$$D = \frac{\sigma_\infty t_\mathrm{s}S}{l(1+S)} - \frac{1}{4\beta_\mathrm{A}l}\left[\frac{t_\mathrm{s}M_\mathrm{H}(l)}{2D_\mathrm{s}} + \frac{\sigma_\infty}{E'_\mathrm{s}} + (\alpha_\mathrm{s} - \alpha_\mathrm{p})\Delta T\right]\frac{G_\mathrm{A}}{t_\mathrm{A}} - \frac{F^\mathrm{T}}{l} \tag{6.79}$$

6.4.4 模型对比分析

本小节利用二维有限元模型对上述解析公式进行验证，模型的几何尺寸为：补片为 $2l = 50\,\mathrm{mm}$，蒙皮总长选取为 $150\mathrm{mm}$，左端为固定约束，右端承受沿 x 轴方向上的单位均布载荷，胶层处有限元网格进行了加密处理。胶层厚度取：$t_\mathrm{A} = 0.02\mathrm{mm}, 0.04\mathrm{mm}, 0.06\mathrm{mm}, 0.08\mathrm{mm}, 0.10\mathrm{mm}$，外载荷 $P = 4\mathrm{N}$，$t_\mathrm{s} = 2t_\mathrm{p} = 4.0\,\mathrm{mm}$，$u_\mathrm{s} = u_\mathrm{p} = u_\mathrm{A} = 0.25$，$E_\mathrm{s} = E_\mathrm{p} = 2.0\times10^8\,\mathrm{MPa}$，$E_\mathrm{A} = 2.3\times10^4\,\mathrm{MPa}$。不同胶层厚度的解析解和有限元解对比见表 6.1。由表 6.1 可知，胶层为 $0.06\mathrm{mm}$ 时误差较小，并且胶层越薄或者越厚，误差越大，其原因不仅与补片、蒙皮、胶层的材料有关，还与补片的尺寸大小有关，在胶接末端可能过于尖锐，存在应力集中现象。

表 6.1 不同胶层厚度的解析解和有限元解对比

胶层厚度/mm	解析解/MPa	有限元解/MPa
0.02	0.0167	0.0291
0.04	0.0147	0.0187
0.06	0.0138	0.0139
0.08	0.0133	0.0110
0.10	0.0129	0.0092

现在考虑复合材料的情况，试件长为 245mm，宽为 25.4mm。母板与上下两个补片通过胶层的方式进行连接。其中，$l = 33.4\,\mathrm{mm}$，母板的铺层顺序为 $[0_2^\circ/90^\circ]_{2s}$，上下两个补片的铺层顺序均为 $[0_2^\circ/90^\circ]_s$，每个单层的厚度为 0.14 mm，胶层厚度为 0.15mm，因此母板的厚度为 1.68 mm，补片为 0.84mm。层合板的性能参数为 $E_1 = 156.5\,\mathrm{GPa}$，$E_2 = E_3 = 15.65\,\mathrm{GPa}$，$G_{12} = G_{13} = 5.19\,\mathrm{GPa}$，$G_{23} = 1.53\,\mathrm{GPa}$，$v_{12} = v_{13} = 0.324$，$v_{23} = 0.35$。胶层的性能为 $E = 2.4\,\mathrm{GPa}$，$v = 0.42$。分析结果如图 6.34 所示，从图 6.34 中可以看到，复合材料单面连接修理后，在母板裂纹处受到外界载荷后，胶层的剪切应力和剥离应力都发生急剧变化，而且从图 6.34 中 y 轴坐标的数量级可以看到，胶层的剥离应力比胶层的剪切应力大很多。因此，在复合材料单面连接结构中，应该仔细分析胶层的剥离应力，且母板裂纹处胶层最易受到剥离应力影响而发生破坏。

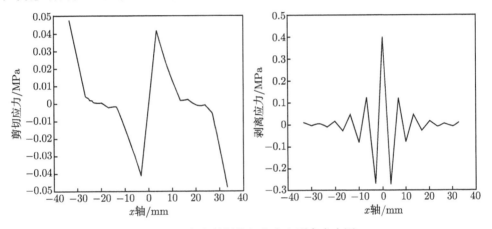

图 6.34　复合材料剪切应力和剥离应力图

6.5　复合材料胶接增强和胶接对接的其他影响因素

在 6.3 节和 6.4 节的理论分析中，胶层被看作无限的拉伸弹簧，剪切应力和剥离应力在搭接的轴向上剧烈变化，其最大值往往出现在补片的端部或蒙皮间断处。假设补片的搭接长度与载荷的承载长度相比足够长，那么胶层的最大剪切应力和剥离应力将与补片搭接长度无关。另外，6.3 节和 6.4 节的理论分析方法还存在以下三个方面的不足：首先，胶层的剪切应力解没有满足搭接端部为零的边界条件；其次，理论解不能反映胶层中的应力奇异性；最后，必须假设胶层中的应力状态在厚度方向上是均匀的，因此没有考虑应力集中现象。本节将利用一些方法对上述理论模型进行修正，提高分析精度。

6.5.1 胶层端部的应力自由条件

根据胶接连接的板–弹簧理论，端部胶层的剪切应力分布可以表示为

$$\tau^{A} = \tau^{A}_{\max} e^{-\beta_A x} \tag{6.80}$$

虽然胶接连接的板–弹簧理论中存在很多不合理的假设，但利用它计算得到的胶层剪切应力和剥离应力与有限元方法得到的吻合很好，除了胶层端部之外。由于胶层的端部为应力自由面，所以剪切应力在端部附近必须由式 (6.80) 分布形式转化成满足自由边界的形式。根据圣维南定理可知，应力场的扰动限制在端部附近，基于板–弹簧理论计算得到的直角边处的有限剪切应力可以看作残余应力，因此在板–弹簧理论计算得到应力场的基础上叠加一个没有考虑端部边界的应力场，就可以得到应力自由边问题的应力解。

与补片和蒙皮相比，胶层的弹性模量低很多，因此可以将补片和蒙皮看成长条形胶层的刚性固支边界，如图 6.35 所示，胶层受 x 轴方向的均匀剪切载荷作用，且 $x = 0$ 处为零。从严格理论上讲，胶层与基底结构直角边附近的应力场求解必须考虑此处的应力奇异性。然而，因为直角边处应力奇异性的影响范围很小，所以在求解胶层中性面上的剪切应力分布时这种奇异性可以忽略。

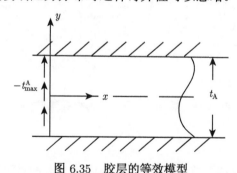

图 6.35 胶层的等效模型

利用特征函数展开法，胶层中性面上的剪切应力分布可表示为一阶解，即

$$\tau^{A}(x,\,0) = -\tau^{A}_{\max} e^{-2\varpi x/t_A} \cos(2\varpi x/t_A) \tag{6.81}$$

式中，ϖ 为第一个特征根的实部，当泊松比为 0.35 时，$\varpi = 2.1535$。

结合式 (6.80) 和式 (6.81)，则可得到胶层中性面上的剪切应力分布的修正解为

$$\tau^{A}(x,\,0) = \tau^{A}_{\max} \left[e^{-\beta_A x} - e^{-2\varpi x/t_A} \cos(2\varpi x/t_A) \right] \tag{6.82}$$

很显然，该式满足胶层端部剪切应力为零的边界条件。

6.5.2 角点应力奇异性

胶层端部存在几何突变必将引起应力奇异性，这是导致胶接结构破坏的关键因素，如图 6.36(a) 所示，其中，A 点和 B 点都存在角点应力奇异性。如果利用断裂力学方法分析该问题，则应力奇异性的阶次和强度必须表示为连接结构几何参数和载荷大小的函数，应力奇异性的阶次可以通过渐进分析得到，而应力强度因子需要协调 A 点和 B 点的渐进解，进行这种渐进协调分析的最有效方法是有限元方法。图 6.36(a) 中的直角端部应力强度因子可定义为

$$\sigma_{\theta\theta}(\theta = \pi) = \frac{K}{r^{\lambda}}$$
$$\tau_{\theta\theta}(\theta = \pi) = -\frac{K}{r^{\lambda}}\nu_{A}$$

(6.83)

式中，ν_A 为胶层的泊松比；λ 为应力奇异性的阶次。其具体经验表达式为

$$\lambda = 1.29\nu_A(1 - 0.768\nu_A)$$

(6.84)

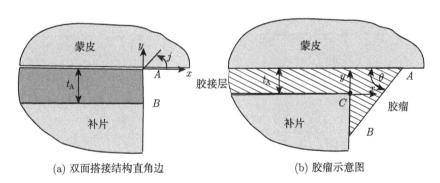

(a) 双面搭接结构直角边　　　　(b) 胶瘤示意图

图 6.36　角点应力奇异性位置示意图

应力强度因子为

$$K = \left(\hat{A}\sigma_{\max}^{A} + \hat{B}\tau_{\max}^{A}\right) t_{A}^{\lambda}$$

(6.85)

式中，$\sigma_{\max}^{A}$ 和 $\tau_{\max}^{A}$ 分别为胶层的最大剥离应力和剪切应力；参数 $\hat{A}$ 和 $\hat{B}$ 为 ν_A 的函数。其经验公式为

$$\hat{A} = 0.836 - 2.23\nu_A + 6.29\nu_A^2 - 9.64\nu_A^3$$
$$\hat{B} = 3.12 - 15.8\nu_A + 40.1\nu_A^2 - 37.6\nu_A^3$$

(6.86)

研究表明，搭接端部形成的胶瘤对连接强度具有很重要的影响，胶瘤的存在不仅改变了胶层中面上的应力分布，还将限制角点的应力奇异性，如图 6.36(b) 所示。

角点 C 的应力是奇异的，A 点应力状态取决于角度 θ，下面将重点讨论这两点的应力问题。

假设胶层的弹性模量远小于连接结构的，则平面应变情况下角点应力奇异性的阶次如图 6.37(a) 所示，从图 6.37(a) 可知，当角度 θ 小于某一个临界值时，胶瘤中的角点将不具有应力奇异性，这个角度的临界值与胶层的泊松比有关，如图 6.37(b) 所示。对于任意泊松比，角点不具备应力奇异性的最大绝对角度为 45°，因此如果胶瘤角度能控制在 45° 或更小，则图 6.36 中的 A 点和 B 点将不会出现应力奇异性的现象，而只出现在 C 点。需要特别指出的是，C 点的应力奇异性可以通过圆角的方式消除。通过上面的分析可知，如果胶层端部的所有角度都小于 45°，则所有角点的应力奇异性都将不存在，如图 6.38 所示。

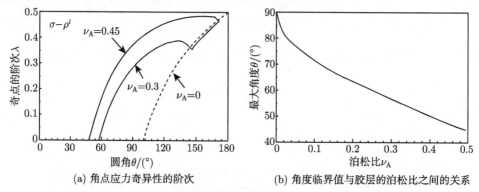

(a) 角点应力奇异性的阶次   (b) 角度临界值与胶层的泊松比之间的关系

图 6.37 胶层的奇异性

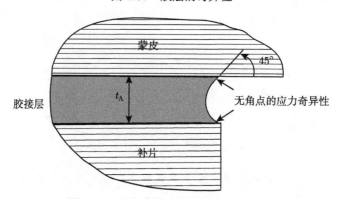

图 6.38 无角点应力奇异性的胶层端部

6.5.3 连接结构中的应力集中

如图 6.39 所示，因为胶层的最大剪切应力出现在端部，那么承载结构的厚度方向上会出现严重的应力集中现象，严重影响结构的连接强度，尤其是当这些应力集中区域与附近如加固件孔之类的其他应力集中区域相重叠时，所以胶接结构应力集中程度的定量化计算方法对接头的设计和评估是十分重要的。

胶接结构中补片端部轴向应力可用式 (6.87) 估算。

$$\sigma_{11,\text{max}} = \int_0^\infty \frac{\tau^A(x)}{x}\mathrm{d}x = \frac{2}{\pi}\tau_{\text{max}}^A \int_0^\infty \frac{\mathrm{e}^{-\beta_A t_A x} - \mathrm{e}^{-2\varpi x}\cos(2\varpi x)}{x} \tag{6.87}$$

当泊松比为 0.35 时，式 (6.87) 中的 $\varpi = 2.1535$，在这种情况下，$\sigma_{xx,\text{max}}$ 仅取决于 $\beta_A t_A$，可利用数值方法对式 (6.87) 进行积分。

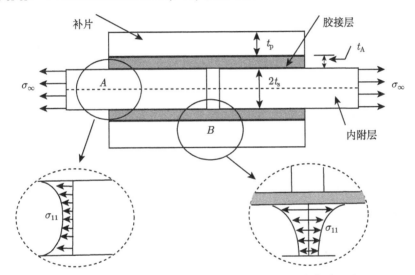

图 6.39　双面对接结构中胶层厚度方向上的应力集中现象

6.5.4　轴向应力和塑性屈服

前面对搭接和对接连接结构进行应力分析时，只考虑了剥离应力和剪切应力，然而，由于刚度较大的补片和连接结构的约束，胶层的应力状态实际上是纯轴向的。平行于界面的横向应力分量本质上是一个静水拉伸状态，静水应力对树脂材料的塑性屈服的确定十分重要，严重影响胶层的龟裂和玻璃转化温度。本小节将首先讨论胶层的轴向应力状态，然后介绍轴向应力作用下胶层的塑性屈服特性。

刚硬胶接结构所夹的胶层单位胞元如图 6.40 所示，横向应力分量 σ_{11}^A 和 σ_{33}^A 可用剥离应力 $\sigma^A = \sigma_{22}$ 表示为

$$\sigma_{11}^A = \sigma_{33}^A = \frac{\nu_A}{1-\nu_A}\sigma_{22}^A = \frac{\nu_A}{1-\nu_A}\sigma^A \tag{6.88}$$

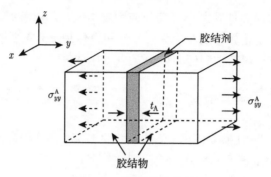

图 6.40　胶层单位胞元

因此，静水应力为

$$p = \frac{1}{3}\left(\sigma_{11}^{A} + \sigma_{22}^{A} + \sigma_{33}^{A}\right) = \frac{1+\nu_{A}}{3\left(1-\nu_{A}\right)}\sigma^{A} \tag{6.89}$$

定义等效剪切应力为

$$\tau_{eq} = \sqrt{\frac{1}{6}\left[\left(\sigma_{11}^{A}-\sigma_{22}^{A}\right)^{2} + \left(\sigma_{22}^{A}-\sigma_{33}^{A}\right)^{2} + \left(\sigma_{11}^{A}-\sigma_{33}^{A}\right)^{2} + 6\left(\tau_{12}^{A}\right)^{2}\right]} \tag{6.90}$$

通过试验研究发现，当静水应力为负 (压缩状态) 时，等效剪切应力几乎为常量，这表明传统的米塞斯屈服准则是适用于这种情况的。然而，当静水应力为拉伸状态时，等效剪切应力随静水应力的增加而快速下降，因此当米塞斯屈服准则用于正静水应力时，需要进行适当修正

$$\tau_{eq} - \bar{\mu}p = \tau_{Y}^{A} \tag{6.91}$$

式 (6.91) 中的参数 $\bar{\mu}$ 如图 6.41 所示，对于 FM73 胶，$\bar{\mu}$ 可近似取 1.13。

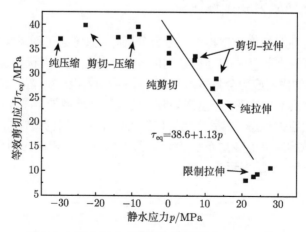

图 6.41　静水应力对屈服应力的影响 (FM73 胶)

轴向应力状态对胶层塑性屈服的起始具有重要影响, 等效剪切应力可用胶层剥离应力和剪切应力表示为

$$\tau_{\text{eq}} = \tau^{\text{A}} \sqrt{1 + \frac{1}{3} \left[\left(\frac{1 - 2\nu_{\text{A}}}{1 - \nu_{\text{A}}} \right) \frac{\sigma^{\text{A}}}{\tau^{\text{A}}} \right]^2} \tag{6.92}$$

那么, 修正后的米塞斯屈服准则为

$$\tau^{\text{A}} \left\{ \sqrt{1 + \frac{1}{3} \left[\left(\frac{1 - 2\nu_{\text{A}}}{1 - \nu_{\text{A}}} \right) \frac{\sigma^{\text{A}}}{\tau^{\text{A}}} \right]^2} + \frac{\bar{\mu}(1 + \nu_{\text{A}})}{3(1 - \nu_{\text{A}})} \frac{\sigma^{\text{A}}}{\tau^{\text{A}}} \right\} = \tau_{\text{Y}}^{\text{A}} \tag{6.93}$$

6.6 复合材料胶接增强和胶接对接的失效模式和准则

6.6.1 胶接结构的主要破坏形式

复合材料胶接连接的破坏形式分为复合材料破坏和胶层破坏两大类。复合材料的破坏方式一般为纤维断裂、分层、纤维–基体剪切破坏和基体开裂; 胶层的破坏方式一般为剪切破坏和剥离破坏。就整体胶接结构来看, 往往还将产生铺层与胶接的界面破坏或多种混合破坏模式。复合材料胶接结构的破坏过程十分复杂, 在外载荷作用下, 结构承受载荷, 当出现初始损伤后, 局部刚度将降低, 整体结构的应力及传力路径将重新分配。随着载荷的逐渐增大, 由初始损伤引起的分层或剥离将会逐渐加大, 其承载能力可能会趋于稳定, 载荷将由其他铺层继续传递, 损伤继续扩展, 直至结构完全破坏, 所以再次破坏也可能出现在其他位置。

复合材料胶接结构通常出现多个裂纹, 其裂纹的萌生多是随机产生的微裂纹, 失效模式很复杂, 受多种因素综合影响, 包括被胶接件的材料、铺层、构型、几何尺寸、胶接界面处被胶接件的铺层角度、载荷类型、胶接面的胶接质量 (预处理)、胶结剂类型以及胶层的厚度等。通常, 纤维增强塑料单搭接胶接连接有七种典型失效模式, 分别为胶接失效、黏聚破坏、薄层黏聚破坏、纤维撕裂、轻微纤维撕裂、被胶接件拉伸 (或弯曲) 破坏和混合破坏, 混合破坏为以上六种破坏模式的混合, 如图 6.42 所示。

除了以上基本的破坏模式以外, 还会发生组合破坏。胶接连接发生何种模式的破坏, 与连接形式、结构几何参数、邻近胶层的纤维方向和载荷性质有关。在胶接结构的几何参数中, 胶接件厚度起着极为重要的作用。被胶接件很薄而胶接强度足够时, 易发生被胶接件的拉伸 (或弯曲) 破坏。当被胶接件较厚, 但偏心力矩尚小时, 易发生胶层的剪切破坏。当被胶接件厚到一定程度, 胶接连接强度不够大时, 在偏心力矩作用下, 易发生胶层的剥离破坏。对于碳纤维复合材料层合板, 由于其层间拉伸强度低, 剥离破坏通常发生在层间。

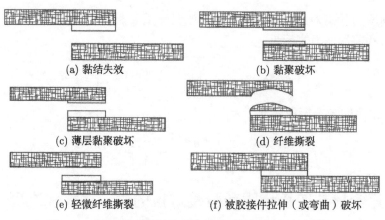

(a) 黏结失效　　　　　　　　　　(b) 黏聚破坏

(c) 薄层黏聚破坏　　　　　　　　(d) 纤维撕裂

(e) 轻微纤维撕裂　　　　(f) 被胶接件拉伸（或弯曲）破坏

图 6.42　纤维增强塑料单搭接胶接结构的基本失效模式

6.6.2　胶接结构的失效准则

通常假设胶接结构中胶层的失效由临界应力或临界应变控制，有时还考虑特征长度的耦合影响。同时，应变能密度和特定区域的应力也用来预测连接强度。然而，长久以来，胶接结构连接强度的理论预测值与试验结果之间存在很大的差距。从前面的理论分析可知，对于长搭接胶接结构，搭接端部胶层的最大剪切应力和剥离应力与胶层厚度的 0.5 次方成反比，因此对于给定外载荷，胶层越厚最大应力越小，根据传统的基于应力和应变的破坏准则，胶接结构的连接强度随胶层的厚度增加而提高。作用于胶接结构远处的破坏载荷是正比于胶层厚度开方的，即

$$\sigma_\infty^{\text{ult}} \propto \sqrt{t_A} \tag{6.94}$$

然而，试验得到了恰好相反的结论，连接接头的承载能力随着胶层的厚度增加而下降。图 6.43 给出 5 组关于单面搭接和 1 组单面对接接头的试验数据，以及基于应力准则的预测数据。从图 6.43 中可知，接头的强度随胶层厚度的增加而下降，而基于应力准则的预测结果则相反。

在疲劳载荷作用下，同样发现胶层厚度对疲劳裂纹扩展速率和疲劳耐久性的影响也是没有规律的。根据最大应力 (剪切和正应力) 准则，胶层较薄连接接头的疲劳寿命要大于胶层较厚连接接头，虽然对于特定疲劳载荷这种规律是正确的，但胶层厚度对疲劳寿命的影响程度要远小于静强度。另外，由于基于应力、应变或应变能密度的疲劳准则是没有考虑结构尺寸的，所以从某一特定结构尺寸上得到的数据并不能直接应用到其他连接形式上，即使是连接形式相同而胶层厚度不同的情况也是不行的。

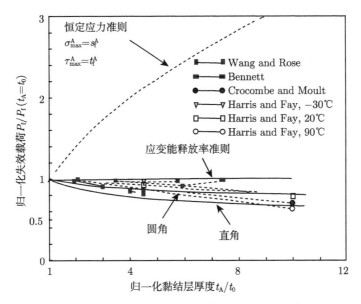

图 6.43　单面搭接和单面对接接头的破坏载荷

同时，断裂力学的方法也用来研究连接接头的断裂特性，但是一般只能研究裂纹之类的损伤，如对接接头和边裂纹。在这种分析思路中，通常不考虑胶层的厚度，脱胶被看作裂纹，用线弹性断裂力学中的基本方法和参数来研究裂纹的特性。利用 J 积分可以计算裂纹的应变能量释放率 G，并将 G 表示成胶层最大剪切应力和剥离应力，即

$$G_{\text{I}} = \frac{\left(\sigma_{\max}^{\text{A}}\right)^2}{2E_{\text{A}}} t_{\text{A}}$$

$$G_{\text{II}} = \frac{\left(\tau_{\max}^{\text{A}}\right)^2}{2G_{\text{A}}} t_{\text{A}}$$

(6.95)

因为搭接端部胶层的最大剪切应力和剥离应力与胶层厚度的 0.5 次方成反比，所以从式 (6.95) 中可以看出，应变能量释放率 G 不依赖胶接厚度，而只依赖胶层厚度和外载荷。因此，基于断裂力学破坏准则得到的连接接头强度是不依赖胶接厚度的，如图 6.43 所示，这与基于应力和应变的破坏准则相比，是一个改进之处。然而，断裂力学方法只能在脱胶长度与胶接结构厚度相比较大时才适用。

对于没有脱胶损伤的连接接头，角点应力集中系数可用于建立破坏准则，并能适用于较大范围的胶接厚度和单面胶接结构。在这种方法中，当角点的应力集中系数达到临界值就会产生破坏，根据连接接头强度随胶层厚度增加而下降的规律，有

$$\sigma_{\infty}^{\text{ult}} \propto t_{\text{A}}^{\lambda - 0.5}$$

(6.96)

式中，奇异性阶次 λ 在式 (6.84) 中已给出，当 $v_A = 0.35$ 时，$\lambda = 0.32$。这种情况下胶接结构破坏载荷的预测结果见图 6.43，可见其预测结果小于所有试验结果，其主要原因是没有考虑胶瘤。因为当 $v_A = 0.35$ 时，角点 C 应力奇异性的阶次约为 0.41，所以基于角点应力集中系数的连接接头强度预测模型为

$$\sigma_\infty^{\text{ult}} \propto t_A^{-0.1} \tag{6.97}$$

第 7 章　复合材料结构制造工艺与质量管理

■
■
■
■

　　由于在复合材料技术中，材料、设计和制造工艺三者密切相关，而构件的最终质量在很大程度上取决于制造工艺，所以在复合材料结构设计时，必须充分考虑到应用的具体条件以及制造工艺的可行性问题。另外，复合材料结构修理的施工过程与制造过程密切相关，对制造工艺的深入了解有助于提高结构修理的质量控制问题，而该问题是现今复合材料结构修理的核心控制问题。因此，本章概述复合材料结构成型的工艺方法以及所需的加工成型设备[62-65]，以便于在实际维修工作中，根据其成型工艺，选用正确的维修方法。

7.1　复合材料制造模具

　　模具是制造复合材料构件的基础，直接影响其最终状态和质量。复合材料构件的外形、尺寸及与其他构件的配合精度等要靠模具保证，这些都决定了模具在复合材料构件制造过程中起着举足轻重的作用。复合材料模具与常规金属模具不同，首先，对累积公差要求更加严格；其次，模具的最后加工尺寸不要求与复合材料零件的尺寸相同，两者之间的差异取决于模具的类型和热膨胀特性；最后，复合材料零件的最终尺寸是基体最高固化温度下的尺寸。

7.1.1　模具材料

　　在选择模具材料 (表 7.1) 时，热膨胀是比较敏感的问题，应该使模具和复合材料的热膨胀系数尽量吻合。当加温成型和固结时，模具必定会达到与层合板同样的温度，因此需使用钢、碳 (石墨) 或陶瓷等材料制作模具。对于只将层合板加热，压力由冷模提供的模压成型工艺，如铝、木材，甚至橡胶和硅橡胶等许多材料都可以用来制造模具。

表 7.1 模具材料的特性

模具材料	热膨胀系数	导热性	材料成本	制造成本	耐久性
铝	差	好	好	中	中
钢	好	好	好	差	好
石墨	很好	好	好	好	差
陶瓷	很好	差	好	中	中
玻璃纤维树脂基复合材料	从差到好	中	好	好	差
石墨/环氧复合材料	很好	中	高	中	差

对于模具的选择，目前尚没有固定和快速的标准，但可以提供一些指导原则，见图 7.1，成本效率最高的模具选择方法仍在发展中。现在的模具类型有三种：阳模、阴模和组合模。阳模因为成本低廉，在飞机零件制造中最常使用，铺贴成本低，制件的最小转角半径 $\geqslant$ 1.27mm，但是只能进行单表面控制和真空袋表面局部控制；阴模因为转角半径的限制，在曲面结构应用中受到限制，铺贴成本最高，制件的最小转角半径 $\geqslant$ 6.35mm，同样只能进行单表面控制和真空袋表面局部控制；组合模使用阳模/阴模控制层合板的厚度，成本非常高，铺贴成本中等，但是厚度控制效果最好，可进行外模具面/内模具面控制，两个表面都光滑。

(a) 阳模(male mold)

(b) 阴模(female mold)
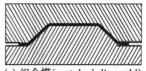
(c) 组合模(matched die mold)

图 7.1 模具的类型

复合材料模具是一个非常宽广的领域，所涉及的技术很多，较少情况下，对于特定的模具问题能够找到很好的解决方法。对于在某一特定方法上拥有大量经验的单位，它制造零件最好的方法对另一个单位来讲可能不是最优的。在模具研制的每一步，几乎都需要兼顾需求、动机、材源、进度和其他方面的因素。

复合材料模具的基准线通常与钣金成型冲模或压模的相同。模具与未成型材料接触后，模具板件表面在整个固化过程中应该均匀受压。由于几何形状，有些地方做不到均匀加压，例如，有些地方压力的方向不与模具表面垂直，所以建议将其中的半个模具 (阴模或阳模) 改为柔性模具，以提供均匀的压力。在通常情况下，模具应该设计有 1° ～ 2° 的拔模斜度，这样可以不受固化后产生的"闭合"或"回弹"的影响，使制件很容易从模具中取出。

对于具有大曲度的复杂构件，当模具与复合材料的热膨胀系数出现严重失配时,会使复合材料结构的强度和尺寸精度严重降低。因此,对于必须进行尺寸控制或有配合要求的零件,模具材料的选择变得非常重要,而且热变化必须计入模具所有的尺寸当中。在复合材料结构大型模具选材中,应考虑的主要因素是模具和制件之间热膨胀的一致性。表 7.2 给出大多数常用模具材料的热膨胀系数和热导率。

表 7.2　常用模具材料的典型性能

材料	热导率/(kcal/(m·h·℃))	热膨胀系数×10⁻⁶℃⁻¹	表观密度 g/cm³	比热容/(cal/(Gr·℃))	热容/(cal/(cm³·℃))
石墨	49.6	2.7 ~ 3.6	1.78	0.25	0.44
铝	173.0	23.4	2.70	0.23	0.62
钢	43.4	12.1	7.86	0.11	0.86
镍	62.0	11.9	8.90	0.11	0.98
碳纤维/环氧	3.0 ~ 5.2	0 ~ 2.7	1.5	0.25	0.38
玻璃纤维/环氧	2.7 ~ 3.7	12.6 ~ 23.4	1.9	0.30	0.57
陶瓷 (MgO, Al₂O₃, 石膏)	1.2 ~ 9.9	5.4 ~ 10.8	1.6 ~ 3.9	0.84 ~ 1.50	1.2 ~ 5.3

复合材料模具材料基本性能的选择,在很大程度上取决于该模具的具体应用状况,表 7.3 对常用模具材料的优缺点进行比较。

表 7.3　常用模具材料的优缺点

材料	优点	缺点
铝	机械加工性好;热导率高;膨胀时产生压力;重量轻	尺寸稳定性差;温度超过 177℃ 时变软;易扭曲变形;膨胀系数不匹配
钢	耐久性好;表面光滑	易翘曲;热膨胀大;重量大
整体石墨	膨胀系数低;尺寸稳定性好;容易机械加工;耐热性好;热导率高;成本低 (对于原型零件)	孔隙多;表面软;连接难;强度低;需要支撑结构
陶瓷	膨胀系数低;尺寸稳定性好;耐热性好;铸造的收缩性小	孔隙多;表面软;机械加工难;强度低;热传导性差
硅橡胶	热膨胀时产生压力;不使用热压罐固化;可模塑成任何形状;成本低	压力难以控制、预估和测量;重复使用会使尺寸稳定性降低
石墨/环氧复合材料	优异的尺寸稳定性;升温速度高;重量轻;热膨胀系数的匹配性好;密度低;容易成型 (石膏模);成本低	耐久性差;高温下强度有限;必须制造基准模型;不适用于加强壁板共固化成型
电铸镍	模型表面非常光滑并耐刮擦;热膨胀系数是铝的 40%;能快速升温/冷却;重量轻;可修理性好;拔模性好;模具复制成本低	交付时间长;制造成本高;耐久性不高;大型模具的基础结构太重
殷钢	低热膨胀系数;热导率高;耐久性好	材料成本高;交付时间长;制造成本高

7.1.2　模具制造

模具对于复合材料制品生产具有重要意义，可以认为模具水平在很大程度上决定了复合材料制品的质量和成本，应该根据使用要求和形状及所用树脂固化速度来选用模具。模具制造可以选择用金属直接机械加工制造、用固态整体石墨直接机械加工制造、直接用安装在石墨复合材料结构上的金属零件作为模具、陶瓷混合材料等铸造模具直接在基准模型上制造等方法制造。

复合材料制造模具的常规顺序如下：

(1) 一般采用石膏制作基准模型，通过数控工艺对基准模型进行直接加工；

(2) 石膏模具表面上的塑胶层直接在基准模型上制成；

(3) 石墨/环氧铺层铺贴在塑胶面石膏模上，用于制造生产用模具。

模具设计的一般要求如下：

(1) 模具应该比零件边缘 (工程图样上的实际边缘) 大出 5~8cm；

(2) 应该设置真空抽取装置的接口；

(3) 应该考虑边缘密封装置，尽量减少密封胶带的使用 (使用真空袋存在问题的区域)；

(4) 总重量轻；

(5) 能够快速加热模具的背面。

7.1.3　模具加热系统

显然，温度控制在复合材料结构固化过程中的作用非常重要，因此需要精确地计算模具的热响应情况，必须对加热系统的选择和模具对其产生的响应等进行认真评估。复合材料模具加热系统包括热气外部加热、模具本身或与模具紧密接触台板的电加热、模具或台板内部的流体加热、高速喷射气流加热、微波加热和感应加热等。

典型热气外部加热的常规操作方法是热压罐或水压罐 (热水、热油等) 的加热。模具本身或与模具紧密接触台板的电加热方法包括用于固化复合材料的加热单元和电热毯。加热单元可用于单个或多个区域的加热，其温度可达 760℃。如果不需要对整个环境进行加热，则可用电热毯 (图 7.2) 进行局部加热，这样可以节省能量。

模具或台板内部的流体加热最常用的加热介质是蒸气或热油，它们在埋藏于模具内的管线中循环流动。通过控制模具单位体积内的加热管线长度，可以实现加热控制。热油加热装置有时称为热液单元，能够在 15 ~ 190℃，通过程序对其进行加热或冷却控制。

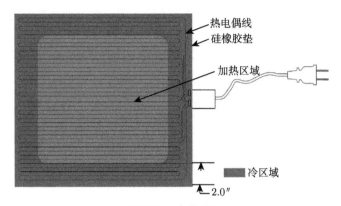

图 7.2　电热毯

高速喷射气流加热系统如图 7.3 所示，层合结构零件受到高速喷射气流的作用，将热量带到零件上，而不把零件放到热源中。这种方式加热速度更快，效率也更高，因此所需的能量较少。该加热系统使用一系列的薄壁管，通过沿管壁分布的

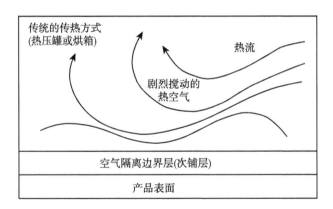

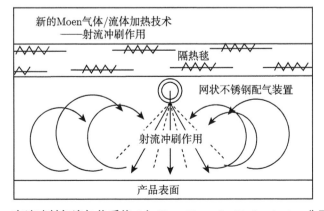

图 7.3　高速喷射气流加热系统 (由 Heat Transfer Technologies 公司提供)

一系列小孔喷射加热或冷却气流。薄壁管蜿蜒盘旋于整个模具的表面，起着支撑隔热层支架的作用。该系统能够提供 150 ~ 1100℃ 的温度。

微波加热和感应加热系统现已被成功使用。这些方法往往受到尺寸限制，主要用于小零件上，在大型结构上只有少量应用。

在以上各种方法中，除了微波加热和感应加热系统外，都是通过零件外部的热源加热零件完成聚合的。对于较厚的层合板，这类方法的效率非常低，并且会导致层合结构固化不均匀，这是因为在层合板内部的残留气体和多余基体排出之前，外层就已经凝胶。微波加热和感应加热系统是通过激活分子产生内热使基体聚合，从而实现层合板从内到外发生固化。

7.1.4　模具设计

控制模具最终设计概念的三个最重要因素包括成本、模具使用寿命和尺寸稳定性。下面将讨论复合材料结构模具规划和设计阶段应该考虑的一些重要因素。

首先要考虑的是热膨胀问题。编织布和单向带的使用越来越多，这些材料的热膨胀系数差异很大，因此热匹配问题在模具设计中应该予以重点考虑。在制造细长复合材料结构和形状复杂的组件时，遇到的热匹配问题更加突出。钢和铝的热膨胀系数比大多数碳 / 石墨复合材料约大出一个数量级。这就意味着，当从固化峰值温度向下冷却时，金属模具的收缩会在构件中引起严重的残余应变或"固有"应变。如果这些残余应变削弱了结构的承载能力，就有必要使用热膨胀系数较低的模具，如碳 / 石墨复合材料模具、整体石墨和陶瓷等材料制成的模具。复合材料及其制造模具之间热膨胀系数的不匹配，还将导致尺寸超差过大，使结构无法装配。为了解决这一问题，也需要使用热膨胀系数较低的复合材料模具。

在模具设计时还应考虑零件的尺寸与构型，偶尔也会出现构件尺寸太大，无法装进现有工艺设备 (热压罐、压机和烘箱等) 的情况。在这种情况下，除了使用本身设备齐全的模具外，可选择的余地非常小。本身设备齐全的模具是一种独立的装备，它是为制造某一特殊构件，将模具和其他工艺设备制成的独立单元体。金属组合模具的应用也受到尺寸的限制，大型金属组合模具不仅太重、热容量过大，还有可能在加压时容易发生变形。对于尺寸太大或太复杂的模具，可能需要进行重新设计，将其改为较小的简单零件，但这样需要更多的连接，因此会增加装配成本。在设计与模具特性之间必须进行协调，以期根据不同的情况，达到各分系统的目标。

在设计合理的复合材料结构中，对于要求严格控制零件公差的地方，其公差应尽可能得小。飞机复合材料构件通常都要对其表面进行模具处理，使构件表面贴合模具表面，以便满足表面光洁度或气动光滑度的要求。在有些情况下，构件的接合面或配合面经过模具处理后，再进行机械连接或胶接。例如，构件只有一个表面进行了尺寸控制，就可将其选为模具面，对其他表面的尺寸就不再进行精确控制。然而，在有些设计中，对两个表面的尺寸都要求精确控制，这时只能通过使用组合模具来实现公差精确控制。当组合模具压紧或压模压到模具的极限位置时，零件的厚度将等于模腔的尺寸。这些模具必须能够补偿材料的紧缩率，即铺层预制体厚度与固化后构件厚度之比。在铺贴过程中，即使中间进行压实处理，其紧缩率仍然高达125%。

一般来说，对于需要长期使用的模具应该使用钢来制造，由重辊轧制成型和机加板材制造的铝制模具是第二种选择。非金属材料制成的模具一般不属于理想模具，但对于研制阶段零件制造数量很少的情况是可以接受的。

对于复合材料结构，通常不需要对模具表面进行抛光 (RM63 或更小)。几乎不变的是在模具的表面需要铺覆一层脱模膜，如聚四氟乙烯、氟化合成橡胶或聚四氟乙烯浸渍的编织布。此外，可剥离保护层，如尼龙布一类的可剥掉的编织布，现在变得比较普遍使用。该材料在纯树脂固化中还起着表面吸胶层的作用，在胶接和喷漆前将它们剥去。对于组合件的最终装配和使用，模具表面的位置是一个重要因素。另外，在一些设计中，如高性能机翼表面的设计，除了模具表面的形状需要满足气动要求外，还应对其表面的光滑度进行规范。

修理固化复合材料结构用的所有模具都应可以修理。钢制模具和铝制模具可以通过焊接和磨削的方法进行修理，恢复原来的轮廓。如果钢模或铝模上的损伤面积很小，则可以采用树脂填充的方法来修理。复合材料制造的模具的修理方法是，打磨掉损伤区域，使其表面保持清洁，然后采用相同的织物和树脂进行重塑。

7.1.5　金属模具

在复合材料应用领域，由于技术的发展，一些金属仍然具有竞争力。金属通常具有耐久性和维护性好、模具寿命几乎没有限制等优点，一些金属还没有热膨胀系数不匹配的问题，而这在常规的钢模具和铝模具中是令人头痛的问题。事实说明，金属模具的应用最广。

高热膨胀系数的模具可能引起复合材料零件产生微裂纹，或者在高温零件中使纤维产生扭曲，这一切都发生在复合材料凝胶之后的一段时间内。在许多设计情况中，金属模具的热膨胀常常用于压实层合板，模具的热收缩则有助于将零件从模具中取出。

金属材料的另一个重要特性是热传导，这使得金属模具的效率非常高。然而，因为复合材料结构的尺寸越来越大，复杂度也在不断提高，所以制件与模具之间热膨胀系数的差异使零件的最终尺寸很难控制。金属模具还具有热惯性，这就意味着加热和冷却都需要花费时间和消耗能量。当然，如果严格按大批量生产时模具的耐久性进行评定，金属模具通常会成为最经济的选择。

1) 铝模具

在复合材料制造中，铝模具是使用最广泛的模具材料之一，通常用于平直层合板或者尺寸较小的小曲度层合板。铝模具容易铸造和机械加工、重量轻、易于搬运、成本效益高，并且有优异的热传导性、利于成型和固化时的热量传递。在许多情况下，铝被选作模具材料，用于温度在 200℃ 以下复合材料零件的固化。

对于没有很高公差要求的简单零件，铝模具是很适合的。铝的热膨胀系数相对较高，这一点是缺点还是优点完全取决于具体的应用情况，因此在模具设计中必须予以考虑。在升温固化中，可以使用铝作为"模块"产生压紧力来制造加强蒙皮的缘条。该方法类似于弹性橡胶模具，只是材料换成了铝。对于制造接近平面的结构，如机翼蒙皮壁板，其高热膨胀系数并不成为问题。

2) 钢模具

钢是一种公认的模具材料，大量复合材料零件的外形和蒙皮都是采用钢模具制造的。钢具有实用性、成本低、热膨胀系数比铝更具兼容性等优点，因此成为最主要的模具材料。在成型半径具有严格要求的条件下，不锈钢模具得到了广泛的应用。虽然钢模具和复合材料结构的热膨胀并不完全一致，但对于大型模具，钢 (或钛) 比铝更有优势。

在工程中，为了简化模具设计并减轻钢模具的重量，可用板料机加成所需要的形状。如果这样不可行，则可以采用或辊轧或成型／焊接或机械加工的板料来制造模具的表面 (如果有严格公差要求，则需采用机械加工过的原材料)，如图 7.4 所示。对于大型模具，常常使用重型钢管和角材构成的支撑结构，并将其连接在模具表面结构上。建议在模具表面结构和支撑结构之间使用隔热材料，以防止支撑结构吸收热量，使整个模具表面的热梯度不受干扰。

图 7.4　用于热塑性复合材料固化的钢模具

3) 其他金属模具

金属模具材料中最著名的可能是殷钢 36 (36% 的镍) 或殷钢 42(42% 的镍)。殷钢是一种低碳奥氏体合金钢,其热膨胀系数非常低,并被认为具有"不变"尺寸的特性。殷钢的耐久性与钢相同。

电沉积镍模具 (或电铸镍模具,或电镀镍模具) 是通过电沉积方法,在芯模或塑料模具上形成一层可镀金属层,然后将芯模等去掉。

青铜为铜和锡的合金,是制造纪念碑或雕像的常用材料。但是现代的许多铜合金,包括铝青铜、铍青铜和其他高强度合金等,具有优异的强度和热传导性能,适用于模具的精密铸造。

7.1.6　非金属模具

迄今,由于零件尺寸的变大和复杂性的增加,对于复合材料结构的装配、公差、经济性和高温使用等要求有了进一步的提高。对于大型零件,如机翼蒙皮,出于尺寸 / 公差的考虑,可能会选用非金属模具。通常情况下,非金属模具的制造采用多步工序完成。

1) 基准模型

石膏基准模型已广泛用于制造模具母版,基准模型需要安装一系列模板,其中,模板数量取决于零件尺寸和轮廓线数量,待模板按位置固定好后,石膏浇注到样板上;然后在整个表面涂一层细颗粒石膏抛光层,使用烘箱烘干,再涂上一层密封层。为了获得光滑表面,可再涂一层树脂胶衣。对石膏基准模型的主要关注点在于,其本身具有扩大热膨胀系数的差异和尺寸不准确度的特性,这是因为基准模型的制造需要翻模。这种工艺属于劳动力密集型,且耗费时间。石膏基准模型的另一个问题是其耐热能力差。要从石膏基准模型上制取模具通常很困难,因为材料需要高温固化才能制得模具,这时就不得不使用过渡模。

对于大型或需要进行复杂机械加工的基准模型,其外形可以使用模板或坐标测量仪进行检查,并能够对模具孔、标线和参考点的定位准确度进行检验。人们已经开发了新的板料模具材料,利用这些新材料,模具很容易就能制造出来。它们是理想的加工材料,可以在 3 轴和 5 轴磨床上直接利用 CAD 数据进行加工,同样适用于手工雕刻。该模型能够在室温下固化,可用于原型模具或170℃ 下短期使用模具的制造。

2) 复合材料模塑模具

整个模具采用湿法铺贴或预浸料铺贴,并使用真空 / 烘箱和热压罐压实技术制得。在工程实际中,大多数复合材料模塑模具方法都采用耐高温树脂浸渍的玻璃编织布或碳纤维编织布。在制造复合材料构件时,复合材料模塑模具方法是一种低成本模具方法，因为复合材料预浸料能够铺贴在石膏模型上，并进行固化；模具材料的热膨胀系数具有兼容性；石墨模塑模具具有温度分布相对均匀的优点，可以使零件均匀加热，防止产生内部残余应力；因为密度比较低，所以复合材料模具比相应的金属模具更容易搬运；如果发生了损伤，新的模具能够快速、经济地从原有基准模型上制造出来。

3) 整体石墨模具

整体石墨具有热膨胀系数低、热导率高、热容量低等独特的混合物理性能，并且在温度 2000℃ 下尺寸稳定，非常适合用作复合材料模具材料。使用整体石墨制造模具与其他模具材料不同，其制造工序简单。将预切割的坯料黏结在一起，组成一个接近实际尺寸的坯体，然后对其表面进行机械加工。在机械加工后，通常用手工方法来改善表面光洁度，并对表面进行密封，使表面的孔隙减至最小。石墨模具非常适应整体加热设计，实际上对最高温度没有限制。但是在缓慢升温或缓慢冷却时，为了保持结构的完整性，需要采用厚截面；石墨模具易碎，并且为了解决模具表面的耐久性问题，通常需要表面涂层。

4) 陶瓷模具

对于模具，陶瓷是最有吸引力的候选材料，因为它具有较低的热膨胀系数。陶瓷还是优良的绝缘体，因此可以将电阻丝埋在靠近复合材料制件的模具表面下面，利用内置的电阻丝进行加热。陶瓷模具热膨胀系数相对较低，可将零件的尺寸公差保持较高精度，适用于高温固化／固结，如聚酰亚胺和热塑性材料。其需要注意的问题有成本高、机械加工性能差、难于修理、断裂韧性低、拉伸强度低、材料为脆性、热导率低、表面相对粗糙、升温和冷却的时间都比较长。由于陶瓷材料易碎，人们正在想办法对其进行增强，以便将陶瓷材料用于大型模具表面。陶瓷是可浇铸的，可用于制造带有复合曲面的大型模具表面。陶瓷的增强方法与混凝土的增强方法相似：增强体，如棒、线、网、筛和纤维等，都能埋入陶瓷模具中；禁止使用钢材增强，因为钢和陶瓷材料的热膨胀系数不一致；禁止使用玻璃纤维和 Kevlar 纤维，因为它们与陶瓷材料黏合性能不是很好。

5) 金属喷涂模具

金属喷涂模具含有一层热喷涂金属壳 (约 2.54mm)，采用非层合的各向同性复合材料结构作支撑结构。净形模塑零件的制模材料是一些典型的低成本、低温材料，如木材、石膏或模具蜡。这些模具在简单的液压或气压下可以整体加热，因此能够提高生产效率，降低能耗成本。

6) 可冲洗芯模

在复杂形状零件固化后，可冲洗芯模材料能够很容易冲刷掉，迄今，盐和石膏是研究最多、最通用的可冲洗芯模材料，用水冲洗可以很容易把它们除掉。下面分别对这两种可冲洗芯模材料体系进行介绍。

低熔盐或类似材料做的芯模,在固化温度低于 180℃ 时使用。目前,广泛用于制造各种飞机所需高度复杂形状的管道。这种芯模通过"热熔"方法成型。其主要内容如下:将干粉末(即低溶盐)加热至 200℃,使其成为液体;将液体注入成型模具;材料从外向内凝固;当操作人员觉得芯模壁厚足够时,把浇铸芯取出,放回熔锅中;冷却芯模;从成型模具中取出芯模;将大量复合材料铺层铺贴在芯模上,放入烘箱进行固化;固化结束后,放到热水槽中除去芯模,留下来的就是制成的复合材料零件。

石膏材料制成的芯模已成功应用于生产固化温度高于 180℃ 的热塑性构件。但仍然存在弯曲强度低、脆性大等困难。现在已经研制出一种经特殊处理的石膏芯模,用来改进高温复合材料制件的生产。这种新型芯模材料的性能如表 7.4 所示。

表 7.4　高温可冲洗芯模材料的性能

性能	温度		
	室温	315℃	427℃
压缩强度/MPa	2.0	3.1	3.4
弹性模量/psi①	344.7	262.0	262.0
热膨胀系数/$(10^{-6}℃^{-1})$	2.63~3.33(温度到 315℃)		

7.2　复合材料固化容器

7.2.1　热压罐

热压罐固化是在热压罐中用较高温度和较高压力来固化材料的一种工艺,热压罐是一个加热加压的容器,一般内压能达到 2MPa,温度能达到 370℃。热固性复合材料通常在低于 0.7MPa 和 120 ~ 200℃ 成型,热塑性复合材料可能要求更高的温度和压力。由于在加工成型期间热压罐内为高温,容器内的气体通常要除氧,而用惰性气体如氮气替换氧气来防止正在固化的材料热燃烧或碳化。

把热压罐内待固化材料放置在提供固化材料最终形状的模具上,成型模具可以由适应复杂几何形状使用的芯模组件或模具细节件组成。模具也可以包括如定位装置、模具加强片或净模压细节件来增强终端产品或材料的后续加工。一般把袋膜的防渗层或可重复使用的弹性囊放置在要固化的材料上并密封模具。在袋膜材料和要固化的材料之间抽真空,因此材料的铺层在靠着模具的厚度方向上受压。在有些情况下,热压罐或固化炉只对一部分要固化的材料加热和加压作为中间的压实步骤,通过改善压实来提高成品质量。随着热压罐内温度的升高,待固化材料的黏度通常降低到流体状态,并且在层内和层间的气体会随材料压实逸出。在袋膜材

---

① 1psi=$6.89476×10^3$Pa。

料下面，可以使用多孔的"吸胶"层和 (或) 片、条或纱束形式的"透气"材料来帮助排空气体。贴膜面还可以包覆表面膜或模具涂层以改善固化材料的表面光洁度。在袋膜材料下，也可以装刚性均压板或加厚件以局部地控制成品的厚度和质量。有时，预固化或阶段固化部件可以用热压罐内的待固化材料来共固化或共胶接。

　　热压罐是一种普遍使用的通用系统，任何结构件只要能够放入其中，它就能满足这些结构件的固化要求。加热系统可以采用电、燃气、燃料、油、蒸气等，其选择主要取决于经济性及其可用性。在通常情况下，热压罐是一个受热压力容器，如图 7.5 所示，其成型工艺依靠由压缩气体 (惰性气体，即氮气和 CO_2) 传递的热量来固化复合材料零构件。大多数大型热压罐都是根据用户的需求制造的，小型热压罐则是成批生产的。对于用热压罐固化的模具材料，当固化温度在 200℃ 以下生产量少的零件时，使用层压模具；对于数量很少但又要求在短期内生产的原型件或研制过程中的零件，使用石膏或浇铸模具；对于长期生产使用、传热速度快、固化温度高的树脂体系，使用机械加工的金属模具。

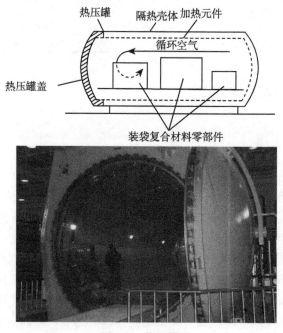

图 7.5　热压罐

7.2.2　烘箱 (热炉)

　　烘箱是用电加热、用空气冷却的，它应有温度显示，有的烘箱带有真空装置，可提供真空。图 7.6 所示的烘箱是一个加热容器，但是无压力，用于低压或真空压力下复合材料构件的固化。通过使用橡胶等高膨胀的模具材料，或者在模具中使用高压气体可以提高其压力。大多数烘箱具有空气循环系统，以使热量分布均匀。

图 7.6　烘箱加热固化复合材料

其优点有：温度高达 1315℃；采购成本约为热压罐的 20%；运行成本较低 (约为热压罐的 50%)；比热压罐的固化周期短。

7.2.3　固化过程监控

热固性复合材料的固化过程常常要严格遵循制造商提供的温度、真空和压力等控制要求。这种方法没有考虑材料的批次变化和材料老化，也未考虑存在大热容量工艺装备，或厚截面固化构件之中的放热化学反应引起温度过高，所导致的与推荐固化周期的偏离。而且，也不允许对所制造的特定构件的固化周期进行优化。知道构件何时已充分固化，这有助于减少生产的时间与费用。

固化监控系统可有效应用于传统的热压罐固化过程和树脂转移模塑制造过程，其中，如压力、树脂黏度以及凝胶点等信息对于制造过程的优化可能是关键性的。一个理想的固化监控系统应当能显示基本的信息，如压实程度、压力及温度等，并根据物理和化学–流变学性能显示树脂本身特有的信息，如树脂黏度、凝胶点以及固化程度等。

需要使用传感器直接监控某一关键性能或固化过程的某些性能，以建立对制造过程和构件质量的信心。还可将这些传感器用于反馈回路，以控制温度、压力和真空度的施加。使用适当的固化监控传感器，通常能稳定地生产出高质量的构件产品。

在固化监控系统中，传感器的布置很重要。很多传感器只能提供构件内某个小区域的细节情况。这就是最通行的固化传感器热电偶的局限性。在生产中，热电偶被布置在复合材料模具和构件的多个部位。对于昂贵或复杂的传感器，这种方法可能是行不通的。

为此，传感器的布置应当能够对构件上有问题的区域或者所关心的参量可能出现最低值或最高值的区域进行检验。例如，把热电偶布置在一个模具的最热部分和最冷部分就能满足这个要求。所关心的这些区域通常包括最可能出现失控的放热反应区 (厚截面)，或者可能固化不足的区域 (模具温度较低的部分)。可以根据构件的厚度、正固化着的构件背后的热容量以及其他重要的工艺变量来选择这些区域。

目前发展的固化监控技术大致可分为 5 个领域：基于电学、声学、光学、热力学和间接的或其他性质的传感系统。

表 7.5 列出埋入复合材料构件并监控其固化成本的各种技术及其性能，以及它们的选用准则。表 7.5 表明，最有前景的技术是介电、导电性、分光学以及折射率等技术。折射率测量技术十分新颖，从而对于在生产现场或商业应用探索得较少。

表 7.5 埋入复合材料构件并监控其固化成本的各种技术及其性能

技术	对固化敏感性	尺寸、复杂度	成本	多参数探测	埋入复合材料
介电	高	低	中	否/是	是
导电性	高	低	中	是	是
声学	中	低	中	是	是
分光学	优异	中~高	高	否	是
折射率	好	低	低	是	是
热电偶	低	低	低	否	是
热流	好	中	中	否	是
压力传感器	低	低	中	否	是
位移传感器	低	低	低	否	否

7.3 树脂基复合材料成型工艺

先进树脂基复合材料的成型和制造是实现其高性能的重要保证，也是降低复合材料成本的一个重要方面。经过几十年的发展，人们对复合材料的性能和特点有了更深入的了解，使用经验也在不断积累，这为在更大范围内推广和应用复合材料奠定了基础。因此，进一步提高复合材料的性能和降低复合材料的成本就成了现代复合材料的发展主流，而高效、节能、低成本的成型和制造技术是实现复合材料低成本化的重要方面。先进树脂基复合材料成型技术的发展方向是制件的大型化和整体化，制造的高效、快速和自动化以及产品的高质量化和低成本化。整体化成型代表了航空结构复合材料先进制造技术的发展方向，它充分利用了纤维增强体可以编织成不同形状和尺寸的二维和三维的立体纤维预成型体的特性，再用液体树脂成型方法将树脂与预成型体复合，最后固化得到由各种结构零件组合的大型整体件。

7.3.1　预浸料

纤维复合材料大多以层压结构的形式制造，传统的手糊成型是铺一层纤维布，刷一次胶，最后固化成型为制件，但这种方法有许多影响质量的因素不能很好地控制，例如，纤维和树脂的含量不能精确控制，高性能复合材料的纤维含量要求达到70%，一般的手糊成型做不到这一点，纤维的均匀分布也不能很好地控制。因此，手糊成型不能用来制造高端应用的复合材料。

而这些问题可以通过一种称为"预浸料"的方式得到很好的解决，预浸料是热压罐、模压等工艺中很重要的中间材料，因此在这里将预浸料的制备单列为一小节重点介绍。预浸料是以树脂基体预先浸渍连续单向纤维或织物的方式来制备的，它实际上是一种处于原材料和复合材料之间的连续性的中间材料，采用这样的预浸料为后续的层压复合材料的制造，包括层片切割、铺叠、固化提供了极大方便，不仅提高了功效，还能有效地控制复合材料的成型工艺质量。现在预浸料已发展成一种专门的工艺技术，实现了生产的专业化和自动化，是纤维复合材料技术发展的一个重要方面。

预浸料的凝胶时间是确定固化加压时机的依据，对制品质量影响很大。不同的树脂基体有不同的凝胶时间，必须采用有关标准和方法进行测定。一般而言，预浸料的凝胶温度与树脂基体的玻璃化转变温度有关，也与温度及预浸料的存放期有关。因此，对于每一种预浸料，在使用之前必须对它的状态有全面的了解。

预浸料树脂的流出量最终关系到复合材料的树脂含量。在成型固化过程中会有部分多余的树脂从复合材料中流出。它能带出层间的气泡，降低孔隙率。流出量与树脂的流动性有关，若流动性太大，则易发生严重流胶，造成贫胶，纤维可能被冲乱；流动性过小，会使树脂分布不均，纤维浸润不充分，层间结合薄弱，直接影响制品的含胶量和孔隙率。流出量也与温度和压力有关，因此是确定成型工艺条件的依据之一。流出量受温度、压力、热压时间、升温速度、预浸料的含胶量及层数等因素的影响，对这些影响因素均应有具体规定。

预浸料的挥发分含量。少量挥发分有助于成型时树脂的流动，但挥发分过多会增加制品中的孔隙率，还会降低制品性能，尤其是层间剪切性能。成型过程中挥发分的排出量也受预浸料的含胶量、成型温度、压力、热压时间等因素的影响，必须通过优化工艺条件进行控制。

预浸料分单向预浸料和纤维织物预浸料，层压复合材料的制造主要采用单向预浸料，单向预浸料的制备方法分树脂溶液法和树脂熔融法两大类。热固性树脂基体多用树脂溶液法，而树脂溶液法又可分为间歇法和连续法，根据所用的树脂胶液状态又可分为湿法和干法两种。

辊筒缠绕排铺法采用湿法工艺。阵列式连续排铺法逐渐由湿法向干法发展。辊筒缠绕排铺法比较简单：纤维从纱团引出，通过胶槽浸胶，经过挤胶辊挤去多余胶液，在一定的张力下由送纱器把浸胶纤维依次整齐地缠绕排列在贴有隔离薄膜的辊筒上，最后将隔离薄膜沿辊筒母线切断展开，即得到单向预浸料。此法设备较简单，操作方便，但预浸料长度有限制，生产效率低，适于小批量生产及实验室研制用。

湿法阵列式连续排铺法制备预浸料的工艺流程如图 7.7 所示，一定数量的纤维从纱架引出，经过平行整齐排铺后，同时连续进入浸胶槽浸胶，再经挤胶、烘干、垫铺隔离纸 (或膜) 和压实后，即可收卷。生产过程中应严格控制环境温度、胶液黏度、辊间缝隙、纤维前进速度、烘干温度及时间，以保证预浸料的质量。

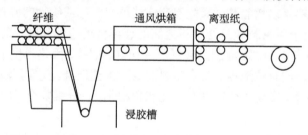

图 7.7　湿发阵列式连续排铺法制备预浸料的工艺流程

胶膜法的制备工艺是一定数量的纤维从纱架引出，经平行整齐排铺后，夹于干胶膜之间，通过热辊挤压使纤维浸嵌于树脂膜中，加铺隔离纸压实，即可收卷。此法可生产含胶量低的预浸料，产品中树脂分布均匀、孔隙率低、制品质量好，含胶量与胶膜厚度、压辊间隙和温度有关。此法对树脂体系的工艺要求较高，树脂应有优良的成膜性，胶膜应有适度的柔性、黏性及较长的储存寿命。

热塑性树脂预浸料的制备还可采用粉末熔融法，与连续溶液法类似，先把树脂粉末加热熔融成胶液浸渍纤维，经过碾辊后再冷却到室温，树脂将纤维连接在一起，最后收卷。另外，热塑性树脂预浸料也可采用与上述类似的胶膜法制备。

7.3.2　传统手工成型

传统手工成型是一种传统的复合材料成型方法，也称为手糊成型，主要工作是用手工完成的，不需要专门的设备，所用工具也非常简单，但要求有一个成型的模具。复合材料的应用领域在不断扩大,如绿色能源领域的风力发电,就要用到大量的复合材料桨叶,而目前这种大尺寸或超大尺寸的复合材料制件,大多是用手糊成型制造的。此外,复合材料船舰主体,为了降低制造成本,也大多采用手糊成型。所以,手糊成型这种传统的成型工艺,正焕发出巨大的生命力,在复合材料成型中仍占有很大比例。但是,随着复合材料工业的不断发展,机械化水平的日益提高,手糊成型面临的挑战也越来越大。

手糊成型过程是:先在模具上涂刷含有固化剂的树脂混合物,再在其上铺贴一层按要求剪裁好的纤维织物,用刷子、压辊或刮刀压挤织物,使其均匀浸渍并排除气泡后,再涂刷树脂混合物和铺贴第二层纤维织物,反复上述过程直至达到所需厚度。然后,通过抽真空或施加一定压力使制件固化,有的树脂需要加热才能固化。最后,脱模得到复合材料制品。其工艺流程与示意图如图 7.8 所示。

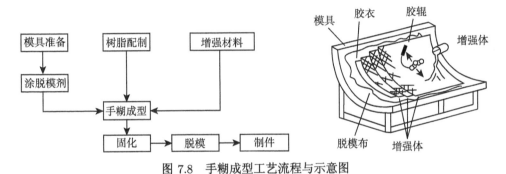

图 7.8　手糊成型工艺流程与示意图

手糊成型所用的树脂种类较多,如环氧、酚醛、不饱和聚酯和乙烯基酯树脂等。增强材料可以用玻璃纤维、碳纤维、芳纶等。

手糊成型的主要优势是制造成本低、适用性广、能制造各种类型的产品,如风力发电的大型桨叶,目前大多用手糊成型制造。其在建筑业的主要产品有波形瓦、冷却塔、装饰制品、座椅、门、窗、风机、风道、浴盆等。其在交通行业的产品包括汽车车壳、机器盖、保险杠、大型旅游车外板、火车箱内板、火车门窗、火车卫生间等。其在船舶制造业的应用产品包括各种船体,如游艇、交通艇、巡逻艇、救生艇、汽垫船,以及舢舨、水中浮标、灯塔等。其在化工行业的产品包括油罐、酸罐、水泥槽内防腐衬层、钢罐内防腐层、管道等。

7.3.3　热压罐成型

热压罐成型是最早用于航空结构复合材料制造的一种技术,目前还在大量使用中,特别是对于一些大尺寸和形状复杂的制件,采用整体化的共固化成型时,就要采用这种技术。它利用真空袋和热压罐进行加压和加热成型复合材料制件。真空袋的作用是在热压罐固化过程中加速混入坯料中的空气和其他挥发物的逸出。因此，这种成型方法又称为热压罐-除气成型。它是采用连续纤维单向预浸料或编织预浸料，制备高性能结构复合材料最常用的方法，在航空航天部门应用最广。

热压罐成型的原理和工艺过程是：热固性高聚物基体受热后，经软化流动阶段转变成凝胶态和玻璃态，即完全固化。抽真空和在凝胶转变之前的某一时刻施加压力，可将预浸料中的空气、挥发物和多余的基体排除，使制品密实。当热压罐成型制品时，将单层的预浸料按预定方向铺覆到附有脱模剂的模具表面，再依次用多孔分离膜、吸胶材料、透气毡覆盖，然后密封于真空袋内。将整个密封装置推入热压罐内，接上抽真空管线，将真空袋内和热压罐内抽真空，并按规定的固化工艺进行升温、加压固化。

热压罐成型的工艺过程如下：

(1) 模具准备。模具要用软质材料轻轻擦拭干净，并检查是否漏气。然后在模具上涂布脱模剂。

(2) 裁剪和铺叠。按样板裁剪带有离型纸的预浸料，裁剪时必须注意纤维方向，然后将裁剪好的预浸料揭去保护膜，按规定次序和方向依次铺叠，每铺一层都要用橡胶辊等工具将预浸料压实，赶除空气，形成图 7.9(a) 所示的坯件。

(3) 组合和装袋。在模具上将预浸料坯料和各种辅助材料组合并装袋，检查真空袋和周边密封是否良好，见图 7.9(b)。

(4) 热压固化。将真空袋系统组合到热压罐中，接好真空管路，关闭热压罐，然后按确定的工艺条件抽真空／加热／加压固化。

(5) 出罐脱模。固化完成后，待其冷却到室温，然后将真空袋系统移出热压罐，去除各种辅助材料，取出制件进行修整。

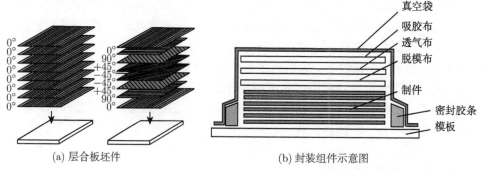

(a) 层合板坯件 (b) 封装组件示意图

图 7.9　层合板坯件与封装组件示意图

热压罐成型的技术要点在于，如何控制好固化过程的温度和压力与时间的关系。通常，制定一个复合材料产品成型的工艺路线，要进行一系列的工艺性能试验，然后取得较完整的结果数据，最后再结合制件的具体要求，制定出合理的工艺规程，而且在实际生产过程中，工艺条件可根据情况进行适当修改。热压罐工作示意图与典型的热压罐固化周期如图 7.10 所示。

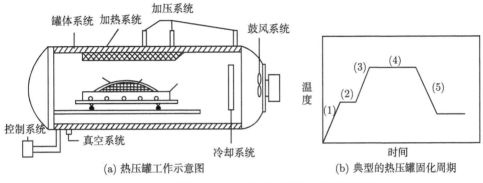

(a) 热压罐工作示意图　　　　(b) 典型的热压罐固化周期

图 7.10　热压罐工作示意图与典型的热压罐固化周期

如图 7.10(b) 所示，典型的热压罐固化周期分 5 个阶段，对每个阶段的技术要点说明如下：

(1) 升温阶段。在该阶段要选择合理的升温速度，对于大制件，升温要慢，使整个制件受热均匀，2 ℃/min 是常用的升温速率。这个阶段主要用真空压力，视情况可施加一定压力。

(2) 吸胶阶段。这实际上是一个中间保温阶段，对不同的树脂基体，保持的温度和时间有所不同，此阶段的主要目的是使树脂熔化、浸渍纤维，除去挥发物，并且使树脂逐步固化至凝胶状态。此阶段的成型压力为全压的 1/3~1/2。使部分树脂流出，以保证制件最后的树脂含量符合设计要求。

(3) 继续升温阶段。经过吸胶阶段后，树脂基体已成半固化状态，溶剂和低分子量挥发物已充分排出，将温度升至固化温度。热固性树脂的固化反应是放热反应，在固化过程中有热量放出，如果升温速度过快，会使固化反应速度急剧加快，热量集中地大量放出，导致材料局部烧坏，这种现象称为暴聚，必须避免其发生。

(4) 保温热压阶段。此时的温度是树脂固化的温度，树脂基体进一步固化，这一阶段要加全压，目的是在树脂继续固化过程中，使层片之间充分压实。从加全压到整个热压结束，称为热压阶段。而从达到指定的热压温度到热压结束的时间，称为恒温时间。热压阶段的温度、压力和恒温时间，是成型过程中的重要工艺参数，必须根据所用树脂基体的配方对其进行严格控制。

(5) 冷却阶段。在一定保压的情况下，将系统自然冷却或者强制冷却到一定温度或室温，然后卸压，取出产品。冷却时间过短，容易使产品发生翘曲、开裂等现象。冷却时间过长，对制品质量无明显帮助，但会使生产周期拉长。此阶段也称后处理阶段。高温固化的制件，经过这一阶段在较低温度下保持一段时间，可以消除因高温固化所产生的制件内应力，防止卸压脱模后制件变形。

总之，固化过程中的各种工艺参数，要根据所用树脂基体的特性来确定。在成型过程中，要对各种工艺参数进行严格控制，才能得到高质量的制品。

热压罐成型仅用一个阴模或阳模，就可得到形状复杂、尺寸较大、高质量的制件。热压罐成型技术主要用来制造高端的航空、航天复合材料结构件，如直升机旋翼、飞机机身、机翼、垂直尾翼、方向舵、升降副翼、卫星壳体、导弹头锥和壳体等。

热压罐成型现在仍然被大量用来制造高端航空航天复合材料，但设备投资大、成本较高。为了降低制造成本，提高生产效率，开发了一种新的成型技术，即热压罐的共固化整体成型技术。共固化是实现复合材料制件整体化成型的一种重要方法。对飞机结构而言，很多是典型的薄壁结构件，如承力机身蒙皮、机翼和操纵面蒙皮等，对稳定性的要求很严格。虽然先进复合材料有较高的弹性模量，但是在很多情况下，还需要额外加强。加强的方式无非是选用夹芯结构，或选用具有不同横截面形状的桁条或加强筋直接加强，而后者就属于一种复合材料整体结构的成型(图 7.11)。实际上夹芯结构也是一种典型整体成型结构。用热压罐实现这种整体结构的成型就称为共固化或共胶接。共固化是将两个或两个以上的预成型件采用同一工艺规范一次固化成型为一个整体件的工艺方法。这种方法一般要用相同的复合材料预成型件。

图 7.11 典型的复合材料整体结构

共固化最大的优点在于，与共胶接或二次胶接相比，不需要装配组件间的协调，只需要一次固化过程就能得到结构整体性好的复合材料制件。胶接共固化，也称共胶接，是将一个或多个已经固化成型的部件与另一个或多个尚未固化的预成型件通过胶结剂固化胶接成一个整体件的工艺方法。胶接共固化工艺在航空结构制造中应用比较普遍，与共固化相比其主要不足是，固化次数多了一次。

7.3.4　模压成型

模压成型是复合材料生产中的一种传统的常用的成型方法。它由普通的塑料制品模压成型演变而来，是一种对热固性树脂和热塑性树脂都适用的纤维复合材料成型方法。模压成型的基本过程是：将一定量经过一定预处理的模压料放入预热的模具内，施加较高的压力使模压料填充模腔，在一定的压力和温度下使模压料固化，然后将制品从模具内取出，再进行必要的辅助加工即得到产品，见图 7.12。模压成型的技术要点主要是控制好温度、压力和时间几个工艺参数。

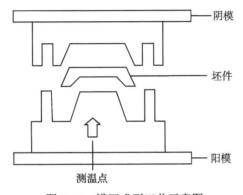

阴模

坯件

阳模

测温点

图 7.12　模压成型工艺示意图

模压成型工艺的主要优点表现在：生产效率高，便于实现专业化和自动化生产；产品尺寸精度高，重复性好；制件表面光洁，无须二次修饰；能适合不同形状和尺寸的制品成型；可实现批量生产，因此相对低廉。模压成型的不足之处在于：模具制造复杂，模具的压机投资较大，且制品尺寸受设备限制，一般只适于制造大批量的中、小型制品。

模压料的品种有很多，可以是预浸物料、预混物料，也可以是坯料。当前所用的模压料品种主要有预浸布、纤维预混料、片状模塑料、块状模塑料、团状模塑料、高强模塑料、厚层模塑料等。以上所列模压料的主要成分是合成树脂和增强材料。

7.3.5　树脂传递成型及派生技术

用热压罐成型工艺来制造先进树脂基复合材料，由于设备投资大、能耗高，成本一直居高不下，成为制约复合材料进一步推广应用的主要因素，所以一类新型的成型方法得到发展，这就是复合材料液体成型技术，也可称为湿法成型技术。

液体成型的基本原理就是将纤维增强体直接与树脂液体完全浸渍，再固化成复合材料制件。较传统的湿法纤维缠绕也可归为这类成型技术，但与新型的液体树脂成型还有概念上的差别。实际上，液体树脂成型所用纤维增强体是以预成型件的形式提供的，也就是纤维预先通过编织或缝合等方式制成预成形件，放入模具的形腔内，再将液体树脂注入与之复合，在模腔内固化成型，得到所需要的复合材料制件。这与湿法纤维缠绕直接采用纤维丝束或纤维带缠绕到芯模上是不同的，湿法纤维缠绕大多用来制造对称的旋转体，而液体树脂成型几乎可以用来制造任何形状的复合材料制件。

在液体树脂成型这一类技术中，最有代表性的和应用最多的是树脂传递成型以及在此基础上发展起来的派生技术。与其他传统复合材料成型技术相比，树脂传递成型的优点在于：能够制造高质量、高精度、低孔隙率、高纤维含量的复杂复合材料构件，一般能获得光滑的双表面，产品从设计到投产时间短，生产效率高。树脂传递成型模具和产品可采用 CAD 进行设计，模具制造容易，材料选择范围广，可多次使用，成型的构件易于实现局部增强以及局部加厚，带芯材的复合材料能一次成型。在树脂传递成型过程中挥发分少，有利于安全生产和环境保护。

7.3.6　零件机械加工

复合材料制件成型后，机械加工的工作量一般并不大，主要有制件切割、边缘余量修切。连接装配中则有钻孔、铰孔和锪窝等。

复合材料切割加工的常用工具有手锯、带锯和机床等，边缘铣切加工可手动铣切，也可机床铣切。当切割面积较小、厚度也较薄的复合材料时，也可直接用刀片切割。玻璃纤维增强热固性复合材料，采用手锯或圆锯切割。热塑性复合材料采用带锯和圆锯等常用工具时要加冷却剂。石墨／环氧复合材料最好用镶有金刚石或立方碳化硼的刀具切割，且锯切时控制锯子力度对保证切面质量至关重要。虽然锯切温度也是一种要控制的因素，但一般影响不大，因为锯切时碰到的最高温度一般不会超过环氧树脂的软化温度 (182℃)。

金属基复合材料可用镶有金刚石的线锯锯切，不过其切割速度较慢，而且只能进行直线锯切。陶瓷基复合材料可采用金刚石砂轮进行锯切，有两种速度：一种是250r/min，另一种是 4000r/min。这种锯切会使切割面的陶瓷基复合材料有相当大的损坏，不过在较高锯切速度时，损坏虽大，但断面较为均匀。

复合材料的钻孔、铰孔和锪窝是复合材料制件连接装配时常碰到的工艺操作，但若不小心则会给复合材料造成严重的损伤，如分层、边缘起毛和出口处劈裂等。在工作中要用特殊的刀具，一般由硬质合金或金刚石制成，并要正确选择刀具的参数。钻孔时以低进给大转速为好，铰孔和锪窝时则以低转速为好，加工时刀具要注意保持锋利。钻孔加工时制件背面要尽可能垫有木板或者硬塑料板，并用相应夹具夹紧，以防止出口端分层、劈裂。

在复合材料上钻孔、铰孔和锪窝时,一般采用干法加工,即切削加工时不加冷却润滑液。大多数热固性复合材料层合板经钻孔和仿形铣后会产生收缩,因此精加工时要考虑一定的余量,即钻头或仿形铣刀尺寸要略大于孔径尺寸,并用碳化钨或金刚石钻头或仿形铣刀。另外,钻头必须保持锋利,且必须采用快速去除钻屑和使工件温升最小的工艺。

当热塑性复合材料钻孔时,更要避免过热和钻屑的堆积,为此钻头应有特定螺旋角和宽而光滑的退屑槽,钻头切削刃要用特殊材料制造,采用的钻速不仅与被钻材料有关,而且与钻孔大小和钻孔深度有关。一般手电钻转速为 900r/min 时效果最佳,而气钻为 2100r/min 和进给量为 1.3mm/s 时效果最佳。

常规的机械加工方法简单、方便,工艺较为成熟,但加工质量不高,易损坏加工件,刀具磨损快,而且难以加工形状复杂的工件。随着特种加工技术的发展,其在复合材料加工领域的应用也越来越广,如激光束加工、电火花加工、超声波加工和高压水切割加工等都已应用于复合材料的加工。

复合材料的特种加工方法各有特色。激光束加工的特点是切缝小、速度快、能大量节省原材料和可以加工形状复杂的工件。电火花加工的优点是切口质量高,不会产生微裂纹,唯一不足的是工具磨损太快。超声波加工的特点是加工精度高,适宜在硬而脆的材料上打孔和开槽。高压水切割加工因其诸多优点,现已广泛用于复合材料的机加工。① 高压水切割加工,加工切屑量少,只有传统加工工艺的 15%~20%,且高压射流可形成真空,产生一个向下的吸力,使切屑同水流一起流走,避免切屑飞扬。在高压水切割加工过程中,噪声小 (低于 80dB),不会产生有害气体,改善了工作环境,有利于保护操作者的身心健康。② 高压水切割加工工艺性能好:高压水切割加工的切缝狭窄 (0.1~0.8mm),原材料损耗低;切口整齐、光滑,无毛刺,板材两面的切缝宽度基本相同,不产生分层和变形。此外,当高压水切割加工时,工件无须加热,不会因产生热应力而变形。③ 高压水切割加工是无刃切割,无须刀具,故不需要磨刀和换刀,并且射流中的磨料和废水可以回收,处理后可重复使用;高压水切割加工设备的价格相对较低,且加工后不需要修整,节省人力。因此,高压水切割加工成本低。

不难看出,复合材料特种加工方法具有的优点:刀具磨损小、加工质量高、能加工复杂形状的工件、容易监控和经济效益高等,这些恰恰是常规机械加工方法难以做到的,因此复合材料特种加工方法可以看作未来复合材料加工的发展方向。

7.4 复合材料夹芯结构制造工艺

夹芯结构的材料主要有两大部分,一是上下面板材料,二是夹芯材料。面板材料可以是金属材料,多用铝、钛合金和不锈钢薄板材。而复合材料面板多用纤维增强的复合材料层合板，包括玻璃纤维、碳纤维或其他纤维增强的复合材料层合板。

由于存在芯材及芯材与面板之间的胶层，夹芯材料的工艺方法与复合材料层合板有所不同。材料的韧性、耐久性、环境老化和失效模式都与具体的工艺过程有关。由于较好的面板和芯材的胶接在两者之间存在由胶结剂构成的倒角，所以工艺对蜂窝芯材尤其重要。该倒角的形成强烈依赖工艺。若在获得夹芯结构比刚度方面的优势时不考虑这些工艺过程，将导致制造和服务方面的问题，并最终提高成本。

7.4.1　夹芯材料

夹芯材料是指用于一种特殊的复合材料夹芯结构中的夹芯材料。复合材料夹芯结构由强度很高的上下面板和强度较低的轻质夹芯材料组成，是一种高效的结构形式，具有最优的强度/重量比、刚度/重量比和可设计性，同时具有消声、透波、隔热、保温等功能。

夹芯结构的夹芯主要用于分隔、支持和稳定面板，以获得所期望的抗弯刚度。在几乎所有的情况下，夹芯承受了夹芯壳体或板件结构中的大部分面外载荷和横向剪切载荷。其他的功能如隔热或隔音也主要取决于夹芯的材料性能。为了以最小质量实现这些功能，夹芯材料的密度一般低于面板和胶结剂组分的密度。在很多情况下，由于夹芯在其独立存在时的相对脆弱或不稳定性，要对夹芯材料进行特殊的处理或进行中间处理，以保持其尺寸稳定性。

夹芯材料按使用要求可分为：

(1) 非结构芯材。这类芯材只能提供一定的刚度，对载荷的承受能力较低。如密度为 $32kg/m^3$ 的聚氨酯泡沫或纸质蜂窝。用纸质蜂窝制造居民住宅区的房屋内门是这类芯材较好的应用范例。

(2) 准结构芯材。如剪切强度低于 0.69MPa 的低密度聚氯乙烯泡沫芯材 (密度 $<60kg/m^3$)，这类芯材还包括酚醛基纸质蜂窝和较高密度聚氨酯泡沫。

(3) 结构芯材。这类芯材能提供最大的刚度和很大的承载能力。如密度高于 $60kg/m^3$ 的 Nomex 蜂窝和铝蜂窝、巴尔杉端纹轻木、硬质聚氯乙烯泡沫和玻璃布芯材。

7.4.2　蜂窝夹芯材料

蜂窝夹芯材料是开发得最早，也是用得最多的夹芯材料。蜂窝的强度与选用原材料和蜂窝几何形状有关，按蜂窝格的截面形状，蜂窝夹芯材料可分为六边形、菱形、矩形、正弦曲线形和加强带六边形等。在这些蜂窝夹芯材料中，以加强带六边形强度最高，矩形蜂窝次之。由于正六边形蜂窝制造简单，用料省、强度比较高，所以应用最广。

蜂窝夹芯结构的重量轻、强度高、刚度大,多用于结构尺寸大、强度要求高的结构件,如雷达罩、玻璃钢桥的承重板、球形屋顶结构、反射面、冷藏车地板及箱体结构等。

蜂窝夹芯材料分金属和非金属两大类,金属夹芯材料多用铝、钛合金和不锈钢。非金属夹芯材料主要用玻璃钢蜂窝、泡沫塑料、纸蜂窝等。目前,以玻璃钢蜂窝和泡沫塑料做夹芯材料的夹芯结构应用最广。近年来,新发展的新型夹芯材料为Nomex 蜂窝夹芯材料,用的是一种称为 Nomex 的芳纶纸。

各种蜂窝夹芯材料的制造方法基本相似,主要采用胶接拉伸法。以玻璃布蜂窝为例,其工艺过程是首先在制造蜂窝夹芯材料的玻璃布上涂胶条,可以采用手工涂胶,也可以使用机械化涂胶。然后重叠成蜂窝叠块,固化后按需要的蜂窝高度切成蜂窝条,经拉伸预成型,形成连续的蜂窝格夹芯材料。最后浸胶,固化定型成蜂窝夹芯材料。蜂窝夹芯材料的制造工序如图 7.13 所示。

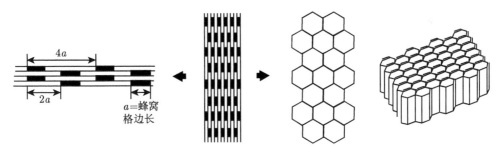

图 7.13　蜂窝夹芯材料的制造工序

7.4.3　泡沫塑料夹芯材料

泡沫塑料作为夹芯材料制成的泡沫塑料夹芯结构的最大特点是蒙皮和泡沫塑料夹夹芯黏结牢固,适用于受力不大和保温隔热性能要求高的部件,如飞机尾翼、保温通风管道及样板等。常用的泡沫塑料有聚氯乙烯、聚苯乙烯、聚氨酯、聚醚酰亚胺、苯乙烯—丙烯腈或丙烯酸酯—苯乙烯、聚甲基丙烯酰亚胺、发泡聚酯等。

7.4.4　面板共固化和预固化

夹芯结构的面板具有多种功能,这取决于应用的情况,但是在所有情况下面板都承受着主要的外载荷。被夹芯所稳定的面板特性决定了零件的刚度、稳定性、构型,并在很大程度上决定了零件的强度。为实现这些功能,面板必须适当黏合到夹芯上,并且要求胶接质量合格。有时面板还具有附加的一些功能,例如,提供具有适当气动光顺性的气动外形、粗糙不滑的表面或坚实耐磨的地板覆盖物。为了更好地满足这些特殊功能，有时把夹芯板的一个面板设计得比另一个面板略厚些，或采用略微不同的结构形式。

任何薄板材料均可用作夹芯板的面板。在很多情况下，面板材料用来密封夹芯使之免受如水汽等环境的影响，这就要求面板采用不渗透的材料。然而，在有些应用情况下，面板材料并不需要密封夹芯材料，如在一些吸音板的应用情况下。

用于制造层合板的复合材料通常也可以用于制造夹芯结构，尤其是已固化的面板。需要注意的是，如果面板与芯材共固化，夹芯结构中的复合材料面板可能和夹芯板的外观和力学性能有本质的不同。

另外，共固化可能导致面板表面形成凹坑，即芯材的胞壁会在共固化的面板表面形成印痕，如图 7.14 所示。当面板较薄或蜂窝芯材芯格尺寸较大时，这种现象更明显。如果需要面板表面光滑，可能需要对具有凹坑的面板进行大量和昂贵的表面光洁工作。

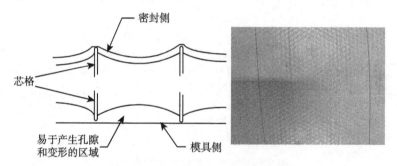

图 7.14　共固化复合材料面板凹坑

除了凹坑等几何缺陷之外，还存在其他因素导致共固化面板的力学性能大大低于传统层合板。以开孔蜂窝作为芯材的夹芯材料，芯材与面板的接触面积只有面板的 1%～5%。当固化时，芯材上面的复合材料面板趋向于垂向芯格。这导致面板表面呈波形，并且难以保证复合材料面板中树脂的固化压力。为防止过高的孔隙率甚至分层，许多预浸料固化时需要高于大气压以及树脂的压力。图 7.15 描述共固化面板波纹与使用相同铺层的预固化面板表面的区别。需要注意的是，共固化面板存在大得多的胶层间隙。

这导致虽然热压罐的压力为 276kPa，但面板中树脂的压力可能很低甚至为零。因此，与真空袋固化或者甚至接触压力固化的层合板类似，共固化面板的力学性能较低。如果共固化的目的是制作夹芯结构，则常常需要在进行其他试验前用共固化典型夹芯试验板甚至零件来筛选复合材料预浸料的适用性。也可以通过把典型的面板与芯材共固化，然后通过加工方法去除芯材，最后通过力学试验方法确定共固化面板的真实力学性能。共固化面板力学性能的降低与芯材的结构和密度相关，也与预浸料和胶结剂的形态有关，还受固化工艺过程影响。共固化面板承压能力降低得最为严重。

(a) 共固化　　　　　　　　　　　(b) 预固化

图 7.15　共固化面板波纹与使用相同铺层的预固化面板表面的区别

如果使用薄面板，尤其是在与蜂窝芯材共固化时，面板固化后可能存在贯穿孔洞。贯穿孔洞定义为空隙、孔、微裂纹和 (或) 分层网络的交叉互联，这样会使芯格与外界环境直接贯通。当存在贯穿孔洞的面板经受高低压循环压力时，如飞行器的地–空–地循环，可能会把湿气吸入芯材。冷却后，湿气凝结并汇聚在芯材内部，引起进一步的破坏和结构增重。考虑到冷凝水问题以及夹芯结构易受冲击损伤 (如工具坠落和冰雹)，这就要求设计的夹芯结构面板具有比实际承载所必需的更厚的厚度。如果仅为排除贯穿孔洞，可在面板的铺层中加入可胶接 Tedlar 聚氟乙烯薄膜或聚脂薄膜麦拉片。当然，引入这些材料也可能会引入其他使用或修理问题。

夹芯结构的面板必须与芯材连在一起。对于金属或预固化面板，需要用胶结剂进行胶接。对于共固化复合材料面板，复合材料树脂可作为胶结剂，但由此导致面板中树脂含量的降低，可能对面板的性能产生负面影响。这可能需要使用稍高树脂含量的预浸料以满足此双重功能。预浸料中树脂的功能可能低于具有最佳效果的胶结剂，但对大多数应用情况来说还是足够的。

对于大部分零件，夹芯结构所使用的复合材料面板，尤其是预固化面板，复合材料的类型、环境退化和应用方面的考虑均与传统的复合材料层合板相同。

7.4.5　胶结剂

胶结剂是蜂窝与蒙皮黏结用的专门树脂。常用胶结剂有环氧树脂、不饱和聚酯树脂、酚醛树脂、有机硅树脂及邻苯二甲酸二丙烯酯等。在制造蜂窝胶条时，通常用环氧树脂、酚醛树脂、聚醋酸乙烯酯胶和聚乙烯醇缩丁醛胶等。在这些胶结剂中，环氧树脂黏结强度高，酚醛树脂价格低，故应用较多。

对于夹芯芯材胶接的稳定性，胶结剂应该做出具体评估。如果任何一种开孔芯胞蜂窝被用作芯材，胶结剂必须有特殊的流变性，以形成良好的倒角，这是非常重要的。胶结剂首先应在试做阶段，对于胶接夹芯芯材的稳定性做出评估。一般需要评估平面拉力和滚筒剥离水平。对比任意材料，它们必须在所有严格的环境下评估，如冷/干燥和热/潮湿。通过积木方法试验，胶接的问题应该在任何的大结构完成前解决。

芯材水分会影响胶结剂和预浸料的固化反应，但是在固化期间的蒸发也会在黏合和共固化面板时产生孔隙和其他缺陷。降低芯材的水分吸收很简单，可以使用类似于应用在其他复合材料的方法解决。评价预胶接的水分对复合材料和胶结剂的影响可能会更加困难。而大部分制造商偏向于在胶接芯材前干燥，这样可以把对胶结剂和预浸料的影响降到最低。对于特定的应用，如果足够保证，那么在胶接前就不需要对芯材进行干燥处理。

如果胶膜应用于面板和开放芯胞芯材的胶接，则实际上胶结剂和芯胞壁接触很少。如果对重量要求很严格，则轻一些的胶膜可能是网状的，所以全部应用于芯胞壁的上部，或者胶结剂可以仔细地卷在芯胞壁的上部。在任何情况下，应该检查使用的胶结剂是否和开放芯胞芯材的胶接相适应。胶结剂必须保留在面板和芯材的界面处以形成正常强劲的倒角，而不是仅仅滑倒在芯胞壁下面，这对于开放芯胞芯材，如蜂窝，会明显增加有效的胶接区域。一般使用平拉强度测试检查，这里的胶接希望比芯材本身要强一些，这样会在芯材内部，但远离面板和芯材胶接处失效。

相比于固体基质结构的黏合部位，对于考虑成本–效益的夹芯复合材料结构，一般需要大一些的尺寸公差。因此，胶结剂可比常规胶层厚度厚些，这样在填充间隙后不致使强度严重下降。

对于把面板和芯材胶接起来的胶结剂的要求与二次胶接、共固化或共胶接层合板相似，只有一些附加考虑和修改。用于夹芯结构 (尤其是蜂窝夹芯结构) 的胶结剂与常规用于其他连接工艺的胶结剂稍有不同，需要更好地控制胶结剂的流动性，从而在芯材和面板之间形成倒角，进而提高面板与芯体的连接强度。根据具体的使用目的选择胶结剂非常关键。有些蜂窝夹芯复合材料零件发生破坏的原因就是使用于金属与金属之间胶接的胶膜，这些胶膜不流动，从而不会形成良好的倒角。

如果胶结剂与预浸料面板同时固化，则必须确定这些不同材料之间的相容性以保证不会产生较弱的界面。弱界面可能由胶结剂与预浸料的树脂混合导致，这两者的混合物会产生另一种更弱的材料。

有些胶结剂具有挥发性，并且在固化时化学反应会产生气体，这些都会导致芯格内部压力升高，可能会产生气泡并导致面板与芯材之间胶接质量较差。芯格内部的气体压力太高会冲开或压紧芯材，因为气体会向低压区流动。芯格壁上有穿孔的蜂窝夹芯可以让气体流出，通常用于航天领域。

芯材表面状态的轻微改变就可能对胶接的有效性产生很大影响。例如，加工后在芯材顶部会有绒毛,如果它们牢牢地连在芯材上,这些绒毛要么会增强胶结剂与芯材的连接,要么会阻止形成良好的倒角。

为了评估与某一芯材的胶接质量,通常的做法是,采用相似但更高密度的芯材进行测试,以得到更高的胶层应力,用于诊断倒角或其他胶接的缺陷。测试具有较小接触面积的候选芯材以得到较高的评估应力进行评估。

7.4.6　表面处理与密封

由于夹芯复合材料面板通常存在凹坑、表面密封和其他问题,表面材料通常需要与共固化面板一起使用。本来使用胶膜就是为此目的,目前市场上已有为此专门设计的材料。它们与胶膜在形态和处理上相似,但密度更低,并且提高了表面的外观和可打磨性能。这些材料与预浸料面板同时固化,会对降低芯体压塌的可能性有益。表面层也常用精细的玻璃纤维编织预浸料。

对于已固化的零件,混合了低黏度树脂的松脂合剂可能用于表面光顺和密封销孔的孔隙。松脂合剂肯定会对重量有影响,尤其是需要多层涂层以完全密封和光顺表面时,可作为涂料制备的一部分。可通过对零件进行初始轻微加热使得树脂流入不连续区域,也可以用传统的注塑方法,但此法会带来更大的增重问题,并且需要大量的表面抛光工作。因此,应严肃审核需要表面光顺和密封的夹芯结构面板的工艺过程。共胶接工艺带来的任何工时、重量和 (或) 成本的节省,都可能被此表面光顺和密封工作所抵消,而且可能会带来芯材压塌等问题。

7.5　材料与环境管理

7.5.1　储存和外露时间

材料一旦被用户接收并投入生产,在使用期间对材料仍然会进行额外的控制。当材料外置在室温下时,B 阶段材料会快速变化,因此要控制材料的外置时间。某些 B 阶段材料几天后会变得不可用,其他的可能会延长至数月。一旦使用 B 阶段材料完成铺层,零件在开始固化之前在室温下允许放置一定的额外时间。在冷冻储存期间材料也会继续变化,尤其是 B 阶段材料,因此一般要控制材料的储存期。超过储存期限后可以通过控制规范来延长材料使用时间,通常是在已进行与老化问题相关的试验之后。

通常情况下,胶结剂、树脂和预浸料应在规定的温度范围内储存。材料的储存期是指从它制造完成到它不再能为飞机安全使用的寿命或时间。材料的储存期可以通过储存在 $-12°C$ 以下或按制造商所特别要求的温度而延长。容器上应标注有生产日期和有效期限，以便计算停止使用的期限。例如，标签上的生产期是 1989 年 12 月，有效期为 6 个月，那么它的使用期限就是 1990 年 5 月，在这个日期以后就不应再使用。最新的要求是制造商要标出停止使用的日期，由器材部门定期查验，粘贴颜色标记和撤离工作区。

使用不正确储存的材料会危及飞机结构的安全，如果制造商允许，对延期的材料要重新检查以确定能否继续使用。

外露时间是指一卷给定的材料处于室温条件下的所有累积小时数。外露时间，或称脱离冰箱时间是从材料离开冰箱开始算起的。总的外露时间不能超过制造商的规定，注意下列事项：

(1) 材料从包装容器中取出时，应该及时封装在气密袋中。

(2) 材料的外露时间记录应随着材料走。

(3) 让材料升温至室温。在袋外会有水汽凝结，水汽消失后才能使用 (多数材料要求保持室温 6~8h，以升温到室温)。注意，在使用前如未将水分蒸发，在材料中将会形成凝结水。这将造成多孔疏松从而使最后修理完成的部件的结构强度下降。

(4) 在材料切割操作之后，应登记材料的外露时间。将材料放在热封的塑料膜中送回冰箱储存。

7.5.2　材料配置

为复合材料修理和加工小构件而购买大量的材料，显然是很不利的。预配材料是指事先称量好树脂和固化剂的各组分量，将它们按特别的数量和比例混合在袋中。使用预配材料能确保修理按制造商的要求用正确的材料及比例进行。

预配材料的另一个优点是使用的灵活性。这些材料容易运输，因此提高了操作的安全性。在修理场所能很方便地使用它们，因为不需称重，且能在包装袋内混合。

筒装配料是一种既方便又易于处理的筒装树脂，筒有不同尺寸，可以任意选用，树脂与固化剂装在一个筒内，使用时先把树脂和固化剂的隔离层打开，两种组分可以自动地或者人为地混合在一起。它有两种形式：注射器式或隔栅式。

注射器式见图 7.16(a)，固化剂在搅拌棒中，一根压棒捶入搅拌棒而把固化剂强压入滤筒。搅拌棒从滤筒的顶部插入底部，并且每插入一次就旋转 90°。来回插入的次数应按说明标签的规定操作才能使之完全混合 (大约 90 次)。然后将针和注射器装在它的端部，树脂可以通过针头流出。隔栅式见图 7.16(b)，树脂和固化剂事先放在配料筒中，中间由铝片隔开。当活塞压入配料筒时，薄的铝隔栅就会破裂，这时树脂和固化剂就开始混合。

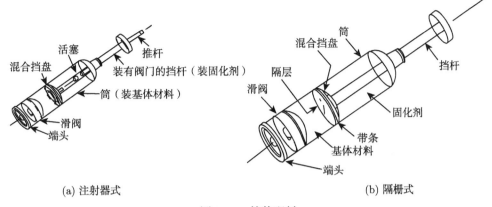

(a) 注射器式 　　　　　　　　　　　　　　　　　(b) 隔栅式

图 7.16　筒装配料

树脂系统的比例配制指南如下：

(1) 保持台秤的平台和秤盘的清洁，称重时应涂上脱模剂以免被树脂黏住。

(2) 扣除刻度的非零点部分以补偿混和容器的空重。

(3) 比例应该在所用秤的刻度范围之内 (不能猜测中间的刻度)，秤应能精确到 0.1g，避免小量调制。

(4) 不要将秤从它本来的位置随便移走，因为天平有一定的水平要求。

(5) 避免无意的外来影响 (如打开机库大门)。

(6) 不要超出量程。

(7) 称重时不要试图对秤做任何调整。

在实际配制和使用材料之前，必须先做下列检查工作：

(1) 查看标签是否正确。

(2) 检查使用期限。

(3) 检查需要的工作寿命 (如果必要)。

(4) 确信一次/一批配置在基体/催化剂材料上是同样的。

(5) 确信容器是密封的。

复合材料的预浸料和胶膜在未固化前含有溶剂和其他的有毒物质。一旦经过加工，这些物质就会挥发或发生化学变化，成为惰性物。没有固化的预浸料和胶结剂、胶膜等可以扔在堆放垃圾或有毒废料的容器里。石墨、Kevlar、玻璃纤维和胶膜可以在作为废物前分装在独立的容器中再处理掉。已经固化了的材料可以认为无毒，按常规废物处理。

7.5.3　材料封装

将树脂与固化剂分成两部分装在柔韧的预装袋中，一般可以装任何比例混合的树脂、胶或泡沫，数量 2～250g。在包装袋的中间有一个分离隔挟，袋的一端是树脂，另一端是固化剂。耐用柔韧的塑料预装袋有售，使用简易的分离隔挟保持两种化合物在使用前一直是分开的，折叠后体积变小使用方便 (图 7.17)。

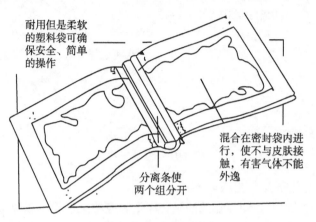

耐用但是柔软的塑料袋可确保安全、简单的操作

混合在密封袋内进行，使不与皮肤接触，有害气体不能外逸

分离条使两个组分开

图 7.17　封装包裹

混合在密封的预装袋中进行，保证不接触皮肤和有害气体不能外逸。准备使用时将树脂与固化剂隔开的部分打通，但仍然是装在袋中，树脂和固化剂可以完全地混合在一起，当混合完成后，用剪刀把一角剪开即可使用。

对于操作工人和技师，这是非常方便的树脂包，它不需称重，并且可以消除混合两部分时产生的忙乱，同时可防止事故的发生，操作安全。

7.5.4　减少废料管理

1) 工艺废料

由于目前大多数复合材料制造工艺的特点，工艺废料成为全部复合材料废料物流的重要组成部分。另外，也有部分废料物流必须在生产制造期间，而不是在终止服役时填埋，因此存在立即处置问题。如图 7.18 所示，预浸料占工艺废料的最大部分，因此预浸料就成为减少废料来源和再循环工作的最重要的目标。另外，不用的纤维、固化剂和树脂也是工艺废料。通过仔细控制最小库存量的策略，这些材料常常能够按实际进行配置或交换。

2) 已用过的复合材料废料

复合材料再循环的最大挑战或许是对已用过复合材料废料的收集、分类、加工和再利用找到一个可行的方法。投入服役的材料在地理位置上多半是分散的，可能采集污染物时要求拆卸，同时可能包含没有记录的纤维和基体类型。复合材料部件制造后的退役年限可能是数十年，这使得很难制订再循环计划，以及很难优先考虑。尽管如此，如果复合材料要在委托的再循环系统内竞争，则提出使用过复合材料的再循环课题是极其重要的。

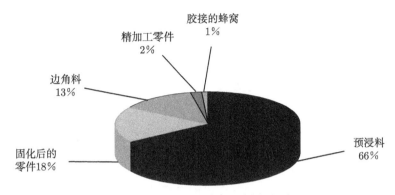

图 7.18　先进复合材料废料的材料类型分布

一种跟踪方法是可以从纤维制造商的数据推断已生产的复合材料数量，另一种跟踪方法是记录各种飞行器和其他方面应用的复合材料的数量和种类，然后监视这些飞行器的采购水平。

3) 减少复合材料废料物流的来源

减少废料量是减轻对环境影响的最好办法。不在首发地点的废料不需要负担再循环或填埋费用，因此最优先考虑的应是努力减少废料的形成，减少废料来源在降低采购成本和减少再循环或填埋成本两方面都可直接获益。应该努力去验明废料来源，并减少或消除这些来源。

4) 轻重量

通过仔细的设计来降低复合材料部件的重量可以改善环境管理，这是因为减少了最终必须再循环或地下填埋的材料的消耗量。尽管减轻重量的主要动机是改善结构效率，但在没有额外成本的情况下会产生额外的利益。因此，可以认为，减轻复合材料部件的重量是任何环境管理计划的一部分。

7.5.5　材料再利用

在减少废料形成之后，对环境管理来说，下一步最好的方法包括系统、零件和组分的再利用。一个完整的零件在相同或类似应用中得到再利用能够最好地获得最大价值。下面提供复合材料零件再利用的信息和概念。

再循环汽车的最大价值部分是来自可用的或可再制造零件的再利用，这些零件由分布的汽车零件大型网络拆卸分解和再出售。已用过的汽车零件通过完善的卫星连接的数据库网络编目并转发给买主，该网络在买主和卖主之间交换信息。

从已损坏或已退出现役的飞行器上拆卸分解下来的复合材料零件再分配的类似系统，能够回避成本问题和得到材料最大价值的回报。

终止服役或其他情况下剩余的复合材料零件，有时能加工再成型为其他方面的应用。例如，可以用飞机构件制成帆船大梁。由于通常这样再利用回报的价值高于再循环，所以在将材料转送去再循环之前，应考虑是否可再成型或卖给能完成此职能的公司。把零件加工成较小尺寸的最大困难在于找到与要求符合的材料和符合的几何形状。鉴于此，允许几何形状有某些灵活性的应用是有利的。

7.5.6　材料交换

通过未用过材料的再分配或再出售进行的材料交换，是减少废料和降低获得物成本的一个方法。在一个机构内或在机构之间都可以这样做。下面叙述初级复合材料交换的指南和技术。

备有严格证明文件并处于良好状态的过剩初级材料常常能在公司内再分配。如果材料出现某些降质，或超过了材料的截止期，有时能找到较低标准许可的应用。尽管不能作为严格控制的库存物的代用品，但对未固化废弃预浸料最通常的处理方法，除了地下填埋之外，是制成平板。

材料交换服务机构既买又卖剩余的材料，或对适于出售的材料进行编目，并能负担买主和卖主联系的费用。用此方法，大量的材料能够再出售。专门从事初级复合材料交换的材料服务机构帮助探明复合材料初级产品的来源和用户。这些公司应当就关于交换各种纤维、预浸料和其他初级产品的要求和机会方面详细的专门信息进行联系。

如果未使用的材料要再卖给其他制造商，就必须对它们保持与新材料同样的管理，以便使混有未使用材料的部分满足规范。要求冷冻储存的热固性预浸料应该保持冷冻，这样就能很好地确定剩余的储存期。缺少冷冻或在室温下把材料放置一段未知的时间，这是一个常有的处理错误，这将导致部分固化，降低铺覆和黏附性能，造成材料无任何再使用价值。如果在零件中使用这样的材料，它的状态是未知的，因此可能导致严重的安全事故。与此类似，对纤维、树脂和固化剂也应当给予恰当的管理。

未用过的初级产品应当复原到原包装，并密封防潮、阻断空气和其他污染。如果原包装材料不适合或原包装太大而不适用于储存已减少了体积的初级产品，就应当使用与原防护性质对等的其他包装。未密封的包装能使材料的性能严重退化。

对高要求应用的材料性能、组分和管理等必须提供资料。上述介绍了复合材料和初级材料交换要求的一些类型。如果对剩余的初级产品进行了适当的管理，但没有提供适当的资料，就不能保证材料的质量，也不能有把握地使用该材料。例如，对于热固性预浸料,应当有跟踪履历书,它记录该材料暴露在大气中和暴露在非冷冻温度下的持续时间。当材料运送到材料交换服务机构或其他用户时,这个履历书应当和材料同时送达。

一个说明未使用材料特征的完整说明书应当与材料一起发送。应当从原来的文件上复印纤维和基体的类型及其他信息,以便将复合材料信息告知交换服务机构和其他用户。

7.5.7　复合材料再循环

如果复合材料零件或材料不可能再利用或再成型,那么对可再循环复合材料或初级材料的再循环提供次一级的最高价值回报。可拆卸和可再循环的设计能够极大地推动服役寿命终止的零件和系统的再循环过程。许多要求约束了设计者,如重量、包络面、强度和韧性,所以在有些情况下包括可再循环性等额外因素难以实现。如果在完成设计时既能考虑到增强又能考虑到后面的可拆卸和可再循环,那么在设计过程中的各个决策点就能做出较好的选择。

紧固件的选择对拆卸和再循环的难易程度有重要的影响,尽可能避免嵌入金属紧固件,因为在加工期间它们难以拆去,并存在一个污染源。目前,在许多应用中对金属紧固件并没有一个合适的替代品,因此要求研制理想的紧固件,它应该与复合材料部件支持部分的材料相同,或者至少其材料与基体分解过程是相容的。

只要可能,对热塑性基体应当选择与树脂相容的胶结剂,这样经再循环的融化和混合操作之后它们会结合在一起。许多胶结剂和热塑性塑料不相容,并可能使再循环的塑料或复合材料产生严重的降质。兼容剂能使在其他情况下几种(不相容的热塑性塑料)组分以混合的形式进行再循环。研制胶结剂、基体和兼容剂体系,将扩展可再循环胶结剂可用范围及它们的性能。各种熔焊工艺可用作可选择的胶接技术,不引入外来材料,形成原本就可再循环的胶接。

使用多种类型纤维的复合材料,如芳纶/碳纤维结构,要比使用单一纤维制成的结构更难以破碎和再循环,破碎和基体分解之后,剩余的混合纤维难以再利用,因此要比单一类型纤维的价值低。除非因为有重要的设计优点必须采用混杂复合材料之外,应尽量避免使用这类材料。

7.6　质量控制

制造航空航天复合材料的原材料通常以预浸渍的纱线、单向带或织物的形式供应,但是质量控制开始于预浸料的组分材料,即纤维与树脂。

7.6.1　纤维的质量控制

纤维的测试主要由纤维制造商进行，虽然预浸料制造商也可能对来料进行试验，以验证制造商的数据并查验运输和处置过程中的损坏，但在制造过程中也可能进行试验，以监控纤维的性能。复合材料控制最常用的纤维性能是纵向拉伸强度、弹性模量、断裂伸长率、屈服、密度、捻数以及上浆量。这些性能可用单丝、多丝纱线或者预浸渍的纤维束进行试验。在很多情况下，来料是纺织布而不是简单的纱线，因此需要另外进行织物试验，如测量面积、重量。纤维、纱线、丝束和织物拉伸试验的 ASTM 标准，如表 7.6 所示。此外，纤维化学成分的化学测定试验是由制造商进行的表面分析技术，如 X 射线光电子光谱法和化学分析电子光谱法，用于确定纤维的表面特征。

表 7.6　纤维、纱线、丝束和织物拉伸试验的 ASTM 标准

标准	名称
D 3379	高模量单丝材料的拉伸强度和弹性模量标准试验方法
D 2256	用单丝法测量纱线拉伸性能的标准试验方法
D 4018	连续长丝碳纤维和纤维束的拉伸性能标准试验方法
D 5034	纺织织物破坏强度和断裂伸长率标准试验方法

7.6.2　树脂的质量控制

其由树脂制造商在树脂配置过程中进行试验，试验中涉及物理、化学及分光摄谱技术，通常对单独的组分材料、几种成分的混合物和合成混合物进行这些试验。典型的试验有胶凝时间、黏性、层析及红外光谱。胶凝时间试验测量树脂在预定温度下经历凝胶化的时间，最简单的方法是对加热的树脂用控针进行探查，直至形成凝胶，凝胶定义为这一时刻：当用探针插入并拔出时，树脂拔丝会立刻断裂。层析和红外光谱提供了树脂化学性质的"指纹"。

7.6.3　预浸料的质量控制

预浸料供应商和复合材料制造商都对未固化的预浸料进行试验。对于后者的试验，或者是推荐的或者是规定的，因为在运输到复合材料制造厂家的过程中可能发生了进一步的固化。这些试验是物理和化学试验的结合，主要为了保证组分材料具有正确的性能，并确认预浸料的工艺性能。对这些试验的要求通常在用户的规范中规定，用户与用户之间多少有所不同。

预浸料供应商和复合材料制造商都要进行的预浸料化学试验，包括胶凝时间、高压液态层析 (这能提供良好的树脂组分指纹) 以及差示扫描量热法 (测量树脂固

化的程度，并能对树脂的玻璃化转变温度进行粗略的测度)。通常预浸料供应商和复合材料制造商二者都进行红外光谱法试验，以保证在树脂浸渍或预浸料的 B 阶段 (预浸料供应商进行的部分固化) 过程中，或者在随后的运输过程中树脂没有出现显著的变化。

7.6.4 过程鉴定

1) 材料控制

在进行构件制造前，必须首先检验要用的材料为正确的订购材料；制造商必须已按照正确的材料规范进行了试验，并满足要求；必须满足用户/制造商规定的进货检查要求。易于变质的材料，如预浸料和胶结剂，还必须处于允许的储存期内，而且当从库中取出时要低于规定的最高储存温度。在此期间，材料的包装与储存方式应能避免污染和损坏，例如，应水平地放入密封的聚乙烯袋内。一旦从库中取出，预浸料和胶结剂必须处于其工作寿命期内 (能够铺敷、铺贴并有黏性)，而且在固化时必须处于允许的模制寿命期内 (能够流动和凝胶)。为避免冷凝水分的污染，重要的是在从袋中取出之前，要让冷藏的材料达到室温。应记录余下未用材料在温度下的累积时间，以确定其剩余的寿命。

2) 过程控制

复合材料的工艺过程包括材料铺贴和随后的固化两部分。在铺贴过程中，必须保证所有各层处于正确的方向；保证各层的铺层顺序正确；保证各铺层所在的位置正确，并保证铺层数正确。然后必须监控固化周期，以保证加热速率、保温时间以及冷却速率完全符合工程要求。压力、真空度以及温度必须维持在预定的容差内，满足预定的顺序。

3) 最终检查

完成制造后必须检查构件是否符合尺寸要求和制品要求 (目视检测)，并根据构件的重要性，用非破坏方式检查因加工过程可能引入的缺陷。也可能需要某些破坏性的试验。

7.6.5 过程中的质量控制

应当按照经批准的作业说明书进行修理，说明书包括要求在完成每个重要工作步骤时记录成功的检测。由两个技术人员 (或者一个技术人员和一个检测人员)介入修理过程是有益的，以便一个技术人员执行修理步骤，同时另一个技术人员或检测人员观察是否正确执行了修理步骤。

对螺栓连接的修理情况，需要检测其孔有无损伤和孔的尺寸，还需要对组装后的修理部分检测紧固件的安装情况。需要注意很多事项以保证修理的质量，其中包括：使用正确的修理板件 (即材料、尺寸和厚度) 和紧固件 (即类型和夹紧长度)、钻孔质量、构件和修理板表面的准备、密封剂的施加、加垫片以防过度夹紧、紧固件安装，以及适当的设备标定。孔的尺寸和质量以及紧固件的安装尤其重要，因为修理的响应与接头的载荷传递特性密切相关。

对复合材料和胶结剂需要保持广泛的记录，如，在冷藏库内的储存时间、加热的时间以及取出后在车间内的时间，以保证其在寿命期内。需要检测铺贴操作中纤维取向的正确性，必须监控固化循环以保证其符合技术条件。将其用于试片试验，以提供对修理、修理补片和胶结剂胶接质量的信心。

比之螺栓连接修理，胶接修理需要更多的过程质量控制，以获得坚固的结构修理。受到当前修理后检测技术在评定修理补片和胶接完整性方面能力的限制，因此按照已批准的修理文件实施胶接修理就特别重要。某些需要监控的关键事项包括：预浸材料和胶结剂的储存和外置时间、湿铺贴材料的混合与浸渍、修理补片铺层 (即层的方向和顺序)、袋装、真空程序以及固化循环。对于大型的修理，要将小块的伴随板件随同修理一起固化；伴随板件用于试样试验，以提供对修理质量、修理补片和胶接的信心。

7.6.6 修理后的检测

对于螺栓连接修理，修理后查证相对简单，查证包括检查密封剂挤出、修理板配合、紧固件类型，以及紧固件安装。如果发现任何紧固件未正确安装，则必须将其拆下并重新正确安装，或者更换。

对于胶接修理，通常在去除热胶接设备、真空袋、呼吸层和分离膜之后进行一个目视检测，关心的事项有修理补片或修理胶接面内的异常迹象 (如脱色区域、气泡或突起)。对于玻璃纤维修理补片，目视检测通常能够检出玻璃纤维补片内的脱胶层，这些异常可以通过层合板显现为褪色的区域。然而，对于碳补片，由于材料缺乏透明性，就无法目视检测出修理或修理胶接面内的异常。还需要目视检测胶接修理边界的胶结剂挤出情况。然后，按正确的温度和真空剖面检查固化参数历史记录，真空和温度剖面超出规定的界限是修理不佳的标志，因此应当拆除修理并加以更换。然后，应当用敲击锤和 (或) 脉冲回波超声设备对修理进行无损检测，对于层合板构件和具有 2、3 层以上面板的夹芯构件，敲击检测方法通常不可靠，但是，如果已经证实其能够可靠地检出严重的缺陷，则可将其用于这些情况。如果检出任何异常，必须将其与原始文件中对特定构件建立的允许胶接修理缺陷限值进行比较，如果发现修理有缺陷 (即经判断任何检出的异常超出许可的限值)，则应当拆除修理并加以更换。

第 8 章　复合材料结构修理概述

■
　■
　　■
　　　■

　　在使用过程中，通常需要对工程结构进行某种程度的维护，以保证其持续履行预定的功能。飞机结构维修可定义为保证其持续适航性所需要进行的一套工作，是保持飞机安全性的损伤容限方法中一个必不可缺的部分。结构修理性的好坏直接影响到飞机的维修时间、费用和出勤率，是衡量飞机综合性能的重要指标，也是飞机设计时赋予飞机本身的固有属性，飞机方案论证、打样设计、详细设计的每个环节都要考虑飞机服役后的维修问题。本章将介绍飞机复合材料修理技术的基本概念，讨论复合材料结构损伤评估、修理性和修理容限，进而详细介绍典型修理方法以及修理方案的设计与证实。

8.1　复合材料结构修理性

8.1.1　损伤类型及其起源

　　与铝及其他大多数合金相比，复合材料一般不会出现性能退化和显著开裂及腐蚀等不经济的损伤情况，但复合材料在使用中也很容易受到如机械冲击之类的损伤，在飞机结构应用中选择复合材料时，这种损伤的可修理性就成为一个重要的考虑因素。表 8.1 列出飞机复合材料构件遭遇的主要服役损伤或缺陷及其主要来源，主要分为制造缺陷、机械损伤和环境损伤三大类。

表 8.1　飞机复合材料构件遭遇的主要服役损伤或缺陷及其主要来源

损伤或缺陷类型		主要原因
制造缺陷	空隙	过程控制不当
	分层	夹杂的隔离膜过程控制不当、不适当的钻孔方法、装配过程中零件配合不良
	表面损伤	过程控制不当、处理不当
	孔偏离	钻孔方法不正确、夹持不正确
机械损伤	切口/划伤/磨损	违规操作
	穿透孔	违规操作/战斗损伤
	磨损	雨水/砂蚀
	分层/脱胶	工具、冰雹和跑道碎石等冲击；结冰/解冻膨胀、空气动力剥离过载；雷击、静电放电、激光和过热
	脱胶	金属界面退化，胶接接头
	孔伸长	疲劳引起的挤压破坏，机械紧固的接头
	凹痕/压塌的夹芯	违规操作/冲击
	边缘损伤、舱门等	配合不善/违规操作
环境损伤	表面氧化/灼伤	雷击/激光/过热
	夹芯腐蚀	水分渗入（金属夹芯）
	表面膨胀	不正确使用溶剂或油漆去除剂

8.1.2　损伤评估

在飞机服役过程中，运行人员可以通过规定的检测计划发现一些异常故障，或者通过外形、光泽或功能的变化发现损伤。一旦发现损伤，就必须加以表征。由于复合材料的损伤一般含有表面以下的部分，所以必须采用非目视方法来进一步确定损伤的类型与范围。复合材料结构损伤评定是检测和修理实施之间的一个中间阶段，主要内容包括：决定是否对损伤结构进行修理、如何修理或密封该损伤、修理的性质（永久修理或临时修理）、为保证修理质量所需的检测以及为保证所修理结构的剩余寿命所需的检测等。这些决定取决于损伤的检出部位、对损伤表征的精度、确定损伤烈度的可用手段以及适当修理的设计与实施。

复合材料结构的损伤评定人员的授权是确定人员有权来解释损伤检测结果，并决定所需要的修理和结构的剩余寿命，这与评定人员所得到的信息及其专业知识有很大关系。在外场，评定人员的授权限于遵照制造商的说明书。在修理站和制造商工厂内，要得到工程方面的批准。对于民用飞机，还需要得到适航当局的批准。对于大型的损伤，可能需要进行试验证实。

复合材料结构损伤评定是一个综合的过程，评定人员应当具有相应技术基础，以理解检测结果和可能的设计信息，应当熟悉修理单位的修理能力，并具有需要的技能和经验。对于技术专业知识的要求随修理地点的不同而不同，对于民用飞机，外场的损伤评定必须由具有复合材料知识的适当等级持证机械人员来完成，并按照飞机制造商维护手册和结构修理手册的要求进行。对于其他的外场情况，如军用飞机，也有相似的标准，规定人员的技艺和经验要求。在修理站和制造商的场所内，这个评定应当由一个团队进行，其中包括工程设计人员和分析人员。不同场所对评定人员的授权和资格要求是不同的，见表 8.2。

表 8.2　不同场所的损伤评定和修理能力

场所	评定人员资格	评定人员授权	损伤信息	设计信息	修理能力
外场	技师或修理者	限于制造商的修理手册	有限	有限的制造商指令	有限的手段和时间、设备条件
修理站	技师或修理者以及工程支持	部分，需要制造商和民航管理部门的批准，或军方的场站工程处置权	部分，因修理站而异	部分的制造商指令，某些功能及设计信息	部分，因修理站而异
制造商	工程与制造队伍	充分，对已取证的产品进行修改需经民航管理部门批准	完整的设备和知识	完整，设计信息、分析能力、知识和取证的授权	所有设施，从复杂的修理到返修

复合材料结构损伤评定过程中，首先要进行损伤的表征，确定损伤的几何性质，包括损伤类型、尺寸、形式、损伤部位、在零件上的位置、邻近的其他结构元件或系统以及邻近的其他损伤和修理，在复合材料层合板中还应当考虑面内位置以及深度，这些信息与检测能力有关。先前的修理或修改是十分重要的，使用中的修理、修改或者甚至替换一个不同零件，都可能改变修理的设计。进行损伤评估的信息依赖进行损伤检测和修理的场所，表 8.2 概括了在不同场所时可能得到的信息。

了解复合材料结构损伤状态后必须对其加以处置，损伤可以经过或不经过非结构修理 (如封补、加以气动光顺) 成为可以接受的损伤，或者损伤足够严重而需要进行结构修理，修理还是不修理以及采用何种修理方法通常依据原始设备制造商所提供的维护手册确定。如果需要修理，必须确定适当的修理细则和程序，并获得批准，且修理后的结构必须满足原始结构的所有要求和众多修理专用标准。在管理机构批准认可修理时，还需要有足够的资料和数据来证实修理的效果，最后才实施修理。修理后的结构性能与修理质量有很大关系，需要有关于制造、组装和质量保证的详细规程，并在实施修理时严格遵循。

8.1.3　修理能力分类

在选择修理方法的时候必须评估修理单位的实际修理能力，决定是否进行修理及进行何种修理。例如，如果没有胶接设施或者没有足够时间进行固化，可能就要执行等效的螺栓连接修理，或选择一个临时修理，以便抵达某个有修理能力的场所。不同场所的修理能力见表 8.2。

机场、航空公司、空军基地和海军航空母舰均属于外场，检测设备有限，因此对实际损伤程度只有有限的认识，包括冲击损伤、上部蒙皮和漆层的目视可检损伤，以及可通过敲击检测发现的分层迹象等，但是不能确定分层的准确尺寸大小、深度和层数等，不能准确评估损伤对构件完整性的影响，且修理能力和时间都受限。

在此情况下，结构设计时要了解使用者的检测和修理能力，确定在外场条件下允许修理的最大损伤及其修理方法。对于民用飞机，修理方法和人员应当是经民航管理部门批准的，标准的修理手册应当包括检测方法、可允许不加修理的最大损伤、可以修理的最大损伤及修理方法。

修理站的能力和等级各有不同，可能是航空公司、制造商、军用修理站的一个部分，或者是专门从事修理的设施。对于民用飞机，修理站必须得到民航管理部门的批准。根据适当的工程处置权，修理站所修理的损伤可以超出制造商在修理手册中规定的界限。对于民用飞机，这种修理必须得到民航管理部门的批准。修理站的检测能力比外场能力强很多，但可能因为修理站的类型和级别不同而不同。制造商应当为修理站提供工程支持，包括图纸、特殊问题的区域、雷击防护和电磁发射等，可能有分析手段来评价所设计修理的性能。必须按修理类型来评定场站修理设施的等级，如清洁房间、适当的储存与固化设施等。

当把构件送回制造商进行修理时，可以得到所有的资源用于检测、损伤表征和可能的修理方法，可以进行大的修理或返修。制造商可能派出修理组在外场执行修理，这也是一种制造商的修理，这种形式的修理也必须进行证实，并得到民航管理部门的批准。

8.1.4　可修理性

为了在飞机结构中有效使用复合材料，按照可修理性要求进行设计是必需的。在结构设计阶段就应该确定结构的修理方法，在结构概念设计阶段就应确定修理原理，并与构件设计一起进行修理设计，这必定影响到铺层样式和设计应变水平的选取，在结构研发试验计划中应该包括候选修理设计的试验验证。总的来说，尽量使修理概念和材料标准化，同时修理的考虑要适于任何飞机结构构件的概念发展。

复合材料结构修理设计采用的方法，需要以从航空公司维护人员工作中得到的反馈和认识为基础，可以通过航空公司维修车间和原始设备制造商客户支持人员、工程人员以及商用飞机复合材料修理委员会的介入来实现这一点，需要对飞机运营者的总体运行环境提供广泛了解。在波音先进技术飞机复合材料结构的机身计划中，建立了图 8.1 所示的维修发展规则。在设计选择中必须考虑适用于服役环境的维护程序,如加筋条和框架凸缘以及夹芯结构的边缘带应当有足够的边距,以便安装修理螺栓。蒙皮应当有足够的厚度,以避免使用埋头修理紧固件时出现锐边。使用织物外铺层以减少在层合板或面板上钻修理螺栓孔时出现的纤维断裂,特定构件上所需的任何雷击防护系统都设计成可修理的。

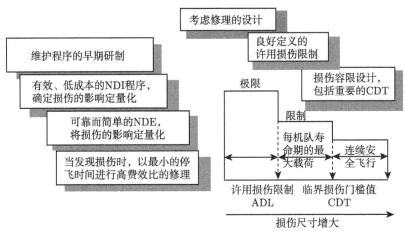

图 8.1 可修理复合材料结构的维修发展规则

某些复合材料结构细节尽管从重量和费用上是有效的,但却难于修理,下面举一些典型实例:封闭的帽形加筋条兼有制造成本低和重量最小的优点,但在修理中却对检测和认定造成困难;盲紧固件的拆卸修理和更换是很困难的,在需要紧固件的地方,首选可以拆卸的,当拆卸紧固件进行修理时,因钻盲孔而造成周围结构的损伤是十分常见的,这导致更多的修理费用和停飞时间;应避免在一个构件上使用固化温度不同的各种材料体系。

在结构建立设计概念的同时,应当并行地进行确定结构维护程序的工作,制造确定设计特征之后再建立维护程序,这将使得修理设计十分困难。在结构概念发展阶段中另一个对修理很关键的方面就是损伤容限设计的实现,必须确定许用损伤限制和临界损伤门槛值,用以支持结构修理手册和检测程序。前者用于定期检测中迅速确定所需的修理,而后者应该足够大以使飞机在检测间隔能够安全运行。根据剩余强度和检测可达程度,不同结构和结构不同位置的许用损伤限制及临界损伤门槛值是不同的。在飞机实际服役过程中,可能永远不能发现小于许用损伤限制的损伤,但必须总能通过所选的检测方法发现临界损伤门槛值级的损伤。

发现了损伤就需采用有效的修理方法,以便运营者能利用现有的资源以最小的飞机停飞时间完成修理。为了建立适应各种损伤情况的修理概念,修理设计的原理集中在比较通用和不专对特定损伤的修理方法,可以对各种等级的损伤进行一般的修理设计,并建立对应的修理程序,而它们在一定范围内与具体的损伤情况无关,这将极大地减少针对每个损伤情况建立修理方法的需要,提供高水平的可维护性。

8.2 复合材料结构修理容限

8.2.1 修理容限的概念

在对复合材料结构损伤进行准确表征之后，需要对受损复合材料结构的剩余强度进行分析评定，以保证只进行必需的修理。实质上，需要做出以下某一个判定：① 无须修理，损伤可以忽略；② 需要表面的或密封性的修理，以矫正较小的损伤；③ 结构需要修理，因为强度已经降低到极限设计许用值以下，或在随后的使用中强度有可能下降；④ 修理并不经济，因此必须更换构件。

按照检查发现难易程度，可将飞机复合材料结构损伤分为勉强目视可检损伤 (barely visible impact damage, BVID)、目视可检损伤 (visible impact damage, VID) 和目视易检损伤 (easily visible impact damage, EVID)。在航空维修领域内，普遍认为飞机复合材料结构存在勉强目视可检损伤时，结构承载能力能够保持在 1.5 倍限制载荷，假设此时目视检测出损伤的概率为 0。当结构出现较大损伤，即出现目视易检损伤时，仍能满足限制载荷的要求，假设此时目视检测出损伤概率为 1。据以上标准可以得到表 8.3，即冲击损伤与结构承载能力的关系。

表 8.3   冲击损伤与结构承载能力的关系

损伤类型	目视检测出损伤概率/%	检查周期个数	结构承载能力要求
勉强目视可检损伤	0	∞	1.5
	20	5	1.4
目视可检损伤	40	3	1.3
	60	2	1.2
目视易检损伤	80	2	1.1
	100	1	1.0

当结构有穿透的损伤时，要求进行结构修理是显而易见的。对于不太明显的损伤，如切口、划伤和勉强目视可检冲击损伤，是很难做出判定的。至今还没有类似用于金属的断裂力学，可用来估计受损伤复合材料强度的简单方法，因此通常采用经验方法。对于勉强目视可检损伤，早期的碳/环氧树脂体系，在低于极限设计应变许用值 (通常为 3000~4000 微应变) 的情况下，可以容许面积相当大 (典型地为直径 25mm) 的损伤而不破坏。

疲劳研究已经表明，在循环应变水平下，典型碳/环氧树脂层合板的勉强目视可检损伤将不会扩展，这点很重要，因为直到进行 100% 的无损检测之前，通常检不出勉强目视可检损伤。还有一种可能性，即在湿热循环下出现损伤扩展并导致强度下降，但是在适度的循环条件下，强度的下降程度不会危害结构安全。在剧烈的湿热循环下，可能会出现灾难性的缺陷扩展，因为滞留水分会结冰膨胀或在超声速飞行过程中受热形成蒸汽。

在明确结构损伤或缺陷类型后，需根据受力状况及危及飞行安全的严重程度确定损伤容限和修理容限。结构的损伤容限是结构损伤从可检测门槛值到临界值之间的范围，用以界定受损结构在规定的使用期内是否有足够的剩余强度，是结合修理工艺水平和经济因素确定结构要修与不要修、能修与不能修的界限。修理容限与损伤容限的关系如图 8.2 所示。

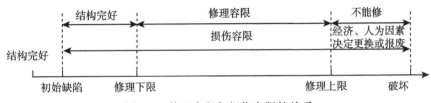

图 8.2　修理容限与损伤容限的关系

8.2.2　修理容限的确定

飞机复合材料结构修理手册规定了飞机结构的允许损伤限制，这些限值表示在具体位置处，在飞机的寿命期内无须结构修理而允许存在的损伤总量。通常进行比较简单的修理工作使损伤结构继续使用是可以接受的，如密封等，这些简单修理工作只是为避免结构进一步退化和 (或) 维持构件的功能。不同的允许损伤限制适用于不同的损伤类型，从修理性的观点出发，允许损伤限制越大越好，这使得所需的修理越少。

如果在飞机寿命期不会出现有害的损伤扩展，允许损伤限制意味着此损伤会使得结构能力降低到必需的条件，即安全裕量等于零。如果可能出现有害的损伤扩展，则必须降低此允许损伤限制以考虑结构的退化。由于安全裕量在结构中因载荷水平和结构能力的改变而变化，所以允许损伤限制也随部位的改变而变化，波音 B787 飞机机身 43 段蒙皮的损伤限制的分区如图 8.3 所示，各分区的允许损伤限制见表 8.4。

然而，对于外场应用情况，给出结构中每个点的允许损伤限制是不切实际的，实际操作性也不强，在准确确定损伤位置时也对维护人员提出了过分的要求。针对这种情况，可以定义结构区域，对应每个区域有一组适用的允许损伤限制，这些区域可以是整个构件。更常见的情况是把构件细分为一些更小的区域，对于包含在此区域内的任何点，构件或划分区域内的允许损伤限制不得为非保守的，必须取为该区域内任何点允许损伤限制的最小值。为使得保守性为最小从而使得允许损

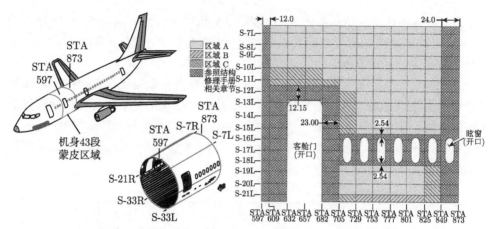

图 8.3　波音 B787 飞机机身 43 段蒙皮的损伤限制的分区

表 8.4　波音 B787 飞机机身 43 段蒙皮允许损伤限制

损伤类型	区域	面积	最大允许损伤尺寸		
			深度/(层/mm)	长度/mm	宽度/mm
划痕	所有	所有	无纤维损伤	无限制	6.4
			1	50.8	6.4
	B	1, 2, 5	2	50.8	6.4
	C	1, 2, 5	3	无限制	无限制
缺口	所有	所有	无纤维损伤	无限制	无限制
	A, B, C	1, 2, 5	3	25.4	12.7
凹坑	A	1	0.51	25.4	
		2	1.02	25.4	
		4	0.51	25.4	
		5	1.02	25.4	
		1, 2, 4, 5	蒙皮厚度	50.8	
	B, C	1	0.51	12.7	
		2	0.51	12.7	
		4	0.51	12.7	
		5	0.51	12.7	
		1, 2, 4, 5	蒙皮厚度	50.8	
	所有	3	0.25	12.7	
			0.5 长桁厚度	12.7	
长桁与蒙皮界面边缘脱胶	所有	4 的边缘	—	50.8	—
分层	所有	1, 2, 4, 5		50.8	
	所有	3	—	12.7	

伤限制最大化，在选择区域的边界时应当使得区域内的允许损伤限制变化较小，但是必须与分区简单化 (较少的大区域) 平衡，以降低维护人员在确定损伤位置时的

困难程度。

　　因为确定精确的损伤限制需要知道载荷、结构定义以及设计要求,所以允许损伤限制只能由原始设备制造商确定。对于每种损伤类型单独地计算允许损伤限制,损伤类型可能包括刻痕、划伤、磕伤、裂纹、压痕、洞穿和分层等。对于每种损伤类型需要一种模型作为结构变量和损伤度量指标的函数,用来预计结构的剩余强度。此外,还需建立损伤度量指标与关键设计要求之间的关系,必须考虑附近的损伤、修理、和 (或) 构件细节对允许损伤限制的影响,通常采用增加这些因素的最小距离来避免其相互作用。

　　在允许损伤限制的估算方法中采用的损伤度量指标,应该是可以依据检测方法直接测得的参数,如压痕深度和分层尺寸等,或者是与结构响应联系的直接参数,如剩余刚度和局部强度降等。但是,在后者情况下,必须建立估算方法中所用参数与可测量损伤度量指标之间的对应关系,值得注意的是,在确定损伤度量指标时,应当考虑不同操作者在各位置上采用的特定检测方法。

　　在复合材料结构修理手册中,在某些区域是允许不同的修理类型的,有些区域则不允许。此外,对各类修理有其尺寸限制,且限制因修理位置的不同而不同,这些限制称为修理尺寸限制。与允许损伤限制相似的是,构件通常基于其构型和 (或) 载荷水平细分为若干区,但是修理尺寸限制分区与允许损伤限制分区是不同的。

　　对修理位置和修理尺寸限制有严重影响的因素很多,任何修理必须满足所有的设计准则,例如,如果需要增加额外铺层来满足强度要求,但是由于不满足重量、平衡或空气动力光顺性的要求,或者与相邻构件的干涉,所以这种修理方案就不能使用。其他应该考虑的因素是较为定性的,在恢复损伤构件强度、刚度和耐久性所用修理材料和工艺过程的置信水平也会影响到修理尺寸限制,例如,由于其耐久性的不确定性,临时修理的修理尺寸限制通常相当小。另外,还需考虑构件和 (或) 位置的关键程度、修理工艺的鲁棒性、对于材料外置时间的限制、对已获验证工艺的限制、局部工作温度以及使用经验等因素。

8.3　复合材料结构修理方法

8.3.1　修理方法选择的一般原则

　　复合材料结构修理方法选择的流程如图 8.4 所示,一般而言,结构修理应采用能在修理环境下实施的最简单且干扰最小的修理方案,能将结构的刚度与强度能力恢复到需要的水平,而不损害部件或结构的其他功能。通常必须恢复结构承受设计极限载荷的能力,或者高出若干百分数,并能在整个使用寿命中维持这个能力。对结构修理的要求随构件或结构元件的不同而不同,例如,机翼蒙皮在拉伸或压缩下的强度是关键，尾翼蒙皮和操纵面的刚度是最关键的，翼梁和未增压的机身蒙皮的稳定性或屈曲则是最关键的。其他重要的要求是：修理的实施应该使飞机停飞时间最少，采用容易获得和易储存的材料，尽可能少清除完好的材料，对周围区域造成的退化或损伤最小，只需要简单的方法与工具，使部件的增重最少。

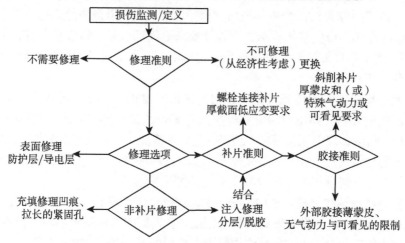

图 8.4　复合材料结构修理方法选择的流程

在决定修理方法时，所考虑的主要因素是结构的类型及其可达性。例如，修理薄蒙皮面板的蜂窝结构时，夹芯嵌入和外补片比较方便，承受高载的厚蒙皮部件则通常需要精心制作的斜削修理。选择修理方法的一个重要考虑是可以或需要进行的修理级别。外场级修理直接在飞机上进行，对人员的熟练程度和设施要求较低，这种修理通常局限于非主结构的小修，或主要结构的非关键性修理。场站级修理在有熟练人员和设施（某些情况下达到工厂的能力）的情况下进行修理，如果部件太大或难以从飞机上拆卸，修理也可以直接在飞机上进行。另外一种结构修理分级体系为组织级、中间级以及场站级，其中，组织级相当于外场，中间级为特殊的修理工厂，其能力高于外场低于场站。

图 8.4 表明，修理大致可分为用于小损伤的非补片技术（表 8.5）和用于较大损伤的补片技术（表 8.6），补片用来恢复传载路径，可以用胶结剂粘贴或者用机械连接来安装。

表 8.5　用于小损伤的非补片技术

方法	应用
树脂注射	相连接的小空隙、小的分层、小的脱胶
灌注或填充	小的压陷、蜂窝板的蒙皮损伤、蜂窝板的夹芯更换、紧固件孔伸长
熔接	热塑性复合材料内的分层
表面涂覆	蜂窝板密封

表 8.6　用于较大损伤的补片技术

修理方法	补片	说明
胶接的外补片	预固化的碳／环氧树脂；预固化的碳／环氧树脂胶接层；共固化的碳／环氧树脂；钛合金薄片；碳／环氧树脂布补片 (湿铺贴)	适于修理厚度最多到 16 层的层合板；能极好地恢复力学性能；易于实现，很适合外场应用；不凸出，对结构的进一步损伤最轻
胶接的斜削补片	共固化的碳／环氧树脂补片；预固化的碳／环氧树脂补片	适于修理厚层合板；能极好地恢复力学性能；凸出表面，需要清除很多的材料；难于实施，只适于场站级修理
螺栓连接的外补片	钛合金 (通常)；铝合金；碳／环氧树脂布补片 (湿铺贴)	适于修理厚层合板；有限地恢复力学性能，但可能足够；凸出表面，需要大量额外紧固件孔；容易实施，很适于外场应用

8.3.2　非补片修理

灌注修理是用树脂来填充有缺陷的区域，在压力下将相溶的热固性树脂直接注射到分层或脱胶的区域，如图 8.5 所示。只要无损检测显示构件不存在广泛的内部基体开裂或分层，就可用以充填层合板的小压痕。对于复合材料蒙皮已经穿透而受载不大的蜂窝板，可用灌注修理来稳定其蒙皮并密封已损伤的区域。在这种情况下，要清除穿透处周围损伤的蒙皮，以及夹芯的损伤部分，通常向下切除夹芯以容纳所灌注的混合物，然后灌注混合物并进行固化。另一种替代的办法是，用玻璃布/环氧树脂的预浸料或湿铺层塞入这个空腔内，但是这将付出高的重量代价，例如，对操纵面等构件这可能是无法接受的。

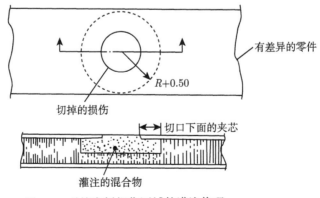

图 8.5　对蜂窝板损伤区域的灌注修理

只要挤压载荷不是太大，可以通过充填可机械加工的灌注混合物来修理连接孔的损伤，如小的孔伸长或磨损。如果挤压载荷高，一个较好的方法是在孔内胶黏一个金属棒，再重新进行钻孔。

图 8.6 所示的树脂注射修理，用于修理层合板面板或接头中的小脱胶和小分层。修理的效能取决于这些缺陷是在制造过程中出现的，还是在使用过程中由机械损伤造成的。对于因制造中局部缺乏胶接压力或胶接表面受污染而形成的制造分层，如果不对其表面做预处理就很难胶接，注射修理一般都不成功。相比之下，因机械冲击所造成的内部缺陷，只要不被工作流体如燃油或液压油污染，其表面能胶接得相当好，水分则可通过干燥去除。

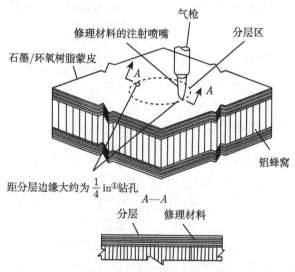

图 8.6 用树脂注射修理蜂窝板复合材料蒙皮的分层损伤

当灌注修理复合材料结构时，如果分层是暴露的，那么可直接注射修理，如边缘或紧固件孔边，否则就要通过注射孔注射。然而，各处分层并不是内部相贯通的，很难保证能够由这些孔连通到所有的分层。一般在将零件预加热到大约 70℃ 以后再进行树脂注射，以降低树脂的黏度并改善湿润的能力。在固化过程中还可以对构件加压，在温度大约 150℃ 时加压可以改善分层表面的啮合并保持外形轮廓，并可以在损伤和注射的区域安装一个紧固件，进一步改善横向的强度。

现在树脂注射被限定应用于非关键的情况，因为树脂体系的流动性及润湿性相对较差，不能完全渗透到分层区域，所以强度恢复得较差。通过采用改良的低黏度胶结剂，可以提高树脂注射的修理效果。

对于难于用热固性胶结剂进行热塑性胶接的复合材料，其分层损伤进行注射修理是不可取的。由于热塑性材料是可熔的，能够通过对分层区域加压和加热来进行修理。但是热塑性材料的熔点较高，一般超过 380℃，在加热时必须在适当的模具内对构件加压，以避免出现变形和分层，因此在大多数情况下不能进行在位修

---

① 1in=2.54cm。

理。另一种办法是使用具有低熔点温度的热塑性胶结剂，然而由于热塑性胶结剂黏度极高，尽管它可能适合作为胶膜用于补片修理，但它并不适用于注射修理。采用机械打磨，或者采用更细致的表面处理方法，热固性胶结剂用于补片形式的修理也许是可行的。为了提供在位加热，现有的加热方式包括基于磁感应、电阻红外线、微波或超声波焊接等方法。

8.3.3　机械连接修理

出于性能可靠以及操作简单等的考虑，工程中通常采用螺栓或者铆钉将补片固定到损伤结构上，这种修理方法称为机械连接修理。机械连接修理传递到补片上的载荷比例对损伤结构的孔边应力、修理效率以及破坏模式等有重要影响，这种方法操作简单，不需要辅助的温控设备，特别适于外场飞机修理，修理后的结构在使用中不易受到环境的影响。由于机械连接修理需在复合材料结构上开孔，复合材料具有脆性及各向异性的属性，螺栓孔或铆钉孔边会产生应力集中，这会导致抗疲劳性能不佳。现阶段机械连接修理技术已经广泛采用新设备、新技术，向自动化、柔性化、智能化的方向发展。

在 787 飞机结构修理手册中可以利用成型的钛合金板对复合材料结构进行修理，包括修理蒙皮和修理长桁两类，如图 8.7 所示，修理方案的设计与金属结构补片修理相似，但间距和边距的选择是不同的。钛合金板修理复合材料结构技术属于永久性修理，但是在修理之后的服役过程中需要定期检查。在工程实际中，由于气动外形和外部美观的要求，蒙皮损伤的修理很少采用这种方法，但是对于没有气动外形要求的内部结构，可以采用这种方法。另外，这种方法在修理加强筋损伤时，施工简单，无须模具，具有明显优势。

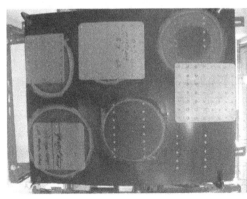
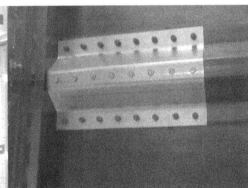

(a) 钛合金补片修理蒙皮　　　　　　　　　(b) 钛合金补片修理桁条

图 8.7　钛合金板修理复合材料结构 (练习示意图)

8.3.4　胶接贴补修理

1. 补片贴补修理

补片贴补修理是在损伤结构的外表面通过胶结剂固定补片以达到恢复结构强度和刚度目的的修理方法，如图 8.8 所示。对于含损伤待修理层合板结构，修理准备过程中通常需将损伤区域清除，打磨成圆孔，有时可根据实际情况将损伤区域打磨成特殊形状。图 8.8(a) 为单面补片贴补修理构型，适用于修理接近空间受限的结构，但它会引起载荷偏心，造成补片边缘区域较大的剥离应力；图 8.8(b) 为双面补片贴补修理构型，在修理接近空间较大的情况适用，可以减小或消除单面补片贴补修理造成的载荷偏心。从设计角度上看，胶接贴补修理的设计参数主要包括补片大小、补片厚度、补片的铺层顺序以及胶层的设计。

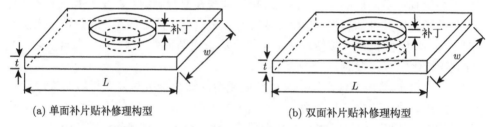

(a) 单面补片贴补修理构型　　　　　　　　(b) 双面补片贴补修理构型

图 8.8　补片贴补修理构型示意图

补片贴补修理的优点是，补片制作容易、施工简单；其缺点是，补片边缘的剥离应力较高，而且对气动外形有一定的影响。在实际修理操作中，补片边缘总是被削薄以减小补片边缘的剥离应力。另外，当补片位于飞机外表面时，削薄的边缘还可以减小气动干扰。在实际飞机结构中，层合板通常由其他结构支持，如蜂窝夹芯结构的芯体或壁板内部的筋条，这些支持结构可以抵消单面补片贴补修理中补片的额外弯矩。因此，补片贴补修理一般适于平面形状，且修补不要求恢复结构气动外形的零件。补片贴补修理一般作为复合材料主承力结构的临时修理方法，或用于载荷较小和相对较薄的复合材料结构的永久修理方法。

2. 搭接贴补修理

搭接贴补修理构型是复合材料胶黏修理中采用较多的构型，它是将两块完全分开的层合板通过补片和胶结剂连接在一起的方法，如图 8.9 所示。在搭接贴补修理构型中，根据补片设计又可分为均匀搭接贴补修理、阶梯搭接贴补修理等，如图 8.10 所示。均匀搭接贴补修理制作相对简单，而阶梯搭接贴补修理的补片边缘剥离应力较小。

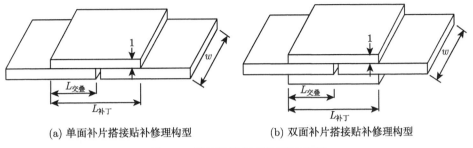

(a) 单面补片搭接贴补修理构型　　　　　(b) 双面补片搭接贴补修理构型

图 8.9　搭接贴补修理构型示意图

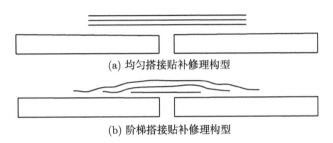

(a) 均匀搭接贴补修理构型

(b) 阶梯搭接贴补修理构型

图 8.10　均匀搭接贴补修理构型和阶梯搭接贴补修理构型示意图

3. 补片挖补修理

补片挖补修理是一种可以保持原结构外形的修理方法，这种修理方法在胶接面上的剪应力分布比较均匀，大多应用于较厚的复合材料层合板结构或者蜂窝夹芯结构的面板。其修理过程需要首先打磨去除损伤部位的材料，然后填充补片，为了增大胶接面积，原结构通常会被打磨成斜坡或阶梯。根据损伤区域的打磨外形，补片挖补修理又可分为斜面补片挖补修理和阶梯补片挖补修理，如图 8.11 所示。为了保证胶接质量，补片挖补修理大多采用共固化方法成型，即修理时采用预浸料补片而不是预先固化好的补片。补片挖补修理是一种较为先进的修理方法，它具有使用范围广、修补强度高的优点，但其修理操作较为复杂，对修理工艺的成熟性和稳定性具有较高要求。随着修理辅助工具与数控技术的发展，修理过程中的打磨质量已经得到很大的提高。

与补片贴补修理相比，补片挖补修理不存在载荷偏心，且胶层的剥离应力较小，因此修补效率较高。另外，补片挖补修理不受结构厚度的影响，特别适于较厚层合板的修理，可以得到较为光顺的外表面。许多飞机结构对气动外形的要求很高，如发动机短舱、吊挂、机身前部区域、机翼前缘以及水平和垂直安定面等，这些结构区域只能采用补片挖补修理。在外场条件下，这种修补方法比贴补修理施工困难、修补周期长，主要表现在需要去掉大量未损伤的材料，以形成所需的修理条件，因此在修理厂或生产厂内采用较多。

从设计角度讲，补片挖补修理的主要参数是斜面补片挖补修理中的斜坡角度和阶梯补片挖补修理中的台阶重叠宽度，而这两个主要参数的确定需要通过设计分析确定，以保证胶接界面上的剥离应力较小。在实际修理过程中，通常在填充补片外比原结构增加一层或多层额外铺层，从而降低填充补片边缘的胶层剥离失效，并保证光滑的外表面。

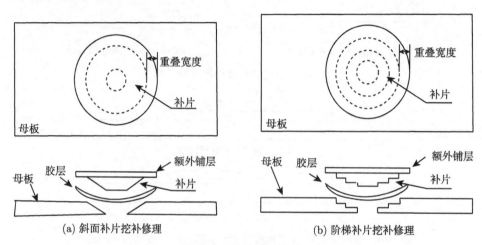

(a) 斜面补片挖补修理　　　　　　　　　(b) 阶梯补片挖补修理

图 8.11　补片挖补修理

4. 搭接挖补修理

搭接挖补修理也是将两块完全分开的复合材料板通过补片和胶层连接在一起的方法，与搭接贴补修理的区别是，复合材料补片填充于两块母板之间，以保证修补区域的厚度与原结构的厚度接近，而不是完全高出母板表面。同样，根据母板搭接表面的打磨形状，搭接挖补修理可以分为斜面搭接挖补修理和阶梯搭接挖补修理两种，如图 8.12 所示。

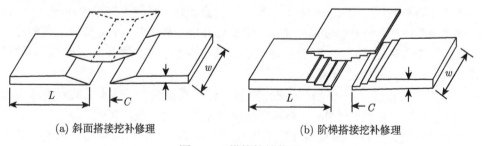

(a) 斜面搭接挖补修理　　　　　　　　　(b) 阶梯搭接挖补修理

图 8.12　搭接挖补修理

8.3.5　修理方法对比分析

不同修理方法适用范围不同，在选择修理方法时需要综合考虑结构承载要求、受载情况、气动外形要求、损伤严重程度和修理技术水平和经济性限制等因素。各种方法也各有优缺点，表 8.7 对上述复合材料结构修理方法进行简要对比。

表 8.7　复合材料结构修理方法对比

修理方法		使用范围	优点	缺点	主要修理设备及材料
填充灌注修理		装饰性结构或受载较小的蜂窝夹芯；钻错孔或孔尺寸过大	能够迅速恢复表面平整	修复非永久性、损伤可能发生扩展	双组分环氧胶结剂、烘箱、打磨工具
机械连接修理		传递较大载荷结构；损伤严重结构；厚度较厚结构	能够恢复较大损伤的传力路径，抗剥离性能好，受环境影响小，允许拆卸再装配	结构重量大，开孔形成应力集中，抗疲劳性能差，气动特性不佳	钻头、钻孔限制器、层合板/金属补片、铆钉/螺栓
胶接修理	补片修理	暂时性修理；不严重损伤；平面或曲率较小，薄板，承载小，气动外形要求不高的结构	结构增重较小；可设计性强；能提高损伤区的刚度和静强度	对胶层要求较高；胶接固化会产生残余应力	预浸料/预固化补片、真空袋、烘箱、热补仪、热压罐、胶结剂、密封剂、补强层合板
	挖补修理	结构修理较佳选择，修理条件满足时均可采用	气动性能好，可以较大程度恢复结构强度，效率高	操作复杂，需要较好的技术和设备	预浸料/预固化补片、真空袋、烘箱、热补仪、热压罐、切割工具、胶结剂、密封剂
树脂注射修理		孔边或结构边缘脱胶分层	方法简单，容易实现	对内部分层修理效果不佳	钻孔工具、红外灯、注射器、针头、树脂胶结剂、固化工具

8.4　修理设计与证实

8.4.1　修理设计准则

复合材料结构修理设计准则是用于保证修理构件具有与未损伤构件同样结构完整性和功能要求，应当由制造商或有管辖权的工程权威机构制定，用于编制结构修理手册中的各项修理规范。当在结构修理手册的范围内进行修理时，操作者或修理站将必须无保留地遵照执行。当修理超出结构修理手册的限制时，必须根据规定的修理准则，对修理进行证实和报请批准。

如上面所提到的，飞机修理手册通常将结构进行分区，区别地规范其修理尺寸限制和 (或) 可接受的标准修理类型。进行分区可以允许在强度裕量大的区域进行较简单的修理，也限制了运营者去修理载荷复杂的区域，这些修理只能在原设备制造商参与下进行。

复合材料结构修理可分为临时修理 (时间限制修理)、中间修理以及永久修理三种。临时修理是为了满足飞行时刻表的临时性简单处理，这些修理通常是有时间限制的，必须在时间限制以前去除，并代之以永久修理。中间修理要求有定期的检测，保证结构继续无限期地服役。永久修理可以认为是最终的修理，因此在很多情况下，除了对基本结构的定期检测外没有额外的检测要求。

对于永久修理，其修理准则基本与所修理构件原来设计所用的准则一样，要求恢复原构件的刚度，达到预计情况下的静强度直到极限载荷，保证在构件剩余寿命期的耐久性，满足原构件的损伤容限要求，以及恢复飞机系统的功能。此外，还有其他适用于修理情况的要求，使空气动力外形的改变最小，重量惩罚最小，载荷路径改变最小，以及符合飞机运行计划。另外，对于胶接修理，在没有修理补片的某个时间周期内，维持限制载荷能力。

在具有大安全裕度的区域，按照以上的准则可能导致修理后的强度显著低于原构件强度。因此，必须在维修记录中准确记录所有的修理工作，以方便今后的维护工作，例如，在规定最小允许损伤限制和许可的修理时，结构修理手册常常包含对距离现有修理的最小间距要求。

8.4.2 修理设计要求

1. 刚度要求

任何修理中的第一个考虑是更换已损伤的结构材料，修理材料的刚度应当尽可能接近母体材料，使得构件的载荷分布与总体动力特性的变化最小。此外，很多轻重量的飞行器结构对刚度的要求比强度要求更严格，因此对于这类结构的修理必须保持需要的刚度，以能满足其变形和稳定性的要求。对于任何重大的刚度变化，都必须评估其对结构动力特性的影响。

机翼和尾翼等固定空气动力表面必须具有充分的弯曲刚度和扭转刚度，以防在空气动力载荷下产生过大的挠曲而影响气动效率，防止发散和操纵面的操纵反效问题。可动表面对空气动力颤振问题很敏感，对结构刚度进行了仔细的剪裁，以获得不会产生颤振的固有频率。

2. 静强度和稳定性要求

任何修理都必须设计成能在极端温度差异、吸湿程度和勉强目视可检损伤情况下支持极限设计载荷。因此，设计修理时需要知道精确的内力，如果不知道这些载荷，则修理选项就限于结构修理手册所规定的范围之内，因为这些修理选项是按照满足所有静强度和稳定性要求来设计并取证的。

设计修理时特别关注载荷路径改变问题，当必须恢复强度时，要注意修理刚度对结构内载荷分布的影响。如果补片的有效刚度低于原结构，这个补片可能没有承担其原来载荷份额,这可能导致结构中其他地方因载荷较高而过载,以及在紧靠补片处出现应力集中。这种低刚度的情况可能是由于采用了比原材料刚度低的补片,或者是由于紧固件的松配合或紧固件变形而不能传递全部载荷。相反,过度刚硬的补片可能吸引了超过其份额的载荷,使得补片本身或其所连接的区域出现过载,母体材料与补片之间的刚度失配可能引起剥离应力,这可能引起补片的脱胶。

承受压缩或剪切的复合材料结构在极限设计载荷下的临界情况可能是稳定性而不是强度,如某些机翼蒙皮、梁或肋的腹板以及机身结构,可能出现两类稳定性破坏情况,包括壁板屈曲和局部皱褶。壁板屈曲为蒙皮壁板在其主要支撑构件之间出现屈曲现象,在壁板屈曲情况下,允许结构的某些部分在低于极限载荷时屈曲,以利用载荷重新分布的好处,达到极限载荷能力。对于稳定性关键的结构,以及允许后屈曲的结构,修理不应当对屈曲及后屈曲模式有不利的影响。这种修理必须考虑壁板的刚度以及连接到骨架时所提供的支持。在这种情况下,与母体材料的刚度匹配是最重要的。

局部皱褶和屈曲是元件截面或其构件的屈曲现象,是横截面的扭曲而不是沿长度或宽度方向的整体屈曲,在对这些结构元件修理时必须考虑恢复其局部的皱褶强度。

3. 耐久性要求

虽然母体复合材料结构可能不是耐久性的关键件,但结构修理对于服役寿命期中重复载荷引起的损伤可能更加敏感,这是因为修理过程并不总是能很好控制的,同时修理本身在所暴露的区域内形成了一些孤立的连接和不连续处。对于机械连接修理,应当避免紧固件孔有高挤压应力,因为在重复载荷下连接孔可能被拉长并导致紧固件的疲劳损伤。胶接修理应当有良好的密封,在环境作用下避免胶接修理的脱胶损伤。

4. 损伤容限要求

复合材料结构能够容忍不同程度的意外损伤,在实际设计过程中,这一点是通过降低设计应变来实现的,使含冲击损伤的结构能够承受极限载荷。对于这些受损伤结构的修理,也必须能承受预期水平的冲击损伤,冲击损伤的水平通常是由制造商同认证机构一起确定的。当用金属进行复合材料构件的修理时,必须遵守金属结构的损伤容限要求,对金属加强片和构件也需要采取防电化学腐蚀和防雷击措施。

5. 相关的飞机系统要求

修理中除了满足结构的各项性能要求之外,还需要与有关的飞机系统相容,这些系统包括:

(1) 燃油系统。对于结构油箱,如机翼油箱,在修理时必须进行适当密封以防燃油泄漏,修理部位也可能受到燃油压力载荷,修理材料也必须与燃油相容;

(2) 防雷击系统。某些复合材料结构通过火焰喷涂层、胶接金属条带和金属丝网等来传导雷击产生的电流，结构修理时必须恢复其导电连续性和结构强度，在燃油箱附近进行螺栓连接修理时必须避免形成电通路。

(3) 机械系统。机械驱动的构件在修理后必须运作正常，如起落架舱门或操纵面。与相邻固定结构的间隙和配合也是非常关键的，在修理后可能需要重新调整传动装置或重新进行平衡。

(4) 嵌入的传感器或健康监测系统。某些结构或构件可能已嵌入如光纤等传感器，需要确定有这些特殊系统的存在，并在修理计划中加以考虑。

6. 空气动力光顺性要求

高性能飞行器依靠其平滑的外表面达到阻力最小，在设计制造中规定了平滑性的要求，通常对各区域规定了其要求的不同空气动力平滑度，结构修理手册中规定了修理的平滑性与原先构件制造情况一致的要求。

对空气动力学最关键的区域通常包括机翼和尾翼的前缘、前发动机短舱和进气口区域以及前机身和机身的翼上区域，次重要的区域一般包括机翼和尾翼的后缘和后机身区域。对于最关键的区域，通常把永久对接处的前向台阶限制为 0.13～0.51mm；对于可动壁板、机械舱门和主要连接处，通常允许的前向台阶为 0.25～0.76mm；对于设备安装处，如天线和航行灯，允许的前向台阶可达 0.51～1.02mm。在补片的铺层结束处形成的所有尖锐边缘，应当加以平滑并沿边缘加以修薄。

无论要求是什么，在每个外部修理处都应当采用结构和经济上可行的办法，尽量准确、平滑地恢复结构的空气动力外形。接受一个略微性能下降，但是结构上更加合理的修理方案，或者接受一个较容易并较快完成的修理方案，这里有一个折中的问题。

7. 重量与平衡要求

与飞机的整体重量相比，大多数修理的增重是可忽略的，但对于极大的修理或对重量改变极其敏感的结构，修理重量的改变是必须考虑的。

当修理改变了对动力响应敏感构件的质量平衡时，修理的重量就成为重要的关注点，如可动的操纵面、转子叶片和旋转轴。在这种情况下，要求清除的损伤材料和修理中增加的材料一样多，以使重量和惯性矩只有很小的变化。如果不能这样，则修理后必须对构件重新进行平衡处理。当修理引起的可动操纵面质量平衡超过了结构修理手册所规定的限制时，这种修理方案是不可取的，需要对损伤构件进行更换，或将损伤的构件送到修理厂或原始设备制造商用原材料和工艺进行修理。

8. 工作温度要求

飞机在使用中要经历极端的温度条件，结构修理也必须能够承受设计极端温度条件。很多飞机是按照最低服役温度 −54℃ 进行设计的，其高温要求则随着飞机的类型而变化,商业运输飞机和大多数旋翼飞机的最高温度为 71℃,通常出现在炎热天气地面吸热情况下。对于在起飞和初始爬升阶段经受严重载荷的构件,可能需要确认其在高达 93℃ 下承受设计极限载荷的能力。暴露在发动机热力下的构件,如发动机短舱和反推装置,可能需要在局部区域承受更高的温度。另外,受到电气除冰作用的机翼前缘板可能也需要按更高温度设计。

工作温度影响到修理材料的选择,包括:预浸料修理的树脂体系、湿铺贴修理的树脂以及胶接修理所用的胶结剂。必须选择在所需要温度下具有适当强度的材料,极端温度和环境暴露的组合,常常是修理设计时必须考虑的关键情况。

9. 环境要求

复合材料结构修理部分可能暴露在流体、机械载荷和热循环等各种环境条件下,对于聚合物基复合材料,湿气是最关键的。在高温下,吸湿将显著降低基体支持纤维的能力,从而降低层合板压缩和剪切载荷强度。在设计中必须考虑这种影响,同时极限载荷通常受到湿热情况的限制,在胶接修理中也有这样的考虑。吸湿可能从以下三方面影响胶接修理,在选择修理程序时必须考虑这些问题。

(1) 母体层合板起泡。当加热已经吸湿的层合板进行胶接修理固化时,所吸收的水汽可能引起局部分层或起泡。在较低温度下进行胶接前的预先干燥、放慢加热速率和降低固化温度,都会降低起泡的趋势。

(2) 夹芯结构蒙皮/夹芯的毁坏。当加热构件进行胶接修理固化时,蜂窝夹芯结构芯格内的水分膨胀,可能产生足够的压力使蒙皮与夹芯分开,特别当胶结剂的强度由于温度和吸湿而降低时,更容易出现这种情况。相似地,这个过程可能严重到会使低密度夹芯的夹芯壁破裂。在结构修理手册中通常规定采用预干燥的方法,防止这类胶层破坏。

(3) 胶层内的孔隙。当把修理补片胶接到含有湿气层合板上时,加热循环会将湿气驱入胶层使之产生孔隙,这种孔隙可能明显降低胶层的强度。通过预干燥受损的构件、降低固化温度和选择抗湿气的胶结剂,可以使这个问题减为最小。

10. 周围的结构

在修理过程中不得使周围的结构受到任何损伤,引起损伤的主要原因包括工具的坠落、撬开真空袋材料时引起的擦伤,以及在修理区域固化过程中所施加的高温。如果有可能出现高温损伤,则应当选择能在足够低温下固化并具有足够湿热性能的树脂。

8.4.3　修理的证实要求

对修理结构进行检测,不足以保证修理的性能能够达到设计的要求。与原结构一样,必须用试验或者用有支持试验证据的分析对修理进行证实,通常采用后一种方法。必须讨论和 (或) 用试验支持的关键方面包括修理材料的表征、螺栓连接或胶接强度的表征以及整个修理设计的形成与确认。在建立支持这些问题所需要的试验数据库时，一般采用积木式方法，在不同的尺度下处理不同的方面，如图 8.13 所示。

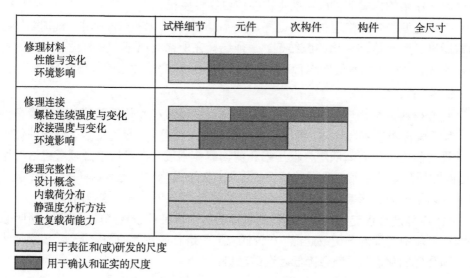

	试样细节	元件	次构件	构件	全尺寸
修理材料 　性能与变化 　环境影响					
修理连接 　螺栓连续强度与变化 　胶接强度与变化 　环境影响					
修理完整性 　设计概念 　内载荷分布 　静强度分析方法 　重复载荷能力					

　　用于表征和(或)研发的尺度

　　用于确认和证实的尺度

图 8.13　用积木式方法证实复合材料修理

　　修理材料的表征包括确定其刚度与强度特性、其变异性以及环境对每种特性的影响，用经认可的试验方法和数据处理方法得出修理材料的许用值，反映所完成的试验总量、相应的材料与工艺控制以及结构的紧要程度。通常在试样级和结构细节级进行相关的试验，但是不及母体材料试验广泛，同时不需要足够的件数以获取基于统计的性能数据。一般对平均值加上大的减缩来确定许用的设计值，因为修理补片的材料和工艺参数通常较原部件具有更大的变异性。无论通过直接试验损伤试样或者间接地试验带有开孔的试样，通常都认为目视可检损伤对修理材料的影响也就是这个程度的。另外，还需得出修理材料批次之间的差异。

　　对于修理连接的表征包括确定螺栓连接和胶接接头的柔度和强度，要考虑任何环境的影响。通常用二维接头试件进行表征试验，可用单螺栓或者双螺栓试件来获得挤压、挤压/旁路以及净拉伸值，以及用搭接胶接试件来获得接头剪切强度。

　　修理设计概念通常由设计、应力分析和制造方面的人员共同得出，还必须建立尺寸设计和修理的分析方法。这些分析方法包含由存在修理引发的载荷重新分布、修理补片的强度、围绕修理处未损伤材料的强度以及螺栓连接接头或胶接接头，需要沿着每个纤维方向进行分析，并注意限制硬点的影响。增大刚度并不相当于增大修理的安全系数，还必须考虑母体材料的环境要求，以及如封边带、开口及紧固件贯穿等细节, 确立这些方法的相应试验通常为试样级到次构件级。

对于大尺寸修理, 需要对关键修理特征和分析方法进行证实, 材料性能、接头强度和环境影响通常在元件和次构件试验中证实。由于有高载荷传递要求, 大尺寸修理通常采用螺栓连接, 需要构件和 (或) 全尺寸试验来证实。构件和全尺寸试验还用于证实设计概念、载荷重新分布、尺寸设计方法和重复载荷能力。

第 9 章 复合材料修理补片分析方法

第 7 章介绍了复合材料胶接连接结构的基本分析方法，对于复合材料修理结构，这些方法只能得到补片和胶层应力的一般特点，不能直接应用于修理方案的设计与优化。本章重点介绍基于夹杂理论的复合材料修理补片分析方法，首先介绍裂纹修理补片的基本概念；然后讨论有支撑裂纹单面和双面修理补片的等效夹杂理论以及补片端部的胶接线分析；最后介绍复合材料修理结构裂纹的疲劳扩展分析和桥接效应分析。

9.1 裂纹修理补片的基本概念

胶接修补既可以用于修理损伤结构，也可用于增强无损伤结构，对于裂纹损伤结构，胶接补片可以将应力集中程度降到可接受的水平。复合材料补片的多层特性使得其应力状态十分复杂，虽然该问题能用数值方法进行精确的分析，如有限元方法和边界元方法等，但是在很多情况下完全没有必要。因为数值方法的建模工作量和计算量很大，补片与被修理结构之间的应力传递仅限于很小的修理区域，所以利用简化的解析模型分析这种问题效率更高，而且解析方法能够更好地解释胶接修理重要参数对细节应力的影响机理。

本章介绍的解析方法的研究对象是一块含椭圆补片的中心裂纹平板，如图 9.1 所示，并假设该修理结构没有面外变形，坐标的原点即为平板的中心，沿 x 轴的裂纹长度为 $2a$，图中的符号标记与第 7 章的一致，补片形状为标准的椭圆，即

$$\left(\frac{x}{A}\right)^2 + \left(\frac{y}{B}\right)^2 \leqslant 1 \tag{9.1}$$

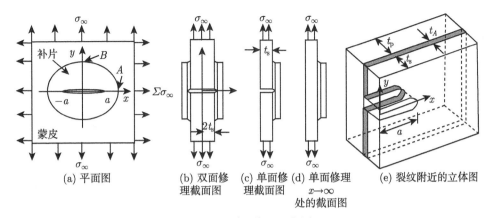

$$(a) \text{ 平面图} \qquad (b) \text{ 双面修} \quad (c) \text{ 单面修} \quad (d) \text{ 单面修理} \qquad (e) \text{ 裂纹附近的立体图}$$

$$\text{理截面图} \quad \text{理截面图} \quad x \to \infty \text{ 处的截面图}$$

图 9.1　裂纹修理示意图

椭圆补片必须完全覆盖结构裂纹损伤, 即 $A > a$, 修理结构的受力情况为

$$\sigma_{22}^{s} = \sigma_{\infty}$$
$$\sigma_{11}^{s} = \Sigma \sigma_{\infty} \qquad (9.2)$$
$$\tau_{12}^{s} = \tau_{\infty}$$

根据叠加原理, 上述应力状态可以分解成纯拉伸和纯剪切两种简单应力状态。本节主要讨论纯拉伸应力状态, 纯剪切应力状态将在 9.2 节讨论。从图 9.1 中可以看出, 从几何形式上考虑, 胶接修理可以分为双面修理和单面修理两类。由于双面修理将两块补片对称地与裂纹结构进行胶接, 所以不会产生面外变形, 保证裂纹结构只承受式 (9.2) 中所描述的拉伸载荷。虽然双面修理在结构传力方面很有优势, 但是在实际工程问题中, 考虑到结构的可达性, 很多情况是只能进行单面修理的, 如机身和机翼蒙皮。为了有效地限制单面修理的面外变形, 需要对修理区域提供适当支撑, 在这种情况下, 对补片进行力学分析时可以忽略面外弯曲的影响, 但是在无支撑的情况下, 面外弯曲将不可避免地降低修理效率。

裂纹内部压力作用下的修理结构如图 9.2 所示, 幅值为 σ_0 的均匀分布内应力作用在裂纹面上, 对于双面修理和理想支撑的单面修理, σ_0 在厚度方向上也是均匀的, 如图 9.2(b) 所示, 但是对于无支撑的单面修理, σ_0 在厚度方向上的分布可以看作线性分布的, 如图 9.2(c) 所示。

对于此问题, 可以分两个阶段进行分析。首先确定未知的 σ_0, 分析补片在无裂纹结构中引起的应力重分布, 即无裂纹板中预期裂纹路径上的法向应力 σ_0, 如图 9.3 所示。然后在应力 $-\sigma_0$ 作用下分析真实裂纹附近的应力分布, 并进一步确定裂纹尖端 $(x = \pm a)$ 的应力强度因子, $x = a$ 处的应力强度因子定义为

$$K_{\mathrm{I}}(z) = \lim_{x \to a+} \sqrt{2\pi(x-a)} \sigma_{22}^{s}, \quad x, y = 0, z \qquad (9.3)$$

式中，应力 σ_{22}^{s} 由内应力 σ_0、修理尺寸以及材料本构关系确定，对于无面外支撑的修理结构，$K_{\mathrm{I}}(z)$ 将沿板厚变化。

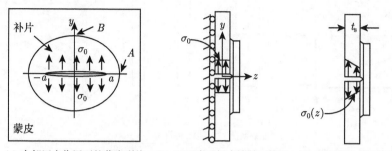

(a) 内部压力作用下的蒙皮裂纹　　(b) 双面或理想支撑单面修理　　(c) 无支撑的单面修理

图 9.2　裂纹内部压力作用下的修理结构

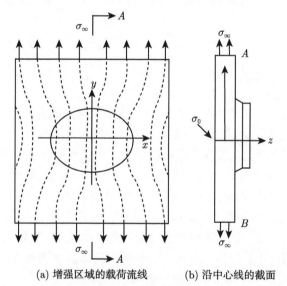

(a) 增强区域的载荷流线　　　　(b) 沿中心线的截面

图 9.3　补片在无裂纹结构中引起的应力重分布 (夹杂分析法的第 I 阶段)

　　由于补片的增强作用，正应力 σ_{11}^{s} 对裂纹尖端的应力强度因子没有显著影响。结构修理后的 K_{I} 将取决于外载荷 Σ 和补片的长短轴之比 A/B。假设胶层是线弹性材料，则主要未知量 K_{I}、$\sigma_{\max}^{\mathrm{A}}$、$\tau_{\max}^{\mathrm{A}}$、$\sigma_{\max}^{s}$ 和 $\sigma_{\max}^{\mathrm{p}}$ 线性依赖主要外载荷 σ_{∞}。由于胶接修理结构是多层的且裂纹只存在于一层中的复杂结构，对该问题进行精确解析求解十分困难，所以必须进行适当的简化处理。虽然利用现在的有限元软件分析这种复杂三维问题的应力场和应力强度因子不存在原则上的困难，但是这种费时的精确分析对于日常的工程设计是没有必要的，尤其是对于优化设计中的参数分析，以及几何参数和材料参数的修理灵敏度分析，从这个应用角度来说，解析方法比数值方法更有优势。

9.2　对称或完全支撑单面修理分析

本节将介绍对称或完全支撑单面修理结构的两阶段分析方法，因此需要考虑面外变形。

9.2.1　补片引起的应力重分布

如图 9.3(a) 所示，补片增强了修理区域的刚度，使得修理区域承受了更大的外载荷，导致该区域的真实应力要明显高于一维等效分析结果。在第 7 章中，双面搭接和对接结构蒙皮应力为

$$\sigma_0 = \frac{\sigma_\infty}{(1+S)} \tag{9.4}$$

式中，$S = E'_{\mathrm{p}}t_{\mathrm{p}}/E'_{\mathrm{s}}t_{\mathrm{s}}$ 为补片与蒙皮的刚度之比 $(v_{\mathrm{p}} = v_{\mathrm{s}})$。该一维分析理论还可得到蒙皮与补片之间的载荷传递长度 β_{A}^{-1}，如果该载荷传递长度远小于补片的长短轴，则可将增强区域看成由一种刚度较高的异性材料组成，并利用以下三步进行分析：① 确定增强区域的等效各向异性弹性参数；② 确定等效区域的应力；③ 确定等效区域与蒙皮和补片之间的载荷传递关系，并进一步计算应力 σ_0。其中，第①和第③步可以利用经典板壳理论实现，对称或完全支撑单面修理结构中补片和蒙皮的应变应该是一致的。

下面将以各向异性材料修理各向同性蒙皮为例，介绍一种简单的完全支撑单面修理结构的分析方法，对称修理结构的分析过程是相同的，但 t_{s} 表示蒙皮厚度的 1/2。补片、胶层和蒙皮修理区域将被等效成正交各向异性材料，简称为非均匀等效区域，其材料本构关系与周围的"基底"结构不同，如图 9.4 所示。非均匀等效区域的本构矩阵为

$$C^{\mathrm{e}} = C^{\mathrm{s}} + \frac{t_{\mathrm{p}}}{t_{\mathrm{s}}} C^{\mathrm{p}} \tag{9.5}$$

式中，

$$C^{\mathrm{e}} = \frac{E_1^{\mathrm{e}}}{(1-\nu_{12}^{\mathrm{e}}\nu_{21}^{\mathrm{e}})}\begin{bmatrix} 1 & \dfrac{\nu_{12}^{\mathrm{e}}E_2^{\mathrm{e}}}{E_1^{\mathrm{p}}} \\ \dfrac{\nu_{12}^{\mathrm{e}}E_2^{\mathrm{e}}}{E_{11}^{\mathrm{e}}} & \dfrac{E_2^{\mathrm{e}}}{E_{11}^{\mathrm{e}}} \end{bmatrix}, \ C^{\mathrm{p}} = \frac{E_1^{\mathrm{p}}}{(1-\nu_{12}^{\mathrm{p}}\nu_{21}^{\mathrm{p}})}\begin{bmatrix} 1 & \dfrac{\nu_{12}^{\mathrm{p}}E_2^{\mathrm{p}}}{E_1^{\mathrm{p}}} \\ \dfrac{\nu_{12}^{\mathrm{p}}E_2^{\mathrm{p}}}{E_1^{\mathrm{p}}} & \dfrac{E_2^{\mathrm{p}}}{E_1^{\mathrm{p}}} \end{bmatrix}$$

$$C^{\mathrm{s}} = \frac{E_{\mathrm{s}}}{(1-\nu_{\mathrm{s}}^2)}\begin{bmatrix} 1 & \nu_{\mathrm{s}} \\ \nu_{\mathrm{s}} & 1 \end{bmatrix}$$

假设非均匀等效区域内的应力和应变是均匀的，x 轴和 y 轴上的应力分别记为 p 和 q，由于非均匀等效区域与周边基底结构的连续性条件，边界上 x 轴和 y 轴上的应力也应保持不变，为 p 和 q，如图 9.4 所示。下面可以通过非均匀等效区域与周边基底结构的连续性条件求解未知应力 p 和 q，B 点处 y 方向上的应变连续，A 点处 x 方向上的应变连续，即

$$\varepsilon_{11,B}^{\mathrm{e}} = \varepsilon_{11,B}^{\mathrm{s}}$$

$$\varepsilon_{22,A}^{\mathrm{e}} = \varepsilon_{22,A}^{\mathrm{s}} \tag{9.6}$$

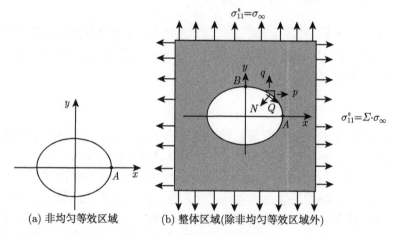

(a) 非均匀等效区域　　　(b) 整体区域(除非均匀等效区域外)

图 9.4　第一阶段分析示意图

非均匀等效区域内 (图 9.4(a))，任意点 (x, y) 的应力-应变关系为

$$\left\{ \begin{array}{c} \varepsilon_{11}^{\mathrm{e}} \\ \varepsilon_{22}^{\mathrm{e}} \end{array} \right\} = (\boldsymbol{C}^{\mathrm{e}})^{-1} \left\{ \begin{array}{c} p \\ q \end{array} \right\} \tag{9.7}$$

将非均匀等效区域从整体结构中移除，如图 9.4 (b) 所示，剩余部分的应力可由以下两个基本状态解线性叠加得到：应力 p 和 q 作用下的无孔有限长平板的解，以及远场应力 $\sigma_{11}^{\mathrm{s}} = \Sigma\sigma_\infty - p$ 和 $\sigma_{22}^{\mathrm{s}} = \sigma_\infty - p$ 作用下含椭圆孔有限长平板的解。第一个基本解对整个问题的影响较小，第二个基本解是弹性力学的基本问题，其中 A、B 两点的应力分别为

$$\left\{ \begin{array}{c} \varepsilon_{11}^{\mathrm{s}} \\ \varepsilon_{22}^{\mathrm{s}} \end{array} \right\}_E = \left\{ \begin{array}{c} p \\ p - \dfrac{2A}{B}q - \sigma_\infty^{11} + \sigma_\infty^{22}\left(1 + \dfrac{2A}{B}\right) \end{array} \right\}$$

$$\left\{ \begin{array}{c} \varepsilon_{11}^{\mathrm{s}} \\ \varepsilon_{22}^{\mathrm{s}} \end{array} \right\}_F = \left\{ \begin{array}{c} -\dfrac{2B}{A}p + q - \sigma_\infty^{22} + \sigma_\infty^{11}\left(1 + \dfrac{2B}{A}\right) \\ q \end{array} \right\} \tag{9.8}$$

因此，A、B 两点的应变为

$$\left\{ \begin{array}{c} \varepsilon_{11,B}^{\text{s}} \\ \varepsilon_{22,A}^{\text{s}} \end{array} \right\} = -\boldsymbol{m}_1 \left\{ \begin{array}{c} p \\ q \end{array} \right\} + \boldsymbol{m}_2 \left\{ \begin{array}{c} \sigma_\infty^{11} \\ \sigma_\infty^{22} \end{array} \right\} \tag{9.9}$$

式中，

$$\boldsymbol{m}_1 = \frac{1}{E_{\text{s}}} \begin{bmatrix} \dfrac{2B}{A} & -(1-\nu_{\text{s}}) \\ -(1-\nu_{\text{s}}) & \dfrac{2A}{B} \end{bmatrix}$$

$$\boldsymbol{m}_2 = \frac{1}{E_{\text{s}}} \begin{bmatrix} 1+\dfrac{2B}{A} & -1 \\ -1 & 1+\dfrac{2A}{B} \end{bmatrix}$$

将式 (9.7) 和式 (9.9) 代入式 (9.6)，可得

$$\left\{ \begin{array}{c} p \\ q \end{array} \right\} = \left[(\boldsymbol{C}^{\text{e}})^{-1} + \boldsymbol{m}_1 \right]^{-1} \boldsymbol{m}_2 \left\{ \begin{array}{c} \sigma_\infty^{11} \\ \sigma_\infty^{22} \end{array} \right\} \tag{9.10}$$

蒙皮中直线 $y=0$ 上的应力为 $(|x| < B)$

$$\left\{ \begin{array}{c} \sigma_{11}^{\text{s}} \\ \sigma_{22}^{\text{s}} \end{array} \right\} = \boldsymbol{C}^{\text{s}} (\boldsymbol{C}^{\text{e}})^{-1} \left\{ \begin{array}{c} p \\ q \end{array} \right\} \tag{9.11}$$

对于修理效率和生存能力具有关键影响的另一个主要因素是补片边界附近蒙皮中的应力，椭圆补片周边蒙皮的最大应力出现在补片尖端处，用应力 q 表示为

$$\sigma_{22}^{\text{s}} \left(C^+, 0 \right) = q \tag{9.12}$$

当蒙皮和补片都为各向同性材料且泊松比相同时，未知应力 σ_0 在直线 $y=0$ 上可写成显示表达式 $(|x| < B)$。

$$\sigma_0 = \phi \sigma_\infty \tag{9.13}$$

式中，

$$\begin{aligned} \phi &= \frac{1}{Z} \left[4 + 2\frac{B}{A} + 2\frac{A}{B} + S\left(3 + \nu_{\text{s}} + 2\frac{B}{A} \right) + S\Sigma \left(1 - \nu_{\text{s}} - 2\nu_{\text{s}}\frac{B}{A} \right) \right] \\ Z &= 3(1+S)^2 + 2(1+S)\left(\frac{B}{A} + \frac{A}{B} + \nu_{\text{s}}S \right) + 1 - \nu_{\text{s}}^2 S^2 \end{aligned} \tag{9.14}$$

另外，当蒙皮和补片都为各向同性材料且泊松比相同时，修理区域外蒙皮中的应力峰值为

$$\sigma_{22}^{s}\left(C^{+},\,0\right) = (1+S)\sigma_0$$

$$K_{t} = \frac{\sigma_{22}^{s}\left(C^{+},\,0\right)}{\sigma_{\infty}} = \frac{(1+S)\sigma_0}{\sigma_{\infty}} \tag{9.15}$$

上述公式对于各向同性补片，计算结果直观、简单，对于单轴拉伸的特殊情况，式 (9.14) 和式 (9.15) 如图 9.5 所示，该图可用来进行补片设计。

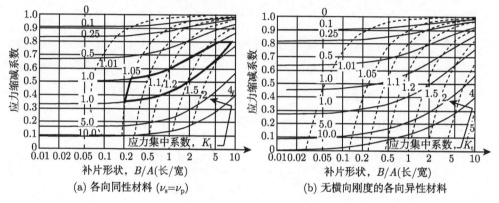

图 9.5　第一阶段分析示意图

9.2.2　应力强度因子分析

本小节介绍的是对称或完全支撑单面修理结构 (图 9.2) 分析的第二阶段，即应力强度因子分析。对于未修理的含裂纹结构，应力强度因子为

$$K_{I0} = \sigma_0\sqrt{\pi a} \tag{9.16}$$

由于补片的存在必定降低结构裂纹尖端的应力奇异性程度，式 (9.16) 可视为修理结构应力强度因子的上限。随着裂纹长度的增加 K_{I0} 是增加的，但是图 9.2(a) 所示的补强结构有一个重要的特性，即 K_{I} 不会大于一个极限值，记为 $K_{I\infty}$，是半无限裂纹板的应力强度因子，下面将介绍通过应变能释放率求该极限应力强度因子的方法。

根据第 7 章中的分析结果，对于胶接区域足够长的情况，双面对接接头处胶层剪切应力的分布为

$$\tau^{A}(y) = \tau_{\max}^{A}e^{-\beta_A y} \tag{9.17}$$

式中，$\tau_{\max}^{A}$ 可由平衡条件求得

$$\sigma_0 t_{s} = \int_{0}^{\infty} \tau^{A}(y)\mathrm{d}y \Rightarrow \tau_{\max}^{A} = \beta_A \sigma_0 t_{s} \tag{9.18}$$

利用 $y = 0$ 处的裂纹张开位移 (式 (6.31))，并记 $\delta = 2u_s(0)$，则有

$$\sigma_0 = \frac{1}{2}\Lambda E_s \delta \tag{9.19}$$

式中，

$$\Lambda = \frac{G_A}{\beta_A t_A t_s E_s} \equiv \frac{S\beta_A}{(1+S)(1-\nu_s^2)} \tag{9.20}$$

对于图 9.6 中内压力作用下的裂纹修理结构，如果无限长裂纹扩展一个微小长度 da，则应力和位移场将向右平移 da。考虑 AA' 和 BB' 截面之间 da 条形区域的应变能变化量 $U_E = \sigma_0 t_s \delta / 2$，因此裂纹扩展 da 后，结构势能变化量 $d\Pi$ 为应变能变化量与外力功 $V = \sigma_0 t_s \delta$ 的差值，即

$$d\Pi = U_E - V = \frac{1}{2}\sigma_0 t_s \delta \tag{9.21}$$

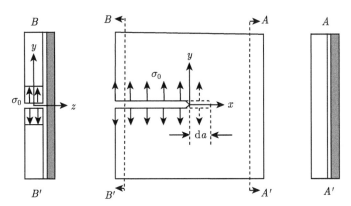

图 9.6　内压力作用下的裂纹修理结构

能量释放率为

$$G_{I\infty} t_s = -\frac{\partial \Pi}{\partial a} = \frac{1}{2}\sigma_0 t_s \delta \tag{9.22}$$

即

$$G_{I\infty} = \frac{\sigma_0}{\Lambda E_s} \tag{9.23}$$

所以，有

$$K_{I\infty} = \frac{\sigma_0}{\sqrt{\Lambda}} \tag{9.24}$$

9.2.3　胶层塑性的影响

9.2.2 节中应力强度因子的求解只适用于胶层为弹性材料的情况，如果胶层的应力大于屈服应力，则 σ_0 与裂纹张开位移 δ 的关系就是非线性的。假设胶层为理

想弹塑性材料，剪切屈服应力为 τ_Y^A，则由式 (9.18) 可得胶层的屈服应力为

$$\sigma_{0Y} = \frac{\tau_Y^A}{\beta_A t_s} \tag{9.25}$$

当 $\sigma_0 \geqslant \sigma_{0Y}$ 时，裂纹的张开位移为

$$\delta = \frac{t_A \tau_Y^A}{2G_A}\left[1 + \left(\frac{\sigma_0}{\sigma_{0Y}}\right)^2\right] \equiv \frac{\sigma_{0Y}}{\Lambda E_s}\left[1 + \left(\frac{\sigma_0}{\sigma_{0Y}}\right)^2\right] \tag{9.26}$$

所以能量释放率为

$$\begin{aligned}
G_{I\infty} &= \sigma_0\delta - \int_0^\delta \sigma_0 \mathrm{d}\delta \\
&= \frac{\sigma_0}{\Lambda E_s}\left[\frac{(\sigma_0/\sigma_{0Y})^3 + 3(\sigma_0/\sigma_{0Y})^2 - 1}{3(\sigma_0/\sigma_{0Y})^2}\right]^{1/2}
\end{aligned} \tag{9.27}$$

则应力强度因子为

$$K_{I\infty} = \frac{\sigma_0}{\sqrt{\Lambda}}\left[\frac{(\sigma_0/\sigma_{0Y})^3 + 3(\sigma_0/\sigma_{0Y})^2 - 1}{3(\sigma_0/\sigma_{0Y})^2}\right]^{1/2} \tag{9.28}$$

9.2.4 单面修理

目前，本章中对修理结构应力、变形以及断裂的分析都没有考虑面外弯曲的影响，所以这些分析方法和结论严格上来说只能适用于双面对称修理和具有完全支撑单面修理的特殊情况。本小节将介绍更一般的修理结构分析方法，与前文的面修理方法相同，也分为两步，两步中都只考虑几何线性问题。

本小节考虑的对象为补片单面增强无裂纹结构，如图 9.7 所示，假设复合材料补片远大于剪切应力传递长度，应力强度因子沿厚度方向线性变化，有

$$K_I(z) = K_{\mathrm{mean}} + K_b\frac{2z}{t_s} \tag{9.29}$$

式中，K_{mean} 和 K_b 分别为膜应力和弯曲应力引起的应力强度因子。

复合材料板和补片组成整体结构的中性面在厚度方向上的坐标为

$$\bar{z} = \frac{S(t_s + t_p + 2t_A)}{2(1+S)} \tag{9.30}$$

惯性矩为

$$I_t = I_s + I_p\frac{E_p'}{E_s'} \tag{9.31}$$

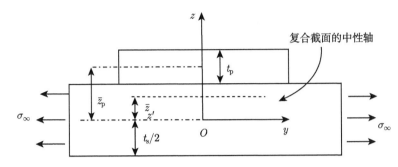

(a) 偏轴拉伸下的修理结构

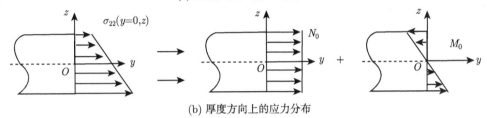

(b) 厚度方向上的应力分布

图 9.7　补片单面增强无裂纹结构的示意图

式中，

$$I_s = \frac{t_s^3}{12} + t_s \bar{z}^2$$

$$I_p = \frac{t_p^3}{12} + \frac{t_p(t_s + t_p - 2\bar{z})^2}{4} \tag{9.32}$$

将沿厚度线性分布的应力分解成单位长度上的薄膜力和弯矩，即

$$N_0 = \int_{-t_p/2}^{t_p/2} \sigma_{22}(y = 0, z)\mathrm{d}z \equiv \frac{\sigma_\infty t_s}{1 + S} + \frac{\sigma_\infty t_s^2 \bar{z}^2}{I_t}$$

$$M_0 = -\int_{-t_p/2}^{t_p/2} \sigma_{22}(y = 0, z)\mathrm{d}z \equiv \frac{\sigma_\infty t_s^4 \bar{z}}{12 I_t} \tag{9.33}$$

能量释放率的计算方法与 9.2.3 节中的相同，但是势能由薄膜力和弯矩做功组成，即

$$t_s G_{\mathrm{I}\infty} = N_0 u_0 + M_0 \theta_0 \tag{9.34}$$

式中，u_0 和 θ_0 分别为裂纹面的张开位移和转角，它们与薄膜力和弯矩之间的关系为

$$\left\{ \begin{array}{c} u_0 \\ \theta_0 \end{array} \right\} = \left[\begin{array}{cc} c_{11} & c_{12} \\ c_{21} & c_{22} \end{array} \right] \left\{ \begin{array}{c} N_0 \\ M_0 \end{array} \right\} \tag{9.35}$$

式中，

$$c_{11} = \frac{t_s(t_p+t_s)}{2\tilde{v}D_p} - \left[\frac{1}{E_p't_p} + \frac{1}{E_s't_s} + \frac{t_p(t_s+t_p)}{4D_p}\right]\left[\frac{1}{2\beta_A} - \frac{G_A t_s}{16\tilde{v}^2\beta_A t_A}\left(\frac{t_p}{D_p} - \frac{t_s}{D_s}\right)\right]$$

$$c_{12} = \frac{t_s}{2\tilde{v}D_p}\left(1 + \frac{D_p}{D_s}\right) - \left(\frac{t_p}{2D_p} - \frac{t_s}{2D_s}\right)\left[\frac{1}{2\beta_A} - \frac{G_A t_s}{16\tilde{v}^2\beta_A t_A}\left(\frac{t_p}{D_p} - \frac{t_s}{D_s}\right)\right]$$

$$c_{21} = \frac{t_p+t_s}{2\tilde{v}D_p} - \frac{G_A}{8\tilde{v}^2\beta_A t_A}\left(\frac{t_p}{D_p} - \frac{t_s}{D_s}\right)\left[\frac{1}{E_p't_p} + \frac{1}{E_s't_s} + \frac{t_p(t_s+t_p)}{4D_p}\right]$$

$$c_{22} = \frac{1}{\tilde{v}D_p}\left(1 + \frac{D_p}{D_s}\right) - \frac{G_A}{16\tilde{v}^2\beta_A t_A}\left(\frac{t_p}{D_p} - \frac{t_s}{D_s}\right)^2$$

$$D_s = \frac{E_s' t_s^3}{12}$$

$$D_p = \frac{E_p' t_p^3}{12}$$

$$\tilde{v}^4 = \frac{E_A'}{4t_A}\left(\frac{1}{D_s} + \frac{1}{D_p}\right)$$

$$\tag{9.36}$$

因此，总能量释放率为

$$G_{I\infty} = \frac{(\sigma_\infty)^2}{(1+S)^2}\frac{\omega^2}{\Lambda} \tag{9.37}$$

式中，

$$\omega^2 \approx 2 + \frac{3t_s}{2t_p} + \frac{3\beta_A t_s}{\tilde{v}t_p}\left(1 + \frac{t_s}{t_p}\right) + (1+S)\left(2 + \frac{3t_s}{2t_p}\right)\frac{\bar{z}^2 t_s}{I_t}$$
$$+ (1+S)\frac{\beta_A}{\tilde{v}}\left(1 + \frac{t_s}{t_p}\right)\frac{\bar{z}t_s^3}{t_p I_t}\left(\frac{3\bar{z}}{t_s} - 1\right) \tag{9.38}$$

最后，单面修理的应力强度因子为

$$K_{rms,\infty} = \frac{\sigma_\infty}{1+S}\frac{\omega}{\sqrt{\Lambda}} \tag{9.39}$$

定义单面修理的弹簧常数为

$$\Lambda_b = \frac{\Lambda}{\omega^2} \tag{9.40}$$

则单面修理的应力强度因子可简化为

$$K_{rms}(a) = \frac{\sigma_\infty}{1+S}\sqrt{\pi a}F(\Lambda_b \cdot a) \tag{9.41}$$

将单面修理的应力强度因子分解成膜应力和弯曲应力引起的应力强度因子，则有

$$K_{rms}^2 = K_{mean}^2 + \frac{1}{3}K_b^2 \tag{9.42}$$

9.2.5　热应力分析

本小节简单介绍完全支撑修理无限大蒙皮的低服役温度的分析结果, 分析对象为半径为 R_i 圆形补片修理的各向同性板, 该板受均匀温度场 T_{oper} 的作用, 分析的目的是确定补片以及蒙皮与补片之间的热应力。虽然修理结构的温度分布在本质上是均匀的, 但由于修理区域的刚度要高于周边区域, 所以也会产生热应力, 假设夹杂区域内 x 和 y 轴上的热应力分量分别为 p^{oper} 和 q^{oper}, 夹杂区域与周边之间的位移连续性条件为

$$\varepsilon_r^{I}(r = R_i) = \varepsilon_r^{s}(y = R_i) \tag{9.43}$$

由于本问题是轴对称的, $\varepsilon_r^{s}(r = R_i) = \varepsilon_{22,B}^{s}(y = R_i) = \varepsilon_{22,A}^{s}(y = R_i)$ 和 $p^{oper} = q^{oper}$。因此, 根据式 (9.8), 且有 $A/B = 1$, $\sigma_\infty = 0$, 利用热–弹本构关系将应力表示成应变, 则蒙皮与补片接触外表面的轴向应变为

$$\varepsilon_r^{s}(r = R_i) = \varepsilon_{22}^{s}(y = R_i) = -\frac{1 + \nu_s}{E_s} p^{oper} + \alpha_s (T_{oper} - T_{room}) \tag{9.44}$$

同理, 夹杂边缘 $(r = R_i)$ 的应变可由式 (9.7) 表示为

$$\varepsilon_r^{I}(r = R_i) = \frac{1 - \nu_I}{E_I} p^{oper} + \alpha_I (T_{oper} - T_{room}) \tag{9.45}$$

式中, α_I、E_I 和 ν_I 分别为夹杂区域的等效热膨胀系数、弹性模量和泊松比。根据式 (9.43) ~ 式 (9.45) 有

$$p^{oper} = -\frac{E_s S(1 - \nu_s)(\alpha_p - \alpha_s)}{2(1 - \nu_p) + (1 - \nu_s)^2 S} (T_{oper} - T_{room}) \left[\frac{(1 - \nu_p)(1 + \nu_s) + (1 - \nu_s^2)S}{(1 - \nu_p^2) + (1 - \nu_s^2)S} \right] \tag{9.46}$$

蒙皮修理区域内部和补片的热残余应力为

$$\sigma_s^{oper} = \sigma_{11,s}^{oper} = \sigma_{22,s}^{oper}$$

$$= -\alpha_s E_s (T_{oper} - T_{room}) \frac{(1 - \alpha_p/\alpha_s)S}{2(1 - \nu_p) + (1 - \nu_s)^2 S} \left[\frac{(1 - \nu_p)(1 + \nu_s) + (1 - \nu_s^2)S}{(1 - \nu_p^2) + (1 - \nu_s^2)S} \right]$$

$$\sigma_p^{oper} = \sigma_{11,p}^{oper} = \sigma_{22,p}^{oper}$$

$$= \alpha_s E_p (T_{oper} - T_{room}) \frac{(2 - \nu_s)(1 - \alpha_p/\alpha_s)}{2(1 - \nu_p) + (1 - \nu_s)^2 S} \left[\frac{(1 - \nu_p)(1 + \nu_s) + (1 - \nu_s^2)S}{(1 - \nu_p^2) + (1 - \nu_s^2)S} \right] \tag{9.47}$$

9.3　有支撑裂纹单面和双面修理补片的等效夹杂理论

9.3.1　等效夹杂理论

本小节将简要介绍 Esheiby 的等效夹杂理论，该理论在后面将用于分析复合材料修理结构。在等效夹杂理论中 (图 9.8)，由非同质区域 Ω 引起的应力和应变等于由区域 Ω 内本征场 ε_{ij}^* 引起的应力和应变，此时区域 Ω 为同质材料 C_{ijkl}^0。图 9.8(b) 即为等效后的夹杂问题，对图 9.8(b) 中的每一点，两种情况的等效条件分别为

$$\varepsilon_{ij}^{\mathrm{I}} = \varepsilon_{ij}^{\mathrm{H}}$$
$$\sigma_{ij}^{\mathrm{I}} = \sigma_{ij}^{\mathrm{H}} \tag{9.48}$$

式中，上标 I 和 H 分别表示夹杂和非同质问题。

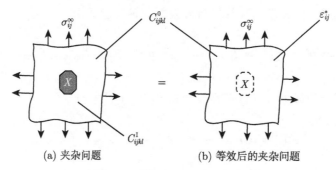

(a) 夹杂问题　　　　　　(b) 等效后的夹杂问题

图 9.8　等效夹杂理论示意图

对于夹杂问题，应变场可用本征应变 ε_{ij}^* 和远场应变 ε_{ij}^∞ 表示为

$$\varepsilon_{ij}^{\mathrm{H}} = H_{ijkl}\varepsilon_{ij}^* + \varepsilon_{ij}^\infty \tag{9.49}$$

式中，H_{ijkl} 为 Esheiby 张量。

利用胡克定律，区域 Ω 的应力为

$$\sigma_{ij}^{\mathrm{H}} = C_{ijkl}^0 \left(\varepsilon_{kl}^{\mathrm{H}} - \varepsilon_{kl}^*\right) \tag{9.50}$$

则图 9.8(a) 中区域 Ω 的应力为

$$\sigma_{ij}^{\mathrm{I}} = C_{ijkl}^{\mathrm{I}}\varepsilon_{kl}^{\mathrm{I}} \tag{9.51}$$

式中，C_{ijkl}^{I} 为非同质区域 Ω 的弹性模量；C_{ijkl}^0 为非同质区域 Ω 外的弹性模量，同时为图 9.8(b) 中所有区域的弹性模量。

将式 (9.49) ∼ 式 (9.51) 代入式 (9.48)，可得到本征应变的控制方程为

$$\Delta C_{ijkl} H_{klmn} \varepsilon_{mn}^* - C_{ijkl}^0 \varepsilon_{kl}^* = -\Delta C_{ijkl} \varepsilon_{kl}^\infty \tag{9.52}$$

式中，$\Delta C_{ijkl} = C_{ijkl}^0 - C_{ijkl}^{\mathrm{I}}$。由于 H_{ijkl} 为 ε_{ij}^* 的隐式函数，所以式 (9.52) 为非线性方程。

对式 (9.52) 的求解，需先将本征应变 ε_{ij}^* 表示为坐标函数的多项式，即

$$\varepsilon_{ij}^* = F_{ij} + F_{ijk} x_k + F_{ijkl} x_k x_l + \cdots \tag{9.53}$$

式中，$F_{ij}, F_{ijk}, F_{ijkl}, \cdots$ 为关于自由指标 i 和 j 对称的常数，即 $F_{ijkl} = F_{jikl}$ 和 $F_{ijkl} = F_{ijlk}$。将式 (9.53) 代入式 (9.49)，并利用 Taylor 级数将 Esheiby 张量展开代入式 (9.52)，令其中的系数为零，则可得到关于 $F_{ij}, F_{ijk}, F_{ijkl}, \cdots$ 的线性方程组，求解该方程组即可得到非同质区域的应变和应力，即

$$
\begin{aligned}
\varepsilon_{ij}^{\mathrm{I}} &= \varepsilon_{ij}^{\mathrm{H}} = \varepsilon_{\infty ij} + S_{ijkl} F_{kl} + S_{ijklmn} F_{klmn} + \cdots \\
\sigma_{ij}^{\mathrm{I}} &= \begin{cases} C_{ijkl}^0 \left(\varepsilon_{kl}^{\mathrm{H}} - \varepsilon_{kl}^* \right), & \text{区域 } \Omega \text{ 内} \\ C_{ijkl}^0 \varepsilon_{kl}^{\mathrm{H}}, & \text{区域 } \Omega \text{ 外} \end{cases}
\end{aligned} \tag{9.54}
$$

9.3.2　补片的应力分析

复合材料修理补片通常是多边形的，因此下面将介绍多边形夹杂的求解问题，定义的坐标系如图 9.9 所示。考虑含有夹杂区域 Ω 的弹性无限大各向同性体，其本征应变为 ε_{ij}^*，其无限远处的应变 $\varepsilon_{ij}^\infty = 0$，有

$$
\begin{aligned}
\varepsilon_{ij}^{\mathrm{H}} &= \frac{1}{8\pi(1-\nu)} \left[\Psi_{kl,klij} - 2v \Phi_{kk,ij} - 2(1-\nu) \left(\Phi_{ik,kj} + \Phi_{jk,ki} \right) \right] \\
\sigma_{ij}^{\mathrm{H}} &= \begin{cases} C_{ijkl}^0 \left(\varepsilon_{kl}^{\mathrm{H}} - \varepsilon_{kl}^* \right), & \text{区域 } \Omega \text{ 内} \\ C_{ijkl}^0 \varepsilon_{kl}^{\mathrm{H}}, & \text{区域 } \Omega \text{ 外} \end{cases}
\end{aligned} \tag{9.55}
$$

式中，

$$\Psi_{ij} = \iint_\Omega \varepsilon_{kl}^* |\boldsymbol{x} - \boldsymbol{x}'| \, \mathrm{d}\boldsymbol{x}'$$

$$\Phi_{ij} = \iint_\Omega \frac{\varepsilon_{kl}^*}{|\boldsymbol{x} - \boldsymbol{x}'|} \mathrm{d}\boldsymbol{x}'$$

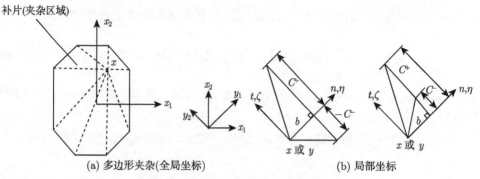

(a) 多边形夹杂(全局坐标) (b) 局部坐标

图 9.9   多边形夹杂的坐标系示意图

将本征应变 ε_{ij}^* 表示为坐标函数的多项式，并代入式 (9.55)，可得

$$\varepsilon_{ij}^{\mathrm{H}} = S_{ijkl}F_{kl} + S_{ijklm}F_{klm} + S_{ijklmn}F_{klmn} + \cdots \tag{9.56}$$

式中，

$$\bar{S}_{\eta\eta\eta\eta} = \frac{1}{8\pi(1-\nu)}\left[4(1-\nu)\hat{\alpha} - \frac{1-2\nu}{2}\sin(2\hat{\alpha}) - \frac{1}{8}\sin(4\hat{\alpha})\right]$$

$$\bar{S}_{\eta\eta\xi\xi} = \frac{1}{8\pi(1-\nu)}\left[4\nu\hat{\alpha} - \frac{1+2\nu}{2}\sin(2\hat{\alpha}) + \frac{1}{8}\sin(4\hat{\alpha})\right]$$

$$\bar{S}_{\eta\eta\eta\xi} = \frac{1}{8\pi(1-\nu)}\left[-\frac{2}{3} - \nu\cos(2\hat{\alpha}) + \frac{1}{8}\cos(4\hat{\alpha}) + \frac{1-4\nu}{2}\ln(\sec\hat{\alpha})\right]$$

$$\bar{S}_{\xi\xi\eta\eta} = \frac{1}{8\pi(1-\nu)}\left[-\frac{1-2\nu}{2}\sin(2\hat{\alpha}) + \frac{1}{8}\sin(4\hat{\alpha})\right]$$

$$\bar{S}_{\xi\xi\xi\xi} = \frac{1}{8\pi(1-\nu)}\left[\frac{3-2\nu}{2}\sin(2\hat{\alpha}) - \frac{1}{8}\sin(4\hat{\alpha})\right] \tag{9.57}$$

$$\bar{S}_{\xi\xi\eta\xi} = \frac{1}{8\pi(1-\nu)}\left[-\frac{1}{2} - (1-\nu)\cos(2\hat{\alpha}) - \frac{1}{8}\cos(4\hat{\alpha}) + \frac{3-4\nu}{2}\ln(\sec\hat{\alpha})\right]$$

$$\bar{S}_{\eta\xi\eta\eta} = \frac{1}{8\pi(1-\nu)}\left[-\frac{3}{2} + \frac{1}{8}\cos(4\hat{\alpha}) + \frac{1}{2}\ln(\sec\hat{\alpha})\right]$$

$$\bar{S}_{\eta\xi\xi\xi} = \frac{1}{8\pi(1-\nu)}\left[-\frac{1}{2} + \cos(2\hat{\alpha}) - \frac{1}{8}\cos(4\hat{\alpha}) + \frac{3}{2}\ln(\sec\hat{\alpha})\right]$$

$$\bar{S}_{\eta\xi\eta\xi} = \frac{1}{8\pi(1-\nu)}\left[2(1-\nu)\hat{\alpha} + \frac{1}{2}\sin(2\hat{\alpha}) + \frac{1}{8}\sin(4\hat{\alpha})\right]$$

多边形补片顶点附近的应力对于胶接修理的分析与设计是十分重要的，即

$$\left\{\begin{array}{c}\sigma_{11}\\\sigma_{22}\\\sigma_{12}\end{array}\right\} \approx \frac{1}{8\pi(1-\nu)}\ln\left(\frac{l}{r}\right)\left(\hat{\boldsymbol{M}}_1 - \hat{\boldsymbol{M}}_2\right)\left\{\begin{array}{c}F_{11}\\F_{22}\\F_{12}\end{array}\right\} \tag{9.58}$$

式中，下标 1 和 2 分别表示组成顶点的两条边；l 为边长；r 为两条边之间的距离，如图 9.10 所示；$\hat{M}_1$ 和 $\hat{M}_2$ 分别以 (n_1, t_1) 和 (n_2, t_2) 为基，且形式相同。

$$\hat{M} = \frac{1}{2} \begin{bmatrix} 0 & 0 & -1 + 4\nu \\ 0 & 0 & -3 + 4\nu \\ -1 & -3 & 0 \end{bmatrix}, \quad F = \left\{ \begin{array}{l} F_{11} + x_1^2 F_{1111} + x_2^2 F_{1122} \\ F_{22} + x_1^2 F_{2211} + x_2^2 F_{2222} \\ x_1 x_2 F_{1212} \end{array} \right\}$$

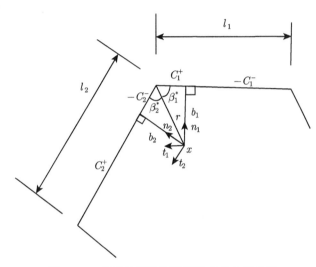

图 9.10　求顶点奇异性渐近形式的几何参数

9.3.1 节中在考虑的含夹杂弹性无限大各向同性体问题时，忽略了远场载荷的影响。下面将介绍远场载荷作用下的夹杂问题，并应用于复合材料结构补片的应力分析。在平面应力状态下，定义非同质夹杂 (补片) 的材料参数为

$$C_{11}^{\mathrm{I}} = \frac{C_{11}^{\mathrm{s}} t_{\mathrm{s}} + C_{11}^{\mathrm{p}} t_{\mathrm{p}}}{t_{\mathrm{I}}} \qquad C_{22}^{\mathrm{I}} = \frac{C_{22}^{\mathrm{s}} t_{\mathrm{s}} + C_{22}^{\mathrm{p}} t_{\mathrm{p}}}{t_{\mathrm{I}}}$$

$$\nu_{12}^{\mathrm{I}} = \frac{\nu_{12}^{\mathrm{s}} C_{22}^{\mathrm{s}} t_{\mathrm{s}} + \nu_{12}^{\mathrm{p}} C_{22}^{\mathrm{p}} t_{\mathrm{p}}}{C_{22}^{\mathrm{s}} t_{\mathrm{s}} + C_{22}^{\mathrm{p}} t_{\mathrm{p}}} \qquad \mu^{\mathrm{I}} = \frac{\mu^{\mathrm{s}} t_{\mathrm{s}} + \mu^{\mathrm{s}} t_{\mathrm{p}}}{t_{\mathrm{I}}} \tag{9.59}$$

式中，

$$C_{11}^{\mathrm{s}} = C_{22}^{\mathrm{s}} \equiv \frac{E_{\mathrm{s}}}{1 - \nu_{\mathrm{s}}^2}, \ C_{11}^{\mathrm{p}} \equiv \frac{E_1^{\mathrm{p}}}{1 - \nu_{12}^{\mathrm{p}} \nu_{21}^{\mathrm{p}}}, \ C_{22}^{\mathrm{p}} \equiv \frac{E_2^{\mathrm{p}}}{1 - \nu_{12}^{\mathrm{p}} \nu_{21}^{\mathrm{p}}}$$

$$\nu_{12}^{\mathrm{s}} = \nu_{21}^{\mathrm{s}} = \nu_{\mathrm{s}}$$

$$\mu_{\mathrm{s}} = \frac{E_{\mathrm{s}}}{2(1 - \nu_{\mathrm{s}})}$$

为了方便直接采用上面的方法，可将式 (9.59) 中的 t_{I} 看成 t_{s}，C_{ijkl}^0 和 ν 与 C_{ijkl}^{s} 和 ν_{s} 一致，则远场载荷作用下的应力场可以完全利用 9.3.1 节中的方法计算

得到。

下面来考虑服役时的均匀低温和固化时的热循环对补片应力的影响，对于前者，整个补片的温度是均匀下降的，由于此处的热应力问题是在线弹性框架下的，与补片的冷却是相互独立的，所以整个求解过程可以分解成两步，第一步，将补片冷却到服役温度，而且在这个过程中补片始终处于无应力状态，受均匀摩擦应变作用，所以补片和蒙皮在第一阶段冷却过程中的应变场为

$$\varepsilon_{ij}^{\mathrm{s,stepI}} = \varepsilon_{ij}^{\mathrm{p,stepI}} = \alpha_{\mathrm{s}}\Delta T\delta_{ij} \tag{9.60}$$

第二步，补片在冷却到服役温度的同时受摩擦应变的作用，则补片中的应变场为

$$\varepsilon_{ij}^{\mathrm{p,T}} = \left(\alpha_{ij}^{\mathrm{p}}\Delta T - \alpha_{\mathrm{s}}\Delta T\delta_{ij}\right) = \Delta\alpha_{ij}\Delta T \tag{9.61}$$

式中，α_{ij}^{p} 为补片在主材料方向上的热膨胀系数张量。如果第二步中补片和蒙皮的应变已经确定，即

$$\varepsilon_{ij}^{\mathrm{s,stepII}} = \varepsilon_{ij}^{\mathrm{p,stepII}} = \varepsilon_{ij}^{\mathrm{f}} \tag{9.62}$$

那么冷却完之后，补片和蒙皮中的总应变就应该等于两步的总和，即

$$\varepsilon_{ij}^{\mathrm{s}} = \varepsilon_{ij}^{\mathrm{p}} = \varepsilon_{ij}^{\mathrm{f}} + \alpha_{\mathrm{s}}\Delta T\delta_{ij} \tag{9.63}$$

另外，冷却后补片和蒙皮中热应力也可以通过热-弹性本构关系求解，即

$$\begin{aligned}
\sigma_{ij}^{\mathrm{s}} &= C_{ijkl}^{\mathrm{s}}\left(\varepsilon_{kl}^{\mathrm{s}} - \alpha_{\mathrm{s}}\Delta T\delta_{kl}\right) = C_{ijkl}^{\mathrm{s}}\varepsilon_{kl}^{\mathrm{f}} \\
\sigma_{ij}^{\mathrm{p}} &= C_{ijkl}^{\mathrm{p}}\left(\varepsilon_{kl}^{\mathrm{p}} - \alpha_{ij}^{\mathrm{p}}\Delta T\right) = C_{ijkl}^{\mathrm{p}}\left[\varepsilon_{kl}^{\mathrm{f}} - \left(\alpha_{ij}^{\mathrm{p}}\Delta T - \alpha_{\mathrm{s}}\Delta T\delta_{kl}\right)\right] \\
&= C_{ijkl}^{\mathrm{p}}\left(\varepsilon_{kl}^{\mathrm{f}} - \Delta\alpha_{ij}\Delta T\right) = C_{ijkl}^{\mathrm{p}}\left(\varepsilon_{kl}^{\mathrm{f}} - \varepsilon_{ij}^{\mathrm{p,T}}\right)
\end{aligned} \tag{9.64}$$

在复合材料结构在胶接修理过程中，利用电热毯首先将修理区域加热到高于胶层玻璃转化温度，并保持几个小时，然后使胶层和修理结构的温度下降到常温。为了分析方便，假设电热毯周围的温度按阶跃函数变化，内部的温度分布为常量，外部的温度分布也为常量，即常温。这种假设与实际情况并不相符，没有考虑结构中的热传导过程，但仍然可以在初步设计中用来分析修理固化对补片修理效率的影响。

在加热过程中，因为胶层是非常软的，所以补片可以认为是无应力状态的自由膨胀，而由于周围结构的限制作用，修理结构将产生热应力，该热应力可由多边形等效夹杂理论计算得到，多边形夹杂的本征应变为 $\alpha_{\mathrm{s}}\Delta T_{\mathrm{heating}}(\Delta T_{\mathrm{heating}} = T_{\mathrm{curing}} - T_{\mathrm{ambient}})$，加热区域蒙皮的总应变记为 $\varepsilon_{ij}^{\mathrm{s,heating}}$，且小于 $\alpha_{\mathrm{s}}\Delta T_{\mathrm{heating}}$。另外，值得注意的是，利用夹杂理论计算得到的 $\varepsilon_{ij}^{\mathrm{s,heating}}$ 是与加热区域尺寸无关的。

接下来是整个修理区域冷却到常温的过程，整个冷却过程分为两个子阶段：① 补片的固化温度不变，但受初始摩擦应变 $-\varepsilon_{ij}^{\mathrm{s,heating}}$ 作用，而蒙皮已冷却到常温，且处于无应力状态；② 补片开始冷却到常温，并逐渐解除初始应变 $-\varepsilon_{ij}^{\mathrm{s,heating}}$。因此，此处的热应力问题被转化为一个初始应变问题，则补片的应变场为

$$\varepsilon_{ij}^{\mathrm{p,T}} = \alpha_{ij}^{\mathrm{p}}\Delta T_{\mathrm{heating}} + \varepsilon_{ij}^{\mathrm{s,heating}} \tag{9.65}$$

两种热载荷情况下补片的等效初始应变已经全部确定，下一步就可以建立热应力的求解模型。因为补片与蒙皮是完全刚性连接的，所以在区域 Ω 内可以看作蒙皮的一部分，为蒙皮的非同质夹杂，则这种非同质夹杂热-弹性本构关系为

$$
\begin{aligned}
\sigma_{ij}^{\mathrm{I}} &= C_{ijkl}^{\mathrm{I}}\left(\varepsilon_{kl}^{\mathrm{I}} - \varepsilon_{kl}^{\mathrm{T}}\right)\\
\varepsilon_{kl}^{\mathrm{T}} &= \frac{t_{\mathrm{p}}}{t_{\mathrm{s}}}C_{ijkl}^{\mathrm{I}}C_{klmn}^{\mathrm{p}}\varepsilon_{mn}^{\mathrm{p,T}}
\end{aligned}
\tag{9.66}
$$

利用 9.3.1 节中介绍的等效夹杂理论求解方法，假设有本征应变场为

$$\varepsilon_{ij}^{*} = F_{ij} + F_{ijkl}x_k x_l \tag{9.67}$$

式 (9.67) 中系数的求解前面已介绍，此处不再赘述。一旦这些系数确定，非同质夹杂问题的应变和应力场分别为

$$
\begin{aligned}
\varepsilon_{ij}^{\mathrm{I}} &= \varepsilon_{ij}^{\mathrm{H}} = S_{ijkl}F_{kl} + S_{ijklmn}F_{klmn}\\
\sigma_{ij}^{\mathrm{I}} &= \begin{cases} C_{ijkl}^{\mathrm{s}}\left(\varepsilon_{kl}^{\mathrm{H}} - \varepsilon_{kl}^{*} - \varepsilon_{kl}^{\mathrm{T}}\right), & \text{区域}\Omega\ \text{内}\\ C_{ijkl}^{\mathrm{s}}\varepsilon_{kl}^{\mathrm{H}}, & \text{区域}\Omega\text{外} \end{cases}
\end{aligned}
\tag{9.68}
$$

所以，补片区域内蒙皮的应力为

$$
\begin{aligned}
\sigma_{ij}^{\mathrm{s}} &= C_{ijkl}^{\mathrm{s}}\left[\left(C_{ijkl}^{\mathrm{I}}\right)^{-1}\sigma_{ij}^{\mathrm{I}} + \varepsilon_{kl}^{\mathrm{T}}\right]\\
\sigma_{ij}^{\mathrm{p}} &= C_{ijkl}^{\mathrm{p}}\left[\left(C_{ijkl}^{\mathrm{I}}\right)^{-1}\sigma_{ij}^{\mathrm{I}} + \varepsilon_{kl}^{\mathrm{T}} - \varepsilon_{kl}^{\mathrm{p,T}}\right]
\end{aligned}
\tag{9.69}
$$

补片区域外蒙皮的应力为 σ_{ij}^{I}。

9.3.3　断裂分析

9.3.2 节介绍了当补片完好胶接在无裂纹蒙皮上时，利用等效夹杂理论求解机械和热载荷作用下的应力。本小节将考虑补片修理裂纹蒙皮的问题，基于 9.3.2 节中的应力结果进行断裂分析，即求解裂纹尖端的应力强度因子。考虑图 9.11(a) 中的裂纹修理结构，裂纹面受均匀分布应力 $\sigma_0(\varsigma)$ 作用，该应力与 9.3.2 节中求得的

蒙皮正应力 σ_{yy} 相等但方向相反。由于补片和蒙皮的尺寸都远大于裂纹的尺寸，且都很薄，所以它们都当作平面应力下的无限大板。补片对蒙皮的剪切作用可以看成蒙皮中的剪切体积力，将蒙皮修理区域和补片划分成对应的单元，如图 9.11(b) 所示，且每个单元中的剪切体积力是均匀分布的，记第 i 个单元 x 和 y 方向上的剪切体积力分别为 P_{1i} 和 P_{2i}，则剪切体积力可利用蒙皮和补片之间的位移协调关系确定，y 方向上的协调关系为

$$
\sum_{m=1}^{M} \left\{ \sum_{\beta=1}^{2} \left[u_2^{\text{skin}}\left(x_n, y_n; x_m, y_m\right)\Big|_{P_{\beta m}=1} - u_2^{\text{patch}}\left(x_n, y_n; x_m, y_m\right)\Big|_{P_{\beta m}=1} \right.\right.
$$
$$
\left.\left. - \frac{t_A}{G_A h_m d_m} \delta_{2\beta}\delta_{nm} \right] P_{\beta m} \right\} = - u_2^{\text{skin}}\left(x_n, y_n\right)\Big|_{\sigma_0(\varsigma)}
\tag{9.70}
$$

式中，M 为单元数量；u_2^{skin} 和 u_2^{patch} 分别为蒙皮和补片 y 方向上的位移；$u_2^{\text{skin}}\big|_{\sigma_0(\varsigma)}$ 为应力 $\sigma_0(\varsigma)$ 引起的位移。同理可以得到 x 方向上的协调关系，那么可以组成一个维数为 $2M$ 的线性方程组，进而求解得到 P_{1i} 和 P_{2i}。

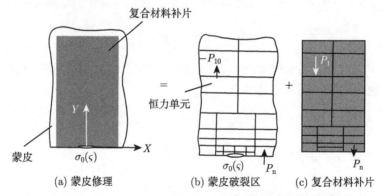

图 9.11　压力 $\sigma_0(\varsigma)$ 作用下修理裂纹表面受力情况

　　在该断裂问题中，蒙皮同时受裂纹面均匀分布应力 $\sigma_0(\varsigma)$ 和剪切体积力 $P_{\beta i}$ 作用，则可利用图 9.12 所示的叠加方法进行求解。图 9.12(b) 为剪切体积力作用下的无裂纹蒙皮，该情况对裂纹的应力强度因子是没有影响的，因此只需要考虑裂纹面压力 $\Gamma(\varsigma)$ 引起的应力强度因子 (图 9.12(c))，但是该压力又是由剪切体积力引起的。

　　由 $\Gamma(\varsigma)$ 引起的应力强度因子为

$$
K(\pm a) = \int_{-a}^{a} \frac{\Gamma(\varsigma)}{\sqrt{\pi a}} \sqrt{\frac{a \pm \varsigma}{a \mp \varsigma}} \mathrm{d}\varsigma
\tag{9.71}
$$

式 (9.71) 的数值解为

$$
K(\pm a) = \frac{4\sqrt{\pi a}}{2n+1} \sum_{k=1}^{n} \sin^2\left(\frac{k\pi}{2n+1}\right) \Gamma\left[\pm a\cos\left(\frac{k\pi}{2n+1}\right)\right]
\tag{9.72}
$$

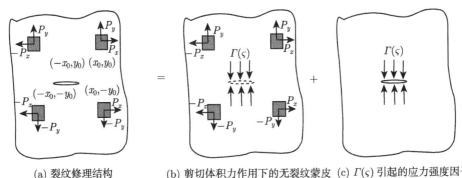

(a) 裂纹修理结构　　　　(b) 剪切体积力作用下的无裂纹蒙皮　(c) $\Gamma(\varsigma)$ 引起的应力强度因子

图 9.12　无限条形补片的叠加方法

9.4　补片端部的胶接线分析

前面对胶接结构的应力分析，只是关注裂纹附近的剥离应力和剪切应力，本节将介绍补片边缘的剥离应力和剪切应力的分析方法。

由于理论分析上的复杂性，锥形补片和增强结构还没有封闭解，所以数值方法才是最有效的。对胶层应力的求解要求必须首先知道补片边缘上的非线性弯矩的分布，考虑图 9.13 所示面内拉伸载荷作用下的单面和双面增强结构，增强补片具有锥形边缘，蒙皮和补片的构型不一定是一致或对称的，可以是具有不同单层、铺层顺序和厚度的层合结构。

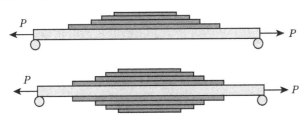

图 9.13　面内拉伸载荷作用下的单面和双面增强结构

先求解单边增强的情况，考虑到对称性，只研究整个增强结构的左半部分，如图 9.14 所示，其中，每个台阶的长度为 l_i。考虑弯矩平衡，锥形边缘的每个分段中沿 x 轴的弯矩与载荷和位移的关系为

$$M_i = -P \cdot \hat{w}_i - P(\hat{e}_i - \hat{e}_0) \tag{9.73}$$

式中，$i = 1, 2, \cdots, N$，且 N 为锥形边缘的分段数量，0 分段为锥形边缘的外围区域；$\hat{w}_i$ 为横向位移；$\hat{e}_i$ 为 i 分段梁中性轴的 z 坐标，原点为蒙皮表面。此处仍然假设补片与蒙皮之间为完好刚性连接，则可将修理区域完整地看成层合梁，值得注意

的是，式 (9.73) 右边第一项代表挠度引起的弯矩，而第二项代表锥形边缘中性轴变化引起的弯矩。对于层合梁分段 i，有

$$\hat{e}_i = \frac{\dfrac{1}{2}\sum_{k=1}^{n_{ply}} (C_{11,k})_i \left(z_{k,i}^2 - z_{k-1,i}^2\right)}{\sum_{k=1}^{n_{ply}} (C_{11,k})_i \left(z_{k,i} - z_{k-1,i}\right)}$$

$$M_i = -D_i \hat{w}_i^{''}(x_i)$$

$$D_i = \frac{1}{3}\sum_{k=1}^{n_{ply}} (C_{11,k})_i \left[(z_{k,i} - \hat{e}_i)^3 - (z_{k-1,i} - \hat{e}_i)^3\right] \tag{9.74}$$

式中，$(C_{11,k})_i$ 为第 i 层合分段第 k 层弹性矩阵的 $(1,1)$ 元素，分量 $(1,1)$ 沿梁的轴向；D_i 为弯曲刚度；$z_{k,i}$ 和 $z_{k-1,i}$ 分别为第 i 层合分段第 k 层上、下面的坐标，n_{ply} 为第 i 层合分段的层数。对于均质和各向同性分段，$\hat{e}_i = t_i/2$，$D_i = Et_i^3/12$，其中 t_i 为第 i 层合分段的厚度。

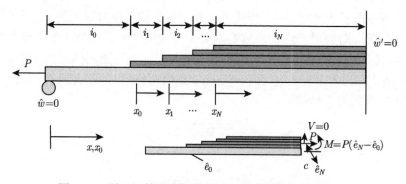

图 9.14 用于计算非线性弯矩分布的锥形单边增强情况

将式 (9.74) 代入式 (9.73)，可得挠度的控制方程为

$$\hat{w}_i^{''} - \frac{P}{D}\hat{w}_i = \frac{P(\hat{e}_i - \hat{e}_0)}{D_i} \tag{9.75}$$

式 (9.75) 的一般解为

$$\hat{w}_i^{''}(x_i) = W_{1i}\cosh(\xi_i x_i) + W_{2i}\sinh(\xi_i x_i) - (\hat{e}_i - \hat{e}_0) \tag{9.76}$$

式中，

$$\xi_i = \sqrt{\frac{P}{D_i}} \tag{9.77}$$

待定系数 W_{1i} 和 W_{2i} 需用边界条件确定，式 (9.76) 右边的前两项为通解，而最后一项为特解。增强结构对称中心的位移边界条件为

$$(\hat{w}=0,\ x=0)\ \text{或}\ (\hat{w}_0=0,\ x_0=0)\ (W_{10}=0) \tag{9.78}$$

且 $(\hat{w}'=0,\ x=l_0+l_1+\cdots+l_N)$，或 $(\hat{w}'_N=0,\ x=l_N)$，因此，有

$$\xi_N W_{1N}\sinh(\xi_N\ell_N)+\xi_N W_{2N}\cosh(\xi_N\ell_N)=0 \tag{9.79}$$

每一分段连接处的位移和位移斜率的连续条件为

$$W_{1i}\cosh(\xi_i\ell_i)+W_{2i}\sinh(\xi_i\ell_i)-W_{1,i+1}=\hat{e}_i-\hat{e}_{i+1}$$
$$\ell_i W_{1i}\sinh(\xi_i\ell_i)+\ell_i W_{2i}\cosh(\xi_i\ell_i)-\ell_{i+1}W_{2,i+1}=0 \tag{9.80}$$

根据式 (9.78) 和式 (9.80) 联立得到的线性方程组可以求解待定系数 W_{1i} 和 W_{2i}，一旦这些系数得到求解，则锥形边缘区域的非线性弯矩分布为

$$M_{\mathrm{L}}=M_0(x_0=\ell_0)=-\xi_0^2 D_0[W_{10}\cosh(\xi_0\ell_0)+W_{20}\sinh(\xi_0\ell_0)] \tag{9.81}$$

下面来求解胶层的剥离应力和剪切应力，如图 9.15 所示，第 i 层合分段的平衡方程为

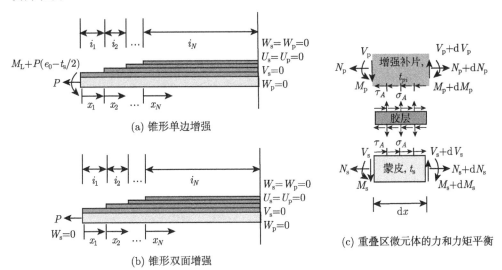

(a) 锥形单边增强

(b) 锥形双面增强

(c) 重叠区微元体的力和力矩平衡

图 9.15　计算胶层剥离应力和剪切应力的示意图

对于蒙皮，有

$$N'_{\mathrm{s}i}=-\tau_{Ai}$$
$$V'_{\mathrm{s}i}=-\sigma_{Ai}$$
$$M'_{\mathrm{s}i}=V_{\mathrm{s}i}-\tau_{Ai}\left(\frac{t_{\mathrm{s}}+t_A}{2}\right)-N_{\mathrm{s}i}\cdot\hat{w}'_i \tag{9.82}$$

对于补片，有

$$N'_{\mathrm{p}i} = -\tau_{Ai}$$

$$V'_{\mathrm{p}i} = -\sigma_{Ai}$$

$$M'_{\mathrm{p}i} = V_{\mathrm{p}i} - \tau_{Ai}\left(\frac{t_{\mathrm{pl}} + t_A}{2}\right) - N_{\mathrm{p}i} \cdot \hat{w}'_i \tag{9.83}$$

式中，N 和 V 分别为法向内应力和垂直剪切内应力；M 为弯矩；τ_{Ai} 和 σ_{Ai} 分别为第 i 层合分段胶层的剪切应力和剥离应力；t_{s}、t_{pl} 和 t_A 分别为蒙皮的总厚度、补片的最小厚度和胶层的厚度。

只是依靠式 (9.82) 和式 (9.83) 求解胶层剪切应力和剥离应力是不够的，必须补充如下运动方程和本构关系。

第 i 层合分段的蒙皮

$$u_{\mathrm{s}i} = \bar{u}_{\mathrm{s}i} + z\tilde{\beta}_{\mathrm{s}i}$$

$$\tilde{\beta}_{\mathrm{s}i} = -w'_{\mathrm{s}i}$$

$$\bar{u}'_{\mathrm{s}i} = \frac{D_{\mathrm{s}}}{D_{\mathrm{s}}A_{\mathrm{s}} - B_{\mathrm{s}}^2}N_{\mathrm{s}i} - \frac{B_{\mathrm{s}}}{D_{\mathrm{s}}A_{\mathrm{s}} - B_{\mathrm{s}}^2}M_{\mathrm{s}i}$$

$$\bar{\beta}'_{\mathrm{s}i} = -\frac{B_{\mathrm{s}}}{D_{\mathrm{s}}A_{\mathrm{s}} - B_{\mathrm{s}}^2}N_{\mathrm{s}i} + \frac{A_{\mathrm{s}}}{D_{\mathrm{s}}A_{\mathrm{s}} - B_{\mathrm{s}}^2}M_{\mathrm{s}i} \tag{9.84}$$

第 i 层合分段的补片

$$u_{\mathrm{p}i} = \bar{u}_{\mathrm{p}i} + z\tilde{\beta}_{\mathrm{p}i}$$

$$\tilde{\beta}_{\mathrm{p}i} = -w'_{\mathrm{p}i}$$

$$\bar{u}'_{\mathrm{p}i} = \frac{D_{\mathrm{p}i}}{D_{\mathrm{p}}A_{\mathrm{p}} - B_{\mathrm{p}i}^2}N_{\mathrm{p}i} - \frac{B_{\mathrm{p}i}}{D_{\mathrm{p}i}A_{\mathrm{p}i} - B_{\mathrm{p}i}^2}M_{\mathrm{p}i}$$

$$\bar{\beta}'_{\mathrm{p}i} = -\frac{B_{\mathrm{p}i}}{D_{\mathrm{p}i}A_{\mathrm{p}i} - B_{\mathrm{p}i}^2}N_{\mathrm{p}i} + \frac{A_{\mathrm{s}}}{D_{\mathrm{p}i}A_{\mathrm{p}i} - B_{\mathrm{p}i}^2}M_{\mathrm{p}i} \tag{9.85}$$

第 i 层合分段的胶层

$$\sigma_{Ai} = \frac{E_A}{t_A}\left(w_{\mathrm{p}i} - w_{\mathrm{s}i}\right)$$

$$\tau_{Ai} = \frac{G_A}{t_A}\left(\bar{u}_{\mathrm{p}i} - \frac{t_{\mathrm{pl}}}{2}\beta_{\mathrm{p}i} - \bar{u}_{\mathrm{s}i} - \frac{t_{\mathrm{s}}}{2}\beta_{\mathrm{s}i}\right) \tag{9.86}$$

式 (9.84) ~ 式 (9.86) 中，u 和 $\bar{u}$ 分别为任意处的位移和参考面上的位移；$\tilde{\beta}_{\mathrm{s}i}$ 为转角。拉伸、拉伸弯曲耦合和弯曲刚度系数分别为

$$A = \sum_{k=1}^{n_{ply}} (C_{11,k}) (z_k - z_{k-1})$$

$$B = \frac{1}{2} \sum_{k=1}^{n_{ply}} (C_{11,k}) \left[(z_k - h_0)^2 - (z_{k-1} - h_0)^2 \right] \qquad (9.87)$$

$$D = \frac{1}{3} \sum_{k=1}^{n_{ply}} (C_{11,k}) \left[(z_k - h_0)^3 - (z_{k-1} - h_0)^3 \right]$$

将式 (9.86) 代入式 (9.82) 和式 (9.83), 并与式 (9.84) 和式 (9.85) 联立, 对于第 i 层合分段有一阶微分控制方程为

$$\{\varphi_i'\} = \boldsymbol{\Psi}_i \varphi_i = \left[\begin{array}{cc} (\boldsymbol{\Psi}_{11})_i & (\boldsymbol{\Psi}_{12})_i \\ (\boldsymbol{\Psi}_{21})_i & (\boldsymbol{\Psi}_{22})_i \end{array} \right] \varphi_i \qquad (9.88)$$

式中,

$$\varphi_i = \left\{ \begin{array}{cccccccccccc} \bar{u}_{si} & w_{si} & \tilde{\beta}_{si} & N_{si} & M_{si} & V_{si} & \bar{u}_{pi} & w_{pi} & \tilde{\beta}_{si} & N_{pi} & M_{pi} & V_{pi} \end{array} \right\}^{\mathrm{T}} \quad (9.89)$$

$$(\boldsymbol{\Psi}_{11})_i = \left[\begin{array}{cccccc} 0 & 0 & 0 & \dfrac{D_s}{D_s A_s - B_s^2} & \dfrac{-B_s}{D_s A_s - B_s^2} & 0 \\[3mm] 0 & 0 & -1 & \dfrac{-B_s}{D_s A_s - B_s^2} & \dfrac{A_s}{D_s A_s - B_s^2} & 0 \\[3mm] 0 & 0 & 0 & 0 & 0 & 0 \\[2mm] \dfrac{G_A}{t_A} & 0 & \dfrac{G_A}{t_A}\left(\dfrac{t_s}{2}\right) & 0 & 0 & 0 \\[3mm] \dfrac{G_A}{t_A}\left(\dfrac{t_s + t_A}{2}\right) & 0 & \dfrac{G_A t_s}{t_A}\left(\dfrac{t_s + t_A}{4}\right) & -\hat{w}_i' & 0 & 1 \\[3mm] 0 & \dfrac{E_A}{t_A} & 0 & 0 & 0 & 0 \end{array} \right]$$

$$\qquad (9.90)$$

$$(\boldsymbol{\Psi}_{12})_i = \left[\begin{array}{cccccc} 0 & 0 & 0 & 0 & 0 & 0 \\[1mm] 0 & 0 & 0 & 0 & 0 & 0 \\[1mm] 0 & 0 & 0 & 0 & 0 & 0 \\[2mm] -\dfrac{G_A}{t_A} & 0 & \dfrac{G_A}{t_A}\left(\dfrac{t_{pl}}{2}\right) & 0 & 0 & 0 \\[3mm] -\dfrac{G_A}{t_A}\left(\dfrac{t_{pl} + t_A}{2}\right) & 0 & \dfrac{G_A t_{pl}}{t_A}\left(\dfrac{t_{pl} + t_A}{4}\right) & 0 & 0 & 0 \\[3mm] 0 & -\dfrac{E_A}{t_A} & 0 & 0 & 0 & 0 \end{array} \right] \quad (9.91)$$

$$(\boldsymbol{\Psi}_{21})_i = \begin{bmatrix} 0 & 0 & 0 & 0 & 0 & 0 \\ 0 & 0 & 0 & 0 & 0 & 0 \\ 0 & 0 & 0 & 0 & 0 & 0 \\ -\dfrac{G_A}{t_A} & 0 & \dfrac{G_A}{t_A}\left(\dfrac{t_s}{2}\right) & 0 & 0 & 0 \\ \dfrac{G_A}{t_A}\left(\dfrac{t_{pl}+t_A}{2}\right) & 0 & \dfrac{G_A t_s}{t_A}\left(\dfrac{t_{pl}+t_A}{4}\right) & 0 & 0 & 0 \\ 0 & -\dfrac{E_A}{t_A} & 0 & 0 & 0 & 0 \end{bmatrix} \quad (9.92)$$

$$(\boldsymbol{\Psi}_{22})_i = \begin{bmatrix} 0 & 0 & 0 & \dfrac{D_{pi}}{D_{pi}A_{pi}-B_{pi}^2} & \dfrac{-B_{pi}}{D_{pi}A_{pi}-B_{pi}^2} & 0 \\ 0 & 0 & -1 & \dfrac{-B_{pi}}{D_{pi}A_{pi}-B_{pi}^2} & \dfrac{A_{pi}}{D_{pi}A_{pi}-B_{pi}^2} & 0 \\ 0 & 0 & 0 & 0 & 0 & 0 \\ \dfrac{G_A}{t_A} & 0 & -\dfrac{G_A}{t_A}\left(\dfrac{t_{pl}}{2}\right) & 0 & 0 & 0 \\ -\dfrac{G_A}{t_A}\left(\dfrac{t_{pl}+t_A}{2}\right) & 0 & \dfrac{G_A t_p}{t_A}\left(\dfrac{t_{pl}+t_A}{4}\right) & -\hat{w}_i' & 0 & 1 \\ 0 & \dfrac{E_A}{t_A} & 0 & 0 & 0 & 0 \end{bmatrix}$$

$$(9.93)$$

式 (9.88) 为 $12 \times N$ 一阶微分方程组，在处理考虑边界条件之后才能求解。首先，修理区域的左边界上，补片是应力和弯矩自由的，即 $N_{p1}(0) = M_{p1}(0) = V_{p1}(0) = 0$；其次，修理区域的左边界上，蒙皮的应力、弯矩和剪切内力分别为 $N_{s1}(0) = P$、$M_{s1}(0) = M_L + P\left(\hat{e}_0 - \dfrac{t_s}{2}\right)$ 和 $V_{s1}(0) = 0$，其中 M_L 为前面已经求解了的锥形边缘区域非线性弯矩分布；再次，为了计算方便，整个修理区域的参考面是一致的，拉伸、挠度、斜率、正应力、剪切和弯曲内交力在分段的连接处的连续性为

$$[\varphi(\ell_i)]_i = [\varphi(0)]_{i+1} \quad (9.94)$$

最后，中心的对称条件为

$$\begin{aligned} \bar{u}_{sN}(\ell_N) &= \bar{u}_{pN}(\ell_N) = 0 \\ \tilde{\beta}_{sN}(\ell_N) &= \tilde{\beta}_{pN}(\ell_N) = 0 \\ V_{sN}(\ell_N) &= w_{pN}(\ell_N) = 0 \end{aligned} \quad (9.95)$$

双面增强或修理的控制方程也是式 (9.88)，但是边界条件有所不同，上面提到的四个边界条件中，第 1、3 和 4 个仍然适用于双面增强或修理结构，而第 2 个被

修改为

$$N_{sl}(0) = P$$

$$M_{sl}(0) = 0$$ （9.96）

$$w_{s1}(0) = 0$$

9.5　复合材料修理结构裂纹的疲劳扩展分析

本节首先讨论修理裂纹小范围屈服下的裂纹闭合分析方法,然后将其扩展到大范围屈服问题。

9.5.1　小范围屈服下的裂纹闭合分析

完全支撑裂纹结构的胶接修理示意图如图 9.16 所示,为了简化分析过程,限制整个修理结构的面外变形,蒙皮上裂纹的长度为 $2a$,几何尺寸和材料参数的符号标记与前面的相同。修理结构的断裂分析问题可转化成裂纹桥接问题,如果补片和蒙皮均为同性材料,且泊松比相同,在假设胶层为弹性变形的情况下,应力强度因子变程可表示为

$$\Delta K = \Delta\sigma_0 \sqrt{\pi a} F\left(\pi\Delta a\right)$$ （9.97）

式中,$\Delta\sigma_0$ 为应力变程,与远场应力之间的关系为

$$\Delta\sigma_0 = \phi\Delta\sigma_\infty$$ （9.98）

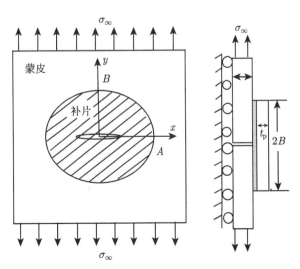

图 9.16　完全支撑裂纹结构的胶接修理示意图

对于椭圆形补片，ϕ 的具体形式在式 (9.14) 中定义，Λ 和 S 分别表示弹簧的刚度和补片比刚度。

$$\Lambda = \frac{\beta_{\mathrm{A}} S}{(1 - \nu_{\mathrm{s}})^2 (1 + S)} \tag{9.99}$$

式中，$\beta_{\mathrm{A}} = \left\{ G_{\mathrm{A}}/t_{\mathrm{A}} \left[1/(E'_{\mathrm{s}} t_{\mathrm{s}}) + 1/(E'_{\mathrm{p}} t_{\mathrm{p}}) \right] \right\}^{1/2}$；$S = E'_{\mathrm{p}} t_{\mathrm{p}}/(E'_{\mathrm{s}} t_{\mathrm{s}})$，$E'_{\mathrm{s,p}} = E_{\mathrm{s,p}}/(1 - \nu_{\mathrm{s,p}})^2$。函数 F 可以近似地表示为

$$F(\pi \Lambda a) = \left[\frac{1}{\pi \Lambda a} \tanh \frac{\pi \Lambda a}{1 + \hbar \pi \Lambda a} \right] \tag{9.100}$$

式中，对于对称修理 $(S = 1)$，$\hbar = 0.3$；对于非常刚硬的补片 $(S \to \infty)$，$\hbar = 0.1$。

对于长度较大的裂纹 $(\pi \Lambda a \gg 1)$，修理裂纹应力强度因子的上限为

$$\Delta K = \frac{\Delta \sigma_0}{\sqrt{\Lambda}}, \quad \pi \Lambda a \gg 1 \tag{9.101}$$

在常幅外载荷作用下，修理后的裂纹将近似恒速扩展。在这种情况下，塑性区的尺寸 ω_{k} 和裂纹尖端张开位移 $\mathrm{CTOD}_{\mathrm{K}}$ 为

$$\omega_{\mathrm{k}} = \frac{\pi}{8} \left(\frac{K_{\mathrm{I}}}{\sigma_{\gamma}} \right)^2$$
$$\mathrm{CTOD}_{\mathrm{K}} = \frac{K_{\mathrm{I}}^2}{E_{\mathrm{s}} \sigma_{\gamma}} = \frac{8 \sigma_{\mathrm{Y}}}{\pi E_{\mathrm{s}}} \omega_{\mathrm{k}} \tag{9.102}$$

式中，σ_{Y} 为蒙皮的屈服强度。

裂纹疲劳扩展速率可用等效应力集中系数修正为

$$\Delta K_{\mathrm{eff}} = \frac{\Delta K}{1 - R} \left(1 - \frac{\sigma_{\mathrm{op}}}{\sigma_{\max}} \right) \tag{9.103}$$

式中，R 为应力比，固化过程中残余热应力对 R 具有严重影响。裂纹的张开应力为

$$\frac{\sigma_{\mathrm{op}}}{\sigma_{\max}} = \begin{cases} A_0, & R < 0 \\ A_0 + A_2 R^2 + A_3 R^3, & R > 0 \end{cases} \tag{9.104}$$

式中，

$$\begin{aligned} A_0 &= 0.825 - 0.34 \vartheta + 0.05 \vartheta^2 \\ A_2 &= 2 - 3 A_0 \\ A_3 &= 2 A_0 - 1 \end{aligned} \tag{9.105}$$

塑性约束因子为

$$\vartheta = \frac{1 + 0.64 \left[(\omega/t_{\mathrm{s}})^{1/2} + 2 (\omega/t_{\mathrm{s}})^2 \right]}{1 - 2\nu_{\mathrm{s}} + 0.54 \left[(\omega/t_{\mathrm{s}})^{1/2} + 2 (\omega/t_{\mathrm{s}})^2 \right]} \tag{9.106}$$

9.5.2　大范围屈服下的裂纹闭合分析

对高应力区的疲劳裂纹进行修理分析时必须考虑大范围屈服问题,为了简化分析过程,考虑长度较大的裂纹 ($\pi\varLambda a \gg 1$),假设最大载荷下的应力强度因子为常量。因为 CTOD 与应力强度因子的平方呈线性关系,所以裂纹面上的残余塑性变形沿蒙皮厚度可近似不变,最大应力作用下桥接裂纹变形的简化示意图如图 9.17(a) 所示,而卸载到最小应力情况下的边界条件如图 9.17(b) 所示。在本书的分析方法中,裂纹修理前后的区别在于模型中裂纹面是否有弹簧的作用,而弹簧的存在对裂纹尖端的塑性变形的影响是非常明显的。

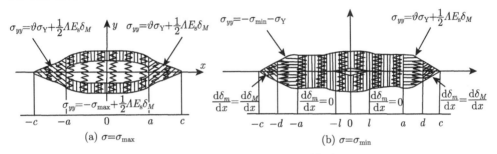

图 9.17　短裂纹的裂纹闭合模型

假设裂纹尖端的塑性变形出现在区域 $a < |x| < c$,其中,$c = a + \omega$,ω 为塑性变形区域的尺寸,则图 9.17(a) 所示的情况可以表示为

$$-\frac{E_{\rm s}}{2\pi}\int_{-c}^{c}\frac{u\left(t\right)}{\left(x-t\right)^2}\mathrm{d}t + \varLambda E_{\rm s}u\left(x\right) = \begin{cases} \sigma_0, & |x| < a \\ \sigma_0 - \vartheta\sigma_\gamma, & a < |x| < c \end{cases} \tag{9.107}$$

式中,u 为裂纹面的位移。式 (9.107) 左边的第一项表示材料的抗裂纹张开性能,而第二项表示弹性,该超奇异积分方程可用 Galerkin 方法进行求解。

塑性区外侧上的应力是没有奇异性的,有

$$K_{\rm I} = \lim_{x\to c^+}\frac{E_{\rm s}\sqrt{\pi a}}{2}\frac{u\left(x\right)}{\sqrt{c^2 - x^2}} \equiv 0 \tag{9.108}$$

利用迭代法,根据式 (9.108) 可以求出给定外载荷下的塑性区尺寸,首先用式 (9.107) 得到一个试探值 ω,然后检验是否满足式 (9.108),求解结果如图 9.18(a) 所示,从图 9.18(a) 可以看出,当预期应力与屈服极限之比小于 0.4 时,塑性区尺寸约等于利用应力强度因子计算的结果 (式 (9.102))。在高应力水平下,预期应力值对塑性区尺寸具有显著影响,对于大范围,塑性区尺寸可用式 (9.109) 近似求解。

$$\frac{\omega}{\omega_{\rm k}} = 1 + A\left[\sec\left(\frac{\pi}{2}\frac{\sigma_0}{\sigma_\gamma}\right) - 1\right] \tag{9.109}$$

式中，系数 $A = 0.4272$ 是由最小二乘法得到的，当预期应力大于屈服应力的 70% 时，CTOD 仍然可以用应力强度因子的方法来计算 (式 (9.102))。此时，如图 9.18(b) 所示，裂纹尖端前的归一化塑性拉伸变化对施加的应力水平很不敏感。当塑性拉伸变化近似地由一个普遍关系控制时，该关系与小范围屈服条件下未修补裂纹的情况相同。裂纹张开位移与最大张开位移之间的关系为

$$\frac{\delta(x)}{\text{CTOD}_K} = g(x/\omega) \tag{9.110}$$

式中，

$$g(x/\omega) = \sqrt{1 - x/\omega} - \frac{x}{2\omega} \ln \left| \frac{1 + \sqrt{1 - x/\omega}}{1 - \sqrt{1 - x/\omega}} \right| \tag{9.111}$$

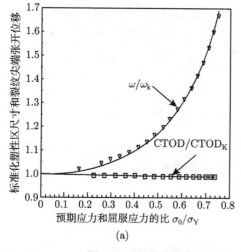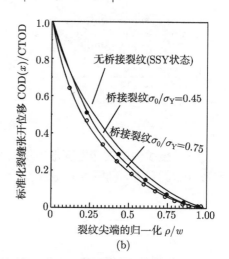

图 9.18　外载荷对塑性区尺寸和裂纹尖端张开位移的影响

确定了裂纹尖端在最大应力作用下的塑性变形之后，就可以讨论由塑性引起的裂纹闭合问题。记最大应力作用下的裂纹张开位移为 δ_M，而最小应力作用下的张开位移为 δ_m。如图 9.17 (b) 所示，在卸载到最小应力过程中，裂纹面的接触区间为 $l < |x| < a$，其中，l 为未知的非接触区间尺寸，在解除区域中，裂纹上下面受塑性拉伸层的作用，该拉伸层的厚度为 $\delta_R/2$，并且是未知的。在裂纹前端存在一个反向塑性流动区域，其未知长度为 $d - a$，其中，d 为反向塑性区的坐标，这个塑性流动区域是导致裂纹上下面受塑性拉伸层的原因。在区间 (d, c) 内，塑性拉伸量等于最大应力作用下的塑性拉伸量，且保持不变。值得注意的是，循环载荷作用下静止裂纹的裂纹尖端变形不同于疲劳扩展下的裂纹。随着裂纹的扩展，裂纹被一层额外层 (由塑性拉伸层引起) 附着，因为额外层的厚度等于塑性拉伸层最小应力作用下的厚度，所以在区间 $a < |x| < d$ 内，裂纹张开位移 δ_m 必须满足 $\delta_m \leqslant \delta_R$，且

$\delta_m(|x| = a) = \delta_R$。另外，$\delta_R$ 必须同时小于对应静止裂纹最小应力作用下的 CTOD，因此，$\delta_m \leqslant \delta_R \leqslant$ CTOD。

图 9.17(b) 所示的边值问题可以用复变函数的方法求解，在实际问题中，其边界条件为

$$
\begin{aligned}
&\sigma_{yy} = -\sigma_{\min} + \frac{1}{2}\Lambda E_s \delta_m(x), && |x| < l \\
&\frac{\mathrm{d}\delta_m}{\mathrm{d}x} = 0 \quad \text{或} \quad \delta_m = \delta_R, && l < |x| < a \\
&\sigma_{yy} = -\sigma_{\min} - \sigma_Y\left(1 - \frac{\Lambda E_s \delta_m}{2\sigma_Y}\right), && a < |x| < d \\
&\frac{\mathrm{d}\delta_m}{\mathrm{d}x} = \frac{\mathrm{d}\delta_M}{\mathrm{d}x} \quad \text{或} \quad \delta_m = \delta_M, && d < |x| < c \\
&\frac{\mathrm{d}\delta_m}{\mathrm{d}x} = 0, && |x| > c
\end{aligned}
\tag{9.112}
$$

式 (9.112) 右边 $\delta_m(x)$ 的存在，使得问题的求解更加复杂，可以利用迭代法进行求解，以无桥接裂纹的解作为迭代初始条件。

对于较低的预期应力，考虑 $\delta_m \leqslant \delta_R \leqslant$ CTOD，$\Lambda = \dfrac{\sigma_0^2}{K_I^2}$，CTOD $= \dfrac{K_I^2}{E_s \sigma_Y}$，得

$$
\frac{2E_s \delta_m}{2\sigma_Y} \leqslant \frac{\Lambda E_s \cdot \text{CTOD}}{2\sigma_Y} = \frac{1}{2}\left(\frac{\sigma_0}{\sigma_Y}\right)^2 \leqslant 0.125, \quad \sigma_0 \leqslant 0.5\sigma_Y
\tag{9.113}
$$

9.5.3　桥接裂纹的有限元分析

如图 9.19 所示，本书作者利用扩展逐层理论和三维杆单元建立复合材料桥接裂纹的有限元分析模型 [2,66]，在该分析模型中，复合材料的基体利用扩展逐层理论建模，纤维则用三维杆单元进行建模。在纤维增强复合材料中，基体的作用是将纤维捆绑在一起，并传递纤维之间的载荷。一般来说，基体可看成各向同性材料，纤维的材料性能则具有很强的方向依赖性。如图 9.20 所示，纤维与基体之间的载荷传递，可以通过埋于基体中的单根纤维来研究，从图 9.20 可以看出，纤维与基体之间的载荷是通过界面上的剪切应力实现的。当基体在拉伸载荷 P 的作用下时，纤维的表面会产生剪切应力 τ 与之平衡，其值在纤维的端部最大，并逐步减小直到为零，纤维截面上拉伸应力 σ 的变化趋势则正好相反，其值在纤维的端部为零，并逐步增加到最大值，然后不再变化。纤维端部到拉伸应力达到最大值和剪切应力减少为零处的距离称为特征长度。

当基体上作用压缩载荷时，特征长度范围内的应力情况与拉伸载荷作用下的刚好相反，基体的作用转变成防止纤维发生屈曲。如果纤维发生断裂，则它原本承受的载荷通过剪切应力传递给附近的其他纤维。因此，在轴向载荷作用下，纤维也

是承受轴向应力的，可以用三维杆单元进行建模分析，纤维的位移可以离散为

$$u_{\alpha k}^{\mathrm{f}} = \sum_{p=1}^{n_k} N_{kp} \tilde{U}_{\alpha kp}^{\mathrm{f}} \tag{9.114}$$

式中，上标 f 表示纤维；下标 k 表示第 k 层的纤维；n_k 为第 k 层纤维上的节点数；$N_{kp}(\xi) = \left[1 - \dfrac{\xi}{l_{kp}}, \dfrac{\xi}{l_{kp}} \right]$，$l_{kp}$ 为第 k 层纤维第 p 个杆单元的长度。重复指标 k 求和。

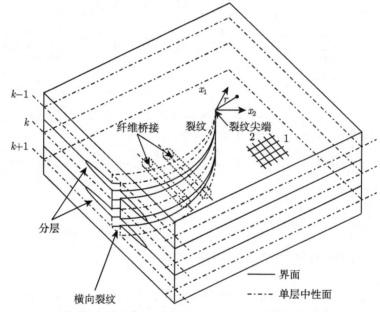

图 9.19　含分层和横向裂纹复合材料的裂纹桥接模型

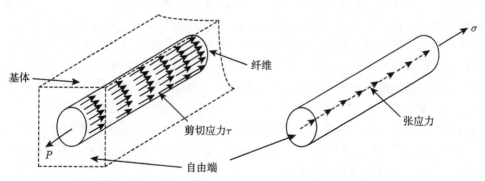

(a) 拉伸载荷作用下纤维与基体之间的载荷传递　　　(b) 单根纤维的应力分布情况

图 9.20　纤维的受力特性

纤维的应变为

$$\varepsilon_k^{\mathrm{f}} = \nabla u_k^{\mathrm{f}} = N_{kp,\xi} \tilde{U}_{\alpha kp}^{\mathrm{f}} \tag{9.115}$$

式中,

$$N_{kp,\xi} = \left[-\frac{1}{l_{kp}}, \frac{1}{l_{kp}} \right] \tag{9.116}$$

根据式 (9.115) 可得到纤维的虚应变能为

$$\delta U^{\mathrm{f}} = \int_{\Omega} \sigma \delta \varepsilon \mathrm{d}\Omega = \int_{\Omega} \tilde{U}_{\beta eq}^{\mathrm{f}} \left(N_{kq,\xi} D_{ke} N_{ep,\xi} \right) \delta \tilde{U}_{\alpha kp}^{\mathrm{f}} \mathrm{d}\Omega \tag{9.117}$$

式中, D_{ke} 为第 k 层纤维的刚度矩阵。

图 9.21 为复合材料桥接分析模型的有限元网格, 其中, 纤维的网格与基体的网格是相互对立的, 没有连接界面上节点位置一致性的要求, 从而降低了建模难度。为了实现这一点, 可利用基体上的四边形网格中的形函数插值纤维的节点位移, 则纤维与基体节点位移之间的关系 (协调关系) 为

$$\tilde{U}_{\alpha kp}^{\mathrm{f}} = \psi_{pm} \tilde{U}_{\alpha ikm} \tag{9.118}$$

式中, ψ_{pm} 为基体上的四边形网格中与纤维 p 节点对应的形函数; $\tilde{U}_{\alpha ikm}$ 为基体上的标准节点位移。

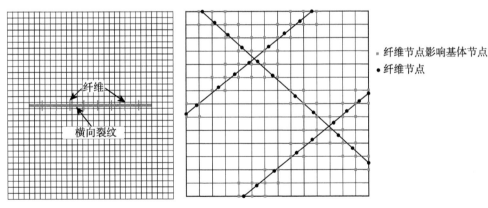

图 9.21　复合材料桥接分析模型的有限元网格

根据纤维与基体之间的协调关系 (式 (9.118)), 式 (9.117) 可重写为

$$\delta U^{\mathrm{f}} = \int_{\Omega} \tilde{U}_{\alpha ikm} \psi_{pm} N_{kp,\xi} D_{ke} N_{eq,\xi} \psi_{qn} \tilde{U}_{\beta jen} \mathrm{d}\Omega \tag{9.119}$$

因此, 三维细观模型的哈密顿原理为

$$0 = \delta U^{\mathrm{f}} + \delta U + \delta V \tag{9.120}$$

整体有限元控制方程为

$$K_{\alpha\beta\zeta\eta ke\kappa\iota}U_{\beta\eta e\iota} = F_{\alpha\zeta k\kappa} \tag{9.121}$$

式中，$\kappa = m, s, h_b$；$\iota = n, g, f_b$；$m, n = 1, 2, \cdots, N_E$；$s, g = 1, \cdots, N_E^P$；$h_b, f_b = 1, \cdots, N_E^Q$；$b = 1, 2, 3, 4$。$\boldsymbol{F}_{\alpha\zeta k\kappa}$ 为载荷向量，单元刚度矩阵 $\boldsymbol{K}_{\alpha\beta\zeta\eta ke}$ 为

$$\boldsymbol{K}_{\alpha\beta\zeta\eta ke} = \begin{bmatrix} K_{\alpha\beta\zeta\eta kemn} & K_{\alpha\beta\zeta\eta kemg} & K_{\alpha\beta\zeta\eta kemh} \\ K_{\alpha\beta\zeta\eta kesn} & K_{\alpha\beta\zeta\eta kesg} & K_{\alpha\beta\zeta\eta kesh} \\ K_{\alpha\beta\zeta\eta kefn} & K_{\alpha\beta\zeta\eta kefg} & K_{\alpha\beta\zeta\eta kefh} \end{bmatrix} \tag{9.122}$$

$K_{\alpha\beta\zeta\eta kemn}$ 为无损伤复合材料的刚度矩阵，其具体表达式为

$$K_{11\zeta\eta kemn} = \psi_{m,x}A^1_{11\zeta\eta ke}\psi_{n,x} + \psi_{m,x}A^1_{16\zeta\eta ke}\psi_{n,y} + \psi_{m,y}A_{16\zeta\eta ke}\psi_{n,x}$$
$$+ \psi_{m,y}A^1_{66\zeta\eta ke}\psi_{n,y} + \psi_m A^4_{55\zeta\eta ke}\psi_n + \psi_{pm}N_{kp,\xi}D_{ke}N_{eq,\xi}\psi_{qn}$$

$$K_{12\zeta\eta kemn} = \psi_{m,x}A^1_{12\zeta\eta ke}\psi_{n,y} + \psi_{m,x}A^1_{16\zeta\eta ke}\psi_{n,x} + \psi_{m,y}A^1_{26\zeta\eta ke}\psi_{n,y}$$
$$+ \psi_{m,y}A^1_{66\zeta\eta ke}\psi_{n,x} + \psi_m A^4_{45\zeta\eta ke}\psi_n + \psi_{pm}N_{kp,\xi}D_{ke}N_{eq,\xi}\psi_{qn}$$

$$K_{13\zeta\eta kemn} = \psi_{m,x}A^2_{13\zeta\eta ke}\psi_n + \psi_{m,y}A^2_{36\zeta\eta ke}\psi_n + \psi_m A^3_{45\zeta\eta ke}\psi_{n,y}$$
$$+ \psi_m A^3_{55\zeta\eta ke}\psi_{n,x} + \psi_{pm}N_{kp,\xi}D_{ke}N_{eq,\xi}\psi_{qn} \tag{9.123a}$$

$$K_{21\zeta\eta kemn} = \psi_{m,y}A^1_{12\zeta\eta ke}\psi_{n,x} + \psi_{m,x}A^1_{16\zeta\eta ke}\psi_{n,x} + \psi_{m,y}A^1_{26\zeta\eta ke}\psi_{n,y}$$
$$+ \psi_{m,x}A^1_{66\zeta\eta ke}\psi_{n,y} + \psi_m A^4_{45\zeta\eta ke}\psi_n + \psi_{pm}N_{kp,\xi}D_{ke}N_{eq,\xi}\psi_{qn}$$
$$= [K_{12\zeta\eta kemn}]^{\mathrm{T}}$$

$$K_{22\zeta\eta kemn} = \psi_{m,y}A^1_{22\zeta\eta ke}\psi_{n,y} + \psi_{m,y}A^1_{26\zeta\eta ke}\psi_{n,x} + \psi_{m,x}A^1_{26\zeta\eta ke}\psi_{n,y}$$
$$+ \psi_{m,x}A^1_{66\zeta\eta ke}\psi_{n,x} + \psi_m A^4_{44\zeta\eta ke}\psi_n + \psi_{pm}N_{kp,\xi}D_{ke}N_{eq,\xi}\psi_{qn}$$

$$K_{23\zeta\eta kemn} = \psi_{m,y}A^2_{23\zeta\eta ke}\psi_n + \psi_{m,x}A^2_{36\zeta\eta ke}\psi_n + \psi_m A^3_{45\zeta\eta ke}\psi_{n,x}$$
$$+ \psi_m A^3_{44\zeta\eta ke}\psi_{n,y} + \psi_{pm}N_{kp,\xi}D_{ke}N_{eq,\xi}\psi_{qn} \tag{9.123b}$$

$$K_{31\zeta\eta kemn} = \psi_m A^3_{13\zeta\eta ke}\psi_{n,x} + \psi_m A^3_{36\zeta\eta ke}\psi_{n,y} + \psi_{m,y}A^2_{45\zeta\eta ke}\psi_n$$
$$+ \psi_{m,x}A^2_{55\zeta\eta ke}\psi_n + \psi_{pm}N_{kp,\xi}D_{ke}N_{eq,\xi}\psi_{qn} = (K_{13\zeta\eta kemn})^{\mathrm{T}}$$

$$K_{32\zeta\eta kemn} = \psi_m A^3_{23\zeta\eta ke}\psi_{n,y} + \psi_m A^3_{36\zeta\eta ke}\psi_{n,x} + \psi_{m,y}A^2_{44\zeta\eta ke}\psi_n$$

$$+\psi_{m,x}A^2_{45\zeta\eta ke}\psi_n + \psi_{pm}N_{kp,\xi}D_{ke}N_{eq,\xi}\psi_{qn} = (K_{23\zeta\eta kemn})^{\mathrm{T}}$$

$$K_{33\zeta\eta kemn} = \psi_{m,y}A^1_{44\zeta\eta ke}\psi_{n,y} + \psi_{m,y}A^1_{45\zeta\eta ke}\psi_{n,x} + \psi_{m,x}A^1_{45\zeta\eta ke}\psi_{n,y}$$

$$+\psi_{m,x}A^1_{55\zeta\eta ke}\psi_{n,x} + \psi_m A^4_{33\zeta\eta ke}\psi_n + \psi_{pm}N_{kp,\xi}D_{ke}N_{eq,\xi}\psi_{qn}$$

$$(9.123\mathrm{c})$$

在三维细观模型的真实程序实现过程中, 纤维上的所用单元刚度矩阵都要逐一拼装到基体的总刚度矩阵中, 这意味着将纤维弥散到基体中。图 9.22 显示了纤维与基体之间的协调关系, 图中包含基体的两个四节点单元 (J 和 $J+1$), 以及纤维的三个两节点杆单元 (M、$M+1$ 和 $M+2$)。根据图 9.22, 式 (9.118) 可根据各杆单元进行重新安排, M 杆单元的两个节点上的位移可用四边形单元 J 的四个节点位移表示为

$$\left\{ \begin{array}{c} \tilde{U}^{\mathrm{f}}_{\alpha kp} \\ \tilde{U}^{\mathrm{f}}_{\alpha k(p+1)} \end{array} \right\} = \left[\begin{array}{cc} \boldsymbol{\Psi}_p & 0 \\ 0 & \boldsymbol{\Psi}_{p+1} \end{array} \right] \left\{ \begin{array}{c} \tilde{U}^{J}_{\alpha ik} \\ \tilde{U}^{J}_{\alpha ik} \end{array} \right\} \tag{9.124}$$

式中, $\tilde{U}^{J}_{\alpha ik} = [\tilde{U}_{\alpha ik1}\ \tilde{U}_{\alpha ik2}\ \tilde{U}_{\alpha ik3}\ \tilde{U}_{\alpha ik4}]^{\mathrm{T}}$ 为四边形单元 J 的四个节点位移, 包含 12 个自由度; $\boldsymbol{\Psi}_p$ 和 $\boldsymbol{\Psi}_{p+1}$ 为四边形单元 M 中杆单元 j- 和 $j+1$ 节点所处位置上的形函数, 其具体表达式为

$$\boldsymbol{\Psi} = \left[\begin{array}{cccccccccccc} \psi_1 & \psi_2 & \psi_3 & \psi_4 & 0 & 0 & 0 & 0 & 0 & 0 & 0 & 0 \\ 0 & 0 & 0 & 0 & \psi_1 & \psi_2 & \psi_3 & \psi_4 & 0 & 0 & 0 & 0 \\ 0 & 0 & 0 & 0 & 0 & 0 & 0 & 0 & \psi_1 & \psi_2 & \psi_3 & \psi_4 \end{array} \right] \tag{9.125}$$

对于单元 $M+1$, 有

$$\left\{ \begin{array}{c} \tilde{U}^{\mathrm{f}}_{\alpha k(p+1)} \\ \tilde{U}^{\mathrm{f}}_{\alpha k(p+2)} \end{array} \right\} = \left[\begin{array}{cc} \boldsymbol{\Psi}_{p+1} & 0 \\ 0 & \boldsymbol{\Psi}_{p+2} \end{array} \right] \left\{ \begin{array}{c} \tilde{U}^{J}_{\alpha ik} \\ \tilde{U}^{(J+1)}_{\alpha ik} \end{array} \right\} \tag{9.126}$$

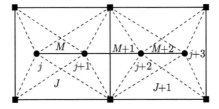

图 9.22　纤维与基体之间的协调关系

图 9.23 给出该方法建立的复合材料分析模型与复合材料结构的真实结构的对比情况，从图 9.23 可以看出，该方法在纤维处存在重叠，见图 9.23(a)，可以利用纤维的体积分数对基体的刚度系数进行等效，以去掉这部分重叠对分析结果的影响，即

$$\bar{E} = (1 - v_{\mathrm{f}}) * E \tag{9.127}$$

式中，$\bar{E}$ 和 E 分别为基体材料的等效弹性模型和真实弹性模量；v_{f} 为纤维的体积分数。

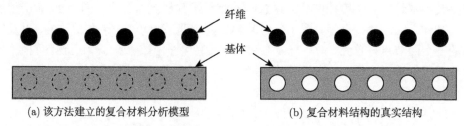

(a) 该方法建立的复合材料分析模型　　　　(b) 复合材料结构的真实结构

图 9.23　复合材料分析模型与复合材料结构的真实结构的对比情况

利用图 9.24 中的三维有限元模型对上述等效方法进行验证，整个三维模型分为三组：纤维、基体和端部区域。基体的材料参数为 $E = 2.083 \times 10^3 \mathrm{MPa}, v = 0.3$；纤维的材料参数为 $E = 2.34 \times 10^5 \mathrm{MPa}, v = 0.3$。考察拉伸载荷和弯曲载荷，基于等效模型的有限元模型的分析误差如图 9.25 所示，从图 9.25 可知，等效处理引起的误差小于 1.1%。对于拉伸载荷，等效方法的误差随体积分数的增加先增加后减小 $(v_{\mathrm{f}} > 80\%)$，对于弯曲载荷，等效方法的误差随体积分数的增加而增加。对于两种载荷情况，等效方法对位移 u_1 的影响比位移 u_2 和 u_3 的更加显著。

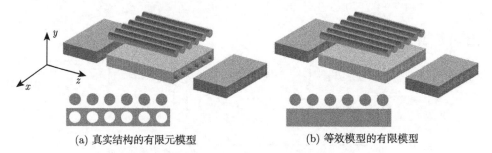

(a) 真实结构的有限元模型　　　　(b) 等效模型的有限模型

图 9.24　纤维增强结构的三维有限元模型

考察纤维对横向裂纹的桥接效应，考虑含中心裂纹的各向同性矩形板，几何参数如图 9.26(a) 所示，纤维的材料参数为 $E_{\mathrm{f}} = 2.34 \times 10^5 \mathrm{MPa}, v_{\mathrm{f}} = 0.3$；基体的材料参数为 $E = 8.3 \times 10^4 \mathrm{MPa}, v = 0.3$。纤维以间距 $0.15\,\mathrm{mm}$ 均为分布，最左侧的纤维位于 $x = 0.375\,\mathrm{mm}$ 处，纤维的长度为 $0.1\,\mathrm{mm}$。上边受 $\sigma_0 = 1$ 均匀应力作用，边界条件为下边 $(y = 0)$，x 方向位移固定 $(u_1 = 0)$，右下角节点固支 $(u_1 = u_2 = 0)$，

横向裂纹附近网格细化，如图 9.26(b) 所示，纤维的网格与基体的相互独立。

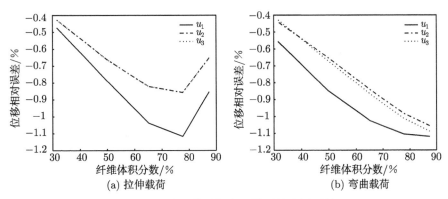

(a) 拉伸载荷　　　　　　　　(b) 弯曲载荷

图 9.25　等效模型的有限模型的分析误差

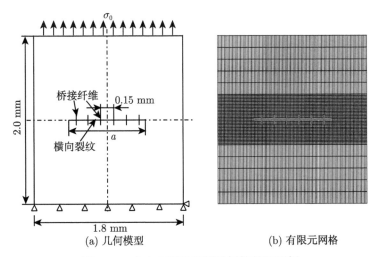

(a) 几何模型　　　　　　　　(b) 有限元网格

图 9.26　含中心裂纹和纤维桥接的矩形板

本算例同时利用有限元软件进行了分析，两种方法计算得到的 u_2 对比情况见表 9.1。细观模型得到的应力结果如图 9.27 所示，从图 9.27 可以看出，纤维桥接作用对裂纹尖端应力分布和强度具有明显影响。

表 9.1　两种方法计算得到的 u_2 对比情况

	方法	$a = 1.02$ 8 纤维	$a = 0.9$ 6 纤维	$a = 0.788$ 6 纤维	$a = 0.675$ 4 纤维	$a = 0.6$ 4 纤维
无纤维桥接效应 (10^{-5})	本方法	4.11	3.69	3.35	3.09	2.93
	三维弹性解	4.14	3.72	3.37	3.09	2.94
含纤维桥接效应 (10^{-5})	本方法	2.71	2.64	2.58	2.57	2.55
	三维弹性解	2.75	2.69	2.65	2.61	2.57

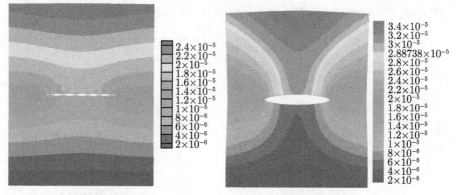

(a) 含纤维桥接效应   (b) 无纤维桥接效应

图 9.27　细观模型得到的应力结果

第 10 章   复合材料结构修理补片设计与优化

■
■
■
■

　　由于复合材料结构修理方法的多样性和工艺过程的复杂性,其修理方案的设计与金属结构相比,存在较大的差异性,而且设计变量很多,相互之间严重耦合,工艺参数对最后的修理质量有显著影响。对于修理工程师,需要熟练掌握各种复合材料结构修理技术的设计方法,准确给出各种修理参数和施工工艺;对于结构设计工程师,需要深入理解各种设计参数、施工工艺以及人为误差等实际因素对修理结构各项性能指标的影响规律,并利用优化方法权衡各个修理参数和环节,使修理方案的效能最大化。本章首先介绍飞机裂纹结构修理的初步设计方法;然后,利用复合材料修理结构的有限元分析模型,探讨设计参数对几种典型修理方法力学性能的影响机理;最后,在介绍修理方案的参数化建模与强度分析的基础上,讨论基于多目标优化方法和遗传算法的修理方案优化问题。

10.1　裂纹补片的初步设计方法

10.1.1　初步设计中的基本分析方法

　　本小节将简要介绍修理初步设计中所需的基本分析方法,在设计中重点关注的变量包括补片和蒙皮的应力、胶层中的剪切应变、应力强度因子和裂纹的疲劳扩展。第 7 章介绍的用于计算上述变量的两阶段方法即为本小节所采用的基本分析方法,为了使用方便将重要公式进行归纳总结,并进一步推广来考虑热效应问题。

　　在计算的第一阶段,假设补片是刚性胶接在无裂纹板上的,

蒙皮与补片胶接表面的应力为

$$\sigma_0^* = \frac{\sigma_\infty}{Z} \left[(1+S)\left(3+2\frac{B}{A}\right) + 1 + \nu_{\mathrm{s}}S + 2\frac{A}{B} + \Sigma \cdot S\left(1 - \nu_{\mathrm{s}} - 2\nu_{\mathrm{s}}\frac{B}{A}\right) \right]$$
$$Z = 3(1+S)^2 + 2(1+S)\left(\frac{B}{A} + \frac{A}{B} + \nu_{\mathrm{s}}S\right) + 1 - \nu_{\mathrm{s}}^2 S^2 \tag{10.1}$$

修理区域边缘处蒙皮的应力为

$$\sigma_{\mathrm{tip}}^* = (1+S)\sigma_0^* \tag{10.2}$$

则蒙皮的应力集中系数为

$$K_{\mathrm{t}}^* = \frac{\sigma_{\mathrm{tip}}^*}{\sigma_\infty} = (1+S)\frac{\sigma_0^*}{\sigma_\infty} \tag{10.3}$$

与蒙皮类似，补片上的应力也是均匀的，且为

$$\sigma_{\mathrm{p}}^{\mathrm{stageI}} = \sigma_0^* \frac{E_{\mathrm{p}}'}{E_{\mathrm{s}}'} = \sigma_0^* \frac{E_{\mathrm{p}}}{E_{\mathrm{s}}} \tag{10.4}$$

在计算的第二阶段，蒙皮上存在裂纹，裂纹面上作用大小为 σ_0^* 的压力，第二阶段的目的在于确定裂纹尖端的应力强度因子、胶层的最大剪切应力和裂纹尖端附近补片上的附加应力，假设裂纹蒙皮是半无限大的，则蒙皮裂纹尖端应力强度因子的上限为

$$K_{\mathrm{I}\infty} = \frac{\sigma_0^*}{\sqrt{\Lambda}} \tag{10.5}$$

胶层的最大剪切应变为

$$\gamma_A^{\max} = \frac{\sigma_0^* t_{\mathrm{s}} \beta_A}{G_A} \tag{10.6}$$

裂纹尖端附近补片上的附加应力为

$$\sigma_{\mathrm{p}}^{\mathrm{stageII}} = \frac{\sigma_0^* t_{\mathrm{s}}}{t_{\mathrm{p}}} \tag{10.7}$$

到此为止，进行补片设计所需的关键量都已得到求解，但是上面的公式都只适用于弹性材料，如果胶层的剪切应力超过了屈服极限，则

$$\gamma_A^{\max} = \begin{cases} \dfrac{\sigma_0^* t_{\mathrm{s}} \beta_A}{G_A}, & \sigma_0^* t_{\mathrm{s}} \beta_A < \tau_{\mathrm{Y}}^{\mathrm{A}} \\[2mm] \dfrac{\tau_{\mathrm{Y}}^{\mathrm{A}}}{2G_A}\left[1 + \left(\dfrac{\sigma_0^*}{\sigma_{0\mathrm{Y}}}\right)\right], & \text{其他} \end{cases} \tag{10.8a}$$

$$K_{\mathrm{I}\infty} = \begin{cases} \dfrac{\sigma_0^*}{\sqrt{\Lambda}}, & \sigma_0^* t_{\mathrm{s}} \beta_A < \tau_{\mathrm{Y}}^{\mathrm{A}} \\[2mm] \dfrac{\sigma_0^*}{\sqrt{\Lambda}} \left[\dfrac{\left(\dfrac{\sigma_0^*}{\sigma_{0\mathrm{Y}}}\right)^3 + 3\left(\dfrac{\sigma_0^*}{\sigma_{0\mathrm{Y}}}\right) - 1}{3\left(\dfrac{\sigma_0^*}{\sigma_{0\mathrm{Y}}}\right)^2} \right]^{1/2}, & \text{其他} \end{cases} \tag{10.8b}$$

下面将介绍在考虑热效应的情况下，计算上述关键参数。假设修理结构从无应力的温度均匀状态变化到高空巡航时的低温服役状态。同样分两阶段来分析该问题，第一阶段中假设蒙皮温度首先下降到服役温度，而补片仍然是无应力状态，且受均匀应变场 $\alpha_{\mathrm{s}} \Delta T \delta_{ij}$ 的作用。由于补片的均匀应变场和蒙皮的热应变一致，所以蒙皮是无应力的，此时蒙皮和补片的应变均为

$$\varepsilon_{ij}^{\mathrm{s(step1)}}(x) = \varepsilon_{ij}^{\mathrm{p(step1)}}(x) = \alpha_{\mathrm{s}} \Delta T \delta_{ij} \tag{10.9}$$

式中，δ_{ij} 为 Kronecker 符号。

在第二阶段中，补片的温度下降到服役温度，并解除虚拟的应变场 $\alpha_{\mathrm{s}} \Delta T \delta_{ij}$，因此此阶段蒙皮的应变为

$$\varepsilon_{ij}^{\mathrm{(T)(p)}} = (\alpha_{ij}^{\mathrm{p}} \Delta T - \alpha_{\mathrm{s}} \Delta T \delta_{ij}) = \Delta \alpha_{ij} \cdot \Delta T \tag{10.10}$$

式中，α_{ij}^{p} 为补片在材料主方向上的热膨胀系数。假设第二阶段蒙皮和补片的应变解为

$$\varepsilon_{ij}^{\mathrm{s(step2)}}(x) = \varepsilon_{ij}^{\mathrm{p(step2)}}(x) = \varepsilon_{ij}^{**}(x) \tag{10.11}$$

则整个降温过程中的总应变应为两阶段应变之和，即

$$\varepsilon_{ij}^{\mathrm{s}}(x) = \varepsilon_{ij}^{\mathrm{p}}(x) = \varepsilon_{ij}^{**}(x) + \alpha_{\mathrm{s}} \Delta T \delta_{ij} \tag{10.12}$$

另外，降温之后蒙皮和补片的热应力可用热–弹本构关系得

$$\begin{aligned} \sigma_{ij}^{\mathrm{s}}(x) &= C_{ijkl}^{\mathrm{s}} \left[\varepsilon_{kl}^{\mathrm{s}}(x) - \alpha_{\mathrm{s}} \Delta T \delta_{kl} \right] = C_{ijkl}^{\mathrm{s}} \varepsilon_{kl}^{**}(x) \\ \sigma_{ij}^{\mathrm{p}}(x) &= C_{ijkl}^{\mathrm{p}} \left[\varepsilon_{kl}^{\mathrm{p}}(x) - \alpha_{kl}^{\mathrm{p}} \Delta T \right] = C_{ijkl}^{\mathrm{s}} \left[\varepsilon_{kl}^{**}(x) - (\alpha_{kl}^{\mathrm{p}} \Delta T - \alpha_{\mathrm{s}} \Delta T \delta_{kl}) \right] \\ &= C_{ijkl}^{\mathrm{p}} \left[\varepsilon_{kl}^{**}(x) - \Delta \alpha_{kl} \Delta T \right] = C_{ijkl}^{\mathrm{p}} \left[\varepsilon_{kl}^{**}(x) - \varepsilon_{kl}^{\mathrm{(T)(p)}} \right] \end{aligned} \tag{10.13}$$

受远场应力 $(-\sigma_{11}^{\mathrm{T}}$ 和 $-\sigma_{22}^{\mathrm{T}})$ 或应变 $(-\varepsilon_{11}^{\mathrm{T}}$ 和 $-\varepsilon_{22}^{\mathrm{T}})$ 作用的修理结构如图 10.1 所示。该问题可分解为两个子问题，第一个子问题是补片均匀应变场 $(-\varepsilon_{11}^{\mathrm{T}}$ 和 $-\varepsilon_{22}^{\mathrm{T}})$ 作用，而蒙皮受远场应力或应变作用，如图 10.1 (b) 所示，且补片与蒙皮之间没有相互内力作用，应变是相互协调的，因此补片上的均匀应力场即为 $-\sigma_{11}^{\mathrm{T}}$ 和 $-\sigma_{22}^{\mathrm{T}}$。所以真实的补片并没有这个虚拟的应变场，所以在第二个子问题中将该应变场去掉。

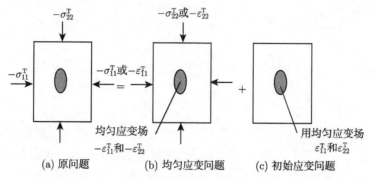

(a) 原问题　(b) 均匀应变问题　(c) 初始应变问题

图 10.1　两个子问题

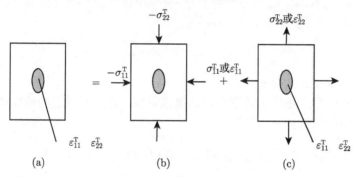

图 10.2　用于分析含均匀补片应变的叠加方法示意图

图 10.2 中的应力为

$$\sigma_{11}^{\mathrm{T}} = \frac{E_{\mathrm{s}}}{1-\nu_{\mathrm{s}}^2}\left(\varepsilon_{11}^{\mathrm{T}}+\nu_{\mathrm{s}}\varepsilon_{22}^{\mathrm{T}}\right) = \frac{E_{\mathrm{s}}}{1-\nu_{\mathrm{s}}^2}\left(\varepsilon_{11}^{(\mathrm{T})(\mathrm{p})}+\nu_{\mathrm{s}}\varepsilon_{22}^{(\mathrm{T})(\mathrm{p})}\right)$$
$$\sigma_{22}^{\mathrm{T}} = \frac{E_{\mathrm{s}}}{1-\nu_{\mathrm{s}}^2}\left(\nu_{\mathrm{s}}\varepsilon_{11}^{\mathrm{T}}+\varepsilon_{22}^{\mathrm{T}}\right) = \frac{E_{\mathrm{s}}}{1-\nu_{\mathrm{s}}^2}\left(\nu_{\mathrm{s}}\varepsilon_{11}^{(\mathrm{T})(\mathrm{p})}+\varepsilon_{22}^{(\mathrm{T})(\mathrm{p})}\right) \tag{10.14}$$

一旦应变 $\varepsilon_{kl}^{**}(x)$ 得到求解，蒙皮和补片中的热应力便可由式 (10.13) 确定。根据图 10.2 中的叠加原理，补片和蒙皮中的应变为

$$\varepsilon_{ij}^{\mathrm{s(a)}} = \varepsilon_{ij}^{**} = \varepsilon_{ij}^{\mathrm{s(b)}}+\varepsilon_{ij}^{\mathrm{s(c)}} = \varepsilon_{ij}^{\mathrm{s(b)}}+\varepsilon_{ij}^{\mathrm{T}}$$
$$\varepsilon_{ij}^{\mathrm{p(a)}} = \varepsilon_{ij}^{**} = \varepsilon_{ij}^{\mathrm{p(b)}}+\varepsilon_{ij}^{\mathrm{p(c)}} = \varepsilon_{ij}^{\mathrm{p(b)}}+\varepsilon_{ij}^{\mathrm{T}} \tag{10.15}$$
$$\varepsilon_{ij}^{\mathrm{p(b)}} = \varepsilon_{ij}^{**}-\varepsilon_{ij}^{\mathrm{p(c)}} = \varepsilon_{ij}^{**}-\varepsilon_{ij}^{\mathrm{T}}$$

式中，上标 (a)、(b) 和 (c) 分别指图 10.2 中的三个子问题。

图 10.3(b) 与图 10.2(b) 是相同的，则图 10.3(b) 引起的补片和蒙皮应变为 $\varepsilon_{ij}^{\mathrm{s(b)}}$ 和 $\varepsilon_{ij}^{\mathrm{p(b)}}$，图 10.3(c) 引起的蒙皮应变为 $\varepsilon_{ij}^{\mathrm{T}}$，则由图 10.3(b) 和图 10.3(c) 叠加得到的蒙皮和补片应变为

$$\varepsilon_{ij}^{\mathrm{s}} = \varepsilon_{ij}^{\mathrm{s(b)}}+\varepsilon_{ij}^{\mathrm{T}},\ \varepsilon_{ij}^{\mathrm{p}} = \varepsilon_{ij}^{\mathrm{p(b)}} \tag{10.16}$$

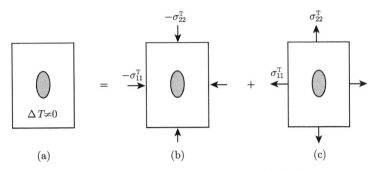

图 10.3　用于分析热应力的叠加方法示意图

根据式 (10.15)，则式 (10.16) 可重写为

$$\varepsilon_{ij}^{\mathrm{s}} = \varepsilon_{ij}^{\mathrm{s(b)}} + \varepsilon_{ij}^{\mathrm{T}} = \varepsilon_{ij}^{**}$$
$$\varepsilon_{ij}^{\mathrm{p}} = \varepsilon_{ij}^{\mathrm{p(b)}} = \varepsilon_{ij}^{**} - \varepsilon_{ij}^{\mathrm{T}} \tag{10.17}$$

对应的应力为

$$\sigma_{ij}^{\mathrm{s}} = C_{ijkl}^{\mathrm{s}} \varepsilon_{kl}^{\mathrm{s}} = C_{ijkl}^{\mathrm{s}} \varepsilon_{kl}^{**}$$
$$\sigma_{ij}^{\mathrm{p}} = C_{ijkl}^{\mathrm{p}} \varepsilon_{kl}^{\mathrm{p}} = C_{ijkl}^{\mathrm{p}} \left(\varepsilon_{kl}^{**} - \varepsilon_{kl}^{\mathrm{T}} \right) \tag{10.18}$$

上面为均匀冷却情况下的热应力分析，但胶层固化过程中热应力可以用同样的方法进行分析，只是应变 $\varepsilon_{ij}^{\mathrm{(T)(p)}}$ 不一样

$$\varepsilon_{ij}^{\mathrm{(T)(p)}} = -\alpha_{ij}^{\mathrm{p}} \Delta T_{\mathrm{heating}} + \varepsilon_{ij}^{\mathrm{s(heating)}} \tag{10.19}$$

式中，$\Delta T_{\mathrm{heating}} = T_{\mathrm{curing}} - T_{\mathrm{ambient}}$；$\varepsilon_{ij}^{\mathrm{s(heating)}}$ 为夹杂区域内蒙皮的总应变，其本征应变为 $\varepsilon_{ij}^{*} = \alpha_{\mathrm{s}} \Delta T_{\mathrm{heating}} \delta_{ij}$；根据 Eshelly 解，圆形夹杂内蒙皮的应变为

$$\varepsilon_{ij}^{\mathrm{s(heating)}} = S_{ijkl} \varepsilon_{kl}^{*} \tag{10.20}$$

将式 (10.20) 代入式 (10.19)，得

$$\varepsilon_{11}^{\mathrm{(T)(p)}} = \left[-\left(\frac{\nu_{\mathrm{s}}}{2} + \frac{1}{2} \right) \alpha_{\mathrm{s}} + \alpha_{11}^{\mathrm{p}} \right] (T_{\mathrm{curing}} - T_{\mathrm{ambient}})$$
$$\varepsilon_{22}^{\mathrm{(T)(p)}} = \left[-\left(\frac{\nu_{\mathrm{s}}}{2} + \frac{1}{2} \right) \alpha_{\mathrm{s}} + \alpha_{22}^{\mathrm{p}} \right] (T_{\mathrm{curing}} - T_{\mathrm{ambient}}) \tag{10.21}$$

上面介绍的力–热之间的等效方法在复合材料结构修理设计方面的可操作性很强，适用于任意形状的补片，将一个热力耦合问题转化成图 10.4 所示的等效力学问题，而且该方法也用有限元方法进行了系统验证。根据该等效方法和图 10.4，

式 (10.1) 和式 (10.4) 可重写为

$$\sigma_0 = \frac{\sigma_0^*}{\sigma_\infty}\left(\sigma_\infty - \sigma_{22}^{\mathrm{T}}\right) + \sigma_{22}^{\mathrm{T}}$$

$$\sigma_{\mathrm{tip}} = \frac{\sigma_{\mathrm{tip}}^*}{\sigma_\infty}\left(\sigma_\infty - \sigma_{22}^{\mathrm{T}}\right) + \sigma_{22}^{\mathrm{T}} \tag{10.22}$$

或

$$K_{\mathrm{t}} = K_{\mathrm{t}}^* - \frac{\sigma_{22}^{\mathrm{T}}}{\sigma_\infty}\left(K_{\mathrm{t}}^* - 1\right) \tag{10.23}$$

且

$$\sigma_{\mathrm{p}}^{\mathrm{stageI}} = \left(\sigma_0 - \sigma_{22}^{\mathrm{T}}\right)\frac{E_{\mathrm{p}}}{E_{\mathrm{s}}} \tag{10.24}$$

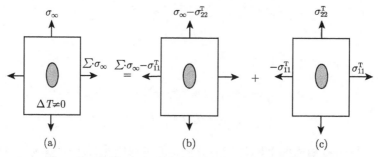

图 10.4　用于分析热力耦合问题的线性叠加方法示意图

10.1.2　设计准则

复合材料结构修理设计的目的是使补片承受适当的外载荷且不出现损坏和脱胶，为了达到这个设计目标，补片、胶层和开裂蒙皮必须具备足够的静强度和抗疲劳性能。在修理方案的设计过程中涉及的基本变量包括补片应力、胶层应变、蒙皮应力、裂纹扩展特性，以及由裂纹长度和载荷传递要求确定的补片尺寸。下面详细介绍开裂蒙皮、补片和胶层的设计准则。对于蒙皮，应该考虑裂纹面上和补片边缘的应力以及应力强度因子，补片边缘附近的应力集中是导致裂纹的因素，因此蒙皮的设计准则为补片边缘附近的应力和裂纹尖端的应力强度因子。

补片的存在必将导致修理区域承受更大的外载荷，一方面，补片应该有足够的刚度来弥补损伤带来的结构刚度降；另一方面，过高的刚度将引起补片边缘附近的应力集中，并最终产生裂纹。因此，第一条准则为：在拉伸情况下，补片边缘附近蒙皮的应力应限制为远场应力的 115% ~ 130%，当材料的极限强度与远场应力之比超过 1.3 时，极限设计载荷 (design ultimate load, DUL) 引起的补片边缘附近蒙皮应力集中系数应小于 1.3。

应力强度因子衡量了裂纹扩展驱动力的大小，平面应力和平面应变的断裂韧性 K_c 和 K_{Ic} 表征了静载荷下抗裂纹萌生的能力。裂纹的疲劳扩展速率则受应力强度因子变程 ΔK_I 控制。修理的设计必须降低蒙皮的应力强度因子和应力强度因子变程，使裂纹在设计疲劳载荷 (design fatigue load, DFL) 下缓慢地扩展，甚至停止扩展。因此，第二条准则为：在极限设计载荷情况下，蒙皮裂纹尖端修理后的应力强度因子必须小于蒙皮断裂韧性的 80%，ΔK_I 必须小于疲劳设计载荷下的疲劳阈值。第二条准则使得修理结构的安全裕度系数为 0.2。在有些情况下，第二条准则过于严格，并导致补片的刚度过高，因此该条准则可以修正为：允许蒙皮裂纹在疲劳设计载荷下缓慢地扩展，但要求在整个疲劳寿命期内裂纹的长度要小于补片尺寸的 80%。

比刚度 $S = E'_p t_p/(E'_s t_s)$ 是一个重要的设计变量，由于修理的目的是恢复原始结构刚度，所以 S 一般要求大于 1.0，但小于 1.5。然而，如果考虑热残余应力影响，S 的上限值可以取 2.0。

修理补片设计的另一个重要变量是尺寸，补片最小尺寸的确定主要取决于胶层载荷的传递、对损伤的覆盖以及合理的多边形。根据第 7 章中的理论分析，胶层中的应力水平取决于载荷传递长度 $1/\beta_A$，因此该参数即为确定最小补片尺寸的基础。胶层中应力分布情况如图 6.31 所示，分为塑性区和弹性区，补片边缘区域的塑性应力是常量 τ_Y^A，而弹性区的应力随着位置靠近损伤而逐渐减小，最终甚至趋于 0。因此，为了使胶层的应力小到不会发生蠕变，弹性区的尺寸应该不小于 $5/\beta_A$。记弹性区尺寸为 ℓ_E，两个塑性区的总尺寸为 ℓ_Y，则搭接总尺寸为 $\ell_T = \ell_E + \ell_Y$，补片的最小尺寸应取搭接总尺寸的两倍，即 $2\ell_T$。对于裂纹，补片长度被定义为垂直于裂纹面，而损伤的尺寸在补片长度方向上为 0，因此补片的最小长度为 $2(\ell_E + \ell_Y + \ell_T)$，故

$$\ell_E = \frac{5}{\beta_A}$$
$$\ell_Y = \frac{\sigma_0 t_s}{\tau_Y^A}$$
$$\ell_T = (n_{ply} - 1) \cdot d \cdot t_{ply} \tag{10.25}$$
$$L_p \geqslant \frac{10}{\beta_A} + \frac{2\sigma_0 t_s}{\tau_Y^A} + 2 \cdot (n_{ply} - 1) \cdot d \cdot t_{ply}$$

式中，n_{ply} 为补片的层数；t_{ply} 为单层的厚度；d 为补片边缘斜坡率。值得注意的是，对于不同的标准，式 (10.25) 中的准则会有所不同。有的标准认为，补片的长度应为初始裂纹长度的两倍，且超出损伤区域的搭接长度大于 25.4mm。有的标准则根据裂纹在修理后的扩展特性来确定补片的最小长度，先计算得到在特定载荷循环后裂纹的长度，补片的最小长度大于该裂纹长度的 20%，且满足

$$W_p \geqslant 2(a + \sqrt{a_0}) \text{ 或 } W_p \geqslant 1.2a \tag{10.26}$$

式中，a 为特定载荷循环后裂纹长度的 $1/2$；a_0 为初始裂纹长度的 $1/2$。

胶层中需要重点关注的有平行于胶接面的剪切应力和垂直于胶接面的剥离应力。剪切应力在裂纹处和补片边缘处达到最大，胶层中的平均剪切应力随着补片搭接长度的增加而减小，而且只有当搭接长度足够长时，胶层的中心区域才会形成一个剪切应力很低的区域，该区域能有效地阻止胶层蠕变。单面修补结构中性面的偏移将导致补片边缘区域产生弯矩，进而产生剥离应力，补片边缘锥化可以降低剥离应力，这些在方案设计中需要考虑到。另一个重要设计变量是胶层的厚度，厚的胶层表现为块状黏结属性，而薄的胶层表现为界面黏结属性。胶层的设计参数包括弹性剪切应变极限、塑性剪切应变、失效剪切应变、线性剪切应变极限以及弹性剪切模量。胶层设计准则是基于允许应变建立的，该允许应变是利用应力–应变曲线定义的，在设计过程中，要求胶层在极限设计载荷作用下的剪切应变不超过最大允许应变的 80%，在疲劳设计载荷作用下的剪切应变小于或等于弹性剪切应变极限的两倍。

10.1.3　材料选择

进行复合材料结构修理设计的第二步是进行材料选择，补片材料的选择一般需要考虑刚度、强度、厚度、一致性、服役温度以及产品形态等因素，在设计时还需兼顾重量、热膨胀系数、透过补片的损伤可检测性和修理施工的温度要求，补片的可选材料类型包括传统金属、纤维金属层合板和复合材料，复合材料具有很高的比刚度和比强度，对于薄补片的选材具有优势，但传统金属和纤维金属层合板与金属待修结构之间的热膨胀协调一致，且具有更好的耐高温性。根据澳大利亚空军工程标准，胶接补片的选材应该：① 补片的刚度应该不低于待修结构的刚度；② 在正常胶接压力作用下，补片应该与待修结构的表面形状吻合，胶膜厚度的容差必须小于 $\pm 0.0508\,\mathrm{mm}$；③ 复合材料补片的铺层应该关于中性面对称；④ 复合材料补片的强度可用纤维含量和铺层达到最大化。

胶的选择一般需要考虑服役温度、力学性能、固化温度和压力、产品形式、固化时间以及预浸料兼容性，其中，固化温度尤其重要，常温固化通常不具备足够的强度和耐久性。固化温度超过 121℃ 的胶往往是脆性的，且剥离强度低。固化温度为 121℃ 左右的胶容易引起修理结构的热损伤，这些热损伤产生的原因是补片和待修结构热膨胀系数不一致，较高的热残余应力是在固化冷却阶段产生的，固化和胶接的温度过高将在金属结构中产生拉伸载荷，并使裂纹尖端的应力强度因子升高。固化温度在 93 ~ 121℃ 的胶具有很好的强度、刚度和抗吸湿性，是理想的选择。除了按照性能参数来选择胶之外，还需要考虑一些其他的因素，如剥离应力、脱胶和施工温度。如前面所分析的，对于单面修补，补片中性面会向蒙皮偏离，从而引起剥离应力，在设计过程中需要考虑。表面处理不彻底的情况会使胶层出现空隙，在服役载荷和裂纹自身扩展的影响下胶层也会出现脱胶，在裂纹扩展速度很慢时脱胶是不允许的。但是，补片边缘的脱胶是不被任何设计标准所允许的，因为这种脱胶会存在吸湿风险，而吸湿又会进一步驱动脱胶扩展。固化温度对胶层的力学性能具有十分显著的影响，因此在修理方案设计过程中必须考虑施工温度。

10.1.4　初步设计程序

设计是一个不断迭代从而使设计变量满足要求和准则的过程，复合材料结构修理补片的设计变量包括比刚度 S、补片形状 B/A 以及补片的长宽。然而，在实际的设计迭代过程中为了方便，也会选择其他的设计变量和参数，10.1.3 节已经列出了修理设计中所需的所有准则，这些准则的量化计算公式也都给出了显示表达式，而且它们的大部分都是 σ_0 和 σ_0^* 的函数。让 σ_0 和 σ_0^* 在一定范围内变化，则可以有效地控制裂纹尖端应力强度因子和胶层最大剪切应变等参数，使其满足准则要求。由于补片边缘区域的应力集中是不可避免的，所以 K_t 和 K_t^* 也将被选为设计变量。为了便于理解，本小节将首先介绍只考虑机械载荷的补片设计问题，然后介绍考虑热-力耦合的设计问题。

对于 10.1.3 节列出的设计准则，满足设计要求的方案并不是唯一的，最终设计方案一般严重依赖迭代过程，而且没有必要寻求最优解。本小节考虑的设计变量为 σ_0^* 和 K_t^*，最后的设计方案往往是小的补片则需较大的厚度，而较小的厚度又需大的尺寸。

在第 9 章中，图 9.5 给出了 σ_0^* 和 K_t^* 随补片比刚度 S 和补片形状 B/A 的变化情况，该关系也可由式 (10.1) ～ 式 (10.4) 得到，图中的粗实线区域即为 σ_0^* 和 K_t^* 的可接受范围，任何落在该区域中的补片尺寸都是可行的，如 $0.2 \leqslant B/A \leqslant 7$ 和 $1 \leqslant S \leqslant 2$。在该区域中 $\dfrac{\sigma_0^*}{\sigma_\infty}$ 介于 0.33 和 0.8，K_t^* 则介于 1.05 和 2.0。因此，在设计迭代过程中，$\left.\dfrac{\sigma_0^*}{\sigma_\infty}\right|_{\text{DUL}}$ 也必须在 0.33 和 0.8 之间，下限 0.33 是为了避免补片的比刚度过高 $(S \leqslant 2)$，因为该下限就是利用 $K_t^* = 1.05$ 和 $S = 2$ 确定的。

根据图 9.5，过高的 σ_0^* 则会使比刚度 S 较小，所以在补片形状 B/A 不变的情况下补片的厚度会很小。因此，对于一个预设的补片尺寸上限，可以利用 σ_0^* 从 0.8 到 0.33 的子迭代循环寻找一个补片厚度的最小极限值。然而，根据式 (10.1) ～ 式 (10.4) 和图 9.5 可知，只有当 σ_0^* 和 K_t^* 确定之后，比刚度 S 和补片形状 B/A 才能唯一确定，但是在上面提到的外层和内层迭代过程中，K_t^* 并没有被计算，所以需要增加一个最底层的迭代过程来计算 K_t^*。在这个最底层迭代过程中，为了避免补片的比刚度过大，限制 $1.05 \leqslant K_t^* \leqslant 2.0$，从图 9.5 可以发现，在补片的尺寸比较合理的情况下 K_t^* 的上限是可以超过 2.0 的，同时 10.1.3 节中提到的补片设计准则中，K_t^* 的值应该小一些，以避免补片边缘附近蒙皮上萌生裂纹的潜在威胁。

综上所述，初步设计程序中必须包含三层嵌套迭代，外层迭代确定最大允许补片尺寸，内层迭代确定 σ_0^*，而最内层迭代确定 K_t^*，所有的设计过程归纳为以下 8 个关键步骤：

(1) 确定一个最大可能补片尺寸，迭代初始步为 $A_{\max} = a + \sqrt{a_0}$，当 $a_0 = 0$ 时也可取 25.4mm 为迭代初始步，设定步长，使 $A_{\max}$ 逐渐增大到 $20a_0$ 或 0.508m(当 $a_0 = 0$ 时)。

(2) 确定 $\left.\dfrac{\sigma_0^*}{\sigma_\infty}\right|_{\mathrm{DUL}}$ 的值，迭代初始步为 $\left.\dfrac{\sigma_0^*}{\sigma_\infty}\right|_{\mathrm{DUL}} = 0.8$，逐渐减小到 0.33。

(3) 确定 K_t^*，迭代初始步为 $K_t^* = 1.05$，逐渐增加到 1.3 或 $\dfrac{F_{\mathrm{tu}}}{\sigma_\infty|_{\mathrm{DUL}}}$ (F_{tu} 为蒙皮材料的拉伸强度)，取两者的最小值。

(4) 利用第 (2) 步和第 (3) 步计算得到的 σ_0^* 和 K_t^*，求解式 (10.1) ∼ 式 (10.4) 中的补片比刚度 S 和补片形状 B/A。

(5) 利用 9.1.1 节中的公式和前三步的计算结果，计算 DUL 和 DFL 作用下补片的应力和胶层的应变。值得注意的是，由于补片和蒙皮都是弹性材料且完全刚性连接的，所以 $\left.\dfrac{\sigma_0^*}{\sigma_\infty}\right|_{\mathrm{DUL}} = \left.\dfrac{\sigma_0^*}{\sigma_\infty}\right|_{\mathrm{DFL\,at\,peak}} = \left.\dfrac{\sigma_0^*}{\sigma_\infty}\right|_{\mathrm{DFL\,at\,valley}}$，在这些方程中要用到 DUL 和 DFL 峰值作用下 σ_0^* 的近似值。最后计算得到的补片的应力和胶层的应变需要利用 10.1.3 节中准则的许用值进行校核。

(6) 利用 S 和 σ_0^*，计算 DUL 和 DFL 最值作用下的裂纹尖端应力强度因子 K_I，DUL 和 DFL 峰值作用下的 σ_0^* 近似值被再一次用到，将计算得到的 K_I 与蒙皮材料的断裂韧性进行比较。利用应力强度因子变程 $\Delta K = K_\mathrm{I}|_{\mathrm{DFL\,at\,peak}} - K_\mathrm{I}|_{\mathrm{DFL\,at\,valley}}$ 计算裂纹扩展速率，同时要用到载荷循环数和蒙皮材料现有的 $\mathrm{d}a/\mathrm{d}N$ 的数据。

(7) 计算最终裂纹长度 a 以及最小补片长度和宽度，基于第 (4) 步中得到的 B/A，确定补片长度和宽度，以及满足要求的最小补片长度和宽度。

(8) 如果满足要求的设计方案已经找到，则设计过程完毕；否则，返回第 (3)、(2) 或 (1) 步，具体返回哪一步需要看 K_t^* 和 $\left.\dfrac{\sigma_0^*}{\sigma_\infty}\right|_{\mathrm{DUL}}$ 在相应设计步中是否已经到达上限值。

以上讨论的是在机械载荷作用下补片的设计方法，下面将该方法推广应用于热–力耦合载荷作用下的补片设计中。

对于热–力耦合载荷作用下的补片设计问题，并没有类似图 9.5 的设计参数，但还是要尽量借鉴图 9.5 中的结果和上述设计思路。此处考虑的设计变量为蒙皮上

靠近补片一侧的总应力 σ_0 和蒙皮在补片边缘区域内的总应力集中系数 K_t, 9.1.1 节中不考虑热载荷的情况下, 由于假设 DFL 和 DUL 是成比例的, 所以 $\left.\dfrac{\sigma_0^*}{\sigma_\infty}\right|_{\mathrm{DUL}} = \left.\dfrac{\sigma_0^*}{\sigma_\infty}\right|_{\mathrm{DFL}}$, 且 $K_t^*|_{\mathrm{DFL}} = K_t^*|_{\mathrm{DUL}}$。然而, 对于热–力耦合载荷作用下的补片设计问题, 即使假设 DFL 和 DUL 是成比例的, $\left.\dfrac{\sigma_0^*}{\sigma_\infty}\right|_{\mathrm{DUL}} \neq \left.\dfrac{\sigma_0^*}{\sigma_\infty}\right|_{\mathrm{DFL}}$, $K_t^*|_{\mathrm{DFL}} \neq K_t^*|_{\mathrm{DUL}}$, 这 是因为热载荷对 σ_0 和 K_t 的贡献是一个常量, 而并不是成比例的, 这也是特意选 取 DUL 作用下的 σ_0 和 K_t 为热–力耦合问题设计变量的原因。下面将要提到的所 有 σ_0、$\dfrac{\sigma_0}{\sigma_\infty}$ 和 K_t 分别为蒙皮总应力、正则化蒙皮应力和补片边缘区域内的总应力 集中系数, 且为 DUL 作用下的值。

前面已提到, 热效应将使 σ_0 增加, 而使 K_t 减小, 将式 (10.22) 和式 (10.23) 重写为

$$\frac{\sigma_0}{\sigma_\infty} = \left(1 - \frac{\sigma_{22}^{\mathrm{T}}}{\sigma_\infty}\right)\frac{\sigma_0^*}{\sigma_\infty} + \frac{\sigma_{22}^{\mathrm{T}}}{\sigma_\infty}$$
$$K_t = \left(1 - \frac{\sigma_{22}^{\mathrm{T}}}{\sigma_\infty}\right)K_t^* + \frac{\sigma_{22}^{\mathrm{T}}}{\sigma_\infty} \tag{10.27}$$

并画成曲线, 如图 10.5 所示, 从图中可以看出, $\dfrac{\sigma_{22}^{\mathrm{T}}}{\sigma_\infty} \leqslant 1$ 和 $\dfrac{\sigma_{22}^{\mathrm{T}}}{\sigma_\infty} > 1$ 分别对应 不同的曲线, 所以需要在设计迭代过程中确定每种 $\dfrac{\sigma_{22}^{\mathrm{T}}}{\sigma_\infty}$ 情况下的 $\dfrac{\sigma_0}{\sigma_\infty}$ 和 K_t。 图 10.5(a) 中, 两种情况的变化曲线是直线且相交于一点 $(1,1)$, 值得注意的是, 式 (10.27) 中的 σ_0^* 和 K_t^* 是机械载荷单独作用时产生的蒙皮应力和应力集中系数, 也就是说, $\sigma_0 > \sigma_0^*$、$K_t > K_t^*$、$\dfrac{\sigma_0^*}{\sigma_\infty} \leqslant 1.0$。

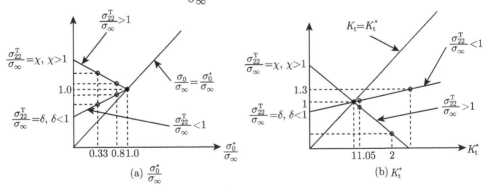

图 10.5　热效应与 K_t 之间的关系

补片对蒙皮裂纹在两个方面存在影响, 一方面降低了蒙皮上靠近补片一侧的 总应力 σ_0 (在第一阶段中分析), 另一方面对裂纹具有桥接效应 (在第二阶段中分

析)，这种桥接效应使得修补后蒙皮裂纹尖端的 $K_{I\infty}$ 通常比无补片情况低得多。在图 10.5 中，当 $\dfrac{\sigma_{22}^{\mathrm{T}}}{\sigma_\infty} \leqslant 1$ 时，$\sigma_0 \geqslant \sigma_{22}^{\mathrm{T}}$；当 $\dfrac{\sigma_{22}^{\mathrm{T}}}{\sigma_\infty} > 1$ 时，则相反，这是因为对应这两种情况的远场应力分别为拉伸和压缩，从图 10.5 (a) 中也可以得到同样的结论。因为 σ_{11}^{T} 和 σ_{22}^{T} 与补片的几何尺寸无关 (从 9.1.1 节中的公式中看出)，且它们的值与给定的热载荷情况有关，所以降低 σ_0 的唯一途径就是降低蒙皮上靠近补片一侧的拉伸应力 $\left(\text{当 } \dfrac{\sigma_{22}^{\mathrm{T}}}{\sigma_\infty} \leqslant 1 \text{ 时}\right)$ 或增加压应力 $\left(\text{当 } \dfrac{\sigma_{22}^{\mathrm{T}}}{\sigma_\infty} > 1 \text{ 时}\right)$，如图 10.5 (b) 所示。

值得注意的是，从图 10.4 和图 10.5 (a) 可知，当 $\dfrac{\sigma_{22}^{\mathrm{T}}}{\sigma_\infty} = 1$ 时，σ_0 与补片的几何尺寸无关且等于 σ_{22}^{T}。

由于 $\dfrac{\sigma_0^*}{\sigma_\infty}$ 和 K_{t}^* 分别为 $\dfrac{\sigma_0}{\sigma_\infty}$ 和 K_{t} 只考虑机械载荷的部分，所以在进行热-力耦合设计迭代时，$\dfrac{\sigma_0}{\sigma_\infty}$ 和 K_{t} 的取值范围将利用 $\dfrac{\sigma_0^*}{\sigma_\infty}$ 和 K_{t}^* 的取值范围来确定，也就是说图 10.4 也为 $\dfrac{\sigma_0}{\sigma_\infty}$ 和 K_{t} 取值范围的确定依据。下面将详细讨论 $\dfrac{\sigma_{22}^{\mathrm{T}}}{\sigma_\infty} \leqslant 1$ 和 $\dfrac{\sigma_{22}^{\mathrm{T}}}{\sigma_\infty} > 1$ 两种情况下，$\dfrac{\sigma_0}{\sigma_\infty}$ 和 K_{t} 的取值范围。

首先讨论当 $\dfrac{\sigma_{22}^{\mathrm{T}}}{\sigma_\infty} \leqslant 1$ 时，$\dfrac{\sigma_0}{\sigma_\infty}$ 和 K_{t} 的取值范围。在上面已经确定 $\dfrac{\sigma_0^*}{\sigma_\infty}$ 的取值为 0.8 到 0.3，现在讨论 $\dfrac{\sigma_0^*}{\sigma_\infty}$ 在该范围内对补片尺寸的影响。当 σ_{22}^{T} 小于远场外载荷 σ_∞ 时，在拉伸状态下降低 σ_0 的唯一途径是降低蒙皮上靠近补片一侧的拉伸应力，见图 10.5(b)。因为图 10.5(b) 中的正则化蒙皮应力是等于 $\dfrac{\sigma_0^*}{\sigma_\infty}$ 的，所以 $\left.\dfrac{\sigma_0}{\sigma_\infty}\right|_{\mathrm{DUL}}$ 的取值区间为 0.33 到 0.8。通常来说，$\dfrac{\sigma_0}{\sigma_\infty}$ 的大幅下降要求高的补片比刚度 S 和低的补片纵横比 B/A，但是这些又会反过来导致更小的 $1/\sqrt{\Lambda}$，并有效阻止裂纹的扩展。因此，迭代过程中 $\dfrac{\sigma_0^*}{\sigma_\infty}$ 的取值会低于 0.33。然而，正如前面提到的，$\dfrac{\sigma_0^*}{\sigma_\infty} < 0.33$ 将导致补片的比刚度过高，因此在进行实际设计过程中，$\dfrac{\sigma_0^*}{\sigma_\infty}$ 的最小值还是保持 0.33，将 $\dfrac{\sigma_0^*}{\sigma_\infty}$ 的上下限 0.33 和 0.8 代入式 (10.27) 得

$$\frac{\sigma_0}{\sigma_\infty} = 0.8 + 0.2\frac{\sigma_{22}^{\mathrm{T}}}{\sigma_\infty}$$

$$\frac{\sigma_0}{\sigma_\infty} = 0.33 + 0.67\frac{\sigma_{22}^{\mathrm{T}}}{\sigma_\infty} \tag{10.28}$$

因此，$\left.\dfrac{\sigma_0}{\sigma_\infty}\right|_{\mathrm{DUL}}$ 的取值为 $0.33 + 0.67\dfrac{\sigma_{22}^{\mathrm{T}}}{\sigma_\infty}$ 到 $0.8 + 0.2\dfrac{\sigma_{22}^{\mathrm{T}}}{\sigma_\infty}$，从图 10.5 (a) 中下面

的直线可以看出，当 $\frac{\sigma_0}{\sigma_\infty}$ 从 $0.33+0.67\frac{\sigma_{22}^{\mathrm{T}}}{\sigma_\infty}$ 变化到 $0.8+0.2\frac{\sigma_{22}^{\mathrm{T}}}{\sigma_\infty}$ 时，则 $\frac{\sigma_0^*}{\sigma_\infty}$ 会相应地从 0.8 变化到 0.33，而且 $\frac{\sigma_0}{\sigma_\infty}$ 的取值将会超过 0.8，但是不会超过 1.0。

从图 10.5 (b) 中上面的曲线可知，因为 K_t 通常是大于 1.0 的，甚至超过 1.3 或 $\frac{F_{\mathrm{tu}}}{\sigma_\infty}\big|_{\mathrm{DUL}}$，所以在不考虑热载荷的情况下，$K_t$ 的上限值为 1.3 和 $\frac{F_{\mathrm{tu}}}{\sigma_\infty}\big|_{\mathrm{DUL}}$ 的最小值。在考虑热载荷的情况下，K_t^* 可能会超过 1.3 和 $\frac{F_{\mathrm{tu}}}{\sigma_\infty}\big|_{\mathrm{DUL}}$ 的最小值，由于热效应会降低蒙皮的应力集中程度，所以 K_t^* 超过上限值也是可以接受的，但是 K_t 必须满足设计要求。为了避免设计出来的补片纵横比过大，可以进一步严格 K_t^* 的取值为 1.05 到 2.0，相应地，K_t 的最小值为 $1.05+0.05\frac{\sigma_{22}^{\mathrm{T}}}{\sigma_\infty}\big|_{\mathrm{DUL}}$，最大值为 1.3、$\frac{F_{\mathrm{tu}}}{\sigma_\infty}\big|_{\mathrm{DUL}}$ 和 $2.0-\frac{\sigma_{22}^{\mathrm{T}}}{\sigma_\infty}\big|_{\mathrm{DUL}}$ 三者之间的最小值，这些上下限是将 $K_t^*=1.05$ 和 $K_t^*=2.0$ 代入式 (10.27) 得到的。

然后讨论当 $\frac{\sigma_{22}^{\mathrm{T}}}{\sigma_\infty}>1$ 时，$\frac{\sigma_0}{\sigma_\infty}$ 和 K_t 的取值范围。当 $\sigma_{22}^{\mathrm{T}}>\sigma_\infty$ 时，降低 σ_0 的唯一途径是增加蒙皮上靠近补片一侧的压应力，这将导致 $\frac{\sigma_0^*}{\sigma_\infty}$ 在迭代过程超过 0.8，然而，蒙皮上靠近补片一侧的压应力的增加将要求更薄和更细长的补片形状，因为过小的补片纵横比将使 $1/\sqrt{\Lambda}$ 变大，由增大 $\frac{\sigma_0}{\sigma_\infty}$ 带来的任何好处将因为 $1/\sqrt{\Lambda}$ 的变大而消失，这是因为随着 $1/\sqrt{\Lambda}$ 的增加，裂纹尖端的应力强度因子也会增加。因此，在这种情况下，$\frac{\sigma_0^*}{\sigma_\infty}$ 的最大值保持在 0.8 不变，$\frac{\sigma_0}{\sigma_\infty}\big|_{\mathrm{DUL}}$ 的取值是 $0.33+0.67\frac{\sigma_{22}^{\mathrm{T}}}{\sigma_\infty}$ 到 $0.8+0.2\frac{\sigma_{22}^{\mathrm{T}}}{\sigma_\infty}$，从图 10.5 (a) 中上面的直线可以看出，当 $\frac{\sigma_0}{\sigma_\infty}$ 从 $0.33+0.67\frac{\sigma_{22}^{\mathrm{T}}}{\sigma_\infty}$ 变化到 $0.8+0.2\frac{\sigma_{22}^{\mathrm{T}}}{\sigma_\infty}$ 时，$\frac{\sigma_0^*}{\sigma_\infty}$ 会相应地从 0.33 变化到 0.8。

从图 10.5 (b) 中下面的曲线可知，因为 K_t 通常是小于 1.0 的，K_t 也许在设计过程中不需要考虑，除非它变成负值且小于 $-\frac{F_{\mathrm{cu}}}{\sigma_\infty}\big|_{\mathrm{DUL}}$（$F_{\mathrm{cu}}$ 为蒙皮压缩强度）。对于延展性较好的金属材料，可以假设 $F_{\mathrm{cu}}=F_{\mathrm{tu}}$。在没有对 K_t 限制的情况下，K_t 的取值范围可基于 K_t^* 给出，对于可接受的补片几何尺寸，$1.05\leqslant K_t^*\leqslant 2.0$，所以 $2.0-\frac{\sigma_{22}^{\mathrm{T}}}{\sigma_\infty}\big|_{\mathrm{DUL}}\leqslant K_t\leqslant 1.05-0.05\frac{\sigma_{22}^{\mathrm{T}}}{\sigma_\infty}\big|_{\mathrm{DUL}}$，当 $2.0-\frac{\sigma_{22}^{\mathrm{T}}}{\sigma_\infty}\big|_{\mathrm{DUL}}<-\frac{F_{\mathrm{cu}}}{\sigma_\infty}\big|_{\mathrm{DUL}}$ 时，$-\frac{F_{\mathrm{cu}}}{\sigma_\infty}\big|_{\mathrm{DUL}}\leqslant K_t\leqslant 1.05-0.05\frac{\sigma_{22}^{\mathrm{T}}}{\sigma_\infty}\big|_{\mathrm{DUL}}$。另外，值得注意的是 K_t 随 K_t^* 的增加而减小。

综上所述，在确定了 $\frac{\sigma_0}{\sigma_\infty}$ 和 K_t 的取值范围之后，可以得到设计流程。与只考虑机械载荷情况类似，考虑热-力耦合载荷情况下，补片的初步设计程序归纳为以下 8 个关键步骤：

(1) 确定一个最大可能补片尺寸，迭代初始步为 $A_{\max} = a + \sqrt{a_0}$，当 $a_0 = 0$ 时也可取 25.4mm 为迭代初始步，设定步长，使 $A_{\max}$ 逐渐增大到 $20a_0$ 或 0.508m(当 $a_0 = 0$ 时)。

(2) 确定 $\left.\dfrac{\sigma_0}{\sigma_\infty}\right|_{\text{DUL}}$ 的值，迭代初始步为 $\left.\dfrac{\sigma_0}{\sigma_\infty}\right|_{\text{DUL}} = 0.8 + 0.2\dfrac{\sigma_{22}^{\text{T}}}{\sigma_\infty}$，对于 $\dfrac{\sigma_{22}^{\text{T}}}{\sigma_\infty} \leqslant 1$ 的情况，逐渐增加到 $0.33 + 0.67\dfrac{\sigma_{22}^{\text{T}}}{\sigma_\infty}$，对于 $\dfrac{\sigma_{22}^{\text{T}}}{\sigma_\infty} > 1$ 则是逐渐减小到 $0.33 + 0.67\dfrac{\sigma_{22}^{\text{T}}}{\sigma_\infty}$。

(3) 确定 K_t^*，迭代初始步为 $K_t^* = 1.05 - 0.05\left.\dfrac{\sigma_{22}^{\text{T}}}{\sigma_\infty}\right|_{\text{DUL}}$，对于 $\dfrac{\sigma_{22}^{\text{T}}}{\sigma_\infty} \leqslant 1$ 的情况，逐渐增加到 1.3、$\dfrac{F_{\text{tu}}}{\sigma_\infty}\big|_{\text{DUL}}$ 和 $2.0 - \left.\dfrac{\sigma_{22}^{\text{T}}}{\sigma_\infty}\right|_{\text{DUL}}$ 三者的最小值，而当 $\dfrac{\sigma_{22}^{\text{T}}}{\sigma_\infty} > 1$ 时，逐渐减小到 $-\dfrac{F_{\text{tu}}}{\sigma_\infty|_{\text{DUL}}}$ 和 $2.0 - \left.\dfrac{\sigma_{22}^{\text{T}}}{\sigma_\infty}\right|_{\text{DUL}}$ 两者的最大值。

(4) 利用第 (2) 步和第 (3) 步计算得到的 $\dfrac{\sigma_0}{\sigma_\infty}$ 和 K_t，求解式 (10.27) 中的 $\dfrac{\sigma_0^*}{\sigma_\infty}$ 和 K_t^*。

(5) 利用计算得到的 σ_0^* 和 K_t^*，同时求解式 (10.1) ～ 式 (10.4) 中的补片比刚度 S 和补片形状 B/A。

(6) 计算 DUL 和 DFL 作用下的补片中应力、胶层应变、裂纹应力强度因子等参数，并利用相应设计准则进行校核。

(7) 确定补片长度和宽度。

(8) 如果满足要求的设计方案已经找到，则设计过程完毕；否则，返回第 (3)、(2) 或 (1) 步，具体返回哪一步需要看 K_t 和 $\left.\dfrac{\sigma_0}{\sigma_\infty}\right|_{\text{DUL}}$ 在相应设计步中是否已经达到上限值。

上面设计流程中，第 (6) 和 (7) 步与只考虑机械载荷的情况是一样的。值得注意的是，在 DUL 和 DFL 峰值作用下的应力强度因子考虑了胶层固化和均匀服役温度场变化所产生的热应力，然而，在修理受增压循环载荷作用的机身结构时，DFL 谷值作用下的应力强度因子只考虑了胶层固化温度场变化所产生的热应力。

为了分析方便，此处所讨论的补片都是简单的椭圆形，但是硼纤维/环氧树脂材料制造椭圆形补片是不可能的，因此在工程中通常用多边形或矩形来等效代替椭圆形补片。如果采用矩形，则它的纵横比、长度、宽度以及刚度应该与设计得到的椭圆形补片相同。如果采用多边形，其等效过程见图 10.6，该方法得到的多边形补片面积与原椭圆形补片相同，且多边形的边长和宽度均为椭圆形对应长轴和短轴的 34.5%。这种方法最初是用于无尖削补片的，但也可以用于尖削补片的等效设计。

利用这种简单方法进行椭圆的等效处理时也会存在一定问题，对于长轴短于尖削长度两倍的补片就会出现图 10.7(a) 所示的异常情况。这种削尖技术处理得到的最后结果如图 10.7(b) 所示。

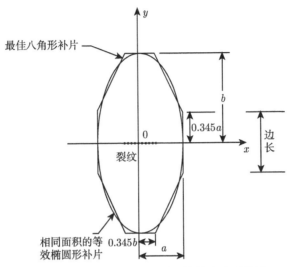

图 10.6　从椭圆形补片得到的等效多边形补片

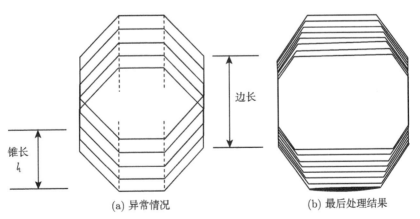

(a) 异常情况　　　　　　　　(b) 最后处理结果

图 10.7　长轴短于尖削长度两倍的补片

10.2　复合材料修理结构的有限元分析

以上介绍的补片的解析分析方法在实际工程应用中，计算简单、计算量小，非常适合初步设计。在复合材料修理方案设计和细节工艺优化过程中，需要清楚地了解修理区域的应力分布，特别是胶层的应力情况，这些局部分析结果是估算修理区域强度和疲劳寿命的基础。对于复杂的复合材料修理结构，利用解析方法求解局部应力分布是不可能的，所以只能借助有限元方法。本节将讨论复合材料结构各种修理方法的有限元建模和分析问题，研究主要修理参数对修理区域应力分布的影响规律。

10.2.1 复合材料层合板阶梯式挖补修理

复合材料层合板阶梯式挖补修理结构的简化模型如图 10.8(a) 所示，两层合板通过胶层胶接在一起，胶接区域为阶梯形式。层合板的边界条件为左端固定，右端除 x 方向移动自由度以外的所有自由度均消除，且右端受拉伸载荷作用，几何参数见表 10.1。两块层合板的单层材料均为 AS4/3501-6，胶结剂为 FM300，性能参数见表 10.2。

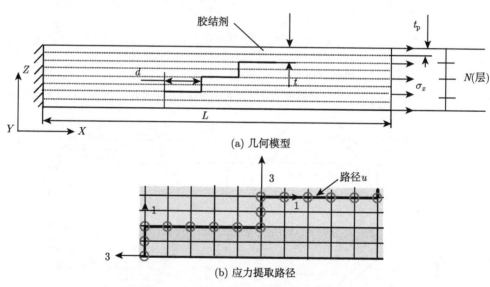

(a) 几何模型

(b) 应力提取路径

图 10.8　复合材料层合板阶梯式挖补修理示意图

表 10.1　复合材料层合板阶梯式挖补修理的几何参数

符号	值/mm
L	50
Z	16×0.13=2.08
d	6, 8, 10, 12, 14
t	0.26, 0.347, 0.52, 0.693
N	16
t_p	0.13
t_a	0.065, 0.13, 0.195, 0.26

表 10.2　复合材料层合板阶梯式挖补修理的材料性能参数

FM300 的理论参数			AS4/3501-6 的理论参数						
E	G	ν	E_1	E_2	E_3	G_{12}	G_{23}	G_{31}	ν_{12}
1.02GPa	0.39GPa	0.30	128GPa	13GPa	13GPa	7.2GPa	7.2GPa	7.2GPa	0.30

对阶梯式搭接结构进行三维有限元分析，首先根据模型中各部分的几何特征、受力特点等因素考虑选择合适的有限元单元来模拟各个部分。由于在真实挖补修理中很难对单层板再进行厚度处理，每次填铺补片的厚度一般为单层板厚的整数倍，为了保持模型的工整性，本书采用二维单元来模拟结构中的胶层。

为了研究胶层面上沿外载方向各个节点的剥离应力和面内剪切应力的分布情况，将整个胶层面自由边视为一条路径 u，路径长为 p，如图 10.8 (b) 所示。对于与全局坐标系 X-Y 平面平行的胶层，各节点应力的输出值 σ_z 和 τ_{xy} 分别为此胶层的局部坐标下的剥离应力 σ_{peel} 和剪切应力 τ_{peel}。对于与全局坐标系 X-Y 平面垂直的胶层，需将全局坐标系中输出矢量结果在 X 与 Z 方向上互换。

对于路径上所有节点变换后的结果，利用如下方法进行适当缩小：

$$C_p = \sigma_{peel}/\sigma_{pee-ave}$$
$$C_s = \tau_{peel}/\tau_{pee-ave} \tag{10.29}$$

式中，C_p 和 C_s 分别为相对剥离应力和相对剪切应力；$\sigma_{pee-ave}$ 和 $\tau_{pee-ave}$ 分别为 σ_{peel}、τ_{peel} 的绝对值平均。虽然处理后的相对应力并不是节点的真实应力值，但是并没有改变原有的各节点应力关系，仍能反映应力的分布规律。

1. 铺层方式

通过 $[0°]_{16}$，$[90_2°/0_2°]_{2s}$，$[0_2°/90_2°]_{2s}$ 和 $[45_2°/0_2°/-45_2°/90_2°]_s$ 四种铺层方向来讨论铺层方式对胶层应力分布的影响情况，分别用 A、B、C 和 D 表示这四种铺层方式。铺层方式对胶层应力分布的影响如图 10.9 所示。从图 10.9 可以看出：胶层在阶梯拐点的结构变形引起相对剥离应力曲线和相对剪切应力曲线突变，反映了该区域的应力集中。由于都是对称铺层，且胶层关于模型 Y 方向中轴对称，所以各铺层的相对剥离应力左右对称。由于第四种铺层方式在 $X-Y$ 面内铺层相对其他两种铺层方式较为均匀，所以模型中胶层自由边层间剪切应力分布也相对较为均匀。

2. 胶层厚度

考虑胶层厚度对胶层自由边应力分布情况的影响，以铺层方向为 $[45_2°/0_2°/-45_2°/90_2°]_s$ 的层合板阶梯式修补分析模型为对象，各模型中胶层厚度与单层板厚度比 $t_a/t_p = 0.5, 1, 1.5, 2$。胶层厚度对胶层应力分布的影响如图 10.10 所示。从图 10.10 中可以看出：各模型中胶层自由边的剥离应力表现出左右大致对称趋势，且两种相对应力曲线在阶梯拐点处都出现了突变，其原因与上例相同。在一定范围内随着胶层厚度的增加，相对剥离应力的波动幅度有微弱的增大。对于层间剪切应力分布情况，各曲线间的变化规律同剥离应力分布情况类似。但是单条曲线的变化规律不表现为左右对称，变化规律更为复杂。

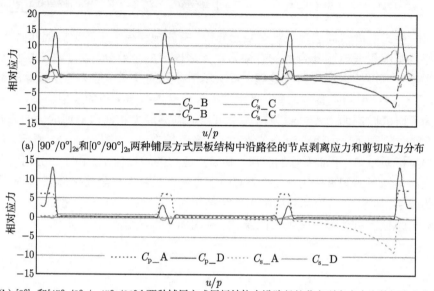

(a) $[90°/0°]_{2s}$和$[0°/90°]_{2s}$两种铺层方式层板结构中沿路径的节点剥离应力和剪切应力分布

(b) $[0°]_{16}$和$[45°_2/0°_2/-45°_2/90°_2]_s$两种铺层方式层板结构中沿路径的节点剥离应力和剪切应力分布

图 10.9　铺层方式对胶层应力分布的影响

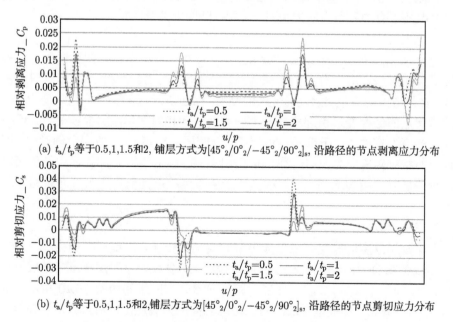

(a) t_a/t_p等于0.5,1,1.5和2，铺层方式为$[45°_2/0°_2/-45°_2/90°_2]_s$，沿路径的节点剥离应力分布

(b) t_a/t_p等于0.5,1,1.5和2，铺层方式为$[45°_2/0°_2/-45°_2/90°_2]_s$，沿路径的节点剪切应力分布

图 10.10　胶层厚度对胶层应力分布的影响

3. 搭接层长度

为了研究搭接长度对胶层自由边应力分布情况的影响,取铺层方式为 $[45^\circ_2/0^\circ_2/-45^\circ_2/90^\circ_2]_s$,建立了多种搭接长度的层合板阶梯式挖补修理模型。各模型的搭接长度分别为 6mm、8mm、10mm、12mm 和 14mm,搭接层数均为 4 层,在层合板总厚度不变时,即各模型的搭接高度一致,各模型胶层自由边上节点的相对应力系数曲线如图 10.11 所示。

从图 10.11 可以看出:随着搭接长度的增加,各相对剥离应力曲线的突变幅度也呈现出一致增大的变化规律;随着搭接长度的增加,相对层间剪切应力的突变幅度呈减小趋势;对比图 10.11(a) 和图 10.11(b) 可知,拐点处层间剪切应力的波动幅度比剥离应力波动幅度更小,且随着搭接长度的增加,剥离应力和层间剪切应力的变化幅度呈相反方向变化;最后,由于各模型中在同一区域所划分的单元个数不一样,所以提取的节点个数也不相同,这导致各曲线的横向宽度不一致,但是该宽度的变化并不影响曲线的趋势和各曲线间的纵向关系。

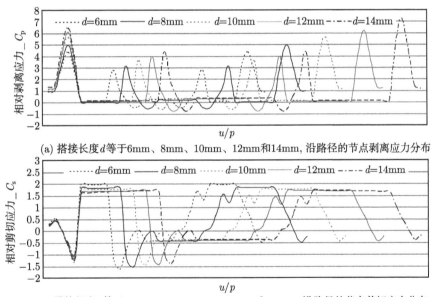

(a) 搭接长度 d 等于6mm、8mm、10mm、12mm和14mm,沿路径的节点剥离应力分布

(b) 搭接长度 d 等于6mm、8mm、10mm、12mm和14mm,沿路径的节点剪切应力分布

图 10.11　搭接层长度对胶层应力分布的影响

4. 搭接层高度

搭接层高度是复合材料结构阶梯式挖补修理设计中另一重要设计参数。为了探讨该参数对胶层自由边应力分布的影响,固定其他参数,如材料参数和外载荷,建立了铺层方向统一为 $[45^\circ_2/0^\circ_2/-45^\circ_2/90^\circ_2]_s$ 的不同搭接层高度的阶梯式挖补修理模型。该系列模型中搭接层高度与层合板厚度比分别为 $t/z = 1/8, 1/6, 1/4, 1/3$。

得到的相对应力曲线如图 10.12 所示。从图 10.12 可以看出：相对剥离应力的变化趋势并不与搭接层高度变化趋势保有一致性。当 $t/z = 1/6$ 时，曲线峰值均小于其他曲线的峰值，说明此时剥离应力分布处于一种相对较平稳的状态；相对剪切应力的变化趋势也不和搭接层高度的变化趋势一致。当 $t/z = 1/6$ 时，曲线表现得最为平缓，说明随着搭接层高度的变化，存在一个较为合理的搭接层高度值使得胶层层间剪切应力分布更加均匀。

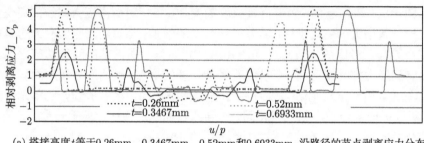

(a) 搭接高度 t 等于0.26mm、0.3467mm、0.52mm和0.6933mm, 沿路径的节点剥离应力分布

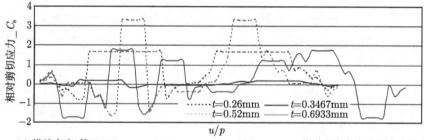

(b) 搭接高度 t 等于0.26mm、0.3467mm、0.52mm和0.6933mm, 沿路径的节点剪切应力分布

图 10.12　搭接层高度对胶层应力分布的影响

10.2.2　复合材料正交加筋层合圆柱壳结构阶梯式挖补修理

复合材料正交加筋层合圆柱壳结构阶梯式挖补修理结构的简化模型如图 10.13 所示，修理补片为椭圆形，长轴与圆柱壳的轴向平行，补片的中心位于圆柱壳轴向的中点，几何尺寸见表 10.3。圆柱壳的加强筋有轴向和环向两种，且所有加强筋的高度和厚度都相同，轴向加强筋的间隔均匀分布，间隔为 $60°$，环向加强筋的间隔为 Δs_1 和 Δs_2。复合材料正交加筋层合圆柱壳结构的边界条件和载荷情况分为两种 (图 10.14)：一种是，圆柱壳一端固定，另一端受均匀单位节点轴向拉伸载荷，用以模拟修理区域承受正应力作用的情况；另一种是，圆柱壳一端固定，另一端受均匀单位节点切向载荷 (扭转载荷)，用以模拟修理区域承受剪切应力作用的情况。层合圆柱壳和加强筋的单层材料均为 AS4/3501-6，且加强筋的铺层顺序为 $[0°]_{16}$，胶结剂的材料为 FM300，材料性能参数见表 10.4。

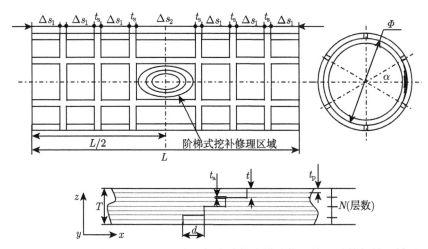

图 10.13　复合材料正交加筋层合圆柱壳结构阶梯式挖补修理结构的简化模型

表 10.3　复合材料正交加筋层合圆柱壳结构阶梯式挖补修理的几何尺寸

符号	取值
L	0.9m
Φ	0.1m
a_k,b_k	$a_1=0.030$m,$b_1=0.021$m
t_p	0.13mm
t_a	0.13mm
N	>3
d	0.01
$\Delta s_1, \Delta s_2$	$\Delta s_1=0.1$m, $\Delta s_2=0.1$m
α	0.209m
t_s, h_s	$t_s=0.010$m,$h_s=0.010$m

表 10.4　复合材料正交加筋层合圆柱壳结构阶梯式挖补修理的材料参数

	材料性能参数						
	E_1/GPa	E_2/GPa	E_3/GPa	G_{12}/GPa	G_{23}/GPa	E_{31}/GPa	ν_{12}
AS4/3501-6	128	13	13	7.2	7.2	7.2	0.3
FM300	1.02	—	—	0.39	—	—	0.3

复合材料正交加筋层合圆柱壳结构阶梯式挖补修理有限元分析模型如图 10.14 所示。整个分析模型分为三组：母体结构组、胶层组和补片组。模型中所有单元为 8 节点实体单元 Hex8，节点总数约为 211432，单元总数约为 199728(对于不同的修理参数，模型的单元数量和节点数量有一定的变化，但变化不大)。单元总数由多次数值试验确定，以保证分析结果不随单元数的变化而变化。

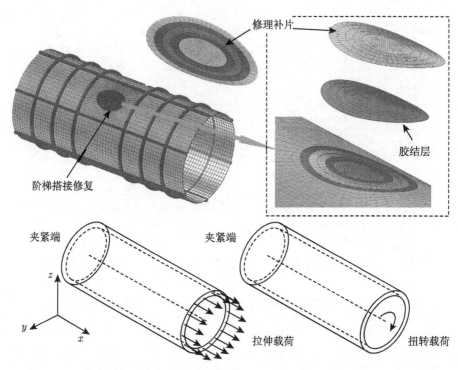

图 10.14   复合材料正交加筋层合圆柱壳结构阶梯式挖补修理有限元分析模型

　　首先确定胶层在不同载荷情况下的最大剥离应力和剪切应力的提取方向，修理模型中胶层的四个不同节点路径分别为 0°、45°、90° 和 135°。此处，修理补片的阶梯数为 4，各阶梯的阶差均为 10mm，修理层合板壳结构胶层的剥离应力和剪切应力在不同提取方向上的分布对比情况如图 10.15 所示，其中，图 10.15(a) 和图 10.15(b) 分别为拉伸载荷作用下的剥离应力和剪切应力，图 10.15(c) 和图 10.15(d) 分别为扭转载荷作用下的剥离应力和剪切应力。从图 10.15 中的对比情况可以看出：对于拉伸载荷，0° 方向上的剥离应力和剪切应力是最大的；然而，对于扭转载荷，135° 方向上的剥离应力和剪切应力是最大的。胶层剥离应力和剪切应力的大幅振荡变化是集中在阶梯搭接区域。

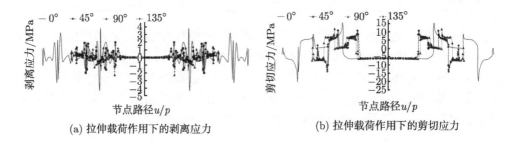

(a) 拉伸载荷作用下的剥离应力　　　　　　　(b) 拉伸载荷作用下的剪切应力

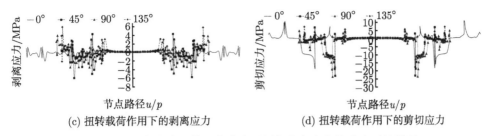

(c) 扭转载荷作用下的剥离应力　　　　(d) 扭转载荷作用下的剪切应力

图 10.15　剥离应力和剪切应力在不同提取方向上的分布对比情况

10.2.3　复合材料蜂窝夹芯板斜接式挖补修理

复合材料蜂窝夹芯板斜接式挖补修理结构示意图如图 10.16 所示,几何尺寸见表 10.5。整个蜂窝夹芯结构由上面板完好区、上面板修补区、蜂窝完好区、蜂窝修补区和下面板组成。上下两层面板通过胶层和蜂窝胶接在一起,其中,上面板胶接方式为斜接式。层合板的边界条件为:左端固定,受单位载荷拉伸 (x 方向单向压缩)。上、下面板的材料均为 Cycom 970/T300,具体数据见表 10.6。

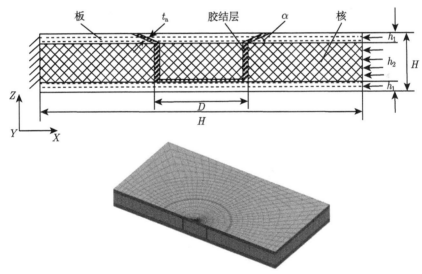

图 10.16　复合材料蜂窝夹芯板斜接式挖补修理结构示意图

在利用通用有限元程序进行有限元分析时,由于蜂窝夹芯板是一种结构型材料,无法直接给定其材料参数,所以蜂窝夹芯结构采用等效的方法来处理,近似地求出所需的等效参数,从而为有限元分析提供必要的参数输入。此方法容易实现,而且可以获得较高的精度。

表 10.5　复合材料蜂窝夹芯板斜接式挖补修理结构几何尺寸

符号	值/mm
L	260
h_1	3.2
N	16
t_p	0.2
h_2	10
D	20，30，40，50，60
a	$3°$，$4°$，$5°$，$6°$，$7°$，$8°$，$9°$
t_a	0.1，0.15，0.2，0.25，0.3

表 10.6　复合材料蜂窝夹芯板斜接式挖补修理结构材料性能参数

变量/参数	E_1/GPa	E_2/GPa	E_3/GPa	ν_{12}	ν_{23}	ν_{31}	G_{12}/GPa	G_{23}/GPa	G_{31}/GPa	$\rho/(\mathrm{kg/m^3})$
Cycom 970/T300	45	45	8.0	0.32	0.32	0.05	17.8	3.3	3.3	1570
胶层	0.24	—	—	0.3	—	—	0.048	—	—	37.1
夹芯	2.1	—	—	0.27	—	—	0.04	—	—	1100

根据模型中各部分的几何特征、受力特点等因素考虑选择合适的有限元单元类型和数量来模拟修理结构的各部分。为了保持建模后节点的一致性，整个蜂窝夹芯板分两部分建立。首先，根据结构在 Y 方向的一致性，先在 $X-Z$ 平面内建立上下面板、蜂窝及胶层的二维面单元有限元草图。然后将各部分草图按照同一参数旋转出相应的三维模型。最后，在 $X-Y$ 平面内建立蜂窝夹芯板的外部草图，将外部各部分草图按照同一参数并且对应内部圆柱模型拉伸出相应的三维模型。这样建立的模型可以保证各结构在界面上的单元协调性。

本例采用 $[0°/\pm45°/90°]_{2s}$ 的铺层方向的层合板斜接式挖补模型。整个算例共 55 个模型，每个模型有 82078 个节点，44825 个八节点实体单元。在研究挖补角度对复合材料蜂窝夹芯板稳定性影响规律时，胶层厚度不变 $t_a = 0.2$，损伤尺寸 D 为 20mm，30mm，40mm，50mm，60mm，挖补角度取 $3°\sim9°$。不同损伤尺寸下各挖补角度的屈曲特征值如图 10.17 所示，该曲线利用三阶多项式拟合而成。

从图 10.17(a) 可以看出：对同一挖补角度而言，特征值随挖补尺寸的增大而减小；当损伤尺寸小于 40mm 时，特征值随挖补角度的增大而增大；当损伤尺寸大于 40mm 时，斜接角度对屈曲特征值的影响逐渐减弱，并且不呈现一致性的变化规律；屈曲特征值先随挖补角度的增大而增大，随后随挖补角度的增大而缓慢减小。

为了研究胶层厚度对复合材料蜂窝夹芯板稳定性的影响规律，本例建立不同胶层厚度复合材料蜂窝夹芯板斜接式修补结构的分析模型。各模型中胶层厚度与单层板厚度比 $t_a/t_p = 0.5$，0.75，1，1.25 和 1.5，挖补角度均取 $4°$。不同损伤尺寸在不同的胶层厚度下的特征值如图 10.17 (b) 所示。从图 10.17(b) 可以看出：对同一胶层厚度而言，特征值随挖补尺寸的增大而减小；对于同一损伤尺寸，特征值随胶层厚度的增大而线性减小；随着挖补尺寸的增大，特征值的变化趋势增大，挖补尺寸越大，特征值的变化斜率越大。

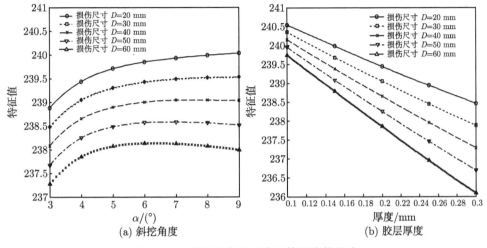

图 10.17　斜挖角度和厚度对特征值的影响

10.3　修理方案的参数化建模与强度分析

10.3.1　修理方案的参数化建模

PCL(Patran command language) 是一种高级的模块化结构编程语言，它可允许用户自定义工具，类似于 C 语言和 Fortran 语言，可用于生成应用程序或特定的用户界面，显示自定义图形、读写其数据库，通过这种方式它可建立新的功能或增强功能。在 PCL 二次开发的基础上，其他商品化的或自编分析程序可被集成到 Patran 中，PCL 二次开发环境如图 10.18 所示。

目前，PCL 语言几乎被所有的分析仿真软件采用，有的直接与 Patran 建立集成关系，有的将 Patran 作为分析系统的前后处理器。PCL 语言作为标准工具，已经被业界所公认。MSC.Patran 包括一系列的几何造型和编辑功能，不但可以编辑读入的 CAD 造型，以划分有限元网格，而且可以创建复杂的几何模型。二次开发在读入文件时，读入文件的做法费时费力，它需要手动输入参数和其他属性才能进行数据的读入。本书作者课题组解决了这一弊端，通过用 PCL 语言编程，实现 Patran 软件二次开发，把参数属性嵌入 Patran 软件系统中，当读取文件时，直接调用进行数据读取，大大提高了效率。其建立的复合材料层合板修理参数化建模窗口如图 10.19 所示。点击不同的修理方案的菜单项，则会弹出该修理方案所需的参数所设计界面。

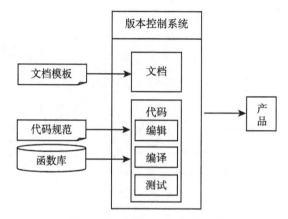

图 10.18　PCL 二次开发环境

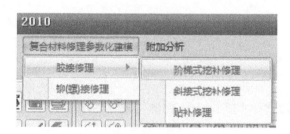

图 10.19　复合材料层合板修理参数化建模窗口

不同的复合材料修理方法所需的参数有所不同，本小节以阶梯式挖补修理的参数化建模为例，如图 10.20 所示。在复合材料阶梯式挖补修理的参数化建模中，需要设置的参数分别有模型总长、总宽、总高、损伤尺寸、胶层厚度和挖补阶梯层数。在该界面中，添加阶梯式挖补修理建立的模型示意图，可以在建模之前简单明了地了解阶梯式挖补修理模型的大概样式。在界面中设置好所有所需的参数之后，点击保存按钮，自动提取所有设置的参数值；点击重置，则所有参数重置为默认值，该窗口中所有默认值均为 0；点击执行，则开始建立模型；点击取消，则隐藏阶梯式挖补修理参数设置的界面。

在 Patran 建模中，会话文件 (即扩展名为.ses 的文件) 用来记录在 Patran 运行时的所有操作，系统默认为 Pantran.ses.01，每次启动时版本编号自动递增。Patran 中建立一个模型的同时，一组与之对应的命令在执行，会话文件中会相应保存这些命令。会话文件中记录的操作可以嵌入变量、函数定义等 PCL 语言程序段，也可通过回放的形式重做，此功能方便了 Patran 的二次开发，也能提高建立参数化模型的效率，修改会话文件可以使建模过程程序化，提高其工作效率。

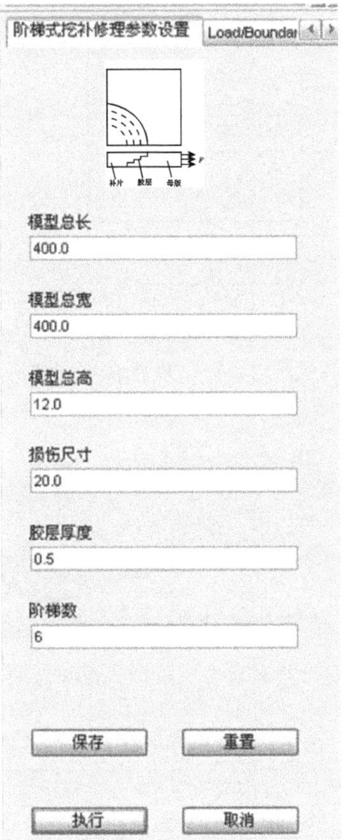

图 10.20　阶梯式挖补修理的参数化建模的参数设置界面

先在 Patran 软件中建立所需参数的某个固定值的修理模型，提取建模过程中自动记录的.ses 文件中所需的具体命令的执行语句，并按照 PCL 语言的逻辑结构进行改写，定义整个建模过程中所需的参数，并将建模过程中设置的具体参数值改为定义的参数变量名，例如，模型总长在程序中书写为'composite_length'。当然，如果对于建模命令比较熟悉，也可通过 PCL 的书写规范直接编写具体的参数化建模程序。

根据复合材料参数化建模的人机交互界面建立复合材料层合板阶梯式挖补修理结构的分析模型，如图 10.21 所示 (1/4 简化模型)，通过以上参数化建模流程，建立的四阶挖补修理模型如图 10.22 所示。铺层顺序为 $[45°/-45°/0°/90°]_{2s}$，共有 22394 个节点，21024 个八节点三维实体单元。母板和补片的铺层形式均为 $[45°/-45°/0°/90°]_{2s}$，单层板的厚度约为 1.5mm。层合板的边界条件为：一边固定，另一边承受拉应力。层合板的材料为 T300/5208，胶结剂的材料为 FM300，两种材料的性能参数如表 10.7 所示。

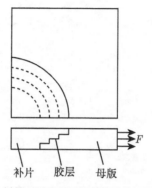

图 10.21　复合材料层合板阶梯式挖补修理结构的分析模型

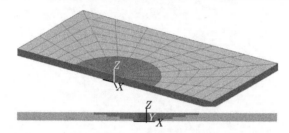

图 10.22　复合材料层合板阶梯式挖补修理有限元模型

表 10.7　层合板和胶结剂的性能参数

	E_{xx}/GPa	E_{yy}/GPa	E_{zz}/GPa	μ_{xy}	μ_{yz}	μ_{zx}	G_{xy}/GPa	G_{yz}/GPa	G_{zx}/GPa
T300/5208	181	10.3	10.3	0.28	0.30	0.30	7.17	5	7.17
Adhesive	1020	—	—	0.30	—	—	390	—	—

　　下面主要研究胶层厚度 t_a 和挖补阶梯数 n 对于复合材料层合板修理结构强度和稳定性的影响，其主要几何参数见表 10.8。

表 10.8　复合材料层合板阶梯挖补修理的主要几何参数

变量	符号	值/mm
模型总长	L	400
模型总宽	W	400
模型总厚	T	12
层合板层数	N	8
单层厚度	t_p	1.5
损伤尺寸	D	20
挖补阶梯数	n	2,3,4,5,6
胶层厚度	t_a	0.1,0.15,0.2,0.25,0.3

10.3.2　基于参数化模型的强度分析

由于大型有限元软件 MSC.Patran 无法直接分析结构的强度，所以基于 Tsai-Wu 张量强度准则的理论，并运用 MSC.Patran 的二次开发语言 PCL 构建出强度计算的窗口菜单。从 MSC.Patran 中编写的附加分析的菜单栏中进入强度分析，如图 10.23 所示。在图 10.24 所示的窗口菜单中输入材料本身的拉伸与压缩强度，然后调用后台根据 Tsai-Wu 张量强度准则编写的强度分析程序，对算例进行强度分析。

图 10.23　附加分析的菜单栏

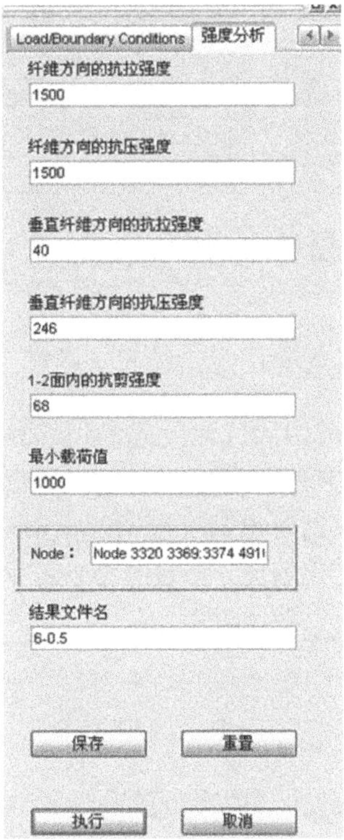

图 10.24　强度分析的参数设置界面

针对本小节所选取的材料 T300/5208，该材料的基本性能参数如表 10.9 所示，不同挖补阶梯数和胶层厚度下修补结构的强度值和屈曲特征值分别见表 10.10 和

表 10.11。

表 10.9　T300/5208 的基本性能参数

类型	值/MPa
纤维方向的拉伸强度 X_t	1500
纤维方向的抗压强度 X_c	1500
垂直纤维方向的拉伸强度 Y_t	40
垂直纤维方向的抗压强度 Y_t	246
1-2 面内抗剪强度 S	68

表 10.10　$t_a = 0.4\text{mm}$ 时不同挖补阶梯数下修补结构的强度值和屈曲特征值

$t_a = 0.4\text{mm}$	$n = 2$	$n = 3$	$n = 4$	$n = 5$	$n = 6$
强度/MPa	307.5556	274.2222	307.5556	302.8889	388
屈曲特征值	299.964	276.43	438.25	263.53	243.84

表 10.11　挖补阶梯数 $n = 3$ 时不同胶层厚度下修补结构的强度值和屈曲特征值

$n = 3$	0.2mm	0.25mm	0.3mm	0.35mm	0.4mm	0.45mm	0.5mm	0.55mm	0.6mm
强度/MPa	237.56	246.44	255.56	264.89	274.22	283.56	299.33	228.44	208.44
屈曲特征值	325.05	323.79	322.56	465.72	438.25	411.219	317.69	364.05	315.21

10.4　修理方案的多目标优化

10.4.1　优化模型与求解

许多科学研究和工程实践中的优化问题都可归结为一个多目标优化问题，因此多目标优化在最优化领域中是一个重要的研究方向，多目标优化问题在许多实际复杂系统的设计、建模和规划中得到了应用。多目标优化问题又称多准则优化问题、多性能优化问题或向量优化问题。一般的多目标优化问题由一组目标函数和相关的一些约束组成，可进行如下数学描述：

$$\min_{X \in \Omega} = F(X) = [f_1(X), f_2(X), \cdots, f_m(X)], \quad X \in \Omega \subset \mathbf{R}^n$$

$$\text{s.t } g_i(X) \leqslant 0, \quad i = 1, 2, \cdots, p \tag{10.30}$$

式中，$X = [X_1, X_2, \cdots, X_n]$ 为 $\mathbf{R}^n$ 空间的 n 维向量，称 X 所在的空间 D 为问题的决策空间；$f_i(x)$ 为问题子目标函数，它们之间是相互冲突的；m 维向量 $[f_1(X), f_2(X), \cdots, f_m(X)]$ 所在的空间称为问题的目标空间；$g_i(X)$ 为约束函数。

多目标优化问题的本质是在很多情况下，不可能同时使多个子目标同时达到最优，因为各子目标可能是相互冲突的，一个子目标的改善有可能引起另一个子目标性能的降低, 那么只能在这些目标性能中进行协调和折中处理, 使各子目标函数尽可能达到最优。所以, 求解多目标优化问题的首要步骤和关键问题就是求解多目标优化问题的所有最优解。

遗传算法是把问题的解表示成 "染色体", 在算法中也即以二进制编码的串。并且, 在执行遗传算法之前, 给出一群 "染色体", 也即假设解。然后, 把这些假设解置于问题的 "环境" 中, 并按适者生存的原则, 从中选择出较适应环境的 "染色体" 进行复制, 再通过交叉和变异过程产生更适应环境的新一代 "染色体" 群。这样, 一代一代地进化, 最后就会收敛到最适应环境的一个 "染色体" 上, 它就是问题的最优解。遗传具有群体搜索策略和群体中个体之间的信息交换不以梯度信息为基础的优点, 尤其适用于解决复杂和非线性问题。

遗传算法对群体执行的操作有三种: 选择、交叉、变异。选择是指从群体中选择比较适应环境的个体来繁殖下一代, 也称这一操作为再生。交叉是指交换两个不同的用于繁殖下一代个体相同位置的基因, 从而产生新的个体。变异是对选中的个体中的某些基因执行异向转化。

遗传操作是模拟生物基因遗传的做法, 在遗传算法中, 遗传操作的任务就是对通过编码组成初始群体中的个体施加一定的操作, 按照它们对环境适应度 (适应度评估) 实现优胜劣汰的进化过程。从优化搜索的角度, 遗传操作可使问题的解一代又一代的优化, 并逼近最优解, 具体流程图如图 10.25 所示。其中, 重点步骤如下:

(1) 计算各染色体适应度值;

(2) 累计所有染色体适应度值, 记录中间累加值 $S\text{-mid}$ 和最后累加值 $\text{sum} = \sum f(xi)$;

(3) 产生一个随机数 N, $0 < N < \text{sum}$;

(4) 选择对应中间累加值 $S\text{-mid}$ 的第一个染色体进入交换集;

(5) 重复 (3) 和 (4), 直到获得足够的染色体, 首个大于等于 N 的 $S\text{-mid}$ 所对应的染色体则被选中。

合理地选择和控制遗传算法的运行参数在初始阶段或群体进化过程时是必要的, 它可以使遗传算法以最佳的搜索轨迹达到最优解。其主要参数包括个体编码串长度 L、群体大小 n、交叉概率 p_c、变异概率 p_m、终止代数 T 等。下面将对这些参数进行简单介绍。

当使用二进制编码来表示个体时, 编码串长度 L 的选取与问题所要求的求解精度有关, 要求的精度越高, 位串越长, 需要的计算时间越多。

群体大小 n 表示群体所含个体的数量。当 n 取值较小时, 可提高遗传算法的运算速度, 但却降低了群体的多样性, 有可能会引起遗传算法的早熟现象; 而当 n 取值较大时, 又会使遗传算法的运行效率降低, 一般情况下建议 $n = 20 \sim 200$。

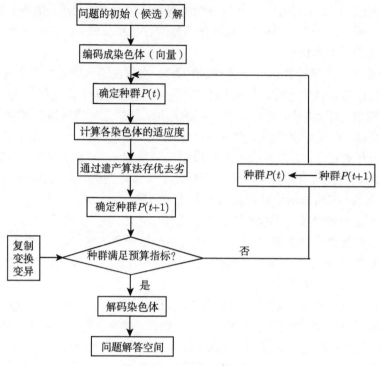

图 10.25　遗传算法流程图

交叉操作是遗传算法中产生新个体的主要方法，所以交叉概率一般应取较大值，但若取值过大，它又会破坏群体中的优良模式，对进行运算反而产生不利影响；若取值过小，产生新个体的速度又较慢，一般取 $p_c = 0.60 \sim 1.00$。

变异操作是保持群体多样性的有效手段，交叉结束后，交配池中的全部个体位串上的每位等位基因按变异率 p_m 随机改变，因此每代中大约发生 $p_m \times n \times L$ 次变异。变异概率太小可导致某些基因位的信息过早丢失，并且无法恢复；而变异概率过大可导致遗传搜索变成随机搜索，所以一般取 $p_m = 0.005 \sim 0.01$。

终止代数 T 是一个表示遗传算法运行结束条件的参数，当遗传算法运行到指定的进化代数时，遗传算法就会停止运行，并将当前群体中的最佳个体作为所求问题的最优解输出，一般建议的取值是 $100 \sim 1000$。

10.4.2　单目标优化

针对 10.3 节分析的复合材料层合板阶梯式挖补修理的强度计算结果，取关于修理参数的两组强度结果进行优化。为了得到强度值与两个参数 t_a 和 n 的函数关系，可以采用多项式拟合方法。利用表 10.10 和表 10.11 中的计算结果，将以上两表的结果拟合成两个函数 $f_1(n)$ 和 $f_2(t_a)$，多项式函数如下：

$$\begin{cases} f_1 = 14.21x_1^2 - 94.7x_1 + 422.7 \\ f_2 = -1487x_2^2 - 1168x_2 + 50.81 \end{cases} \quad (10.31)$$

两个目标函数拟合曲线如图 10.26 所示，对两个曲线图分析可知，当两个变量不相关时，最佳挖补阶梯数在 $n = 3.3$ 左右，最佳胶层厚度在 $t_a = 0.4\text{mm}$ 左右。

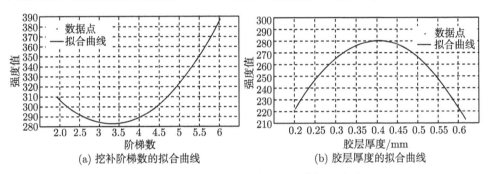

(a) 挖补阶梯数的拟合曲线　　　　　(b) 胶层厚度的拟合曲线

图 10.26　关于强度值两个目标函数拟合曲线

下面利用优化算法研究挖补阶梯数和胶层厚度两个修补参数对修补结构强度的影响，得出最佳的参数组合。因为是最大化的优化问题，所以适应度函数取目标函数的相反数。为了验证多目标、多参数的遗传算法程序，将两个变量 n 和 t_a 分别用 x_1 和 x_2 表示。由于两个变量不相关，为了实现多目标检验，将目标函数式做如下变换：

$$\begin{cases} \text{factor}_1 = 14.21x_1^2 - 94.7x_1 + 422.7 \\ \text{factor}_2 = -1487x_2^2 - 1168x_2 + 50.81 \\ \text{s.t.} \quad 2 \leqslant x_1 \leqslant 6, 0.2 \leqslant x_2 \leqslant 0.6 \end{cases} \quad (10.32)$$

适应度函数为

$$\begin{aligned} \text{Fit}_1(x_1, x_2) &= f_1(x_1, x_2) \\ \text{Fit}_2(x_1, x_2) &= -f_2(x_1, x_2) \end{aligned} \quad (10.33)$$

使用 MATLAB 遗传算法工具箱进行多目标优化，可以通过程序使各目标函数的权重系数相等。本书作者课题组编写的遗传算法程序的优化变量是阶梯式挖补修理的挖补阶梯数和胶层厚度，程序设计流程包括：

(1) 定义遗传参数，包括最大进化代数、初始种群大小、染色体编码字符串长度和各种遗传算子操作参数等。

(2) 随机产生初始种群，即在解空间中随机产生规定个数的个体作为初始种群。

(3) 分组计算，将初始种群中的全部个体按子目标的个数均等地划分成子种群，对每个子种群分配一个子目标函数。各子目标函数在相应的子种群中独立地进行选择运算，按适应度选择个体组成新的子种群。

(4) 合并种群并计算，将新组成的子种群合并成一个完整的种群，然后在这个种群中进行交叉和变异运算，生成下一代群体。

(5) 终止判断并输出结果，第 (4) 步的群体生成后迭代次数加 1，并与终止条件比较，不满足就返回第 (3) 步；满足便终止运算，输出结果。

以挖补阶梯数和胶层厚度为设计变量，结构的强度值为目标函数。算例中的遗传算法参数如表 10.12 所示。

表 10.12　遗传算法的参数

变量个数	个体编码串长度	最大遗传代数	各权重系数	交叉概率	变异概率
2	100	100	0.5	0.7	0.007

图 10.27 显示当遗传代数为 100 代时，历代种群最佳适应度值和平均适应度值的变化情况。表 10.13 显示选取不同遗传代数时以强度为目标的最佳结果，与前面分析所得出的最佳参数组合吻合。

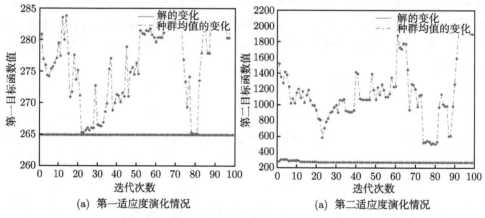

(a)　第一适应度演化情况　　　　　(a)　第二适应度演化情况

图 10.27　历代种群最佳适应度值和平均适应度值的变化情况 (以强度为目标)

将上述分析结果与图 10.26(a) 和图 10.26(b) 进行对比，所得最佳挖补参数的结论是一致的。同时对两个优化变量进行优化，可以一次性获得层合板挖补修理的最佳参数组合，而从 10.26(a) 和 10.26(b) 中只能分别对各参数进行优化，每次只能得出一个参数固定时的最佳结果，然后用列举的方式通过比较才能得出最佳参数组合，也就是相似的遗传程序要运行多次，因此在操作过程中费时、效率低，也不利于多目标优化。利用遗传算法同时对多目标、多变量进行优化不但效率高，同时得出的结果与图 10.26 所显示出的结果一致，说明该优化程序是可靠的。

表 10.13　选取不同遗传代数时以强度为目标的最佳结果

遗传代数	各最佳适应度值的加权平均	n	t
10	-10.821	3.106	0.398
20	-11.143	3.406	0.397
30	-11.171	3.307	0.395
40	-11.100	3.389	0.408
50	-11.182	3.335	0.401
60	-11.172	3.374	0.399
70	-11.183	3.347	0.400
80	-11.169	3.342	0.403
90	-11.161	3.313	0.393
100	-10.645	3.445	0.374

针对 10.3 节的复合材料层合板阶梯式挖补修理的稳定性计算结果，取关于修理参数的两组屈曲特征值进行优化，不同挖补阶梯数和胶层厚度下修补结构的屈曲特征值分别列于表 10.10 和表 10.11。为了得到屈曲特征值与两个参数 t_a 和 n 的函数关系，采用多项式拟合方法，利用表 10.10 和表 10.11 中的计算结果，将结果拟合成两个函数 $f_1(n)$ 和 $f_1(t_a)$，多项式函数如下：

$$\begin{cases} f_1 = -23.49x_1^2 + 175x_1 + 25.61 \\ f_2 = -2627x_2^2 + 2108x_2 - 14.07 \end{cases} \tag{10.34}$$

关于屈曲特征值两个目标函数拟合曲线如图 10.28 所示，对两个拟合曲线图分析可知，当两个变量不相关时，最佳挖补阶梯数在 $n = 3.7$ 左右，最佳胶层厚度在 $t_a = 0.4\text{mm}$ 左右。

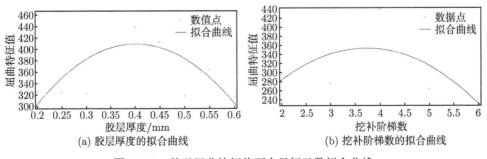

(a) 胶层厚度的拟合曲线　　　　　(b) 挖补阶梯数的拟合曲线

图 10.28　关于屈曲特征值两个目标函数拟合曲线

具体的遗传算法的研究方法同强度优化的研究方法，目标函数为

$$\begin{cases} f_1 = -23.49x_1^2 + 175x_1 + 25.61 \\ f_2 = -2627x_2^2 + 2108x_2 - 14.07 \\ \text{s.t. } 2 \leqslant x_1 \leqslant 6, 0.2 \leqslant x_2 \leqslant 0.6 \end{cases} \tag{10.35}$$

适应度函数为

$$\begin{aligned} \text{Fit}_1(x_1, x_2) &= -f_1(x_1, x_2) \\ \text{Fit}_2(x_1, x_2) &= -f_2(x_1, x_2) \end{aligned} \tag{10.36}$$

遗传算法参数设置与强度优化的相同，如表 10.12 所示。图 10.29 显示当遗传代数为 100 代时，历代种群最佳适应度值和平均适应度值的变化情况。表 10.14 显示不同遗传代数时 (以屈曲特征值为目标) 的最佳结果，与前面分析所得出的最佳参数组合吻合。

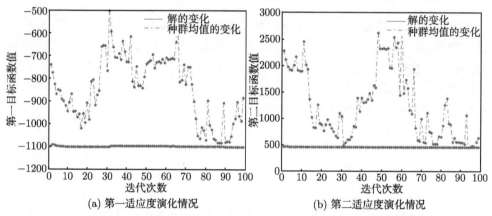

(a) 第一适应度演化情况 (b) 第二适应度演化情况

图 10.29 历代种群最佳适应度值和平均适应度值的变化情况 (以屈曲特征值为目标)

表 10.14 不同遗传代数时 (以屈曲特征值为目标) 的最佳结果

遗传代数	各最佳适应度值的加权平均	n	t
10	-348.25	2.085	0.385
20	-380.16	3.744	0.397
30	-379.80	3.610	0.414
40	-380.13	3.728	0.395
50	-380.17	3.717	0.399
60	-380.18	3.730	0.402
70	-380.13	3.764	0.406
80	-380.11	3.783	0.406
90	-379.98	3.717	0.414
100	-380.17	3.736	0.403

10.4.3 多目标优化

上面对强度和稳定性进行了单目标优化,分别得到了对于稳定性和强度的最优方案,其中,当挖补阶梯数为 3,胶层厚度为 0.4mm 时,结构的强度最优;而当挖补阶梯数为 4,胶层厚度为 0.4mm 时,结构在进行挖补修理之后稳定性最佳。由此可看出,在使强度和稳定性均达到最优时的组合不一样,因此必须进行多目标优化。采用与上面相同的求解方法,即并列选择法来求解多目标优化问题。由于目标函数个数、变量个数等都与上面相同,所以程序中的遗传参数也与表 10.12 中表述的一样。

同样将遗传变量挖补阶梯数 n 和胶层厚度 t_a 视为 x_1 和 x_2,则遗传优化的目标函数由多项式拟合的函数式变换得到。其表达式如下:

$$\begin{cases} \min f_1(x_1, x_2) = 14.21x_1^2 - 3 - 94.7x_1 + 422.7 \\ \min f_1(x_1, x_2) = -1487x_2^2 + 1168x_2 + 50.81 \\ \min f_1(x_1, x_2) = -23.49x_1^2 + 175x_1 + 25.61 \\ \min f_1(x_1, x_2) = -2627x_2^2 + 2108x_2 - 14.07 \\ \text{s.t.} \quad 2 \leqslant x_1 \leqslant 6, 0.2 \leqslant x_2 \leqslant 0.6 \end{cases} \tag{10.37}$$

式中,第一式为强度与挖补阶梯数之间的函数关系;第二式为强度与胶层厚度之间的函数关系;第三式为屈曲特征值与挖补阶梯数之间的函数关系;第四式为屈曲特征值与胶层厚度之间的函数关系。

各适应度函数也由各目标函数直接转换而得,表达式如下:

$$\begin{cases} \text{Fit}_1(x_1, x_2) = f_1(x_1, x_2) \\ \text{Fit}_2(x_1, x_2) = -f_2(x_1, x_2) \\ \text{Fit}_3(x_1, x_2) = -f_3(x_1, x_2) \\ \text{Fit}_4(x_1, x_2) = -f_4(x_1, x_2) \end{cases} \tag{10.38}$$

对于该问题,为了寻得最佳解集,也是通过各适应度函数的定义确定子代个体的选择方向,使之逐渐逼近最佳解集。经过 100 次迭代后结果为 $x_1 = 3.545$, $x_2 = 0.395$。另外,再定义一下三个性能跟踪函数来检测优化效果。

强度性能跟踪函数为

$$\min[f_1(x_1, x_2) + f_2(x_1, x_2)] \tag{10.39}$$

其中,目标函数平均值的跟踪函数为

$$\sum \frac{f_1(x_1, x_2)}{\text{length}[f_1(x_1, x_2)]} + \sum \frac{f_2(x_1, x_2)}{\text{length}[f_2(x_1, x_2)]} \tag{10.40}$$

图 10.30 显示迭代次数为 100 时，复合材料层合板结构强度目标函数最佳值和平均值的演变情况。

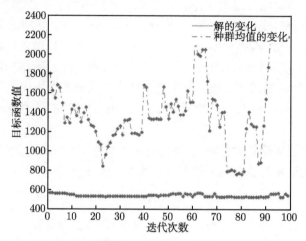

图 10.30　复合材料层合板结构强度目标函数最佳值和平均值的演变情况

稳定性性能跟踪函数为

$$\min[f_3(x_1, x_2) + f_4(x_1, x_2)] \tag{10.41}$$

其中，目标函数平均值的跟踪函数为

$$\sum \frac{f_3(x_1, x_2)}{\text{length}[f_3(x_1, x_2)]} + \sum \frac{f_4(x_1, x_2)}{\text{length}[f_4(x_1, x_2)]} \tag{10.42}$$

图 10.31 显示迭代次数为 100 时，复合材料层合板结构屈曲特征值目标函数最佳值和平均值的演变情况。

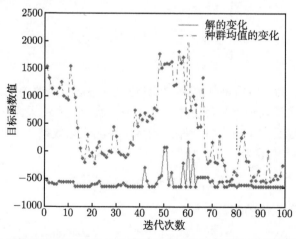

图 10.31　复合材料层合板结构屈曲特征值目标函数最佳值和平均值的演变情况

各目标函数综合性能跟踪函数为

$$\min[f_1(x_1, x_2) + f_2(x_1, x_2) + f_3(x_1, x_2) + f_4(x_1, x_2)] \tag{10.43}$$

其中，目标函数平均值的跟踪函数为

$$
\begin{aligned}
&\sum \frac{f_1(x_1, x_2)}{\text{length}[f_1(x_1, x_2)]} + \sum \frac{f_2(x_1, x_2)}{\text{length}[f_2(x_1, x_2)]}\\
&+ \sum \frac{f_3(x_1, x_2)}{\text{length}[f_3(x_1, x_2)]} + \sum \frac{f_4(x_1, x_2)}{\text{length}[f_4(x_1, x_2)]}
\end{aligned}
\tag{10.44}
$$

图 10.32 显示迭代次数为 100 时，复合材料层合板综合性能跟踪函数最佳值和平均值的演变情况。

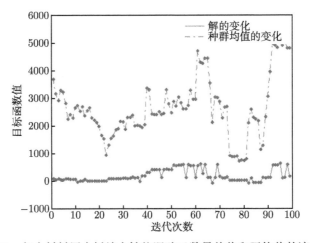

图 10.32　复合材料层合板综合性能跟踪函数最佳值和平均值的演变情况

第 11 章　复合材料损伤检测技术

■
■
■
■

早期复合材料无损检测方法主要沿用金属的无损检测方法，由于复合材料是各向异性的，损伤与缺陷形式复杂且呈多样性，其无损检测比各向同性材料更为复杂，传统的无损检测方法不能完全解决复合材料的检测问题，20 世纪 80 年代后，许多适应复合材料结构特点的无损检测新技术、新方法相继诞生。本章介绍复合材料损伤检测技术，包括无损检测和破坏检测，其中无损检测包括目视检测、敲击检测、超声波检测、X 射线照相以及其他特殊无损检测方法 [67,68,72]。

11.1　复合材料损伤检测方法概述

复合材料损伤检测方法一般分为两大类：无损的和破坏性的。常用的是无损检测方法，因为它们不会伤害部件或影响其实施功能的能力，然而，它们在检测和 (或) 确定某些缺陷和损伤类型中有局限性。破坏性检测技术的使用是有选择性的，因为它们通常会使部件变得不能用，然而它们能检测出很多存在的缺陷和损伤，这是无损检测方法做不到的。各种检测方法适用于不同缺陷和损伤的检查。表 11.1 列出各种常用检测方法可检测的缺陷和损伤汇总。

现代无损检测的定义是：在不破坏材料或构件的情况下，采用某种技术手段，对被检对象内部与表面进行探测，结合一些先验知识，从接收信号中提取出需要的信息，以确定材料或构件是否具有完整性，或者测定材料或构件的某些性质。按照这个定义，有几个方面值得注意：无损检测作为应用技术，其检测能力往往受到工作原理的限制；无损检测作为技术，会受到工作条件的限制；无损检测作为科学，属于信息领域的逆问题范畴；

无损检测的检测结果具有某些不确定性，需要先验知识作为补充。

表 11.1　各种常用检测方法可检测的缺陷和损伤汇总

检测方法	缺陷类型							
	脱胶	分层	凹坑	裂纹	孔洞	湿气	灼伤	雷击
目视检测	√①	√①	√	√	√			√
敲击检测	√②	√②						
X 射线照相	√①	√①		√①		√		
超声穿透法检测	√	√						
超声脉冲反射法检测		√						
超声波脱胶检测	√	√						

注：① 开到表面的缺陷；② 薄壁结构（≤3 层）

　　在检测能力方面，各种复合材料无损检测方法能够解决复合材料检测的大多数问题：迄今，一方面，还没有一种无损检测方法可以检测某种复合材料的所有缺陷，更没有一种无损检测方法可以检测各种复合材料的所有缺陷；另一方面，没有一种缺陷可以被所有的无损检测方法检测到。实际的情况是，一种无损检测方法能够检测复合材料的多种缺陷，而一种缺陷可以用多种无损检测方法检测到。而且往往不同的无损检测方法可以检测到缺陷的不同方面。因此，在只需要知道是否存在某种缺陷时，可以选择最容易发现该种缺陷或最经济地发现该种缺陷的方法。而在需要对缺陷有全面了解时或者希望检测结果有非常高的可靠性时，往往需要根据不同的要求，采用多种方法检测复合材料的缺陷，使各种方法的检测结果相互补充。

　　在工作条件方面，原则上讲，下面所讲述的各种无损检测方法都是针对大面积的均匀复合材料检测的。对于构件的边、角、几何形状迅速变化的区域，检测将变得十分困难，一些非标准的方法可能更为需要。例如，检测直径小于 6mm 的管道弯头时，标准的超声探头是没有用的，超声探头需要穿上特殊的异形"鞋子"。对于每个具体的检测新问题，需要详细分析问题的特征，选择某种或某些无损检测方法，并对这些方法进行适用于本检测问题的某些改造，才能获得满意的效果。

　　在检测结果具有不确定性的方面，应该认真对待，仔细分析影响测量结果的各个因素，补充先验知识，正确提取信息，才能得到满意的结果。例如，下面要讲到的利用测量超声波衰减来标定空隙率的问题。因为很多因素会影响超声波的衰减，所以要确定空隙率必须排除空隙率以外的其他因素的干扰。

　　复合材料的无损检测有以下三个方面的特点，导致它与其他材料的无损检测方法存在显著的差异。

　　首先，复合材料的结构特点使无损检测方法存在显著的差异，复合材料是由两种或多种性质不同的材料组合而成，而且往往具有特殊设计的某种对称性的微结构。因此，它们的力学性能和其他物理性能呈现显著的各向异性。而大多数多晶金属材料一般被看作各向同性材料。复杂结构和各向异性使得对复合材料的无损检测方法与对多晶金属材料的无损检测方法可能会有很大的不同。更进一步来说，对各向异性物质的检测，特别是对复合材料的检测，其难度远大于对各向同性材料的检测。某些复合材料及其构件的特殊构造，常常会提出全世界都感到棘手的极具挑战性的问题。这些因素都逼迫人们去寻求无损检测新方法。

其次，设计复合材料通常的目标是使其具有高的比强度和比模量，复合材料的组分常常选用非金属材料 (如碳、树脂等) 和低密度金属材料 (如铝等)。这往往导致复合材料具有导电性差、热导率低、声衰减高、射线透明度高等特点。因此，复合材料的无损检测方法具有自己鲜明的特点。

最后，复合材料及其构件的制造工艺特点使无损检测方法存在显著的差异，复合材料及其构件制造工艺的特殊性，使产品中可能产生诸多缺陷，其中有许多是复合材料所独有的缺陷，而且这些缺陷往往呈现明显的离散性。此外，复合材料内部含有纤维或颗粒等物质，它们会形成一些微小的结构。这个特点使得复合材料通常具有比较强的结构噪声从而只能达到较差的缺陷分辨率。有的复合材料会吸收水分，有的复合材料对温度和湿度敏感，这些因素都使复合材料的无损检测方法具有自己的特色。

11.2　目视检测

目视检测是损伤检测的最基本方法。采用目视检测可发现复合材料构件上的擦伤、划伤、穿孔、裂纹、撞击损伤压痕、雷击损伤、烧伤和紧固件孔损伤等表面损伤以及构件边缘的分层和脱胶损伤。对于擦伤、划伤等表面损伤，还可确定其损伤的面积和损伤的程度。在进行目视检测时，因环境、条件不同，检查技术要求不同，以及限于视线可达性和视力的局限性，有时还需借助一些简单的工具，如手电筒、放大镜、反光镜和内窥镜等辅助工具，实施目视检测。

目视检测还作为无损检测的预先检查方法，在所有复合材料部件进行无损检测之前，凡是能够目视检测到的部位，都必须进行目视检测。然而，目视检测也有其局限性，例如，对于复合材料构件的内部分层、脱胶、蜂窝夹芯的损伤及其积水等无外表征候的缺陷和损伤，目视检测无法检测出损伤，也无法确定其损伤的程度与范围。这种情况就需要用到无损检测方法。

目视检测广泛用于复合材料及胶接零件的检查，特别是复合材料成品零件在服役使用阶段的检验。目视检测的主要优点是速度快、操作简单和具备检测多种缺陷的能力。目视检测通常可以检测复合材料结构表面和近表面区域的缺陷，观察明显的结构变形、变色、断裂、表面划伤、裂纹、起泡、起皱、凹痕等结构异常。肉眼是很善于发现异常的。对于表面裂纹的检查,通常即使采用了其他的无损检测方法,目视检测仍广泛用于有效的补充验证。在目视检测操作前,操作人员通常需要对试样的表面做一些必要的准备,如清洗、去除待检样件表面的油漆及尘土等。

目视检测时对检测结果影响最大的是检测人员的眼睛。当检测人员用眼睛直接观察工件表面时,常因灵敏度不足、精确性不佳或无法接近检测区域执行检测任务等问题,很难达到有效监测的目的。这种情况下通常需要借助辅助装置有效增进眼睛的敏锐性,最终达到精确检测的目的。目视检测辅助装备有很多,依其特性大致可分为量具装备、光学装备两大类。

量具装备是目视检测中重要的组成部分之一,可以用来测量记录检测的结果。常见的量具有直线长度测定器具、标线片、光学比较仪和其他各种各样的测量装置,如间隙测量规、半径量规、深度量规、内卡尺、外卡尺、定心规、塞尺、螺丝规和千分尺等。

折射镜、放大镜是最简单的光学器械。放大镜主要在观察小于 0.2mm 目的物时使用。目视检测常采用 10 倍放大镜检查复合材料部件的缺口、裂纹、掉漆、破碎、分层、局部或整体脱落及表面热损伤等缺陷。待检部件表层起泡、掉漆等表面情况往往是复合材料表面损伤的标志。借助辅助工具可以有效地提高目视检测的检测效率。

内窥镜是用于观察物体内部的装置。内窥镜是医疗和工业部门中很常用的光学器械。检测复合材料的部件,如机翼、玻璃钢管道和容器等常用内窥镜。与放大镜一样,内窥镜是一种古老的目视检测工具。与放大镜不同,内窥镜是一种完善的目视检测工具。标准的内窥镜是一段细管,其中含有一些透镜、反射镜、棱镜、玻璃或光纤等的组合。目镜与物镜分别在细管的两端。观察者透过目镜来看在另一端物镜外面的景象。现代优越的光学系统、高强度的照明光源和变焦摄像技术等使得现代内窥镜具有强大的功能。

内窥镜有刚性内窥镜、柔性内窥镜和柔性视频内窥镜等不同种类,可以适应不同的检测需求。刚性内窥镜是由刚性金属管和管子内部的透镜光学系统组成的。图像从内窥镜的远端传送到目镜。刚性内窥镜适于使用在从插入点到被检查的区域是直线通道的场合。柔性内窥镜(有时也称为光纤内窥镜)使用一根或一束光导纤维(简称光纤)来传送光学图像。光纤是用光学玻璃制作的细纤维,可以使光线沿着弯曲路径很好地传送。柔性内窥镜可以灵活地绕过障碍到达不是那么容易检测到的待检测区域。光纤用不锈钢护套保护,可以反复弯曲,其直径通常是 3~12.5mm,工作长度为 600~3650mm。图 11.1 为一市场上常见的柔性内窥镜。

柔性视频内窥镜与柔性内窥镜相似,只是柔性视频内窥镜安装有视频摄像系统。它用摄像机取代了物镜、用视频电缆取代了光纤束、用电视监控器取代了目镜。图像可以放大以便于仔细观察,视野可达 90°。探头能够上下左右转动。目前,柔性视频内窥镜最小的直径可达 9.5mm，其工作长度可达 30.48m。

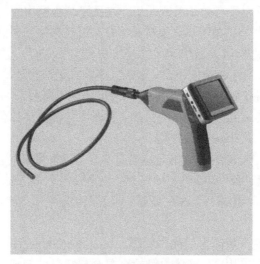

图 11.1　柔性内窥镜

在所有的无损检测方法中，目视检测应用广泛、操作简单、快速、直观、方便并且经济实惠。目视检测的成本一般比较低。目视检测对检测条件的要求也不是很高，它只要求有良好的光照明和检测人员有良好的视力。对于玻璃钢等透明的复合材料，能够利用透射光检查内部的缺陷。尤其对于检测环境狭小的复杂零件，在其他无损检测方法被限制使用的情况下，一般也可以应用目视检测。

目视检测对材料表面的瑕疵、腐蚀情况、胶接情况和表面处理情况等都有一定的检测能力。如果由有经验的专业人员操作，可明显地提高检测的可靠性。如果能够进行定期检查，也能明显地提高检测可靠性。

目视检测也存在一定的局限性，主要表现在：首先，检测区域被限制在检测表面破损或近表面缺陷，而且只能检测到明显的缺陷；其次，传统的目视检测主观性很强，它强烈地依赖检测人员的视力。现代的目视检测使用摄像记录技术可以改变这种状况。由于试件形状和检测现场限制，某些试件还存在待检部位难以接近的问题。当可接受的缺陷很小而检查面积很大时，检测的可靠性较低，存在较大的漏检可能。目视检测对表面涂油漆的组件的适用性很有限。该检测方法一般作为其他无损检测方法的有效补充。

11.3　敲击检测

敲击检测是一种采用专用的敲击棒、敲击锤、硬币或者仪器等检测工具轻轻敲击被检测复合材料结构表面，通过辨听敲击声音的变化来确定损伤的检测方法，如

图 11.2 所示。敲击检测是一种常用的但比较粗糙的检验方法。这种方法简便易行，常常作为其他无损检测方法的前期检测或补充检测手段，具有较高的实用价值。敲击检测可用于检测复合材料构件的分层、脱胶、树脂固化不完全和某些裂纹等损伤。敲击检测特别适用于检测层数小于等于 3 层的层合板的分层损伤。

　　这个方法采用一个实心的圆盘或重量轻的锤状工具敲击所检测的区域，并细听结构对于敲击的响应。清晰尖锐的铃状声音表明是一个胶接良好的整体结构，而低沉或砰砰的声响表明是异常的区域。敲击的速率应当足够快，以便能产生足够的声响并用耳朵来辨别任何的声调差异。对于胶接在加筋条上的薄蒙皮、具有薄面板的蜂窝夹芯板，或者厚层合板的接近表面部分 (如旋翼飞机的叶片支座)，敲击检测都是有效的。同样，这个方法本身有可能把结构内部元件变化所产生的音调改变误认为缺陷，而这实际上是设计的结果。应当在尽可能安静的地方，由熟悉零件内部构型的人员进行敲击检测。

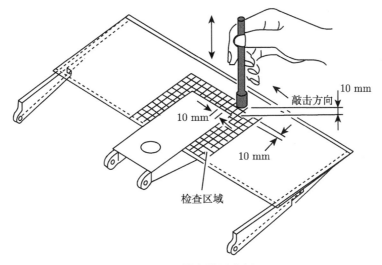

图 11.2　敲击检测实例

　　在复合材料修理中，常规敲击检测工具有敲击棒和敲击锤等。波音飞机无损检测手册和空客飞机无损检测手册对敲击检测工具及其使用的要求略有不同 [72]。波音公司推荐采用敲击棒实施敲击检测，敲击棒可以从波音公司购买，也可用铜、铝或钢材加工制作。敲击棒的具体尺寸、形状及要求，如图 11.3 所示，敲击棒的重量要求小于 114g。当使用敲击棒进行敲击检测时，其敲击检测扫描方式如图 11.4 所示。其中，扫描方式 1 用于对没有被修理过的结构进行检测，扫描方式 2 用于对修理过的区域进行检测。扫描检测时需要扩大检测的区域至少是缺陷区域尺寸的 1/3。

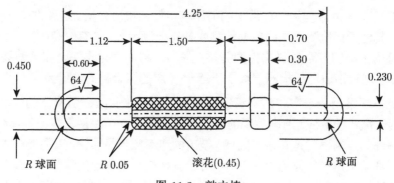

图 11.3　敲击棒

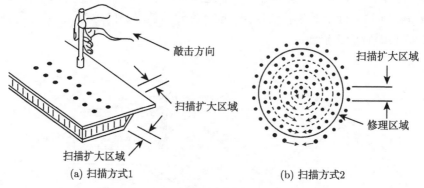

(a) 扫描方式1　　　　　　　　　　(b) 扫描方式2

图 11.4　波音公司要求的敲击检测扫描方式

　　空客飞机无损检测手册推荐的敲击棒和敲击锤，其尺寸、构型如图 11.5 所示。使用敲击检测工具以 10mm 间隔的网格形式敲击检查损伤区域的整个表面，如图 11.6 所示。同时，要使用轻而稳定的动作敲击。在没有分层或脱胶的区域，敲击时会产生清脆的声音；在有分层或脱胶的区域，敲击时会产生沉闷的声音。

　　人工敲击检测对检测人员的经验要求较高，因为检测的效果在很大程度上依赖检测人员的经验。该法对环境也有要求，在嘈杂的环境下检测，易受干扰。

　　硬币和小锤的敲击检测特别适合检测结构像三明治的薄的工件。敲击检测对缺陷的敏感性随着试样中缺陷的深度增加而下降，所以更适合检测近表面缺陷。蜂窝结构上的脱粘也很容易检测出来，但是很难检测出实心的薄层缺陷。在实际复合材料检测中，检测脱粘的能力与产品的材料和结构有关。一般来说，比较大的脱粘检测效果较好。

　　人工敲击检测要求在激励时仔细听声调以区分良好与异常区域发出的不同声波，在检测过程中需要对检测区域使用标准敲击锤。检测到不连续的可能性主要取决于被检复合材料壁板材料的类型。

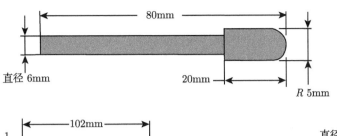

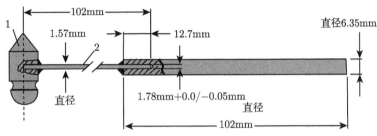

图 11.5　空客飞机手册推荐的敲击棒和敲击锤

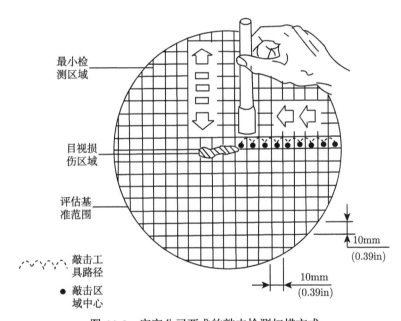

图 11.6　空客公司要求的敲击检测扫描方式

　　敲击检测具有以下明显优势：简单、廉价、易行；非常适合检测脱胶和分层缺陷；可以大面积覆盖检测区域；原则上，位于待检构件任何部位的小缺陷都可以通过单一的声学量表示，这使得此项技术非常适于复合材料零件在线缺陷检测；易于与其他多种检测方法集成在一起，如谐振检测和机械阻抗检测等方法，只需改变探头即可。

　　同时，敲击检测也存在一些局限性：在薄的面板上，硬币敲击常常容易产生不希望有的小凹痕，影响美观；存在发生冲击损伤的风险；可应用于几种主要的特定类型的缺陷，但微气孔群等缺陷通常很难检测出来；如果使用手动检测，速度相对缓慢并且检测点的覆盖率低；对于用人耳接收声音信号并做出判断的情况，检测结果的可靠性很大程度上取决于检测人员的经验；敲击检测的数据质量不如集成热图检测和激光错位成像检测等其他的现代方法。

11.4 超声波检测

超声波检测是目前复合材料结构修理的一种最为重要和广泛应用的检测方法，可检测复合材料结构中的分层、脱粘、气孔、裂缝、冲击损伤等大部分损伤，定性定量准确。

11.4.1 超声波检测原理

超声波检测是利用压电传输元件将超声波脉冲传入被测构件中，当遇到损伤或缺陷时，会产生界面反射，或引起声速和能量衰减的变化，通过接收、分析这些信号及其变化，从而确定损伤或缺陷的大小、位置的一种无损检测方法。用于复合材料结构损伤检测的超声波频率一般在 $1\sim10\,\text{MHz}$，常用频率为 $5\,\text{MHz}$。超声波的主要优点是，穿透力强、检测灵敏度高、检测方便和对人体无害等。超声波检测在技术上比较成熟、检测仪器成本低、结构轻便。尤其是便携式超声检测仪，在外场维修检测中使用十分方便。超声波检测在复合材料无损检测中已得到广泛应用。

已经证明超声波检测是检测复合材料零件内部分层、空隙或不一致情况的极有用工具，这些缺陷是用目视检测或敲击检测无法检测出的。然而，有很多种超声波技术，每种技术都采用一个频率高于音频的声波能量。一个高频声波被引入零件，所导引的声波行进方向或者垂直零件表面，或者沿着零件表面，或者相对零件表面呈某个规定的角度。因为只从一个方向声波可能是不可接收的，所以要使用不同的方向。然后，监视所引入的声波沿指定路线穿过零件时是否有明显的变化。

超声波的特性与光波相似，当超声波碰到阻挡的物体时，波或能量或者被吸收，或者被反射回表面上，然后这个被干扰或削弱的声能被接收传感器接收，并转换送入示波器或曲线记录仪显示出来。操作者能够从这个显示中相对已知的正常区域，对比评价异常的显示。为了便于比较，要建立并利用参照的标准来标定超声波检测设备。

超声波检测在重复的制造环境下使用良好，但在修理环境下，面临安装在飞机上的众多不同复合材料零件及较复杂的结构形式，检测就稍微困难些。这个参照标准也必须考虑到复合材料部件经过长期服役环境暴露，或者经过修理或修复所带来的变化。

超声波检测有很多种,可用于复合材料结构的分层、脱胶、层间疏松、胶接气孔和疏松、孔隙含量等损伤或缺陷。现用于复合材料结构检测的主要有两种:超声脉冲反射法和超声穿透法。

超声脉冲反射法是超声波探头发射脉冲波到被测构件内,然后根据反射波的情况来确定构件损伤或缺陷的一种方法。在这个方法中,只有单独受高压脉冲激励的搜索单元,既作为发射变换器又作为接收传感器。这个单元把电能转化为超声波形式的机械能,声能通过一个特氟纶 (聚四氟乙烯) 或异丁烯酸酯接触头进入试验的零件,在试验零件内产生一个波形并被变换器元件采集。所接收信号的任何幅值变化,或返回变换器所需时间的变化,都表明了缺陷的存在。在超声脉冲反射法中,把耦合剂直接涂在零件上面。该法具有很强的检测能力、检测灵敏度高、定性定量准确、检测方便 (只需要从一侧接近被测结构) 等特点。因此,它是一种普遍用于复合材料结构损伤检测的方法。

超声穿透法是依据脉冲波或连续波穿透构件之后的能量变化来判断损伤或缺陷的一种方法。超声穿透法常采用两个探头,一个用作发射,另一个用作接收,分别放置在被测构件的两侧进行检测,如图 11.7 所示。该法也具有很强的检测能力和检测灵敏度高的优点,但是需在构件的两面接触。超声穿透法的基本原理如图 11.8 所示。把高电压脉冲施加到变换器内的压电晶体上,这个压电晶体把电能转化成超声波形式的机械能,超声波透过零件到达接收传感器,机械能被转化回电能。这个方法工作时需要有一种 (除了空气以外的) 耦合剂。在生产环境下,零件被浸入水中,或者利用一个水喷淋系统。必须注意,当使用水以外的耦合材料时不要污染层合板。水溶的耦合工作良好,正在开发不需要耦合的新技术。可以在记录系统中画出输出,或者显示在仪表或示波器上。试验件内部的缺陷将干扰或吸收部分能量,从而改变接收传感器所检测的总能量,这样就能在显示中看出缺陷最后削减的能量。

超声扫描成像检测技术是在传统超声 A- 显示人工扫查基础上发展起来的检测新技术,通过专门的电子线路设计和信号处理技术,对超声传感器接收到的检测信号进行 A/D 变换。通过软件设计编程进行缺陷或损伤识别,识别结果用颜色或灰度在计算机屏幕上实时显示,并可储存记录。

最常用的扫描检测有 A 型扫描、B 型扫描、C 型扫描、D 型扫描、扇形扫描、F 型扫描等。扫描检测往往是以自动或半自动方式实现的,但也可以用手动方式实现。扫描检测也称为扫查检测。

超声波检测具有以下主要特点:技术成熟、仪器设备费用不高,应用广泛;有很强很好的检测能力;检测灵敏度高,而且相对稳定;定性定量准确;检测方便、易实施。但超声波检测复合材料也有一定的局限性:检测需要耦合剂,可能污染试件；检测过程中对检测人员专业知识和操作能力要求相对较高；对复合材料的形状有一定的要求，小尺寸、不规则形状、粗糙表面、小曲率半径等对超声波检测的可实施性有较大影响；由于存在盲区和缺陷取向对检测灵敏度的影响，表面和非常近表面的某些缺陷常常难于检测，对紧贴型缺陷不够敏感，容易漏检；材料的某些内部结构，如晶粒度、相组成、非均匀性、非致密性，会使小的缺陷的检查灵敏度和信噪比变差。

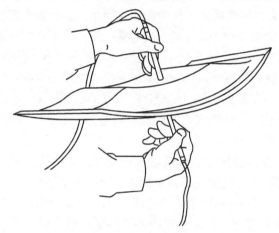

图 11.7　应用超声穿透法检测构件损伤

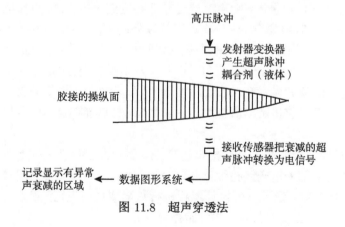

图 11.8　超声穿透法

1. A 型扫描

A 型扫描是指 A 型扫描显示方式，也是指使用 A 型扫描显示的脉冲超声波检测。A 型扫描是工业超声波检测中最常见的、最基本的检测和显示技术。A 型扫描常常简称为"A 扫"。

A 型扫描显示将超声波信号的幅度与传播时间的关系以直角坐标的形式显示出来。直角坐标的水平轴是时间轴，代表声的传播时间，即声程；直角坐标的垂直轴是幅度轴，代表超声波信号的绝对/相对幅度。声的传播速度是固定不变的，而且可以是事先测定的。由于距离等于速度乘以时间，所以时间轴可以校准标定为在声路径上离开声源的距离，即 A 型扫描显示的水平轴是检测深度坐标轴的。当 A 型扫描指一种脉冲超声波检测技术时，称为深度扫描。A 型扫描是电子扫描。

A 型扫描显示的声脉冲信号有检波和非检波两种形式。非检波信号又称为射频信号，是探头输出的脉冲信号的原始形式。检波信号是射频信号经检波后的形式，是射频信号的包络。最初的超声波检测仪器是将声脉冲信号检波后再在屏幕上显示的。因此，典型的 A 型扫描显示结果是在水平扫描基线的不同位置上出现的一系列尖峰图形，如图 11.9 所示。

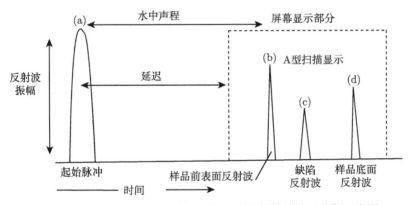

图 11.9　水浸超声脉冲回波检测的 A 型扫描检波波形分析示意图

图 11.9 是水浸超声脉冲回波检测的 A 型扫描检波波形分析示意图。图 11.9 中的虚线框表示显示器的屏幕。屏幕内的 (b)、(c)、(d) 三个峰是检测回波波形的 A 型扫描显示。图 11.9 中的第一个峰 (a) 对应激励换能器的电脉冲出现的时间，称为起始脉冲。它是以后出现的各个峰的参考点。随后的 (b)、(c)、(d) 三个峰依次是被检测件的前表面、被检测件中的一个缺陷及被检测件的后表面 (也称为底面反射波)。在峰 (a) 与峰 (b) 之间对应的是超声波在水中的传播时间，即水中声程。为了在显示器荧光屏上很好地显示人们关心的波形峰 (b)、(c) 和 (d)，检测系统的显示机制引入了适当的延迟。延迟的作用是使起始脉冲峰 (a) 不被显示，从而增强了屏幕显示细节的能力。为了很好地区分不同的回波，脉冲的持续时间必须足够短以避免各峰之间出现重叠。

检波信号的图像清晰简单，但与非检波射频信号相比，失去了其中的相位信息。输出脉冲信号的射频信号的原始形式，可以用于分析信号特征，辅助判断缺陷的性质。射频信号的 A 型扫描显示形式如图 11.10 所示。

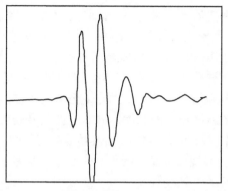

图 11.10 射频信号的 A 型扫描显示形式

现代数字式探伤仪实现 A 型扫描显示类似于绘制坐标图的方式，比较简单。模拟式仪器实现 A 型扫描显示则相对比较复杂。图 11.11 为 A 型扫描显示的模拟式脉冲反射式超声波探伤仪的基本电路框图。同步电路以给定的频率 (仪器的脉冲重复频率) 产生周期性同步脉冲信号，这一信号一方面触发发射电路产生激励电脉冲加到探头上产生脉冲超声波；另一方面控制时基电路产生锯齿波加到示波器 X 轴偏转板上，使光点从左到右随时间移动进行扫描。超声波通过耦合剂射入试件遇到界面即产生反射，回波由已停止激振的原探头接收或由另一探头接收并转换成相应的电脉冲，电脉冲经放大电路放大后加到示波器的 Y 轴偏转板上。此时，光点不仅在 X 轴上按时间做线性移动且受 Y 轴偏转板上电压的影响做垂直运动，从而在时间基线上出现波形。此时，根据反射波在时间基线上的位置可确定反射面与超声波入射面的距离，根据回波幅度可确定回波声压大小。波形可以是经检波处理后的，也可以是未经检波处理的。

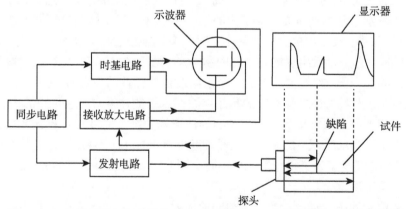

图 11.11 A 型扫描显示的模拟式脉冲反射式超声波探伤仪的基本电路框图

超声波探伤仪的 A 型扫描主要是利用超声波的反射特性和速度特性，可以用单探头兼顾发射和接收的工作模式，也可以采用一发一收的双探头工作模式，最终根据回波情况可以实现缺陷位置和大小的判断。在实际检测中，由于缺陷的分布、几何形状和性质判断，定量评定受检测人员的技术水平、知识经验，以及主观因素的影响，客观、正确、可靠地评价复合材料的质量还存在一定的难度，因此需要借助标准复合材料试块及规范化的操作培训来保证检测结果的可靠性。

2. B 型扫描

B 型扫描是指 B 型扫描显示方式，也是指使用 B 型扫描显示的脉冲超声波检测。在医学界，B 型扫描显示方式或 B 型扫描脉冲超声波检测是当今最重要的三种非侵入医学影像检测技术之一，简称"B 超"。现在在工业超声波无损检测中已大量使用 B 型扫描，"B 超"的称谓也随之引入。B 型扫描常常简称为"B 扫"。

在 B 型扫描中，超声波探头在被检试件的表面做一维扫描检测。在每一个检测点，超声波探头都获得一串 A 型扫描回波信号 (深度扫描信号)。这样的检测，获得了在二维空间的信号数据。B 型扫描显示是将这个二维空间数据用下面描述的方法形成二维图形显示的一种技术。

B 型扫描显示的关键点是，用亮度来表现回波信号幅度的大小。在 A 型扫描显示方式中用纵坐标来表示信号的幅度。而在 B 型扫描显示方式中改变为用显示点的亮度来表示信号的幅度。

B 型扫描显示是将由试件表面的一维空间扫描和在每一个检测点的深度扫描组成的二维扫描数据用二维图形显示出来的显示方式。二维图形的水平轴是超声波探头的一维空间的扫描轨迹，其坐标是做一维扫描的超声波探头在检测面上移动的位移大小。二维图形的垂直轴是深度轴，是一维电子深度扫描轨迹，其坐标是离开检测表面的深度大小。这个二维图形的每一点的图像的亮度，正比于二维扫描数据中该点所对应的超声波回波信号的幅度。图 11.12 为 B 型扫描显示的基本原理。

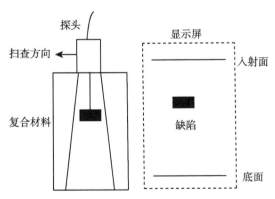

图 11.12　B 型扫描显示的基本原理

在 B 型扫描显示中，超声波探头在每一个确定的检测点获得的超声波回波信号，被用一条垂直的线段来表示。该线段的起点在水平轴上，水平轴是超声波探头的一维扫描线。该线段的横坐标是超声波探头前的位移数值。该线段的纵坐标是声脉冲回波峰出现的深度，而该深度位置点的亮度正比于回波信号峰的幅度。许多这样的线段就组成了 B 型扫描显示图形。在绘制 B 型扫描显示图形时，常常使用这种方式。

因此，典型的 B 型扫描显示图形代表了被检试件的一个纵切面的图形。该纵切面的水平边就是超声波探头的扫描线。

B 型扫描的一维扫描在医学界的设备中大都是使用超声换能器阵列应用电子扫描手段完成的。在工业无损检测领域，B 型扫描由手动扫描、机械扫描和超声换能器阵列电子扫描多种手段实现。超声换能器阵列技术手段常常使用相控阵技术。在工业无损检测领域，相控阵技术正在兴起。

B 型扫描可以直观显示出被检测工件检测面下的缺陷在截面上的分布位置以及相对形状、大小、水平延伸长度等，即可以获得截面直观图。因为回波信号的大小是用图像的亮度显示的，所以不适合直观地评判。但是，对于数字 B 型扫描图像，可以用计算机软件进行缺陷的定量评定。

3. C 型扫描

C 型扫描是指 C 型扫描显示方式，也是指使用 C 型扫描显示的脉冲超声波检测。C 型扫描显示与 B 型扫描一样，也是一种显示二维扫描结果的二维图形。在工业超声波无损检测中大量使用 C 型扫描，而且远早于使用 B 型扫描。C 型扫描常常简称为"C 扫"。

在 C 型扫描中，超声波探头在被检试件的表面做二维扫描检测。在每一个检测点，超声波探头都获得一串 A 型扫描回波信号 (深度扫描信号)。通过这样的检测，获得了在三维空间的数据。从这个三维空间数据中，应用"选通门"技术挑选出在指定深度范围内的二维空间数据，并将它们用亮度调制的形式显示出来。这样的一种检测技术就是超声 C 型扫描，相应的显示技术就是超声 C 型扫描显示。

C 型扫描显示是一个二维图形，该二维图形与探头二维扫描的区域对应，图形中每个点的坐标就是扫描区域对应点的坐标，图形中各点的亮度正比于该点所对应的信号的强度。各点所对应的信号可以自由规定来选取所需要的量。C 型扫描显示的二维图形代表了被检试件一个在指定深度处的横截面的投影图形。超声 C 型扫描能够显示出类似 X 射线照相无损检测所获得的缺陷在检测面上的平面投影形状，即 C 型扫描图像还可以是组件的顶视图。

简单来说，C 型扫描图像可以是被检工件的一个横截面图，也可以是被检工件的顶视图。C 型扫描图像给出了被检工件内部缺陷平面投影形状的图像。这可以方便地评价缺陷平面投影面积的大小，结合缺陷所在的位置，有助于判断缺陷的性质。

现代的超声 C 型扫描检测系统常常使用计算机控制的数字超声波检测系统。计算机一方面控制机械扫描超声波检测，另一方面控制 C 型扫描图像记录。因为是数字信号，所以 C 型扫描图像也相应地成为数字图像。数字图像是一个数据矩阵。而数据矩阵的每一个阵元对应图像的一个像素。每个像素的数值至少可以达到 8 位量化精度。这些因素大大丰富了 C 型扫描图像的内容。数字超声 C 型扫描大幅度提高了 C 型扫描的检测性能。数字检测还有更大的优势。C 型扫描检测获得的是一个三维空间的数据。这样，不仅可以做 C 型扫描显示，而且可以做出各检测点的 A 型扫描显示和通过指定扫描线的 B 型扫描显示。

C 型扫描显示的缺点是，没有直接显示缺陷的准确埋藏深度，以及在超声传播方向延伸的大小。在实际检测时，通常采用聚焦探头向深度方向逐层扫描来判定缺陷的埋藏深度，也可以结合 B 型扫描显示来综合判断。图 11.13 是一个带有人工缺陷的复合材料样品的 B 型和 C 型扫描显示图。样品是一个多层碳纤维复合材料，其中人工埋入了 3 片聚四氟乙烯薄膜来模拟分层缺陷。图 11.13 中上面的图像是 B 型扫描显示图，下面的图像是 C 型扫描显示图，综合两图的信息可以确定人工分层缺陷的立体几何位置。

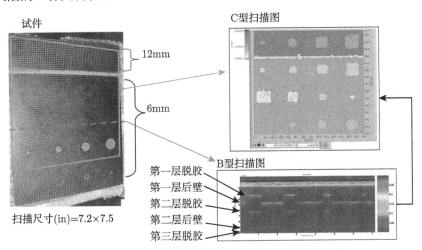

图 11.13　带有人工缺陷的复合材料样品的 B 型和 C 型扫描显示图

B 型扫描、C 型扫描都是在 A 型扫描显示的基础上实现的。目前，B、C 型扫描都是采用计算机技术首先将探头接收到的信号经模拟/数字转换 (A/D 转换)，使之成为数字信号；然后按照数字超声波检测系统的技术处理和显示数据。图像与数据可以储存并可以通过软件对缺陷做进一步的分析评价。

在 C 型扫描超声波检测过程中，需要始终保持良好的、稳定的超声耦合状态。一个实际的解决方案称为水浸法检测。在被检试样足够小的情形，将被检试样和超声探头全部完全浸没在一个大水槽的水中。

当被检试样非常大时，使用水槽浸泡是不切实际的。一方面使用大水槽的成本过高；另一方面，试样有可能会产生很大的浮力，这时要保持其浸没需要很大的外力。因此，可以使用带有特殊设计的水喷嘴的专用超声探头，利用喷射出的水射流耦合超声波。水柱不断地投射到试样表面，可以保持良好的超声耦合。喷射耦合对试样表面轮廓的变化更加宽容。喷水法是检测大工件和有大浮力工件的更实用的解决方案。

图 11.14 为一套实验室用的水浸超声 C 型扫描检测系统。图 11.15 为一套成熟的生产用喷水穿透法超声 C 型扫描检测机械装置。图 11.16 为复合材料板–板胶

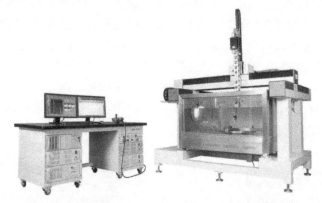

图 11.14　实验室用的水浸超声 C 型扫描检测系统

龙门结构型式　　　　　　　　　　机械臂型式

图 11.15　生产用喷水穿透法超声 C 型扫描检测机械装置

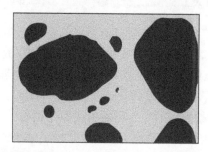

图 11.16　复合材料板–板胶接结构超声喷水穿透自动检测 C 型扫描检测结果图

接结构超声喷水穿透自动检测 C 型扫描检测结果图 (黑色区域为脱粘缺陷)。

4. D 型扫描和广义 C 型扫描显示

D 型扫描是一个多义名词，这里所说的 D 型扫描是指一种显示数据的方式。C 型扫描显示的图形代表了被检试件在某个指定深度处的横截面的投影图形。B 型扫描显示的图形代表了被检试件的一个纵切面的图形。D 型扫描显示方法作为它们的补充，显示出另一个二维的纵切面，一个垂直于 B 型扫描显示的纵切面。

因此，对于被检测样品中任意一个指定的区域，可以通过 C 型扫描检测获取三维数据。应用这些数据，对于被检测样品的这个指定区域中任意一个点，可以画出经过这个点的 C 型扫描显示图形、B 型扫描显示图形和 D 型扫描显示图形。根据机械制图的理论，这样已经给出了立体结构的充分信息。也就是说，综合这 3 种形式方法，人们能够更容易地解释超声波检测得到的数据，这些数据是通过二维空间扫描加一维时间/深度的 A 型扫描方式获取的。

5. 角度 (扇形) 扫描

角度扫描是 B 型扫描方式的一个变种。角度扫描采用斜探头发射的倾斜入射的超声波来进行检测，并通过改变入射角进行角度扫描。角度扫描显示的图像形似一个折扇的扇面，因而也常常称为扇形扫描。图 11.17 是扇形扫描检测焊缝的示意图。

图 11.17　扇形扫描检测焊缝的示意图

角度 (扇形) 扫描是通过激励斜探头来检测复合材料的内部情况的。在实际应用中，如果采用相控阵仪器进行扇形扫描，可以控制晶片激发的时间，从而产生不同角度的声束偏转，在同一位置就可以实现对不同位置的扫查，减少了探头与复合材料之间的相对移动。角度扫描显示方式与 B 型扫描显示方式相同。

扇形扫描检测可以对试件进行多角度检测，在不移动或少移动探头的情况下进行扫查，具有良好的声束可达性。在检测缺陷正上方表面不易放置探头部位，实现对复杂几何形状工件的精确扫查，提高了检测效率，降低了工作强度，但由于复合材料存在很严重的各向异性，超声波沿不同方向的声速差别很大，所以角度扫描的应用不多。

11.4.2 超声波检测的新进展

相控阵超声波检测技术在型面复杂的复合材料结构检测中具有独特的技术优势，适用于复杂型面的复合材料构件和特殊部位的高精度检测，在飞机复杂结构检测中具有广阔的应用前景。该技术通过电子方式控制阵列换能器各晶片的发射、接收延迟时间控制声波合成、偏转和聚焦，声束可控性强，可以对复杂型面结构进行多方位、高效率扫描。其技术难点在于，高效、精确的相控阵超声波成像算法和校正算法。系统的硬件平台如图 11.18 所示，由相控阵超声波激励接收板卡、一维线阵弧阵以及二维矩阵等相控阵超声换能器和电脑等部件构成。

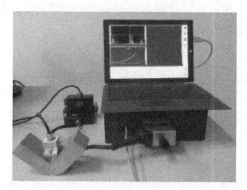

图 11.18　相控阵超声波检测系统的硬件平台

空气耦合超声技术是解决不宜使用声耦合剂的特殊材料与结构检测问题的途径。该技术在检测过程中不使用耦合剂，并且适合大型结构的快速检测和现场检测，在飞机复合材料构件非接触快速检测中具有广阔的应用前景。其技术难点在于，通过新型超声换能器技术和信号处理技术提高空气耦合超声波信号的信噪比。飞机蜂窝夹芯复合材料结构目前普遍采用超声波技术检测此类结构中的脱粘缺陷。但是，泡沫塑料夹芯、纸蜂窝夹芯复合材料构件容易受到液体耦合剂的影响，常规超声波检测技术难以适用，空气耦合超声波技术在此类结构的非接触检测中具有技术优势。

空气耦合超声波检测系统中，任意函数发生器产生超声波激励信号，经功率放大器输出高压激励信号到空气耦合超声换能器，进而产生超声波信号；采用信号处理装置提高空气耦合超声波信号增益，并进行滤波处理；数据采集卡实现超声波模拟信号的 A/D 转换；二维扫描器带动超声探头对工件进行超声 C 型扫描成像。预埋缺陷的纸蜂窝夹芯复合材料结构的空气耦合超声扫描图像如图 11.19 所示，其中缺陷特征清晰可辨，验证了空气耦合超声波检测技术应用于蜂窝夹芯复合材料脱粘检测的可行性。

试样　　　　　　　　　　　　扫描图像

图 11.19　预埋缺陷的纸蜂窝夹芯复合材料结构的空气耦合超声扫描图像

　　激光超声波检测技术在大型复杂结构快速现场检测中独具优势。该项技术以脉冲激光在材料中激发超声波,基于光学仪器对声波进行非接触式的测量。检测过程中不使用超声耦合剂,并且具有高空间分辨力。脉冲激光能够在与结构表面不垂直条件下进行超声波的远距离激发和接收。因此,激光超声波检测技术特别适合大型复杂结构的快速自动检测,也可以外场应用。技术难点在于声波热弹激励的激光参数控制技术和高灵敏度、高重复频率的激光探测技术。

　　激光超声波检测系统即为全光学激发和接收的激光超声波试验系统,包括脉冲激光器、激光干涉仪、数字示波器、数据采集卡以及二维扫描器。近 20 年,在航空制造领域,已用于大型复合材料构件无损检测的激光超声波检测系统采用精密二维扫描器控制激励和探测激光进行扫描,进而达到很高的检测效率,这种方式需要将激光在一定距离、角度范围内倾斜投射到构件表面探测声波,这使得系统的探测灵敏度在不同结构、材料表面存在不同程度的变化,进而影响检测结果的准确度。而探测灵敏度补偿方法对不同粗糙度的复杂型面结构的适用性和检测性能需要测试、校正。

　　复合材料冲击损伤的水浸、激光超声 C 型扫描对比测试如图 11.20 所示,两种方法在冲击分层的形状、位置和尺寸表征方面具有一致性。然而,复合材料试样冲击区域表面状态变化和冲击分层的不规则形式对激光超声波和水浸超声波检测参量的影响不同,这导致两种方法在冲击分层的定量方面存在差异。

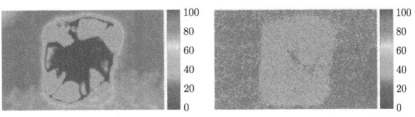

图 11.20　复合材料冲击损伤的水浸、激光超声 C 型扫描对比测试 [69]

11.5　X 射线照相

11.5.1　基本原理

　　射线照相检测方法主要有 X 射线照相无损检测方法、γ 射线照相无损检测方法、热中子射线照相检测方法、电子射线照相检测方法等。近年来，迅速发展起来的非胶片射线照相检测方法是应用射线成像板来代替传统的胶卷的射线照相检测方法。在这些检测方法中，X 射线照相无损检测方法和 γ 射线照相无损检测方法是最主要的常用射线照相检测方法。图 11.21 为一个典型的 X 射线照相装置。

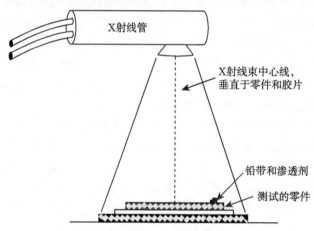

图 11.21　典型的 X 射线照相装置

　　X 射线照相无损检测方法是射线无损检测方法中最基本、发展最早、应用最广泛的检测技术。它是五大常规无损检测方法之一。X 射线照相无损检测方法是利用 X 射线源发出的 X 射线透过被检物体，被检物体与其内部缺陷介质对射线强度衰减的程度不同来检测被检物体的内部信息的，并用射线胶片的形式记录下来，经显影、定影等处理，在胶片上形成透视投影影像，最终通过对影像的识别来评定被检物体内部是否存在不连续性缺陷的一种射线无损检测方法。X 射线照相无损检测方法是其他射线检测方法的基础，也是应用最广泛的射线检测方法。

　　一般来说，在提到射线照相时，往往是指使用射线胶片记录照相结果的技术，这称为传统的射线照相技术。近年来，新兴的非胶片 X 射线成像技术蓬勃发展，已经占领了许多传统射线照相技术的应用市场。但是，现在射线照相技术在射线检测中仍具有重要的作用。目前，在成像质量上，特别是当缺陷尺寸小于 0.25 mm 时，胶片图像质量要远优于数字射线成像等非胶片照相技术。

图 11.22 和图 11.23 是用 X 射线照相无损检测碳纤维复合材料的两幅透视投影影像，分别显示出内部分层损伤缺陷和冲击损伤缺陷。对于复合材料的检测，射线照相技术经过多年的发展已比较成熟。X 射线照相的基本设备包括 X 射线机、暗室设备和器材、评片设备和软件等。X 射线照相的辅助设备有防护设备等。

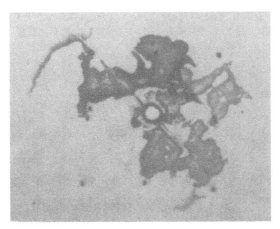

图 11.22　复合材料内部分层损伤缺陷

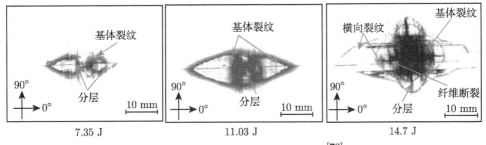

图 11.23　复合材料冲击损伤缺陷 [70]

11.5.2　X 射线照相无损检测复合材料的特点

复合材料不同于一般的金属材料，一方面它们主要由非金属材料或低原子序数的金属材料物质构成，物质密度小，对射线的吸收能力弱；另一方面它们本身的材料特性和结构使得它们的加工成型工艺和可能发生的缺陷等都与一般的金属材料有很大的差异。

复合材料 X 射线照相无损检测容易受其他因素的干扰并导致伪缺陷产生。以纤维复合材料为例，其 X 射线照相影像的对比度很高，被检测产品表面的尘埃、涂料、水珠、粉笔标记、透明胶带纸、纸屑和毛刺等多余物都能够在 X 射线照相底片上形成影像。这类影像称为伪缺陷。伪缺陷将影响评片。

因此，对碳纤维复合材料构件，在进行 X 射线透照前的准备工作有着更高的要求，其表面的上述多余物应仔细清理干净。在其上做透照编号和透照标记时应采用白色特种铅笔。

不良的胶片包装也会导致伪缺陷产生。例如，包装黑纸层数的差异可能在 X 射线照相底片上形成影像而影响评片。应检查包装胶片的黑纸，黑纸本身不应有多余夹杂物或厚薄不均匀或破裂。黑纸起始的一条边缘应与胶片的一条边缘对齐。在进行 X 射线照相时，需将黑纸折叠端头一面置于 X 射线源的背面，防止形成黑纸折叠端的影像。

对于复合材料检测缺少专用的像质计。评价复合材料工件的 X 射线照相灵敏度一般不采用丝型像质计，经常采用的是平板孔型像质计，一般要求达到的灵敏度是 (2-2T) 级别，即像质计的板厚 T 应是工件透照厚度的 2%，应能够识别它上面直径为 $2T$ 的孔。

经过大量的试验，得出复合材料和金属蜂窝构件主要常见缺陷及对应的影像特征如表 11.2 所示。

表 11.2　复合材料和金属蜂窝构件主要常见缺陷及对应的影像特征

试件	缺陷	影像特征
复合材料	气孔	多为圆形黑点状
	夹杂	多为明亮的斑点、小块或条形
	疏松	不规则的云雾状黑色斑纹（块），浓淡不一
	横断裂纹	呈直线或曲线，中间较粗而黑，端头尖细
	搭接空缺或重叠	呈现不应有的形状，黑度差异
金属蜂窝构件	芯格破裂	白色芯格呈现黑色直线或曲线
	节点脱开	规则的白色芯格破坏，呈不规则淡黑色线
	夹芯收缩、皱拢，泡沫胶不足或空腔	规则的白色芯格扭曲、变形，呈不规则黑色斑点或斑块

11.5.3　阶梯试块和对比试块

在复合材料的 X 射线照相无损检测中，试块的制作非常重要，下面以碳纤维复合材料的 X 射线照相无损检测为例进行说明。

为了获得高质量的 X 射线照相影像，应选择合理的透照规范，因此必须制作碳纤维复合材料的阶梯试块与像质计，以便于制作碳纤维复合材料的曝光曲线。但目前市场上尚无碳纤维复合材料的像质计供应，也无制作碳纤维复合材料像质计的标准，因此采用一束碳纤维丝和一层厚度为 0.125mm 的碳纤维板固化后加工成丝代替像质计使用。另外，还要制作两块阶梯试块，每块均分为六个厚度等级。见

图 11.24,图中第一块厚度分别为 0.25mm、0.5mm、1.0mm、1.5mm、2.0mm、2.5mm;第二块厚度分别为 3mm、4mm、5mm、6mm、7mm、8mm。

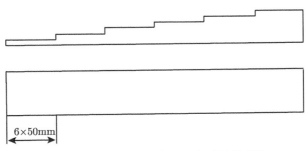

图 11.24　碳纤维复合材料阶梯试块的制作

为防止碳纤维复合材料试块固化后产生变形,制作阶梯试块铺层时要注意碳纤维 0° 与 90° 方向的对称性,其他铺层工艺与固化条件要与被检测产品相同。

11.5.4　X 射线照相的优势与局限

射线照相 (X 射线照相) 难于用在碳纤维增强环氧复合材料零件上,因为纤维和树脂吸收特性相似,总体吸收率很低;而玻璃纤维和硼纤维更适用于这种检测方法。大多数复合材料对 X 射线几乎都是透射的,所以必须使用低能 X 射线。可使用不透明的渗透剂 (即碘化锌) 增强表面破碎缺陷的可见度,但一般不能用在服役中的检测。注意使用渗透剂的方法有时被认为是有损的,因为它留在零件中不能去除。X 射线数字形式的增强技术 (无论是底片扫描或直接用数字检测技术 DDA) 也是有效的。因为有可能暴露于 X 射线管或散射的射线之下,所以应当始终用足够的铅隔离物防护操作人员,重要的是,要始终与 X 射线源保持最小的安全距离。

尽管有它的不足,但 X 射线照相仍是一个非常有用的 NDI 方法,可基本上观察到零件内部的情况。这个检测方法让 X 射线经常用于检测夹芯结构零件中蜂窝夹芯湿气的进入,有时也能检测层合板的横向裂纹。内部的异常如角点处的分层、压塌的夹芯、开花的夹芯、芯格内的水分、泡沫胶连接中的空隙,以及内部细节的相对位置都可以通过 X 射线照相方便地看出。

这一方法利用 X 射线贯穿所试验的零件或组合件。并把射线被吸收的情况记录在对 X 射线敏感的胶片上。把曝光的胶片显影后,检测人员就可分析在胶片上记录的暗度变化,建立部件内部细节相互关系的可视结果。因为这个方法记录的是沿零件厚度的总密度变化,所以当缺陷 (如分层) 位于和射线相垂直的平面内时,它不是首选的检测方法。然而,当检测与 X 射线束中心线相平行的缺陷时,这是最有效的方法。虽然蜂窝 X 射线照相最易通过试验技术来分析,但因为有图像结果,所以射线照相检验方法很容易得到解释。

11.5.5　X 射线断层成像技术

传统的 X 射线成像法与 X 射线计算机断层成像技术的工作原理对比如图 11.25 所示。在传统的 X 射线成像法中，由于物体并不旋转，所有影像在厚度方向进行叠加，无法对缺陷的深度进行定位，只有明显的结构特性或缺陷才有可能被检测出来。传统的 X 射线成像法在蜂窝夹芯结构的胶接缺陷方面非常有效。低密度的薄面板通常透光性强，因此对观察夹芯材料影响较小，也可运用该技术检测蜂窝夹芯板的典型缺陷，如夹芯压溃、夹芯压实、疲劳破坏、夹芯腐蚀、泡沫密封处气孔等。而某些缺陷，如高分子树脂复合材料内部的分层则不易被发现。此外，高分子树脂、纤维和孔隙的透光率相似，这就需要增加一种高吸波的介质来扩大不同物质的差别。通常在损伤区中间钻孔来加入碘化锌，这将导致无法保证射线穿透所有小的缺陷和分层，因此传统的 X 射线成像法不适于检测高分子树脂基复合材料。然而对于其他复合材料，如金属基和陶瓷基复合材料并不需要额外的处理便可方便地进行扫描，其因此更适于金属基和陶瓷基复合材料的缺陷检测。

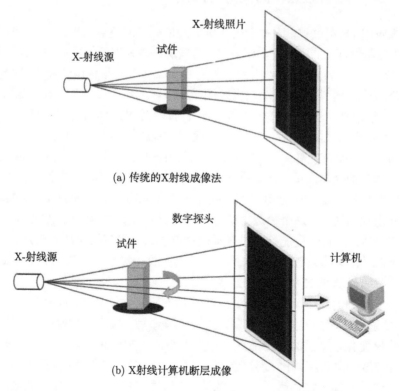

(a) 传统的X射线成像法

(b) X射线计算机断层成像

图 11.25　传统的 X 射线成像法与 X 射线计算机断层成像技术的工作原理对比 [71]

　　近年来，传统的 X 射线成像法得到了飞速发展，将以往的胶片改进为数字探测器，发展成为如今的 X 射线计算机断层成像技术，不再利用影像图来代表衰减，而是通过测量 X 射线的密度分布来计算物体截面的图像。XCT(X-ray computed tomography) 技术最主要的优点是对比度和分辨率高。研究表明 0.01% 的尺寸变化或者 0.1% 的密度变化都能被检测到，医用和工业用的典型 XCT 设备的分辨率可达 25m。尽管 XCT 在复合材料分层损伤方面并没有 C 型扫描的分辨率高，但 XCT 可以检测到其他形式的损伤，如基体裂纹、分层和纤维断裂。对于损伤区面积的识别率 XCT 大大优于传统的 X 射线成像法。已有学者利用实时 XCT 技术成功追踪到碳化硅纤维增强的铝基复合材料在静态拉伸载荷下的破坏全过程。碳纤维/环氧树脂复合材料层合板和蜂窝夹芯结构的 XCT 扫描图像分布分别如图 11.26 和图 11.27 所示。

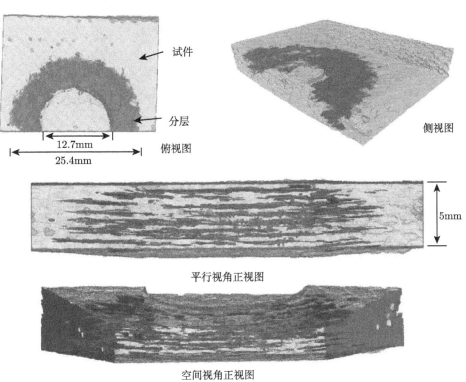

图 11.26　碳纤维/环氧树脂复合材料层合板的 XCT 扫描图像 [71]

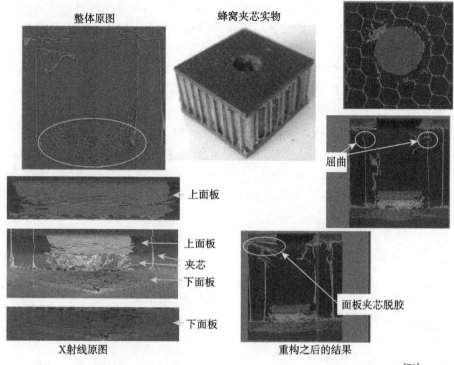

图 11.27　碳纤维/环氧树脂复合材料蜂窝夹芯结构的 XCT 扫描图像 [71]

11.6　其他检测方法

11.6.1　剪切成像法

剪切成像法是一种光学 NDI 技术，通过测量目标表面反射光的变化 (斑点图案) 来检测缺陷。使用一个激光光源，把照明表面的原始影像用视频影像记录下来。然后，用加热、压力改变或声振动来激励零件，在此期间产生二次视频影像。在视频显示器上就可看见由脱胶或分层造成的表面轮廓变化。

在生产环境下用剪切成像法来迅速检测复合材料结构胶接组合件，包括碳/环氧蒙皮和 Nomex 夹芯的夹芯结构。在检测中包括抽局部真空引入应力，局部真空应力引起含空气的缺陷扩展，使表面轻微的变形；对比加真空前、后的情况，可检测出这种变形。经过计算机处理的视频影像对比，显示出缺陷是反射光波干涉中相长与相消同心明、暗光圈。图 11.28 为目前使用的一个剪切成像检测系统的组成。

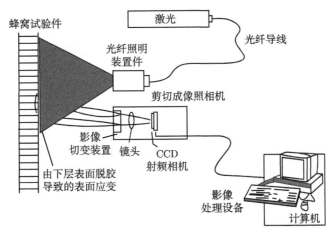

图 11.28　剪切成像检测系统的组成

11.6.2　热成像法

热检测中包括了所有使用热敏装置来测量待检零件上温度变化的方法。热检测的基本原理是，当热流流向或通过试验件时，测量或测绘其表面温度。所有热成像技术均以正常、无缺陷表面与有缺陷表面在热导率上的差异为基础。目前，有两种热成像法可使用：被动的方法，测量结构对瞬时加热的响应；主动的方法，监控由循环应力作用在结构上产生的热。这两种方法通常都用红外照相机来监控结构表面的温度，其温度分布的异常显示了复合材料损伤的存在。它也能检测到蜂窝夹芯结构内的湿气，已被用于航线飞机检测以冰或水的形式存在的湿气。

通常，用一个热源来增高待查试件的温度，同时观察表面的加热效应。由于没有缺陷的区域比有缺陷的区域传热更有效，所以被吸收或反射的热量表明了胶接的质量。影响热性能的缺陷类型包括脱胶、裂纹、冲击损伤、板件变薄以及水分浸入复合材料和蜂窝夹芯等。对薄层合板或靠近表面的缺陷，热成像法是最有效的检测方法。

应用最广泛的热成像法是采用红外敏感系统来测量温度的分布。这类检测可对表面、部件或组合件提供迅速的单边非接触扫描。图 11.29 说明这种系统的组成部分，可用于测量接近静态的热图谱。热源可以是简单的加热灯，只要能够对检测表面提供适当的热能即可，其导致的温度升高只有几度，并在移走热输入后迅速消散。采用红外相机记录下红外图谱，将所得到的温度数据进行处理，以提供定量的信息，操作人员可分析图像并确定是否发现了缺陷。因为红外热成像法是一个辐射测量方法，所以无须物理接触就可进行。

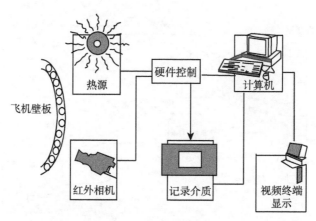

图 11.29　先进红外检测系统需要的典型组成部分

　　根据采用红外相机的空间分辨率和预期的损伤大小，每个影像可包含比较大的区域。此外，因为复合材料不像铝发散那么多的热量，有较高发射率的热成像技术能够以较小的热输入较好地确定损伤。必须了解结构的布置情况以确认没有把骨架也当成缺陷或损伤。热成像法可能替代湿度计来检测复合材料部件内的湿气。这种方法所需的设备是昂贵的，但是能很快地对大面积进行检测。

11.6.3　湿度检测

　　当对玻璃纤维加强塑料或芳纶材料进行修理时，这些装置经常用于检测湿气的存在。它们也能检测芳纶蜂窝夹芯内部的湿气。然而该技术不能用于碳或任何其他的导体材料如金属或含碳的防静电镀层。

　　雷达罩修理过程中会用到一些特别的检测设备，如雷达罩湿度检测仪、透波率检测设备、夹芯壳体厚度检测仪、漆层厚度检测仪等。雷达罩湿度检测仪的基本原理：用探头测量在无线电频率下材料的介电功率损失，当有水进入雷达罩的夹芯结构时，在进水位置的介电损失会增加，仪表上的读数升高；水分的含量不同，检测仪表上的读数也将不同；检测仪表盘上的刻度划分为不同颜色区域，不同颜色区域表示雷达罩的不同进水状态，如表 11.3 所示。

表 11.3　A8-AF 雷达罩湿度检测仪仪表读数说明

颜色	读数	雷达罩条件
绿色	0～5	好
黄色	5～10	一般
棕色	10～20	差
红色	20～50	不可接受

常用的雷达罩湿度检测仪型号是 A8-AF 和 M1200，A8-AF 的使用举例如图 11.30 所示。

图 11.30　A8-AF 雷达罩湿度检测仪的使用

11.7　破坏检测

有损试验能提供在产品寿命周期内有价值的数据，在产品研发阶段，有损试验可用于建立在无损检测损伤机体和实际内部损伤状态之间的联系，它们也可用于评定固化是否合适以及评价纤维/树脂的分布。在生产过程中，有损试验能提供对部件质量的评估，无论用剪裁片料或用真实部件的局部检测。通过对结构的剪裁，有损检测也能确定使用环境 (受载、液体、温度、潮湿等) 对结构长期影响起作用。事故调查也依赖有损检测的评估来确定结构失效的途径以及测量在出事故的时候特定部件的性质。

11.7.1　揭层法

揭层法包括加热层合板使单层分离，这就提供了用放大镜来识别每层纤维断裂的可视性。所有这些方法都会使被试部分不再可用，有时可利用裁剪下来的片料来做上述试验，这样就可确定实际部件的信息而不必使其受到破坏。

11.7.2　其他破坏检测方法

有损检测通常用于处理无损检测方法所得不到的一些损伤信息，除揭层法外，另外较为常见的方法是以下几种。

(1) 横截面法：包括对部件切割边缘的抛光，在放大镜下可以通过边缘来识别纤维的分布、纤维的方向、纤维的波纹度、多孔性、基体裂纹以及分层。

(2) 树脂试验法：可用于确定树脂固化的程度。这种方法经常用于估计玻璃化转变温度以及反应的剩余热。

(3) 力学试验法：可用于整个部件或从部件上裁切的试样或元件，来确定部件的力学性能，如刚度和强度。

(4) 树脂摄取法：包括从层合板中烧除树脂来确定纤维和孔隙组分。

第 12 章 复合材料结构修理施工及典型结构 修理案例

本章将介绍飞机复合材料结构的一般修理程序，因为本书重点关注胶接固化修理和紧固件修理，所以详细讨论这两种修理方法中的几个重要环节，包括结构损伤区域评估、损伤区域的干燥与打磨方法、主要修理工具及设备、修理材料和固化方法。在此基础上，介绍几种典型结构的典型修理案例，包括波音公司为 B787 飞机设计的一种快速修理技术、机械修理方法以及复合材料蒙皮和蜂窝夹芯结构的几种典型修理方法。本章涉及的各项指标和参数均以波音 B787 飞机复合材料结构修理手册为基础。

12.1 修理施工程序

在飞机复合材料结构修理中，必须要遵照飞机修理手册规定的规程进行修理，使用到的修理手册主要包括飞机结构修理手册、飞机维护手册和部件维修手册等。这些飞机修理手册提供了经批准的修理方法、修理限制、修理材料规范和牌号等，例如，波音公司和空客公司飞机的结构修理手册第 51 章就介绍了复合材料结构修理的规程，提供了经批准的典型修理方案。飞机复合材料结构修理的一般流程，如图 12.1 所示，下面将介绍其中的主要修理工序。

12.1.1 复合材料结构维修文件体系

结构持续适航是指对结构修理设计和工艺进行的符合性证明，考虑结构具体类型、损伤情况及其修理设计和工艺。复合材料结构持续适航应依据适航规章 25.1529 中"申请人必须根据本部附录 H 编制适航当局可接受的持续适航文件，如果有计划保证在交付第一架飞机之前或者在颁发标准适航前完成这些文件，则这些文件在型号合格审定时可以是不完备的"。同时，飞机复合材料结构的维护和修理，应符合 AC 20-107B 咨询通告中适用的相关要求。

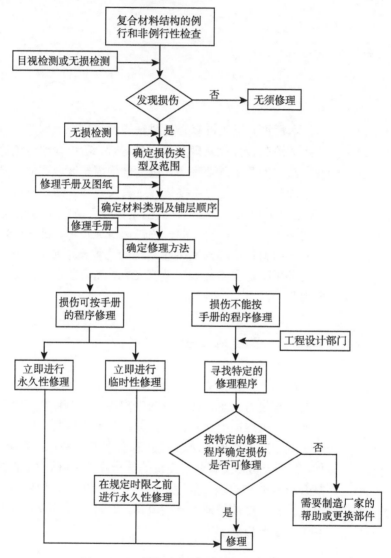

图 12.1 飞机复合材料结构修理的一般流程

关于复合材料结构服役使用中存在或出现的特殊问题，如对冲击损伤的敏感性，以及检测和修理（如胶接修补）的技术难度等，需要对复合材料结构的持续适航工作给予指导。AC20-107B-10 的持续适航内容，对维护修理的 5 项具体要求，即维修设计、维修实施、损伤修理证实、损伤检出、检查和修理资格等，给予指导。持续适航以结构的适当维护和修理支持 (售后服务) 使飞机保持适航性。适当的维护和修理支持技术的特点是由飞机设计制造商 (TC 申请人) 提供技术文件 (持续适航文件)，由航空公司 (飞机使用方) 具体实施，共同保证飞机的可靠性和安全性。

持续适航文件按照其实际用途分为维修要求、维修程序、运行程序、构型控制和培训规范 5 类。飞机持续适航文件、民用飞机维修检查大纲、飞行手册和最少主要设备清单等需经适航当局批准。为了提高飞机持续适航文件内容的准确性、正确性以及可操作性，保证最后交付给用户的持续适航文件真正达到文文相符、文实相符且可操作性强，必须对持续适航文件进行符合性证明。

为了规范修理过程，保证修理质量，原始设备制造商建立了众多涉及修理的文件，以确定适当的维护程序，对于结构修理，最关键的是结构修理手册，该手册规定了允许的损伤限制和修理方案的选择及实施程序。飞机结构维修的可支持性是影响维护或支持难易的一些结构属性的汇总，如检测难易、材料选择、损伤阻抗以及容限和耐久性，在设计过程中考虑这些问题有助于使结构的维护费用降到最低。为保证修理工作，必须处理好各种各样的后勤考虑，其中，包括人员培训、备件、修理材料、设施、技术数据和支持设备等。飞机的维修文件包括飞机维修计划、结构维修手册和异常事件损伤处置程序。

飞机维修计划是维修设计的基础工作内容，必须编制维修程序并经证实来保证结构在其整个使用期内的持续适航性，一个有效的维修程序，可以通过维修作业保证飞机能保持其设计标准所规定的可靠性和安全性。当飞机性能或功能出现退化时，可提供恢复安全性和可靠性的措施，还可为设计修改提供资料，并以尽可能低的成本完成上述目标。

维修手册中与复合材料结构相关的内容是基于 25.1529 及附录 H 内容的，并参考 AC20-107B，10.b，由适当的机构 (飞机设计制造商) 编写，内容应包括对复合材料结构所必需的检查、维修和修理程序，应包括用千斤顶顶起、分解、处理、零件烘干和重新涂漆方法的说明 (包括限制使用会使结构升温的涂漆颜色) 等方面。对给定零件的外场修理，必须明确检查和修理所需的专用设备，并对修理材料、辅助材料、工装夹具、工艺程序和其他的信息做出鉴别，但是标准外场操作对不同型号和类别的飞机并不通用。

使用维修中出现的异常事件通常会对飞机造成明显的目视可检损伤，操作人员在巡检过程中就会发现。这些异常事件是设计时没有考虑的损伤，在损伤容限中列为类别 5，要求立即处理。使用和维修中的异常事件包括：地面服务车辆与飞机发生的高能量碰撞；超出设计飞行包线的飞行偏航；严重的着陆载荷 (硬着陆)；其他超出设计考虑的异常飞行、着陆和地面事件。

复合材料结构一旦发现损伤，就需要有完整的处理程序。异常事件损伤由于是设计时没有考虑的损伤，是由意外事件造成的，具有随机性特点。对异常事件损伤处理程序给出以下建议：

(1) 事件觉察后及时报告。操作人员 (或飞行员、机组人员) 通常都会最先察觉到可能使飞机损伤的事件，无论外部损伤是否目视可检，任何异常事件都必须迅速报告 (即形成最初的外场报告) 给维修人员或工程人员。

(2) 地面人员给出异常事件报告。异常事件最初的外场报告可能由不具备复合材料检测技能的人员给出，操作人员必须采取目视检测和附加的无损检测方法来确定损伤的全部范围 (可见损伤和其他表面破坏征兆伴随的隐含损伤)，形成异常事件损伤报告，并避免对复合材料结构严重受损的飞机进行返回使用。

(3) 编制适当的损伤检查和维修方案。飞机设计人员熟悉结构并掌握产品研发和取证过程中获得的疲劳和损伤容限知识，而航空公司操作人员对损伤的检查和维修经验丰富，这两者可以结合进行优势互补，编制适当的损伤检查和维修方案，并进行必要的设计分析和试验验证支持。

(4) 异常事件损伤处理程序经适航当局批准后，由航空公司实施。

12.1.2　损伤区域评估

在确定修理类型之前，必须对损伤进行评估。对复合材料部件损伤区域的彻底检查可以确定损伤的程度，并确定损伤属于下列哪一种类型，即许可损伤、可修理损伤和需向制造商咨询的损伤。对于擦伤，可以利用目视检测表面，确定擦伤面积及擦痕的深度。刮痕、划槽及刻痕也可以目视检测并确定破坏长度及位置，用光学方法确定深度。对于分层和脱胶损伤，可以目视检测表面，确定损伤面积和相对于任何内部结构的位置，用敲击检测或无损检测精确画出损伤区域。

对于位于肋、翼梁、长桁之间或之上的蒙皮，以及蜂窝夹芯结构的蒙皮，要围绕损伤区域检查一个圆形区域，如图 12.2 所示，以查出可能的分层及脱胶损伤面积。对于有表面穿透的损伤，可用目视检测确定破坏的类型和程度，查明破坏相对于内部结构的精确位置。使用无损检测确定内部破坏，如肋、凸缘、翼梁或蜂窝夹芯损伤以及水汽程度等。

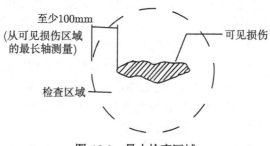

图 12.2　最小检查区域

　　由前述方法确定了损伤的程度后，要对损伤进行评估，以决定应采取什么行动。如果两个或多个损伤区域靠得很近，则它们应视为一个整体的损伤区域，相关临界值在结构维修手册相关章节中给出本章的后续内容中将详细介绍。结构按其重要性不同，分成不同的结构区域，如果两个损伤分属不同的结构区域，又要按一个损伤考虑，则应按要求较高结构区域规定的方法进行修理。如果一个损伤区域横跨两个结构区域，也要按要求较高结构区域规定的方法进行修理。两个相邻区域损伤修补的铺层不能重叠，修补完成后其间必须有至少 5 mm 的间隙。

　　为了确定每个部件损伤的可接受水平，每个部件按其结构重要性不同分成不同的区域，确定这些区域的损伤接受水平时需考虑的情况包括局部应力水平、由结构试验所确定的安全系数以及所涉及结构的设计类型和几何形状。因此，一个部件的每一个区域都与一个图相连，这个图按照损伤的尺寸以及部位规定了修理类型和相关的修理限制，如图 12.3 所示。

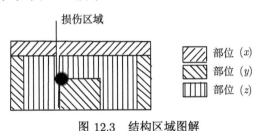

图 12.3　结构区域图解

12.1.3　结构损伤区域的干燥与打磨

　　当复合材料结构受到损伤时，常常会有水分或湿气进入损伤区域，特别是含损伤的蜂窝夹芯结构常有水分积聚。对复合材料结构实施修理，首先需要将损伤结构中的水分清除干净，即干燥修理区域。通常采用电热毯、电吹风或者加热灯等热源来烘干水分或者湿气。采用电热毯加热去除含损伤蜂窝夹芯结构水分的示意图如图 12.4 所示，也可以采用类似的方法清除层合板中的水分。

　　采用电热毯加热去除含损伤蜂窝夹芯结构水分的操作工序如下：

　　(1) 切除积水蜂窝夹芯结构处的面板，使积水区域暴露并清除尘屑；

　　(2) 在暴露的蜂窝夹芯上面铺放一层玻璃纤维滤网或金属滤网，在滤网的中心放上一个热电偶；

　　(3) 在滤网的上面铺放一层玻璃纤维吸胶布，并用保护带固定；

　　(4) 铺放电热毯和热电偶，如果结构的两面可接近，则在另一侧面板上也安放热电偶和加热毯；

　　(5) 沿整个修理区域外廓放置一圈黏封胶条，并铺放真空袋薄膜将整个修理区域密封，抽真空，使压力表达到 55.88cm-Hg 高的最小压力；

(6) 在 65.6~76.7℃下加热至少 1h，温度上升率不得超过 2.8℃/min；

(7) 通过上述过程清除水分后，卸下真空袋、加热毯、吸胶布和滤网等。

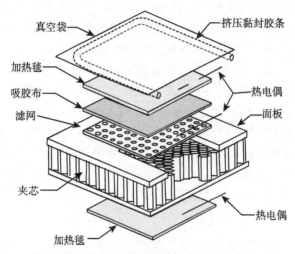

图 12.4　采用电热毯加热去除含损伤蜂窝夹芯结构水分的示意图

　　损伤区域干燥之后还需要进行清理，视具体情况采用抹布、吸尘器或者清洁溶剂等清洁修理区域的表面。然后，根据损伤范围的大小以及形状，画出损伤的待去除区域，画线要考虑最小的切除量，将损伤材料彻底清除干净。如果损伤的形状接近圆形，就取圆形，如果损伤呈长条形，就取椭圆形。通常，去除损伤的画线是按样板画的，修理单位一般都有一系列按 1~5.08 cm 的尺寸递增的直径大小不同的画线样板。之后，用彩色标示带将修理轮廓框起来，以利于保护周围未损伤区域及突出修理部位。修理区域大小按损伤切割形状与大小、损伤层数以及修理材料确定。对于湿铺层修理，相邻层轮廓线之间的距离为 2.54 cm。对于采用预浸料修理的情况，相邻层轮廓线之间的距离为 1.27 cm。根据损伤层数以及附加修理层层数，再适当放些余量，就可以确定被框修理区域范围的大小。最后，视损伤具体情况采用手工打磨、动力打磨、孔锯切割和镂铣切割等方法清除损伤，并检查切口区域，确保所有的损伤都被除去。

　　手工打磨采用 100~180 号或者更细的打磨片将损伤的铺层打磨掉。原则上来说，打磨必须沿着纤维方向进行，以免折断纤维。手工打磨最好用 240 号碳化硅砂纸湿磨，或者用 150 号的氧化铝砂纸干磨。动力打磨推荐使用打磨盘直径为 75mm的气动工具，打磨砂纸为 100~180 号。当夹芯结构的层合面板整个厚度都损伤时，如果切割去除损伤的形状为圆形，可以选择不同外径的孔锯切割，也可以按模板铣切，通常采用镂铣机除去局部损坏的夹芯材料，如图 12.5 所示，切除的夹芯必须超过目视损伤范围至少 12.5mm。如果夹芯也有损伤，则在切除面板后，采用切夹芯刀片切除夹芯材料，如图 12.6 所示。如果采用注胶或灌胶修理的方法修理，就不需要除去损伤的夹芯。另外，通常还要除去损伤修理区域以外宽 25 mm 范围内的表面漆层，这是为了增强胶接力。一般都采用手工打磨方法除去这个区域表面的漆层，用 80 号和 150 号砂纸分次打磨。

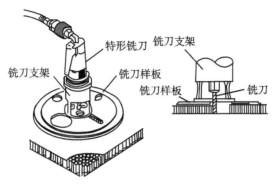

图 12.5　镂铣机切割清除损伤

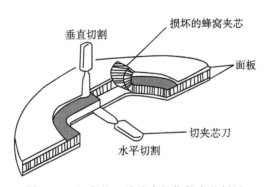

图 12.6　切夹芯刀片除去损伤的夹芯材料

在清除损伤之后，要打磨出铺层黏结型面。铺层黏结型面有锥面斜坡形和阶梯形两种形式，手册通常推荐采用锥面斜坡形，可使用气动打磨机、抛光机进行打磨型面。

对于斜坡打磨，典型的锥面斜坡长厚比为 20:1 或 30:1。具体的长厚比与机型、复合材料的种类以及等级有关，在具体修理时，必须按机型结构修理手册规定执行。打磨锥面斜坡较难把握其锥度的准确性，通常先按打磨台阶的方法画线，在直径和深度方向稍留余量的前提下打磨各台阶，然后将各台阶打磨成锥面斜坡。

对于阶梯打磨，根据损伤面积的大小，选择相应直径的样板，首先划出最小打磨台阶直径的画线，然后按单边台阶宽 12.5 mm 或者 25 mm 的阶梯递增的直径画线，通常是采用样板画线的。用打磨机从最小打磨台阶直径那一层开始逐层打磨，形成一系列宽度为 12.5 mm 或者 25 mm 的阶梯，直到损伤最外层。最后使用 150

号或者更细的砂纸，打磨光滑切口的边缘。

在去除损伤和打磨结束后，及时用吸尘器吸去损伤表面的所有尘屑，然后用规定的溶剂，如 MEK、丙酮或三氯甲烷等清洁打磨表面。修理区域的清洁质量可以通过水膜破裂试验来确定。在确保待检修理区域是干燥的情况下，在待检修理区域上喷一层薄薄的软化水使之形成水膜，使用水量要恰当，水膜太厚会覆盖缺陷，从而使试验失效。然后，检查湿润的表面，如果在规定时间内，水膜不破裂，则表明表面清洁。如果水膜破裂形成的是单个的水珠，则表明修理区域的表面存在油污。

当水膜破裂试验后表面依然存在油污时，首先，需要用 400 号的防水砂纸再次小心打磨修理区域；然后，用软化水清洁，重复水膜破裂试验，直到水膜破裂试验达标。最后，清洁并干燥修理区域的表面，温度控制在 60℃左右。清洁后的表面要注意保护，不要用手直接接触清洁后的待修理黏结表面，否则会严重影响胶接质量，清洁结束后必须尽快完成整个修理工作，以防再次污染。

12.1.4　修理工具

飞机复合材料修理涉及的工具较多，按照使用用途可分为制孔工具，切割、打磨和抛光工具，夹具、树脂和胶应用工具等。

1. 制孔工具

对于制孔工具，一般使用手持式气动钻枪，但在航线维修时也会用到充电池钻枪。传统钻头可用于复合材料的钻孔，但存在两个方面的问题：其一是钻头寿命短；其二是容易出现材料分层。因此，飞机复合材料修理中经常用到一些特殊钻头，它们的材质一般都是硬质合金或高速钢，同时构型也有特别要求，如花头钻头 (曲刃钻头)、锥形铰刀钻头、硬质合金镶嵌头钻头和锪钻复合钻头等。

在复合材料工件上精确制孔时需要用到铰刀，铰刀通常与钻枪配套使用，也可手动铰孔。锪钻用于在复合材料工件上加工埋头窝，通常用到的锪钻有硬质合金锪钻、多晶金刚石锪钻、金刚石锪钻和高速钢锪钻。通常锪钻与限位套配合使用，限位套可限定锪窝的深度，通过调节限位套可调节锪窝的深度。其他制孔工具还包括钻孔导向块、引孔器、钻头限位器和钻孔导向座等。

孔锯用于在纤维复合材料板件上切割 2.54~8.89 cm 直径的孔，通常采用金刚石或硬质合金作切削刀刃，孔锯通过驱动轴与钻枪配合使用。

2. 切割、打磨和抛光工具

在复合材料修理中，使用各种的手工工具来切割损伤部位如图 12.7 所示。常用的切割刀具有铣头、铣刀、旋转锉、孔锯、切割锯片、剪切器、剪刀以及切割刀等，与之配套使用的动力工具有镂铣机、研磨机、钻枪和切割机等。蜂窝芯材加工时还会用到一些专用的切割工具。手工打磨片安装砂纸后可用于小面积、动力工具不易接近区域的打磨。

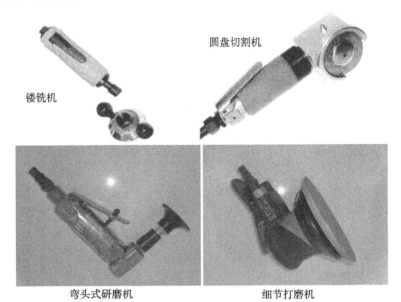

图 12.7　切割、打磨和抛光工具

　　研磨机有直柄式和弯头式两种构型，飞机复合材料修理工作中使用最多的研磨机是 90° 弯头式研磨机。研磨机常用来驱动铣头、铣刀、旋转锉等工具，常用于切割或打磨复合材料板件。90° 弯头式研磨机安装打磨托盘和打磨片后就可以用来打磨和抛光。当使用研磨机打磨时，往往将打磨片的边缘对准打磨区域的中心，并使研磨机的移动方向与打磨托盘的旋转方向一致。实际工作中通常使用 1in、2in 和 3in 直径的打磨托盘与 80 号、100 号和 120 号的打磨片。

　　圆盘切割机和切割轮用于切割复合材料板件，切割轮通常有金刚石切割轮和硬质合金镶嵌头切割轮两种形式，切割轮的大小一般选用直径为 10.16~12.7 cm 的。

　　细节打磨机的打磨托盘有三角形、樱桃形和长方形等多种形式，可以根据需要选择，当安装相应形状的砂纸时，特别适合对难以接近的边角和凹槽等位置进行打磨。打磨头有多种形式，常用的构型有金刚石打磨头和砂砾打磨头。在飞机复合材料修理时，对孔边或板材边缘进行少量打磨或修整工作，也经常使用打磨头。

　　曲线锯能上下往复切割多种板材，切割玻璃纤维和碳纤维等复合材料板通常使用硬质合金镶嵌头的锯片。曲线锯有电动和气动两种形式，通常要求上下往复切割速度达到 2500 次/分钟。

　　用于剪切复合材料板件或纤维材料的剪切器和剪刀有电动、气动和手动构型。切割玻璃纤维和碳纤维板材或织布可以选用常规的剪切器和剪刀，切割 Kelvar 或其他芳纶板材或纤维时最好选用特别硬化的剪切器和剪刀。动力剪切器和剪刀经常镶嵌硬质合金刀头，这种剪切器和剪刀特别适用于切割复合材料板材、预浸料和厚度大的纤维布。飞机复合材料修理工作中广泛使用切割刀，如用于薄铝蒙皮的切割、复合材料蒙皮的切割、复合材料板材的切割和蜂窝夹芯的切割等。切割时通常使用模板来引导刀刃的切割路线。

3. 其他工具

复合材料修理中也会经常用到许多其他通用的工具，如锉刀、鎯头、尖嘴钳、螺丝刀、标记笔、腻子刀、直尺和角尺等。树脂和胶应用工具包括注胶枪、注射器、刮板、毛刷、滚轮和腻子刀等，注胶枪有气动式和手动式。注射器一般用于注射少量的胶、树脂，而且注射的胶、树脂的黏度要小、流动性要好。当用树脂浸渍纤维布时，使用推滚在分离膜上面滚动以驱赶树脂流动，从而使纤维布均匀浸渍。使用刮板和毛刷等工具将树脂、胶应用到修理区域或纤维布上，并涂刮均匀。

预浸料、胶膜、树脂、胶都有一个有限的储存寿命，需要储存在低温条件下。预浸料、胶膜、部分树脂和胶需要储存在低温冷藏冰箱中，温度为 –18℃以下。大部分树脂、胶也需要储存在冷冻房或冰柜内，一般温度为 5 ~ 25℃。另外，修理中经常用到各种卷料，如纤维布、分离膜、真空袋、透气毯等，常使用卷料存放架来存放，有效减少储存空间并方便使用。

在修理过程中还需要吸尘设备和测量设备，吸尘设备包括气动布袋吸尘器、移动吸尘器和室内固定式吸尘设备。测量设备包括千分尺、游标卡尺、电子台秤和压力表。飞机操纵控制面修理或喷漆后是否需要配平视飞机型号不同而有较大区别，空客系列飞机的操纵控制面一般不需要配平，而波音系列飞机的副翼组件、升降舵组件和方向舵组件在修理后一般需要配平，其中在配平架上的配平需要用到专用的配平架设备组件。

12.1.5 加热设备

飞机复合材料修理可分为热修理和冷修理两种方式，在热修理固化过程中，必须对修理部位进行加热。在冷修理过程中，如果需要加速固化过程，也需要对修理部位进行加热。常用的加热设备有烘箱、热压罐、电热毯、热黏接控制仪、加热灯和热风枪。烘箱和热压罐的容积必须能容纳所修理的部件，电热毯的尺寸至少比修理补片大 5.08 cm。加热设备必须能提供 1~13.33℃的升温速度，并且能够保持 176.67℃下 ±12.22℃以上的固化温度。热压罐必须能够提供 0.5861 ± 0.1034psi 的正压力。

加热灯、热风枪和常规电热毯如图 12.8 所示，它们适用于对小面积或难以接近区域的修理进行加热，当使用它们加热时，也要对加热区域的温度进行监控。

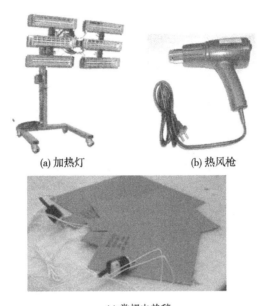

(a) 加热灯　　　　　　　(b) 热风枪

(c) 常规电热毯

图 12.8　加热灯、热风枪和常规电热毯

　　常用的电热毯有两种，一种是常规电热毯，它一般不能折叠、弯曲，适用于平坦的结构上，如图 12.8 所示；另一种是柔性电热毯，该电热毯可根据修理件的形状弯折，以使电热毯更好地贴盖在修理区域上，柔性电热毯制造成本较高，电热毯由特种硅橡胶和加热元件构成，可以制作成不同的形状和尺寸。电热毯适合存放在相对干燥的区域，存放时要避免重物或者锋利物体压在它的上面。

　　电热毯通常与热黏接控制仪配套使用，热黏接控制仪简称为热补仪，包括主机和电源线、抽气管、热电偶线和真空座等附件，如图 12.9 所示。热补仪是电热毯和抽真空设备的控制仪器，它可设定并控制电热毯的温升率、温降率、加热温度和保温时间以及抽真空等。热补仪的重量轻，便于携带，并能打印出固化过程。

图 12.9　热黏接控制仪和附件

热电偶的放置如图 12.10 所示，进行一次修理至少需要布置 5 个热电偶。使用焊接热电偶和温度测量系统测量 38 ~185℃的最低精度为 ± 3℃。为防止电气干扰和热电偶读数不准确，应将所有热电偶焊接端和裸线隔离，在每根电线的热电偶结位置上下至少涂两层高温聚酯胶带。在所有热电偶位置都应有第二备用热电偶，只有第一热电偶中的一个或多个在固化过程中失效，否则这些备用热电偶将不会被使用。在实际修理过程中，波音公司建议在零件和工具比较厚的区域，以及零件和工具比较薄的区域各放置一个或多个热电偶。如果维修面积超过 0.13 m²，则需要更多热电偶，间距约为 45 cm。当采用电热毯和烘箱固化程序时，在远离真空探头的地方安装热电偶，因为热电偶附近的空气流动可能给出错误的偏低的温度读数，另外，热电偶要放在电热毯之上，如果电热毯太热，热电偶会提前发出警告，此时热电偶只起监控作用，不能用于控制固化温度。

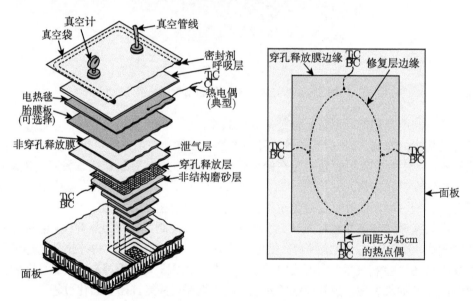

图 12.10　热电偶的放置

如果固化时使用均压板，在修理位置至少放置两个热电偶。使用不超过 0.5 mm 厚的铝片 (或铝合金片) 或 3 mm 厚的硅橡胶片，在均压板上为热电偶接头打 0.8 mm 的孔，这将使温度读数更加准确。如果热电偶与均压板接触，端部必须用高温断路带进行绝缘，热电偶结产生的小电压可能会造成热电偶之间的干扰。如果使用热压罐或烘箱固化，在温度上升最快的地方安装一个或多个热电偶，当一个或多个热电偶的温度上升慢时，用读数最滞后的热电偶控制固化时间。最后，在开始固化之前，必须对每个热电偶进行电路检查。

12.1.6　加压设备

在飞机复合材料修理中，为了达到理想的修理效果，需要对整个修理部件或某个修理部位施加压力。通常有三种加压方法：机械加压 (夹具或沙袋)、真空袋加压、夹具或沙袋加压以及热压罐加压，其中真空袋加压是最常用的加压方法。

机械加压可通过夹具来实现，以增强胶接力并防止结构产生变形。在许多场合，C 形夹都可被用来施加机械载荷，如图 12.11 所示，它能在很大的压力范围内进行调节，但应注意不要使其过紧。除了 C 形夹具之外，还有很多其他形状的夹具，以满足不同需要。

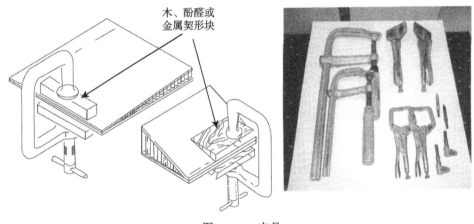

图 12.11　夹具

抽真空加压设备包括真空袋、抽真空设备和真空度检查设备。真空袋一般用尼龙薄膜和真空封严胶条制作，有三种基本类型：表面真空袋、自封真空袋和双自封真空袋。当利用表面真空袋进行复合材料修理时，如果只需从工件的一面安装真空袋，则应用表面真空袋，此时修理部位的另一面必须密封以免漏气，如图 12.12 所示。表面真空袋用于压实和脱块操作，但不能在最后的固化阶段使用。对于中间模量铺层材料，使用表面真空袋每次压实一层。对于除 BMS8-276 之外的碳纤维布，使用表面真空袋每次压实两层。对于湿铺层修理，使用表面真空袋进行一次压实即可。

在复合材料修理工作中，如果需要将整个部件密封，则应用自封真空袋，如图 12.13 所示，它通常用来修理小部件，适合用环氧树脂碳纤维或玻璃纤维层湿铺层和预浸料修补情况。当使用自封真空袋时，部件的所有表面都承受压力，真空袋的开口端用真空封严胶条密封。玻璃纤维或碳纤部件的修理程序是相同的，只是固化周期因材料的不同可能不同。可以使用电热毯或等效热源进行，在 82℃ 以上的情况下，不允许使用红外线加热灯加速固化，除非还使用了电热毯。如果使用烘箱或热压罐，则不需要电热毯。

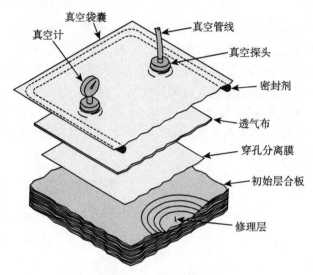

图 12.12　表面真空袋

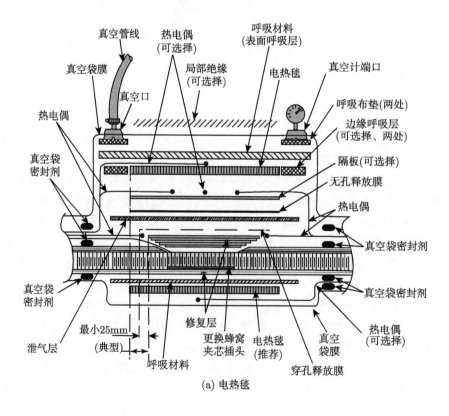

(a) 电热毯

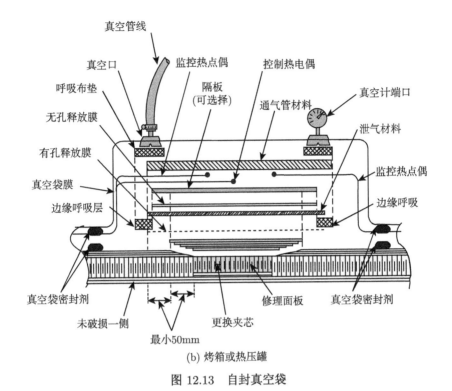

(b) 烤箱或热压罐

图 12.13　自封真空袋

如需维修超过六层的情况,需要使用双自封真空袋,如图 12.14 所示,如果复合材料部件可以从飞机上拆卸,也可以使用高压固化或高压辅助固化修理程序。双自封真空袋固化过程是在一个侧板上进行的,利用两个真空袋使压实压力减轻,使空气和挥发性材料易于逃逸。内袋本质上是一个标准真空袋,外袋是一个坚硬的结构腔室,该腔室由第二个真空袋覆盖。完成时间和温度取决于材料本身,

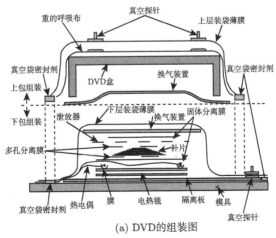

(a) DVD的组装图

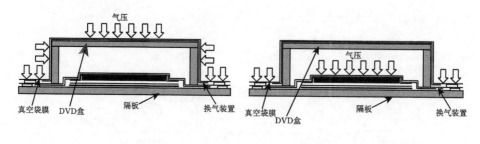

(b) 通气之前   (c) 通气之后

图 12.14   双自封真空袋

如果使用电热毯作为热源，则要求使用合格的电热毯，保证整个电热毯的温差降至最低。对于轮廓修补区域，在压实过程中制作补片工具和支撑工具，以便与隔热层良好接触，获得均匀的热量分布。对于较小轮廓的修理，可以在平面结构中进行压实。电热毯和双自封真空袋的尺寸必须相同，双自封真空袋组件必须在各方向至少大于补片 6 cm，双自封真空袋的外箱比电热毯在各方向至少大于补片 5 cm，高度必须大于内部真空袋。双自封真空袋组件的覆盖范围可以是 107 cm ×107 cm，顶部和侧面厚度尺寸是可选的。

常用的抽真空设备有电动真空泵、气动真空泵和抽气管、真空座、真空负压表等附件。抽真空设备必须能保持 22inHg 的最低压力，它的基本原理是文丘里管原理。电动真空泵适于气源不易接近区域的修理，特别适于航线工作。常用的真空度检查设备有真空度检查组件和超声波测漏仪。真空度检查组件用于检测真空泄漏和确定每分钟的泄漏速率，超声波测漏仪通过拾取高频声信号，如真空袋上非常小的泄漏声音来探测真空泄漏。在使用超声波测漏仪时必须使用耳机，以排除周围的噪声。

12.1.7   修理材料

一般来说，原则上只能用结构原材料进行修理，即碳纤维复合材料结构只能用碳纤维复合材料进行修理，玻璃纤维复合材料结构只能用玻璃纤维复合材料进行修理，芳纶复合材料结构原则上只能用芳纶复合材料进行修理，但是也可用玻璃纤维复合材料进行修理。当无法获得原结构用材料而不得不选用其他材料替代时，必须按飞机结构修理手册规定选用替代材料。可选择与原结构用增强材料和树脂基体属同一类型，而且性能和工艺又处于同一水平，甚至工艺上更简便的材料进行修理，但修理前必须得到部件原设计部门的批准。在修理碳纤维复合材料结构时，必须采用钛合金或不锈钢紧固件，而绝对不能采用铝合金或合金钢紧固件，以防产生电化腐蚀。此外，当在碳纤维复合材料结构上安装铝合金接头时，要确保在接触面上采取原有的防腐措施。

在复合材料结构修理中，修理材料应与固化温度适应，例如，176.67℃固化的修理材料，不得用在 121.11℃固化修理上，同样，121.11℃固化的材料也不能用在176.6℃固化修理上。另外，在复合材料结构修理中，应采用与固化温度适应的密封剂。飞机复合材料结构修理时所用到的材料主要包括室温胶结剂、黏结胶膜和预浸料，下面将详细介绍。

室温胶结剂由基体材料和固化剂构成，基体材料可以是经过改良或未经改良的液态或膏状树脂。树脂及固化剂颜色不同，分别储存在密封的容器中，树脂及固化剂的储存通常需要较低的温度，储存温度和储存寿命都在材料参数中给出，储存时间不能超过储存寿命，并且在打开容器之前，材料必须达到环境温度。调制胶结剂时必须确保所有的修理准备工作已经完成。

在计算胶结剂的数量时，应确保胶结剂能在储存寿命到期以前用完，且精度应为 +2%。下面举例说明树脂及固化剂用量的计算方法，假设需涂抹的层合板表面积为 $2\,m^2$，层合板所需的胶结剂含量为 50%，以及由此而产生的重量为 $320\,g/m^2$，按重量 $100:25$ 混合树脂与固化剂，按下面的方法可计算得到所需的树脂及固化剂用量：胶结剂的总量为 $2\times320=640g$（可增加 10%）；树脂的总量为 $100/125\times640g=512g$；固化剂的总量为 $25/125\times640g=128g$。

对于胶接情况，假设胶接面积为 $2.5\,m^2$，所需的胶膜厚度为 0.15mm，胶结剂的密度为 $1.25\,g/m^3$，按重量 $100:60$ 混合树脂与固化剂，按下面的例子计算所需的树脂及固化剂：胶结剂的总量为 $25000cm^2\times0.015cm\times1.25g/cm^3=469g$（可增加 10%）；树脂的总量为 $100/160\times469g=293g$；固化剂的总量为 $60/160\times469g=176g$。

黏结胶膜通常是卷成一捆并保存在密封袋子中，可在固化温度为 $120\sim180℃$ 时使用。黏结胶膜通常在冰冻状态下存放，推荐温度为 $-25\sim-18℃$。对于每一特定的黏结胶膜，材料参数上将指出推荐的储存条件。从冰箱中取出后，在将防潮密封袋打开之前，材料必须达到室温。使用过的材料必须重新密封，并放到适当的环境中。在冰箱中以及冰箱外的时间都必须记录下来，以便检测"冰箱外"时间限制。黏结胶膜的切割应当用锋利的剪刀或刀片，剪切机或者铡刀可用作一种替代方法对黏结胶膜进行切割。

预浸料一般是卷成一捆的均匀浸渍黏结树脂的复合材料织布或者单向带，通常放置于隔绝空气的包装袋中。预浸料用于热补法修理中，可在固化温度为 $120\sim180℃$时使用。预浸料织布或者单向带通常在冰冻状态下存放，推荐温度为 $-25\sim-18℃$。对于每一特定的预浸料，材料参数上将指出推荐的储存条件。从冰箱中取出后，在将防潮密封袋打开之前，材料必须达到室温，这是为了防止潮气在材料上凝结。使用过的材料必须重新密封，并放到适当的环境中。当切割及剪裁预浸料时，必须除去上面板的分离纸，以便准确确定纤维方向。为了防止模板与带黏性的预浸料黏连，在铺上模板之前，应当将分离纸重新铺设到预浸料上。预浸料的切割应当用锋利的剪刀或刀片，并确保切割出来的预浸料的纤维方向正确。

12.1.8 固化

电热毯固化的安装示意图如图 12.15 所示，烘箱固化的安装相类似。

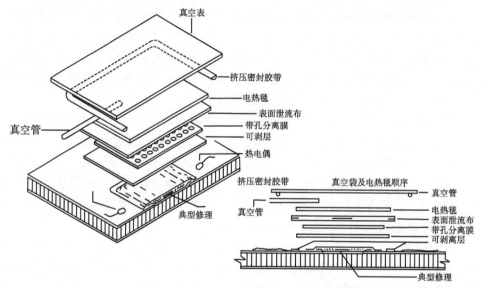

图 12.15　电热毯固化的安装示意图

从固化次数来说，飞机复合材料结构修理的固化可分为一次固化和两次固化，当使用真空袋、电热毯或烘箱时，允许进行一次固化修复。然而，两次固化修复效果最好，适用于所有尺寸的损伤，但必须用于面积超过 $400\,\text{cm}^2$ 的夹芯损伤。从固化温度的角度来说，飞机复合材料结构修理的固化有室温固化和加热固化两大类。室温固化用于不重要的蜂窝夹芯结构的修理，在室温固化修理中，为了缩短树脂固化的时间，往往也采用加温的手段来达到目的。通常，室温固化加温不超过 150°C。如果采用真空袋封装，则需要保持 $0.8\text{bar}^{①}$ 的最低压力。按规定的温度加温，控制升温速率。按照胶结剂的性能和参数固化，固化时间是从热电偶指示已达到要求的固化温度时开始计算。当固化结束时，要在保持设定压力的条件下，以一定的速率冷却，当温度降至要求值或更低时才可以解除压力。

飞机结构修理手册推荐的加温固化有三种温度：$93.33\sim110^\circ\text{C}$、$121.11^\circ\text{C}$ 和 176.67°C，现以 121.11°C 热修理为例说明其加温固化程序。图 12.16 是一个典型的 121.11°C 热修理固化程序，一个完整的固化程序可以分为升温、保温和降温三个

---

① $1\text{bar}=10^5\,\text{Pa}$。

过程。在完成封装后，需要将热电偶、电热毯和抽真空设备等与热补仪连接，然后，根据所需的加温温度、温升率、保温时间和降温速率，在热补仪上予以设置，即可实施固化工艺。

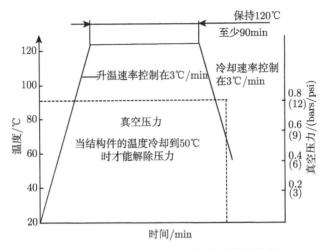

图 12.16　典型的 121.11℃热修理固化程序

在固化过程中，针对不同的时间段对修理质量影响程度的不同，又把固化过程按时间分为四个区，如图 12.17 所示。A 区：如果温度立即降低，检查真空袋有无泄漏。检查设备，如必要就及时替换掉。B 区：如果停止固化，则拆除真空袋和加热设备，重新进行修理。C 区：对修理区域进行无损检测，看修理区域有无扭曲、褶皱、剥落、膨胀，周围有无分层、脱胶等。D 区：可以接受的修理。如果出现凝胶现象，则按 B 区处理；如果对修理质量有疑问，则按 B 区处理。以上的处理方法仅针对温度异常的情况，而固化对压力的要求是持续的。因此，一旦发现固化过程中压力降低，结构件的内部就可能出现分层、脱胶，需重新进行修理。

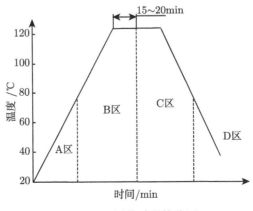

图 12.17　固化过程的分区

固化后要进行检查，一般检查修理区域周围至少 5.08 cm 的区域是否还存在分层现象。通常采用无损检测方法检查修理区域是否存在孔隙和脱胶现象。检查中若发现较严重的缺陷，则应清除原修理材料，重新修理。没有无损检测条件时也可以使用金属敲击修理区域，如果发出钝的声音，则代表分层、脱胶等缺陷；如果敲击声清脆，则修理是可以接受的。但是这种金属敲击检测是不可靠的，应尽快采用无损检测方法确定修理质量。固化后的表面由于是在抽真空下完成的，树脂会形成褶皱的表面。为得到光滑的修理表面，要进行打磨。在打磨修理区边缘时，不应损伤修理区及其附近结构的纤维，否则将会降低构件强度。用 180 号或更细的砂纸轻轻打磨最外层的表面和边界，以便得到一个自然过渡的边界。

下文以波音 B787 飞机的复合材料结构修理为例，具体介绍固化程序。电热毯及烘箱进行固化的温度控制过程如图 12.18 所示，具体固化过程如下：

(1) 安装真空袋系统，并进行泄露检查，确保每个电热毯至少有四个热电偶。

(2) 在真空袋上施加真空压力，达到 745mbar 之后开始升温，在整个固化过程中，保持真空压力。对于 BMS8-276 材料，在固化过程中应用至少 880 mbar 真空。

(3) 提高电热毯温度，直到所有热电偶指示温度为 54℃。在温度达到要求之后，以一定的升温速率继续升温，直到所有热电偶显示正确的温度范围。除了湿铺层修理之外，在温度超过 54℃阈值之前，不需要对升温速率进行控制，湿铺层修理必须在整个加热周期中保持升温速率控制。对于胶膜（带有预浸渍织物或预固化补片）的固化，将温度升高到指定材料的固化温度和固化周期，如图 12.18 所示，这些修理的固化温度为 121℃、154℃或 177℃，固化温度取决于修补织物所用的材料和胶结剂。对于使用 BMS8-276 修复材料，固化周期如图 12.19 所示，图 12.19(a) 用于 36 层以下的修复，图 12.19(b) 用于 36 层以上的修复，图 12.19(c) 用于层合结构的固化。

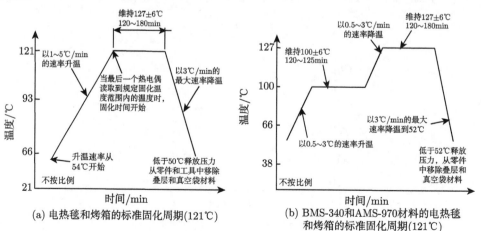

(a) 电热毯和烤箱的标准固化周期(121℃)

(b) BMS-340和AMS-970材料的电热毯和烤箱的标准固化周期(121℃)

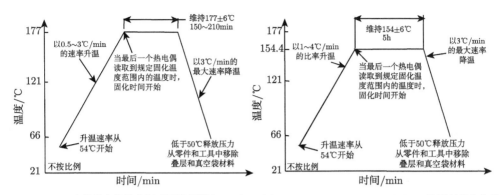

(c) 电热毯和烤箱的标准固化周期(177℃)

(d) BMS5-137、TYPE11、CLASS1胶黏剂的电热毯
和烤箱的标准固化周期(154℃)

图 12.18　电热毯及烘箱的标准固化温度控制过程

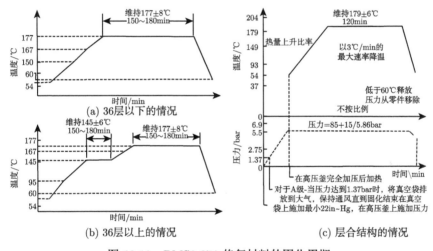

(a) 36层以下的情况

(b) 36层以上的情况

(c) 层合结构的情况

图 12.19　BMS8-276 修复材料的固化周期

(4) 如有需要,可在与热源相对的维修区域的冷区安装保温材料,在规定的时间内保持固化温度。

(5) 以 3℃/min 的最高速率降低电热毯温度,当 121℃固化系统的温度达到52℃,177℃固化系统的温度达到 60℃时,除去真空压力。

热压罐固化温度控制过程如图 12.20 所示。热压罐修理情况,不能用于湿铺层修理。其固化程序如下:

(1) 确保在维修过程中使用合适的工具将所有需要修理的部件固定到位,适用于零件的模具必须具有与待加工零件相同的尺寸,或稍大一点。在大多数 (但不是所有) 条件下,模具必须与待加工零件外形相同,建议模具与部件材料具有相同的热膨胀性能,这将有助于在固化过程中保持正确的形状和轮廓。对于一次固化多个零件的模具，至少使用两个压力传感器和两个排气管道，在边缘附近每隔 2.5m 或更短距离安装一个传感器和通风管道，这种配置有利于测量压力分布，并平衡过大压力。

(2) 确保连续记录真空度和压力，为 1016~1034mbar 正压。在真空袋装件上施加 745mbar 的真空压力，如果夹芯板的深度大于或等于 25mm，则压力不能超过 339mbar。

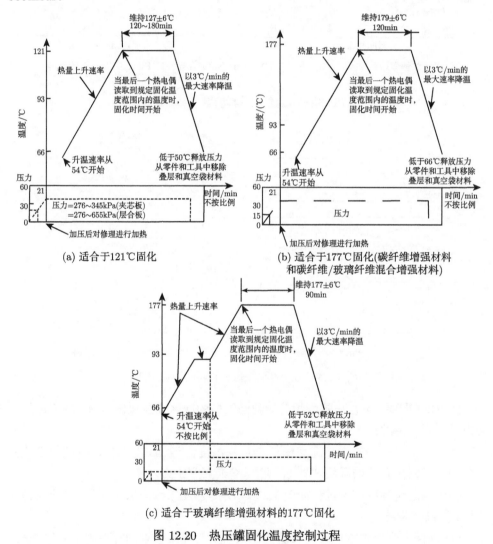

图 12.20　热压罐固化温度控制过程

(3) 热压罐加压，建议用惰性气体填充热压罐并对其加压，用 CO_2 或 N_2 固化的循环温度高于 121℃。BMS8-276 修复材料的具体压力见图 12.19，对于非 BMS8-276

修复材料，参见图 12.19 (a)、图 12.19(b) 或图 12.19(c)。

(4) 当热压罐达到规定压力时，将真空袋打开。

(5) 提高热压罐内温度，当维修层厚度超过 6mm 时，应将温度提高到 0.58～1.78℃。BMS8-276 修复材料，具体温度见图 12.19 (c)。对于非 BMS8-276 修复材料，具体指定温度见图 12.20。

(6) 在规定时间内保持固化温度。保持真空袋与大气的连接处于打开状态，并在热压罐中保持压力，直到固化完全结束，对于 121℃固化系统，零件的温度下降到 52℃，对于 177℃固化系统，零件的温度下降到 60℃。

(7) 以 3℃/min 的最大速率降低热压罐温度，当 121℃固化系统的热压罐温度达到 52℃，177℃固化系统的热压罐温度达到 60℃时，从热压罐中去除压力。

12.2　复合材料结构的快速修理

为了提高结构修理效率，波音公司为 B787 飞机开发了一种复合材料结构的快速修理技术，适用一些损伤范围比较小的情况，对于飞机外表蒙皮在允许修理限制内的损伤，可以用胶结剂将补片粘贴到损伤区域外部，经加热固化使补片胶接在损伤区域。这种修理技术可以作为一种外站快速航线临时处理修理程序，整个修理过程只需要 1h 左右，比其他修复程序更快，但是只有在结构修理手册修理部分或批准的修理计划涉及的损伤才使用该技术。允许使用快速修理批准的修复计划还可以指定检查间隔和 (或) 替换间隔，这与正常的维护计划不同，一定要记录修理的位置以及检查或更换要求。

12.2.1　快速修理的设备与材料

快速修理技术所需的工具和材料主要包括加热包、模板、补片、均压板、真空设备和温度控制设备等，快速修理的设备与材料通常是一起放置在一个工具包里的，如图 12.21 所示。快速修理工具包一般包括六片补片、六片安装模板、箔片和反光贴片。快速修理工具包中有些材料是有保质期的，必须实时跟踪。为了获得最大的保质期，必须将胶结剂保存在冰箱或其他低温的地方。不能将快速修理试剂盒存放在冰箱中，因为有些材料应该在室温下保存。为了达到最好的效果，将胶结剂存放在快速修理试剂盒附近。

快速修理工具包被设计成包含所有需要的材料和设备，并确保及时更换在维修过程中已使用的材料或因过期而丢弃的材料，否则，当做下一次修理时，将消耗大量的时间进行材料和设备准备，失去了快速修理技术的实际意义。当快速修理材料耗尽后，可以从波音公司订购成套设备和一些单独的材料，有些材料在市场上也可以买到，在复合材料的维修设施中也可以找到。

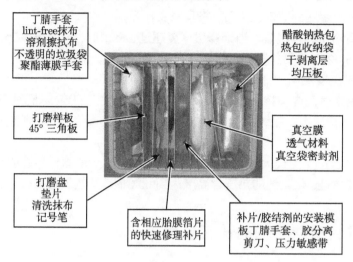

图 12.21　复合材料结构的快速修理工具包

　　用于结构快速修理的纤维增强补片有六种，其中，有三块碳纤维增强补片和三块玻璃纤维增强补片，各种补片的厚度和铺层顺序是不同的。在快速修理补片的表面有一条 25mm 的线，用于指示补片最表层的零度方向，修理时必须与飞机部件上的参考方向线一致，该参考方向可以在结构修理手册中找到。快速修理的胶结剂是用三种组分调制而成的，胶结剂的储存温度为 2~4℃，如果储存温度过高，胶结剂的寿命将会变短。用于快速修理的热包如图 12.22 所示，热包的储存温度为 18~43℃，如果储存温度较低，则不得不预热热包才能激活。如果储存温度较高，热包会变硬，但是热包只有处于液态时才能激活。反垫板是一种薄的扁平的可弯曲的薄板，中间有一个孔，每种快速修理补片必须与对应的反垫板一起使用，并选择正确的厚度，反垫板的类型由黑、白和红三种颜色进行区分。

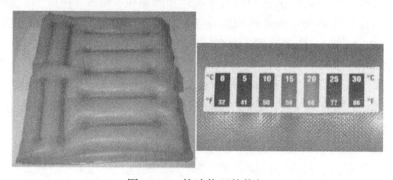

图 12.22　快速修理的热包

12.2.2　快速修理技术的限制及准备工作

以机身 43 段的蒙皮为例，快速修理的损伤容限如图 12.23 所示。在 A 向视图中，A 区域是可以进行快速修理的，B 区域是损伤不可接受区域，但快速修理的补

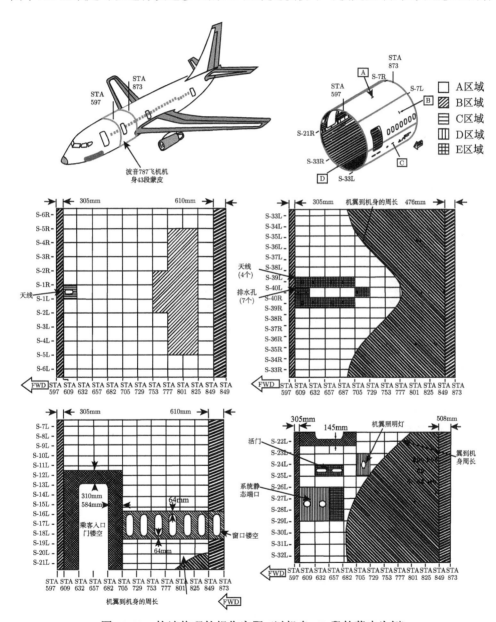

图 12.23　快速修理的损伤容限 (以机身 43 段的蒙皮为例)

片、垫板和反光贴片可以延伸到该区域。C 区域是损伤不可接受区域，快速修理的补片不能延伸到该区域，垫板、箔片和反光贴片可以延伸到该区域，但是它们不能覆盖天线。D 区域不能进行快速修理，垫板、箔片和反光贴片不可延伸到此区域。E 区域是损伤不可接受区域，快速修理补片不能延伸到此区域，垫板、箔片和反光贴片不可延伸到此区域，但不能覆盖阀门、天线或排水口。其他区域的详细损伤容限需参见结构修理手册。

快速修理的限制条件包括：① 飞机修理区域潮湿或飞机处于灰尘或碎屑环境时，不能进行快速修理，对于这些情况，需要进行一些相关处理操作。② 当环境温度低于 0℃或超过 43℃时，不能进行快速修理。③ 必须对修理区域进行检查，确保满足结构修理手册的要求，如果一个或多个要求不能满足，那么将需要采取其他适用的修理方案。不能在含有紧固件头部的突出部位进行快速修理，还包括附件结构、配件、补片 / 加强片、缝隙和对接或搭接区域，如果损伤太接近这些特殊情况的区域，需向制造公司寻求帮助。如果快速修理补片延伸到零件的边缘，就有可能做出调整，修整快速修理补片的大小和形状。这些限制不适用于反垫板，如果反垫板太靠近边缘、附加结构或突出的紧固件，那么可以根据手册或其他修理数据将其剪成合适的形状。④ 检查修理中使用的每种材料的材料安全数据表，并确定材料安全数据表中是否指定穿防护服和设备。

实施快速修理之前的准备工作包括：① 确定损伤是否等于或小于结构修理手册的特定部件可修损伤限制，或其他已批准的修理数据所允许的损伤数据。② 确保压缩空气或氮气的支持，用于压实工具或真空袋的安装，将需要至少 $3m^3$ 的压缩空气或氮气，压力在 379.21 ± 34.47 kPa 范围内。③ 找到与补片对应的反垫板，读出反垫板上不可逆温度带上的温度，确保温度条没有暴露在超过 41℃的环境中。如果温度指示超过 41℃，那么就用另一种颜色 (正确的颜色)，或者用一种适合的颜色替换温度条。④ 准备热包，对热包进行目视检测，填充物必须是液体，查看热包上的温度指示条，确保温度在正确的范围内，查看每一个反转温度指示条，以找到当前温度。目前的温度显示为一个非黑色的颜色，如果多于一种颜色，则当前温度在两种颜色之间。如果温度指示条不在 18~43℃，则需要加热或冷却，以达到正确的温度。可以把热包放在衣服下面加热热包，或者可以激活工具包中的其他热包，用它来加热，在工作区域也可以采用其他的辐射热源进行加热。⑤ 准备真空泵和塑料管，并检查塑料管与真空泵之间的连接。⑥ 准备修理表面，去除损伤时修理区域无须打磨成斜面，因为快速修理技术属于非斜面修理。但是，必须清除所有的毛刺、碎片和断裂的纤维，以确保胶结剂的扩散和 (或) 补片的安装。预清理区域如图 12.24 所示。⑦ 如果损伤靠近零件的边缘，包括对接接头或连接件、外部加强件或其他障碍物，请进行合适的检查，确保压实工具是否适合修复区域，如图 12.25 所示。

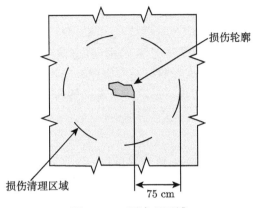

图 12.24　预清理区域

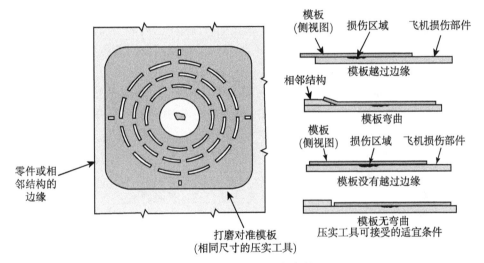

图 12.25　压实工具的安装

12.2.3　修理施工

快速修理的实施步骤包括:

(1) 标注修理区域。用最长的尺子测量损伤,最大损伤尺寸 (Dmax) 为 10cm,见图 12.26。涂层去除直径必须为 16.0cm,补片的直径为 15.24 cm,补片不能与涂漆表面重叠。

(2) 清除涂层,将打磨对齐模板置于损伤之上,使所有的损伤都在模板中,用记号笔做好去除油漆的轮廓标记。然后,移除对齐模板,用透明或半透明胶带覆盖对齐标记。将油漆、底漆、表面涂层、箔和导电涂层打磨后,露出结构的纤维。继续手工打磨表面，直到底漆、表面处理和树脂被去除，表层的纤维被暴露。纤维暴露的程度将由沙尘残渣中纤维粉尘的颜色变化来判断 (碳纤维为黑色，玻璃纤维为黄色)。在指定补片方向时，在损伤部件上画一条方向线，并擦拭清理修理区域。

(3) 如果快速修理补片必须修剪以适应修理区域的特殊情况，则必须查阅结构修理手册或其他批准的修复数据，查看是否允许修剪补片。取出补片，使用干净、锋利、耐用的剪刀修剪补丁，完成后用溶剂擦拭表面，将补片放入包装内，并将其放置在清洁的地方。

(4) 对接头和待修区域间隙进行真空密封。将胶带贴在离打磨区域边缘 25cm 以上的接头和缝隙上，这将确保在使用压实工具或真空袋时不会丢失真空。

(5) 安装补片/胶结剂对齐模板，如图 12.27 所示。确保模板是干净的，没有污染，将补片/胶结剂对齐模板放置在正确的位置，使切口位于修理区域的中心，利用胶带将其固定。

(6) 补片的压实可以利用压实工具或真空袋，利用密封胶带将真空袋固定在受损部位周围，形成方形，每面最小距离为 15cm，确保用密封剂做的正方形的形状在受损区域的中心。

(7) 混合胶结剂。从混合胶结剂到完成真空袋铺设必须快速完成。首先，混合胶结剂 B 和胶结剂 C，用木棒搅拌混合物，直到得到均匀的粉红色。将胶结剂 B/C 混合物分散，将大约 1/2 的 B/C 混合物涂在修理区域的表面 (在对齐模板的内部)。

(8) 准备热包。查看转换温度指示条，温度应该在 18～43℃。按压金属激活钮激活热包，把热包放在一边，并远离胶结剂。

(9) 混合胶结剂 A，用干净的木棒搅拌混合物，直到颜色均匀，将其涂在修理补片上。

(10) 安装补丁，两种胶结剂铺好后，5min 内必须将补片粘到修理区域内，防止胶结剂受到污染。旋转补片，直至补片上的方向线与受损部位的方向线对齐。

(11) 安装反垫板。拆卸补片/胶结剂对齐模板，选择适合的反垫板，读取不可逆温度带上的温度。确保自开始安装补片以来，温度条没有暴露在超过 41℃ 的环境下。安装反垫板，其侧面有不可逆的温度条，并使补片位于反垫板内部，不允许反垫板与补片重叠，如有必要，用胶带将反垫板固定在适当的位置上。

(12) 安装剥离层和垫板。取出剥离层和垫板，确保剥离层和垫板的尺寸相同。将剥离层置于反垫板上，使剥离层覆盖所有反垫板。将垫板置于剥离层上，使垫板覆盖整个剥离层。如有必要，用胶带将垫板固定在适当的位置上。

(13) 压实和固化。确保在安装补片后 2min 内进行压实。压实工具方法：对真空泵总成进行真空处理，安装热包和压实工具，在 30 min 后除去垫板、剥离层、反垫板。

快速修理的安装示意图如图 12.28 所示。固化完成之后要进行维修后检查，查看

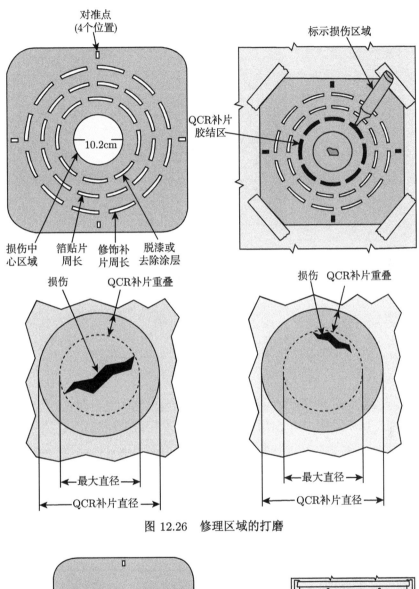

图 12.26　修理区域的打磨

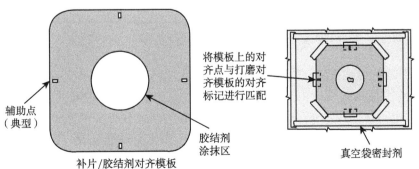

图 12.27　补片/胶结剂对齐模板的安装

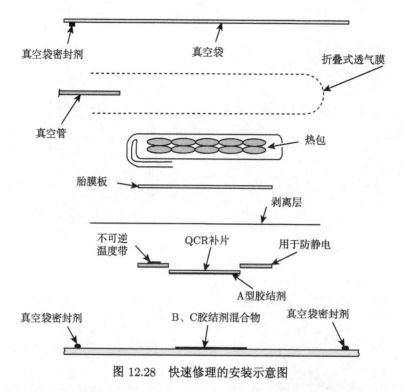

图 12.28　快速修理的安装示意图

垫板的不可逆温度条，若所示温度小于 43℃，则胶结剂未完全固化，需要用其他的热包进行额外加热循环。如果指示温度超过 43℃，则说明固化完成，对不完全胶接区域进行目视检测和敲击检测，检查是否有连续的胶条围绕在补片上。补片必须在整个圆周都有挤出胶，以确保胶结剂足够。如果不能确定胶接是否令人满意，那么在必要时可以利用无损检测仪器来确定。

12.3　复合材料结构的机械修理

12.3.1　机械修理方案的快速分析方法

计算连接接头紧固件载荷的方法是飞机载荷模型与安全分析之间的中间步骤，在飞机连接接头的设计中，紧固件载荷是由载荷模型计算得到的。在设计修理方案时，必须根据已知的允许载荷或假定的某种单位载荷来估计紧固件载荷，如图 12.29 所示。每个紧固件所受载荷分布情况可由有限元模型或一组简化平衡方程分析得到，这部分内容已在第 7 章详细介绍。有些接头非常简单，通过观察就可以确定紧固件载荷分布。紧固件载荷分布分析包括紧固件的钉传载荷和旁路载荷，这两个值在典型复合结构设计中都是要求计算的。

在典型的金属结构接头中，进行静强度分析时，金属材料的屈服可以使载荷均匀分布，而孔的应力集中程度可以忽略不计。相比之下，复合材料连接结构的屈服程度很小，载荷仅部分重新分配，应力集中引起的峰值应力几乎是线性弹性的，直至极限载荷。

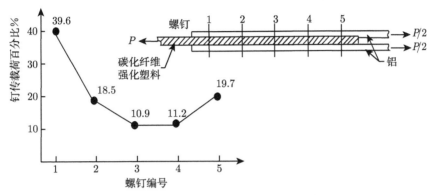

图 12.29　连接接头中紧固件的载荷分配情况

确定复合材料结构连接接头紧固件载荷分布的步骤如下：

(1) 确定载荷输入；

(2) 分离和简化紧固件类型；

(3) 根据经验公式计算紧固件的刚度；

(4) 基于简单面积和模量公式计算板的刚度；

(5) 根据变形协调性关系、有限元模型或观测确定紧固件载荷分布；

(6) 利用步骤 (5) 中选择的分析方法，计算钉传载荷和旁路载荷。

标准载荷分布分析方法的假设包括：

(1) 所有在复合材料板之间的载荷都要经过紧固件传递，忽略板之间的摩擦力；

(2) 在大多数紧固件刚度计算的经验公式中，垫片和密封剂都是被忽略的，含垫片和密封剂的接头的实际刚度要比公式计算得到的更大，因此经验公式是偏保守的；

(3) 紧固件孔之间的间隙足够小，因此间隙对载荷分布的影响可以忽略不计，标准载荷分布分析方法不能考虑干涉和间隙配合的影响；

(4) 紧固件仅由其材料特性来表示，忽略了头锥、垫圈和夹紧等特性对载荷分布的影响；

(5) 假设每个紧固件之间传递载荷的比例与外载荷无关，载荷传递与外载荷成正比，这种假设可能使含初始损伤的多排紧固件情况不准确。

对于非常简单的紧固件模式，当每块板无限远处的载荷已知时，通过观察便可以确定载荷分布情况。例如，给定一个单搭接接头和一排紧固件，如图 12.30 所示，任何接头的剪切或轴向载荷都必须与紧固件中的钉传载荷相等，如 $P_{\mathrm{br}} = N_x \cdot s, P_{\mathrm{br,e}} = (N_x/2)s, P_{\mathrm{br,d}} = (N_x/2)s$，图中 y 方向上没有载荷传递。

已知的轴向或剪切载荷通过含两排紧固件的单搭接接头传递，如果每块板具有相同的刚度，则可以假定载荷传递均匀地分布在每一行紧固件上。在双剪切双列接头中，如果两个外板刚度之和与内板相同，则载荷也会均匀分布。

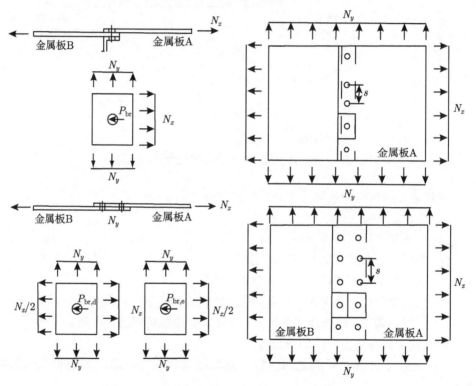

图 12.30　简单连接接头中紧固件的载荷分配情况

在进行修理方案分析时，可以将一列紧固件分离开来，简化分析过程，如图 12.31 所示，在这种情况下各列紧固件的轴向传力是类似的。对于简单稳定的单剪搭接和对称双剪搭接以及硬点，可用变形协调的方法进行分析，并用经验公式估算紧固件弹性常数。对于不规则的紧固件连接，由于传力路径非常复杂，紧固件分离分析方法不再适用，需要利用二维方法或有限元方法进行分析。

图 12.31 中分离出来的单列紧固件分析模型如图 12.32 所示，以四个紧固件为例，对图 12.32 中的模型进行分析，则必须先估算紧固件和层合板的等效柔度。

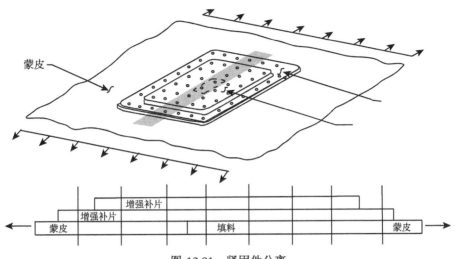

图 12.31　紧固件分离

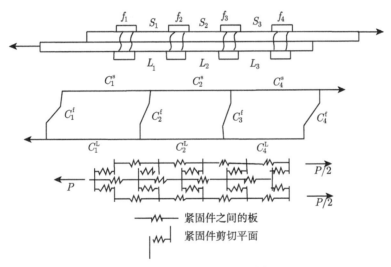

图 12.32　单列紧固件分析模型

对于单剪搭接复合材料机械连接结构，紧固件的等效柔度为

$$C_{\mathrm{f}} = 4.2C_{\mathrm{b}}\left(\frac{t_1 + t_2}{2D}\right)^{2/3}$$

$$C_{\mathrm{b}} = \frac{1}{t_1 E_1} + \frac{1}{t_2 E_2} + \frac{1}{2t_1 E_3} + \frac{1}{2t_2 E_3}$$

$$(12.1)$$

式中，E_1 为层合板 1 的平均刚度；E_2 为层合板 2 的平均刚度；E_3 为紧固件的平

均刚度；C_f 为紧固件的柔度；D 为紧固件的直径；t_1 为层合板 1 的厚度；t_2 为层合板 2 的厚度。式 (12.11) 第二项为紧固件弯曲对连接结构柔度的贡献，C_b 为层合板和紧固件模量对连接结构柔度的贡献。

紧固件之间的层合板等效柔度为

$$C_{\text{plate}} = \frac{L}{AE} \tag{12.2}$$

式中，L 为紧固件中心沿载荷方向上的距离；E 为层合板载荷方向上的弹性模量；A 为层合板的总截面面积，等于间距与层合板厚度的乘积，此处的间距为垂直载荷方向上的间距。

图 12.32 所示的模型中的平衡方程为

$$P = R_1 + R_2 + R_3 + R_4 \tag{12.3}$$

几何协调方程为

$$
\begin{aligned}
\delta_1^{\text{f}} + \delta_1^{\text{s}} &= \delta_2^{\text{f}} + \delta_1^{\text{L}} \\
\delta_2^{\text{f}} + \delta_2^{\text{s}} &= \delta_3^{\text{f}} + \delta_2^{\text{L}} \\
\delta_3^{\text{f}} + \delta_3^{\text{s}} &= \delta_4^{\text{f}} + \delta_3^{\text{L}}
\end{aligned} \tag{12.4}
$$

且有

$$
\begin{aligned}
R_1 C_1^{\text{f}} + R_1 C_1^{\text{s}} &= R_2 C_2^{\text{f}} + (P - R_1) C_1^{\text{L}} \\
R_1 \left(C_1^{\text{f}} + C_1^{\text{s}} + C_1^{\text{L}} \right) - R_2 C_2^{\text{f}} &= P C_1^{\text{L}}
\end{aligned} \tag{12.5}
$$

将式 (12.3) 和式 (12.4) 写成矩阵形式为

$$
\begin{Bmatrix} P_{\text{app}} \\ P_{\text{app}} C_1^{\text{L}} \\ P_{\text{app}} C_2^{\text{L}} \\ P_{\text{app}} C_3^{\text{L}} \end{Bmatrix}
\begin{bmatrix}
1 & 1 & 1 & 1 \\
C_1^{\text{f}} + C_1^{\text{s}} + C_1^{\text{L}} & -C_2^{\text{f}} & 0 & 0 \\
C_2^{\text{s}} + C_2^{\text{L}} & C_2^{\text{f}} + C_2^{\text{s}} + C_2^{\text{L}} & -C_3^{\text{f}} & 0 \\
C_3^{\text{s}} + C_3^{\text{L}} & C_3^{\text{s}} + C_3^{\text{L}} & C_3^{\text{f}} + C_3^{\text{s}} + C_3^{\text{L}} & -C_4^{\text{f}}
\end{bmatrix}
\begin{Bmatrix} R_1 \\ R_2 \\ R_3 \\ R_4 \end{Bmatrix} \tag{12.6}
$$

对于含 n 个紧固件的连接结构，控制方程为

$$
\begin{Bmatrix}
P_{\text{app}} \\
P_{\text{app}}C_1^L \\
P_{\text{app}}C_2^L \\
P_{\text{app}}C_3^L \\
\vdots \\
P_{\text{app}}C_{n-1}^L
\end{Bmatrix}
=
\begin{bmatrix}
1 & 1 & 1 \\
C_1^f + C_1^s + C_1^L & -C_2^f & 0 \\
C_2^s + C_2^L & C_2^f + C_2^s + C_2^L & -C_3^f \\
C_3^s + C_3^L & C_3^s + C_3^L & C_3^f + C_3^s + C_3^L \\
\vdots & \vdots & \vdots \\
C_{n-1}^s + C_{n-1}^L & C_{n-1}^s + C_{n-1}^L & C_{n-1}^s + C_{n-1}^L
\end{bmatrix}
$$

$$
\begin{matrix}
1 & \cdots & 1 & 1 \\
0 & \cdots & 0 & 0 \\
0 & \cdots & 0 & 0 \\
-C_4^f & \cdots & 0 & 0 \\
\vdots & & \vdots & \vdots \\
C_{n-1}^s + C_{n-1}^L & \cdots & C_{n-1}^f + C_{n-1}^s + C_{n-1}^L & -C_n^f
\end{matrix}
\begin{Bmatrix}
R_1 \\
R_2 \\
R_3 \\
R_4
\end{Bmatrix}
\tag{12.7}
$$

12.3.2　载荷传递修理

机械连接修理有载荷传递和硬点两种主要类型。对于这两种修理类型,首选的紧固件和修理材料是钛,通常也可以用不锈钢紧固件替代钛紧固件,不锈钢补片也是可以替代钛合金补片的,但必须提交波音公司或 FAA 代表批准。对于波音公司的飞机,铝合金补片也可以,但铝与碳接触时会出现腐蚀问题,因此通常只能被批准为临时修复。

在载荷传递修理中,修理区域的所有结构原载荷将由补片和紧固件传递,为了设计修理方案,假设载荷是基于结构的负载能力的,对于载荷传递分析,将总体载荷设置为假设负载,并计算紧固件承载,利用基本准则进行校核。这些准则包括:紧固件的最大承载应小于其单剪值;最大承载应力小于材料的最大承载能力;极限拉伸应力不大于修理区域的原设计值;压缩临界载荷应该等于极限载荷。最大承载应力为紧固件的最大承载,即

$$
\sigma_{\text{br}} = \frac{P_{\text{fast}}}{D \times t}
\tag{12.8}
$$

下面以四紧固件为例,如图 12.33 所示,该模型的控制方程为

$$
\begin{Bmatrix} 2991 \\ 4.62 \times 10^{-3} \\ 4.62 \times 10^{-3} \\ 4.62 \times 10^{-3} \end{Bmatrix}
\begin{bmatrix} 1 & 1 & 1 & 1 \\ 9.09 \times 10^{-6} & -6.33 \times 10^{-6} & 0 & 0 \\ 2.76 \times 10^{-6} & 9.09 \times 10^{-6} & -6.33 \times 10^{-6} & 0 \\ 2.76 \times 10^{-6} & 2.76 \times 10^{-6} & 9.09 \times 10^{-6} & -6.33 \times 10^{-6} \end{bmatrix}
$$

$$
\cdot \begin{Bmatrix} R_1 \\ R_2 \\ R_3 \\ R_4 \end{Bmatrix} \tag{12.9}
$$

式 (12.9) 的解为

$$
R_1 = 950, R_2 = 634, R_3 = 594, R_4 = 813 \tag{12.10}
$$

则最大承载应力为

$$
\sigma_{\mathrm{br}} = \frac{950}{0.25 \times 0.077} = 49400 \tag{12.11}
$$

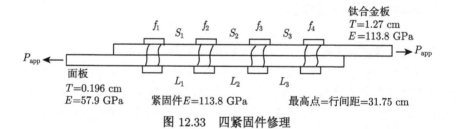

图 12.33　四紧固件修理

12.3.3　硬点修理

为了修复小的损伤，最常见的修复是硬点修理，目的是减少损伤部位的局部应变，使损伤区域能够承受极限载荷。硬点修理的设计是为了移除受损部位周围的部分载荷，因此损伤的孔效应小于周围结构，可以通过比较受损区域的孔效应和填满的紧固孔来实现。

图 12.34 给出孔大小对无限大复合材料层合板缺口强度的影响，相对于大尺寸孔，含 1/4in 孔层合板的强度会有明显的降低，即使净面积保持不变，这是孔的尺寸效应。通过将一个小孔的层压强度降低到损伤大小，可以确定修复板必须移除的载荷，以减少损伤部位的局部载荷，从而产生相同的孔效应。对比含 1/4in 和 1/2in

孔层合板的强度,降低了近 21%,因此在这种情况下补片必须能降低载荷的 21%。对于 2in 的孔,补片必须能降低载荷的 50%。

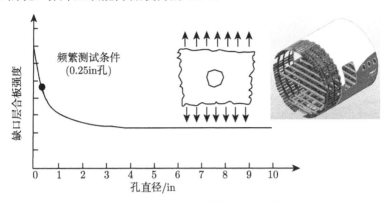

图 12.34　孔大小对无限大复合材料层合板缺口强度的影响

在进行修理方案设计时,虽然飞机机身的详细载荷是未知的,但还是可以计算出一些载荷的。对于机身,其中一个极限载荷是最大的环向拉伸载荷,因此机身结构的设计极限必须能够承受与最大安全阀相应的压差,并保证 1.33 的安全系数。为了得到极限载荷,限制载荷乘以 1.5。对于 787 飞机,增压的最大安全阀值大约是 10.5 psi,因此最终的设计差压是 $10.5 \times 1.33 \times 1.5 = 20.95 \text{ psi}$。接下来,可以计算出环向拉伸应力,对于近似厚度为 0.077 in 和直径约为 226 in 的机身结构,利用薄壁压力容器方程,环向拉伸应力为

$$\sigma = \frac{P \times D}{2t} = \frac{20.95 \times 226}{2 \times 0.077} = 30700 \tag{12.12}$$

一旦计算得到了环向拉伸应力,则应变为

$$\varepsilon = \frac{\sigma}{E_{\text{avg}}} \tag{12.13}$$

在硬点修理中,一些载荷仍然保持在结构中,一些被转移到硬点补片上,而硬点载荷分布的控制方程与完全载荷转移接头的是不同的。假设蒙皮有 1 in 的损伤,而这损伤是一个或多个单层之间的分层,对该损伤进行修理的目标是减少损伤位置的局部载荷,从而使损伤位置的允许减少量小于 1in 的孔。基于典型差异,容许一个 1in 的洞和 1/4 in 孔,假设损伤位置总应力需要降低 50%,则承载应力也可以计算得到。

以图 12.35 中的硬点修理为例,控制方程为

$$
\begin{Bmatrix} 2991 \\ 4.62 \\ 4.62 \\ 4.62 \\ 4.62 \\ 4.62 \\ 4.62 \\ 4.62 \end{Bmatrix} \times 10^{-3} = \begin{bmatrix} 1 & 1 & 1 & 1 & 1 & 1 & 1 & 1 \\ 8.41 & -6.01 & 0 & 0 & 0 & 0 & 0 & 0 \\ 2.40 & 8.41 & -6.01 & 0 & 0 & 0 & 0 & 0 \\ 2.40 & 2.40 & 8.41 & -6.01 & 0 & 0 & 0 & 0 \\ 2.40 & 2.40 & 2.40 & 8.41 & -6.01 & 0 & 0 & 0 \\ 2.40 & 2.40 & 2.40 & 2.40 & 8.41 & -6.01 & 0 & 0 \\ 2.40 & 2.40 & 2.40 & 2.40 & 2.40 & 8.41 & -6.01 & 0 \\ 2.40 & 2.40 & 2.40 & 2.40 & 2.40 & 2.40 & 8.41 & -6.01 \end{bmatrix}
$$

$$
\times 10^{-6} \begin{Bmatrix} R_1 \\ R_2 \\ R_3 \\ R_4 \\ R_5 \\ R_6 \\ R_7 \\ R_8 \end{Bmatrix} \tag{12.14}
$$

式 (12.14) 的解为

$$
\begin{aligned}
R_1 &= 875, \quad R_2 = 455, \quad R_3 = 216, \quad R_4 = 64 \\
R_5 &= -64, \quad R_6 = -216, \quad R_7 = -455, \quad R_8 = -875
\end{aligned} \tag{12.15}
$$

损伤区域承受的载荷为总载荷与传递载荷之差，即 $2991 - 875 - 455 - 216 - 64 = 1381$，因此损伤区域承受的载荷约占总载荷的 46%，小于 50%，则设计是合理的。

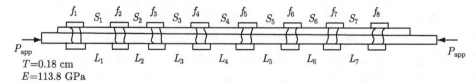

图 12.35　硬点修理

在许多情况下，损伤会大于在结构修理手册中给定的修理允许值，或者空间约束限制了某些结构修理手册修理方案的应用。在这些情况下，有必要向波音公司提交一份维修报告以获得批准。能够提交一份不需要波音公司和客户之间大量设计迭代的修理方案是非常经济的。为了减少这些迭代，在提交之前对修复进行分析是很有用的。

12.3.4　金属补片修理

在 787 结构修理手册中可以利用成型的金属板对复合材料蒙皮和长桁进行修理，钛合金板修理复合材料蒙皮如图 12.36 所示，修理方法与前面介绍的复合材料机械修理相同，本小节重点介绍钛合金板修理复合材料长桁的方法。

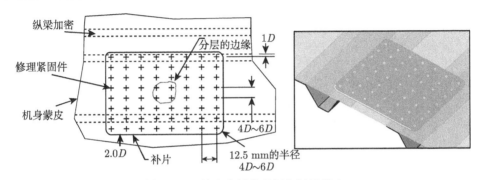

图 12.36　钛合金板修理复合材料蒙皮

当进行钛合金板修理复合材料长桁时，需要全面了解金属薄板的弯曲成型，准确计算出平板上的弯曲位置，制造出形状准确的钣金补片。补片平面形状和弯曲位置的描述术语如图 12.37 所示，包括弯曲余量 (bend allocvance, BA)、弯曲线、外模线 (outside mold line, OML)、后退量 (set back, SB)、弯曲中心线、展开宽度 (developed width, DW) 和弯曲角度。弯曲余量指沿中性轴弯曲的长度，中性轴是材料在弯曲过程中没有被压缩或拉伸的线，并不是材料中心线；弯曲线指弯曲开始和结束的线，以及圆弧和平面之间的切线，用于确定展开宽度；后退量是从模具外线到弯曲线的距离；弯曲中心线是用来成型的；展开宽度指板材垂直于弯曲线的宽度，是补片的宽度。

典型的钛合金补片如图 12.37 所示，找出从模具线到每个法兰边的长度，然后计算每个弯曲的弯曲余量。利用下面的方程，可以定位弯曲中心线。确定了弯曲中心线后，即可确定弯曲的位置。弯曲线是从弯曲中心线到弯曲余量的一半，在每个弯曲中心线的两侧布置弯曲线，展开宽度是弯曲余量和从零件边缘到弯曲线的距离之和。对于图 12.37 中的情况，弯曲余量和展开宽度分别为

$$
\begin{aligned}
\mathrm{BA} &= [(0.01745 \times R) + (0.0078 \times T)] \times \theta = 0.3335 \\
\mathrm{DW} &= A + \mathrm{BA} + C = [1.2 - (R + T)] + \mathrm{BA} + [1.0 - (R + T)] = 2.05
\end{aligned}
\tag{12.16}
$$

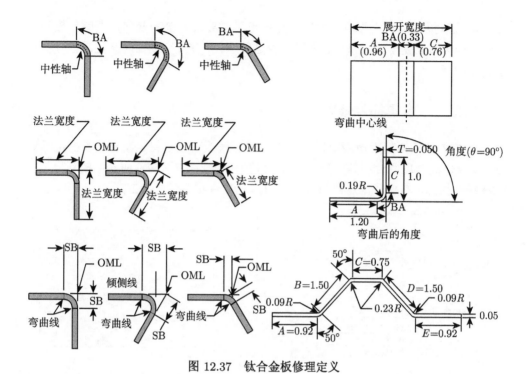

图 12.37　钛合金板修理定义

接下来，计算一个典型长桁的展开宽度。对于这种构件，热成型是必要的。当确定了展开宽度后，可以在材料上布置弯曲线和弯曲中心线。对于只有一个弯曲角度的情况，使用精细的尖笔画出弯曲角度。对于有多个弯曲成型构件，使用布局油墨，在需要画线的地方画线。通常情况下，只需要在补片的端部画线。在同一块金属碎片上测试软点划痕，确保它不会在金属上划痕。不要在包覆铝材料上使用这种方法，除非划伤材料的区域将被移除。对于图 12.37 中有多个弯曲的情况，弯曲余量和展开宽度分别为

$$
\begin{aligned}
\mathrm{BA} &= [(0.01745 \times R) + (0.0078 \times T)] \times \theta = 0.3335 \\
\mathrm{BA}_{R=0.23} &= [(0.01745 \times 0.23) + (0.0078 \times 0.05)] \times 50 = 0.220 \\
\mathrm{BA}_{R=0.09} &= [(0.01745 \times 0.09) + (0.0078 \times 0.05)] \times 50 = 0.098 \\
\mathrm{DW} &= A + \mathrm{BA}_{R=0.09} + B + \mathrm{BA}_{R=0.23} \\
&\quad + C + \mathrm{BA}_{R=0.23} + + \mathrm{BA}_{R=0.09} + E = 6.23
\end{aligned}
\tag{12.17}
$$

长桁的钛合金板修理类型包括成型帽修理、大角度挤压修理、Lazy Zee 型修理和胶接修理，如图 12.38 所示。成型帽对零件的成型精度要求很高，实施很难，但重量最轻。挤压角修理较容易进行，但通常不容易得到挤压角。厚成型角是一个很好的选择，但通常需要热成型。Lazy Zee 型修理通常比角度修理要轻，而且比成型帽修理更容易执行。胶接修理是重量最轻的选择，但它通常会比螺栓修理花费更长

的时间。图 12.38 中 Lazy Zee 型修理的弯曲成型计算如下：

ZEE1
$$BA = [(0.01745 \times R) + (0.0078 \times T)] \times \theta$$
$$BA_{R=0.23} = [(0.01745 \times 0.23) + (0.0078 \times 0.032)] \times 50 = 0.213$$
$$BA_{R=0.19} = [(0.01745 \times 0.19) + (0.0078 \times 0.032)] \times 50 = 0.178$$
$$DW = A + BA_{R=0.19} + B + BA_{R=0.23} + C = 3.551$$

ZEE2
$$BA_{R=0.19} = [(0.01745 \times 0.19) + (0.0078 \times 0.032)] \times 51 = 0.182$$
$$DW = D + BA_{R=0.19} + E + BA_{R=0.19} + F = 3.574$$

$$(12.18)$$

复合材料长桁的金属补片修理的程序如下：

(1) 找出并标记损坏程度，使用结构修理手册中给出的无损检测方法确定损坏程度，使用经过批准的记号笔标记损坏程度。检查损坏尺寸是否在允许损伤范围内，如果损伤大于 ADL，那么检查损伤尺寸是否在修复损坏限制内。如果损伤小于修复损坏限制，则执行结构修理手册中的修理。

(2) 移除或使损伤最小化，用气动圆盘打磨机或锯子清除损坏。如果需要开模，将开模角的半径设置为 1.25 cm。切边的表面粗糙度为 125 Ra 或以下。用真空收集碳尘，用丙酮清洗修复区域。

(3) 选择紧固件，计算增强补片尺寸，确定紧固件布局。在损伤周围的面板上应用遮蔽胶带对钛合金补片的紧固件进行布局，在遮蔽胶带上标记紧固件中心和补片边缘。在损伤区域之外使用至少 3 排纵向和周向紧固件。靠近损伤处的紧固件应与开孔边缘保持 2.5D 的最小距离，但是 2.5D 不适用于分层损伤。紧固件间距为 4D ~6D，补片的边距至少为 2D，转角半径至少为 1.25 cm。盲螺栓将安装在长桁的缘条下面，因为无法进入维修的远侧，在打盲螺栓孔时，要注意防止钻入长桁。

(4) 制作钛补片。在钛板上标记修理补片的长度和宽度，或用遮蔽胶带固定补片的边缘进行切割，用锉刀从切口上打磨去除约 0.13mm 厚的材料，并确保锉刀沿一个方向打磨。用锉刀和大剪刀在补片的每个角上加工出半径为 1.25cm 的圆弧，用滚压机加工补片的弯曲形状，在轧制前除去遮蔽胶带。补片和零件之间允许的最大间隙是 0.2mm。补片必须沿一个方向进入滚压机，然后旋转 180°，再次进入滚压机，得到正确的轮廓。在补片上标记紧固件的位置和布局，或用胶带定位紧固件孔中心。

(5) 钻孔。将补片放置在工作台上，用锤子和冲孔机对补片上的紧固件位置进行冲孔，除去仍然附着在补片上的胶带。在低速钻头上放置 30 号钻头，在钻孔之前，以补片为模板在结构上钻导孔，确保紧固件间距和边距正确，确保紧固件的位置不会落在长桁的边缘或半径上。值得注意的是，使用背面真空吸附碳尘，在盲螺栓位置钻入时不要进入长桁缘条的边缘。在导孔制作完成后，需要进行扩孔，如图 12.36 所示，此时要注意高锁螺栓和盲孔螺栓扩孔的不同之处。

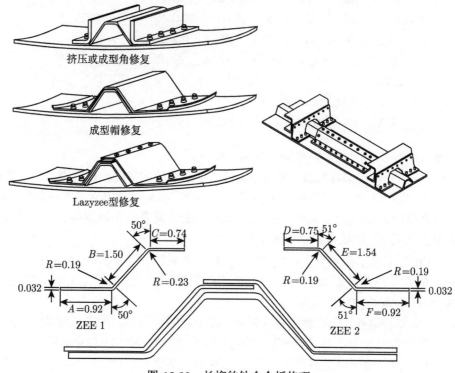

挤压或成型角修复

成型帽修复

Lazyzee型修复

图 12.38　长桁的钛合金板修理

(6) 清洗部件。对补片上的螺栓孔进行清洗和去毛刺，用丙酮和经过批准的清洁抹布清洁，检查补片螺栓孔的直径、圆度和凹槽是否光滑。

(7) 紧固件安装，将补片固定在修理结构上。测量紧固件的夹紧长度，至少应该有两个不同的夹紧长度，高锁螺栓的夹紧长度增加 1.6mm，盲螺栓的夹紧长度增加 1.3mm。紧固件的夹紧长度也可以通过在孔中放置一个高锁螺栓或盲螺栓来检查。如果握固长度不正确，在高锁螺栓安装时，最多允许有两个垫圈，不允许利用垫圈对螺栓夹紧长度进行调整。从补片紧固件布局图的中心开始安装紧固件，并逐行移动到紧固件的周边。

12.4　复合材料蒙皮损伤修理案例

对于含非穿透性损伤且很少或没有内部损伤的复合材料蒙皮，永久性修理方法有两种方法, 一种是采用湿法铺设或者预固化加强片在室温下进行固化; 另一种是采用预浸料加上胶膜的热补法修理。这两种方法都是得到许可的, 可由具体修理人员选择最方便的方法。本节将简单介绍复合材料蒙皮损伤的这几种修理案例 [72]。

12.4.1　蒙皮损伤的暂时性修理

对于蒙皮损伤暂时性的修理, 可采用高速胶带粘贴和耐腐蚀钢加强片的修理方法。用高速胶带粘贴进行蒙皮暂时修理如图 12.39 所示 [73], 这种暂时修理方法只适用于有轻微蒙皮损伤但没有内部损伤的结构损伤。其修理步骤包括: ① 准备修理区域, 用溶液擦拭表面; ② 剪下一块尺寸适当并带有圆角的高速胶带; ③ 将高速胶带粘贴到蒙皮损伤表面。

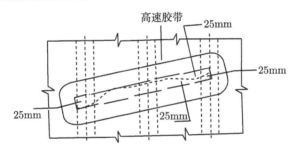

图 12.39　采用高速胶带粘贴进行蒙皮暂时修理

耐腐蚀钢加强片修理 (图 12.40) 的方法只适用于内部没有损伤的整体结构, 并且耐腐蚀钢加强片必须位于两肋之间。对于蜂窝夹芯结构, 如果蜂窝夹芯的损伤在允许范围内并能承受一定的载荷, 也可用这种方法修理。其具体步骤如下: ① 首先准备修理区域, 再准备好耐腐蚀钢加强片, 在钢加强片上标出铆钉孔位置, 并钻出铆钉孔, 如果需要, 除去毛刺, 打埋头孔。② 将加强片放到蒙皮被修理区域上, 用

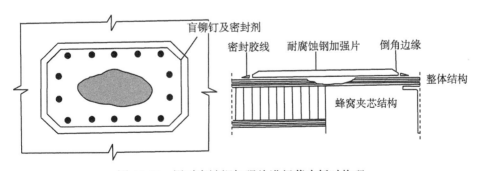

图 12.40　用耐腐蚀钢加强片进行蒙皮暂时修理

一个硬质合金钻头，以加强片上的铆钉孔为依据在蒙皮上打一个孔。将涂有密封剂的盲铆钉装配好。③ 用硬质合金钻头，以加强片上的铆钉孔为依据，在蒙皮上与第一个铆钉孔成对角位置上打另一个孔。将涂有密封剂的第二个盲铆钉装配好。④ 用硬质合金钻头，以加强片上的铆钉孔为依据，打出其余的孔，并将涂有密封剂的其余盲铆钉装配好。⑤ 用溶液擦拭修理区域，用密封剂将加强片的边缘及铆钉密封，恢复表面保护涂层。

12.4.2　蒙皮轻微损伤的永久性修理

对于凹痕、擦伤或者刮伤等轻微损伤可以采用室温固化方法，损伤不超过一个铺层的厚度，见图 12.41，修理方法如下：① 除去表面涂层。注意采用砂布，不能用喷丸清理，不能超过一个铺层的厚度；② 准备修理表面和胶结剂，在损伤区域涂上胶结剂，再铺上一层分离膜；③ 按照材料的要求，让胶结剂固化，预固化以后，可在 80℃下进行 1h 的加速固化；④ 除去分离膜。用 280 号砂纸打磨，使修理区域与部件外形一致，然后用 400 号的砂纸抛光；⑤ 用溶液进行擦拭，恢复表面涂层。

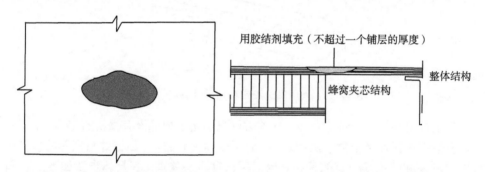

图 12.41　对于损伤不超过一个铺层厚度的情况，室温固化下的蒙皮永久修理

对于损伤不超过三个铺层厚度情况，也可以采用室温固化方法进行修理，见图 12.42，修理方法如下：① 除去表面涂层，不能超过三个铺层的厚度，准备修理表面和胶结剂，如果需要，添加稠化剂；② 在损伤区域涂上胶结剂，再铺上一层分离膜，按照材料的要求，让胶结剂固化，预固化几个小时以后，可在 80℃下进行 1h 的加速固化；③ 除去分离膜。用 280 号砂纸轻度打磨，使修理区域与部件外形一致，用溶液进行擦拭；④ 准备胶结剂及一层修理铺层，将修理铺层铺设在损伤区域之上，在其上面铺上一层分离膜；⑤ 按照材料的要求，让胶结剂固化（预固化几个小时以后，可在 80℃下进行 1h 的加速固化）；⑥ 除去分离膜，用 400 号砂纸轻度打磨；⑦ 用溶液进行擦拭，恢复表面涂层。

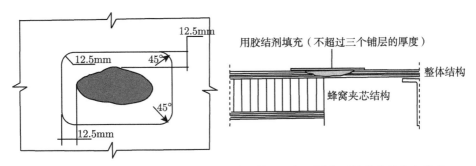

图 12.42　对于损伤不超过三个铺层厚度的情况，室温固化下的蒙皮的永久修理

12.4.3　补片的室温固化修理

对于没有蜂窝夹芯结构、肋及长桁破坏的平面损伤，可采用复合材料加强片进行室温固化修理，见图 12.43，修理步骤包括：① 如果有临时修理材料，先除去这些材料，准备修理区域；② 准备预固化的加强片和胶结剂；③ 在损伤区域及铆钉孔内填入胶结剂；④ 将预固化的加强片胶接在修理区域之上，安装真空袋及电热毯；⑤ 在至少 0.2bar 的真空之下，以 80℃的温度固化 1h；⑥ 除去真空袋及电热毯，用溶液进行擦拭，恢复表面涂层。

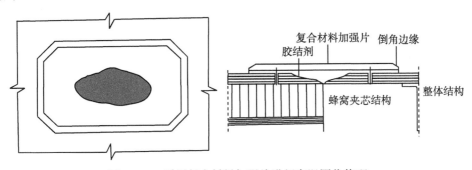

图 12.43　采用复合材料加强片进行室温固化修理

12.4.4　蒙皮损伤的挖补修理方法

对于超过三个铺层损伤的平面或者曲面蒙皮，如果蜂窝夹芯结构、肋及长桁没有内部损伤，则可采用下列室温固化或热挖补修理方法，见图 12.44。对于室温固化修理，修理步骤包括：① 准备修理区域、胶结剂和修理铺层；② 在损伤区域用湿法铺设铺层；③ 可直接按胶结剂要求在室温下固化，也可先在室温下预固化几个小时再装上电热毯及真空袋，在至少 0.2bar 的真空之下，以 80℃的温度固化 1h，然后除去真空袋及加热设备；④ 除去分离膜，用 100 号砂纸打磨，使修理区域与

部件外形一致；⑤ 先用 280 号砂纸，再用 400 号砂纸进行抛光；⑥ 用溶液进行擦拭，恢复表面涂层。

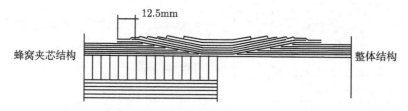

图 12.44　对于超过三个铺层损伤的平面或曲面蒙皮，室温固化或热挖补修理方法

对于热挖补法修理，修理步骤包括：① 准备修理区域；② 铺设黏结胶膜及预浸料铺层，装上电热毯及真空袋；③ 在材料参数规定的时间之内，以最大的真空压力，在 120℃之下热固化，固化时间应从修理区域的温度达到规定固化温度之后开始算起；④ 除去真空袋及加热设备，除去分离膜，用 100 号砂纸打磨，使修理区域与部件外形一致；⑤ 先用 280 号砂纸，再用 400 号砂纸进行抛光；⑥用溶液进行擦拭，恢复表面涂层。

12.5　复合材料夹芯结构修理案例

12.5.1　复合材料夹芯结构损伤评估

本小节考虑的损伤形式包括凹坑、基体裂纹、纤维断裂、面板分层、夹芯损伤和面板夹芯之间的脱胶，且损伤位于夹芯区域，不考虑夹芯斜坡和连接实心板处的损伤。单处冲击损伤的尺寸定义如图 12.45 所示。图 12.45 中的尺寸含义如下：$ADL_{ss,max}$ 为单处可见损伤和分层损伤尺寸的最大极限值；$ADL_{ss,min}$ 为单处可见损伤和分层损伤尺寸的最小极限值；C_1 为损伤边缘到紧固件排列中心线的最小距离，如果结构边缘没有紧固件，也指损伤边缘到结构边缘的最小距离；C_2 为损伤边缘到夹芯区域内紧固件边缘的最小距离；C_3 为损伤边缘到另一处已有修理补片边缘的最小距离 (补片最大铺层的边缘)；C_r 为夹芯斜坡顶点到紧固件排列中心线的距离；D 为可见损伤的最大直径；d_1 为面板上裂纹的最大长度；d_2 为深度最大凹坑的最大直径；d_3 为多种损伤形式的混合最大长度；$d_{fastener}$ 为定义 C_2 时紧固件的直径；y 为所有损伤形式的最大深度；y_{delam} 为分层损伤区域的最大深度，如果分层损伤的深度不可测量，但是分层又确定存在，则 y_{delam} 取外层铺层的厚度，如果无损检测方法不能发现分层损伤，则 y_{delam} 取 0。

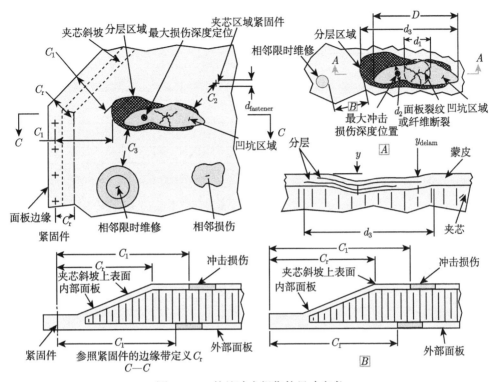

图 12.45　单处冲击损伤的尺寸定义

复合材料夹芯结构冲击损伤的初步评估流程图如图 12.46 所示，首先，测量并记录可见损伤的最大直径 D，在修理手册中找到损伤所在的区域，以及单处凹坑 ADL_{ss} 曲线，然后，利用 ADL 数据表计算 $\text{ADL}_{ss,min}$。

如果 $D \leqslant \text{ADL}_{ss,min}$，测量并记录损伤的空间参数 C_1、C_2、C_3 和 $d_{fastener}$，检查 $C_1 > 1.5D + C_r$、$C_2 > 1.5(D + d_{fastener})$ 和 $C_3 > 76\text{mm}$，如果其中有一个条件没有满足，则认为损伤是不允许的，应按照手册中的程序修理损伤；如果损伤分析发现损伤是允许的，但是需要进行临时处理，应按照手册中的程序进行永久性密封处理。

如果 $D > \text{ADL}_{ss,min}$，则利用 ADL 数据表计算 $\text{ADL}_{ss,max}$。若 $D > \text{ADL}_{ss,max}$，则按照手册中的程序修理损伤；若 $D \leqslant \text{ADL}_{ss,max}$，测量并记录 d_1 和 d_2，需要利用手册中的允许损伤容限进一步分析，下面将详细讨论该情况。

在讨论该情况之前，先定义如下两大类常数和变量：一大类为 ADL 值，ADL_{delam} 为单处分层损伤的直径极限值，ADL_{hole} 为单处穿孔损伤的直径极限值，ADL_{ss} 为单处冲击损伤的直径极限值，M_{slope} 为单处损伤尺寸与深度之比，y_{max} 为修理手册中的损伤最大允许深度；另一大类为距离值，L 为用于估算靠近夹芯斜坡损伤的常量值 $(L = 1.5)$，M 为用于估算靠近紧固件损伤的常量值 $(M = 1.5)$，N

为相邻时限修理之间的最小距离 ($N = 3$)。

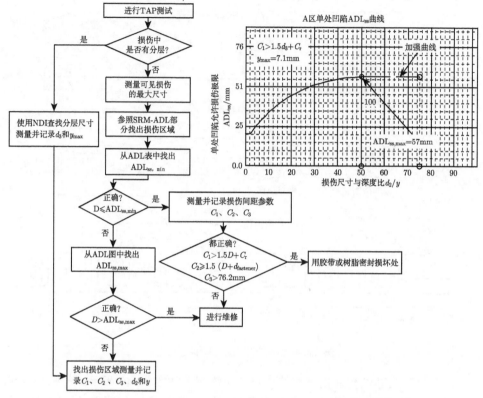

图 12.46　复合材料夹芯结构单处冲击损伤的初步评估流程图

按照要求详细记录损伤的相关信息，并根据图 12.47 进行详细损伤评估。

(1) 查找损伤尺寸 d_1、d_2、d_3、y 和 y_{delam}，空间尺寸 C_1、C_2、C_3 和 S，特征尺寸 $d_{3adjacent}$ 和 $d_{fastener}$，以及 C_r 值。如上面所述，如果其中有一个或多个条件没有满足，则认为损伤是不允许的，应按照手册中的程序修理损伤。

(2) 获得 ADL 的相关数据，包括 ADL_{delam}、ADL_{hole}、ADL_{ss} 曲线、$ADL_{ss,max}$ 和 y_{max}。

(3) 检查损伤尺寸，如果 d_1 大于 ADL_{hole} 的最大值，则需要进行修理；如果 d_1 小于或等于 ADL_{hole} 的最大值 (25.0 mm)，则需要进一步损伤评估，转到下一步。

(4) 计算 d_2/y，利用该值获得 ADL_{ss} 的值。如果 $d_2/y < 50$，则 ADL_{ss} 的值根据曲线查得；如果 $d_2/y > 50$，则 ADL_{ss} 取 $ADL_{ss,max}$；如果 $y > y_{max}$ 或损伤处夹芯可见，则 ADL_{ss} 取 ADL_{hole}。

(5) 核查损伤尺寸 ADL_{ss}，如果 $d_3 > ADL_{ss}$，则损伤是不可接受的，需要进行修理；如果 $d_3 \leqslant ADL_{ss}$，则需进一步损伤评估，转下一步。

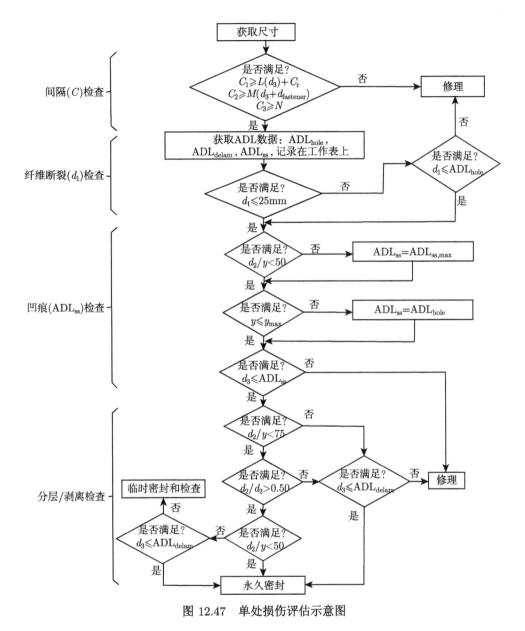

图 12.47　单处损伤评估示意图

(6) 如果 $d_2/y < 75$ 且 $d_2/d_3 > 0.50$，则无须进行分层损伤 ADL 的评估，否则需进行分层损伤 ADL 的评估；如果 $d_3 > \mathrm{ADL_{delam}}$，则损伤是不可接受的，需要进行修理；如果 $d_3 \leqslant \mathrm{ADL_{delam}}$，则需进一步损伤评估，转下一步。

(7) 如果损伤是允许的，但 $d_3 \geqslant \mathrm{ADL_{delam}}$ 且 $d_2/y > 50$，则损伤是暂时允许的，需要进行临时密封和检查；如果损伤是允许的，但 $d_3 \leqslant \mathrm{ADL_{delam}}$ 且 $d_2/y < 50$，则损伤是永久允许的，但必须进行永久性密封。

下面介绍多处损伤评估问题，多处冲击损伤的尺寸定义如图 12.48 所示，图 12.48 中有两处损伤，一处面积较大的损伤和一处面积较小的损伤。图 12.48 中符号的含义与图 12.45 中的相似，小写字母表示小损伤，而大写字母表示大损伤。其中，D 为能完全包含两处损伤的最小圆形的直径 $(S/D_1 = 0.5)$；D_1 为大损伤区域面板上裂纹的最大长度；D_2 为大损伤区域内深度最大凹坑的最大直径；D_3 为大损伤区域多种损伤形式的混合最大长度；S 为两处损伤之间的最小距离；Y 为大损伤区域内所有损伤形式的最大深度；Y_{delam} 为大损伤区域内分层损伤区域的最大深度。

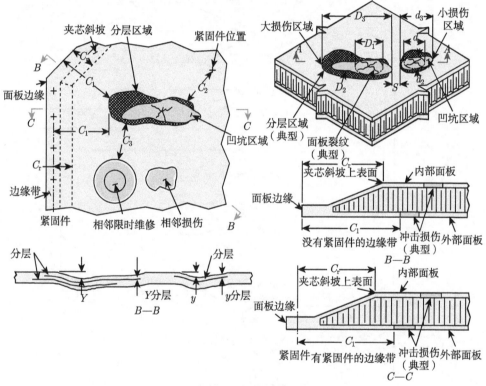

图 12.48　多处冲击损伤的尺寸定义

复合材料夹芯结构多处冲击损伤的初步评估流程图如图 12.49 所示，测量并记录每处损伤的参数，计算 S/D_3 并记录。如果 $S/D_1 < 0.5$ (无分层损伤) 且 $S/D_3 < 0.5$ (分层损伤)，测量并记录 D，必须将两处可见损伤完全包含在圆形中，查找损伤所在的区域，获得单处损伤的 $\mathrm{ADL_{ss}}$ 曲线，根据 ADL 表计算 $\mathrm{ADL_{ss,min}}$。如果 $D \leqslant \mathrm{ADL_{ss,min}}$，则损伤评估程序与单处损伤的相同。如果 $D > \mathrm{ADL_{ss,min}}$，测量并记录 d_1 和 d_2，则需要利用手册中的允许损伤容限进一步分析，下面将详细讨论该情况。

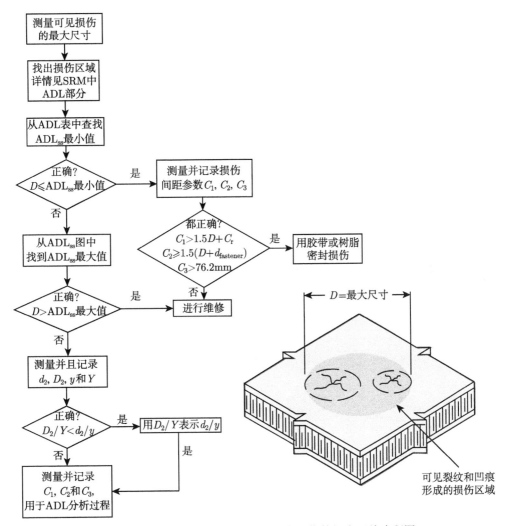

图 12.49　复合材料夹芯结构多处冲击损伤的初步评估流程图

如果 $S/D_1 < 4.0$(无分层损伤) 且 $S/D_3 < 4.0$ (分层损伤)，则将损伤当作两处损伤分别处理；如果 $0.5 < S/D_1 < 4.0$ (无分层损伤) 且 $0.5 < S/D_3 < 4.0$ (分层损伤)，则将损伤当作多处损伤处理，测量并记录损伤的空间参数 C_1、C_2、C_3 和 $d_{fastener}$，需要利用手册中的允许损伤容限进一步分析，下面将详细讨论该情况。

在讨论该情况之前，相对于单处损伤评估，还需先定义如下两大类常数和变量：一大类为 ADL 值，ADL_{ms} 为多处冲击损伤的直径极限值，$ADL_{ms,big}$ 为大损伤区域的冲击损伤的直径极限值，$ADL_{ms,small}$ 为小损伤区域的损伤的直径极限值，$ADL_{ss,big}$ 为大损伤区域的单处损伤的直径极限值，$ADL_{ss,small}$ 为小损伤区域的单处损伤的直径极限值；另一大类为多处损伤因子，$MCDF_{big}$ 为大损伤区域的

479

多处损伤直径修正因子，$MCDF_{small}$ 为小损伤区域的多处损伤直径修正因子。

根据图 12.50 进行多处损伤评估。如果两处损伤均位于同一结构区域，则利用该区域的 ADL 进行两处损伤评估。如果每个两处损伤分别位于不同的结构区域，则利用各区域的 ADL 进行两处损伤评估，查得每种损伤的 $MCDF_{big}$ 和 $MCDF_{small}$，利用 $MCDF_{big}$ 和 $MCDF_{small}$ 的最小值进行损伤评估。如果两处损伤之一位于多个区域，则 ADL_{ss} 最小的区域必须进行损伤检查，利用最小的损伤深度极限值 y 和空间参数 (C_1、C_2、C_3) 的最小极限值查得各损伤的 $MCDF_{big}$ 和 $MCDF_{small}$，利用 $MCDF_{big}$ 和 $MCDF_{small}$ 的最小值与其他损伤的相关值进行对比，进行损伤评估。

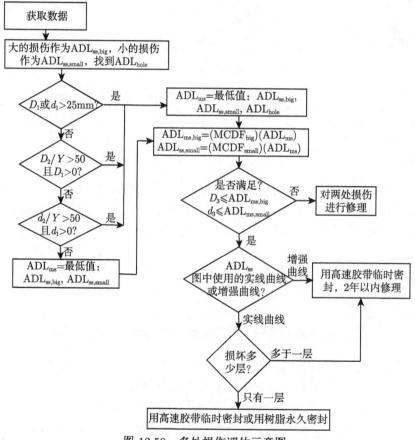

图 12.50　多处损伤评估示意图

如果需要修理一个或多个损伤，则修理两个损伤点，无须其他分析。如果两个损伤都是允许损伤，那么此时不要做密封，记录每次损伤的分析结果，然后完成本程序给出的多处损伤分析。

12.5.2　复合材料夹芯安装

在发现复合材料夹芯结构的夹芯有损伤后，如果夹芯有水、滑油、燃油或者其他的污染物，则需要将整个厚度上的夹芯材料全部去除，否则，就要检查夹芯的损伤尺寸，利用 12.5.1 节中的方法对损伤进行评估。在准备修理用的芯塞时，蜂窝芯塞的安装方向必须与原夹芯的相同，蜂窝芯塞的安装误差如图 12.51 所示，面内安装方向的最大对齐误差为 ±5°，厚度方向上芯塞的倾斜误差也是 ±5°，该值只适用于一阶段固化修理，对于两阶段固化修理，不要对面板进行斜面打磨，是芯塞与初始面板平齐。如果要进行一阶段湿铺层修理，不能使用薄膜胶结剂，但是在两阶段湿铺层修理时需要用薄膜胶结剂。

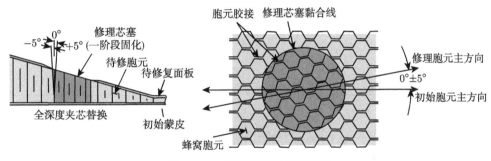

图 12.51　蜂窝芯塞的安装误差

典型蜂窝夹芯的胶接间隙如图 12.52 所示，图 12.52 (a) 适合两阶段固化和非

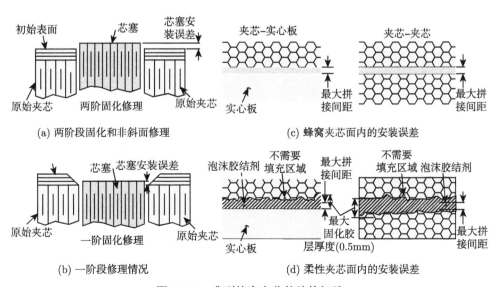

图 12.52　典型蜂窝夹芯的胶接间隙

斜面修理的情况，图中给出的是第一次固化前的情况，此时芯塞要高出初始面板6.5mm，为了方便确定芯塞的高度，在安装芯塞之前不能打磨面板。在一次固化完成之后，如果进行非斜面修理，则将芯塞打磨到与初始面板的外表面平齐，误差为±0.13mm。如果进行斜面修理，则将芯塞打磨到与初始面板的内表面平齐，误差为±0.13mm。图 12.52 (b) 适合一阶段修理情况，首先对初始面板进行斜面打磨，使芯塞的高度与损伤夹芯的相同，误差为 ±0.4mm。图 12.52 (c) 和 (d) 分别为蜂窝夹芯和柔性夹芯面内的安装误差，夹芯安装的最大间隙见表 12.1，最大允许间隙与格子的尺寸和泡沫胶的类型有关。另外，芯塞切边的平面度也是有要求的，一般要求波纹度小于 1.3mm。

表 12.1　夹芯安装的最大间隙

格子尺寸/mm	最大间隙/mm	泡沫胶种类	最大间隙/mm
3.17	3	GEADE 25	0.6
4.76	5	GEADE 50	1.3
6.35	5	GEADE 100	2.5
9.53	6	—	—

12.5.3　轻微脱胶和夹芯损伤的修理

对于脱胶区域直径不超过 30mm 的小范围脱胶损伤，如果没有内部蜂窝损伤，则可以用下列方法进行修理，见图 12.53，修理步骤包括：① 检查损伤区域，确定损伤程度；② 在有脱胶发生的区域，钻足够数量的孔，其直径要刚好能插入皮下注射针头；③ 干燥结构，准备胶结剂；④ 在皮下注射针筒中装入胶结剂，然后注入蜂窝夹芯中，从不同的方向重复这一操作，确保蜂窝及注射孔都被注满；⑤ 盖上一层分离膜，然后在其上面施加一个均匀的压力，按材料的规定，让胶结剂固化，可在 80℃之下进行 1h 的加速后固化；⑥ 除去分离膜，如需要则恢复表面涂层。

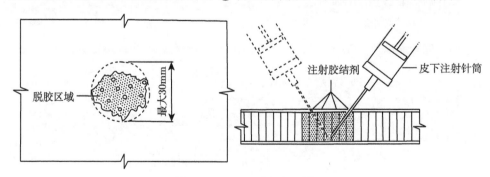

图 12.53　分层破坏的修理

轻微夹芯破坏不能总是按轻微的结构破坏方式修理。部件的类别是确定修理方式的决定因素。对于地板或桌面，它可能是轻微破坏，但对飞机操纵面来说，就是很严重的损坏了。其修理步骤包括：① 磨去破坏区周围至少 2.54 cm 范围内的表面污物，用吸尘器吸去粉尘，用溶剂清洗，晾干；② 根据制造商建议配制树脂，加入微球状填充物，搅拌好后填充破坏区；③ 根据制造商维修手册的建议，在室温或稍高温度下固化；④ 修补完后，打磨使其与原始表面一致。

12.5.4　面板损伤和夹芯脱胶

复合材料结构面板损伤和夹芯脱胶最好的办法是更换面板和夹芯，然后进行固化修理，如图 12.54 所示，修理步骤为：① 在脱胶区打磨表层，使每层梯度为 1.25 cm，不要损伤芯材，然后除尘、清洗、晾干。② 为待修区制作模板，并标记位置与纤维走向；③ 按制造商维修手册中的建议配制树脂，浸渍准备修理织物，使纤维走向与织物的经向一致，在修补区涂上树脂，并将 Cab-O-Sil 加入剩余的树脂中，做成糊状；④ 将糊状 Cab-O-Sil 涂在暴露的蜂窝夹芯上，但不要充填蜂窝夹芯，将修补层安装到修补区，并去除层间空气，铺上泄流层、分离层、压力板及吸气层，用真空袋或机械压力加压；⑤ 按制造商修理手册中的建议在室温或稍高温度下固化；⑥ 固化完成后，除去压力源、吸气层和分离层等，打磨直至与原始表面一致；⑦ 检查是否完全固化及是否有气穴产生。

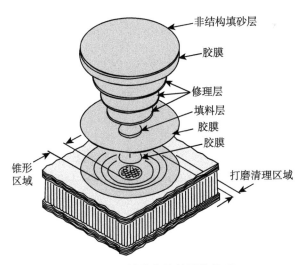

非结构填砂层

胶膜

修理层
填料层
胶膜
胶膜

锥形区域

打磨清理区域

图 12.54　铺设完毕的固化修理

12.5.5 蒙皮与夹芯破坏

本小节涉及蒙皮与夹芯的损伤，包括部分穿透以及整个部件完全穿透的损伤情况，还包括部件的 I 级修理及 III 级修理。

I 级修理步骤为：① 将尺寸正确的模板用胶带贴在待修理区。镂铣去除模板范围内的损伤表层及夹芯，直到正确的深度；② 制造替换芯塞的模板，标记位置和芯条方向，制造并装好芯塞；③ 打磨修理区域，使每层梯度为 1.25 cm，在最大孔的周围砂磨 3.81 cm，清除粉尘，用溶剂清洗，烘干修补区和芯塞，注意不要将溶剂滴入夹芯区；④ 制作替换层的模板，标记位置、方向与铺层数；⑤ 根据制造商的修理手册中的建议配制树脂，浸渍修补织物，铺设使纤维的方向与织物的经向一致，用树脂浸润修补区，用少量树脂与 Cab-O-Sil 混合，并涂在修理区夹芯边缘及芯塞的上下面板；⑥ 将芯塞装入并去除多余树脂，见图 12.55；⑦ 铺设修补铺层，并除去层间空气，将泄流层、分离层、压力板、吸气层放在修理铺层之上，用真空袋加压或机械压力加压；⑧ 按制造商修理手册的建议在室温或稍高温度下固化，固化完成后，除去压力源、吸气层、压力板等；⑨ 打磨去掉多余树脂，使之与原始表面一致；⑩ 检查是否完全固化及是否有气穴。

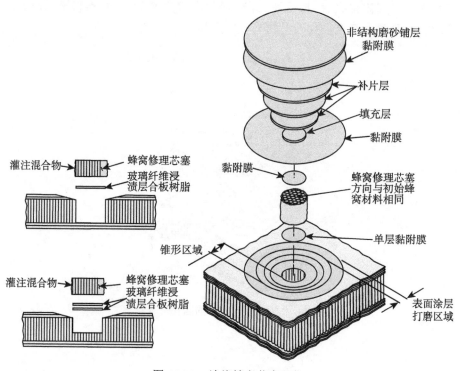

图 12.55　边缘填充芯塞入位

对于一些三类结构，同样的破坏形式可用下面的Ⅲ级修理措施：① 镂铣去除损伤表层和蜂窝夹芯，用特殊的切割工具，除去修理区表层下 0.32cm 的夹芯，打磨部件维修区周围 5 cm 的蒙皮外表面，用吸尘器吸去灰尘与污物，清洗并擦干待修区；② 按制造商修理手册配制合适的树脂，将酚醛微珠加到树脂中，并注入已移去芯体的地方，使填充物略高于表层；③ 在室温或稍高温度下进行固化，磨去多余树脂，直至与表层一致，用吸尘器除去污物，用溶剂清洗并擦干；④ 制作修补层模板，这些层应相互搭接，交叠区至少大于 1.25 cm；⑤ 按制造商修理手册的建议配制合适的树脂，将树脂涂在预制修理层上，并将其铺设在修理表面，除去层间空气，安装脱模层、分离层、压力板及吸气层；⑥ 根据制造商修理手册中的建议，进行室温或稍高温度下固化，固化后，除去压力源、吸气层等，并磨去多余树脂；⑦ 检查树脂固化状况及是否有气穴。

12.5.6　夹芯和上下两个表层均遭损坏

上下两个表层与夹芯均遭穿透的情况，修理过程可能相当复杂，这与表层厚度、内表层的可达性、夹芯厚度等因素有关。下面讲述基本的夹芯与表层更换方法，见图 12.56，修理步骤为：① 用适当尺寸模板进行镂铣，除去表层及夹芯。如果修补尺寸允许，用一个小尺寸模板更换内部层。② 从除去的夹芯处向外，进行层层递增 1.25 cm 的阶梯打磨，内表层砂磨成比镂铣范围大 5 cm。③ 制造夹芯的模板，标出位置与芯条方向。制造替换铺层的模板，标明内外面、位置、纤维走向及铺设顺序。用蜂窝模板，按正确的尺寸、形状与芯条方向切割预制夹芯，检查配合与深度。④ 制造替换内面层的模板，第一层的模板比第一层和填板大 1.25 cm。⑤ 按制造商修理手册的规定配制合格树脂，浸渍预先准备的修补织物，利用定位模板使纤维走向与织物径向一致，并修剪到适当尺寸。⑥ 将一个均压板临时放在装夹芯侧的内表层，安装填层和内表面修理层，清除层间空气，安装泄流层、分离层、压力板以及支持板层。⑦ 移去临时均压板，将 Cab-O-Sil 加入树脂，涂在芯塞和孔内芯体周边上，调整芯条方向，正确放置芯塞。⑧ 铺设外表面修理层，除去层间空气。⑨ 安装脱模层、分离层、压力板与吸气层，在内层上装通气层，在修理区的正反两面用真空袋或机械加压。⑩根据制造商修理手册的建议，在室温或稍高于室温下固化，固化完成后，移去压力源、分离膜等，磨去多余树脂，使与原始形状一致。⑪检查是否完全固化及是否有气穴。

对于夹芯和上下两个表层均遭损坏，且只有一面可接近的情况，修理情况如图 12.57 所示。

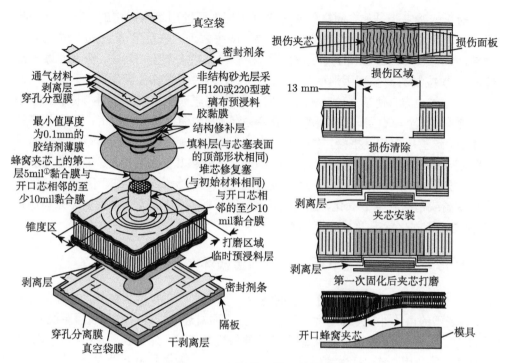

图 12.56　两面均可接近的情况

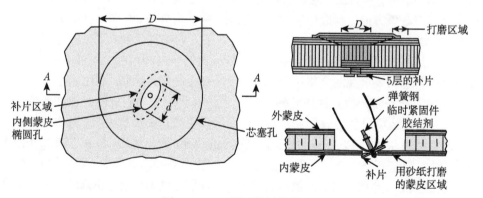

图 12.57　一面可接近的情况

12.5.7　后缘贯穿损伤修理

复合材料蜂窝结构后缘贯穿损伤如图 12.58 所示，本小节以蜂窝夹芯结构为例，其他类型的夹芯结构也可以按照该程序进行修理。如果将修理部件从飞机上拆卸下来，则整个修理过程必须在洁净间进行，若原位修理，则必须在完全打磨之后

①1mil=10^{-3}L。

搭建修理棚，隔离灰尘和其他污染源。

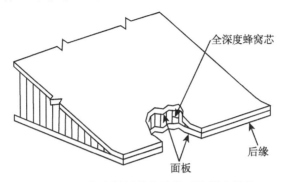

图 12.58　复合材料蜂窝结构后缘贯穿损伤

复合材料蜂窝结构后缘贯穿损伤修理方法如图 12.59 所示，分为两阶段：下面板和夹芯的修理；上面板和实心板楔形边缘的修理。下面分别介绍这两个修理阶段。

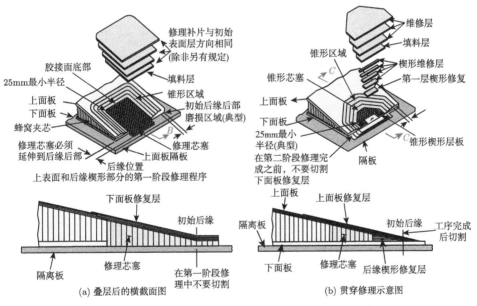

图 12.59　复合材料蜂窝结构后缘贯穿损伤修理方法

进行第一阶段修理之前，首先，要进行损伤区域和尺寸的确定，查找损伤区域的损伤极限值，只有当损伤尺寸小于损伤极限值时，才可以实施修理。然后，彻底干燥和清理损伤区域，并打磨损伤，将尺寸合适的胎模板放置在上面板上，胎模板覆盖的区域必须至少大于损伤区域 5 cm，超出原来的边缘，保证下面板的修理，并确保夹芯方向安装正确。最后，进行第一次芯塞固化，固化完成之后，对芯塞的下面板进行打磨，直到满足下面板补片的铺设，另外，打磨芯塞的楔形边缘，使之与初始结构相同，下面板修补层必须超过初始楔形边缘，固化下面板。

在第二阶段修理中，首先，将胎模板安装在下面板上，胎模板覆盖的区域必须至少大于损伤区域 3 cm，超出原来的边缘 3 cm。然后，打磨上面板、修理芯塞和原始损伤实心板楔形边缘，使之适合上面板和楔形边缘补片的安装。最后，安装补片并固化。

第 13 章 复合材料修理金属结构技术

从现在大量的研究来看，复合材料修理技术既适用于复合材料结构件，也适合于飞机金属结构，并且与其他传统的金属构件结构修理方式比较，复合材料修理技术是一种高效、快速和低成本的结构修理技术，可用于修理、修复或者增强铝、钢和钛等金属构件。本章简单介绍复合材料修理金属结构技术的几个基本方面，包括发展背景与现状、基本原则、表面处理以及在 DC-10/MD-11 和 CH-47 飞机上的应用案例。

13.1 复合材料修理金属结构技术发展背景与现状

将复合材料补片胶接到金属等修理结构上，能有效抑制疲劳裂纹的扩展，通过替换由于腐蚀而破坏的结构区域，并从结构上增强小裕量或负裕量的区域，这个技术就是复合材料修理金属结构技术。澳大利亚航空研究所 Bater 等 [74,75] 通过系统的研究首先发现复合材料胶接修理技术不仅适用于飞机复合材料结构，对飞机金属结构的修理也同样有效。从 20 世纪 70 年代中期起，澳大利亚和美国空军先后在这方面开展了大量的理论分析和试验研究，并把该项技术逐渐应用到飞机金属结构的修理中。该项技术不仅能够有效阻止损伤的进一步扩展，而且可以有效缩短修理时间和降低维修成本，目前已成功在多种军用和民用飞机上得到了应用，并取得了巨大的经济效益。印度、科威特、瑞典等国家都在积极开展这方面的研究工作，并取得了一些实质性的进展。

我国在这方面也开展了一些基础性的研究工作，主要是胶接修理效果的理论计算及一些相关的试验与分析。例如，采用聚合物复合材料铺层湿法修补技术对带孔普通航空用铝合金板进行修补，其修复强度恢复明显，可达完好板强度的 80%~95%[76]。一些学者对碳/环氧复合材料贴片修补 2024-13 铝合金板单面修补，可以使构件疲劳寿命延长 4~5 倍，而双面修补可提高达 10 倍以上。利用硼/环氧复合材料贴片修理飞机 7075-T6 铝合金蒙皮的疲劳耐久性，拉-拉疲劳结果显示，随着复合材料贴片层数的增加，修补后构件疲劳寿命可延长 4~15 倍，同时裂纹扩展速率下降 3~20 倍[77]，承载孔试件的疲劳寿命平均延长了 15 倍。

传统的机械修理方法利用铆接、焊接或螺栓连接等方法把金属增强片固定到损伤部位进行局部增强。这种方式会使结构增重较多，并且在修理过程中对原结构的开孔会形成新的应力集中源，使损伤区域的受力情况严重，降低了修理的效果。当采用复合材料修补的方式时，复合材料选择替换的载荷方向，不仅约束了开裂区域，同时降低了金属内应力，成为裂纹扩展的抑制元件，而补片通过胶接剂可为受损构件承担部分载荷，从而部分恢复受损构件区域的载荷传递能力，并且修补后不产生新的损伤源，明显优于传统的修理方法。

总的来说，复合材料修理金属结构技术具有以下的优点：

(1) 采用胶接贴补法，无须在原结构上钻孔，完全避免二次损伤，同时可改善应力集中和承载情况，提高修理部位疲劳性能及损伤容限；

(2) 可有效恢复原结构的强度和刚度，胶接修理不需要机械修理所必需的紧固件，补片质量轻，修理后结构增重小；

(3) 胶接贴补法特别适于结构局部裂纹、损伤和腐蚀等，修理后可有效阻止裂纹和损伤的进一步扩展，满足可靠性和耐久性的要求，由于复合材料的耐腐蚀性极好，所以采用复合材料修理后可提高结构的耐腐蚀性能；

(4) 胶接贴补法便于修理复杂表面，适合外场修理，修理所需时间短，修理成本低，经济性好；

(5) 成型性能好，对于复杂外形曲面，通过改变补片的表面形状，更容易实施，修补之后与原结构贴合较好，具有恢复原有结构形状和保持光顺气动外形的能力；

(6) 无损检测简单，采用涡流探伤方法都可以有效检测出补片下裂纹等损伤的扩展情况，还有超声波探伤也能很有效地检测损伤，并能检测胶层的胶接质量，这两种方法在外场使用都是非常合适且方便的。

但是，在实际操作过程中，复合材料在金属结构修理方面仍存在一些困难。首先，在胶接修理前，为了提高胶接的润湿性和胶接力，需要对结构进行表面处理，且表面处理质量对结构修理后的疲劳寿命有显著的影响。对于铝合金结构件，采用铬酸阳极化和磷酸阳极化法对表面进行处理。如果没有采用这两种表面处理方式处理铝合金结构，就需要先对构件表面进行打磨，然后再进行铬酸阳极化或磷酸阳极化处理。对于已经进行过阳极化处理的铝合金表面，如果出现了腐蚀或难以清除的污物，则需要在修补区域打磨之后，再次进行处理。这在外场是很困难的，实现阳极化表面处理也有很大的难处，而简单的机械打磨虽然可以使原有的氧化膜得到改善，效果却不能满足使用要求。值得注意的是，在对金属件表面采用溶剂清洗时，必须用清水将溶剂彻底清洗干净，否则会在原损伤处产生新的腐蚀。其次，在复合材料进行胶接修理时，需要在一定的温度和压力下才能进行固化以获得满足要求的胶接质量，但金属件与复合材料的热膨胀系数差别较大，会不可避免地出现残余热应力。金属导热速度比复合材料修补片快，使修理区域保持一个局部恒定的温度场，进行良好的热固化控制是最大的一个难点。最后，在碳／环氧复合材料修理金属结构时，必须采取必要的保护措施，防止电化学腐蚀。

13.2　复合材料修理金属结构方法的基本原则

13.2.1　补片材料选择

复合材料修理金属结构用的补片主要包括硼／环氧和碳／环氧复合材料，其中硼／环氧复合材料是最理想的，热膨胀系数与金属结构的热匹配性能好，且模量高，便于进行常规的涡流检测，但是这种复合材料相对昂贵，给后续的实施造成了困难。碳／环氧复合材料也同样具有良好的修理效果，适合形状复杂的结构修理，但是强度和刚度不如硼／环氧复合材料，与金属容易发生电化学腐蚀，需要进行防腐蚀处理。对于金属次承力结构，承受小应力的区域，为了减少成本，也可用玻璃布复合材料。

13.2.2　补片尺寸和形状的确定

补片长度与裂纹方向平行，当裂纹长度确定后，尽量使用长一点的修补片，可降低脱胶的可能性，并延长疲劳寿命。但是，当复合材料修补片与金属结构的刚度接近时，长度超过一定值后，结构的修理效果的提高就不明显了，在还没有到此临界值时，随着补片长度的增加，结构修理效果是随着长度增加而提高的，因此补片的长度存在一个最优值，可使裂纹尖端的应力强度因子值最小。与裂纹垂直的方向为补片的宽度方向，在确定修补片的宽度时，应保证补片可承受的最大剪切应力大于金属结构在此区域传递的载荷，防止胶层的剥离。

补片的厚度与金属结构之间也存在一定的关系，修补比刚度为补片厚度设计的常用准则，即 $S = E_1 T_1 / (E_2 T_2)$，其中，S 是补片与损伤结构的比刚度，E 是弹性模量，T 是厚度。增加复合材料补片的厚度虽可减轻损伤结构的载荷负担，但也增加了胶接层传递载荷的负担，胶层内最大剪切应力随之提高，甚至会导致过早脱胶，为了避免胶层发生脱胶，补片厚度的增加也有一个上限值。

在确定补片的形状时应充分考虑损伤结构的具体特点，不要使补片的形状太特殊。当补片的形状发生变化时，要有足够的圆角半径过渡。通常情况下，补片常加工成长方形、圆形或椭圆形。长方形补片的加工比较方便，但结构修理后的受力没有圆形或椭圆形补片好。

根据受损区域的结构特点进行补片形状的确定，要有足够的圆角过渡半径，用受力较好的圆形或者椭圆形。在飞机结构的外表面进行胶接修理时，一般将补片的四周做成斜削的形状，使连接处截面的变化比较缓和，从而降低胶接端头胶层内的剥离应力和最大剪切应力。特别是在机翼的上下蒙皮采用胶接修理技术时，补片四周的楔形部分可以减少结构修理对机翼外表面空气动力的不利影响。

13.2.3　补片铺层原则

为了获得最佳的修理效果，复合材料补片的纤维方向应尽量与损伤结构中的最大受力方向保持一致。对于裂纹损伤，当与裂纹板接触的补片表层纤维的方向垂直于裂纹方向时，其胶接修补效果相对较好，反之，当补片表层纤维方向平行于裂纹方向时，修补效果较差。

复合材料补片对裂纹板的修补主要是通过补片的"桥接效应"来实现的，补片表层性能较好，能有效地抑制裂纹张开，充分发挥补片的"止裂"作用，降低裂纹尖端的应力强度因子值。当采用复合材料补片对裂纹板进行胶接修补时，需注意补片表层纤维方向，修补时第一层宜采用具有较高模量的单向预浸料片材，并且纤维垂直裂纹。

13.2.4　胶的应用

复合材料胶接修补成功，胶结剂的性能将起到关键作用。胶层是实现补片止裂作用的中间媒介，对胶结剂的选择应根据修理结构的实际承载水平和使用环境条件，既要有较高的剪切强度，又要有较好的抗湿热老化能力。结构胶结剂有液体和片状两种。结构薄片胶易于操作，粘贴均匀，具有更好的强度和疲劳性能。复合材料补片胶接修理技术中采用的胶结剂大多数属于环氧丁腈类体系，如 FM-73 和 AF-126 等。这种类型的胶结剂具有很高的韧性和剪切强度，并有较好的抗剥离能力，一般在 100~120 ℃固化，属于中、高温固化胶系。

13.3　表面处理

结构件表面处理是胶贴修补前的一个重要工序，表面处理得好坏直接关系到胶贴的剪切强度和修补结构的疲劳耐久性。通常情况下,需要用物理或化学方法对被胶接物表面进行适当处理,其主要目的有:一方面,清洁被胶接物表面,清除表面的尘埃、油污、锈蚀、腐蚀等,提高胶结剂对被胶接物表面的润湿性;另一方面,粗化被胶接物表面,增加实际胶接面积,有利于胶结剂的渗透,提高黏附力。但是,胶接物表面的粗糙度又不能超出一定的界限,否则会降低胶接强度,而表面过于粗糙,在胶接过程中容易留下气孔,影响胶接质量。

13.3.1　脱脂

通过脱脂可以清除金属结构表面的全部有机污染物。制造商提供的合金上通常带有油脂和油类,在长期服役后,在构件上也会存在类似的有机污染物,其中,某些年代久远、吸附牢固,并具有阻挖溶剂的作用。在胶接工作之前,先进行脱脂,以降低黏结体表面上这些有机污染物的浓度。在实际操作时,通常利用蒸汽除脂的设施来降低待黏结构件上的有机污染物浓度,在一个封闭空间内将溶剂(如三氯乙烯)蒸发,然后让它冷凝并从受污染的构件上滴下。当溶剂接触到构件时,有机污染物慢慢地溶解为液态,并在重力作用下流到溶剂箱内。出于环境和安全的考虑,在很多情况下,利用碱性水溶液的槽式清洗取代蒸汽除脂。对于铝蜂窝,脱脂通常是其唯一的表面准备方法。

在修理情况下,通常用溶剂浸湿的棉纸或布进行脱脂,常用的溶剂是 MEK 和丙酮。溶剂若将污染构件上的有机污染物全部溶解,需保证有足够体积的溶剂擦过构件,并确保溶解的梯度。为了确保有机污染物被充分冲刷掉,要单方向地擦向区域的边缘。但是,挥发性溶剂会蒸发,可能在黏结体表面均匀分布一层有机污染物薄膜。此外,溶剂可能溶解聚合体以及溶解棉纸或布中残留的油脂,并在溶剂蒸发时将其沉积在黏结体的表面。

为了检测黏结体表面存在的污染,普遍的做法是水膜残迹试验。水膜残迹试验必须谨慎进行,因为如置换水的溶液等污染物也会形成低接触角。

13.3.2　打磨、喷砂或浸蚀

通过打磨、喷砂或浸蚀来除去疏松附着的氧化物,获得一个无污染的活性表面并形成粗糙的表面形貌。通过打磨胶接在底部或衬垫上的硬颗粒,去除掉物理形式上的金属部分。这样,形成一个带沟槽的表面,并在表面上遗留下残余的碎片。当用干净的棉纸清除打磨后铝合金结构上的碎片时,必须小心谨慎。由于溶剂会溶解某些棉纸上的有机材料,并在溶剂挥发时在表面上留下分布的污染物。这些污染物会干扰胶结剂与金属表面的胶接,使得湿气扩散到受力胶接面内,其扩散速率高于无污染物的胶接面,当使用 MEK 浸湿的棉纸清除碎片时,所产生胶接的耐久性不如使用水浸湿棉纸的情况 (图 13.1)。

喷砂是使用由清洁、干燥高速空气或氮气流所携带的细小研磨颗粒碰击黏结体的表面的过程。金属表面的塑性变形要比金属的迁移更为显著，因此表面上的弹坑构造明显可见。在金属表面的冲击变形过程中，原先存在的碎片嵌入表面内。

(a) 双冲击喷砂横剖面显微图

10 μm

(b) 双冲击喷砂的显微图显示了倒转褶皱的程度以及在表面形成的空穴

图 13.1　不同处理情况下金属内部横剖面显微图

喷砂处理改善了表面的亲水浸润性，并使胶接耐久性超过打磨的表面，如图 13.2 所示。疏水污染物浓度的降低在某些情况下可以改善浸润性，某些情况下则是通过表面的粗糙度来改善浸润性。经测量，碳氢化合物的浓度随溶剂除脂而降低，并通过打磨进一步下降。

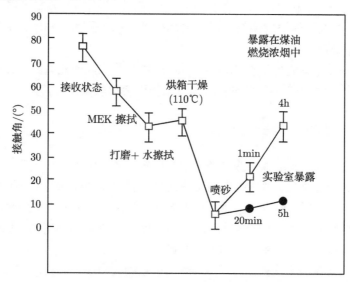

图 13.2　喷砂对表面亲水浸润性的改善效果

喷砂过程中必须控制强度，如果喷砂的强度不足，则不能有效提供无污染的活性表面。对于 50μm 的氧化铝颗粒，要达到全表面覆盖的喷砂密度门槛值为 0.5g/cm²。因此，在实际操作中，建议使用 1g/cm² 的喷砂密度，以保证完整的表面冲击和彻底清除污染物。

过度的喷砂不仅会出现额外的表面变形，且不能改善胶接接头的耐久性。这些额外的表面变形会造成黏结体表面变形，成为湿气和挥发物集中的地方。在胶结剂高温固化的过程中，这些挥发物在胶内形成泡沫，使固化后的黏结体内出现空穴。

化学浸蚀是通过复杂的过程将表面金属溶解，包括分解与重新形成氧化膜。由于没有污染物，把铝合金浸入铬酸浸蚀液可生成相对无裂纹的氧化物。浸蚀过程的化学动力学作用可在金属的表面形成一种多微孔的结构，这样处理所产生的胶接耐久性与采用喷砂方法的情况相似。

13.3.3　高能表面氧化层

高能表面氧化层的形成可能是打磨、喷砂或浸蚀过程的自然结果，但都意味着对表面浸润工艺的优化。作为选择，可应用一些工序处理，如采用阳极化来形成亲水表面氧化层。高能表面氧化层的形成意味着已经采取了一些步骤，使疏水污染物的重新吸附为最小。

几乎所有的金属与合金表面都会迅速形成表面氧化物。当进行打磨和化学表面处理时，清除预先存在的疏松氧化物，表面将会形成一层密实的氧化物，从而在金属上形成一种羟基化的氧化表面；而这种羟基化的氧化表面将与胶结剂内另一半羟基部分结合。在对纳米级性能了解很少的情况下，大多数的表面处理工作都是采用试凑的办法进行优化的。在结构材料如铝、钢和钛上形成的氧化物都是充分羟基化的，以能够形成坚固的胶接。然而，此过程必须考虑在黏结体上形成不牢固氧化物的可能性。

阳极化是一个金属电解处理的过程，可在金属的表面形成多孔的氧化物。内聚的氧化物牢固地黏着在金属的表面上。在典型的阳极化槽内，把金属合金与电路的阳极连接，并浸入一种低 pH 值的阳极化电解液中，再施加一个正的直流电电位。虽然大多数阳极化槽使用酸性的电解液和直流电电位，但某些也使用碱性的电解液或交流电。随着金属化学溶解和表面电化学氧化，金属表面形成了一层氧化物。外层氧化物的形貌对阳极化的组分、阳极化的参数、合金的组织以及金属表面的磨光都很敏感。由于高度微粗糙度的金属氧化物通常可以获得最佳的耐久性，为了获得最优的表面氧化膜性能，阳极化和合金的细节很关键。

在外场修理应用中，由于在槽内进行阳极化通常不现实，需要把电解液构成一种自支持的凝胶体，或者用特殊的方法把循环的电解液包容在所处理的区域内。

当在飞机上修理时，进行阳极化需要考虑：不希望腐蚀出现的可能性；紧要件出现氢脆化的可能性；电解液除去时的难度；在易燃蒸气附近使用电气设备的难度以及阳极化后处理时氧化膜损伤的可能性。

13.3.4 偶联剂和底胶

偶联剂使用的目的是在金属氧化物上增强羟基末端与胶接剂耦合的效力。在使用有机硅烷偶联剂的情况下，选择的有机头团与胶结剂聚合体交键是兼容的。同时，在水解中形成的硅烷醇团 (图 13.3) 或在氧化层表面与羟基团起化学作用形成

图 13.3　显示水解、浓缩和表面反应的有机硅烷偶联剂 (γ-甘油丙基三甲氧基)

环氧乙烷结合，或与这些羟基团形成氢结合。有机硅烷形成了强的聚硅氧烷网，对于增强界面的耐久性起着重要的作用。良好的偶联剂具有与胶结剂进行交叉耦合及水解稳定性的特征，但是与胶结剂交键连接并使得载荷变大。

大多数胶结剂需要一种金属胶接用的底胶，底胶用于保护黏结体的表面不受污染，也防止表面在胶接期间出现化学变化。由于底胶是低黏度的液体，可以迅速穿透表面准备时形成的粗糙表面与微孔，并较好地浸润黏结体的表面。底胶还帮助保护胶接后的黏结体，使它不受湿气的侵袭，改善其耐久性。因此，胶接底胶常常含有防腐蚀剂。通用的胶接底胶是含有铬酸盐抑制剂的环氧–酚醛树脂基。虽然六价铬离子对金属氧化表面提供了最好的保护，但这些材料对环境是有毒的且是致癌的，因此寻找替代的抑制剂需求是迫切的。

在飞机上进行修理时也希望用防腐蚀的黏结底胶。然而，从使用和环境危害的观点看，在飞机上更加难于控制底胶。常常用涂抹或刷底胶的方法取代在工厂和场站胶接修理时的喷涂方法。值得注意的是，不适当地使用底胶，尤其是底胶太厚可能使初始胶接强度不足。

涡流测厚仪可以测量底胶的厚度，也可以在底胶中添加色素以帮助目视厚度控制。然而，这种光学的方法把厚度局限为几分之一微米，同时，色素的选择会影响视觉的灵敏度。因此，厚度的控制非常依赖操作人员的技能和经验。

13.3.5　干燥与质量控制

为了使胶结剂固化过程中形成空穴的挥发性材料所挥发的量最少，在进行任何涉及溶剂或水的处理之后，彻底烘干表面是绝对必要的。通过测量喷砂铝合金表面的水分变化情况发现，不太干燥的表面会产生足够的蒸汽，把大多数胶结剂压出黏结面。黏结体上的某些水分被物理吸附，某些则被含水的表面氧化膜所束缚，如图 13.4 所示。当高温下进行胶黏结固化时，甚至会以蒸汽形式释放出被化学束缚的水分。试验证明，当使用真空袋加压时，为了使某些环氧胶结剂内形成的空穴最少，至少要在 110℃下干燥 1h。在低湿度下实施黏结过程以免再吸入湿气。

用于辅助胶接生产过程的质量控制和胶接接头无损评估的工具极其有限，同时不那么可靠。生产坚固而耐久的胶接件关键要依赖操作人员的技能。必须严格坚守质量程序，测试方法包括水膜残迹试验、表面功函数法、傅里叶变换红外线分光镜、光学反射率和过程控制试片。

对于水膜残迹试验，航空工业中常规做法是用清洁的水"聚滴"或"断开"的趋势作为表面准备过程中黏结体上存在水性污染物的迹象。在实践中，这种水膜残迹试验依赖技术人员的技能和经验，因此不那么可靠。表面粗糙度对该试验结果有显著影响。某些污染物具有亲水特性，因此不会出现水膜断开的迹象。亲水污染通常由飞机维护中使用的置换水引起。

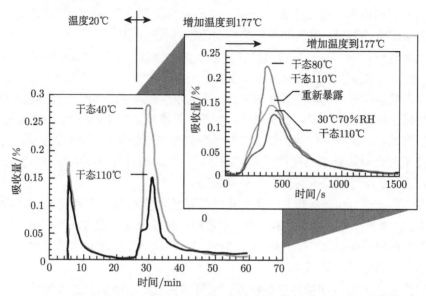

图 13.4　喷砂后包层 2024 铝合金傅里叶转换红外线光谱分析水演化图

　　由于金属表面的电子功函数对其化学状态非常敏感，很多基于表面功函数的方法用于评定被污染的表面。然而，这些表面功函数法在区分氧化物生长、污染浓度和表面粗糙度时有些困难。福克的表面污染鉴定器依据的是凯文震荡电容器表面势差法，其局限是测量面积的物理尺度、对极间间距的敏感度以及金质基准电极的可能污染。光学激励电子发射法以能量小于 6.7eV 的光电子发射为基础，用汞蒸气源的紫外线辐射来激励。光电流在空气中用一个距采样表面 1~6mm 的电偏压板测量。具有功函数 4.08eV 的铝金属将发射光电子，反之，功函数大于 6.7eV 的铝氧化物则不会发射光电子。在基地修理环境下进行质量控制的主要障碍是，缺少一个适当的简单基准标定和对污染物浓度、氧化物生长及表面粗糙度的复杂响应。

　　随着傅里叶变换红外线光谱学的发展，该光谱学已经能够成为一种技术来评价粗糙金属表面的污染。然而，红外光谱学的复杂性需要有熟练的分析者来解释数据，而这可能需要一定的时间来发展专家系统，使得半熟练的技术员也能够熟练利用红外光谱学在外场进行质量控制。商业仪器制造商已经开发了用于非接触表面评估的红外线分光镜系统。然而，红外线分光镜的典型深度辨别为数百纳米范围，要把灵敏度降到单层覆盖级别，需要特殊的切线入肘技术。

　　喷砂表面的质量是用视觉来检查的，因此对于用细颗粒进行准备的铝表面，光学反射特性就是喷砂烈度的一个良好指标。商用反射比色计已经应用于定量评定铝合金的反射率，并显示在用 50μm 细氧化铝颗粒时，反射率对碰撞密度呈指数依变关系。简单的手持仪器可用来适当监控铝合金的喷砂烈度，现在已经成为 RAAF(Roal Australian Air Force) 用作训练和合格检查的工具。反射偏振光的偏振响应被用于磷酸阳极化表面的质量控制，这个方法显示出多孔阳极化膜在厚度和完备性方面的缺陷。

在缺乏定量质量控制工具的情况下，通常的实际做法是准备与生产或修理任务相并行的过程控制试片，也称为旅行试件或证据试件。这虽然是可提供质量保证的一种形式，但并不能保证其表面处理或胶接情况和真实的构件相同。

胶接构件制造和修理的质量控制依赖对过程、程序和人员的合格鉴定策略。对于程序，重要的是需要一个质量保证跟踪过程，以保证任务的实施严格遵照合格鉴定的标准。目前，用于管理胶接构件结构完整性的规章制度，还不能轻易鉴别出随时间推移而出现胶接退化的胶接构件。发展消除会导致胶接退化的实践方面的试验规章，还有很多工作要做。由于缺乏可靠的无损评估工具，很多工程师不愿承担与胶接接头有关的工程风险，特别是主受力结构。

13.3.6　铝合金的表面处理

铝合金结构的胶接表面可以采用不同的表面处理方法，一般可分为机械物理方法和化学方法两大类。机械物理方法包括用溶剂对铝材表面进行清洗与脱脂、砂纸和砂布打磨、喷砂及机械加工等；而化学方法包括铬硫酸浸蚀、NaOH 溶液浸蚀、溶胶凝胶处理和阳极氧化处理等。这些方法可以单独使用，也可以联合使用，具体采用什么方法则需根据铝材特点及胶接性能要求等进行确定。

胶接铝合金结构的阳极化处理方法优于化学氧化方法，而磷酸阳极化处理工艺是一类弱酸性阳极化处理方法，与铬酸或硫酸阳极化方法相比，其具有环境友好、毒性小、成本低、工艺参数易控制等优点，可以明显改善铝合金结构待胶接表面的表面状态，有效地提高铝合金胶接构件的耐久性。铝合金试片的磷酸阳极化过程分为两部分，即前处理和阳极化，如图 13.5 所示。前处理包括试片的去脂、碱洗和酸洗等。

待胶接铝合金试片磷酸阳极化处理的目的是在其胶接表面形成一层有利于胶接的表面层，主要包括试片的前处理和阳极化两个过程。前处理主要指待处理试片的去脂、碱洗和酸洗，其目的是除去胶接表面的氧化层。阳极化是指利用电解原理在胶接表面形成胶接性能好的氧化层。前处理和阳极化不能对待胶接构件性能有较大的影响。

铝合金试片阳极化处理，其表面发生了复杂的电化学反应，主要是在电场作用下电解质溶液对铝合金晶胞的溶解作用，在其表面形成多孔的蜂窝状的膜，膜孔为六边形。图 13.6 为铝合金试片阳极化后其表面和断面的微观结构。

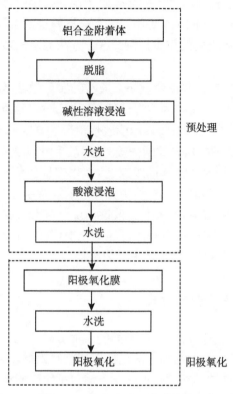

图 13.5　阳极化处理工艺流程

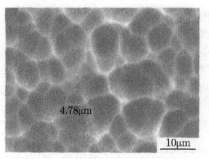

(a) 表面

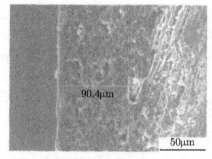

(b) 断面

图 13.6　铝合金试片阳极化后其表面和断面的微观结构

从图 13.6 可知，在铝合金试片阳极化时，磷酸电解质溶解了铝合金的晶胞，在表面形成凹凸不平的多孔结构，膜孔基本为六边形，并且部分膜孔边消失，膜孔的外接圆直径约为 4.78m，多孔膜的厚度约为 90.40m。铝合金试片阳极化不仅改变了其表面的微观形貌, 同时改变了其表面组成。阳极化主要在铝合金表面生成氧化物 (三氧化二铝), 同时在其表面引进了微量的 P 元素。用扫描电镜对阳极化处理后的铝合金试片表面进行了区域扫描并结合线扫描仪器对其组成进行了元素分析, 结果发现, 阳极化在铝合金表面引进了微量的 P 元素, 如表 13.1 所示。

表 13.1　铝合金阳极化后表面原子组成

	质量分数/%	A/%
Al	92.7930	96.6198
P	0.2114	0.1717
Mn	1.1672	0.599
Cu	5.6777	2.5102

铝合金试片的阳极化处理是在其表面生成一层利于胶接的多孔膜, 该膜的形成与阳极化条件有密切的关系。阳极化处理主要的工艺参数为电解质溶液的浓度、阳极化时间、阳极化电压、极间距和镀液温度等。铝合金试片经过阳极化处理, 在胶接界面之间出现了一层厚度约 20m 的过渡层。该过渡层为胶结剂渗透进入膜孔而形成, 没有经过阳极化处理则不存在这样的过渡层。

胶接构件的表面状态将直接影响胶接接头的破坏模式。胶接副在拉伸-剪切载荷作用下, 主要有拉伸破坏、胶层的剪切破坏和剥离破坏 (包括胶层剥离破坏与被胶接件的剥离破坏) 等多种破坏形式, 或者几种破坏形式的组合。经磷酸阳极化铝合金的胶接, 由于其表面与胶结剂之间胶接良好, 胶接强度高, 容易发生胶结剂的剪切破坏; 同时在拉伸-剪切载荷作用下, 胶接副会发生偏心, 在偏心力矩作用下, 胶接副容易发生剥离破坏。从图 13.7 可以看出, 铝合金阳极化的胶接副既存在胶结剂的剪切破坏, 也存在界面的剥离破坏。该胶接副之间的破坏模式为混合破坏, 即在拉伸-剪切载荷作用下胶接副同时发生胶结剂的剪切破坏和胶接界面的剥离破坏, 而未经过阳极化处理的铝合金之间容易发生胶接界面脱粘。

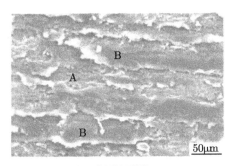

(a) 破坏界面图

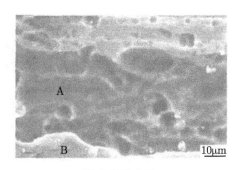

(b) 局部放大图

图 13.7　胶接破坏界面 SEM 照片

13.3.7　钛合金的表面处理

通常可将钛合金表面处理方法分为机械法、化学法、机械化学法、电化学法和物理法五大类。

最早的钛合金化学表面处理方法是碱清洗及碱混合液氧化法。用该类方法处理的接头强度较好，但对钛合金的化学组分很敏感，即使是对同种合金仍受不同批次的影响。随后采用硝酸混合液洗涤钛合金，酸洗表面对中温固化胶结剂有影响，胶结剂与钛合金表面的胶接强度要比与铝合金的低得多。

随着对表面处理的进一步要求，产生了磷酸盐-氟化物法，该方法制备的搭接剪切试样在 60℃、100%RH 条件下，失效时间比碱性液处理的延长了 7.5 倍，所以该方法在航空工业中得以广泛应用。但由于磷酸盐-氟化物法处理后钛合金胶接接头在高温高湿环境中仍发生严重脱胶，Bell 直升机公司又发展了一种改性磷酸盐-氟化物法，使钛合金胶接接头的湿热耐久性得以改善。

接着也出现了另外两种商品化的表面处理方法，即 Pasa Jell 和 VAST 方法，但这类方法的接头破坏多发生在胶结剂与金属的界面。为了在钛合金表面形成与胶结剂稳定连接的氧化物层，波音公司于 1973 年发明了钛合金铬酸阳极化工艺。20世纪 70 年代末，Mhoon 研究了一种简便的钛合金表面处理方法，即过氧化氢碱蚀法。

迄今，钛合金胶接前表面处理方法已经发展了十几种。研究者大多采用单搭接剪切强度试验及楔子耐久性试验对各种方法处理的钛合金表面的胶接强度及耐久性进行评价。其普遍认为，阳极化方法得到的钛合金接头耐久性优于氧化法，但搭接剪切强度与楔子试样裂纹扩展程度之间尚没有一定规律。

13.3.8　钢的表面处理

钢的表面准备，特别是其化学处理，受到其基底性质和初始条件的巨大影响。钢的品种众多，难于达到采用通用处理方法的目标。在钢的表面形成一种内聚的、依附的、具有良好微粗糙度的氧化物并不是获得良好吸附力的有效策略。

一般而言，钢表面准备的要素是清洁与除锈，即除去铁锈和氧化物，以及使不锈钢钝化。在准备过程中必须小心，因为很多的合金钢会迅速形成表面氧化物，处理后的干燥过程是很关键的。另外，在处理溶液内常常发现有酒精，同时在用水冲洗后可能用酒精清洗。为避免受到湿气侵袭，可用底胶保护接头。一般有三种方法可用于表面准备：机械打磨、化学浸蚀和转化涂层。

一种普遍的钢表面处理方法是用喷砂形成宏观粗糙的表面，这个过程常常使用有尖角的氧化铝颗粒，此方法易于获得良好、可复现的初始胶接强度，同时在很多应用中获得足够的耐久性。然而，为了获得最长的服役寿命，通常还需要再进行其他的处理。

酸浸蚀的钢表面形态是钢本身微结构的函数，酸浸蚀剂可以浸蚀金属晶粒的边界形成表面粗糙度。在某些过程中包含以下浸蚀剂：氮–磷酸、磷酸–酒精、铬酸、氮–氢氟酸、硫酸–重铬酸钠、硫酸–重硫酸钠、草酸–硫酸和盐酸–氯化铁。很多酸浸蚀会在钢的表面留下碳沉积物，称为碳斑。因此，去碳斑是必要的，通常用其他酸进行。

对于飞机上的胶接，钢的准备过程更加困难。大多数的工厂处理过程依赖强酸且在高温下完成，而实际中这很难进行，类似钛的修理，喷砂是在飞机上进行钢的修理的一个可行方法。为了改善环境耐久性，应当施用防腐蚀的胶接底胶。成功应用于大量铝修理的硅烷表面处理，也可对很多钢的基底进行处理，其过程类似铝材料，也可用于工厂的钢表面处理。硅烷表面处理已成功应用于 D6AC 钢机翼蒙皮表面胶接修理的表面准备，修理中使用硼/环氧树脂补片，用环氧胶结剂进行胶接。

13.3.9 热固性复合材料的表面准备

目前，存在很多类型的复合材料，与金属相同，最好的表面准备取决于所胶接的黏结体性质。航空结构应用中使用的复合材料典型类型是纤维增强的热固性树脂。这里主要讨论用石墨或硼纤维增强的环氧树脂基体和用环氧胶结剂胶接的情况。

复合材料的表面准备是很关键的，除了冲击损伤，服役中胶接复合材料的唯一破坏形式就是界面的破坏，同时大部分与耐久性问题有关。耐久性问题主要关注边缘的表面准备，它通常导致某些表面污染。无损检测不能检出薄弱的初始胶接，而服役中的载荷可能导致胶接的破坏。

进行热固性复合材料的胶接准备有两种主要的技术：剥离层法和溶剂清洁与打磨，后者通常在剥离层表面暴露出来后进行。

从复合材料表面去除污染的主要手段是先用溶剂清洁再进行机械打磨。对于污染严重的表面，推荐使用一种试剂级丙酮溶剂浸泡处理方法。如果表面的状态不佳，可以应用优先打磨，磨蚀剂可以使用轻石。为防止表面污染，过程中应当使用去离子水，特别是在最后清洗时。标准的水膜残迹试验可以检验复合材料表面的清洁与否。

应当在研磨剂擦洗和 (或) 溶剂脱脂过程后进行喷砂，用铝的氧化物进行轻度喷砂可得到具有最小可变性的最好胶接强度。喷砂压力的限制对防止表面的损伤很关键。在喷砂中，保证去除的材料尽量少，喷砂后的表面应当呈现阴暗色或无光泽。

作为喷砂的替代方法，可以用 80~120 粒度的氧化铝砂纸进行人工打磨。如果复合材料的表面层是单向层，为使损伤程度最小，应当平行于纤维方向进行打磨。用带空气或氮气的压力喷枪来除去表面的磨料或其他碎片，也可用擦拭的方法进行清理，但用溶剂擦拭会造成表面污染，最好进行干擦拭。

胶接以前必须进行复合材料表面清洁和干燥。在水膜残迹试验后，必须在 120°C 下将表面干燥。然而，基体树脂吸收环境中的湿气引发湿气问题。干燥的时间取决于层合板的厚度。例如，6.3mm 厚的层合板需要在 135°C 下干燥 24h，以使湿气释放出来。在进行高温下胶接时，最重要的是要缓慢而彻底地将层合板干燥。如果有蜂窝夹芯或泡沫夹芯，应特别小心，因为芯格内的任何湿气都可能转变为蒸汽，破坏构件。在这些情况下，应当把干燥温度限制到 70°。

由于底胶在流动性和润湿性方面的优点，在表面准备和干燥以后，有时在胶接前对复合材料基底施用底胶。然而，施用底胶未必就会改善胶接的性能。

在去除剥离层以前，剥离层可以防止补片的整个表面受到污染。原则上，剥离层将从复合材料上撕下一薄层树脂，并形成一个新的清洁表面。然而，剥离层，特别是尼龙和使用了剥离剂的剥离层，有可能把一些材料转移到复合材料的表面。必须避免使用含有硅树脂剥离剂的剥离层。虽然聚酯剥离层似乎优于尼龙，但进行补片准备的最好办法还是采用轻度喷砂。

13.4 DC-10/MD-11 飞机的修理应用

13.4.1 问题描述

波音长滩总装厂、联邦快递公司与桑迪亚实验室组成一个团队，对金属结构复合材料修理技术的应用和优化问题进行了研究，FAA 对这个计划全程监督。针对机身蒙皮修理问题，其设计和分析了一系列复合材料补片修理实例，并开发了检测技术。其研究表明，利用复合材料修理金属结构的技术对 DC-10 飞机一般区域进行修理，可以给联邦快递公司带来高回报，并且设计与安装复杂性小，实施修理的区域包括：① 蒙皮擦伤、凹痕、雷击损伤以及冲击损伤；② 表面蒙皮的腐蚀坑；③ 蒙皮裂纹的补片修理 (非增压部分表面)。

下面介绍一个实际案例，在结构修理手册铆接金属修理方法的基础上，增加复合材料补片设计方法。维护部门通过查表，就可在传统金属修理或"等效的"复合材料补片修理之间进行选择，图 13.8 和图 13.9 给出可用该计划开发的复合材料补片取代的现有结构修理手册铆接金属修理的情况。

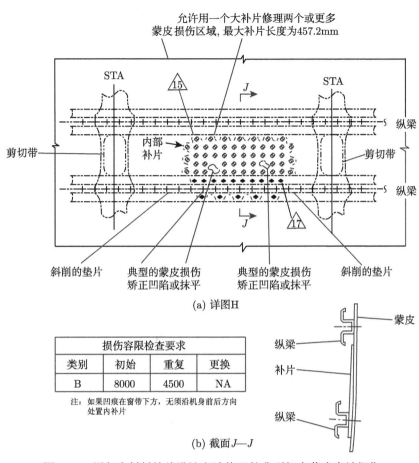

(a) 详图H

损伤容限检查要求			
类别	初始	重复	更换
B	8000	4500	NA

注：如果凹痕在窗带下方，无须沿机身前后方向
　　处置内补片

(b) 截面J—J

图 13.8　用复合材料补片设计方法修理的典型机身蒙皮腐蚀损伤

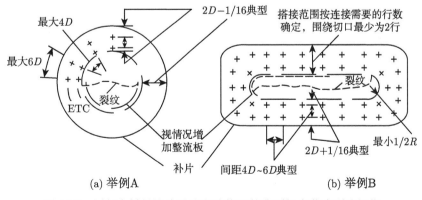

(a) 举例A　　　　　　　　　(b) 举例B

图 13.9　用复合材料补片设计方法修理的典型机身蒙皮裂纹损伤

13.4.2 修理设计

该项目所开发的系列复合材料补片，都能够应用到 DC-10 和 MD-11 机身蒙皮的腐蚀损伤、冲击损伤、擦伤以及雷击损伤的修理中，补片设计的目的是恢复结构原先的静力、疲劳和耐久性性能。图 13.8 为取自 DC-10 结构修理手册的一个代表性的蒙皮腐蚀损伤修理，是常规的铆接金属补片修理方案。进行设计与分析工作后，得出一组可用于大多数 DC-10 或 MD-11 机身结构的复合材料修理方案。用复合材料补片可以修理厚度达 2.032mm 的机身蒙皮，补片的底面可以包含框、纵梁和其他次要结构元件，但不包括接头或指形加强件接头。

考虑对直径为 25.4mm、76.2mm 和 127mm 三种损伤尺寸进行修理的方案设计，均为对称铺层的 13 层准各向同性补片，调节每个补片的底面以适应损伤的尺寸，图 13.10 为损伤直径为 76.2mm 蒙皮缺陷的复合材料补片设计。

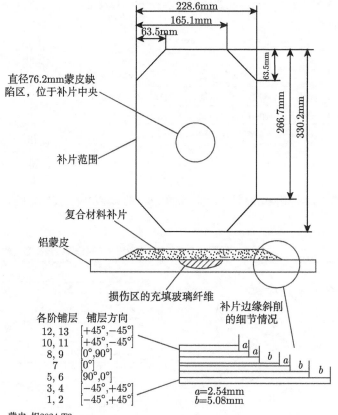

蒙皮: 铝2024-T3
补片: 硼/环氧，单层名义厚度为0.15mm
安装依据: 波音规范No.D658-10183-1(也列为Textron特殊材料规范No.200008-001)

图 13.10　损伤直径为 76.2mm 蒙皮缺陷的复合材料补片设计

13.4.3 修理分析

按照 FAA 条例的要求,对修理方案进行了应力及损伤容限分析,还比较了无损伤原结构与含复合材料补片结构。应力分析采用 NASTRAN 和 NASAFRANC2D/L 有限元程序进行,考虑最不利的载荷情况,包括极端的剪切载荷。此外,分析中保守地假定损伤的区域传递零载荷。作用载荷是最不利情况下的应力谱:σ_x(轴向)=71.71MPa,σ_y(周向)=142.73MPa,τ_{xy}(剪切)=137.9MPa。计算得到的复合材料补片、胶层和周围蒙皮内的最大应力 (直径为 76.2mm 的修理设计) 如下:

铝蒙皮内的最大应力为

$$\sigma_1 = 304.76\,\text{MPa} \qquad \sigma_{\text{yield}} = (324.07 - 344.75)\,\text{MPa}$$
$$\sigma_2 = -11.03\,\text{MPa}$$
$$\tau_{\text{max}} = 154.45\,\text{MPa} \qquad \tau_{\text{allowable}} = 268.91\,\text{MPa}$$

胶层最大应力 (τ_{zy}= 数值较低的分量并且不如 τ_{xy} 严重) 为

$$\tau_{zy} = 28.27\,\text{MPa} \qquad \tau_{\text{allowable}} = 38.61\,\text{MPa}$$

基于最大应变判据确定复合材料补片内的最大应力,极限载荷由补片边沿向上第 2 台阶 $-45°$ 层内的横向铺层应变 (ε_z) 确定。根据有限元分析得到的最大应变值计算安全裕度为

$$\frac{\varepsilon_2\,(-45°)}{\varepsilon_2\,(\text{allowable})} = +0.77$$

$$\text{M.S.} = +0.23$$

最不利情况应力谱下损伤直径为 76.2mm 的修理方案的最大主应力的分布云图如图 13.11 所示,可见剪切载荷的显著影响。值得注意的是,补片的峰值应力局限在一个小的区域内,此处补片保持着全部厚度。此外,在补片的关键斜削区 (载荷传输区) 内的应力要比周围的蒙皮高 30%~50%。载荷传递情况与飞机蒙皮修理区周围的应力分布一般设计目标符合。

计算得到了蒙皮、补片和胶层的应力之后,就可以分析损伤容限问题了,并预测潜在的破坏模式。在承受最不利的飞行应力谱作用时,所有设计都达到了可接受的安全裕度。用 CalcuRep 程序做飞机修理分析,确定修理结构与未修理结构的应力强度因子 K_I。假定开始时裂纹的尺寸与打磨的 (损伤区域) 相同,应力水平为 142.59MPa。基于 Walker 方程可以利用 K_I 确定 da,即

$$\frac{\text{d}a}{\text{d}n} = C \times [(1-R)^q \times K_I]^p$$

接下来就可以进行补片的损伤容限与检查间隔分析,分析与试验的结果验证了这 3 个蒙皮修理设计方案。其结果表明,补片和胶层呈现出足够的强度,对通常

的环境条件提供了足够的疲劳增强。对含补片和不含补片情况进行的裂纹扩展分析，得出保守的检查要求。修理后结构的扩展速率显著低于未修理的结构，当补片保持在位时，无论裂纹长度如何，对裂纹扩展的缓解作用保持相同。这个设计方法是基于一个典型维护法则的，即由于补片的尺度小于两跨，正常的维护活动能够及时发现可能起源于此区域的任何裂纹。

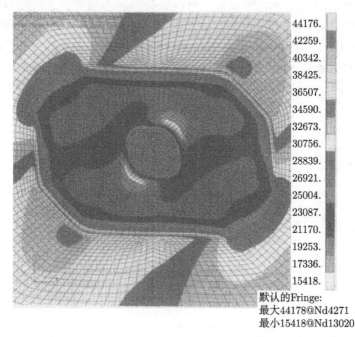

44176.
42259.
40342.
38425.
36507.
34590.
32673.
30756.
28839.
26921.
25004.
23087.
21170.
19253.
17336.
15418.

默认的Fringe:
最大44178@Nd4271
最小15418@Nd13020

图 13.11　最不利情况应力谱下损伤直径为 76.2mm 的修理方案的最大主应力的分布云图

即使原结构存在广布损伤和补片安装不尽完美的情况，复合材料补片也能使结构实现多倍疲劳载荷下的设计寿命。裂纹扩展分析显示，补片使得结构的安全极限增大了 45 倍。相应的试验结果表明，复合材料补片下的裂纹扩展到 25.4mm，将需要 2~3 倍飞机疲劳寿命时间 (72000~108000 循环)。补片提供了可接受的安全系数，并使整个加强件及周围蒙皮的应变低于允许水平。最后，损伤容限分析与全面的试验显示，在正常运行环境下，脱胶与分层缺陷几乎是零扩展的。因此，检查间隔 4500fh(每次 "C" 检查，"D" 检查，或大修检查) 足以保证有一次以上机会检出任何加强件的安装缺陷。

13.4.4　修理设计的验证

修理设计的验证目标是确认 DC-10/MD-11 复合材料补片修理的以下几个方面：修理设计、修理分析方法 (包括应力分析和损伤容限分析)、有限元分析模型、修理后的疲劳寿命评估以及无损检测方法。试验考虑了两个试件，一个试件含有腐蚀损伤，其材料损失为最大允许值 (50% 减薄)；另一个试件是含冲击损伤的蒙皮，其最大面外变形为 9.53mm。

试验方法与步骤如下：

(1) 用 DC-10/MD-11 的机身充压应力谱做拉–拉试验 (0~68.95MPa)，再施加一个 0~117.22MPa 拉伸载荷；

(2) 保守地试验每个试件达到 4 倍 DC-10 飞机的寿命时间 (160000 循环)；

(3) 在疲劳试验的不同阶段测量静应变场、评定应力场和相应复合材料补片性能的改变；

(4) 对每个试件进行超声波谐振无损检测；

(5) 在疲劳试验之后进行静力极限强度试验，即剩余强度试验，以确定母体材料屈服 (塑性应变状态) 时复合材料补片的设计裕量和性能。

13.4.5　无损检测

在批准飞机服役以前，对修理的最初合格鉴定是一个重要的事项，就像在服役中对修理后缺陷的监测。对 DC-10 飞机检测表明，在检测缺陷和再现复合材料加强件内缺陷形状方面，超声波谐振和脉冲反射 (双元件，发射／捕捉模式) 试验方法的工作性能良好。继续采用这两种检测方法，因为是手持式的技术，所以仪器设备价格较低，并易于外场使用，由波音公司编写、确认并评审了检查的程序。

所有 DC-10 飞机的检测工作，均建立在 L-1011 飞机复合材料加强件修理的无损检测验证工作基础上，FAA 通过一个超声波检测的适应性替代方法，包含整个 L-1011 飞机舱门拐角修理与检测过程的服务通报，批准了对特定无损检测方法的应用。

13.5　CH-47 飞机吊货钩梁的复合材料胶接修理

13.5.1　问题描述

在一架 CH-47 飞机的前吊货钩梁区域发现一块腐蚀区，如图 13.12 所示，图样如图 13.13 所示。标准的维护程序要求拆下该梁并进行更换，需要很多的人工和材料费用。本小节介绍一种取代修理方案，即用热胶接的复合材料补片进行就地修理，按照该梁材料的极限强度所推算的传递载荷设计补片的尺寸。下面将讨论补片的尺寸设计和分析论证，并给出修理结构的安全裕度。

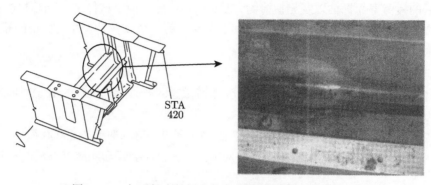

图 13.12　起重机支持梁和相邻的地板框架及其腐蚀损伤

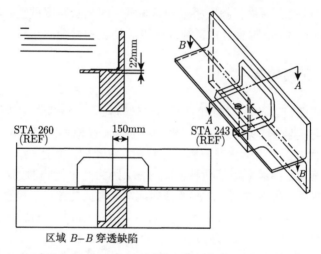

图 13.13　CH-47 飞机前吊货钩梁区域的缺陷位置图样

该损伤是一个单独的腐蚀坑，按标准方法除去了所有腐蚀材料之后，缺陷的情况如图 13.14 所示，缺陷呈椭圆形，最大深度为 5.59mm，长为 38.1mm，宽为

图 13.14　经过修整去除可见腐蚀后的缺陷情况

25.4mm，缺陷的位置靠近梁的中心线，其长轴与梁的纵轴方向一致，缺陷与构件边缘之间的最小边距为 6.35mm。

13.5.2　方法证明

简单的载荷分析表明，对梁起支撑作用的水平腹板不是一个临界受载荷区域。然而，按照材料的极限强度导出了一个保守的设计载荷情况。在不清楚梁的具体热处理回火的情况下，将其保守地假设为 7075-T6 材料，因为其在飞机上得到普遍使用并具有高拉伸强度。修理设计中承受的载荷相当于 3.81mm 厚 (最大腹板厚度) 材料的屈服强度，以及由修理区域未损伤结构分担的旁路载荷。

腐蚀位于梁的一个宽为 76.2mm 的支撑处，该支撑构成起重机钩梁的连接点，在缺陷的位置有充足的材料。梁由于起重机的载荷而受弯曲作用，但是受力的是梁突缘而不是腹板，因为该腹板靠近梁的中性轴，主要用来支持垂直腹板，并构成对外部环境的屏障。因此，缺陷区域的任何载荷都是很小的，本次修理的主要目的是消除由修整缺陷引起的应力集中，防止损伤进一步增长，并密封此区域防止进一步的环境腐蚀。

虽然腹板内的实际应力很小，但还是导出了一个载荷工况来进行修理尺寸设计。胶接修理的设计载荷基于材料的屈服强度，并用缩减系数来考虑未损伤贯通结构的作用，腐蚀点下面的未损伤材料仍将承担可观的载荷。由于是在实际实施之前进行修理设计的，有必要对损伤深度作出某些保守的假设，假定在清除腐蚀时去除的材料不超过 1/2 厚度，还假设这个区域的设计极限载荷不超过材料的屈服强度。因此，将按照 50% 缩减系数导出设计限制应力为

$$\sigma_{\text{DLL}} \leqslant \frac{\sigma_{\text{matyield}}}{1.5} 50\%$$

因为 7075-T6 挤压材 (A 基准) 的屈服应力是 476MPa，所以修理设计的 DLL 为 159MPa，DUL 等于 DLL 乘以标准的安全系数 1.5，即 238MPa。

胶接面的弹–塑性分析可以用来确定胶层应力、修理结构应力和补片应力。因为缺陷处的局部厚度很大，为便于设计修理的尺寸，所以分析时把缺陷看作腹板上的一个孔，设计的修理方案能恢复适当的承载能力。分析工具的特点包括：首先，该分析模型是二维的，因此保守地假定所有跨越缺陷的载荷都是通过胶层再由修理补片传递的。实际上，某些载荷将绕着缺陷传递，在该处修理补片只充当了未损伤底部结构的加强件。其次，该分析模型基于弹 - 塑性分析计算胶层内的峰值应力和应变。最后，该分析模型包括了由补片和母体材料热系数差异导致的热应力。

根据上面的设计载荷，在 DUL 时的安全裕度见表 13.2，在母体材料中靠近缺陷处的母体结构应力已经按系数 1.15 缩减，并考虑缺陷修理带来的任何应力集中。该分析表明，修理补片和胶接面具有最大载荷能力。

表 13.2　静力分析安全裕度

性能	在 DUL 时的安全裕度
补片应力	2.6
母体结构应力	2.2
靠近缺陷胶层剪应变	7.1
搭接长度	56.1mm

假定对结构施加每次飞行 60%DLL 当量载荷的疲劳载荷，对胶接面进行保守疲劳分析，在此条件下，最大胶层应变是 0.15，为胶层弹性极限的 1.5 倍。经验表明，在每次飞行出现一次这种载荷的情况下，胶层能经受高达 2 倍弹性极限水平的应变而保持优异的疲劳性能。不需要对修理区域的金属结构进行疲劳分析，因为其应力水平低于附近区域有充填孔的相应情况。对构件的疲劳影响因素是螺钉孔处的主力集中，而不是修理区。该修理恢复了因腐蚀而破坏的载荷路径，防止了源于修理区域的任何损伤扩展，并将这个区域密封，防止进一步的环境损害。

13.5.3　验证试验与环境保护

因为修理并不是结构的临界情况，所以没有做静强度试验，而是制作了一些试件，用以验证加强件制造和固化过程合格。为了验证这个过程，在代表性的角型材上胶接了试验性的修理补片，角型材上的半径与实际部件相同，并具有一个代表性的修整区。在安装这个修理补片时采用了与真实安装时相同的铺层与固化方法。在此区域的下面使用了脱模剂，以便在固化后拆除部件进行检查。检查集中在以下几个方面：

(1) 在此区域使用的真空压力是否足以压实补片，并保证部件没有孔隙；

(2) 玻璃纤维／胶膜缺陷充填技术能否得到可接受的结果；

(3) 纤维能否贴合部件内尖锐的充填半径；

(4) 补片是否"陷落"在缺陷上面。

总共进行了 6 个胶接试验，以完善铺贴与固化技术。用精细的方法对所产生的部件进行破坏性目视检测，证明其结果极好。

选择碳纤维复合材料作为修理材料，因为它能够贴合必需的修理几何外形，如图 13.15 所示。由于修理补片与铝底层结构之间可能的电化学作用，出现了一些可能的关注点。然而，已经证明胶膜是碳和铝之间的一种有效电化学壁垒，并相信在胶接修理补片下面不必有额外的保护。在碳纤维复合材料修理补片的顶面加上一层玻璃纤维预浸料以保护补片的表面。这个牺牲层连同周边的密封，对胶接修理提供了足够的环境保护，如图 3.16 所示。

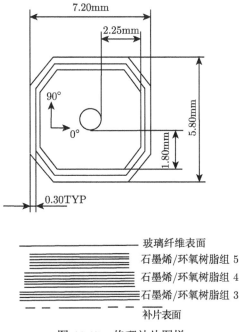

图 13.15 修理补片图样

图 13.16 密封前的胶接修理

13.5.4 修理程序

本小节给出修理程序，可概括如下：

(1) 把腐蚀的区域修整到大约 5:1 斜削比，清除腐蚀并使应力集中为最小；

(2) 按照标准的 ARTI 过程技术标准进行胶接表面的准备；

(3) 按照 2:1 的胶–布比用胶膜和干玻璃纤维布充填缺陷；

(4) 将未固化的预浸料直接铺贴到修理表面上，它们之间放置一层 MB1146

胶膜；

(5) 在真空下将补片压实 20min；

(6) 在完全真空下用 121 ℃固化 90min，在 87.8℃ 下保持 30min，以保证适当的流动性，将补片共固化并胶接到位；

(7) 对修理进行目视检测并进行敲击检验；

(8) 钻出通过修理件的埋头孔以接近起重机的安全固定螺栓及螺帽；

(9) 按照标准的飞机维护程序将修理的区域密封、涂底漆和涂漆；

(10) 在飞机航行日志上记录安装及循环检查的情况。

由于这个区域的应力水平低，加上修理本身并不是此构件疲劳寿命的限制因素，所以技术上不需要对修理进行检查。然而，使用经验表明，在阶段检查时要对修理做目视检测和敲击检测。此外，建议在 50~60h 后进行一次检查，以保证安装正确并增加使用者的信心。

第 14 章　复合材料结构修理的发展趋势和新技术

■
■
■
■

　　自 20 世纪 70 年代开始研究复合材料结构的修理问题以来，常规核心理论与技术问题已基本解决，并以结构修理手册的形式提供可修理数据、修理方法、相应的修理材料以及设备工具等，经过几十年的工程实践，积累了大量的经验，取得了长足发展。然而，现在的复合材料结构修理完全依赖手动施工，虽然现有的经验积累和管理制度基本能保证修理的施工质量，但还是存在大量的不可控人为因素，存在不确定性。另外，由于复合材料结构本身的复杂性，结构修理工程师对超手册损伤修理方案的快速制订存在困难，修理周期不可控，影响飞机的出勤率。针对上述复合材料修理技术存在的问题，出现了很多新技术，本章将从现在的技术角度介绍飞机复合材料结构修理的发展趋势和新技术，包括自修复技术、修理方案的计算机辅助技术、智能补片技术以及自动化修理技术四个主要发展方向。

14.1　复合材料结构修理技术的发展趋势和新技术

　　现有复合材料修理几乎都是基于手动操作的，修理质量严重依赖操作人员的经验和专业知识，人为差错和维修过程中的不协调将显著影响修理结构的强度和耐久性。虽然利用无损检测方法可以发现修理区域内的物理脱胶和空穴，但很难识别弱界面胶接以及胶接层和树脂区域的固化不足等问题，而且在实际的施工过程中，主要还是依靠严格的管理制度来控制施工工艺，依靠最后的敲击检测确定修理质量。在服役过程中界面弱胶接将扩展成为补片脱层，并对补片的效率和完整性造成潜在的威胁。除了破坏性试验外，利用现有无损检测方法预测修理补片强度是不可能的。因此，考虑到现有的各种技术限制，修理后的无损检测方法根本不能确定修补质量。目前，学者普遍认为可以从两个方面来解决这个限制复合材料进一步应用的障碍，一方面，损伤区域的去除、表面清理和补片制造等工艺环节可通过自动化技术来最大程度上降低人为因素的影响，用以保证结构的完整性和持续适航性；另一方面，可以利用一些过程控制技术或结构健康检测技术来解决复合材料修理中的人为因素问题，补片的状态可用智能补片技术来跟踪，确保修理结构的安全性。

目前，民用飞机竞争的焦点在于飞机的经济性、安全性、舒适性以及环保性。在尽力全面提高这些方面的性能时，作为大型飞机发展必要支撑平台的机体结构是必须首要考虑的因素，而目前大型民用飞机结构设计中遇到的一些瓶颈可采用结构健康监测技术加以解决[78]，采用结构健康监测技术可以在线实时地对结构状态进行监测，以保证飞机的安全性和可靠性、降低维护费用、延长使用寿命。与传统的无损检测方法相比，结构健康监测技术不仅可以实现在线实时监测，且由于传感器是所在结构的一部分，所以不需要与被测区域直接接触、不需要人为操作、可以在恶劣环境中实现实时安全监测、在监测结构中没有人为干涉的影响。所以，在民用航空领域，如何保证修理后重新投入运营的复合材料结构的健康状况已经成为维修业必须面对的课题，将结构健康监测技术应用于复合材料结构修理技术，将有望解决现在修理质量评估和服役期内健康监控问题，有效提高飞机安全性和修理质量，并降低维修成本。

近期也发展了一些其他的复合材料修理先进技术，由发动机短舱制造商埃塞公司、法国的 GMI Aero 公司以及雅典国家技术大学共同针对复合材料关键结构的大面积损伤修理问题进行了系统研究[79]，其应用目标是罗罗公司遄达 900 发动机反推装置的内表面修理，提出的解决方案可在 275±5℃的严格温度控制下修理面积为 2.0m² 的复合材料结构，使用的原型设备是一种有 18 个独立控制加热区和 80 对热电偶的电热毯。该项技术可以在热压罐外使用，因此非常有助于降低修理成本。

由意大利阿丽娜·马基公司牵头，雅典国家技术大学和焊接研究院参与的项目中，利用感应加热和传感器技术，开发了一种固化胶接复合材料补片的方法，并监控修理后结构的健康状况[80]。将头发丝粗细的磁致伸缩线传感器胶接在复合材料补片上，形成传感阵列，以监控修理后的结构的健康状况，当飞机落地后，利用传感器扫描修理结构的表面，无须接触即可获得其与补片原有结构的自动对比图像，可明显检查出分层等损伤。

对于碳纤维复合材料较多的飞机结构，可将热螺栓放在损伤或分层的紧固孔上，然后通过控制压力和温度来修复损伤区域。此外，传统的复合材料补片修理是在真空压力下将补片粘在受损区域上的，针对空客 A350 飞机等复合材料机身结构的修理问题,在修理过程中通过过压系统提供 2~3 个标准大气压,施加反压力防止结构变形的同时,也可以压紧补片,并减少补片的多孔性。

14.2　自修复技术

复合材料的自修复是依据仿生学原理的,针对材料出现的破损进行自修复,恢复材料本身的功能,是一种新颖的智能化方法。按照复合材料自修复时是否需要从外界添加修复剂,可将自修复体系分为本征型和外援型两大类[81],其中,本征型修复方法包括可逆共价键自修复和可逆非共价键自修复。可逆共价键自修复是利用聚合物基复合材料本身的可逆化学反应进行自修复,这些化学反应包括 Diels-Alder 反应、双硫键反应、动态共价化学、Π–Π 堆叠和离子聚合物等;可逆非共价键自修复则是利用体系中的氢键作用、疏水作用和大分子扩散作用等机理来实现自修复。外援型修复方法主要包括微胶囊型、中空纤维型和微脉管型等。

虽然基于智能材料的复合材料结构损伤监测已经有了大量的研究基础,但智能复合材料在出现损伤情况下要做到自修复却极为困难,目前国内外研究机构只局限在实验室范围内开展相关研究,主要难点在于:如何适时检测出复合材料内部的损伤和断裂程度及位置;如何在线对损伤和断裂处进行自修复;如何解决好复合材料与传感及作动元件之间的匹配。

14.2.1　本征型自修复

Diels-Alder 反应是一种环加成的可逆有机反应,其反应机理如图 14.1 所示,又称双烯加成,由共轭双烯与烯烃或炔烃反应生成六元环的反应,是有机化学合成反应中非常重要的形成碳—碳键的手段之一,也是现代有机合成里常用的反应之一。该反应有丰富的立体化学呈现,兼有立体选择性、立体专一性和区域选择性等特点。一些此类反应是可逆的,这样的环分解反应称为逆 Diels-Alder 反应。

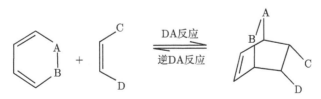

图 14.1　Diels-Alder 反应机理

杨莉等[82] 合成了呋喃封端的聚乙二醇和含有 3 个马来酰亚胺官能团的小分子交联剂三胺,通过二者的反应制备了具有可再加工性能及自修复性能的聚合物材料,样品在 100 ℃发生可逆 Diels-Alder 反应实现自修复。伍梅银等[83] 通过 N,

N′–羰基二咪唑直接将聚己二酸丁二醇酯与糠胺相连制备得到呋喃环封端的聚氨酯预聚物，之后再用双马来酰亚胺制备了聚氨酯热熔胶。章明秋等[84,85] 提出利用含有双环氧官能团和呋喃基团的单体合成含有热可逆 Diels-Alder 键的环氧树脂网络，其特点是在热可逆修复过程中可以克服由热造成环氧树脂材料软化的缺点。雷州桥等[86] 研究了含双硫键脂肪族小分子之间的交换反应，双硫键反应是一种可在低温下且不需要光照即可实现的可逆反应，材料的剪切流变特性和蠕变行为对大分子可逆反应存在依赖性。Deng等[87] 利用酰腙键和双硫键的各自交换反应制备了一种具有修复能力的水凝胶，酰腙键在酸性环境下的形成是可逆的，反应原理如图 14.2 所示。

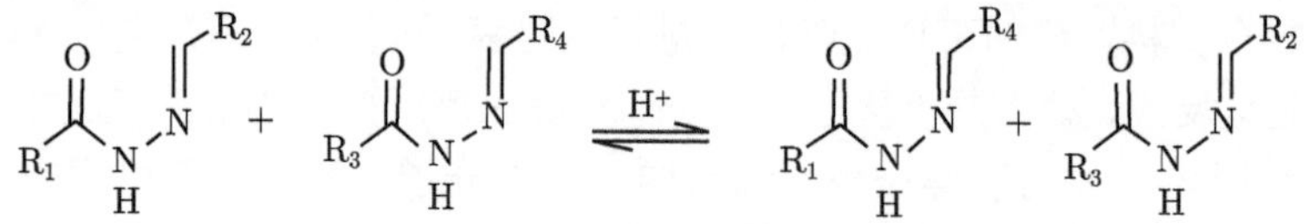

图 14.2　酰腙键的交换反应原理

在以前的研究中，是通过酰肼和醛基的缩合反应制得酰腙键，基于酰腙键可制得具有可自愈功能的凝胶[88]，如图 14.3 所示。2015 年，吕展等[89] 通过合成丙烯酰胺和双丙酮丙烯酸胺的共聚物与己二酰肼反应，制得了含酰腙可逆共价键的水凝胶。

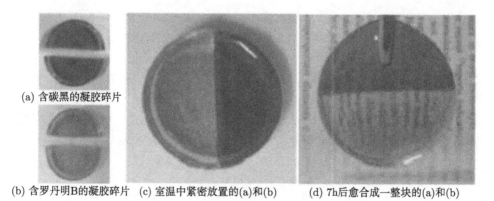

(a) 含碳黑的凝胶碎片

(b) 含罗丹明B的凝胶碎片　(c) 室温中紧密放置的(a)和(b)　(d) 7h后愈合成一整块的(a)和(b)

图 14.3　具有可自愈功能的凝胶

氢键作用自修复是利用氢键的可逆功能实现自修复，是近年来发展的一种新型自修复材料，不需要内植修复剂，依靠分子内或分子间氢键的断裂和重组即可实现材料的自修复，具有修复温度低、重复性好等优势。四种典型的氢键型自修复材料分别为[90]：自修复水凝胶、自修复导电高分子、自修复热塑性弹性体和自修复聚合物玻璃。疏水作用自修复是利用高分子链中的疏水基团，通过疏水作用形成具有可逆交联点的三维网络结构,当基体遭到破坏时,疏水链能够自由流动形成新的三维网络结构,实现材料的自修复。

14.2.2　外援型自修复

1. 微胶囊型

微胶囊型自修复是将含有修复剂的微胶囊预先埋入复合材料中,不需要外在干预,直接由裂纹扩展实现的自修复。微胶囊型自修复是目前研究较为成熟且应用较为广泛的一种修复方法,其最具代表性的是由双环戊二烯修复剂和 Grubbs 催化剂组成的修复体系,以双环戊二烯修复剂为芯材,以脲醛树脂为囊壁的微胶囊,并将其与 Grubbs 催化剂一起加入环氧树脂基体中。复合材料在外力作用下产生裂纹,裂纹不断扩展,在扩展力的作用下微胶囊发生破裂,双环戊二烯得到释放,与催化剂进行开环易位聚合反应,修复裂纹,达到自修复的目的,如图 14.4 所示。也可以预先在环氧树脂基体中埋入含有双环戊二烯修复剂的聚脲甲醛微胶囊,裂纹产生后发生扩展,使微胶囊几乎全部破裂,双环戊二烯得到释放,达到自修复的目的。

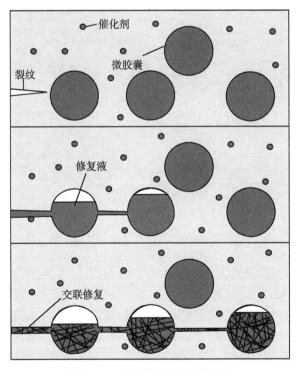

图 14.4　微胶囊自修复原理图

2. 中空纤维型

目前，复合材料自修复方法大多是在结构中预埋储胶容器或储胶液芯光纤，当结构中有损伤发生时，容器或者液芯光纤破裂，胶液流到损伤处对材料进行修复。这些方法具有一定的自修复能力，但对大多数结构而言，仍然存在两方面不足：一方面，由于结构损伤位置的不可预知性，而预埋储胶容器只能在一些经验危险点预埋胶液，对特殊情况无能为力；另一方面，复合材料中网络化埋置储胶液芯光纤的方法缓解了位置的不定性和胶液位置确定性之间的矛盾，但突出了液芯光纤储胶量与损伤修复需要的胶液量之间的矛盾。

空心光纤有望弥补上述两种修复方法的不足，一方面，空心光纤比较细，同样可以形成网络化分布埋置；另一方面，空心光纤可以用端头注胶的方法来解决储胶量与损伤修复需要的胶液量之间的矛盾。中空纤维型自修复法首先是由 Dry 和 Sottos 在修复混凝土结构时提出的[91]，随着修复方式和修复范围的不断改变，这种修复方法现在更多被应用于复合材料领域。将装有氰基丙烯酸酯修复剂 (单组分) 或环氧树脂修复剂 (双组分) 的中空玻璃纤维预先埋置在预成型的复合材料内部，如图 14.5 所示。

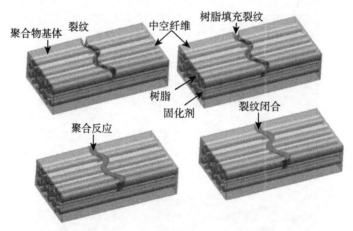

图 14.5　内含中空纤维的聚合物基自修复材料示意图

中空纤维自诊断和自修复的网络如图 14.6 所示。空心光纤纵横交错地排列在结构中，当结构受载或受到损伤时，各空心光纤上将产生不同的变形，从而使它们的输出产生不同的变化，通过数据采集和处理，系统将自动指示出载荷的大小和位置或对损伤进行修复。在中空纤维自诊断和自修复网络中，空心光纤是自诊断和自修复智能结构中的关键功能元件，它是由纤芯、包层和涂敷层组成的一个多层介质对称圆柱体结构，可以为修补用的胶液提供通道。光在光纤中的传播要受到光纤的本征吸收、杂质吸收、原子缺陷、光纤的材料色散、模式色散、波导色散等的影响。

另外，由于纤芯内表面不具有包层和涂敷层，当注满液体后，光在光纤中的传播就会因液体和空心光纤内壁接触面的不平及液体本身的性质等因素影响传输光的功率。这些因素均使光纤中传输光功率随光纤长度发生衰减，且含胶液的空心光纤的衰减系数远大于普通光纤，使空心光纤的输出光强随光纤长度的变短而迅速增加。这样，就可以根据埋入复合材料中的空心光纤的传输光功率的变化计算出光纤在材料里断裂的具体位置，实现结构的载荷及损伤位置的自诊断。

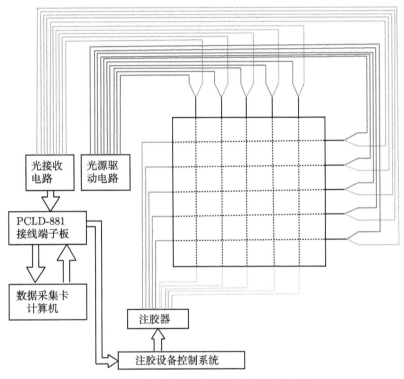

图 14.6　中空纤维自诊断和自修复的网络

在受载荷、微弯等扰动影响下，空心光纤的输出光强也将发生变化。在系统中，光源采用高亮度发光二极管，通过简单的固定装置耦合到空心光纤处，可以得到较稳定的光输出。试验结果表明：弯曲角度的增大和弯曲半径的减小均会引起传输光损耗增加。当光纤受到拉伸变形时，输出光强下降；当载荷卸除后，输出光强增加；当试件受到压缩变形时，输出光强增加，卸载后同样会恢复。所以，空心光纤对材料的机械变形具有良好的感应能力，可以埋入复合材料中作为自诊断的功能元件使用。胶液的选择也是复合材料结构空心光纤自修复网络研究的关键问题之一，在复合材料结构的修复中，经常使用的是一些双组分胶。但是，这些胶大都黏度较大，无法通过内径较小 (约 400μm) 的空心光纤进行传输。

　　中空纤维型自修复方法虽然能够实现对复合材料的自修复，但也存在明显的缺点。首先，中空纤维型修复体系不能对同一损伤实现多次修复；其次，加入中空纤维会降低材料本身的力学性能；最后，中空纤维中的修复剂含量有限，修复效率不高。为了使中空纤维型自修复系统能够更好地运用到实际中，需要寻找直径更小的中空纤维和填充性更好的修复剂以及优化中空纤维的放置方式。

　　另外，在使用过程中，空心光纤与复合材料在匹配方面存在一定的问题。归结起来主要有两类极限情况：一类是光纤与材料不能完全结合，使材料中出现缺陷，降低了复合材料的力学性能，并使空心光纤对应变的传感能力下降；另一类是光纤与材料结合过紧，导致空心光纤与复合材料的界面处产生很大的应力集中，使埋入复合材料中的空心光纤的传输性能下降，并且空心光纤因应力集中而产生损伤，甚至出现断裂。埋入复合材料的空心光纤可用来监测结构的力学性能以及实行修复材料结构的损伤、断裂。但在实际工程应用中，埋入复合材料结构的空心光纤性能的变化以及它对复合材料结构强度的影响，是决定空心光纤是否具有实用价值的首要前提。

　　空心光纤的直径较大，埋入复合材料可能会在空心光纤与复合材料的界面处产生应力集中，从而影响空心光纤的传输性能，甚至造成空心光纤的损伤。产生上述问题的原因主要可能有三点：一是空心光纤在复合材料成型过程中的受压影响；二是胶结剂的固化影响；三是复合材料在成型过程中，材料本身所产生的应力等方面的影响。这三点影响均是复合材料成型工艺过程中不可避免的。因此，在空心光纤作为监测复合材料结构完整性及力学性能的检测元件之前，必须对空心光纤受到的外界影响给予一定的评估分析，以确保在排除外界因素影响的前提下，实现检测的功能。

　　3. 微脉管型

　　针对微胶囊型和中空纤维型自修复体系只能实现对同一受损位置单次修复的缺点，近年来出现微脉管型自修复体系能克服这个缺点。2007 年，Toohey 等 [92]首次将微脉管的三维网络引入环氧树脂基体的复合材料中，具体做法是先将修复剂双环戊二烯注入直径为 200m 的微脉管中，然后将微脉管 (三维网络状) 埋入已经放有 Grubbs 催化剂的环氧树脂基体中。四点弯曲 (图 14.7) 的试验结果表明，此修复体系能够对同一受损区域实现 7 次修复，且修复效率可达 70%。

　　随后，在 2009 年，Toohey 等 [93] 又采用双组分微脉管系统，将环氧树脂修复剂与胺固化剂分别储存在不同的三维微脉管系统中，如图 14.8 所示。其试验结果表明，此修复体系能够对同一受损区域实现 16 次修复，且修复效率可达 60%。Hansen等 [94] 在 Toohey 的基础上提出了纵横交错的微脉管网络修复体系。其试验结果表明，此修复体系能够实现对同一受损区域进行 30 次修复，且修复效率可达 50%。

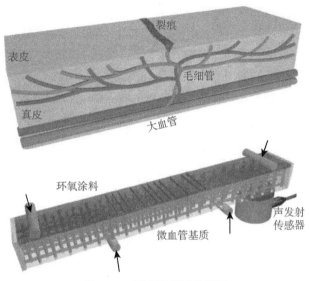

图 14.7　四点弯曲试验模型

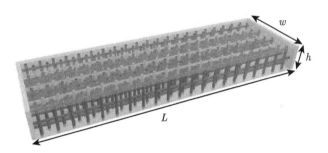

图 14.8　双组分微脉管系统模型

　　相比于其他外援型修复方法,微脉管自修复体系通过修复剂在由微脉管构成的三维网络中流动能够实现对同一受损部位的多次修复,还能起到增韧的作用。但该三维网络修复体系的构建比较复杂,使其应用受到限制。若能简化三维网络的构建方法,微脉管型自修复体系将会得到广泛的应用。

4. 形状记忆合金的自修复智能结构

　　基于光纤传感和形状记忆合金的自修复智能结构是近年来学者才提出的,结合光纤传感与形状记忆合金组建的智能土木结构,其基本工作机理是应用光纤传感系统监测结构内部损伤情况,同时作为损伤修复物质的传输网络,当结构出现损伤时,通过激发形状记忆合金的记忆效应对损伤部位进行注胶或高温韧化,达到修复损伤的目的[95],但是国内外对形状记忆合金自修复结构技术的研究还处于初始阶段。

形状记忆合金的记忆效应来自其两种固态形式的相互转化，即马氏体和奥氏体，两者为不同温度下不同形式的对称晶体。在高温低载荷条件下保持稳定的母系结构称为奥氏体，当温度降低或载荷增加时，将发生相变转变为非对称的马氏体结构。由于其结构的非对称性，马氏体在不同载荷下呈现不同的基阵，当载荷撤消后，形状将有一定的恢复，但不会完全恢复，因为在较低温度下所有的马氏体变异都较为稳定。但是，当对处于马氏体条件下的形状记忆合金稍加热，马氏体将向奥氏体转变，此过程将产生一个较大的恢复力，使得材料呈现宏观修复，各相之间的相互转化如图 14.9 所示。试验表明，恢复的应变量可达 6%~8%，并且多次循环变形后其性能依然还能得到保持。

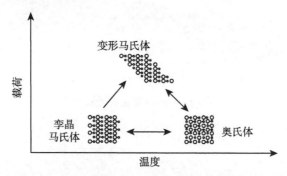

图 14.9　不同温度和载荷下形状记忆合金晶体结构的变化

将空心光纤、形状记忆合金丝分别组成网络埋入复合材料中，空心光纤既充当传感元件，又充当修复时的驱动元件。复合材料的形变会使空心光纤传感网络输出的光强发生变化，通过光电转换、数据采集将输出光强转换成数字信号并传输到计算机中，再结合复合材料力学性能的具体分析、神经网络等数字处理方法，通过运行损伤监测程序来实现损伤预报。一旦程序判断出复合材料发生断裂破坏，可利用空心光纤断裂处的光反射和光纤损耗理论来精确地得到复合材料断裂的具体位置。计算机发出控制信号给注胶控制器，将单组分的快速凝固胶液注入指定的已经断裂的空心光纤进行快速自修复。与此同时激励形状记忆合金丝网络使其收缩，使复合材料在断裂出现时仍可在工作的情况下进行有效的修复。形状记忆合金丝的收缩减小了复合材料断裂处的间隙，有利于修复胶液的固化，提高了自修复的质量。

14.3　修理方案的计算机辅助技术

14.3.1　基于计算机辅助分析的修理优化设计

近年来，大量的研究工作开始关注飞机复合材料结构修理优化设计。李太鹏和徐元铭 [96] 在 2004 年提出了一种用于复合材料结构铺层分级优化设计的有效方法，探讨了一定载荷和边界条件下应变能与铺层厚度和结构质量之间的关系。采用直接搜索法与正交试验法结合的优化方法，建立了一套实用的优化系统。该系统可适用于对称/非对称层合板、蜂窝夹芯结构及多部件组合结构等多种结构类型，可解决多约束问题，约束条件考虑了应力、应变、最大位移、固有频率及结构屈曲失稳等多种因素。通过典型算例及工程应用，证明该系统能够取得优于其他同类算法的优化结果。2006 年，Harman 和 Wang [97] 提出了一种斜接式挖补修理技术的解析优化方法，该方法的优化目标是连接强度的最大化和材料去除的最小化。2007年，常楠等 [98] 基于 MSC.Nastran/Patran 的 PCL 语言二次开发了优化系统，针对复合材料层合板的分层厚度和铺层顺序进行了优化，优化分两级，第一级采用直接搜索法和正交试验法结合优化分层厚度；第二级利用遗传算法优化铺层顺序，最终获得最佳铺层。经算例验证，该方法原理简单、易于实现，具有很强的实用性和通用性。2009 年，Yala 和 Megueni [99] 对复合材料层合板的修理及其试验方法的设计进行了优化。

为了降低胶层应力以及减少层合板母材的去除量，许多研究学者致力于优化外加层厚度、补片形状及补片铺层角度和顺序的研究。2009 年，Breitzman 等 [100] 分别采用有限元方法和试验方法对复合材料斜接结构进行研究，通过优化外加层厚度使胶层 VonMises 应力最小。Wang 和 Gunnion [101] 针对双轴面内载荷，依据等应力设计准则对补片的形状进行了优化设计。2012 年，Neilson 等 [102] 采用 PCL 语言建立二维参数化模型，并应用遗传算法对三种约束条件下铺层角度进行了优化研究。Gong 等 [103] 提出了一种补片修理技术的优化设计方法，建立了修补结构拉伸力学性能分析的有限元模型，研究结果表明，圆形补片横向边界和穿孔的轴向边界引起的应力集中现象，是产生初始损伤的主要原因，损伤的起始位置和扩展与补片的面内刚度有关。

本书课题组就复合材料结构修理问题开展了大量的研究工作，建立了各种典型修理复合材料结构的三维参数化有限元分析模型，包括层合板 [11]、加筋层合圆柱壳 [104] 和蜂窝夹芯板 [105]，并进行了参数分析，主要考虑了载荷情况、阶梯数、铺层顺序以及补片铺层错误等修理参数对修理结构胶层剥离应力和剪切应力分布情况，以及结构强度和稳定性的影响规律，以确定最优的阶梯式挖补修理参数，并为修理方案的优化模型提供数据。徐建新等 [106] 基于多目标优化理论和遗传算法研究了复合材料层合板阶梯式挖补修理的参数优化问题，以强度值与屈曲特征值为优化目标，挖补阶梯数和胶层厚度为优化变量。

14.3.2 基于计算机辅助分析的智能修理研究

智能结构及智能修理的研究目前大多还停留在试验阶段，但试验成本较高，因此越来越多的学者开始利用有限元软件对修理方案进行建模仿真验证 [107]。

Boshra 等 [108] 应用 ANSYS 模态分析和试验两方面综合分析有损与无损的钢丝网水泥罐的模态，主要包括频率、阻尼因素、模态向量及其扩展等因素，该方法可以快速地检测损伤的位置。Mieloszyk 等 [109] 利用在飞行器自适应翼上布置的布拉格光栅传感器对其结构进行健康监测，同时在自适应翼中嵌入 SMA 材料，利用 Abaqus 软件进行有限元分析，最后由布拉格光栅传感器获取与有限元数据对比拟定 SMA 的激发条件，结果表明，布拉格光栅传感器与 SMA 材料的结合能有效探知结构损伤并进行及时修复。

但仅对损伤机理和修理方案进行建模研究不能完全模拟智能结构具有的损伤定位的能力，也出现了相当一部分学者开始利用小波理论、神经网络等进行损伤定位建模研究。例如，刘海平和刁延松 [110] 提出了一种基于小波包分析和 BP 神经网络对结构进行损伤检测的方法，这种方法首先是用小波包对加速度进行分解，然后对分解系数进行重新组合，求得各频段内的结构能量，最后将结构能量的变化量当作 BP 神经网络的输入量对结构的损伤进行识别。

由于监测设备价格高和功能局限，不少学者自行搭建了损伤监测系统并开发了相应的软件系统，利用这一类软件系统可实现实时监测。例如，万鹏飞等 [111] 研究了对图形化编程软件 LabVIEW 在智能结构自修复中的应用，介绍了在 LabVIEW 下智能结构监测系统的设计方法，提出了智能结构系统的运行流程图，开发了自诊断和自修复智能结构系统的界面。

14.3.3　飞机结构复合材料修理软件

CRAS(composite repair of aircraft structure) 是用于复合材料胶接修理金属结构的一种分析/设计软件，CRAS 可以用于裂纹修补或腐蚀修复。CRAS 为用户提供了三个主要工具：椭圆形补片的初始设计工具、复杂形式的精确封闭解分析工具以及快速有限元建模工具。CRAS 软件已经成功应用于复杂结构修理的分析中，这些结构是飞机特有的，如接头。另外，该软件还提供了复杂维修设计指南和有限元分析技术。

对于初始设计模块，CRAS 软件根据用户输入的相关信息给出修理方案的初始设计，用户的输入包括：蒙皮/补片/胶结剂信息、设计载荷和疲劳载荷、损伤信息 (裂纹长度、腐蚀去除直径和深度、孔径)、最大疲劳载荷循环次数以及首选的贴片形状 (八边形、椭圆形或矩形)。根据前几章中描述的方法，CRAS 在双轴加载情况下设计补片，但是在初始设计中不考虑面外弯曲的影响。

对于复杂形式的精确封闭解模块，CRAS 为用户提供了一种快速的替代方法，估计补片边缘附近关键位置的蒙皮应力、裂纹修补中的 K_I 和腐蚀修复中腐蚀腔的 K_I，该方法不依赖有限元分析，还可通过自行开发的各种分析模型进一步扩充该工具的功能。不同分析模型用于解决与绑定修复相关的各种影响，并在 Fortran 代码中实现，这些代码可作为模块集成到 CRAS 软件中。这些代码的来源也可以在软件包中找到，它们可以使用适当的输入文件独立运行，这使 CRAS 具有更大的灵活性。表 14.1 列出 CRAS 分析工具中使用的分析模块或 Fortran 代码实例，以及它们的相应功能和相应的分析模型。

对于快速有限元建模模块，PatchGen 是一个蒙皮结构补片修复的有限元分析程序，用它创建一个会话文件，然后由 MSC.PATRAN 运行会话文件创建一个批量数据卡，该卡是 MSC.NASTRAN 求解器的输入文件，解算器完成后，可以将结果文件读回 MSC.PATRAN 以查看结果。

表 14.1　CRAS 分析工具中使用的分析模块或 Fortran 代码实例

CRAS 分析模块	功能	方法
JMPSYY	在完全支撑的单面或双面修理中分析多边形补片的载荷分配	具有二阶本征应变的等效夹杂方法
STAGE2	完全支撑的单面或双面修理中的多边形补片的两阶段分析程序中的第Ⅱ阶段分析或断裂分析	位移协调方法和基于复杂应力函数的弹性解
JAMXX1	无支撑单面修理中多边形补片载荷分配分析	板的夹杂模型
BENDING	在无支撑单面修理中，多边形补片的两阶段分析程序中的第Ⅱ阶段分析或断裂分析	裂纹桥接模型
JMPSYYCA	用多边形补片进行腐蚀修理的两阶段分析	具有二阶特征应变的等效夹杂方法
CONSTHRM	有限尺寸和约束边圆板固化对圆形补片残余热应力的平面应力分析	固化模型
SINGLE	有限尺寸和约束边缘圆板固化引起的圆形补片残余热应力的板弯曲分析	固化模型
JOINT	在锥形补片末端附近进行胶接线分析	胶接接头几何非线性分析的统一方法

14.4　智能补片技术

14.4.1　飞机结构健康监控技术

结构健康监测指的是针对工程结构的损伤识别及其特征化的策略和过程；结构损伤指的是结构材料参数及其几何特征的改变；结构健康监测过程涉及使用周

期性采样的传感器阵列获取结构响应，损伤敏感指标的提取，损伤敏感指标的统计分析以确定当前结构健康状况等过程。世界两大主要飞机制造公司波音公司和空客公司都非常重视结构健康监测技术的研究。现阶段，结构健康监测系统的应用还主要集中在飞机的地面结构强度和疲劳试验以及装机后的离线测试，但正计划尝试进行在役飞机的在线监测。

目前，国内在飞行器结构健康监测技术的原理性研究方面，已进行了不少研究工作，但结合真实的飞行器结构，尤其是比较大型和复杂的飞行器结构进行的结构健康监测系统集成与功能验证的研究还不多，而国外比较重视面向具体机型的结构健康监测系统集成与功能验证。国内目前的探索很多是在地面进行的验证研究，也有一些已进行了飞行验证，特别是面向军用飞机的一些研究。20 世纪 80 年代末，陶宝祺院士带领南京航空航天大学一批青年学者在国内率先开展了航空结构健康监测的研究 [112,113]。南京航空航天大学先后在飞行器结构健康监测研究方面取得了一批在国内外有影响的学术成果，创建了飞行器结构强度自诊断和自适应理论并建立了演示系统。袁慎芳研究小组同中国沈阳飞机研究所、中国飞机强度研究所合作，在国内首次针对某型无人机机翼盒段试验件进行了压电-光纤综合结构健康监测系统的研制与功能验证。其针对某型无人机机翼盒段试验件，成功实现了国内首次大型盒段级试验件弯扭强度试验过程中的结构健康监测，监测对象包括结构的应变场分布及抽钉失效。此外，南京航空航天大学还针对智能无线传感网络、多主体协作技术等在航空结构健康监测中的应用展开了研究。哈尔滨工业大学从 1992 年开始在杜善义院士的带领下，开展了航空航天智能材料和结构方面的研究 [114]，他们在光纤传感器、复合材料固化工艺监测等领域进行了研究。重庆大学在黄尚廉院士的带领下，在结构健康监测使用光纤传感器技术方面，深入研究了光纤传感器及光电式位移、变形传感器 [115]。我国航空研究所从九五期间就开展了结构健康监测的研究，如中航工业沈阳飞机设计研究所、中国飞机强度研究所等单位。最近，国内的一些学者基于光纤和纳米线技术研究了结构健康监测问题 [116]。

随着先进复合材料技术及光纤、压电等各种传感技术的逐步发展及应用，以及由于它们各自所具有的优势和实际工程应用的需求，20 世纪 80 年代后期，由美国军方首先提出并开展了一项将两者结合的新兴技术——智能材料结构技术的研究。智能材料与结构是一门新兴的多学科交叉的综合学科。它可以简单地定义为：将具有仿生命功能的材料融合到基体材料中而制成具有智能功能的材料与结构。在智能材料与结构中融合传感器、执行器和控制器，使其具有智能和仿生特征。其实，早在 20 世纪 50 年代，人们就提出了自适应系统的概念，这可以看作智能材料与结构思想的雏形。智能材料与结构的概念由美国军方于 20 世纪 80 年代正式提出。1988年 9 月，美国陆军研究办公室组织了首届智能材料结构和数学的专题研讨会。1989年，日本航空电子技术审议会提出了从事具有对环境变化作出响应能力的智能材料的研究。随后十几年中，智能材料与结构的发展十分迅速，并且引起世界各国研究者的重视。

14.4.2　智能补片技术概述

利用健康监测来保证修补结构完整性的技术称为智能补片技术，在过去十几年中，已发展了几种智能补片技术用于检测补片脱胶、补片分层以及基体结构裂纹扩展速率等问题。现有典型智能补片通常由传感器/作动器组件、信号处理系统和数据采集系统以及无线信号发射装置组成。为了更好认识智能补片技术可以依据三种原则对智能补片技术进行划分：能量提供水平、胶接补片失效原理和传感器种类。不同的传感器对于能源的要求是不同的，有的传感器需要能源提供，如应变片、光纤和电容传感器；有些传感器不需要能源提供，如压电传感器。对于失效原则，智能补片可以被设计用于检测补片脱胶、胶层退化或两者兼有的胶层失效。

智能补片的传感器可分为被动和主动两种，被动传感器补片系统需要利用飞行载荷进行结构实时检测，且只能输出载荷和应变历程之类的信息，而主动传感器补片系统由操作人员的需要激活，既可用来产生信号又可用作接收器，例如，压电传感器可以发送和接收弹性波，并将波转换为电子信号用以提供结构健康的细节。

在世界范围内，已有几种传感技术被用于智能补片系统。这些技术利用应变、涡流、电容、模态分析、声发射、超声波以及兰姆波等实现修理结构的健康监测，基于不同传感元单元，如压电传感器、光纤、应变片、电容和微机电传感器等。目前，广泛使用的传感元是压电传感器、光纤、电容和微机电传感器。其中，光纤技术和压电技术的应用最为广泛，它们作为传感器使用的历史很长，可保证结构的完整性并且有许多优点。然而，传统的传感技术也存在诸多问题，如线路和连接方式复杂、不能承受恶劣的环境条件。

智能补片技术仍然是一个相对较新的研究领域，发展出多种实施方案，无论是哪种方案，都必须能够提前预测剥离现象，能够承受恶劣的环境影响，能够适应不同的补片几何形状和尺寸，提供冗余性，并提供一个无线传输系统用于与外部数据采集和分析系统之间的通信。澳大利亚国防科学与技术组织最先开展飞机复合材料修理结构健康检测技术的相关研究，已将相关研究成果应用于 F-111 和 F/A-18 修理补片的监控问题上，取得了很好的效果。现在，美国和欧洲国家也开始投入大量的人力和财力研究修理结构的健康监测问题，并取得了一系列重大研究成果，进入了初步的工程验证阶段。我国虽然在复合材料结构的健康监测方面开展了大量的研究工作，但是关于复合材料修理结构健康监测技术的研究还是空白的。

14.4.3　压电传感器智能补片技术

压电材料是能实现机械能–电能转换的一类智能材料，在众多智能材料中，压电材料由于具有大带宽信号、高能量转换率、快机电响应等特点，广泛应用于传感、驱动、换能以及振动控制等领域。另外，压电材料还可承受一定程度的高温环境。如图 14.10 所示[117]，正/逆压电效应反映的是一种机电耦合效应，即基于这两种效应机械能和电能可以相互转换。利用压电材料的正压电效应，即外力作用下产生电荷的效应，可以作为传感器的智能材料。利用压电材料的逆压电效应，即在外电场作用下材料产生变形的一种效应，可以用作驱动器的材料。压电材料可分为压电晶体、压电聚合物和压电陶瓷三种，它们的优缺点和具体应用见表 14.2。常用的压电陶瓷包括锆钛酸铅、钛酸钡、偏铌酸铅和铌酸铅钡锂等，具有优越的压电性能和温度稳定性以及居里温度。

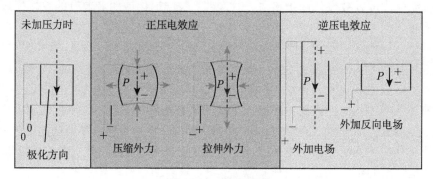

图 14.10　压电效应

表 14.2　压电材料比较

压电材料类型	优点	缺点	应用	常见材料
压电晶体	稳定性好，机械强度高	低压电常数、低介电常数	压电振荡器、压电滤波器	石英
压电聚合物	柔性、轻质、高韧性、温度稳定性、低声阻抗和机械阻抗	低压电常数、工作温度低、制备成本相对较高	超声换能器、微重力驱动器、柔性传感器、超声传感器等	PVDF
压电陶瓷	高压电常数、高耦合系数、高介电常数、耐高温、制备技术相对成熟	脆性、密度大，部分含有毒性	耐极端环境传感器、振动控制、降低噪声、大位移驱动器等	PZT、$BaTiO_3$、$LiNbO_3$

压电传感器技术已被证明是健康监测系统中优秀的传感技术，可以从表面安装、嵌入式安装或者混合式安装 (既有表面安装又有嵌入式安装)。压电传感器的

最重要的优点是它们不需要外部电源,产生的信号比传统的应变计更强。自 20 世纪 90 年代以来,用于结构健康监测的压电传感器已得到广泛使用,并且对用于检测修理补片剥离现象进行了大量的试验。最常用的监测技术是压电阻抗技术、功能传输技术和应力波传播技术。

在压电阻抗技术中,单一的技术单元可以用来检测损伤扩展或胶层脱胶现象,可以布置在补片表面上,并使用机械阻抗的变化来检测剥离,该方法是利用了损伤扩展会改变结构机械阻抗的原理,在不同电压的作用下产生振动响应,因此测量压电元件的阻抗 (电压/电流) 可提供有关被测材料的特征信息,但必须选定一个损伤参数作为结构损伤程度的参数。Chaudhry 等 [115] 使用压电驱动器/传感器和压电阻抗方法,将单一锆钛酸铅粘贴于结构上,在驱动和传感的情况下获取电阻抗。研究结果表明,如果复合材料补片存在有 6.35mm 以上的脱胶现象,那么其阻抗函数会在 10kHz~20kHz 产生明显变化。为了得到胶层退化、胶层剥离和内部损伤,Xu 和 Liu [118] 提出了一种改进的机电阻抗模型,即通过监测压电陶瓷与结构之间的相互作用来监测其胶接力。

传递函数方法是使用两个压电传感器检测胶接件的损伤,一个压电传感器作为传感器,另一个压电传感器作为驱动器,基于两个压电换能器组件的传递函数的变化来计算结构损伤的位置。应力波技术是利用压电传感器在材料中激发弹性应力波,并由其他传感器进行结构信号收集,并进行损伤识别。补片的脱胶会导致应力波的变化,这一变化可以通过测量传感器的功率来获取,该功率是测量传感器电压的一个函数。相比于阻抗和传递函数的方法,应力波技术具有很好的噪声灵敏度。

基于压电元件,Acellent 技术公司开发了一个实时主动智能补片系统用来监控维修结构。在该项技术中,分布式压电传感器以网格形式被嵌入在一个薄的柔性层内,这种智能补片可以放置在复合材料结构中,或安装在成型的金属结构上。这种结构健康监测系统利用修理补片来监控修复胶层的固化过程,监测复合材料补片与金属结构之间的初始脱粘。同时,可利用传递函数法进行胶接质量和剥离可能性的评估。基于应力波技术进行损伤检测的大部分研究工作是针对简单几何体的,但是,Wong 等 [119] 指出,兰姆波适用于 F111 机翼复杂几何形状下蒙皮的损伤检测,并指出,需要特别注意检查频率的选择。

虽然压电传感器在结构损伤监测中的应用有许多优点,但也有一定的局限性。压电晶片的损伤监测方法取决于压电陶瓷的电性能,任何性能上的变化都会对传感器构成损伤,其性能受到温度变化和高应变梯度区域的影响。另外,压电传感器的信号解析相比其他传感器更为复杂。

14.4.4　光纤光栅传感器智能补片技术

光纤光栅是一种光纤传感器，这种类型的传感器自 20 世纪 90 年代初发明以来，一直是被关注的焦点，具有稳定的信号和多路复用的能力，抗功率波动性能好，非均匀应变场测量能力强。布拉格光栅是一种带宽非常窄的光学滤波器，当一个宽带光穿过纤维时，一个非常窄的波长带会被反射回来。由于光栅的折射率受应变和温度影响，所以当光栅暴露在一个变形或温度变化的环境中时，由光栅反射的光谱中心波长将发生改变，通过该变化则可得到补片的应变或温度变化。已有一些研究工作将光纤应用于结构健康监测领域中，对于胶接修理补片，光纤光栅可以安装在补片表面或嵌入黏接胶层中。Sekine 等 [120] 用安装在补片表面的光纤光栅检测补片裂纹和胶层剥离，光纤光栅分布在补片表面不同位置，以及光纤光栅的输出信号与疲劳裂纹和脱粘缺陷相关。McKenzie 等 [121] 开发了一个光纤光栅传感器阵列安装于补片表面，用传感器输出的应变不连续性来检测裂纹扩展，随着裂纹向传感器方向扩展，光纤光栅的输出光谱显示了一个非均匀的应变场。虽然将光纤安装在补片的表面比嵌入式的更容易，但也有一些显著的缺点。在补片的表面上，存在高热残余应变、诱导加载和高应变梯度，这将导致光纤输出信号的质量和强度发生严重退化。Li 等 [122] 利用表面和嵌入两种安装方式监测了复合材料补片的脱胶损伤。

澳大利亚国防科学与技术组织已广泛使用布拉格光纤光栅系统预测脱胶和修理补片裂纹的增长。该项研究包括表面和嵌入两种安装方式，并强调系统设计、询问策略和传感器布置等问题 [123]。他们的设计是基于应变比技术的，在这种技术中，如果计算的应变比值降低，表明存在剥离现象。他们提出的另一种监测技术是利用热残余应变作为剥离准则，当补片粘贴于结构裂纹上时，残余应变是由裂纹结构、胶层和复合材料补片之间热膨胀系数的变化引起的。结合两种类型的光纤传感器，Elster 等 [124] 利用长周期布拉格光栅应变监测复合材料补片的分层损伤。

与标准的应变计相比，光纤传感器可以持续更长的时间，在很长一段时间无须标定测量应变，并沿相同的光纤能够选取许多测量点，有利于重用。同时，光纤光栅重量轻、功耗低，具有较高的灵敏度和带宽，并能够承受环境的影响，传统的光纤光栅可承受高达 700℃以上的温度，现在的高温光纤光栅传感器甚至可承受1000℃以上的高温。

14.4.5　电化学阻抗谱传感器智能补片技术

电化学阻抗谱技术主要用于检测复合材料和胶结剂有水分浸入时的黏合程度，以及涂层金属的恶化和腐蚀原理。近年来，该技术也初应用于结构健康监测领域，Davis 等 [125] 对于交流阻抗技术在金属复合材料中的应用进行了系统的研究，并开发了一种电化学阻抗谱传感器，通过电化学阻抗谱电路中电容的变化来检测胶结剂里的水分变化，能够较早地了解黏结强度的降低并评估剥离出现的可能性。Brien 和 Ward[126] 基于电化学阻抗谱技术测量了在胶接界面的电容，研究结果表明，胶结剂的剥离发生在胶结剂的边缘，此处存在高的剪切应力。此外，在胶接界面处水分的浓度可以大于其内部胶结剂的 10 倍。通过胶接界面上布置的传感器阵列，检测到的电容变化可用于检测传感器边缘到曝光时流体的距离。虽然电化学阻抗谱技术在检测胶层退化方面有显著优势，但是有价格高和数据分析非常复杂两个主要缺点。

14.4.6　微机电传感器智能补片技术

传统的传感元件和技术在检测修理补片胶接程度上都存在一定问题[127]，这些问题主要是其传统传感元件的线路和连接器导致其功能性方面、完整性方面和电磁干扰方面存在问题。另外，恶劣的环境会对民用飞机和军用飞机系统可靠性提出更多挑战。

与传统的方法相比，微机电传感器具有许多优势，体积更小、功能更强大、耗能更少。同时，微机电传感器可以采用无线通信技术连接到其他健康监测系统上，这种无线通信技术具有快速的交流通道，从而有助于解决适航认证问题以及布线和连接器问题。关于造价方面，微机电传感器可大规模生产，这使得它们在单价成本上存在潜在的优势。微机电传感器可以用于测量大量不同的参数，如应力、应变、加速度、水分含量和温度。各种各样的微机电传感器可以有针对性在结构健康监测系统方面得到应用。微机电传感器有压电式、压阻式、电容式传感器三种。

在压电换能器模块中，许多技术可以应用到微机电传感器。近年来，已有大量的研究关注微机压电传感器技术，并广泛应用于各种领域。在飞机结构健康监测领域，宾夕法尼亚州立大学的一个研究小组结合无线通信技术研究了微机电传感器和交指换能器。基于标准的微电子和微机械加工技术，开发了一套结构健康监测系统，将兰姆波、勒夫波、膨胀波和瑞利波应用于压电晶片。最近的研究表明，微机电传感器广泛用于结构健康监测和生物医学领域。然而，微机电传感器还没有应用于检测结构脱粘现象。基于载荷传递标准，微机电传感器是可以用于检测脱粘现象的。载荷传递标准基于这样一个原理：当破损的结构被加载时，载荷会从破损结构上通过胶层转移到复合材料补片上。如果胶层脱胶，这种载荷传递会失效，将会降低补片上的应力。因此，大量的压敏电阻可以安装在补片的胶界面上，从而检测补片上的应力是否下降，预测结构件是否发生脱胶剥离。

14.4.7　存在的问题

虽然已有一些研究工作开始将结构健康监测技术应用于复合材料智能补片上，并取得了一定的成果，但是要形成系统的复合材料结构智能修理技术体系，还存在以下几个方面的不足，需要针对一些基本理论方法和工程验证问题展开进一步的深入研究。

(1) 现有的相关研究工作主要集中在试验方面，验证各种健康监测技术在复合材料智能补片上应用的可行性，在理论分析和数值计算方法还很欠缺，涉及的关键理论问题亟待解决。例如，复杂修理结构在多场载荷作用下内部出现损伤前后的静动力学建模、传感器对补片传力的影响机理、传感器位置布置优化算法、与传感器和结构健康监测技术相关的力–电–损伤耦合建模以及传感器在时域、频域及时频域的信号分析建模等。

(2) 复合材料结构修理效率和服役中结构完整性的评估要求对损伤和缺陷进行高精度的识别，由于补片胶接面本身就是一种缺陷，尤其是十分复杂的阶梯式挖补修理胶接面，这对健康监测技术中的损伤识别算法提出了严峻挑战，需要建立一种适合智能补片技术的损伤识别算法。

(3) 健康监测技术在复合材料智能补片上应用问题的研究现在处于初期阶段，只有关于试件级验证的相关报道，因此部件级的工程应用验证是必需的，是该技术能够得到推广应用并取得适航当局认证的决定性条件。

(4) 航空航天领域所需的智能结构通常需要在复杂的环境下使用，如高温、低温、振动等，目前的光纤、压电等传感器需要在稳定的环境下使用，对于复杂环境，其使用需要进行环境补偿且容易发生失效。

14.5　自动化修理技术

14.5.1　自动化修理的发展现状和技术环节

自 2011 年以来，各大飞机制造商开始研发复合材料结构的自动化修理技术。空客集团使用一个带有可换操作头的机械臂来执行数字扫描、超声波检测、铣削消除损伤、自动铺设胶带和固化补片等复合材料修理环节。基于这一快速修复项目的成果，德国汉莎技术公司在 2012 年再次与 AGI、空客防务及航天公司和空客直升飞机公司合作，完成了为期三年的后续项目，进行了适应性检测和修理验证工作。

德国汉莎技术公司声称，与目前的人工工艺相比，机器人系统提高了 60% 的修理效率，机器人铣削比手动磨削圆锥修复表面要快得多，还能做更复杂的修理工作，能够可靠地实现任何斜面角，并能在不同角度间平稳过渡，且几乎不会对底层纤维或结构造成任何损伤。自动化修理也可以最大程度地减少修理区域，例如，较大的圆形修复可能被较小的、变斜角的椭圆形修理补片取代。另外，自动修理机器人可以很容易地通过吸盘吊装或移动到飞机上，实现原位修理。

德国开发出超声波移动五轴铣削装置，如图 14.11 所示。该机机架、x 轴龙门架、伺服电机壳体、调整臂、z 轴滑道均采用碳纤维增强材料，重量轻 (90kg)，便于通过 12 个真空附着点附着在飞机表面。该装置具有多种功能，包括激光表面扫描、超声铣削以及使用常压等离子体进行表面清洗和活化。波音航空结构澳大利亚公司也开发了一种复合材料修理机器人，该机器人已经帮助该公司的员工完成波音 B737 飞机逆止器内壁的维修工作，所需的时间减少了 90%，该机器人还被用于修理波音公司先进发展复合材料设备的测试面板。

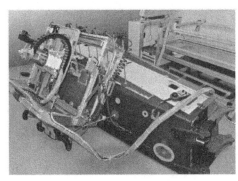

图 14.11　超声波移动五轴铣削装置

复合材料结构自动化修理的流程如图 14.12 所示，一般来说，要进行自动化修理大概需要九个操作流程，包括设定斜面打磨原则、损伤区域 3D 扫描和无损检测、斜面或阶梯修理面打磨、清理修理区域、补片制作、补片铺设、固化、表面恢复以及修理后 3D 扫描和无损检测。

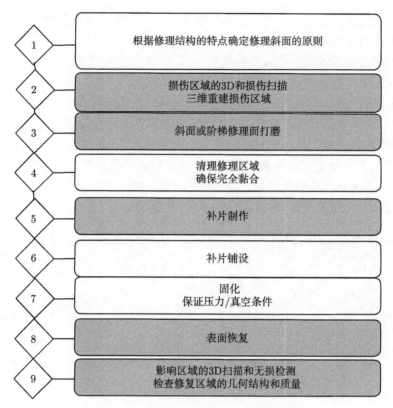

图 14.12 复合材料结构自动化修理的流程

14.5.2 修理结构表面的三维重建

飞机复合材料结构大多数都有弯曲，在进行自动化修理之前，首先通过安装在机器人上的传感器，对待修复区域内的表面进行三维扫描，重建表面以准备损伤区域的阶梯式或斜接式打磨。重建曲面所采用的方法是利用机器人按照操作者定义的规则网格对曲面进行扫描，然后结合机器人的位置、距离以及传感器提供的信息，重建受损区域表面，如图 14.13 所示。

目前，除了 X 射线扫瞄技术之外，光学条纹投影技术也被用于复合材料修理结构表面的三维重建，该技术进行三维扫描所用的测量原理是光学三角测量，如图 14.14 所示，左右两边的投影用于创建对象表面每一点的编码。三角测量由测量目标点与固定基准线已知端点的角度来测量目标距离，当已知一个边长及两个观测角度时，观测目标点可以被标定为一个三角形的第三个点。另外，对于光学三维扫描，需要投影条纹在相机图像中具有最小振幅，即对比度。如果物体表面是高度反射的，那么条纹对比度就会降低。如果物体表面是半透明的，条纹不是投射到物体表面，而是投射到物体表面之下或物体材料内部的某个地方，得到的是扫描表面位置和实际表面位置之间的测量偏移量，具有这些光学性质的物体表面称为非协同物体表面。扫描得到的三维点云图是铣削机器人路径计算的基础，如果三维点云图是在三维扫描仪的局部坐标系中计算的，还需要将其转换到铣削机器人的坐标系下。

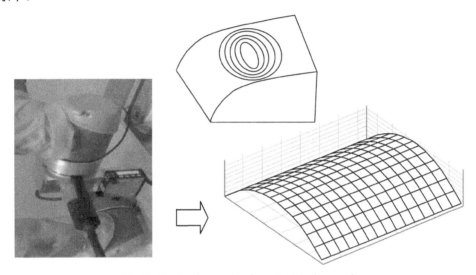

图 14.13　用激光传感器机器人进行表面重建

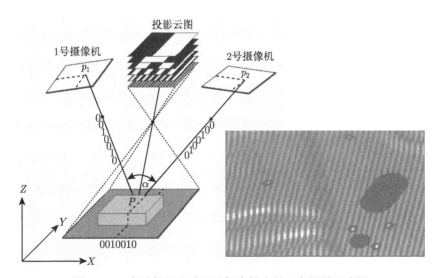

图 14.14　条纹投影和编码目标点的光学三角测量示意图

修复设计总是从修理斜面的定义开始的，修理斜面确定补片的几何形状和尺寸，典型的嵌接比率一般在 1:10~1:60，如图 14.15 所示。标准的修理斜面一般是圆形的，施工简单，但也可以是其他形状，以更好地适应结构的主加载路径，或者避免破坏长桁等加强件。

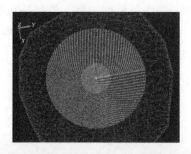

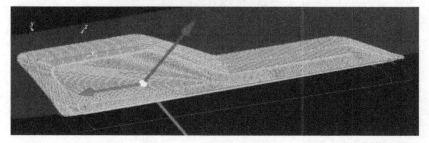

图 14.15　修理斜面的定义

14.5.3　修理表面的自动化打磨

在创建机器人自动修理程序之前，有必要将点云图转换成一个数学曲面来计算铣削轨迹，这可以利用非均匀有理 B 样条曲面进行定义。为了计算铣削轨迹，在重建曲面上分多层进行修理斜面的定义，不能仅仅通过将修理模式投射到结构表面来完成。一般来说，补片需要用数学方法覆盖在表面上，特别是对于半径较小的部件。在此基础上，还要考虑不同刀具类型 (刀柄或半径) 以及铣削过程中零件的稳定性，计算出最终铣削轨迹。阶梯修理的两种打磨轨迹如图 14.16 所示。

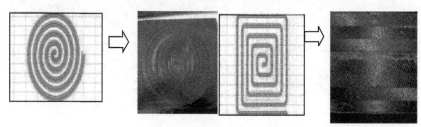

图 14.16　阶梯修理的两种打磨轨迹

砂磨工艺是目前最好的复合材料打磨技术，但是现有的研磨工艺耗时长，高度依赖个人技能水平，图 14.17 即为手工研磨过程生成的精确修理斜面，手工制作这样一个完美的斜面需要几个小时。

图 14.17　修理区域的自动化打磨

　　通常，修理表面打磨之后很快就会被弄脏，且纤维基体黏结强度较差，表面的过度压力和剪切应力会撕裂纤维，因此现在的砂磨工艺是有问题的，而且难以自动化。目前，高能脉冲激光器在纤维复合材料损伤清理中得到了应用，可进行材料的无触点清除，然而与不同波长激光的相互作用是材料强烈依赖的，即合适修理应用程序的光纤激光器波长小于 1m，而在此情况下环氧树脂基体是透明的，因此大部分的激光强度被吸收到纤维中，导致在激光点附近的纤维被深度破坏，最终形成低强度的黏结。综上所述，在现有的技术条件下，非接触式损伤清除并没有真正实现，因为在每个处理步骤之后，烧焦的剩余物通常都要手动清除。

　　修理斜面也可以通过喷砂或水来制造，但是考虑到与研磨介质的接触问题，其在飞机上应用是很难实现的，且材料的去除公差仍达不到要求，但该技术不会导致材料的缺陷，为了避免造成分层损坏，必须对材料、介质和工艺参数进行适当调整。

参 考 文 献

[1] 余寿文, 王建祥. 大飞机研制中的若干复合材料力学问题. 力学与实践, 2007, 29(5): 1-6.

[2] Li D H. Three-dimensional analysis of transverse crack fiber bridging in laminated composite plates. Composite Structures, 2017, 164: 277-290.

[3] Cong N D, Wang C H. Composite Repair. London: Elsevier, 2007.

[4] 徐建新. 复合材料补片胶接修理技术的研究进展. 航空学报, 1999, 20(4): 381-383.

[5] 徐建新. 复合材料胶接修理损伤金属结构的研究现状. 力学进展, 2000, 30(3): 415-424.

[6] Erdogan F, Arin K. A sandwich plate with a part-through and a debonding crack. Engineering Fracture Mechanics, 1972, 4(3): 449-458.

[7] Rose L R F. An application of the inclusion analogy for bonded reinforcements. International Journal of Solids & Structures, 1981, 17(8): 827-838.

[8] Jones R, Davis M, Callinan R J, et al. Crack patching: Analysis and design. Mechanics Based Design of Structures and Machines, 1982, 10(2): 177-190.

[9] Sun C, Klug J, Arendt C. Analysis of cracked aluminum plates repaired with bonded composite patches. AIAA Journal, 1996, 34(34): 369-374.

[10] Molent L, Callinan R J, Jones R. Design of an all boron/epoxy doubler reinforcement for the F-111C wing pivot fitting: Structural aspects. Composite Structures, 1989, 11(1): 57-83.

[11] Li D H, Qing G H, Liu Y H. A three-dimensional semi-analytical model for the composite laminated plates with a stepped lap repair. Composite Structures, 2011, 93(7): 1673-1682.

[12] Akpinar S. The strength of the adhesively bonded step-lap joints for different step numbers. Composites Part B Engineering, 2014, 67(67): 170-178.

[13] Turan K. Buckling behavior of adhesively patch-repaired composite plates. Journal of Composite Materials, 2014, 48(26): 3253-3261.

[14] Ratwani M M, Kan H P, Fitzgerald J H, et al. Experimental investigations of fiber composite reinforcement of cracked metallic structures. Technical Report, ASTM STP787, Philadelphia, USA: ASTM, 1982.

[15] Sandow F A, Cannon R K. Composite repair of cracked aluminum alloy aircraft struc-

ture. Technical Report, DTIC, 1987.

[16] Alawi H, Saleh I E. Fatigue crack growth retardation by bonding patches. Engineering Fracture Mechanics, 1992, 42(5): 861-868.

[17] Denney J J, Mall S. Characterization of disbond effects on fatigue crack growth behavior in aluminum plate with bonded composite patch. Engineering Fracture Mechanics, 1997, 57(5): 507-525.

[18] Hashin Z, Rotem A. A fatigue failure criterion for fiber reinforced materials. Journal of Composite Materials, 1973, 7(4): 448-464.

[19] Hashin Z. Statistical cumulative damage theory for fatigue life prediction. Journal of Applied Mechanics, 1983, 50(3): 571-579.

[20] Hashin Z. Analysis of composite materials—a survey. Journal of Applied Mechanics, 1983, 50(3): 481-505.

[21] Anderson T L. Fracture Mechanics Fundamentals and Applications. Boca Raton: Taylor & Francis, 2005.

[22] Irwin G R. Onset of fast crack propagation in high strength steel and aluminum alloys. Sagamore: Research Conference Proceedings, 1956.

[23] Sih G C, Paris P C, Irwin G R. On cracks in rectilinearly anisotropic bodies. International Journal of Fracture Mechanics, 1965,1(3):189-203.

[24] Asadpoure A, Mohammadi S, Vafai A. Crack analysis in orthotropic media using the extended finite element method. Thin-Walled Structures, 2006, 44(9): 1031-1038.

[25] Piva A, Viola E. Crack propagation in an orthotropic medium. Engineering Fracture Mechanics, 1988, 29(5): 535-548.

[26] Asadpoure A, Mohammadi S, Vafai A. Modeling crack in orthotropic media using a coupled finite element and partition of unity methods. Finite Elements in Analysis & Design, 2006, 42(13):1165-1175.

[27] Saouma V E, Ayari M L, Leavell D A. Mixed mode crack propagation in homogeneous anisotropic solids. Engineering Fracture Mechanics, 1987, 27(2): 171-184.

[28] Vlasov B F. On the equations of bending of plates. Dokla Ak. Nauk. Azerbeijanskoi-SSR, 1957, 3: 955-979.

[29] Reddy J N. A simple higher-order theory for laminated composite plates. Journal of Applied Mechanics, 1984, 51(4): 745-752.

[30] Koiter W T, Dill E H. The theory of thin elastic shells. Physics Today, 1961, 14(2): 64.

[31] Reissner E. The effect of transverse shear deformation on the bending of elastic plates. Journal of Applied Mechanics, 1945, 12(3): 69-77.

[32] Mindlin R D. Influence of rotatory inertia and shear on flexural motions of isotropic elastic plates. Journal of Applied Mechanics, 1951, 18(1): 31-38.

[33] Reissner E. On asymptotic expansions for the sixth-order linear theory problem of transverse bending of orthotropic elastic plates. Computer Methods in Applied Mechanics &

Engineering, 1991,85(1): 75-88.

[34] Lo K H, Christensen R M, Wu E M. A high-order theory of plate deformation part 1: Homogeneous plates. Journal of Applied Mechanics, 1977, 44(4): 663-668.

[35] Lo K H, Christensen R M, Wu E M. A high-order theory of plate deformation part 2: Laminated plates. Journal of Applied Mechanics, 1977, 44(4): 669-676.

[36] Demasi L. Partially layer wise advanced zig zag and hsdt models based on the generalized unified formulation. Engineering Structures, 2013, 53: 63-91.

[37] Reddy J N. Mechanics of laminated composite plates and shells: theory and analysis. Boca Raton: CRC Press, 2004.

[38] Li D H. Extended layerwise method of laminated composite shells. Composite Structures, 2016, 136: 313-344.

[39] Li D H, Liu Y, Zhang X. An extended layerwise method for composite laminated beams with multiple delaminations and matrix cracks. International Journal for Numerical Methods in Engineering, 2014, 101: 407-434.

[40] Li D H, Zhang F. Full extended layerwise method for the simulation of laminated composite plates and shells. Computers & Structures, 2017, 187: 101-113.

[41] Li D H. Delamination and transverse crack growth prediction for laminated composite plates and shells. Computers & Structures, 2016, 177: 39-55.

[42] Li D H, Zhang F, Xu J X. Incompatible extended layerwise method for laminated composite shells. International Journal of Mechanical Sciences, 2016, 119: 243-252.

[43] Li D H, Yang X, Qian R L, et al. Static and dynamic response analysis of functionally graded material plates with damage. Mechanics of Advanced Materials & Structures, 2018, 1-14.

[44] Lu X, Yang J Y, Xu D, et al. Extended layerwise/solid-element method of composite sandwich plates with damage. Mechanics of Advanced Materials & Structures, 2018, (1): 1-14.

[45] Lu X, Yang J Y, Wu Y G. An extended layerwise/solid-element method of stiffened composite plates with delaminations and transverse crack. International Journal of Mechanics & Materials in Design, 2017, 14(2): 345-358.

[46] Li D H, Qing G H, Liu Y. A layerwise/solid-element method for the composite stiffened laminated cylindrical shell structures. Composite Structures, 2013, 98(3): 215-227.

[47] 卡萨波格罗. 飞机复合材料结构设计与分析. 颜万亿译. 上海: 上海交通大学出版社, 2011.

[48] Qing G H, Qiu J J, Liu Y H. Free vibration analysis of stiffened laminated plates. International Journal of Solids and Structures, 2006, 43(6): 1357-1371.

[49] Li D H, Guo Q R, Xu D, et al. Three-dimensional micromechanical analysis models of fiber reinforced composite plates with damage. Computers & Structures, 2017, 191: 100-114.

[50] Li D H, Liu Y, Zhang X. Low-velocity impact responses of the stiffened composite

laminated plates based on the progressive failure model and the layerwise/solid-elements method. Composite Structures, 2014, 110(1): 249-275.

[51] Zhang T J, Li S L, Chang F, et al. An experimental and numerical analysis for stiffened composite panel subjected to shear loading in hygrothermal environment. Composite Structures, 2016, 138: 107-115.

[52] Li D H, Liu Y, Zhang X. A layerwise/solid-element method of the linear static and free vibration analysis for the composite sandwich plates. Composites Part B Engineering, 2013, 52(52): 187-198.

[53] Li D H, Wang R P, Qian R L, et al. Static response and free vibration analysis of the composite sandwich structures with multi-layer cores. International Journal of Mechanical Sciences, 2016, 111-112: 101-115.

[54] Li D H, Liu Y, Zhang X. Progressive failure analysis for low-velocity impact of composite sandwich plates based on layerwise/solid-elements (lw/se) method. Cairns: In APISAT 2015-7th Asia-Pacific International Symposium on Aerospace Technology, 2015.

[55] Li D H, Liu Y, Zhang X. Linear statics and free vibration sensitivity analysis of the composite sandwich plates based on a layerwise/solid-element method. Composite Structures, 2013, 106(12):175-200.

[56] 燕瑛, 任成明. 飞行器复合材料结构设计制造与分析技术的发展. 航空制造技术, 2007, 12(12): 64-67.

[57] 朱健健, 李梦. 航空复合材料结构雷击损伤与雷击防护的研究进展. 材料导报, 2015, 29(17): 37-42.

[58] 程文礼, 邱启艳, 曹霞, 等. 热压罐复合材料工程制造主要缺陷研究. 北京: 全国复合材料学术会议, 2012.

[59] 赵美英, 闽梅贞. 复合材料结构力学与结构设计. 西安: 西北工业大学出版社, 2007.

[60] 杨乃宾, 梁伟. 飞机复合材料结构适航符合性证明概论. 北京: 航空工业出版社, 2015.

[61] 赵丽滨, 徐吉峰. 先进复合材料连接结构分析方法. 北京: 北京航空航天大学出版社, 2015.

[62] 汪海, 沈真. 复合材料手册复合材料夹芯结构 - 聚合物基复合材料: 材料应用、设计和分析. 上海: 上海交通大学出版社, 2016.

[63] 汪海, 沈真. 复合材料手册复合材料夹芯结构 - 复合材料夹芯结构. 上海: 上海交通大学出版社, 2016.

[64] 牛春匀. 实用飞机复合材料结构设计与制造. 北京: 国防工业出版社, 2010.

[65] 中国航空工业集团公司复合材料技术中心. 航空复合材料技术. 北京: 航空工业出版社, 2013.

[66] Li D H, Guo Q R, Xu D, et al. Three-dimensional micromechanical analysis models of fiber reinforced composite plates with damage. Computers & Structures, 2017, 191: 100-114.

[67] 沈建中, 林俊明. 现代复合材料的无损检测方法. 北京: 国防工业出版社, 2016.

[68] 乔新, 翟长泰, 黄传奇, 等. 波音飞机复合材料结构修理教程. 北京: 中国民航出版社, 1996.

[69] 周正干, 孙广开, 李洋. 复合材料无损检测方法 —— 先进无损检测方法在复合材料缺陷检测中的应用. 航空制造技术, 2016, 59(4): 28-35.

[70] Shi Y, Soutis C. Modelling low velocity impact induced damage in composite laminates. Mecanics of Advanced Materials & Modern Processes, 2017, 3(1):14.

[71] 梁嫄. 复合材料结构准静态压剪渐进失效机理研究. 上海: 上海交通大学, 2015.

[72] 虞浩清, 刘爱平. 飞机复合材料结构修理. 北京: 中国民航出版社, 2010.

[73] 黄传奇. 空中客车及麦道飞机复合材料结构修理. 北京: 中国民航出版社, 1996.

[74] Baker A, Rose F, Jones R. Advances in the bonded composite repair of metallic aircraft structure. Elsevier Science, 2002, 72(4): 1051-1061.

[75] Baker A. Bonded composite repair of fatigue-cracked primary aircraft structure. Composite Structures, 1999, 47(1-4): 431-443.

[76] 杨孚标, 肖加余, 曾竟成, 等. 铝合金裂纹板的阳极化处理与复合材料补片胶接修理效果. 材料工程, 2006, (11):13-17.

[77] 王清远, 袁祥明, 李成中. 损伤金属结构件复合材料粘贴修补. 玻璃钢复合材料, 2003, 6(6): 41-44.

[78] 梁大开. 基于空心光纤的智能结构自诊断、自修复系统. 航空维修与工程, 2004, 3(3): 20-23.

[79] 贺强, 杨文锋, 唐庆如. 复合材料结构挖补修理知识库系统. 制造业自动化, 2015，37(18): 42-44.

[80] 郑立胜, 李远才, 董玉祥. 飞机复合材料粘接修理技术及应用. 粘接, 2006，7(2):51-52.

[81] 顾海超, 杨涛, 申艳娇. 聚合物基复合材料自修复的研究进展. 材料导报, 2016, 30(S2): 374-377.

[82] 杨莉, 赵健, 夏和生. 基于迪尔斯 - 阿尔德反应的聚乙二醇自修复材料的制备. 高分子材料科学与工程, 2014, 30(7): 126-131.

[83] 伍梅银, 杜鹏飞, 郑震, 等. 基于热可逆 Diels-Alder 反应的聚氨酯热熔胶的合成与性能. 高分子材料科学与工程, 2015，31(11): 1-5.

[84] Tian Q, Rong M Z, Zhang M Q, et al. A thermally remendable epoxy resin. Journal of Materials Chemistry, 2009, 9: 1-5.

[85] Tian Q, Rong M Z, Zhang M Q. Synthesis and characterization of epoxy with improved thermal remendability based on Diels-Alder reaction. Polymer International, 2010, 59: 1339-1345.

[86] 雷州桥, 容敏智, 章明秋. 基于可逆双硫键的自修复型环氧树脂. 北京: 中国化学会学术年会, 2014.

[87] Deng G H, Li F Y, Yu H X, et al. Dynamic hydrogels with an environmental adaptive self-healing ability and dual responsive sol-gel transitions. Acs Macro Letters Letter, 2012, 1(1): 275-279.

[88] 张云飞, 邓国华. 基于动态共价键的可自愈合聚合物凝胶. 化工进展, 2012, 31(10): 2239-2244.

[89] 吕展, 郭赞如, 贺站锋, 等. 基于酰腙可逆共价键制备溶胶 - 凝胶转变的可自愈合水凝胶. 功能高分子学报, 2015, 28(4): 373-379.

[90] 陈密发, 刘永泉, 王静, 等. 氢键型自修复材料的研究进展. 鲁东大学学报 (自然科学版), 2018, 34(2): 150-156.

[91] Yang S, Zhou F, Xiao T, et al. Surface modification with sio 2 coating on biomedical tini shape memory alloy by sol-gel method. Transactions of Nonferrous Metals Society of China, 2015, 25(11): 3723-3728.

[92] Toohey K S, Sottos N R, Lewis J A, et al. Self-healing materials with microvascular networks. Nature Materials, 2007, 6(8): 581-585.

[93] Toohey K S, Hansen C J, Lewis J A, et al. Delivery of two-part self-healing chemistry via microvascular networks. Advanced Functional Materials, 2010, 19(9): 1399-1405.

[94] Hansen C J, Wu W, Toohey K S, et al. Lewis. Self-healing materials with interpene-trating microvascular networks. Advanced Materials, 2010, 21(41): 4143-4147.

[95] 周铭, 张永祥, 莫崇勋. 基于光纤传感和形状记忆合金的自修复智能结构研究进展. 材料导报, 2012, 26(23): 124-126.

[96] 李太鹏, 徐元铭. 基于 patran/nastran 的复合材料结构铺层的分级优化设计方法. 固体火箭技术, 2004, 27(4):308-311.

[97] Harman A B, Wang C H. Improved design methods for scarf repairs to highly strained composite aircraft structure. Composite Structures, 2006, 75(1-4): 132-144.

[98] 常楠, 赵美英, 王伟. 基于 msc.patran/nastran 的复合材料层合板稳定性优化. 飞机设计, 2007, 27(2): 34-36.

[99] Yala A A , Megueni A. Optimisation of composite patches repairs with the design of experiments method. Materials & Design, 2009, 30(1): 200-205.

[100] Breitzman T D, Iarve E V, Cook B M, et al. Optimization of a composite scarf repair patch under tensile loading. Composites Part A Applied Science & Manufacturing, 2009, 40(12): 1921-1930.

[101] Wang C H , Gunnion A J. Optimum shapes of scarf repairs. Composites Part A Applied Science & Manufacturing, 2009, 40(9): 1407-1418.

[102] Neilson S V, Orifici A C, Wang C H. Investigation into optimised composite scarf repairs with practical constraints. Brisbane: In 28th International Congress of the Aeronautical Sciences, 2012.

[103] Gong X J, Cheng P C, Aivazzadeh S, et al. Design and optimization of bonded patch repairs of laminated composite structures. Composite Structures, 2015, 123:292-300.

[104] 李顶河, 赵鲁春, 徐建新, 等. 复合材料正交加筋层合圆柱壳结构阶梯式挖补修理的参数化研究. 工程力学, 2012, 29(9): 308-317.

[105] 贾宝惠, 窦晨, 李顶河, 等. 复合材料蜂窝夹芯板斜接式挖补修理的稳定性分析研究. 机械科学与技术, 2012, 31(4): 588-591.

[106] 徐建新, 杨维嫣, 窦晨, 等. 基于遗传算法的复合材料层合板修理方案优化. 北京: 中国民航大学学报, 2013. 31(1): 76-81.

[107] 张建辉. 智能结构的研究现状及其前景展望. 科学技术与工程, 2008, 8(21): 5886-5890.

[108] Boshra Y S, Eltaly A, Hanesh A. Experimental and fe simulations of ferrocement domes reinforced with composite materials. Concrete Research Letters, 2015, 5: 873-885.

[109] Mieloszyk M, Skarbek L, Krawczuk M, et al. Application of fibre bragg grating sensors for structural health monitoring of an adaptive wing. Smart Materials & Structures, 2011, 20(12): 125014.

[110] 刘海平, 刁延松. 基于小波包分析与 bp 神经网络的结构损伤检测研究. 工程建设, 2013, 4(4): 13-16.

[111] 万鹏飞, 梁大开, 郭明江, 等. LabVIEW 在空心光纤自修复系统中的应用. 压电与声光, 2004, 26(2): 95-97.

[112] 张亮. 多主体协作技术在结构健康监测中的初步研究. 南京: 南京航空航天大学, 2005.

[113] 周鹏. 基于多主体协作的分布式光纤智能健康监测系统研究. 南京: 南京航空航天大学, 2013.

[114] 杜善义, 章继峰, 张博明. 先进复合材料格栅结构 (ags) 应用与研究进展. 航空学报, 2007,28(2):419-424.

[115] Chaudhry Z, Lalande F, Ganino A, et al. Monitoring the integrity of composite patch structural repair via piezoelectric actuators/sensors. New Orleans: In Structures, Structural Dynamics and Materials Conference, 1995.

[116] Qing X L, Beard S J, Kumar A, et al. Technical note: A real-time active smart patch system for monitoring the integrity of bonded repair on an aircraft structure. Smart Materials & Structures, 2006, 15(3): N66.

[117] 杨正岩, 张佳奇, 高东岳, 等. 航空航天智能材料与智能结构研究进展. 航空制造技术, 2017, 60(17): 36-48.

[118] Xu Y G , Liu G R. A modified electro-mechanical impedance model of piezoelectric actuatorsensors for debonding detection of composite patches. Journal of Intelligent Material Systems and Structures, 2002, 13(6): 389-396.

[119] Wong C K W, Chiu W K, Rajic N, et al. Can stress waves be used for monitoring sub-surface defects in repaired structures. Composite Structures, 2006, 76(3): 199-208.

[120] Sekine H, Fujimoto S E, Okabe T, et al. Structural health monitoring of cracked aircraft panels repaired with bonded patches using fiber bragg grating sensors. Applied Composite Materials, 2006, 13(2): 87-98.

[121] Mckenzie I, Jones R, Marshall I H, et al. Optical fibre sensors for health monitoring of bonded repair systems. Composite Structures,2000, 50(4): 405-416.

[122] Li H C H, Beck F, Dupouy O, et al. Strain-based health assessment of bonded composite repairs. Composite Structures, 2006, 76(3): 234-242.

[123] Baker W, Mckenzie I, Jones R. Development of life extension strategies for Australian

military aircraft using structural health monitoring of composite repairs and joints. Composite Structures, 2004, 66(1): 133-143.

[124] Elster J I, Trego A, Dante J F, et al. Optical-fiberbased adhesive bondline monitoring system for composite patch systems. Proceedings of SPIE -The International Society for Optical Engineering, 2001, 4335: 188-195.

[125] Chaulet D, Martemianov D S C, Thomassin J H, et al. Application of electrochemical impedance spectroscopy (eis) for in situ study of glass alteration. Journal of Nuclear Materials, 2001, 298(1): 192-196.

[126] Brien E P O , Ward T C. Novel capacitance sensor design for measuring coating debonding: the effects of thermal-hygroscopic cycling. Journal of Adhesion Science & Technology, 2005, 19(16): 1409-1426.

[127] Galea S C, Baker A A. Smart structures approaches for health monitoring of aircraft structures // Smart Materials and MEMS, 2001: 340-354.